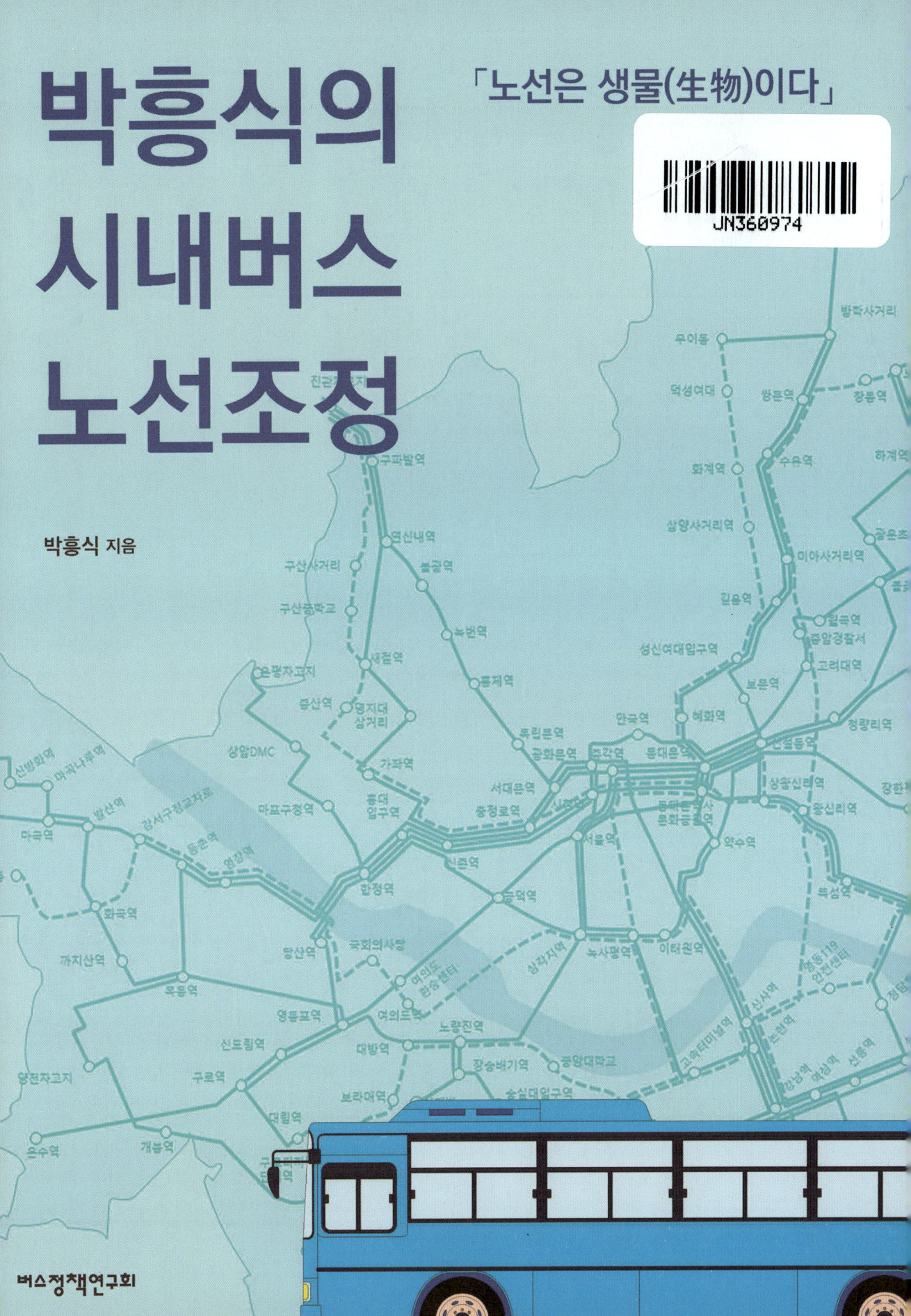

지은이 **박흥식**

현재 서울시 교통실 버스정책과 노선팀장으로 재직중이며, 서울 버스 노선 설계와 운영 업무를 총괄하고 있다. 노선 관련 업무에 매료되어 10여 년간 주무관부터 팀장까지 현장 중심의 노하우를 쌓아왔고, 버스노선 조정에 대한 사례 및 현황을 모아 여객자동차운수사업법에 기반한 노선 실무 지침서를 집필했다.

머리말

Preface

버스 노선은 여객자동차운수사업법 및 조례 등 관련 법과 운수사, 공공기관, 운수종사자, 이용시민(수요) 등 다양한 이해관계자가 엮여있으나, 일반인의 관련 정보 접근성에 제약이 있어 버스노선에 대하여 체계적으로 알고 관련 업무를 수행할 수 있는 전문가는 많지 않다.

이 책은 필자가 공공기관의 버스정책 업무 담당자로서 수행한 업무와 관련 경험을 중심으로, 여객자동차운수사업계획변경 중 버스노선의 신설, 조정과 운행계통 변경 등 버스노선 관련 업무에 도움이 될 수 있는 내용으로 구성하였으며, 추가적으로 여객자동차운수사업법(시행령, 시행규칙) 및 관련 조례 등을 함께 참고 내용으로 하여, 한 권으로 책으로 쉽게 버스노선 조정 등에 대한 이해도를 높일 수 있을 것으로 생각한다.

또한, 2026년 서울시내버스 노선전면개편에 앞서 시내버스 현황 및 관련 업무 내용을 관계자 분만 아니라 버스에 관심이 많은 일반시민들과 공유하여, 20년 만의 서울시 노선체계 전면개편에 보다 많은 시민들이 관심을 가질 수 있기를 기대한다.

이 책의 내용은 필자의 경험을 기준으로 버스노선 관계자와 일반인들이 관련법 및 행정절차 등을 통하여 버스노선 조정의 전반적인 내용을 이해하는데 도움을 주는 목적으로 작성되어, 일부 해석의 차이, 관련법·조례, 업무 지침의 변경 등에 따라 내용이 다를 수 있는 점 참고하여 주시기 바란다.

추 천 사

윤 종 장
서울특별시 교통실장

서울시는 명실상부 세계 최고의 교통 시스템을 갖춘 선도 도시로서, 우수한 교통 서비스를 제공하며 시민들의 일상을 지원하고 있습니다. 그중 주요 대중교통 수단이자 서울시 교통망의 주축을 이루는 시내버스는 약 400개 노선, 7천 대 차량이 운행되며 '시민의 발' 역할을 담당하고 있습니다.

서울 버스가 성공적인 정책 모델로 자리잡을 수 있었던 이유는 체계적인 노선 운영 노하우가 자리잡고 있기 때문입니다. 수요 기반의 노선 설계, 연계 대중교통·인구·교통량 등을 고려한 현장 중심의 노선 관리, 이동 편의를 최우선으로 한 다양한 노선 발굴 등을 바탕으로 서울 전역을 넘어 수도권을 잇는 '살아 숨쉬는 교통망'이 완성될 수 있었습니다.

특히 2024년은 국내 대중교통 역사에 새로운 장을 연 시내버스 준공영제 시행 20주년을 맞이하는 뜻깊은 해입니다. 서울 버스는 2004년 수도권 환승 체계도입을 계기로 대대적인 개편이 이루어졌고, 그 후 20년간 노선 확장과 조정을 거치며 교통사의 중요한 변화를 함께해 왔습니다. 최근에는 철도 인프라 확대와 도시 계획 변화 등으로 인해 버스 이용 수요와 운행 환경 또한 빠르게 변화하고 있는 만큼, 시대 변화에 따른 서을 버스의 대서사를 다시 한 번 정비하고, 도약할 시점이기도 합니다.

박흥식의 시내버스 노선조정 [노선은 생물(生物)이다]

Preface

본 서는 서울 시내버스의 정책을 설명하는 중요한 기록물로서, 대중교통 정책 입안 시 많은 역할을 할 것으로 전망됩니다. 가장 복잡하고 방대한 서울시의 교통행정 최일선에서 노선 관리와 운영 업무를 오랫동안 담당한 저자의 깊은 업무 경험이 담겨 있는 만큼, 교통 전문가와 관계자를 위한 주요 실무서로 활약하길 기대합니다.

마지막으로 매일 당연하듯이 이용하지만, 대중교통에 관심 있는 독자라면 누구나 한 번쯤은 '우리 동네 버스는 어떻게 다닐까'라는 궁금증을 가진 적이 있을 것입니다. 시민의 일상과 가장 밀착한 행정 분야인 교통, 그리고 버스 서비스에 대한 다양한 식견을 제공할 수 있는 교양서로도 발돋움 할 수 있기를 바랍니다. 발간을 진심으로 축하드리며, 독자 여러분의 서울 대중교통, 그리고 시내버스에 대한 많은 관심과 사랑을 부탁드립니다. 감사합니다.

추 천 사

정 진 혁

대한교통학회 회장/연세대학교 도시공학과 교수

1920년대 후반 자동차운송사업이 시작되면서 서울의 시내버스는 중요 교통수단으로 자리 잡았으며, 이후 역사적인 시간의 흐름속에서 1960년대 서울시의 버스 수단분담율은 54.4%로 급속히 증가하였고, 지하철과 함께 서울 시민들의 삶과 밀접한 교통수단으로 자리매김하였습니다.

서울시 시내버스는 1921년 왕십리와 뚝섬을 연결하는 노선 개통을 시작으로 이후, 시내버스 면허 발급, 도심 교통난 해결을 위한 전차에서 버스로의 수단 변화 등 서울의 시내버스는 다양하고 혁신적인 변화를 추구해 왔습니다.

또한, 2004년 대중교통체계를 전면적으로 개편하면서 민간의 효율성과 대중교통 서비스의 공공성 확보를 위한 버스 준공영제를 도입하였고, 이후 지속적인 노선조정을 통하여 이용수요를 분산하여 혼잡을 해소하는 등 다양한 수요대응형의 맞춤버스 운행으로 대중교통 소외지역의 형평성을 확보하는 등 서울시민의 대중교통 이동 편의 및 만족도를 높여왔습니다.

이러한 서울시 시내버스의 변화와 발전은 이 책의 저자인 서울시 버스정책과 박흥식 노선팀장님의 업무 경험과 시내버스 관련 문제해결을 위한 노력 그리고, 서울시의 축적된 노하우들이 있어 가능했다고 생각합니다.

이 책의 시내버스 관련 지식과 정책들은 교통전문가뿐만 아니라 전국의 시내버스가 직면하고 있는 다양한 문제 해결을 위한 방향 설정과 더욱 발전된 대한민국의 교통환경을 만들어 나가는데 큰 도움이 될 수 있을 것이라 생각합니다.

2026년 서울시내버스 노선 전면개편의 성공을 기원하며, 발간을 진심으로 축하드립니다.

Preface

김 정 환
서울특별시버스운송사업조합 이사장

2024년 서울시내버스 준공영제 20주년의 뜻깊은 해에, 서울시 버스정책과 박흥식 노선팀장님의 '시내버스 노선조정' 발간을 진심으로 축하드립니다.

서울시내버스는 일제강점기 시설(市設) 3개 노선을 시작으로 2004년 체계개편을 통하여, 민영제에서 운송수입금공동관리 기반의 준공영제 운영방식을 도입하여 노선번호체계 개편, 간·지선체계로 노선체계 개편, 중앙버스전용차로 개설, 통합환승할인제도 도입 등으로 안정적인 버스운영환경과 높은 서비스 수준을 달성하여 시민 만족도 향상에 기여, 세계 어느 도시와 비교해도 뒤지지 않는 최고의 대중교통서비스를 제공하면서 천만 서울시민의 발이 되었습니다.

이 책에서는 서울시내버스에 대한 노선 등 일반현황 뿐만 아니라, 대중교통에 대한 개념을 시작으로, 시내버스 관련 업무 및 노선조정 사례, 관련 법령 및 내부 업무지침 등을 소개하고 있어, 시내버스에 대한 전문적 지식이 없는 독자들도 쉽게 이해할 수 있도록 설명하고 있습니다.

바쁜 시간에도 꾸준히 자신의 경험과 노하후를 정리한 이 책은 시내버스 관계자 및 이해관계자들에게 유용한 지침서가 될 것으로 생각합니다.

또한, 2004년 시내버스체계 개편 이후, 도시구조·인구·토지이용 현황 등 변화된 여건을 종합적으로 고려하여 추진하고 있는 20년 만의 시내버스노선 전면개편을 기대합니다.

이 책의 성공적인 발간을 진심으로 응원하며, 박흥식 노선팀장님의 노고에 서울시내버스운송사업조합을 대표하여 진심으로 감사드립니다.

목 차

Chapter 01 대중교통에 대한 이해 ·· 10
    1.1. 대중교통이란? ·· 10
    1.2. 서울시내버스 일반현황 ·· 11
    1.3. 서울시 대중교통의 역사 ·· 12
    1.4. 시내버스 준공영제 ·· 14
    1.5. 여객자동차운송사업 ·· 14
    1.6. 여객자동차운송사업계획 변경 ·· 15

Chapter 02 시내버스 현황 ·· 18
    2.1. 노선 유형 ·· 18
    2.2. 운수사업자 ·· 25
    2.3. 노선인가(운행계통) 현황 ·· 32

Chapter 03 시내버스 노선 조정 ·· 45
    3.1. 시내버스 노선조정 업무 ·· 45
    3.2. 노선조정 사례 : 2013~2018년 ·· 47
    3.3. 노선조정 사례 : 2021~2024년 ·· 57
    3.4. 노선조정 사례 : 정기 노선조정 ·· 76

Chapter 04 시내버스 혼잡해소 ·· 98
    4.1. 2023년도 서울시 시내버스 혼잡해소 대책 ·································· 98
    4.2. 2024년도 서울시 시내버스 혼잡해소 대책(2024년 상반기) ·········· 100
    4.3. 출퇴근 맞춤버스 확대 운행(2024년 하반기) ······························ 103

Contents

Chapter 05 시내버스 노선도 ·· 108

Chapter 06 2026년 버스노선 전면개편 계획 ······································· 311

부 록 관련법 규정 지침 등 ··· 314

Ⅰ. 여객자동차운수사업법/시행규칙/시행령 ··· 314

Ⅱ. 서울특별시 여객자동차운수사업의 재정지원 및 한정면허 등에 관한 조례 ············ 374

Ⅲ. 여객자동차운수사업 인·면허업무처리요령 ·· 380

Ⅳ. 서울특별시 시내버스 준공영제 운영에 관한 조례 ······································ 394

Ⅴ. 시내버스 요금 산정 기준 ·· 398

Ⅵ. 업무지침 ··· 402

   1. 시내버스 노선관리 지침 ··· 402

   2. 시계외 노선 협의 지침 ··· 405

   3. 마을버스 업무처리 ··· 414

01 대중교통에 대한 이해

1.1 대중교통이란?

대중교통(大衆交通, public transportation)은 일반적으로 대중이 이용하는 교통 서비스를 제공하는 교통시설 및 수단을 포괄적으로 지칭하며, 항공, 해상, 도로, 철도, 그리고 지역 내, 지역(도시)간 교통체계에 존재한다. 도시교통은 도시철도, 시내(광역/간선/지선/맞춤/심야/동행)버스, 마을버스 등의 수단과 환승센터, 환승정류소, 정류소 등 관련 시설물 등으로 구성된다.

대중교통수단은 다수의 사람을 운송하는데 이용되는 것으로 여객자동차운수사업법 제3조제1항제1호의 규정에 의하여 여객자동차운송사업에 사용되는 승합자동차, 도시철도법 제2조제2호에 따른 도시철도중 차량, 철도산업발전기본법 제3조제4호의 규정에 의한 철도차량 중 여객을 운송하기 위한 철도차량이 있다.

대중교통시설은 대중교통수단의 운행에 필요한 시설 또는 공작물로서 버스터미널·정류소·차고지·버스전용차로 등 노선버스의 원활한 운행에 필요한 시설, 도시철도법 제2조제3호에 따른 도시철도시설, 철도산업발전기본법 제3조제2호의 규정에 의한 철도시설, 도시교통정비촉진법 제2조제3호의 규정에 의한 환승시설 등을 말한다.

국내 대중교통 요금제는 크게 단일요금제와 환승요금제로 구분할 수 있으며, 요금제의 종류에는 이용 거리에 상관없이 동일하게 부과되는 균일요금제, 이용 거리에 비례하여 부과하는 거리 기반(누진) 요금제, 이용하는 지역에 따라 차등적으로 부과되는 구간요금제, 어린이, 청소년, 노인, 장애인 등 특정그룹에 대하여 할인요금을 적용하는 특정그룹 할인 요금제, 정해진 기간 및 이용회수에 의한 정기권 등이 있다.

일반적으로, 거리 기반 요금제는 장거리 이용자의 요금 부담이 크고, 균일 요금제는 이용 거리에 따른 차별의 문제점이 제기되기도 한다. 시내버스의 요금 관련 규정은 여객자동차운수사업법 제8조, 시내버스요금산정기준(국토교통부)이 있다.

이와 같은 특성을 갖는 대중교통은 다수의 사람이 이용하여 공공성이 강하며, 자가용, 택시 등의 개인교통 수단과 비교하여, 출·퇴근 시간대의 높은 차내 혼잡, 낮은 수단 접근성, 환승에 따른 이용 불편 등의 단점을 가지고 있다. 그러나, 온실가스 및 사회비용의 감소, 경제적 및 개인 건강 증진 효과로 대중교통은 개인교통에 비하여 사회 및 국가에 긍정적인 영향을 미치고 있어, 대중교통의 사회적 역할은 매우 크다고 할 수 있다.

CHAPTER 01 대중교통에 대한 이해

1.2 서울시내버스 일반현황

2024년 10월 기준, 서울시 시내버스 회사는 64개 사이며, 17,787명의 운수종사자, 7,384대의 버스에 의하여 393개의 노선이 운행되고 있다.

서울시내버스 노선은 간선, 지선, 광역, 맞춤, 순환, 심야, 동행 등이 있으며, 각 유형별 운수사, 노선 수, 인가 대수는 다음과 같다.

구 분	회사수	노선수	인가대수
합 계	**64**	**393**	**7,384**
간 선	57	134	3,578
지 선	60	208	3,412
광 역	4	10	167
맞 춤	35	25	66
순 환	1	2	22
심 야	27	14	139

참고로, 서울시의 마을버스 회사는 140개 사이며, 노선 수 252개, 운수종사자 2,836명, 1,620대의 차량이 운행되고 있다. 그리고, 공항(리무진)버스는 4개 운수사에 의하여 42개 노선, 440대의 차량이 운행되고 있다.

서울시내버스의 총 수송원가를 수송인원 즉, 승차인원으로 나눈 일인당 수송원가는 약 1,440원이며, 요금 수입을 승차인원으로 나눈 평균운임은 약 940원으로, 1인 수송에 따른 시내버스의 손실액은 1인당 500원 정도 발생하고 있다. 이에 따른 서울시의 시내버스에 대한 재정지원금액은 2007년 2,300억원으로 시작하여, 2024년에는 11,600억원에 달할 것으로 전망되고 있다.

서울시의 시내버스 관련 업무는 준공영제 개선, 시내버스 표준 운송원가 산정, 시내버스 회사평가, 재정지원, 저상버스 및 친환경 버스 도입, 시내 · 마을 · 공항버스 노선 및 정류소 관리, 시내버스 서비스 개선을 위한 시설 개선 등으로 매우 다양하다.

 박흥식의 시내버스 노선조정 [노선은 생물(生物)이다]

1.3 서울시 대중교통의 역사

 지하철

서울시의 도시철도는 건설 시기를 기준으로 1기(1, 2, 3, 4호선), 2기(5, 6, 7, 8호선), 3기(9, 10, 11, 12호선) 지하철 그리고 경전철로 구분할 수 있으며, 3기 지하철은 1990년대에 계획되었으나, IMF 외환위기로 10, 11, 12호선 계획은 폐지되었으며, 3호선 오금 연장(수서~오금)과 9호선이 추진되고, 3기 지하철의 일부 노선들은 광역철도와 경전철 노선으로 변경되어 진행되고 있다.

도시철도를 개통연도 별로 살펴보면

1971년 4월 1호선이 기공(공사 착수)되었으며, 광복 49주년인 1974년 8월 15일 1호선, 이후 1980년 2호선, 1985년 4호선, 1985년 3호선이 개통되었다.

3호선 개통 10년 후인 1995년에는 5호선이, 1996년에는 7호선과 8호선이 개통되었으며, 2000년에는 6호선이 개통되었다. 2009년 9호선, 2017년 우이신설선, 2022년 신림선 개통으로 총연장 350.3km으로 운행되고 있다.

 버 스

393개 노선, 7,384대의 버스가 운행되고 있으며, 하루 500만명 이상이 이용하고 있는 서울시내버스는 일제강점기 시설(市設) 3개 노선 10대(경성부영)를 시작으로, 해방 이후(1949년), 서울승합자동차를 창립하였으며, 1953년에는 서울시내여객자동차운송사업조합이 설립되었다.

1970년 시내버스 개편이 있었으며, 2004년 서울 시내버스 개편까지 유지되었다. 1997년 외환위기 및 유가상승, 지하철 확대에 따른 버스 이용승객 감소 등에 의한 시내버스의 만성 적자는 운수사의 면허반납으로 이어졌으며, 서비스 저하, 경영악화, 수익성 중심의 노선운영 등의 악순환으로 이어지는 민영제의 폐해를 해결하기 위하여 준공영제, 버스정보시스템, 간선급행버스체계, 통합환승요금제, 공영차고지 도입을 주요 내용으로 시내버스의 전면적인 체계 개편이 2004년 7월 1일 추진 되었다.

2004년 개편으로, 시내버스 체계를 광역노선(빨강), 간선노선(파랑), 지선 및 마을노선(초록), 순환노선(노랑)으로 구분하였으며, 불규칙적으로 부여된 노선번호에 권역 개념을 도입, 서울시를 8개의 권역으로 나누어 0~7번호를 기준으로 기·종점, 회차지, 일련번호로 노선번호를 부어하였다.

CHAPTER 01 대중교통에 대한 이해

버스번호 부여 방식

노선의 기점 권역번호, 종점 권역번호, 연번
간선노선은 3자리, 지선노선은 4자리
광역노선은 앞자리 '9'번으로 시작, 기점 권역번호, 종점 권역번호, 연번으로 부여

0권역 : 종로구, 중구, 용산구 　　　　　　(시계외 : -)
1권역 : 성북구, 강북구, 도봉구, 노원구 　(시계외 : 의정부, 양주, 포천)
2권역 : 성동구, 광진구, 동대문구, 중랑구 (시계외 : 구리, 남양주)
3권역 : 송파구, 강동구 　　　　　　　　　(시계외 : 하남, 광주)
4권역 : 서초구, 강남구 　　　　　　　　　(시계외 : 성남, 용인)
5권역 : 금천구, 동작구, 관악구 　　　　　(시계외 : 안양, 과천, 의왕, 안산, 군포, 수원)
6권역 : 양천구, 강서구, 구로구, 영등포구 (시계외 : 인천, 부천, 김포, 광명, 시흥)
7권역 : 은평구, 서대문구, 마포구 　　　　(시계외 : 파주, 고양)

서울시내버스 요금체계(대중교통 환승요금체계)

- 환승 횟수는 최고 5회 탑승(4회 환승)까지 인정하고 6회 탑승부터는 별도 통행으로 처리
- 승·하차 시에 모두 교통카드를 단말기에 접촉하여야 통합환승할인제 적용
- 앞 교통수단 하차 후 다음 교통수단 승차 시까지 환승 시간이 30분 이내만 통합요금제 적용
  (단, 21시 ~ 07시는 60분)

구 분	기 존('04.7 이전) [독립요금제]	변 경('04.7 이후) [통합요금제]	현 금
일 반	- 이용한 교통수단별로 별도 요금 지불 - 버스↔버스, 버스↔지하철 환승시 후승수단 50원 할인	**기본요금** 10km까지 기본요금(환승무료) **추가요금** 10km 초과시 매 5km마다 100원 추가 ※ 아무리 장거리를 가더라도 각 수단별 요금의 합보다 많지 않게 함 ※ 단, 버스만 단일 이용시 단일요금제 (이용거리 상관없이 기본요금 부과) 적용	통합 요금 적용 안됨
청소년 및 어린이	- 환승할인 없음		

- 대중교통수단간 환승 시 전체 이용거리에 따라 부과된 통합운임은 이용 교통수단별로 기본 운임비율에 따라 배분되나, 지하철 이용거리가 기본운임구간(10km)를 초과한 경우 지하철 단독이용시의 추가운임을 지하철 운영기관에 우선 귀속하고, 나머지 금액은 당해수단의 기본운임 비율로 정산배분한다.

박흥식의 시내버스 노선조정 [노선은 생물(生物)이다]

$$\text{수단별 배분요금} = \text{총 이용요금} \times \frac{\text{해당 수단의 기본운임}}{\text{각 수단 기본운임의 합계}}$$

1.4 시내버스 준공영제

시내버스 준공영제(準公營制)는 2004년 7월 시내버스 체계 개편을 통해 서울시에서 전국 최초로 도입한 제도로, 버스 운영을 민간에서 하는 민영제와 버스회사를 지자체 또는 공기업에서 경영하는 공영제의 장점을 결합한 시내버스 운영 체계이다.

서울시 시내버스 준공영제는 버스노선 체계 개편, IT 기술의 접목, 통합환승할인제, 차량·정류장·전용차로 등 인프라의 확충을 주요 정책으로, 운송수입금은 공동으로 관리하고, 버스정책시민위원회를 거쳐 확정되는 표준운송원가에 의한 비용 대비 수입의 부족분을 서울시 예산으로 재정지원 해주고 있다. 서울시는 준공영제 시행으로 버스회사 간 과다 경쟁 해소, 운수종사자 처우 개선, 평가 및 인센티브 제도의 확립 등을 통해 교통사고 감소, 시민의 편익 및 만족도 증가 등의 성과를 이루었다.

1.5 여객자동차운송사업

여객자동차운송사업은 여객자동차운수사업법 제3조에서, 노선(路線) 여객자동차운송사업, 구역(區域) 여객자동차운송사업, 수요응답형 여객자동차운송사업으로 구분하고 있다.

- **노선(路線) 여객자동차운송사업**은 자동차를 정기적으로 운행하려는 구간(이하 "노선"이라 한다)을 정하여 여객을 운송하는 사업으로, 시내버스운송사업, 농어촌버스운송사업, 마을버스운송사업, 시외버스운송사업이 있다.

- **구역(區域) 여객자동차운송사업**은 사업구역을 정하여 그 구역 안에서 여객을 운송하는 사업으로 전국을 사업구역으로 하는 전세버스운송사업, 특수여객자동차운송사업, 특정지역을 사업구역으로 하는 일반택시운송사업, 개인택시운송사업이 있다.

- **수요응답형 여객자동차운송사업**은 운행계통·운행시간·운행횟수를 여객의 요청에 따라 탄력적으로 운영하여 여객을 운송하는 사업이다.

여객자동차운송사업을 경영하려는 자는 사업계획서를 작성하여 여객자동차운수사업법 시행규칙에서 정하는 요건을 갖추어 시·도지사의 면허를 받거나 시·도지사에게 등록하여야 한다.

준비서류는「여객자동차운수사업법 시행규칙」제12조제1항제4호(마을버스운송사업의 경우만 해당한다), 제5호부터 제7호까지에 규정되어 있으며, 다음과 같다.

1. 사업계획서
2. 사업용 고정자산의 총액 및 그 구체적인 내용을 적은 서류
3. 차고를 설치하려는 토지의 소유권 또는 사용권을 증명할 수 있는 서류(토지등기부 등본으로 확인할 수 없는 경우만 첨부한다)
4. 노선 여객자동차운송사업의 경우에는 노선도(운행예정 노선의 기점, 종점, 거리와 주된 운행경로 표시)
5. 기존 법인의 경우에는 다음 각 목의 서류
    가. 임원의 성명과 주민등록번호를 적은 서류
    나. 면허신청에 관한 총회 또는 이사회의 의결서 사본
6. 법인을 설립하려는 경우에는 다음 각 목의 서류
    가. 정관(공증인의 인증이 있어야 한다)
    나. 발기인 또는 설립사원의 성명과 주민등록번호를 적은 서류
    다. 설립하려는 법인이 주식회사 또는 유한회사인 경우에는 주식의 인수 또는 출자의 상황을 적은 서류
8. 자동차매매계약서 등 사업에 사용할 자동차를 확보한 사실을 증명할 수 있는 서류

1.6 여객자동차운송사업계획 변경

서울시내버스의 노선 조정은 시내버스 노선 간 연계 강화, 장거리 노선 지양을 기본 방향으로 설정하고 있으며, 노선조정의 유형으로는 노선 단축, 경로변경, 노선 연장, 노선 신설로 구분된다.

2015년 이후 295건의 노선조정이 이루어졌으며, 이중 노선 신설은 45건, 연장 53건, 단축 46건, 경로변경 120건, 기타 32건이 진행되었다.

매년, 민원 및 요구, 운행 여건 변화 등에 의하여 전체 노선의 10% 수준의 노선이 조정되었다.

박흥식의 시내버스 노선조정 [노선은 생물(生物)이다]

구 분	합계	'15	'16	'17	'18	'19	'20	'21	'22	'23
합 계	295	50	17	50	29	29	16	30	30	45
노선신설	45	4	2	3	8	1	1	3	7	16
노선연장	53	14	3	12	2	2	4	6	5	5
노선단축	46	6	3	11	2	4	1	9	4	6
경로변경	120	20	8	17	13	21	9	10	10	12
기타 통합, 분리, 폐지 등)	32	6	1	7	4	1	1	2	4	6

운송수지가 가장 높은 노선의 운행거리는 40~50km, 운행시간은 185분이며, 운행거리와 배차정시성은 반비례하며, 이는 장거리 노선의 서비스 수준이 악화되는 이유이다.

운행거리	10km 미만	10km ~20km	20km ~30km	30km ~40km	40km ~50km	50km ~60km	60km 초과
노선수	9	55	81	78	66	57	24
일평균 운행시간	42	71	111	149	185	211	233
일평균 승객수	647	640	629	680	695	663	629
운송원가보전율	0.65	0.71	0.71	0.78	0.81	0.77	0.72
배차정시성	91.6	86.1	84.6	83.8	82.0	81.6	79.2

노선 신설 ▼

노선 신설은 해당 구간에 노선이 없거나 또는 기존 노선의 차내 혼잡율이 극심한 경우(신설구간을 이미 운행하는 노선에서 ①차내 재차인원이 62명 이상, ②30분이상 지속, ③1주간 3일 이상 발생 등의 조건을 만족하는 경우), 운행 가능한 차량과 충전 등 차고지 확보를 고려하여 검토, 추진한다.

노선 연장 ▼

노선 연장은 운행거리 55km 이하, 운행시간 220분 이내를 전제로 하며, 연장 구간내 대중교통간 환승연계 불가, 대체 가능한 교통수단이 없는 경우, 연장 구간을 이미 운행하는 노선이 있는 경우에는 ①차내 재차인원이 62명 이상, ②30분 이상 지속, ③1주간 3일 이상 발생 등의 조건을 만족하는 경우 검토, 추진한다.

CHAPTER 01 대중교통에 대한 이해

노선 단축 ▼

노선 단축은 단축 구간 내 다른 대체 노선(마을버스, 지하철 등 포함)이 존재하고, 대체 노선의 재차인원과 단축 구간 정류소의 승차인원의 합이 62명 이하인 경우 장거리 노선 중심으로 검토하며, 통학 등 단독 노선인 경우는 제외한다.

※ 대체노선 : 하차한 정류소에서 승차 가능한 노선, 통행시간 변화(±20분)가 크지 않은 노선, 최대 1회 환승으로 목적지까지 이동가능한 노선임

경로 변경 ▼

경로변경은 대상 구간의 대체 노선(마을버스, 지하철 등 포함) 존재 여부와 기존구간과 변경 구간 간 이용수요 비교를 통하여 검토, 추진한다.

02 시내버스 현황

2.1 노선 유형

a) 광역버스

서울시 인가 광역버스는 서울의 도심-부도심-수도권 주요도시를 연결하는 버스노선이다. 서울시의 광역버스는 2004년 개편시 43개였으나, 서울동행버스(광역형)를 제외하면 7개 노선이 현재 운행 중이다. 서울시 광역버스의 축소는 광역·도시철도망의 확충, 수도권광역급행철도(GTX)의 개통 및 확충에 따른 영향으로 볼수 있다.

노선번호	업체명	유형	기점	종점	인가대수	인가거리	운행시간	총운행횟수	배차간격		첫차시간	막차시간
									최소	최대		
9401	남성버스 동성교통	광역	구미동차고지	서울역	50	72.36	165	270	3	6	430	2300
9401-1	남성버스 동성교통	광역	푸른마을	서울시중부 기술교육원, 블루스퀘어	10	56	120	80	10	20	600	2300
9404	남성버스	광역	분당구미	신사역	26	56	150	155	6	8	400	2330
9408	남성버스	광역	구미동차고지	고속터미널	18	66	220	71	10	18	400	2240
9409	동성교통	광역	구미동차고지	신사역	8	61	205	33	25	30	500	2300
9707	선진운수	광역	고양시 가좌동	영등포역	22	65.8	166	121	6	16	500	2400
9711	서울매일 버스	광역	일산동부경찰서	양재동	24	90.5	230	96	7	16	450	2330

b) 간선버스

서울의 주요 업무지구, 도심, 부도심을 연계하는 도시형 버스서비스로서, 수도권 일부 지역을 포함, 중장거리 노선을 운행하고 있다. 현재, 126개 노선에 3,565대의 버스가 운행되고 있다. 간선버스는 정류소 간 짧은 간격, 상대적 장거리 운행으로 다수의 차량이 필요하며, 운전자 피로 유발 등 운영의 효율성 저하와 안전정에 대한 문제점을 지적받고 있다. 간선버스 중 가장 긴 인가거리 노선은 707번 노선으로, 78km를 운행하고 있으며, 가장 짧은 간선노선은 653번으로 28km를 운행하고 있다. 참고로 간선버스의 평균 인가거리는 46km이다.

(노선, 인가 및 운행현황 등은 '2.3. 노선인가(운행계통) 현황' 참고)

c) 지선버스

서울시 및 수도권 일부 지역을 운행하는 단~중거리 시내버스 서비스를 제공하고 있으며, 지선버스는 광역/간선버스나 지하철과의 환승을 위한 보조노선 역할을 주로 담당하고 있다. 지선버스 중 가장 긴 인가거리 노선은 7727번 노선으로, 60km를 운행하고 있으며, 가장 짧은 노선은 5621번으로 6km를 운행하고 있다. 참고로 간선버스의 평균 인가거리는 29km이다.

(노선, 인가 및 운행현황 등은 '2.3. 노선인가(운행계통) 현황' 참고)

d) 다람쥐 버스

맞춤(다람쥐)버스는 특정 시간대·구간에서 발생하는 차내 혼잡을 완화하여 대중교통 이용 만족도를 제고하기 위하여, 출·퇴근 맞춤버스로 운영하고 있다. 즉, 예비차량·단축차량 활용을 통한 노선운영 효율성을 제고하고, 특정구간·시간대에 반복적으로 발생하는 차내혼잡에 따른 시민불편을 해소하기 위한 버스서비스이다.

2024년 기준, 총 30개 업체에서, 16개 노선, 67대 차량을 투입하여 운행하고 있으며, 이용 요금은 1,500원으로 시내버스 간·지선버스와 동일 요금이다.

다람쥐버스는 2017년 6월 8331번 등 4개 노선의 시범운행 개시로 시작되었으며, 2018년 8221번 등 3개 노선이 확대/운행되었다. 2023년에는 8101번 등 5개 노선, 2024년에는 8111번 등 5개 노선이 신설되었다.

[맞춤(다람쥐)버스]

번호	기·종점	운행 대수	운행 횟수	운행 거리	배차 간격	운행 시간	첫·막차	개시일
8331	마천사거리~잠실역	5대	12회	12.1km	9~12분	55분	07:20-09:20	'17.6.26.
8551	봉천역~노량진역	5대	10회	12.3km	10~12분	60분	06:50-08:50	'17.6.26.
8771	구산중학교~녹번역	4대	12회	7.7km	10~11분	40분	07:00-09:00	'17.6.26.
8221	장안2동주민센터~답십리역	5대	12회	11.1km	8~13분	50분	06:40-08:40	'18.3.26.

박흥식의 시내버스 노선조정 [노선은 생물(生物)이다]

번호	기·종점	운행 대수	운행 횟수	운행 거리	배차 간격	운행 시간	첫·막차	개시일
8441	은곡마을~수서역	4대	11회	9.5km	10~13분	43분	06:40-08:40	'18.3.26.
8552	신림복지관앞~신림역	4대	12회	7.6km	9~11분	28분	07:00-09:00	'18.3.26.
8101	도봉보건소~서소문	7대	7회	30.2km	10분	180분	07:00-08:00	'23.2.1.
8561	신림동별빛거리입구~여의도환승센터	5대	12회	11.5km	10~15분	60분	06:00-09:00	'23.2.1.
8762	디지털미디어시티역~가양역	4대	24회	13km	10~15분	60분	06:00-08:00/17:30-19:30	'23.2.1.
8773	녹번역~홍대입구역	5대	10회	26.1km	20~40분	157분	05:40-06:20/16:55-17:35	'23.2.1.
8111	북악중학교~국민대앞	5대	10회	15km	15~20분	80분	06:30-09:05	'24.3.11.
8112	온곡중학교~수락리버시티1단지	4대	12회	11km	15분	60분	06:30-09:15	'24.3.11.
8332	강동리버스트~중앙보훈병원역	4대	10회	15km	17~20분	80분	06:30-09:15	'24.3.11.
8661	역곡역~천왕역4번출구	3대	9회	11km	15~20분	50분	06:30-08:55	'24.3.11.
8671	문래동시점~아현초등학교	4대	10회	17.5km	15~20분	80분	06:30-09:05	'24.4.1.
8442	서초호반써밋아파트~양재역	3대	6회	12.2km	7~50분	60분	06:40-07:45/18:30-19:30	'24.8.22.

[기타 맞춤버스]

번호	유형	기·종점	인가 대수	운행 횟수	운행 거리	배차 간격	운행 시간	첫·막차	개시일
8002	토요일	상명대앞~경복궁역	0대	0회	7.5km	40~45분	35분	10:30-18:00	'20.06.27.
8003	전일	평창동주민센터	2대	44회	6.7km	20~40분	40분	06:00-23:00	'20.06.25.
8146	평일 새벽	상계주공7단지~강남역	4대	4회	11.1km	5분	231분	03:50-04:00	'23.01.16.
8541	토요일/평일 새벽	호압사~강남역	3대	3대	28.9km	10~20분	120분	04:00-04:40	'08.08.04.
8641	평일 새벽	거리공원~개포중학교	2대	2회	52.9km	9~11분	226분	04:00-04:00	'23.07.03.
8772	토요일/공휴일	진관공영차고지~북한산성입구	4대	44회	13.2km	10~15분	35분	08:00-18:00	'04.07.01.
8774	전일	구산동~서대문구청	5대	12회	18.7km	20~25분	105분	05:00-21:50	'08.12.20.
8777	공휴일	난지캠핑장~월드컵경기장남측	2대	18회	10.5km	25~30분	50분	10:00-20:00	'16.07.02.

CHAPTER 02 시내버스 현황

[맞춤(다람쥐)버스]   [기타 맞춤버스]

e) 올빼미(심야) 버스

심야시간대 시민들의 이동편의를 증진하기 위해 도입·운영 중인 맞춤버스로서 올빼미버스는 14개 노선이 운행되고 있다. 올빼미버스는 심야·새벽 시간대 도심·부도심, 시계지역 연계로 생계형 버스 이용객의 재정부담 완화 및 편의 증진 등을 위한 노선이다. 도심(부도심)과 시계 지역간 14개 노선으로 23:00~06:00까지, 총 139대(14개 노선, 27개 업체)가 운행되고 있으며, 이용요금은 2,500원(※ '23.8.12 요금 조정 이전 2,150원)이다.

[올빼미버스 운행노선 및 노선도]

업체명	노선번호	기종점	운행대수	운행거리	배차간격	운행시간	운행횟수	첫·막차	일평균승객수
흥안운수,한국BRT	N13	상계동~장지동	12대	74.5km	20~30분	240분	12	23:30~03:40	2,002명
동아운수,우신운수	N15	우이동~사당역	12대	76.0km	15~30분	240분	12	23:40~03:30	2,190명
서울교통네트웍,아진교통,양천운수	N16	도봉산~온수동	12대	76.1km	20~30분	240분	12	23:50~03:45	1,870명
메트로,다모아	N26	방화동~신내동	10대	72.3km	20~25분	240분	10	00:00~03:25	1,616명
서울승합	N30	강일동~서울역	4대	45.5km	30~35분	145분	8	23:10~03:50	774명
대원여객,대진여객	N31	강일동~정릉동	8대	73.7km	35~40분	250분	8	23:30~03:50	1,307명
한국BRT,제일여객	N37	진관동~장지동	8대	69.0km	25~30분	220분	8	00:00~03:10	909명
범일운수,한성여객	N51	시흥동~하계동	8대	77.4km	30~40분	260분	8	23:40~03:45	1,280명

박홍식의 시내버스 노선조정 [노선은 생물(生物)이다]

업체명	노선번호	기종점	운행대수	운행거리	배차간격	운행시간	운행횟수	첫·막차	일평균승객수
관악교통,영인운수,삼화상운,	N61	신정동~노원역	16대	90.0km	10~30분	280분	16	23:40~04:10	2,865명
도원교통,경성여객	N62	신정동~면목동	12대	72.3km	15~20분	240분	12	23:40~03:10	1,859명
공항버스,삼성여객	N64	방화동~염곡동	8대	70.3km	30~35분	230분	8	23:40~03:15	1,215명
보광교통,유성운수,북부운수	N72	수색동~신내동	9대	70.0km	30~40분	250분	9	23:30~03:45	1,327명
한국BRT,선진운수	N73	장지동~구산동	8대	76.0km	35분	260분	8	23:30~03:35	1,166명
제일여객,한남여객	N75	진관동~신림동	12대	88.2km	25~30분	300분	12	23:00~03:50	1,933명

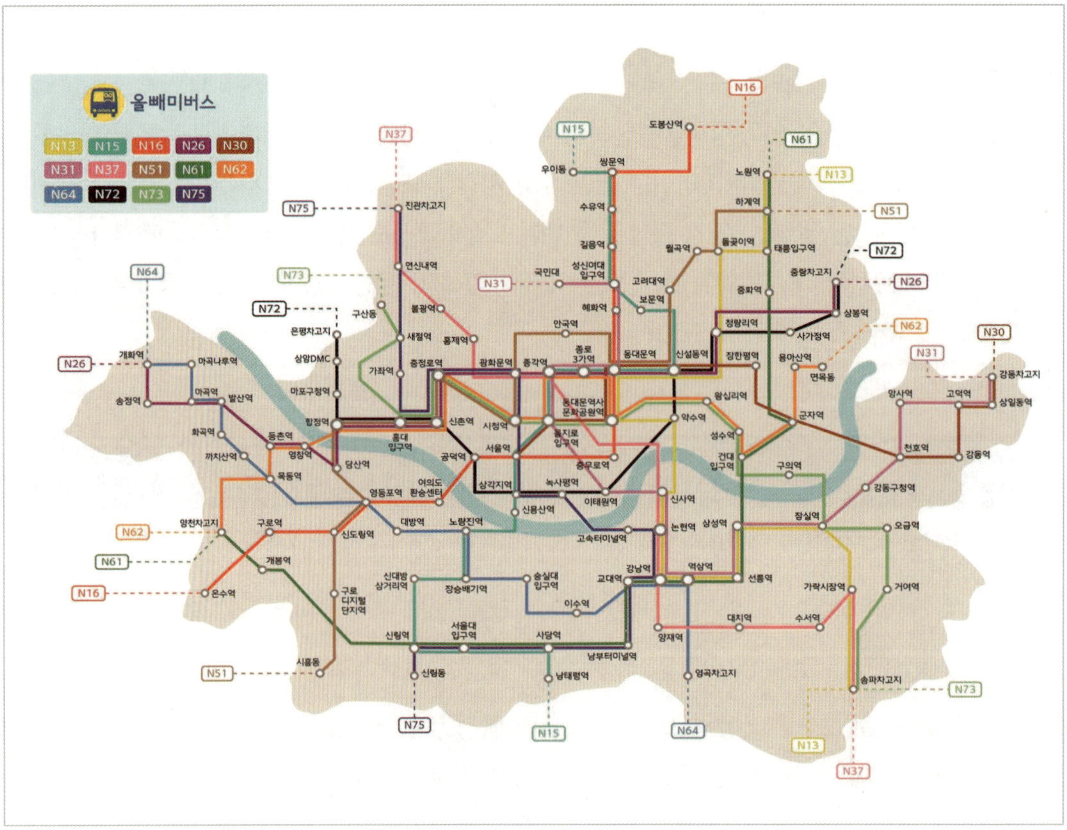

f) 동행 버스

코로나19 엔데믹 이후 이동수요 증가 및 광역버스 입석 제한으로 수도권 주민의 서울진입 대중교통 이용 불편이 가중됨에 따라, 수도권이라는 하나의 공동생활권 주민을 위해 서울시가 직접 고단한 출퇴근 길에 함께, 동행하는 개념으로, 서울시가 주도적으로 수도권 광역교통 이용 불편을 해소하기 위한 수요대응형 대중교통 서비스이다.

서울동행버스의 운행 원칙은 다음과 같다.

① 서울로 출근하는 수도권 주민이 "많이 모여있는 곳"을 찾아간다.
② "대중교통이 불편한 지역"을 우선적으로 찾아간다.
③ "한 지역에 머무르지 않고" 필요로 하는 곳에 언제든지 찾아간다.

서울동행버스는 출근/퇴근 동행버스로 나누어지며, 출근동행버스는 10개 노선 38대, 퇴근동행버스 10개 노선 22대가 운행되고 있다.

[동행버스 운행계통]

노선번호 (운행형태)	기종점 (운행지역)	운행대수		운행거리	배차간격(분)		운행시간	운행횟수		첫·막차	
서울01 (광역)	화성 동탄~강남역 (화성시)	출	3	38km	출	15~20	120분	출	3	출	07:00~07:30
		퇴	2		퇴	20		퇴	2	퇴	18:20~18:40
서울02 (간선)	김포 풍무~김포공항역 (김포시)	출	6	12km	출	10~12	60분	출	12	출	06:30~08:20
		퇴	3		퇴	20		퇴	3	퇴	18:20~19:00
서울03 (광역)	파주 운정~홍대입구역 (파주시)	출	3	37km	출	20~25	80분	출	3	출	06:20~07:00
		퇴	2		퇴	20		퇴	2	퇴	18:20~18:40
서울04 (간선)	고양 원흥~가양역 (고양시)	출	4	13km	출	15~20	60분	출	4	출	06:30~07:15
		퇴	3		퇴	20		퇴	3	퇴	18:30~19:10
서울05 (간선)	양주 옥정~도봉산역 (양주시)	출	4	21km	출	15~20	50분	출	4	출	06:30~07:15
		퇴	2		퇴	20		퇴	2	퇴	18:40~19:00
서울06 (광역)	광주 능평~강남역 (광주시)	출	3	33km	출	15~20	100분	출	3	출	06:50~07:20
		퇴	2		퇴	20		퇴	2	퇴	18:20~18:40

박흥식의 시내버스 노선조정 [노선은 생물(生物)이다]

노선번호 (운행형태)	기종점 (운행지역)	운행대수		운행거리	배차간격(분)		운행시간	운행횟수		첫·막차	
서울07 (간선)	양재역~ 판교제2테크노밸리 (성남시)	출	4	13km	출	15~20	50분	출	4	출	07:00~07:45
		퇴	2		퇴	20		퇴	2	퇴	18:20~18:40
서울08 (간선)	고양 화정역~DMC역 (고양시)	출	3	10km	출	15~20	30분	출	3	출	07:00~07:30
		퇴	2		퇴	20		퇴	2	퇴	18:20~18:40
서울09 (간선)	의정부 고산~노원역 (의정부시)	출	4	16km	출	15~20	50분	출	4	출	07:00~07:45
		퇴	2		퇴	20		퇴	2	퇴	18:40~19:00
서울10 (간선)	의정부 가능~도봉산역 (의정부시)	출	4	10km	출	15~20	30분	출	4	출	07:00~07:45
		퇴	2		퇴	20		퇴	2	퇴	18:40~19:00

[동행버스 노선도]

CHAPTER 02 시내버스 현황

[동행버스 운행실적]

구분	이용객 현황(명)														
	누계	'23.8월	'23.9월	'23.10월	'23.11월	'23.12월	'24.1월	'24.2월	'24.3월	'24.4월	'24.5월	'24.6월	'24.7월	'24.8월	'24.9월
전체	239,330	1,449	4,687	5,653	10,578	11,674	13,983	12,278	13,915	16,203	19,899	26,296	36,413	33,857	32,445
서울01	22,659	237	678	871	1,196	1,203	1,720	1,425	1,647	,620	1,779	2,213	,918	2,666	2,486
서울02	81,103	1,212	4,009	,782	5,716	5,412	5,941	5,252	,837	6,771	6,626	6,822	8,380	7,355	6,988
서울03	22,451	-	-	-	833	1,275	1,638	1,450	1,478	1,778	1,813	2,519	3,707	3,171	2,789
서울04	36,820	-	-	-	1,648	2,006	2,443	2,210	2,552	3,049	2,995	4,092	5,765	5,267	4,793
서울05	18,402	-	-	-	724	1,150	1,380	1,183	1,392	1,758	1,817	1,980	2,513	2,364	2,141
서울06	14,178	-	-	-	461	628	861	758	1,009	1,227	1,186	1,757	2,203	2,047	2,041
서울07	10,020	-	-	-	-	-	-	-	-	-	442	1,455	2,503	2,826	2,794
서울08	9,995	-	-	-	-	-	-	-	-	-	1,176	1,722	2,414	2,248	2,435
서울09	14,861	-	-	-	-	-	-	-	-	-	1,585	2,639	3,735	3,444	3,458
서울10	8,841	-	-	-	-	-	-	-	-	-	480	1,097	2,275	2,469	2,520

2.2 운수사업자

서울시내버스 관리주체는 서울특별시-행정1부-교통실-버스정책과이며, 준공영제에 의한 버스 운행 주체는 64개 업체이며, 운수사 별 운행 노선은 다음과 같다.

경성여객(주) 운행노선 : 271, 1213, 2013, N62면목 (인가대수 83대)
 소 재 지 : (02193) 중랑구 용마산로 376
 전화번호 : 02)435-5158

공항버스(주) 운행노선 : 605, 6631, 6632, 6633, N64강서, 서울02 (인가대수 85대)
 소 재 지 : (07505) 강서구 개화동로8길 17 (강서공영차고지)
 전화번호 : 02)2662-2592

박흥식의 시내버스 노선조정 [노선은 생물(生物)이다]

관악교통(주)	운행노선 : 643, 5515, 5519, 6515, 8541, 8661, N61양천 (인가대수 81대)
	소 재 지 : (08056) 양천구 신정로7길 17 (양천공영차고지)
	전화번호 : 02)877-1112

군포교통(주)	운행노선 : 500, 5531, 5623, 8561 (인가대수 94대)
	소 재 지 : (15879) 경기 군포시 번영로 179-46 (군포공영차고지)
	전화번호 : 031)461-8415

김포교통(주)	운행노선 : 651, 654, 672, 6629, 6648, 6712 (인가대수 117대)
	소 재 지 : (07508) 강서구 금낭화로 170
	전화번호 : 02)2662-1459

㈜남성버스	운행노선 : 320, 361, 452, 3420, 9401, 9404, 9404-1, 9408, 서울06 (인가대수 167대)
	소 재 지 : (05844) 송파구 헌릉로 870 (송파공영차고지)
	전화번호 : 02)401-1359

다모아자동차(주)	운행노선 : 270, 470, 601, 710, N26강서, 서울02 (인가대수 123대)
	소 재 지 : (03902) 마포구 가양대로 117
	전화번호 : 02)376-2300

대성운수(주)	운행노선 : 333, 343, 345, 440, 3313 (인가대수 107대)
	소 재 지 : (05845) 송파구 헌릉로 870 (송파공영차고지)
	전화번호 : 02)400-9411

㈜대원교통	운행노선 : 240, 241, 242, 262, 2015, 2016 (인가대수 124대)
	소 재 지 : (05026) 성동구 왕십리로 125. (KD타워)
	전화번호 : 02)464-6111

㈜대원여객	운행노선 : 107, 111, 201, 341, 370, 040, 0411, 2312(A), 2312(B), 2416, 3323, 3324, 8332, N31강동 (인가대수 203대)
	소 재 지 : (05026) 성동구 왕십리로 125. (KD타워)
	전화번호 : 02)464-6111

대진여객(주)	운행노선 : 110(A), 110(B), 143, 162, 1014, 1020, 1113, 1114, 1116, 1162, 8002, 8003, N31정릉 (인가대수 172대)
	소 재 지 : (02700) 성북구 보국문로 204
	전화번호 : 02)941-3451

㈜대흥교통	운행노선 : 463, 4211 (인가대수 46대)
	소 재 지 : (06792) 서초구 양재대로 254-11
	전화번호 : 02)2293-7262

CHAPTER 02 시내버스 현황

| 도선여객(주) | 운행노선 : 406, 420, 472, 4312, 4432, 4435 (인가대수 139대)
소 재 지 : (06358) 강남구 양재대로 486
전화번호 : 02)574-0101 |

| 도원교통(주) | 운행노선 : 171, 1112, 1162, 1164, 1711, 2115(B), 6514, 6617, 6620, 6657, 8111, N62양천 (인가대수 156대)
소 재 지 : (02812) 성북구 정릉로10길 17
전화번호 : 02)914-9023 |

| 동성교통(주) | 운행노선 : 302, 303, 422, 3420, 4425, 9401, 9401-1, 9409, 서울01 (인가대수 162대)
소 재 지 : (13636) 성남시 분당구 탄천상로163번길 8
전화번호 : 031)718-0540 |

| 동아운수(주) | 운행노선 : 101, 121, 151, 152, 163, 1115, 1165, 8111, N15우이, 서울10 (인가대수 208대)
소 재 지 : (01095) 강북구 인수봉로 145
전화번호 : 02)908-4551 |

| 동해운수(주) | 운행노선 : 700, 760, 771, 7728 (인가대수 78대)
소 재 지 : (10373) 경기 고양시 일산서구 경의로 772
전화번호 : 031)913-6080 |

| 메트로버스(주) | 운행노선 : 260, 273, 2227, N26중랑 (인가대수 96대)
소 재 지 : (02056) 중랑구 신내역로 25 (중랑공영차고지)
전화번호 : 02)496-0111 |

| 범일운수(주) | 운행노선 : 505, 5413, 5525, 5537, 5617, 5619, 5620, 5621, 5627, 5633, 6637, 8551, N51시흥 (인가대수 188대)
소 재 지 : (08644) 금천구 금하로 733-1
전화번호 : 02)803-0111 |

| 보광교통(주) | 운행노선 : 0017, 674, 7017, 7021, 7730, 8777, N72은평, 서울08 (인가대수 81대)
소 재 지 : (03486) 은평구 수색로24길 19 (은평공영차고지)
전화번호 : 02)307-5600 |

| 보광운수(주) | 운행노선 : 2113, 2114, 2236 (인가대수 41대)
소 재 지 : (02056) 중랑구 신내역로 25 (중랑공영차고지)
전화번호 : 02)2208-2014 |

| 보성운수(주) | 운행노선 : 660, 5522(A), 5522(B), 5523, 5615, 5618, 6512, 8552 (인가대수 111대)
소 재 지 : (08369) 구로구 도림로 84
전화번호 : 02)855-1055 |

박흥식의 시내버스 노선조정 [노선은 생물(生物)이다]

보영운수(주)	운행노선 : 503, 5630, 5634, 5714, 8552, 8561 (인가대수 81대) 소 재 지 : (14303) 경기 광명시 범안로 966 (광명공영차고지) 전화번호 : 02)898-4321
북부운수(주)	운행노선 : 01A, 01B, 262, 272, 2112, 2211, 2230, 2233, 2311, 2312(A), 8221, N72중랑 (인가대수 196대) 소 재 지 : (02254) 중랑구 면목로 230 전화번호 : 02)439-0205
삼성여객자동차(주)	운행노선 : 400, 405, 421, N64염곡, 서울07(출근) (인가대수 83대) 소 재 지 : (06792) 서초구 양재대로 254 전화번호 : 02)793-8181~2
삼양교통(주)	운행노선 : 130, 144, 1165, 8101 (인가대수 87대) 소 재 지 : (01002) 강북구 삼양로173길 12 전화번호 : 02)993-0162~5
삼화상운(주)	운행노선 : 102, 103, 146, 173, 1129, 1130, 1133, 1137, 1140, 1143, 1224, 8112, N61상계, 서울09 (인가대수 116대) 소 재 지 : (01637) 노원구 덕릉로 811 전화번호 : 02)936-6000
상진운수(주)	운행노선 : 261, 1122, 2012, 2115(A), 8221 (인가대수 83대) 소 재 지 : (02782) 성북구 한천로76길 42 전화번호 : 02)966-0412
서부운수(주)	운행노선 : 721, 7018, 7719, 8773홍대 (인가대수 60대) 소 재 지 : (03680) 서대문구 응암로1길 17 전화번호 : 02)372-0221
서울교통네트웍(주)	운행노선 : 150, 160, 500, 507, 600, 660, 1143, N16도봉, 서울05 (인가대수 185대) 소 재 지 : (01301) 도봉구 도봉로 961 전화번호 : 02)954-4610
서울매일버스(주)	운행노선 : 703, 5625, 5626, 5713, 9711 (인가대수 108대) 소 재 지 : (13915) 경기 안양시 동안구 평촌대로 452 전화번호 : 031)388-5718
서울버스(주)	운행노선 : 301, 401, 3011, 3426 (인가대수 104대) 소 재 지 : (05791) 송파구 충민로6길 61-29 (장지공영차고지) 전화번호 : 02)400-2332

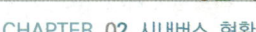

CHAPTER 02 시내버스 현황

㈜서울승합
운행노선 : 340, 342, 3212, 3318, 3321, 3411, 3412, 3413, N30 (인가대수 160대)
소 재 지 : (05212) 강동구 아리수로 426 (강동공영차고지)
전화번호 : 02)429-3104

선일교통(주)
운행노선 : 104, 1119, 1126, 8101 (인가대수 65대)
소 재 지 : (01012) 강북구 4.19로 84
전화번호 : 02)997-5871

㈜선진운수
운행노선 : 702(A), 702(B), 707, 742, 752, 753, 7022, 7025, 7212, 7613, 7715, 7720, 8771, 8773구산, 8774, 9707, 서울03, 서울04 (인가대수 291대)
소 재 지 : (03426) 은평구 서오릉로 207
전화번호 : 02)355-5855

세풍운수(주)
운행노선 : 6613, 6614, 6615, 6616, 6638, 6640(A), 6640(B), 6713, 6716 (인가대수 123대)
소 재 지 : (14225) 경기 광명시 안양천로 477
전화번호 : 02)2612-0015

송파상운(주)
운행노선 : 370, 3214, 3314, 3315, 3316, 3317, 3318, 3321, 3416 (인가대수 101대)
소 재 지 : (05757) 송파구 마천로41길 28
전화번호 : 02)409-3124

신길교통(주)
운행노선 : 604, 606, 652, 653, 661, 673, 674 (인가대수 117대)
소 재 지 : (07925) 양천구 월정로 117
전화번호 : 02)2602-3122~3

신수교통(주)
운행노선 : 705, 706, 761, 774, 7722, 7723, 7734 (인가대수 103대)
소 재 지 : (03300) 은평구 통일로 1190 (진관공영차고지)
전화번호 : 02)385-8858

신인운수(주)
운행노선 : 571, 5012, 5528 (인가대수 71대)
소 재 지 : (08500) 금천구 가마산로 78
전화번호 : 02)854-8001

신촌교통(주)
운행노선 : 740, 750(A), 7711, 7726, 7727, 8762 (인가대수 87대)
소 재 지 : (10544) 경기 고양시 덕양구 덕은로 112
전화번호 : 02)3158-1234

㈜신흥운수
운행노선 : 2221, 2222, 2415, 3216, 3220, 3414, 8331 (인가대수 115대)
소 재 지 : (05095) 광진구 자양번영로 3
전화번호 : 02)404-4251

 박흥식의 시내버스 노선조정 [노선은 생물(生物)이다]

아진교통(주)	운행노선 : 141, 142, 1127, 1128, 8101, N16도봉, 서울10 (인가대수 101대)
	소 재 지 : (01300) 도봉구 도봉산길 50
	전화번호 : 02)955-2321

㈜양천운수
운행노선 : 602, 5524, 6516, 6623, 6627, 6714, N16온수 (인가대수 118대)
소 재 지 : (08056) 양천구 신정로7길 17 (양천공영차고지)
전화번호 : 02)2617-1493

영신여객(주)
운행노선 : 109, 120, 1167 (인가대수 59대)
소 재 지 : (01002) 강북구 삼양로173길 22
전화번호 : 02)996-3501~3

영인운수(주)
운행노선 : 650, 653, 662, 6628, 6630, N61양천 (인가대수 89대)
소 재 지 : (07506) 강서구 남부순환로 224-58
전화번호 : 02)2665-3121~3

㈜우신버스
운행노선 : 441, 502, 540, 541, 5530 (인가대수 133대)
소 재 지 : (15879) 경기 군포시 번영로 179-46 (군포공영차고지)
전화번호 : 031)462-6300

우신운수(주)
운행노선 : 4212, 4318, 4319, 8442, N15사당, 서울07 (인가대수 90대)
소 재 지 : (06761) 서초구 과천대로 796
전화번호 : 02)597-5691~3

㈜원버스
운행노선 : 7024, 7737, 7738, 7739, 8777 (인가대수 40대)
소 재 지 : (03486) 은평구 수색로24길 19 (은평공영차고지)
전화번호 : 02)308-5483

㈜정평운수
운행노선 : 4433, 6642, 6645, 6647 (인가대수 47대)
소 재 지 : (07505) 강서구 개화동로8길 17 (강서공영차고지)
전화번호 : 02)308-5483

제일교통(주)
운행노선 : 704, 720, 773, 7211, 8772, N37진관, N75진관 (인가대수 106대)
소 재 지 : (03300) 은평구 통일로 1190 (진관공영차고지)
전화번호 : 02)3157-4350

중부운수(주)
운행노선 : 603, 640, 641, 6211, 6624, 6625, 6715, 8641, 8671 (인가대수 153대)
소 재 지 : (08033) 양천구 지양로 106
전화번호 : 02)2691-7779

진아교통(주)
운행노선 : 147, 1132, 1135, 1136, 1222, 8101 (인가대수 84대)
소 재 지 : (01906) 노원구 마들로 145
전화번호 : 02)972-3811

CHAPTER 02 시내버스 현황

| 진화운수(주) | 운행노선 : 402, 461, 3011, 3319, 3417, 3422, 8331, 8441 (인가대수 143대)
소 재 지 : (05791) 송파구 충민로6길 61-5 (장지공영차고지)
전화번호 : 02)406-3020 |

| 태릉교통(주) | 운행노선 : 202, 1155, 2212, 8221 (인가대수 61대)
소 재 지 : (12100) 경기 남양주시 불암산로 20
전화번호 : 02)972-1512 |

| 태진운수(주) | 운행노선 : 2014, 2224, 2412, 2413, 8441 (인가대수 54대)
소 재 지 : (04776) 성동구 둘레15길 8
전화번호 : 02)469-9411 |

| 한국brt자동차(주) | 운행노선 : 140, 360, 701, 708, 741, N13송파, N37송파, N73송파 (인가대수 180대)
소 재 지 : (05844) 송파구 헌릉로 870 (송파공영차고지)
전화번호 : 02)404-8241 |

| 한남여객운수(주) | 운행노선 : 501, 506, 5511, 5513, 5515, 5516, 5517, 5522(B), 5611, 5616,
6411, 6511, 8551, N75신림 (인가대수 203대)
소 재 지 : (08814) 관악구 신림로 87-8
전화번호 : 02)873-8730 |

| 한서교통(주) | 운행노선 : 350, 3217, 3313, 3322 (인가대수 84대)
소 재 지 : (05844) 송파구 헌릉로 870 (송파공영차고지)
전화번호 : 02)407-8505 |

| 한성여객운수(주) | 운행노선 : 100, 172, 1017, 1120, 1131, 1140, 1141, 1143, 1144, 1154, 1227,
8101, 8146, N51하계, 서울09출근 (인가대수 128대)
소 재 지 : (01637) 노원구 덕릉로 811
전화번호 : 02)936-6000 |

| 한성운수(주) | 운행노선 : 101, 145, 148, 504, 1111, 1124, 1218, 5535, 5536, 8101, 8221,
8551, 8561 (인가대수 203대)
소 재 지 : (01137) 강북구 한천로 939
전화번호 : 02)981-9001 |

| 현대교통(주) | 운행노선 : 7019, 7611, 7612, 7713, 8671, 8773홍대 (인가대수 78대)
소 재 지 : (03663) 서대문구 모래내로 289
전화번호 : 02)302-3793 |

| 흥안운수(주) | 운행노선 : 102, 105, 146, 1131, 1138, 1139, 1141, 1142, 1143, 1221, 1224,
1226, 8112, 8146, N13상계, 서울09 (인가대수 141대)
소 재 지 : (01637) 노원구 덕릉로 811
전화번호 : 02)936-6000 |

2.3 노선인가(운행계통) 현황

노선번호	유형	기점	종점	인가대수	운행대수	인가거리	운행시간	총운행횟수	최소	최대	첫차시간	막차시간
01A	순환	남산예장버스환승주차장	남산예장버스환승주차장	16	12	16	60	144	6	9	0630	2300
01B	순환	남산예장버스환승주차장	남산예장버스환승주차장	6	6	16	65	72	12	18	0630	2300
040	간선	용산공영차고지	개포동	15	12	38.5	195	71	13	17	0430	2240
0017	지선	용산공영차고지	신용산역3번출구	9	8	13.5	64	112	9	15	0500	2315
0411	지선	용산공영차고지	AT센터	22	20	44.3	220	84	10	16	0420	2230
100	간선	하계동	용산구청	29	28	57.09	237	109	8	12	0400	2230
101	간선	우이동	서소문	31	30	37.81	170	159	6	10	0400	2300
102	간선	상계주공7단지	동대문	20	19	30.2	126	134	8	12	0400	2310
103	간선	삼화상운	서울역	24	23	30.42	135	149	6	12	0430	2300
104	간선	강북청소년수련관	서울역버스환승센터	24	23	30.5	145	152	5	10	0400	2315
105	간선	상계주공7단지	서울역	20	19	38.77	145	104	8	14	0400	2240
107	간선	민락동차고지	동대문	25	24	61	230	92	10	13	0410	2230
109	간선	우이동	광화문	16	16	28.16	122	115	7	13	0427	2320
110	간선	정릉	정릉	44	43	36.9	150	258	7	10	0400	2240
111	간선	민락동차고지	동대문	13	13	57.1	235	48	15	24	0410	2220
120	간선	우이동	청량리	32	31	33.1	142	186	5	8	0425	2310
121	간선	화계사	서울숲	27	25	33.679	150	143	6	10	0400	2230
130	간선	우이동	길동	42	39	48.7	183	196	3	12	0420	2250
140	간선	도봉산역광역환승센터	AT센터양재꽃시장	45	44	58.1	230	172	6	8	0400	2250
141	간선	도봉산	염곡동	37	36	54.1	215	141	5	12	0400	2240
142	간선	방배동	도봉산	38	37	59.4	225	143	5	12	0400	2245
143	간선	정릉	개포동	50	48	62.2	230	192	4	8	0400	2210
144	간선	우이동	교대	39	38	48.79	205	166	3	12	0430	2250
145	간선	번동	강남역	34	33	45.6	185	156	4	10	0400	2240
146	간선	상계주공7단지	강남역	41	38	57.2	244	147	1	12	0405	2300
147	간선	월계동	도곡동	39	37	52.82	235	148	7	9	0400	2210
148	간선	번동	방배동	31	30	44.6	185	141	4	10	0400	2240
150	간선	도봉산역	시흥대교	50	49	74.8	281	157	6	9	0357	2200
151	간선	우이동	중앙대	35	34	47.32	200	153	6	10	0400	2250
152	간선	화계사	삼막사사거리	51	49	64.43	260	147	3	10	0400	2200

CHAPTER 02 시내버스 현황

노선번호	유형	기점	종점	인가대수	운행대수	인가거리	운행시간	총운행횟수	최소	최대	첫차시간	막차시간
160	간선	도봉산역	온수동종점	49	48	69.9	261	163	6	9	0357	2210
162	간선	정릉	여의도	29	27	37.7	155	162	6	9	0400	2250
163	간선	우이동	대방역	42	41	55.63	220	166	5	10	0400	2230
171	간선	국민대앞	월드컵파크7단지	29	28	45.37	176	148	6	11	0400	2300
172	간선	하계동	상암동	26	26	47	210	112	8	12	0400	2245
173	간선	월계동	신촌기차역	25	24	43.2	195	108	7	13	0400	2250
201	간선	수택동차고지	서울역환승센터	19	18	51.7	210	73	13	18	0400	0000
202	간선	불암동	후암동	36	36	53.1	220	149	5	10	0400	2200
240	간선	중랑공영차고지	신사역사거리	22	21	41.8	205	89	10	15	0400	2250
241	간선	중랑공영차고지	논현역	28	25	51	225	109	9	11	0400	2230
242	간선	중랑공영차고지	개포동	19	19	47	215	79	10	17	0400	2230
260	간선	중랑공영차고지	국회의사당	30	30	53.1	205	138	7	10	0355	2240
261	간선	석관동(상진운수종점)	여의도	33	32	52.7	220	128	7	11	0350	2230
262	간선	중랑공영차고지	여의도환승센타	34	32	56.5	260	120	5	15	0400	2200
270	간선	상암차고지	망우리(출)	33	32	50.9	218	128	7	10	0400	2220
271	간선	용마문화복지센터	월드컵파크7단지	45	44	52.99	238	174	6	7	0410	2220
272	간선	면목동	남가좌동	41	40	46.5	195	200	4	7	0415	2230
273	간선	중랑공영차고지	홍대입구역	39	38	44	215	164	5	8	0410	2230
301	간선	장지공영차고지	혜화동	42	41	48.15	215	169	5	8	0400	2230
302	간선	상대원차고지	상왕십리역	29	28	55.46	220	112	8	15	0400	2245
303	간선	상대원차고지	신설동역	39	38	54.59	210	152	6	12	0400	2220
320	간선	송파차고지	중랑구청	26	25	39.5	165	140	7	10	0400	2300
333	간선	송파공영차고지	올림픽공원	28	27	46.5	228	106	9	13	0400	2300
340	간선	강동공영차고지	강남역	35	33	41.1	185	170	5	8	0430	2310
341	간선	강동공영차고지	우면동	24	22	45.7	220	88	8	12	0430	2220
342	간선	강동차고지	압구정로데오역	26	25	47.8	200	108	8	11	0400	2230
343	간선	송파공영차고지	압구정역3번출구	18	17	40.7	173	82	12	17	0400	2240
345	간선	송파공영차고지	구반포역	25	24	49	215	96	9	14	0400	2250
350	간선	송파차고지	노들역앞	26	26	51.2	210	102	8	13	0400	2230
360	간선	송파차고지	여의도환승센터	51	49	55.7	235	192	5	7	0400	2250
361	간선	송파공영차고지	여의도역	25	24	54.2	230	96	9	14	0400	2230

박흥식의 시내버스 노선조정 [노선은 생물(生物)이다]

노선번호	유형	기점	종점	인가대수	운행대수	인가거리	운행시간	총운행횟수	최소	최대	첫차시간	막차시간
370	간선	강동공영차고지	충정로역	41	38	48.7	200	176	1	8	0400	2250
400	간선	염곡동	시청앞	23	22	48.92	220	92	8	16	0415	2225
401	간선	장지공영차고지	서울역	28	27	52.68	220	104	8	13	0400	2230
402	간선	장지공영차고지	광화문	37	36	56.7	225	128	6	12	0400	0005
405	간선	염곡동	시청광장	17	16	43.9	175	86	7	16	0410	2240
406	간선	개포동	서울역	17	16	41.53	140	96	9	14	0420	2320
420	간선	개포동	청량리	37	36	46.2	205	159	4	10	0410	2300
421	간선	염곡동차고지	옥수동	39	38	57.25	265	133	5	12	0400	2210
422	간선	구미동차고지	중곡역	15	15	59.7	225	60	15	20	0430	2300
440	간선	송파공영차고지	압구정동한양파출소앞	28	27	49	215	111	9	13	0355	2255
441	간선	월암공영차고지	신사역	29	25	64.1	220	105	8	14	0420	2220
452	간선	송파공영차고지	중앙대학교	34	32	62.74	250	122	7	12	0400	2250
461	간선	장지공영차고지	여의도공원	40	39	62.7	275	109	8	15	0400	2210
463	간선	염곡동차고지	국회의사당	30	29	49.5	215	116	7	13	0400	2215
470	간선	상암차고지	안골마을	33	32	58.28	222	130	7	11	0400	2230
472	간선	개포동차고지	신촌로타리	31	30	39.65	170	160	6	10	0410	2320
500	간선	석수역	을지로입구	32	30	43.8	185	144	7	10	0400	2300
501	간선	한남운수대학동차고지	종로2가	18	17	29.92	125	128	7	11	0430	2230
502	간선	월암공영차고지	한국은행,신세계앞	24	24	70.47	225	99	8	14	0410	2250
503	간선	광명공영차고지	서울역	16	15	45	195	72	11	18	0415	2220
504	간선	광명공영주차장	남대문	33	32	44.04	185	157	5	8	0355	2240
505	간선	노온사동	서울역	29	27	57.4	195	109	8	12	0410	2230
506	간선	신림2동차고지	을지로입구역광교	19	17	44.1	188	95	11	16	0430	2230
507	간선	석수역	동대문역사문화공원	29	28	51.8	204	120	7	11	0400	2250
540	간선	군포공영차고지	서울성모병원	29	27	52	180	140	6	25	0445	0005
541	간선	군포공영차고지	강남역	22	19	56.7	185	93	9	20	0410	2320
571	간선	가산동	은평뉴타운공영차고지	28	25	57.68	245	100	7	15	0420	2230
600	간선	온수동	광화문	27	26	38.1	143	168	7	9	0400	2330
601	간선	개화동	혜화역	28	27	51.73	185	135	7	10	0400	2250
602	간선	양천공영차고지	시청앞	26	25	39.47	165	135	7	13	0410	2230
603	간선	신월동	시청	21	19	37.24	160	114	6	12	0420	2300

CHAPTER 02 시내버스 현황

노선번호	유형	기점	종점	인가대수	운행대수	인가거리	운행시간	총운행횟수	최소	최대	첫차시간	막차시간
604	간선	신월동기점	중구청앞	20	19	42.3	180	95	9	13	0400	2250
605	간선	강서공영차고지.개화역	후암동	27	26	57.3	222	109	7	11	0400	2220
606	간선	부천상동	조계사	22	21	62.9	230	80	12	16	0400	2230
640	간선	신월동기점	강남역	21	20	39.834	180	110	3	13	0420	2250
641	간선	문래동	양재동	35	34	41.59	190	170	3	9	0410	2240
643	간선	양천차고지	강남역	28	28	45	184	137	6	10	0430	2240
650	간선	외발산동	낙성대입구	25	24	42.48	190	118	8	11	0400	2240
651	간선	방화동	관악구청	25	24	51.5	200	109	8	13	0400	2240
652	간선	신월동기점	금천우체국	28	26	47.9	228	108	7	12	0400	2240
653	간선	영인운수차고지	가산디지털단지역	11	10	27.92	110	72	10	20	0430	2320
654	간선	방화동	노들역	22	22	44.5	205	96	9	14	0400	2230
660	간선	온수동종점	가양역	20	18	45.86	194	84	11	15	0400	2230
661	간선	부천상동	신세계백화점	18	17	53.18	226	64	13	19	0400	2240
662	간선	외발산동	여의나루역	17	16	37	150	99	9	14	0400	2310
672	간선	방화동기점	이대후문	15	14	39	162	78	12	17	0430	2250
673	간선	부천상동	이대부고	17	16	51	198	70	14	18	0430	2250
674	간선	신월동기점	연세대	12	12	28	120	84	10	15	0420	2300
700	간선	대화동	서울역	24	23	61.96	205	103	8	20	0430	0000
701	간선	진관차고지	종로2가삼일교	19	18	38.4	148	108	8	12	0400	2300
702	간선	서오릉	종로1가	40	39	30.64	128	276	5	8	0400	2300
703	간선	탄현역	숭례문	14	13	66.2	213	55	15	25	0430	2230
704	간선	진관차고지	서울역버스환승센터	17	16	60	173	80	10	20	0400	2230
705	간선	은평뉴타운공영차고지	롯데백화점	14	13	38	144	78	13	17	0350	2300
706	간선	진관공영차고지	서소문	10	10	30	110	80	12	20	0400	2300
707	간선	고양시 가좌동	롯데백화점	24	23	78.75	266	85	7	18	0400	2250
708	간선	진관차고지	서울역	16	15	34	140	102	10	12	0430	2320
710	간선	상암차고지	수유역강북구청	24	23	48.6	170	109	7	10	0350	2240
720	간선	진관공영차고지	답십리	33	32	48.72	197	150	6	12	0400	2310
721	간선	북가좌동	건대입구역	37	36	43.3	154	172	5	9	0420	2240
740	간선	덕은동종점	무역센터삼성역	30	28	48.6	189	137	6	12	0400	2240
741	간선	진관차고지	세곡동사거리	35	32	65.8	229	128	5	11	0400	2250

박흥식의 시내버스 노선조정 [노선은 생물(生物)이다]

노선번호	유형	기점	종점	인가대수	운행대수	인가거리	운행시간	총운행횟수	최소	최대	첫차시간	막차시간
742	간선	구산동	교대역3	32	32	57.9	247	114	7	13	0400	2210
750	간선	덕은동종점	서울대학교	34	32	46.93	170	172	5	14	0400	2310
752	간선	구산동	노량진	27	26	51.2	202	118	7	13	0400	2220
753	간선	구산동	상도동	21	20	49.2	203	89	9	15	0410	2220
760	간선	대화동종점	영등포소방서,타임스퀘어	21	19	62.2	235	80	12	20	0430	2300
761	간선	진관공영차고지	영등포역	21	20	39	165	109	8	12	0400	2320
771	간선	대화동종점	디지털미디어시티역	11	11	53	190	53	16	24	0410	2330
773	간선	진관차고지	구파발역	17	17	75	210	70	15	22	0430	2330
774	간선	진관공영차고지	파주읍	10	9	74.2	210	37	25	40	0340	2300
1014	지선	성북생태체험관	종로구민회관숭인동	12	11	12.6	70	143	7	10	0500	2340
1017	지선	월계동	상왕십리	11	10	23.9	110	82	11	15	0430	2320
1020	지선	정릉	교보문고	15	14	23.2	85	140	7	9	0430	2320
1111	지선	번동	성북동	18	17	26.17	120	128	8	12	0420	2320
1112	지선	정릉4동	성북동	12	11	22.8	105	96	9	15	0400	2300
1113	지선	정릉	월곡동	5	5	13.9	65	70	14	16	0510	2340
1114	지선	성북생태체험관	길음역	4	4	8.3	40	80	12	20	0500	2350
1115	지선	수유중학교혜화여고	미아삼거리역	6	6	11.68	60	96	9	16	0530	0000
1116	지선	국민대학교	미아사거리	5	5	12	70	70	15	25	0500	2330
1119	지선	강북청소년수련관	녹천역	20	20	20.7	120	162	6	9	0440	2335
1120	지선	하계동	삼양동입구	14	13	31.79	152	75	12	18	0430	2300
1122	지선	석관동(상진운수종점)	원자력병원	16	15	19.4	86	150	7	10	0400	2330
1124	지선	수유역	미아삼거리역	6	6	10.5	52	108	10	16	0500	0030
1126	지선	강북청소년수련관	안방학동	20	19	18.9	95	166	6	9	0425	2350
1127	지선	수유역	도봉산	9	8	20	90	80	11	14	0500	2310
1128	지선	도봉산	kt월곡지사	14	13	29	130	96	10	13	0430	2250
1129	지선	상계8동	창동역	3	3	8.8	43	57	15	40	0500	2330
1130	지선	청백아파트1단지	석계역	5	5	7.9	37	108	8	15	0500	0010
1131	지선	중계본동	석계역	6	6	16.25	73	66	13	20	0500	2350
1132	지선	월계동	노원역	17	16	19.6	93	162	6	11	0430	2350
1133	지선	염광고교	염광고교	7	7	12.9	59	96	10	20	0500	2340
1135	지선	월계동	은행사거리	10	9	17.6	70	100	9	13	0430	2340

CHAPTER 02 시내버스 현황

노선번호	유형	기점	종점	인가대수	운행대수	인가거리	운행시간	총운행횟수	최소	최대	첫차시간	막차시간
1136	지선	월계동(E마트)	원자력병원	6	5	10.8	55	85	11	17	0500	0000
1137	지선	상계동	미아사거리	17	17	24	130	116	8	14	0430	2310
1138	지선	상계4동	수유역	5	5	17.7	87	53	17	28	0430	2340
1139	지선	상계4동	방학2동주민센터	11	11	23.62	115	88	10	16	0430	2340
1140	지선	중계동	광운대	5	5	15.9	74	62	15	23	0500	0000
1141	지선	중계본동종점	석계역	6	6	15.5	73	66	12	20	0500	2350
1142	지선	중계본동	창동역	13	11	10.1	57	171	5	10	0500	0000
1143	지선	중계본동	수락리버시티	10	6	25.06	105	80	8	18	0430	2320
1144	지선	하계동	우이동	9	9	19.89	105	81	10	18	0440	2340
1154	지선	하계동	신곡동	11	11	27.64	106	87	10	18	0430	2320
1155	지선	청학리	석계역	13	13	31.1	95	130	6	15	0430	2250
1162	지선	성북구민회관	보문역	7	7	8.31	42	117	7	12	0500	2340
1164	지선	서경대본관	길음전철역	12	12	8.78	40	230	4	7	0500	2340
1165	지선	화계사	미아사거리역	22	20	21.3	110	160	6	10	0430	2330
1167	지선	우이동	은행사거리(11414)	11	9	18.9	80	110	8	13	0445	2330
1213	지선	용마문화복지센터	국민대학교	21	20	27.98	125	133	8	13	0420	2300
1218	지선	수유역	답십리	19	19	31.7	138	117	7	14	0410	2250
1221	지선	중계동	서울의료원	5	5	15.64	68	60	13	27	0430	2330
1222	지선	월계동	고대앞	11	10	18.6	85	105	9	12	0400	2320
1224	지선	상계4동	청량리	24	22	31.4	144	134	5	9	0430	2320
1226	지선	월곡중학교	경동시장	2	1	8.72	44	42	22	50	0430	2240
1227	지선	하계동	제기동	14	13	26.9	114	100	8	13	0430	2320
1711	지선	국민대	공덕동	25	24	29.93	125	173	4	9	0430	2300
2012	지선	중랑공영차고지	동대문역사문화공원	20	19	38.03	180	99	9	13	0400	2240
2013	지선	용마문화복지센터	성동공업고등학교앞	11	11	21.2	114	88	11	15	0420	2250
2014	지선	성수동차고지	동대문역사문화공원	14	13	22.7	112	100	10	14	0420	2330
2015	지선	중랑공영차고지	동대문역사문화공원	26	25	29.81	153	144	6	10	0430	2310
2016	지선	중랑공영차고지	이촌2동	24	19	54.7	235	88	9	15	0400	2220
2112	지선	면목동	성북동	14	13	36.51	170	69	14	18	0430	2240
2113	지선	중랑공영차고지	석계역	13	13	19.09	100	115	8	13	0530	2330
2114	지선	중랑공영차고지	태릉시장	13	13	27	120	100	9	14	0530	2330

박흥식의 시내버스 노선조정 [노선은 생물(生物)이다]

노선번호	유형	기점	종점	인가대수	운행대수	인가거리	운행시간	총운행횟수	최소	최대	첫차시간	막차시간
2115	지선	중랑공영차고지	서경대입구	29	27	36.7	170	149	7	10	0400	2250
2211	지선	면목동	회기역	18	17	16.8	82	192	5	7	0440	2325
2212	지선	불암동	서일대	10	10	32.3	140	70	13	23	0410	2240
2221	지선	자양동	신설동	20	19	24.4	106	147	6	13	0430	2315
2222	지선	자양동	고대앞	14	13	23.2	120	104	8	20	0430	2320
2224	지선	성수동	강변역	11	10	17.3	93	90	11	16	0410	2315
2227	지선	중랑공영차고지	광장동	22	18	39.5	185	105	8	13	0420	2240
2230	지선	면목동	경동시장	19	18	28.1	150	121	5	10	0420	2300
2233	지선	면목동	옥수동	16	15	42.71	192	72	12	17	0430	2240
2236	지선	중랑공영차고지	신이문역	15	15	27	150	84	10	15	0500	2230
2311	지선	중랑공영차고지	문정동	22	21	45.5	220	95	11	13	0400	2230
2312	지선	중랑차고지	강동차고지	19	17	46	180	90	8	12	0420	2230
2412	지선	성수동	세곡동사거리	15	14	34	133	99	10	15	0400	2240
2413	지선	성수동	개포동	11	10	26.3	128	70	13	20	0410	2310
2415	지선	자양동	대치동	20	19	25.2	115	139	6	16	0430	2320
2416	지선	중랑공영차고지	삼성역	15	14	35.7	190	65	14	17	0430	2240
3011	지선	장지공영차고지	한남동	23	21	43.16	180	101	10	13	0420	2250
3212	지선	강동차고지	강변역	10	10	26.5	120	80	12	16	0430	2330
3214	지선	마천동	강변역	11	11	26.44	112	88	11	14	0440	2320
3216	지선	오금동	경희대입구	20	19	38.1	165	95	11	15	0430	2240
3217	지선	송파차고지	어린이대공원	29	27	42.6	180	132	7	10	0400	2245
3220	지선	오금동	청량리	19	18	37.38	165	95	9	16	0430	2240
3313	지선	송파공영차고지	잠실새내역	18	17	21	115	132	7	12	0425	2325
3314	지선	장지동공영차고지	종합운동장	17	17	29.4	125	124	8	11	0440	2320
3315	지선	장지동공영차고지	삼전동사회복지관	23	23	27.4	125	169	5	8	0430	2320
3316	지선	마천동	천호역	10	9	18.7	66	108	9	12	0450	2330
3317	지선	남한산성입구	잠실리센츠아파트앞	11	9	18.4	83	124	8	11	0430	2330
3318	지선	강동공영차고지	마천동	20	18	44	195	94	10	13	0430	2310
3319	지선	장지공영차고지	잠실역7번출구	12	11	23.4	115	84	11	15	0430	2330
3321	지선	강동공영차고지	강동구청	10	10	24.3	105	80	12	16	0430	2340
3322	지선	송파차고지	잠실종합운동장	19	18	27.3	120	123	7	12	0400	2320

CHAPTER 02 시내버스 현황

노선번호	유형	기점	종점	인가대수	운행대수	인가거리	운행시간	총운행횟수	최소	최대	첫차시간	막차시간
3323	지선	강동차고지	잠실새내역	15	13	33.6	165	74	12	17	0430	2240
3324	지선	강동공영차고지	강동역	10	10	22.1	110	85	10	16	0430	2330
3411	지선	강동차고지	삼성역	17	16	34.6	160	102	9	13	0430	2320
3412	지선	강동차고지	강남역	22	21	49.8	210	87	10	14	0400	2230
3413	지선	강동공영차고지	수서경찰서	26	24	43.3	190	128	8	10	0420	2300
3414	지선	오금동	개포중학교	20	20	36.6	185	96	10	15	0430	2240
3416	지선	마천동	은곡마을입구	10	10	23	100	100	10	13	0440	2330
3417	지선	장지공영차고지	삼성역	23	21	24.6	110	152	5	8	0430	2330
3420	지선	복정역환승주차장	구반포역	24	23	48.5	220	98	9	14	0400	2230
3422	지선	장지공영차고지	한티역	17	16	39.4	185	75	10	16	0420	2230
3426	지선	서울버스종점	청담동	21	20	36.94	160	110	7	13	0420	2300
4211	지선	염곡동차고지	한양대동문앞	16	15	33	150	84	12	15	0355	2300
4212	지선	남태령역	중곡역	28	27	35.18	160	162	5	12	0400	2300
4312	지선	개포동	가락1동주민센터	28	27	43	210	114	7	10	0430	2250
4318	지선	남태령역	천호역	36	34	51.6	225	140	5	20	0320	2230
4319	지선	전원마을	잠실역	20	19	33.3	160	105	8	17	0420	2300
4425	지선	상대원차고지	삼성역	19	18	48	200	74	10	20	0400	2230
4432	지선	개포동	청계산,옛골	14	13	25.8	104	117	7	12	0400	2320
4433	지선	대치역	양재역	8	8	12.2	60	122	7	11	0540	2330
4435	지선	개포동차고지	서초역	12	10	23.5	104	97	10	14	0410	2320
5012	지선	가산동	용산역	22	21	45	185	95	8	19	0420	2230
5413	지선	시흥	고속터미널	27	26	36.13	142	156	5	9	0420	2310
5511	지선	신림2동차고지	중앙대학교	16	15	25.1	115	120	8	11	0530	2330
5513	지선	서울대학교	관악드림타운	9	8	15.16	65	112	8	14	0530	2330
5515	지선	금호타운아파트	청림동현대아파트	14	13	10.87	60	168	5	12	0530	2330
5516	지선	신림2동차고지	노량진역	18	18	30.56	130	131	7	9	0500	2300
5517	지선	한남운수대학동차고지	중앙대학교	15	15	37.28	155	90	12	13	0430	2230
5519	지선	우방아파트	용천사	6	6	9.1	60	82	10	17	0600	2325
5522	지선	난곡	난곡	23	22	20	100	195	7	15	0500	2330
5523	지선	난곡종점	관악구청	10	9	12.2	60	108	8	17	0430	2320
5524	지선	난향차고지	중앙대학교	29	28	34.9	165	135	7	10	0400	2230

박흥식의 시내버스 노선조정 [노선은 생물(生物)이다]

노선번호	유형	기점	종점	인가대수	운행대수	인가거리	운행시간	총운행횟수	최소	최대	첫차시간	막차시간
5525	지선	시흥동	보라매공원	7	6	15.75	70	66	14	19	0450	2320
5528	지선	가산동	사당역	21	20	38.4	170	103	7	15	0430	2250
5530	지선	군포공영차고지	사당역	29	27	58	220	113	8	12	0440	2230
5531	지선	군포공영차고지	노들역	41	40	52	213	170	5	8	0420	2230
5535	지선	하안동	노량진	24	23	37.6	170	129	6	10	0420	2240
5536	지선	하안동	중앙대	24	23	27.6	140	150	6	15	0410	2240
5537	지선	시흥동	가산디지털단지역	6	6	11.1	49	83	12	18	0430	2330
5611	지선	가산동기점	대림동우성아파트	5	5	12.4	57	67	12	23	0420	2320
5615	지선	여의도	난곡	19	18	27.5	120	121	8	10	0410	2300
5616	지선	가산동기점	영도중학교입구	18	17	45.4	210	73	14	17	0420	2220
5617	지선	시흥	구로디지털단지역	8	8	10.53	41	128	7	11	0450	2350
5618	지선	구로동	구로동	23	22	34.3	160	116	7	12	0330	2210
5619	지선	시흥동	신도림역	13	12	18.77	84	114	8	12	0430	2330
5620	지선	시흥	선유도역	21	20	27.67	119	140	7	9	0430	2310
5621	지선	삼익아파트	구로디지털단지역	8	8	6.45	30	150	6	9	0520	2350
5623	지선	군포공영차고지	여의도	37	36	56	222	141	6	9	0400	2220
5625	지선	안양비산동	영등포역(영등포시장)	19	18	39.2	160	102	7	15	0400	2240
5626	지선	안양비산동	온수동종점	26	25	49.19	206	115	8	14	0400	2225
5627	지선	노온사동	구로디지털단지역	11	10	35.91	124	70	14	20	0430	2330
5630	지선	광명공영차고지	목동역	13	13	28.42	140	78	12	18	0415	2250
5633	지선	노온사동	순복음교회	21	20	55.82	193	84	11	15	0420	2250
5634	지선	광명공영차고지	여의도	15	14	28.47	135	91	10	17	0415	2250
5712	지선	가산동기점	홍대입구역	27	26	43.5	190	130	7	10	0430	2230
5713	지선	안양비산동	신촌기차역	25	25	49.2	195	120	6	12	0405	2225
5714	지선	광명공영차고지	이대입구	34	33	41.53	205	138	5	13	0415	2210
6211	지선	신월동	상왕십리	24	23	52.68	225	97	8	13	0420	2230
6411	지선	정랑고개	선릉역	27	26	54.8	250	94	9	14	0345	2215
6511	지선	정랑고개	서울대	12	11	37.5	180	60	17	23	0400	2300
6512	지선	구로동	서울대	24	23	37.42	170	121	6	13	0350	2230
6514	지선	양천공영차고지	서울대학교	26	25	50.9	230	103	8	13	0400	2200
6515	지선	양천공영차고지	경인교육대학교	33	32	54	219	128	7	10	0410	2210

CHAPTER 02 시내버스 현황

노선번호	유형	기점	종점	인가대수	운행대수	인가거리	운행시간	총운행횟수	최소	최대	첫차시간	막차시간
6516	지선	양천공영차고지	박미삼거리	19	18	50	235	69	15	20	0400	2140
6613	지선	양천공영차고지	대림역	10	9	31.3	135	67	13	19	0430	2250
6614	지선	양천공영차고지	부천옥길지구	15	14	35.5	135	84	11	18	0430	2240
6615	지선	양천공영차고지	천왕역	7	6	18.9	90	75	13	22	0430	2300
6616	지선	철산동	온수동	13	12	27.19	125	91	11	18	0430	2310
6617	지선	양천공영차고지	목동우성아파트	10	9	19	89	95	9	12	0500	2330
6620	지선	양천공영차고지	당산역	9	9	25.12	109	72	13	16	0500	2330
6623	지선	양천공영차고지	여의도	14	14	31.9	135	87	10	15	0410	2250
6624	지선	신월동	이대목동병원	18	17	24.12	125	132	6	12	0500	2340
6625	지선	문래동	화곡역	12	12	29.5	140	84	9	18	0430	2300
6627	지선	양천공영차고지	이대목동병원	13	12	28.34	135	79	11	16	0430	2300
6628	지선	외발산동	여의도	25	24	27.1	125	173	5	11	0410	2320
6629	지선	방화동	영등포역	24	23	43	195	109	8	13	0430	2240
6630	지선	영인운수차고지	영등포시장	14	13	36.72	178	69	10	20	0420	2250
6631	지선	강서공영차고지.개화역	영등포시장	26	25	38.2	168	135	7	10	0420	2250
6632	지선	강서공영차고지.개화역	당산역	17	17	34.96	150	104	8	13	0430	2300
6633	지선	강서공영차고지.개화역	여의도역	11	11	50	220	42	10	25	0450	2130
6637	지선	노온사동	목동	31	29	37.05	145	174	5	8	0430	2310
6638	지선	철산동	오목교	12	11	25.64	120	94	11	15	0430	2300
6640	지선	양천공영차고지	양천공영차고지	19	16	20.48	95	180	11	16	0430	2310
6642	지선	강서공영차고지.개화역	가양3동도시개발9단지	13	13	30.6	144	90	11	12	0440	2230
6645	지선	강서공영차고지.개화역	강서공영차고지.개화역	13	13	27	124	90	10	14	0440	2230
6647	지선	강서공영차고지.개화역	강서공영차고지.개화역	13	13	23.2	100	126	8	13	0500	2300
6648	지선	방화동	양천구청	14	14	29	150	78	12	17	0430	2300
6657	지선	양천공영차고지	강서한강자이아파트	6	6	19.09	100	56	15	21	0500	2300
6712	지선	방화동	서강대학교	17	16	43.2	165	86	11	15	0430	2240
6713	지선	철산동	홍대입구역	20	20	39.4	180	104	10	17	0430	2220
6714	지선	양천공영차고지	이대부고	11	10	33.8	130	70	13	20	0430	2300
6715	지선	신월동	상암동	20	19	30.4	130	144	5	10	0430	2320
6716	지선	양천공영차고지	이대입구	27	26	48.12	180	130	9	11	0430	2220
7011	지선	은평차고지	중구청	21	20	35.8	175	110	7	14	0430	2310

박홍식의 시내버스 노선조정 [노선은 생물(生物)이다]

노선번호	유형	기점	종점	인가대수	운행대수	인가거리	운행시간	총운행횟수	최소	최대	첫차시간	막차시간
7013	지선	은평차고지	남대문시장	17	16	37.6	155	90	15	30	0430	2300
7016	지선	은평차고지	상명대	32	31	50	210	136	5	10	0430	2230
7017	지선	은평차고지	롯데백화점	23	22	36.6	170	125	7	11	0430	2300
7018	지선	북가좌동	무교동	18	17	26.4	115	124	6	12	0415	2300
7019	지선	은평차고지	서소문	26	25	39	158	143	6	12	0430	2255
7021	지선	은평차고지	을지로입구	23	21	33.69	160	132	7	12	0430	2300
7022	지선	구산동	서울역	19	18	30.8	125	133	7	10	0430	2310
7024	지선	봉원사	서울역	5	5	13.61	75	67	13	22	0530	2310
7025	지선	은평차고지	종로6가	17	16	32.97	142	112	9	17	0410	2320
7211	지선	진관공영차고지	신설동	29	28	48.8	175	143	5	10	0410	2300
7212	지선	은평차고지	극동그린아파트앞	25	25	59.12	255	94	8	16	0400	2210
7611	지선	은평차고지	여의도	17	17	39.04	152	102	8	14	0410	2240
7612	지선	홍연2교	영등포구청역	17	17	19.97	95	165	6	12	0433	2340
7613	지선	구산동	여의도	16	15	34.5	160	86	12	15	0430	2300
7711	지선	덕은동종점	홍대입구역	9	8	13.3	68	113	8	10	0430	0000
7713	지선	홍연2교	홍연2교	15	14	24.2	113	112	9	13	0500	2330
7715	지선	은평차고지	연신내역	13	12	26.4	114	104	7	13	0430	2330
7719	지선	북가좌동	녹번동	4	3	13.3	55	45	20	30	0420	2300
7720	지선	구산동	신촌	16	16	27.76	117	118	7	15	0430	2310
7722	지선	진관공영차고지	녹번역	12	12	19.28	88	115	8	14	0430	2350
7723	지선	진관공영차고지	구파발역	9	8	17.3	65	112	8	11	0430	0000
7726	지선	덕은동종점	모래내삼거리	7	5	27.5	93	55	19	23	0500	0000
7727	지선	설문동	신촌	22	21	60.96	200	97	9	14	0430	2250
7728	지선	대화동	신촌	22	21	58.3	215	88	10	16	0400	2210
7730	지선	은평차고지	이북오도청	18	18	30.6	140	126	8	10	0430	2300
7734	지선	진관공영차고지	홍대입구역	27	26	32.5	155	145	5	10	0400	2300
7737	지선	은평공영차고지	파크빌아파트	14	14	27.33	145	100	9	12	0505	2310
7738	지선	은평공영차고지	홍제역	13	13	19.39	85	132	7	10	0500	2320
7739	지선	은평공영차고지	서교가든	8	8	17.47	75	78	12	15	0500	2320
8002	맞춤	상명대앞	경복궁역	0	0	7.5	35	0	0	0	0000	0000
8003	맞춤	평창동주민센터	평창동주민센터	2	2	6.7	30	44	20	40	0600	2300

CHAPTER 02 시내버스 현황

노선번호	유형	기점	종점	인가대수	운행대수	인가거리	운행시간	총운행횟수	최소	최대	첫차시간	막차시간
8101	맞춤	도봉보건소	서소문	7	4	30.2	180	1	10	10	0700	800
8111	맞춤	북악중학교	국민대앞	5	5	15	80	10	15	20	0630	905
8112	맞춤	온곡중학교	수락리버시티1단지정문	4	4	11	60	12	15	15	0630	915
8146	맞춤	상계주공7단지	강남역	4	0	57.2	231	3	5	5	0350	400
8221	맞춤	장안2동주민센터	답십리역	5	5	11.1	50	3	8	52	0640	840
8331	맞춤	마천사거리	잠실역	5	5	12.1	55	12	9	12	0720	920
8332	맞춤	강동리버스트상가	중앙보훈병원역	4	4	13.5	80	10	18	25	0610	910
8441	맞춤	은곡마을,LH이편한세상	수서역5번출구	4	4	9.5	43	11	10	13	0640	0840
8442	맞춤	서초호반써밋아파트	양재역	3	3	12.2	60	6	7	50	0640	19:30
8541	맞춤	호압사	강남역	3	0	28.86	120	3	10	20	0400	0440
8551	맞춤	봉천역	노량진역	5	5	14.5	60	10	12	15	0650	0850
8552	맞춤	신림복지관앞	신림역신림사거리	4	4	7.6	28	12	9	11	0700	0900
8561	맞춤	신림동별빛거리입구	여의도환승센타	5	0	11.5	60	15	10	11	0630	0900
8641	맞춤	거리공원	개포중학교	2	0	52.9	226	2	0	0	0350	0350
8661	맞춤	온수공영차고지	천왕역4번출구	3	3	11	50	9	15	20	0630	0855
8671	맞춤	문래동시점	아현초등학교	4	0	17.5	80	9	15	20	0630	0905
8762	맞춤	디지털미디어시티역	디지털미디어시티역	4	3	13	52	24	14	17	0630	1954
8771	맞춤	구산중,구산교회	녹번역	4	4	7.7	40	12	10	11	0700	0900
8772	맞춤	진관공영차고지	북한산성입구	0	0	13.24	35	0	0	0	-	-
8773	맞춤	녹번역	홍대입구역	5	4	26.1	157	10	20	40	0540	1735
8774	맞춤	구산동	서대문구청	5	5	18.7	108	48	20	25	0430	2300
8777	맞춤	난지캠핑장	월드컵경기장남측	0	0	10.5	0	0	0	0	0000	0000
9401	광역	구미동차고지	서울역	50	46	72.36	165	270	3	6	0430	2300
9404	광역	분당구미	신사역	26	24	56	150	155	6	8	0400	2330
9408	광역	구미동차고지	고속터미널	18	17	66	220	71	10	18	0400	2240
9409	광역	구미동차고지	신사역	8	8	61	205	33	25	30	0500	2300
9707	광역	고양시 가좌동	영등포역	22	21	65.8	166	121	6	16	0500	0000
9711	광역	일산동부경찰서	양재동	24	23	90.5	230	96	7	16	0450	2330
9401-1	광역	푸른마을	서울시중부기술교육원	10	10	56	120	80	10	20	0600	2300
N13	심야	상계주공7단지	송파공영차고지	12	12	75	250	12	20	30	2330	0120
N15	심야	남태령역	우이동	12	12	74.4	240	12	15	30	2350	0130

박홍식의 시내버스 노선조정 [노선은 생물(生物)이다]

노선번호	유형	기점	종점	인가대수	운행대수	인가거리	운행시간	총운행횟수	최소	최대	첫차시간	막차시간
N16	심야	도봉차고지	온수동차고지	12	10	76.1	260	12	20	30	2350	0130
N26	심야	강서공영차고지	중랑공영차고지	10	9	72.9	240	11	15	25	0000	0130
N30	심야	강동공영차고지	서울역환승센터	4	4	47.5	145	8	35	45	2310	0350
N31	심야	강동공영차고지	국민대	8	6	73.7	250	8	35	40	2330	0120
N37	심야	송파공영차고지	진관공영차고지	8	8	73.4	220	8	25	25	2350	0120
N51	심야	범일운수종점	한성여객종점	8	7	77.4	240	8	30	30	2340	0130
N61	심야	상계주공7단지	양천공영차고지	16	14	88.6	280	16	10	30	2340	0410
N62	심야	면목동차고지	양천공영차고지	12	11	72.3	240	12	15	20	2340	0110
N64	심야	강서공영차고지.개화역	염곡동구룡사	8	8	70.3	230	8	30	35	2340	0110
N72	심야	은평공영차고지	중랑공영차고지	9	7	70	250	9	25	30	2330	0115
N73	심야	구산동	송파차고지	8	5	76	260	8	35	35	2330	0115
N75	심야	신림2동차고지	은평뉴타운공영차고지	12	11	88.2	300	12	25	30	2300	0120
서울01	동행	강남역	화성시동탄	5	1	38	120	5	15	20	0700	0730
서울02	동행	김포시 풍무동	김포공항역	9	9	12	60	15	10	12	0630	0820
서울03	동행	파주시 운정지구	홍대입구역	5	5	37	80	5	20	25	0620	0700
서울04	동행	고양시 원흥지구	가양역	7	6	13	60	7	15	20	0630	0715
서울05	동행	양주시 옥정신도시	도봉산역	6	6	21	50	6	15	20	0630	0715
서울06	동행	강남역	광주시 능평동	5	0	33	100	5	15	20	0650	0720
서울07	동행	양재역	기업성장센터	6	6	13	50	6	15	20	0700	0745
서울08	동행	화정역3호선	디지털미디어시티역	5	5	10	30	5	15	20	0700	0730
서울09	동행	의정부시고산지구	노원역	6	6	16	50	6	15	20	0700	0745
서울10	동행	의정부시가능동	도봉산	6	6	10	30	6	15	20	0700	0745

03 시내버스 노선조정

3.1 시내버스 노선조정 업무

서울시의 노선 조정은 수시 노선조정과 정기 노선조정으로 구분되며, 수시 노선조정은 도로 개통 등 도로·교통체계 변경, 차고지 이전 등 물리적 변화로 신속한 노선조정이 필요한 경우에 검토/추진된다.

정기 노선조정은 노선조정 기준에는 부적합하나 필요성이 인정되는 경우, 서울시계외 구간에서 노선 연장 5km 이상 노선 연장이 필요한 경우(차고지 이전, 도로·교통체계 변경 등 물리적 변화에 따른 경우 제외)에 검토/추진되며, 노선조정 건수는 회당 최대 8~15건으로 제한된다.

a) 수시 노선조정

수시 노선조정은 이해관계자간 이견이 없거나 교통체계 변경(신호 등)으로 신속한 노선조정이 필요한 경우에 이루어진다.

① 노선조정 대상선정	② 관계기관 의견조회	③ 내부검토	④ 사업개선명령
‣ 시민·자치구 의견 ‣ 시 자체 발굴 ‣ 운수업체·조합 요청	‣ 이해관계자 의견수렴 ‣ 현장점검	‣ 적법 운행 가능성 검토 ‣ 각종 자료 종합검토	‣ 방침 내용에 따라 운행개시 ‣ 운행 모니터링

수시 노선조정 대상은 다음과 같다.

① 긴급한 노선조정이 필요한 경우

- 교통체계상 신호체계, 도로여건 변화(도로공사) 등으로 인한 물리적 환경의 변화로 불가피하게 노선을 변경해야 하는 경우
- 대규모 택지지구 개발 등으로 시내버스 노선투입이 필요한 경우
- 운수종사자의 휴게시간 보장 등 법령준수를 위한 노선조정인 경우

② 수시로 노선조정이 필요한 경우

- 의견조회 결과 이해관계자(시내버스·마을버스운송사업조합, 해당 운수회사, 자치구 등)간 이견이 미미한 경우
- 교통사각지대 등 불편민원 해소를 위한 노선조정이 필요한 경우
- 회차지 변경 등 단순한 경로변경 노선조정인 경우
- 기타 합리적이고 효율적인 노선운영을 위해 필요한 경우

b) 정기 노선조정

정기 노선조정은 이해관계자간 이견 발생 또는 시민들의 대중교통 이용에 영향을 미치거나 갈등 유발할 것으로 판단되는 경우에 추진된다.

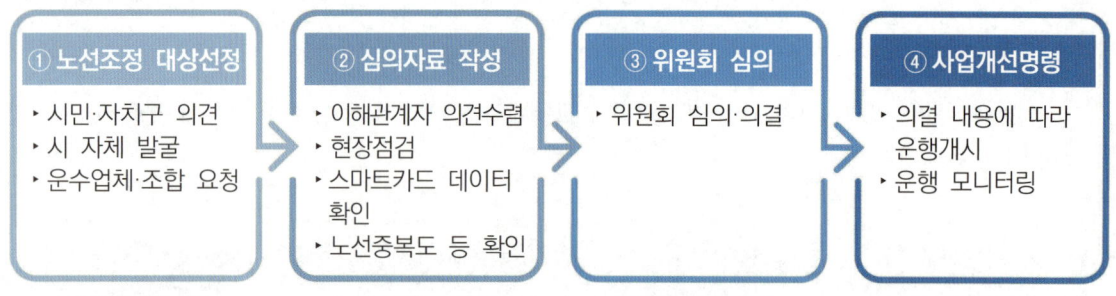

정기 노선조정 대상은 다음과 같다.

① 시계외 지역 연장 또는 과도하게 연장되는 경우

- 시계외 지역(경기도 구간)으로 노선이 연장되는 경우
- 노선 연장 등으로 장거리화(간선 50km이상, 지선 40km 이상) 되거나 노선조정 정책에 반하는 경우(굴곡도·중복도 과다 상향 등)
  - 기존에 50km 이상 운행하던 간선버스 또는 40km 이상 운행하던 지선버스의 노선 연장 등
- 노선 조정으로 운행시간이 240분을 초과하게 되는 경우
  - 240분 이상 운행하던 버스의 노선조정으로 운행시간이 증가하는 경우

② 미운행구간이 발생하는 경우

- 기존 노선 단독 운행구간이 노선조정으로 인하여 정류소가 폐쇄되어 미운행구간이 되는 경우
- 노선조정으로 발생하는 미운행구간에서 1회 환승으로 기존 노선의 전체 경로를 접근할 수 있는 대체노선이 없는 경우

③ 이해관계자 간 의견 대립이 첨예한 경우

- 수시 노선조정 의견수렴 시 시내버스·마을버스조합, 해당 운수회사, 자치구 등의 의견이 첨예하게 대립되는 경우

3.2 노선조정 사례 : 2013~2018년

a) 경로변경

🚌 2311번 (2013년)

2311번의 노선조정은 2013년 상반기 241A, 241B로 운행되던 노선을 241B번으로 통합하면서 241A구간 이용자의 환승불편 및 청량리, 서울의료원 이용 불편이 발생되어, 2311번 시내버스를 241A 구간(상봉중앙로~봉화산로~신내로)으로 노선 조정하여 지역 주민의 대중교통 이용불편을 해소하기 위해 진행하였다. 노선변경에 대하여 상봉1동, 신내1동 주민의 경우 노선변경에 적극적으로 찬성하였으나, 한국관~우림시장 북문 구간의 단축에 대한 반대 의견이 있었다.

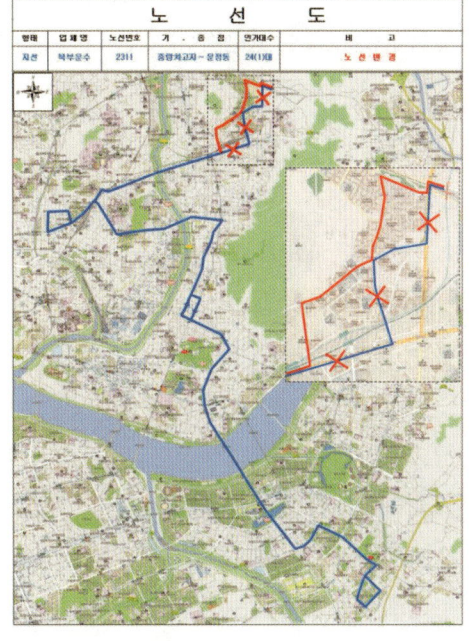

2311번 버스는 2013년9월26일, 노선조정으로 중랑공영차고지로 기점이 변경된 노선으로, 신규 운행구간(용마산로~봉화산로~신내로 ~망우로)은 아직 주민들에게 홍보가 많이 되지 않아, 8개 정류소당 일일 이용승객 0.2명에 불과한 과소노선이며, 기존 241A구간 (상봉지하차도 교차로~중랑구청 사거리)은 일일 이용승객 763명으로 승객 수요가 단축하고자 하는 2311번 구간보다 2.7배 더 많은 지역이나, 환승체계

불편 및 대체노선 부족으로 주민불편 가중되고 있어 개선이 필요하였다.

2311번 노선을 기존 241A 구간으로 변경 운행 할 경우 중랑구 상봉동 지역 주민들의 환승체계 불편을 해소할 수 있고, 청량리 및 서울의료원 방면 대중교통 이용 편의를 제공할 수 있으므로 2311번 노선조정(안)은 타당하다고 판단, 경로변경이 이루어졌다. 그리고, 2014년 6월에는 신내지구 입주에 따른 신규 수요 대응을 위하여, 우디안아파트와 중랑경찰서 경유로 변경되었다.

440번 (2013년)

세곡 및 위례신도시 입주민의 2013년11월 말~12월 말경 대규모 입주가 시작됨에 따라, 시내버스 440번의 노선조정을 통해 입주민 등의 대중교통 이용편의 증진과, 강남보금자리 입주민의 강남 및 문정동 가든파이브 방면과 위례신도시 입주민의 강남방면 버스노선 확충을 위한 노선조정으로, 기존, 송파공영차고지~복정역~은곡마을진입로 경로를 송파공영차고지~위례신도시~새말로(문정동)~강남보금자리를 경유하는 것으로 변경하였다. 추가적으로, 노선(운행거리) 연장(약 12km)으로 운수사에서는 예비차량의 투입 및 투입 예비차량의 상용차량 전환 요구가 있었다.

440번 노선 단축구간(복정역~은곡마을진입로)은 간선 및 지선, 마을버스 등 대체 노선이 충분히 확보되어 있으므로 기존 이용승객 불편을 최소화할 수 있으며, 위례신

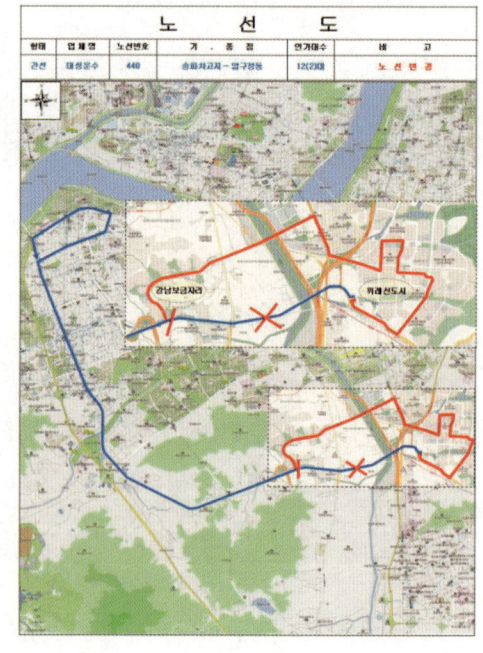

도시와 새말로(문정동)~강남보금자리 지역으로 노선연장 및 변경 시 강남 보금자리와 위례신도시 입주민들의 대중교통 이용 편의 및 강남역 방면과 가든 파이브를 연계하는 생활권을 제공할 수 있을 것으로 기대되며, 승객 과소노선으로 폐선까지 검토되었던 440번(1대당 일일평균 450명)을 교통수요가 많은 지역으로 연장, 변경 운행하여, 운수회사 운송수지 개선과 택지개발지구 입주민들의 대중교통 이용불편의 해소를 기대할 수 있어, 440번 노선 조정(안)은 타당하다고 판단, 사업개선 명령이 이루어졌다. 이후, 2014년 408번 폐선되면서, 폐선분 차량 11대를 증차하여 24대로 운행차량이 늘어나게 되었다.

440번 노선은 위례신도시에서 장지역, 강남대로를 연계해주는 노선으로 위례신도시의 입장에서는 매우 중요한 노선으로 볼 수 있다.

CHAPTER 03 시내버스 노선조정

🚌 407번 (2014년)

대성운수(주)의 운행 노선 중 장거리 노선(71km)인 407번의 성남구간을 단축하여 배차시간 지연 및 세곡지구 입주민의 대중교통 이용 불편민원을 해소하고 노선운영의 효율화를 위한 노선조정(경로변경, 단축)이었다.

버스조합 및 운수사에서는 407번 운행횟수 증가로 강남대로 교통정체 심화, 노선간 과다경쟁에 따른 승객감소 우려 및 성남시의 대체노선 투입을 우려하였으나, 407번의 대당 승객수는 530여 명으로, 운행대수 27대 대비 운행거리 71km인 지나친 장거리 노선 및 비수익 노선으로, 성남구간 단축 및 잠재적인 승객수요가 있는 복정역↔장지역↔새말로↔자곡로↔밤고개로를 경유하는 노선으로 변경하여 운송수지 개선이 필요하였다.

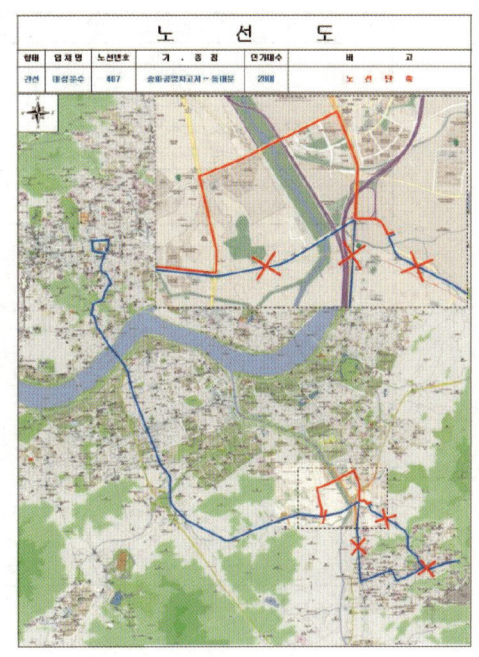

노선단축 시 기존 성남시민의 이용불편이 예상되나, 462, 4419번 등 대체노선이 운행 중이며, 일부 단독구간은 성남시에서 대체노선을 마련하여 송파차고지까지 연계한다면 기존 이용승객의 환승불편은 크게 없을 것으로 판단되었다.

성남구간 단축으로 407번의 배차시간(평균 12분)을 단축(평균 7분)하여 배차시간 지연으로 인한 불편민원을 해소하고, 기존 송파차고지에서 성남구간 운행 후 서울방향으로 운행하던 방식을 서울방향 직행 운행으로 변경하여, 송파차고지 환승이용객과 세곡지구 입주민의 대중교통 이용불편을 해소 및 획기적인 배차시간 단축으로 신규노선 1개를 투입하는 효과도 기대하였다.

🚌 3318, 3413번(2017년)

경기버스 30-1번이 상일동역 경유(일일 20대가 80회 운행)토록 한 국토교통부의 재결사항을 조정하고 하남시의 미사강변도시 운행 요청을 수용하고자, 서울승합(주)의 3318, 3413번을 연장한 노선조정이었다.

송파구에서는 증차 없는 노선 연장으로 배차간격 늘어나고, 기점에서부터 승객 계속 재차하여 차내 혼잡도 심화로 승객불편이 예상되어 반대하였으나, 국토교통부의 경기버스 30-1번 상일동역 경유 노선조정안 재결 수용시 서울 시내버스와 경합이 불가피하여 운송수지가 악화 될 우려가 있으므로, 우리시에서 운행중인 3318, 3413번 노선을 미사강변도시를 경유토록 노선을 조정하는 것이 타당한 것으로 판단되었다.

박흥식의 시내버스 노선조정 [노선은 생물(生物)이다]

3318번 노선 변경도

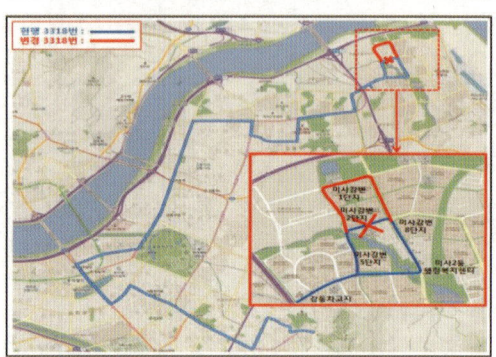

◆ 미사강변5단지~망월초등학교~미사2동주민센터 구간을
미사강변5단지~은가람중~미사강변2차푸르지오~미사2동주민센터~구간으로 변경

3413번 노선 변경도

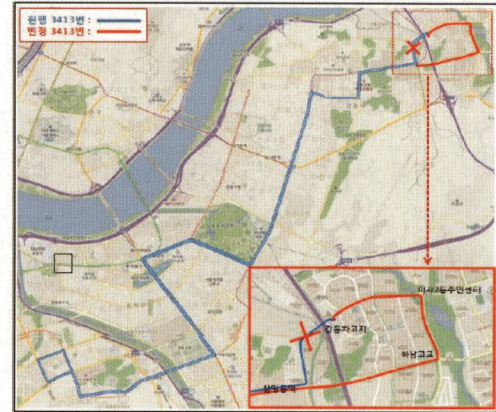

◆ 강동차고지~고덕리엔파크1단지~삼일역 구간을
강동차고지~미사2동주민센터~하남고등학교~삼일역 구간으로 변경

b) 노선 단축

🚌 **2412번 (2013년)**

2412번 노선은 서울에서 경기도 분당구까지 운행하는 노선이었으나, 2007년 야탑역 회차로 노선이 단축되었으며, 2012년의 노선조정(단축)에서는, 시흥동 - 야탑역 구간을 단축하고, 세곡지구를 경유하여 운행하게 되었다.

2014년, 세곡 및 강남보금자리 입주가 본격적으로 시작됨에 따라 동 단지 경유 2412번의 배차간격 단축 요구 민원 해소와 성남구간(신촌동~고강동주민센터) 약 9km를 단축하여 세곡 및 강남보금자리 입주민들의 대중교통 이용불편을 해소하기 위하여, 노선 단축을 검토하게 되었다.

세곡 및 강남보금자리 경유하여 수서역 ↔ 잠실방면으로 운행하는 2412번 버스는 배차간격이 평균 15~20분이나 잉여차량이 없어 증차가 어려워 배차간격

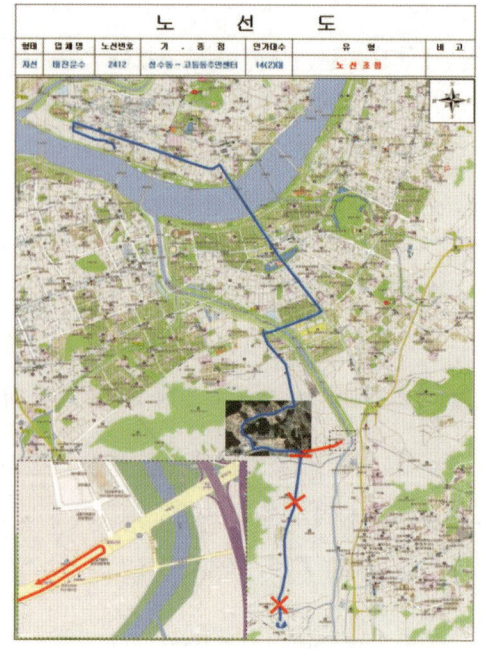

CHAPTER 03 시내버스 노선조정

단축을 위해 성남구간(신촌동~고강동 주민센터) 약 9.0㎞를 단축하고, 단축구간은 이용승객수가 대당 15명 정도인 과소구간으로 대체 노선(경기버스 2개, 직행버스 4개)이 운행되고 있어 기존 성남시민 이용불편은 크게 없을 것으로 판단하였다.

※ 단축구간 이용승객 1,148명 운행횟수 78회 = 대당 15명(16개 정류소)

세곡 및 강남보금자리 입주민들의 배차시간 지연으로 인한 지속적인 민원을 해소하고, 수서역 및 잠실방면 대중교통 이용 편의를 제공할 수 있으므로 2412번 노선조정(단축)이 시행되었다.

운행거리에 비하여 뚝섬로 혼잡구간 운행으로 배차간격이 좋지 않은 노선이지만, 성수동에서 잠실지역으로 이동시 가장 빠른 노선으로 이용객이 꾸준히 증가하여, 2023년 기준 1만명/일 이상의 승객이 이용하고 있다.

c) 노선 연장

🚌 263번 (현재 463번, 2014년)

263번 노선은 성수대교와 마포대교를 경유하여 여의도~명동~서울역~강남으로 한번에 접근, 이동할 수 있는 노선으로, 2014년 시내버스 운수업체 ㈜대흥교통의 차고지 이전에 따라 여의도 구간(5km)을 단축하였으나, 마포 및 영등포 지역 시민들의 여의도행 환승불편 민원이 다수 제기되어 여의도 구간까지 노선을 연장하여 불편민원을 해소하기 위한 노선조정이었다. 263번 마포역~여의도 구간 약 5km 단축구간에는 간선 및 지선버스와 지하철 5호선 등 대체노선이 있으나, 마포 및 영등포 지역 주민들과

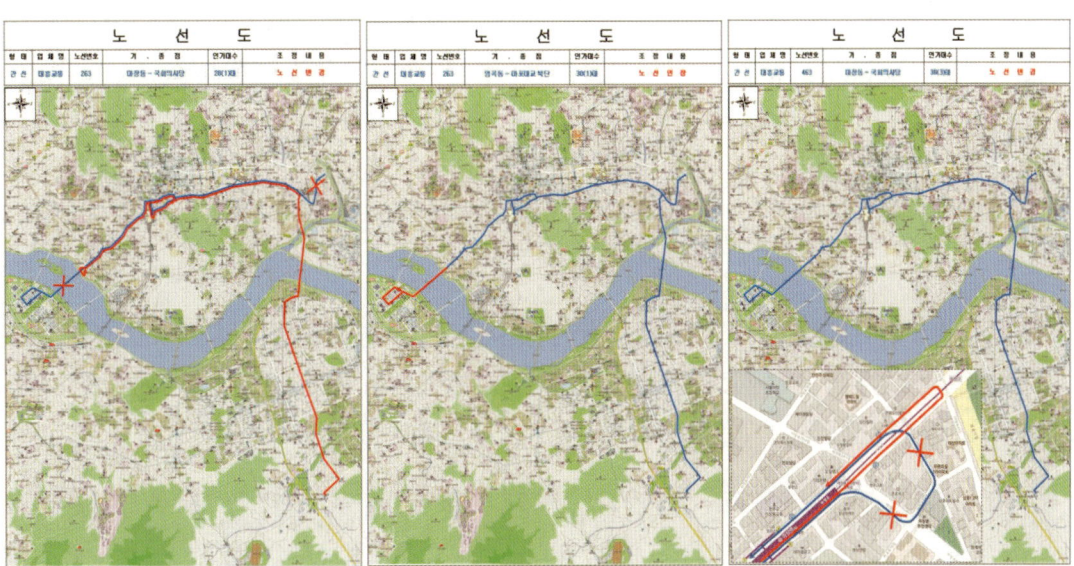

51

박흥식의 시내버스 노선조정 [노선은 생물(生物)이다]

직장인들의 여의도행 환승불편이 지속적으로 제기되어 불편민원을 해소할 필요가 있으며, 마포대교 북단 램프 회차 시 교통체증으로 인한 배차시간 지연이 예상되어, 이를 해소하고 노선의 안정적인 운영을 위하여 263번 여의도 구간으로 노선을 연장하였다.

🚌 262, 2114, 2235, 2311번 (2014년)

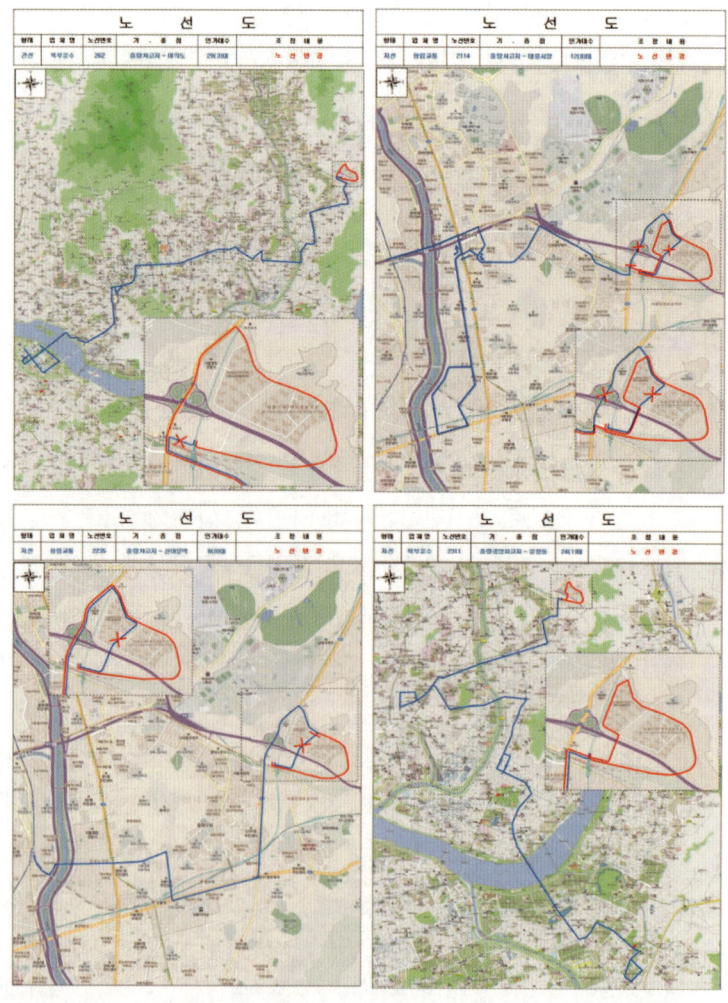

중랑구 신내3지구 외곽도로가 개설됨에 따라 그동안 단지 내로 임시운행 중이던 2114, 2235번 2개 노선을 조정하여, 신내지구 입주민의 봉화산역 방면과 망우역 및 상봉역 방면 교통편의 제공 및 262, 2311번 2개 노선을 추가 투입하여, 입주 학생들의 통학편의 및 입주민과 경찰서 방문 민원인의 중랑구청, 청량리, 종로 등 도심권 이동 편의를 제공하기 위한 노선조정이었다.

신내3지구로부터 약 2km 거리에 있는 망우본동에 송곡여중고 등 7개 학교가 밀집해 있으나, 대중교통편이 없어 입주 학생들(중고생 700여명)이 단지에서 중랑공영차고지까지 약 1km를 도보 이동하여 환승 통학하고

있으며, 태릉구리간고속화도로 하부를 관통하는 굴다리가 인적이 드물고 외진 곳에 있어 야간에 도보 이동하는 여학생들의 안전사고 우려가 있으므로, 262번이 단지 외곽도로를 경유토록 노선 조정하여 입주 학생들의 안전 및 통학편의 제공하고자 하였다.

2114, 2311번은 단지 외곽도로 개설공사가 진행되어 그 동안 단지 내 협소한 도로로 임시운행 하였으나, 개설공사가 완료되고 중랑경찰서가 신내3지구 1단지 옆으로 신축 이전하였으나, 대중교통편이

CHAPTER 03 시내버스 노선조정

전무하므로 경찰서 정문을 경유토록 노선 조정하여 경찰서 방문 민원인 및 입주민들의 봉화산역 방면 대중교통 이용 편의 증진하고자 하였다.

🚌 241번 (2014년)

신내3지구 입주민들의 봉화산역 방면 운행노선 확충요구 민원 해소와 중랑경찰서 후문, 새우개마을을 왕복 운행하던 2114번을 경찰서정문을 경유하도록 노선 조정하여 주민들의 봉화산역 방면 연계 요구 민원 수용하기 위한 노선조정이었다.

신내3지구 입주민들의 봉화산역 방면 이용승객이 일평균 1,000여명 이상이나, 운행노선이 2114번 밖에 없어 입주민들의 불편이 가중되고 있으며, 새우개마을은 경춘북로변에 위치하고 있으나, 봉화산역 방면 운행노선이 없어 주민들의 대중교통 이용불편이 지속되고 있었다.

또한, 새우개마을은 다세대주택 밀집 지역으로 재건축 등이 이루어지고 있어 부녀자 등의 야간통행에 따른 안전불안을 해소할 필요가 있었다.

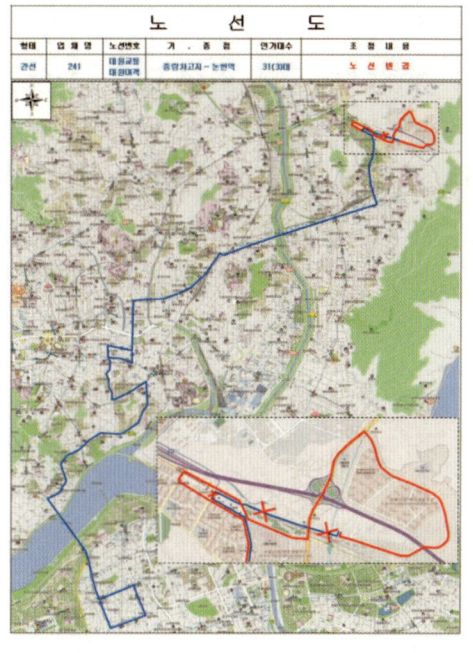

시내버스 241번 신내3지구, 경춘북로, 봉화산역 운행 노선조정으로 운행거리는 6.6km, 운행시간이 40여분 연장됨에 따라 노선 간 차량 증감차를 통하여 차량 운행대수를 조정하고, 단축되는 0.6km 구간에 1개 정류소가 있으나, 일일 총 이용승객수 4명에 불과한 공차 구간으로 노선단축에 따른 주민불편은 크게 없을 것으로 판단되었다.

그리고, 대당 이용승객이 550여명 정도인 241번을 신내3지구와 새우개마을 경유로 노선조정 시 이용승객이 증가, 운송수지 개선도 기대되었다. 실제, 노선조정으로 2014년 일평균승차량은 2015년 16,167명/일, 2016년 16,388명/일, 2017년 16,945명/일, 2018년 17,354명/일으로 꾸준히 증가하였다.

박흥식의 시내버스 노선조정 [노선은 생물(生物)이다]

🚌 470번 (2014년)

470번 노선은 강남으로 최단거리로 이동할 수 있는 노선으로 운행구간의 대부분이 중앙버스전용차로를 이용하고 있으나, 광화문, 종로, 남산터널, 한남대교 등 정체구간 경유로 인하여 상대적으로 운행시간이 긴 노선이다.

2014년의 노선 조정은 서초 내곡보금자리주택지구 입주가 2014년 5월부터 순차적으로 시작됨에 따라 입주민들의 대중교통 이용편의를 제공하기 위하여 내곡동주민센터 회차지점을 내곡지구까지 왕복 3km 연장하는 것이었다. 운수사에서는 타 노선과의 운행구간 중복으로 인한 승객감소 및 교통혼잡 이유로 부동의 의견을 제시하였다.

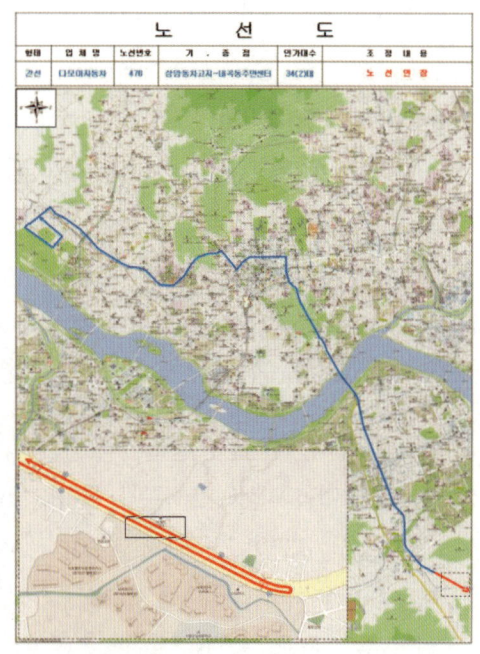

그러나, 서초 내곡지구에는 4,600여세대 12,000여명이 입주할 예정이고, 단지 내 도로가 1차로로 협소하여 시내버스 노선투입이 곤란한 실정이고, 내곡지구 앞 헌릉로에는 간선 및 광역버스 등이 운행되고 있으나, 송파공영차고지 및 분당 등에서 출발하여 내곡지구 경유 시에는 만차 상태에 이르므로, 내곡지구 입주민들을 위한 노선 연장이 필요한 상황이었다.

내곡지구까지 3km 연장시 입주민(4,642세대, 12,139명)의 대중교통 이용편의를 제공할 수 있고, 내곡지구 수요 창출로 운송수지가 개선될 것으로 판단되어 시내버스 470번 노선의 조정이 이루어졌다.

d) 노선 신설

🚌 2220번, 2411번 (2014년)

운수업체 ㈜대흥교통의 차고지 이전(2014년3월)에 따라 2220, 2411번 노선조정(통합)을 검토, 시행하게 되었다.

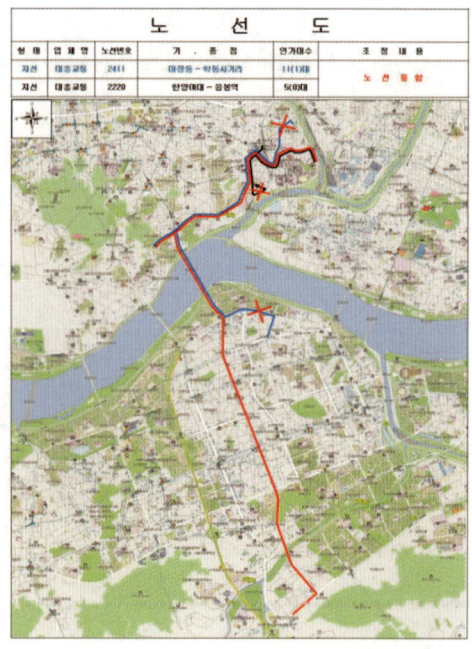

2220번 노선의 왕십리민자역사~회차구간(0.8km), 응봉동 대림상가~한신아파트 정문 구간(1.2km) 단축,

2411번과 통합하고, 한양대부속고등학교~마장동주민센터 구간(1.5km) 및 압구정 현대아파트~ 일지아트홀 구간(3.3km)을 단축하고, 압구정역~동호대교~논현로~염곡동 구간(14.7km)을 연장하는 것으로 검토하였다.

통합되는 2220과 2411번 노선의 단축 구간은 간선 및 지선, 마을버스 등 대체 노선이 다수 운행하고 있어 노선 통합에 따른 성동구 주민 불편은 거의 없으며, 2411번 노선이 14.7km 연장됨에 따라 운행의 효율성을 도모하기 위하여 두 개 노선 통합은 타당하다고 판단하였다.

본 노선조정으로 2220번, 2411번은 폐선, 4211번으로 통합, 신설되었다.

3425번 (2014년)

세곡지구 및 강남보금자리 입주가 이루어짐에 따라 대중교통 수요가 증가되고 있어 시내버스 노선 확충이 필요하며, 특히, 강남보금자리 입주민의 대중교통 이용불편을 해소하기 위하여, 수서역↔대치역↔삼성역 방면 운행 노선을 신설하였다. 강남보금자리를 경유하여 수서역↔대치역↔삼성역 방면을 운행하는 신설 노선은 운행거리가 약 28km로, 버스자원의 한정으로 공동배차가 가능한 남성/동성교통을 운행회사로 하고, 두 회사의 예비차 및 비수익노선 상용차를 신설노선에 투입하여 최소 운행대수 확보하였다.

강남보금자리에서 수서역 방면은 시내버스 2412번과 마을버스 강남03번 두 개 노선만이 운행되고 있으나, 출근시간대에 매우 혼잡한 상태로서, 신설 노선을 투입할 경우 강남보금자리 입주민(6,800여세대, 18,000여명)의 수서역 방면 대중교통 이용불편이 크게 해소될 것이며, 학원가 밀집지역인 대치동과 삼성역을 연결하는 노선으로 보금자리 입주민의 오랜숙원이 해소될 것으로 기대되었다. 이후, 2022년에 4419번의 노선번호를 361번으로 변경, 간선버스로 전환하면서 여의도 국회의사당역 구간 연장을 위하여 성남 구간을 단축하여, 기존 4419번의 성남 구간 대체를 위하여 4425번 노선의 기점을 송파공영차고지에서 싱대원차고지로 변경하였다.

그리고, 4425번 운행구간 중 세곡~수서역구간의 출근시간대 혼잡이 극심하여, 차내 혼잡완화를 위하여 8441번 맞춤버스를 신설하였다.

e) 노선 폐선

🚌 **408번 (2014년)**

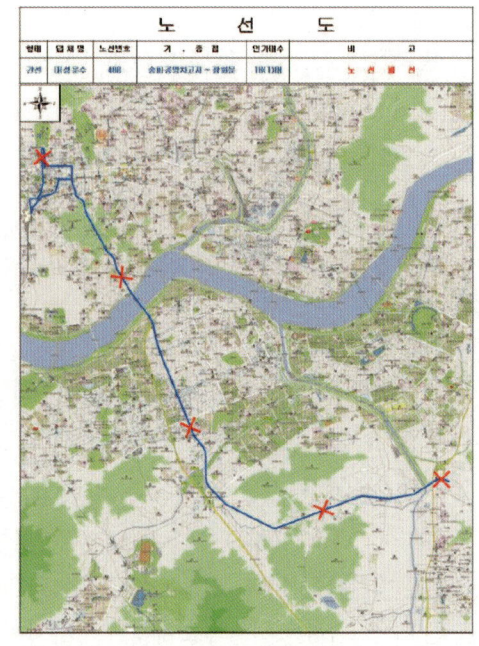

대성운수(주)의 4개 간선버스 중 3개 노선(407, 408, 440번)이 거의 동일한 구간을 중복 운행하고 있어 비효율적이며, 배차시간 지연(평균 15분)으로 인한 버스이용 불편민원이 상존하고, 간선버스의 주 기능을 수행하지 못하여 비수익 노선으로 전락한 408번 노선을 폐선하고, 잉여차량을 수요 잠재노선에 투입하여 운송수지 개선 및 노선운영의 효율화를 도모하기 위한 노선조정(폐선)이었다.

408번은 송파차고지에서 성남 방면을 운행하는 407, 462, 4419번의 차고지 환승객을 강남방면으로 수송하는 노선으로, 폐선 시 신설노선 3425번이 차고지 환승을 대체할 수 있고, 헌릉로와 강남대로 방면에서 광화문까지 운행하는 대체노선이 다수 있으므로, 폐선으로 인한 기존 이용승객의 큰 불편은 없을 것으로 판단되었다.

폐선 및 노선 간 증차로 인한 노선운영 효율화 및 운송수지 개선을 위한, 408번 폐선으로 인한 잉여차량 18대를 잠재적 이용승객 수요가 있는 333, 440번에 증차하여 적정한 배차시간 확보로 효율적인 노선운영과 333, 440번의 배차시간(평균 15분)을 획기적으로 단축(평균 7분)하여 배차시간 지연으로 인한 불편민원을 해소, 위례신도시 운행노선인 440번의 경기도 노선과의 경쟁력을 강화하여 이용승객수 확보에 따른 운송수지 개선 효과를 기대하였다.

408번의 폐선으로 440번 노선의 이용승객은 2014년 6,400명/일에서 2015년 10,134명/일으로 158% 증가하였다.

3.3 노선조정 사례 : 2021~2024년

a) 경로 변경

🚌 **341, 542번 (2021년)**

우면지구(약 8천세대, 26천명 거주) 대중교통 서비스 개선을 위한 341번, 542번 2개 노선의 경로변경 이었다. 341번의 경기도 하남시 구간(21km)을 단축하고, 서초구 우면지구 구간(11km)을 연장, 이용편의 위해 341번 5대 증차 및 운행횟수 일 17회 증회하였다. 증회 운행을 위한 차량은 107번 3대, 201번 1대, 542번 1대 감차를 통하여 확보하였으며, 542번은 서초구 우면지구의 도로 여건을 고려하여 341번을 대체 투입하고, 우면지구, 바우뫼로6길 등 운행구간 직선화로 운행시간 단축(245분→225분) 및 운행거리 단축(64.5km→62.6km)으로 장거리 노선 운행 여건을 개선하였다.

변경전 노선현황 : 341, 542번

- 341번 : 하남공영차고지~강남역(53.4km) 13~18분 간격, 총 82회 운행
- 542번 : 부곡공영차고지~신사역(64.5km) 15~19분 간격, 총 64회 운행

노선번호	기종점	인가대수	운행대수	예비대수	인가거리	운행시간	총운행횟수	배차간격 최소	배차간격 최대	첫차	막차	일평균 대당 승객수
341	하남공영차고지~ 강남역	19	18	1	53.4	200	82	13	18	04:30	23:30	403명
542	부곡공영차고지~ 신사역	17	14	3	64.5	245	64	15	19	04:20	23:00	312명

시내버스 341번 변경 노선도

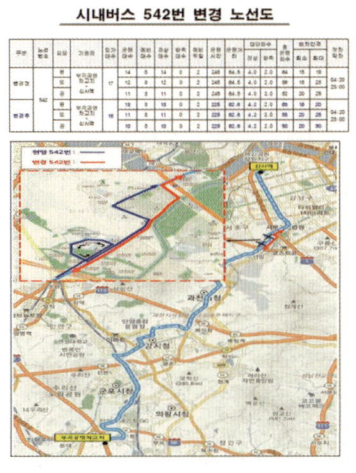

시내버스 542번 변경 노선도

박홍식의 시내버스 노선조정 [노선은 생물(生物)이다]

🚌 707번 (2022년)

2021년 9월 월드컵대교 개통에 따른 효율적 노선 운영 계획과 영등포역 및 상암DMC 지역 간 이동·연계성 개선과 비수익·중복 노선 개선, 수익 창출을 통한 운송 수지 개선을 위한 경로변경이었다.

707번 1일 이용승객은 6,400명 수준이며, 노선조정, 변경 경로 구간에는 820명(13%) 승하차인원이 있으며, 대당 43명(회당 9명)으로 일평균 승객수요가 저조한 수준이다.

서울시 노선 환승 이용승객 약 1,000명 통행, 경기도 노선 약 500명 통행의 이용수요가 있어, 상암동↔당산·영등포역간 운행 할 경우 약 1,500명 수요 창출 예상되나, 상암동에서 당산·영등포역으로 역방향 환승 등 이동 불편 발생이 우려되었다. 그러나, 변경 구간에는 270번, 700번, 750A/B, 742번, 721번 등 5개 노선 운행 중이며, 특히, 700번으로의 수요전환(대당 승객수 증가 : 358명(전) → 633명(후))으로 운송수지 개선이 기대되었다.

또한, 당산·영등포역에서 상암DMC간 연계를 위해 670번 이용 후 가양대교에서 6715번으로 환승 필요로 차내 혼잡 발생(미탑승 사례 발생 등)하고 있어, 707번의 경로 변경으로 6715번의 혼잡 개선도 함께 기대할 수 있었다.

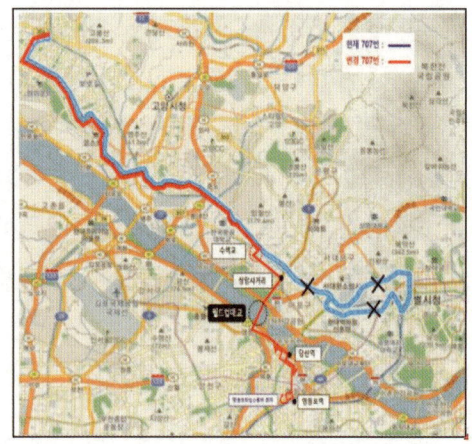

🚌 6513번 (2022년)

2004년 7월 1일 서울시 버스체계 개편 때 구 30번이 폐선되면서, 이를 대체하기 위해 광복시장, 철산교 경유로 변경되면서 6513번으로 번호가 바뀐 노선이다.

6513번은 신림선의 대부분 구간(샛강역~서울대)과 중복되는 노선으로 신림선 개통 이후 승객수요가 감소하여 노선조정 필요성 대두되었으며, 신길뉴타운, 신촌·

홍대 ↔ 여의도 접근성 강화를 통한 불편민원 해소와 2021년 정기노선조정심의에서 조건부 가결된 153번 단축구간 일부 대체를 위하여 경로변경이 시행되었다.

6513번은 신림선 대부분 구간(샛강역~서울대, 왕복 16.2km)과 중복되는 노선으로 신림선과 상호 간 수요 경합 발생하여, 신림선 개통 이후 6513번 일평균 승객수 약 18.4% 감소하였으며, 특히 신림선 중복구간(샛강역~서울대)에서는 약 29.2% 감소하였다.

그리고, 여의도(국회의사당)~신촌 구간은 시내버스 2개 노선(153, 8761)만 운행 중인 구간이며, 8761번은 출퇴근시간에 한정하여 운행하는 노선으로 해당 구간의 노선 확충 필요한 상황이었다.

이에 6513번의 경로변경은

① 153번 단축 구간 ~ 여의도·신촌 등 일부 이동수요 대체
② 신림선 중복구간 단축 및 신길뉴타운~여의도~신촌·홍대 접근성 향상
③ 신길뉴타운 지역 대중교통 이용 불편 해소(영등포구 요청안 수용) 등을 위하여 시행되었다. 그리고, 6513번은 종점 변경에 따라 6713번으로 노선번호가 변경되었다.

🚌 1156, 2236, 2115번 (2023년)

중랑구 내 교통 불편지역 및 신규 아파트단지에 대중교통 공급 확대, 노선의 효율적 운영 등을 위하여 시내버스 1156, 2236, 2115번의 노선조정을 추진하였다.

1156번은 태릉교통 차고지에서 남양주 퇴계원 기종점까지 공차로 이동하고 있으며, 남양주에서

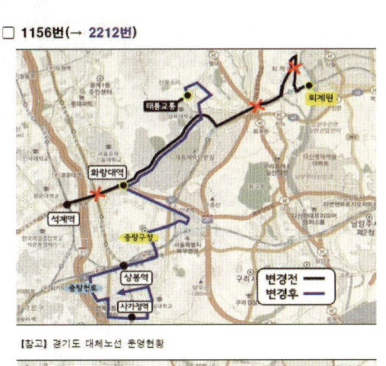
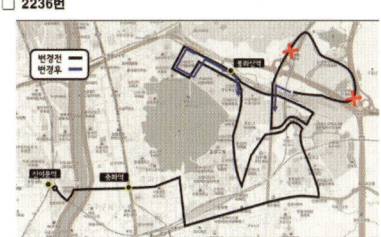

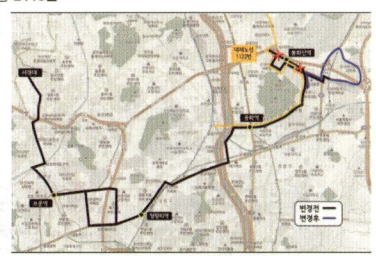

1156번을 이용하여 서울로 진입하는 일평균 승객수는 약 1,200명 수준으로, 기존 1156번과 유사하게 운행하고 있는 70번(남양주 시내버스)을 조정하여 노선 단축 등 운영 효율성 개선하고자 하였다. 성북구에서 석계역 구간 단축에 대해 부동의 의견이 있었으나, 경기도 대체노선 운행이 예정이고, 서울시내버스 1155번도 동일한 경로로 이용가능하여, 노선조정이 추진되었다. (노선번호 변경 2212번)

박홍식의 시내버스 노선조정 [노선은 생물(生物)이다]

2236번은 노선 통합(2234번·2235번, '23.3월) 이후, 노선 굴곡도 심화 등 비효율적 운행으로 운행시간이 증가하여 배차간격 지연·승객 불편 발생하고 있어, 노선 이용이 저조한 구간을 단축하여 노선경로를 효율화하고 배차간격을 단축하였다.

2115번은 2236번의 노선경로 효율화에 따라 단축되는 구간에 대체노선의 투입을 검토하여 주민들의 불편을 최소화하고자 하였다. 이를 위해, 1156번을 담터고개~퇴계원 종점(12.5km) 구간과 화랑대~석계역(3.6km) 구간을 단축하고, 화랑대역~양원지구~중랑천로~사가정역(20km) 구간을 연장, 2236번은 신내1동 단축(6km), 2115번은 중랑소방서~화랑대역 단축(6km)하고, 신내1동으로 연장(6km)하였다.

🚌 0017번 (2024년)

0017번 기점 변경을 통해 용산구 불법 유턴 구간의 단축을 추진하여 시내버스 노선을 효율적으로 운영하기 위한 노선조정이었다.

노선조정을 위한 관계기관 의견조회 결과 노선 존치를 원하는 다수의 주민들이 반대민원을 제기하였으나, 기종점 지역인 청암자이아파트 앞은 유턴 불가 구간으로, 지속적으로 불법 운행 중인 점과 기존 기사휴게실 시설 계약 만료('23.9.)로 현재 노상 컨테이너 이용 중인 상황들을 종합적으로 검토한 결과 노선 단축이 시행되었다.

붙임 | 0017번 운행계통 변경내역 및 노선도

노선 단축구간 현황 (유턴불가구간)	기사휴게실로 사용중인 노상컨테이너

CHAPTER 03 시내버스 노선조정

🚌 3422번 (2024년)

송파구(마천동, 위례동, 잠실동) 주민의 이동 불편 민원 해소와 문정법조단지 업무지구 연계 통한 신규 이동 수요 창출을 위한 노선조정 이었다.

- 마천동 : 마천시장 이용 활성화(마천동 ~ 위례, 장지동) 민원 해소
- 위례동 : 북위례 신규 입주단지 ~ 인접 지하철역 연계 (마천, 거여, 장지역)
- 잠실동 : 대치동 학원가(은마아파트입구사거리, 한티역) 연계 민원 해소

그러나, 노선조정을 위한 관계기관 의견조회 결과 강남구 반대, 송파구 찬성으로, 강남구의 의견수렴결과를 반영, 3422번 노선 존치(현행 경로 유지), 문정법조단지 미경유(송파대로 직통)로 노선 조정안을 변경하였다. 서울시내버스 중 수요가 낮은 노선 중의 하나이며, 강남구간 단축, 북위례 구간 연장으로 인하여 수요가 다소 증가하였다.

3422번 노선조정안(원안)

b) 노선 단축

🚌 7013A, 7013B번 (2022년)

7013A/B노선은 은평차고지~남대문시장까지(45km) 평균 20~50분 간격, 총80회 운행하며, 상수역에서 광흥창역 구간에서 A/B로 노선분리 및 단독 운행하고 있다. 그러나, 2021년1월부터 상수동, 창천동, 신수동, 현석동, 용강동 등 집단 민원 지속 발생하는 등, 긴 배차간격(20~50분)으로 이용 시민의 이동불편 개선 요구가 있었으며, 특히 분리 구간에서 무료환승시간(30분)이 초과하는 문제가 있었다. 2019년12월 고양시 향동지구 입주가 진행되었으나, 덕양로에서 향동지구로 진출·입 도로가 없어 고양시의 노선대책이 미수립되어 7013A/B 노선 연장(왕복 6.0km, 40~50분)되었다. 향동지구를 운행개시 및 운행종료 등 1회 운행 시 2회 경유하고 향동지구 단지내 속도제한, 잦은 신호교차로 및 과속방지턱 등으로 운행계통보다 실제 평균 배차간격 약 10분 증가(25분 → 35분)하였으며, 도로정체 시에는 50분까지 증가하기도 하였다.

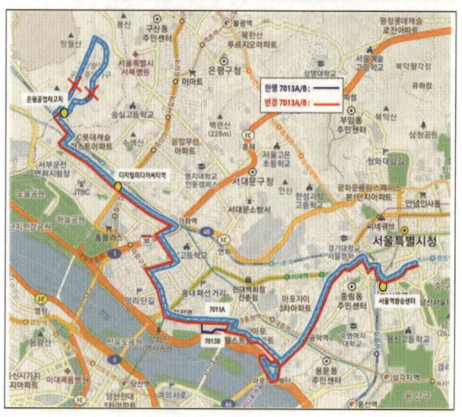

고양시 향동지구의 단축과 토정로에서 마포대로로 좌회전 접근토록 개선하여 운행시간 및 배차간격 단축하는 조정안을 마련, 시행하였다.

CHAPTER 03 시내버스 노선조정

🚌 362번(2022년)

2021년 정기노선조정심의 결과 장거리운행 노선 362번 단축안이 가결되었으나, 단절구간 시민의 이동불편 발생을 사유로 시행보류되었음

장거리운행으로 인한 사고위험 증가 및 비효율성 개선을 위해 노선을 단축하되, 시민 불편 최소화를 위한 대체노선 등 대안 마련을 동시에 추진하게 되었다.

노선단축(362번) 및 대체노선(343번, 4419번, 3425번) 조정·투입(안)

● 362번 : 회차지를 국회의사당→구반포역으로 단축(63.1km→49km)

● 4419번 : 성남시 구간 단축, 국회의사당까지 연장(57.8km→54.2km)

박흥식의 시내버스 노선조정 [노선은 생물(生物)이다]

● 3425번 : 기·종점을 송파공영차고지→상대원차고지로 변경(27.8km→48km)

● 343번 : 강남 일원동~압구정역 구간 노선연장(24.09km→40.7km)

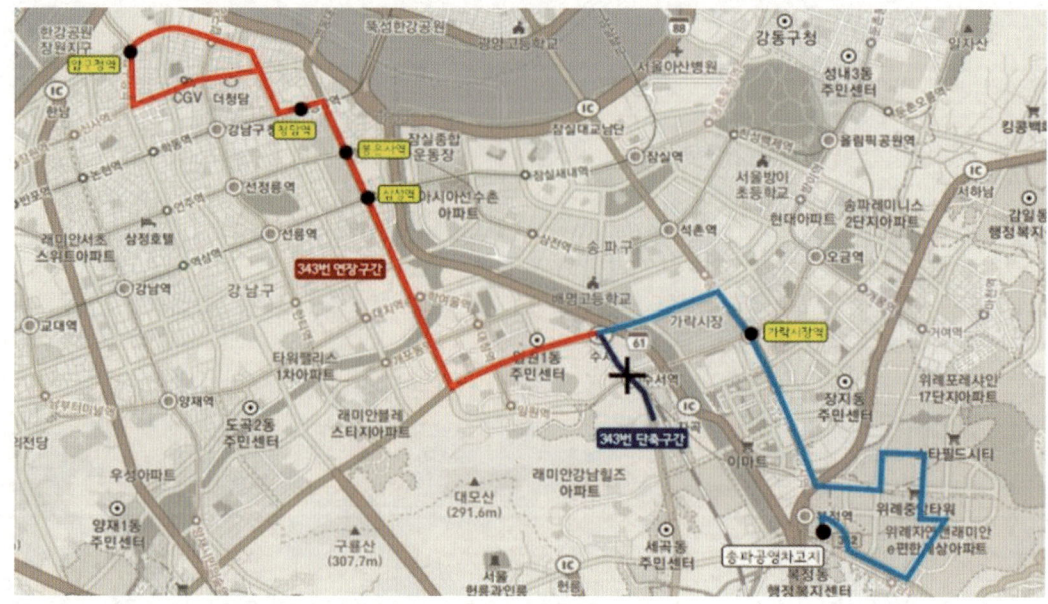

※ 노선조정으로 노선번호 변경 : 362번, 4419번, 3425번
362번→345번, 4419번→361번(간선노선 변경), 3425번→4325번 변경

🚌 704번 (2024년)

704번의 단축은 운수업체 양도·양수에 따른 차고지 이용 제한 및 장거리 운행 노선의 효율성 제고를 위하여 진행되었다.

2024년 7월 제일여객-제일교통 간 운송사업 양도·양수에 따른 차고지 통합 방안 마련 필요성과 제일여객의 운송사업 양도에 따라, 이용중이었던 [송추차고지, 교하차고지]의 이용제한으로 노선운영의 효율성이 저하되어 진관차고지로의 통합 운영 필요하였다. 그리고, 서울시내 혼잡구간 해소를 위한 차량확보 및 배차간격 개선을 위하여 폐선이 추진 되었다. 양주시 대체노선의 안정화를 위한 유예기간(2개월)동안 기종점 및 운행계통을 변경하여 한시적 운행하고, 유예기간 동안 버스 유턴을 위한 북한산성입구 교차로의 도로 확폭 공사 후 단축하는 것으로 계획되었다.

c) 노선 연장

🚌 **2227번 (2022년)**

메트로버스에서 운행하는 지선버스 노선으로, 왕복 운행거리는 39.5km이며, 2004년 서울시 버스체계 개편 때 번호만 2227번으로 변경되었으며, 302번과 함께 올림픽대교북단~구의역 구간을 운행하

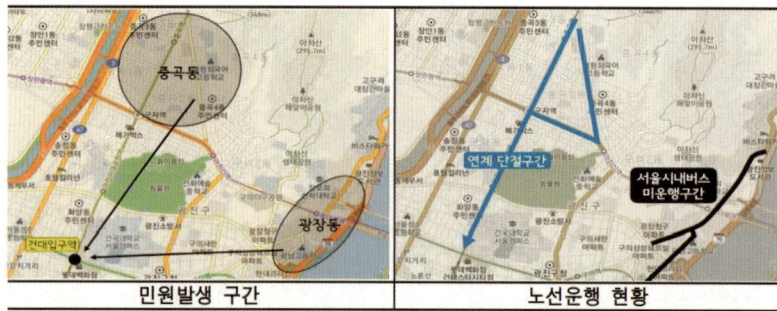

는 노선이다. 광진구 내 대중교통 단절 구간 중곡동~건대입구역(2·7호선)~광장동 연계 요청 관련 지속적인 민원 발생 및 운수회사의 노선 수요 창출을 위한 방안으로 노선변경 요청이 있었으며, 01A번(녹색순환) 폐선, 2016번 장거리 노선 단축에 따른 여유차량 활용 방안 검토 결과로 노선 간 차량 변경을 통해 6대 증차하여 2227번의 노선을 연장하여 중랑공영차고지↔면목동↔중곡동↔2·7호선 건대입구역↔광장동 연계하는 조정안을 검토하게 되었다.

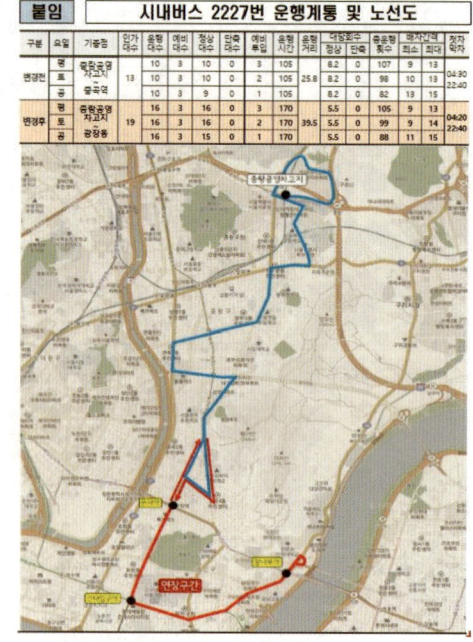

관계기관 의견조회 결과 자치구 및 시내버스 조합에서는 동의, 마을버스 조합에서는 광진01번과의 노선경합으로 마을버스 운수사의 적자 심화에 대한 의견을 제시하였으나, 노선운영 효율화(저수익노선 축소, 장거리운행 노선 단축 등)를 통해 확보된 여유차량을 대중교통 불편 지역 이동편의 개선 및 수요창출 기대가 커 노선조정을 시행하게 되었다.

CHAPTER 03 시내버스 노선조정

d) 노선 신설

🚌 9409번 (2021년)

대장지구 입주와 관련하여, 기존 노선의 변경이 아닌 성남시로부터 운행 적자를 지원받는 서울 면허의 신설 광역버스이다.

이는, 기존 광역버스 노선이 성남 정자동, 수내동 등에 편중되어 운행 중이며, 성남시 대장지구 개발 후 입주, 동일 경로에 낙생지구의 추가 개발 예정으로 신규 수요 증가 예상되고, 성남시 판교테크노밸리와 서울시 업무 밀집지역간 이동수요 창출을 통한 수익구조 다변화, 성남에서 서울시간 운행경로 다변화 및 확대를 통한 운영 효율화를 고려한 노선 신설이었다. 기존 9404번 노선을 분리하여 구미동차고지(기점)에서 미금역, 대장지구, 테크노밸리 등을 경유하도록 하였으며, 강남역·신사역 등 종점과 회차경로는 기존 9404번과 동일하게 하였다.

광역버스 9409번 운행계통 및 노선도

운행차량은 동성교통 9401번, 9403번 등 노선간 차량 변경으로, 9401번 5대 감차, 9403번 7대 감차 등 총 12대(예비차 1) 확보하였다. 그러나, 운행 이후 낮은 승객수요로 폐선이 검토되기도 하였으나, 3대 감차로 운행계통이 조정되었다.

노선번호	구분	기점	인가대수	운행대수	예비대수	증감내역
9401	전	구미동차고지 ~ 서울역	39	36	3	
	후		34	31	3	-5
9403	전	구미동차고지 ~동대문역사문화공원	28	26	2	
	후		21	20	1	-7
9409	신설	구미동차고지 ~ 신사역	12	11	1	

박흥식의 시내버스 노선조정 [노선은 생물(生物)이다]

🚌 2416번 (2021년)

동대문·중랑·광진구 주민들의 인근 지하철역, 강남 방면 접근성 강화 및 기존 노선 혼잡도 개선을 위한 시내버스 노선신설 이었다.

2018년부터, 동대문구 장안동↔강남방면 연계 노선신설 요구 지속적 발생하였으며, 2021년 정기노선조정심의에서 동대문구 장안동~강남방면 이동 수단이 없어 주민들의 이동 불편이 발생한다는 사유로 시내버스 242번 노선변경안 가결되었으나, 242번 노선조정안은 대체노선의 혼잡도 증가, 지나친 굴곡노선, 기존 이용승객의 불편민원 발생 우려로 시행 보류중이었다.

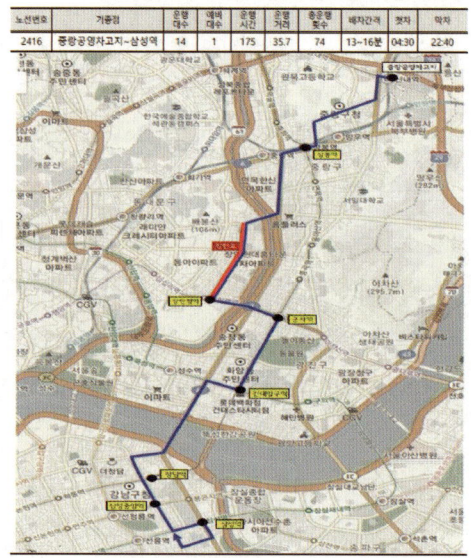

2021년 정기노선조정심의 결과를 반영하여 동대문·광진구에서 강남방면 접근성을 강화하고, 기존 이용 승객 편의를 고려하고, 중랑·광진구 동일로, 동대문구 장한로 구간 재차인원을 분석한 결과, 242번 기존 노선을 유지하고 노선 신설 운행으로 시민 이동편의 개선 가능한 것으로 판단되었다.

2416번의 노선 신설은 중랑공영차고지↔동대문구 장안동↔7호선 군자역↔2호선 삼성역 연계, 동대문구 장안동~강남방면을 운행하는 버스노선을 신설하여 강남방면 접근성 강화 및 환승편의 도모로 주민 이동편의를 개선하고자 하였다.

운행차량은 운수회사(대원여객) 노선간 차량변경(106번, 107번, 5624번 각 4대, 111번 2대, 542번 1대 감차)을 통해 총 15대(예비차1) 확보하였다.

🚌 0411번 (2022년)

장거리 운행으로 인한 사고위험 증가 및 비효율성 개선을 위해 2016, 3012번 노선을 단축하되, 시민 불편 최소화를 위한 대체노선 0411번 신설을 동시에 추진하였다. 신설 노선의 차량은 경기도 구간 운행 및 다수의 노선이 중복으로 운행하는 5624번 노선의 폐선으로 확보하였다.

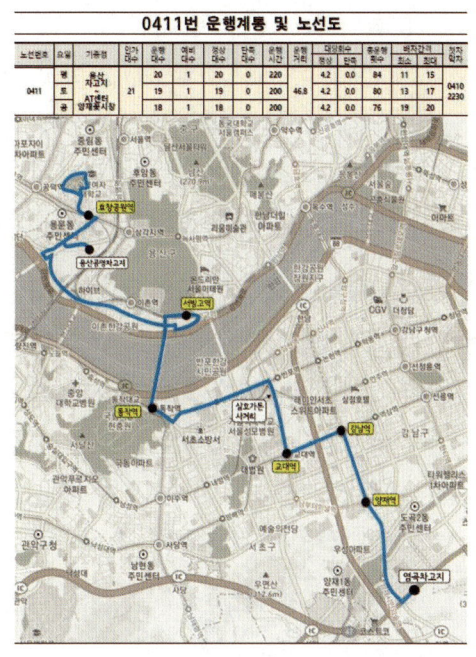

2016번, 3012번 단축

2016번 노선은 운행거리 58km, 일 평균 운행시간 260분인 장거리 노선으로 평일 기준 일 40회(40%)가 4시간 30분(270분) 이상, 3012번 노선은 운행거리 62km, 일 평균 운행시간 245분 이상의 장거리 노선으로 평일 기준 일 16회(15%)가 5시간(300분) 이상 운행으로 개선이 필요하였다.

그러나, 자치구에서는 반포, 대치동 학원가 통원하는 학생 불편 예상, 대체노선의 배차간격 지연 및 한남동, 옥수동, 왕십리 등으로 이동하는 유일 노선이며, 대체노선의 배차간격이 길어, 주민 불편 예상으로 반대하여, 자치구의 의견을 반영하여 단축구간은 서빙고역에서 이촌2동(성촌공원)으로 변경, 시행하기로 하였다.

[5624번 폐선] 비효율적 노선 폐선

5624번은 노선의 약 74%(32.8km)가 경기도 구간을 운영 중이며, 5531번 등 다수의 노선이 석수역↔구로디지털단지역의 중복 운행으로 현재 일평균 배차간격이 31분 이상으로 이용접근성이 낮아 승객수요 부족(회당 평균 72명 이용) 등 개선이 필요하여 폐선으로 검토되었다.

[0411번 신설] 2016번, 3012번 노선 단축구간 대체노선

2016번이 운행하는 서빙고역~효창공원 후문과 3012번이 운행하는 동작구 흑석동~강남방면 신설 노선 투입으로 기존 이용 승객의 불편 최소화를 위한 신설 노선이었다.

🚌 9401-1번 (2023년)

2022년 12월 기준 9401번 노선의 입석운행 평일 평균 59회(총 273회, 22%), 최대 재차인원 66명(169%, 정원 39명 기준)으로 고속도로를 운행하는 광역버스의 입석운행에 따른 사고위험을 예방하고 대중교통 이용승객의 안전확보를 위한 선제적 조치가 필요하였다.

9401번 평일 59회, 토요일 55회, 일요일 19회로 평일·주말 모두 입석운행이 발생하고 있어, 이를 해소하기 위해 승객집중 구간에 보완노선을 신설, 운행하기 위하여 9401-1번 노선을 신설, 성남시 서현역에서 순천향대학병원(한남동)까지 9401번과 동일하게 운행하는 것으로 승객 분산 유도하고자 하였다.

【9401-1번】

노선 신설을 위한 운행차량은 9403번 4대 감차, 9408번 5대 감차, 9409번 1대 감차를 통하여 10대를 확보하였다.

9403번은 간선버스(303번, 370번)와 노선 중복도가 높아, 아차산역~동대문역 구간의 약 17km의 노선단축을 통해 차량 4대 확보하였으며, 9408번은 간선버스(452번, 640번)와 노선 중복도가 높아, 고속버스터미널~영등포 구간 18km의 단축으로 여유차량 5대를 확보하였다.

또한, 9409번은 평일 평균 대당승객수 79명(총 승객수 864명)의 과소노선으로 입석운행은 월 평균 5회 이내 발생(평균 최대재차인원 37명)하고 있어 1대를 감차하여, 9401-1번 신설 노선에 투입하게 되었다.

CHAPTER 03 시내버스 노선조정

🚌 2236번 (2023년)

시민들의 대중교통 수단의 환승 등 연계 강화와 노선 운영의 효율성 개선을 위해 2234, 2235번 단거리 노선을 통폐합하여, 2236번 노선을 신설하였다.

서울 지하철 6호선의 연장으로 신내역이 개통했지만, 신내역의 배차간격이 15~25분으로 길어, 양원지구 입주(~'22년, 약 2,600세대) 이후 6호선 봉화산역과의 연계 요청 민원이 발생하여, 양원지구에서 지하철 6호선 봉화산역 연계를 통한 이동 편의 개선과 중랑구 내 단거리 노선 통합(2234/2235번)을 통해 노선운영의 효율성 제고하고자 하였다.

노선조정을 위한 관계기관 의견조회 결과, 자치구에서 양원지구 신규 아파트단지 입주 이후, 주민들이 6호선 신내역 배차간격으로 인한 이용불편 호소, 지속적으로 봉화산역 연계 요청하여 이를 반영한 노선조정이 이루어졌다.

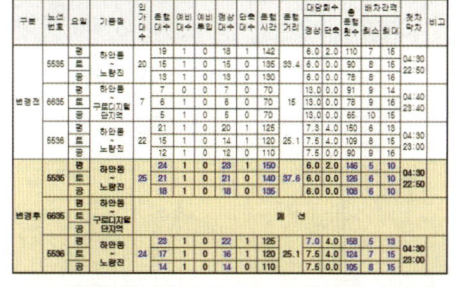

🚌 5535, 6635번 (2023년)

운행경로가 유사한 5535, 6635번 노선의 통·폐합을 통해 노선 운영 효율성을 제고하기 위함이었다. 기존 6635번 운행경로를 유지하여 노선 폐선에 대한 이용 불편을 최소화하고, 6635 폐선분 차량 활용하여 서울시 관내(금천,동작,관악구)의 시내버스 공급으로 활용하였다.

5535번 운행구간이었던 독산동~2호선 신림역 직결 이동 수요는 구로디지털단지역 연계 통한 지하철 환승 및 500, 5530번 등 시내버스 타 노선 대체 이용이 가능한 구간이었다.

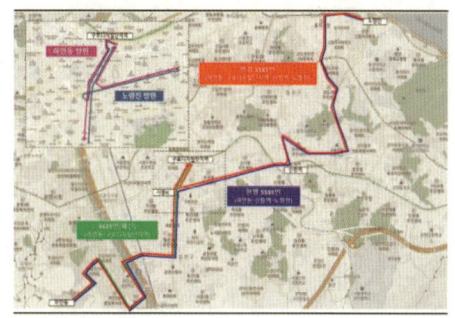

노선 통합으로 5535번의 금천구 ~ 구로디지털단지역 운행 횟수 일 55회 증대(91회 → 146회) 및 5~10분 배차간격 운행으로 인접 지하철역 이동시간 단축을 기대할 수 있었다.

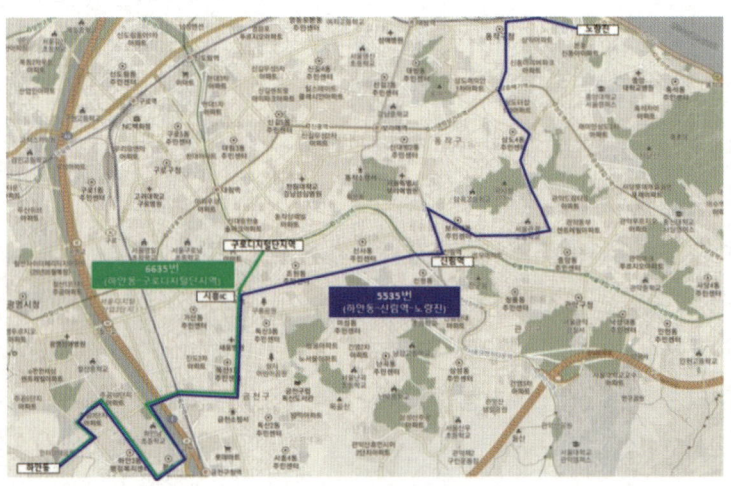

🚌 3324번 (2024년)

2024년8월, 8호선 암사역사공원역 개통 일정에 맞추어 노선 신설이 진행되었다. 강동구 지역의 지하철 8호선 암사역사공원역 개통에 대응하여 노선버스 미운행 지역인 아리수로와 고덕비즈밸리 연계 노선 확충과 송파구 관내 시내버스 1개 노선(4318)만 편도 방향(시계방향) 운행 중인 풍납동 지역 대중교통 이용 불편 해소를 목적으로 하였다.

3324번 신설 관련 미경유 지역(강일동)에서 민원 발생 중이나 노선 경로 조정 시 인근 단축 구간의 강한 반발 우려되고, 3324번 강일동 추가 연장 시 운행 거리/시간 증가로 인한 배차간격 증가로 수용이 곤란하였다. 신설 노선 미경유로 인한 집단 민원 발생지역은 타 노선 조정 등으로 별도 대책을 마련하기로 하였다.

CHAPTER 03 시내버스 노선조정

040번 (2024년)

040번 노선은 신규 입주 지역(강남 개포동), 버스 이용 취약지역(동작 상도동, 사당동)의 강남 테헤란로 업무지구 연계 편의 제공 및 민원 해소를 위한 신설 노선으로 동작구 지역은 상도동, 사당동~강남 테헤란로 직결 노선 신설을 통해 강남 테헤란로 연계를 강화하고, 강남구 지역에는 개포동 대단지 입주 대책의 실현으로 개포동~강남 테헤란로 대중교통 편의 제공하고자 하였다.

관계기관 의견조회에서 동작구에서는 보라매역 인근 추가 경유 요청하였으나, 운행시간, 배차간격 등 운행여건에 불리하여 불수용으로 진행되었다.

706번 (2024년)

706번은 은평뉴타운과 통일로 구간 혼잡 해소를 위하여 시민 이용도가 가장 높은 8701번 맞춤버스를 정규노선으로 전환을 통한 신설이었다.

기존 8701번 노선 (진관공영차고지 ~ 서소문) 구간 정규노선 전환을 위하여 774번 저상버스 운행불가로 인한 감차분(9대) 및 7723번(1대)를 활용하여 10대의 차량을 확보하였으며,

노선번호	구분	요일	기점점	인가대수	운행대수	예비대수	예비투입	정상대수	단축대수	운행거리	운행시간	대당회수 정규	대당회수 단축	총회수	배차간격 최소	배차간격 최대	첫차시간	막차시간
709번	신설	평	진관공영차고지 ~ 서소문	10	10	0	0	10	0	30.0	110	8.0	0.0	80	12	20	0400	2300
		토			8	0	0	8	0		110	8.0	0.0	64	15	20		
		일			8	0	0	8	0		110	8.0	0.0	64	15	20		

8701번 기존 운행 차량 (3대/선진운수)은 맞춤버스 8773번 혼잡노선에 투입, 증차를 통해 출·퇴근시간대 재차인원 70명 초과 구간(응암동~녹번역, 명지대~홍대입구역) 혼잡 완화하고자 하였다.

e) 노선 폐선

남산순환버스(2022년)

녹색교통지역 내 배출가스 5등급 차량 운행제한, 남산공원 경유 관광버스 진입 통제에 따른 환승연계를 통해 시민 불편 최소화와 주요 관광지, 지하철역, 도심 상업지역 등을 순환할 수 있는 시내버스 노선 운영으로 대중교통 이용 촉진, 승객수요 및 여건 변화를 고려하여 운송수지 개선과 노선 운영 효율성 향상을 위한 개선 방안으로 검토되었다.

남산순환버스는 2020년 1월 기준으로 총 3개 업체, 3개 노선, 27대 차량을 투입 운행하고 있었다.

2020년 1월 이후 코로나19의 영향으로 승객수 저조, 사회적 거리두기 및 춘·추절기 남산공원 관광객 증감에 따라 버스 이용 승객은 감소하였으며, 01A·B번 노선은 일평균 1회 운행당 승객수 10명 이하로 매우 저조한 상황이었다.

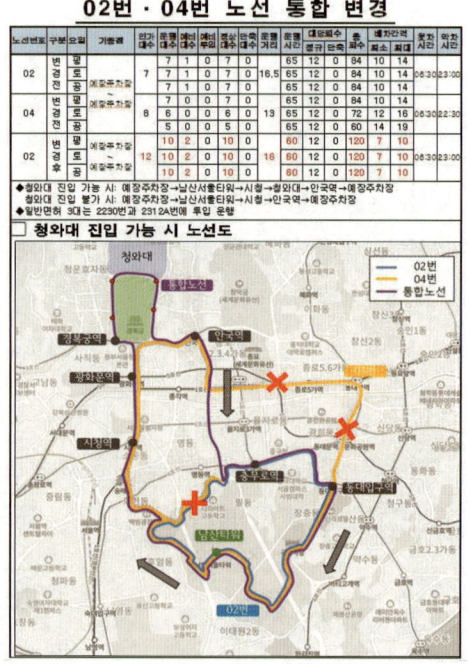

따라서, 일반버스 105번, 202번, 261번, 7024번, 7025번, 750번 등 과의 중복도가 높아 승객수가 적은 01A·B번 노선 폐선하고, 폐선에 따른 여분 차량 12대는 장거리노선 개선, 신설 노선 등으로 활용하기로 하였다.

남산공원↔청와대를 연계하는 02번·04번 노선은 청와대로를 경유하는 노선으로 조정하여, 지하철역↔청와대·남산공원 연계로 일반 노선버스와 환승 편의 제공, 대중교통을 이용한 접근성 향상 및 혼잡도 완화가 가능할 것으로 판단하였다.

CHAPTER 03 시내버스 노선조정

🚌 542번 (2024년)

서울시내 차고지, 주박 차장을 위한 버스 박차지 추가 확보로 경기도 차고지에 박차중인 차량(106번 의정부, 542번 군포)의 재배치와 서울시 신규 입주 등 수요 증가 지역(강동구, 강남구, 동작구 등) 시민의 이용 편의 개선을 위한 시내버스 노선 조정계획에 의하여 폐선이 진행되었다.

폐선을 위한 대책으로 경기 버스 917번 노선조정 및 2대 증차, 11-3번 5대 증차 등을 통해 배차간격을 상당부 단축(15분 → 10분)하여 서초구 지역 내 불편 발생을 최소화하였다.

관계기관 의견조회 결과 자치구의 반대 의견이 있었으나, 경기도와의 대체노선조정, 증차 협의에 기반하여 폐선이 추진되었다.

🚌 106번 (2024년)

106번 노선은 서울시 신규 입주 등 수요 증가 지역(강동구, 강남구, 동작구 등)의 이용 편의 개선을 위한 시내버스 노선 조정계획에 의하여 폐선이 진행되었다.

관계기관 의견 수렴 결과 도봉구 반대, 성북구 찬성으로 나타났으며, 106번은 대체수단으로 지하철 1, 4호선, 서울 시내버스 107, 140, 150, 160번 등 중복노선이 다수 운행되는 점과, 의정부시의 대체노선 신설 계획으로 폐선이 진행되었다.

 박흥식의 시내버스 노선조정 [노선은 생물(生物)이다]

3.4 노선조정 사례 : 정기 노선조정

2014년 정기 노선조정

교통여건의 변화에 능동적이고 신속하게 대응함으로써 시내버스 이용 편의 제고 및 이용 불편사항을 적극 해소하며, 특히, 장거리·승객과소 등의 비효율 개선과 환승 이용 불편 등에 대한 개선 방안을 마련하기 위하여 '14년 정기 노선조정을 추진하였다.

2014년 정기 노선조정의 기본방향은 ① 한정된 버스자원의 최적 활용을 통한 버스운행의 효율성 제고, ② 대중교통 이용 수요 변화에 능동적으로 대응, ③대중교통 사각지대가 없는 버스노선 서비스 공급의 형평성 제고이었다.

주요 개선 방향으로는 반복 민원 및 불편 민원 해소를 위하여, 중복 운행구간의 이용승객 혼돈 방지를 위한 노선변경 및 지하철역 연계 개선, 통학 불편에 따른 민원 사항을 면밀히 검토하여 통학생 교통편의 제공, 굴곡노선의 직선화 등을 통한 합리적인 노선운영을 고려하였다.

또한, 장거리 노선 단축 및 상습 정체구간 조정을 통해 배차지연 해소, 승객과소 노선 폐선 및 차등요금 적용노선 전환으로 운송수지 개선, 그리고, 대중교통 이용이 불편한 사각지대 버스서비스 제공을 위하여, 노선 부재 등 대중교통 사각지대 노선확충을 통한 대중교통 이용편의 제공 등이 있었다.

2014년 정기 노선조정 검토 대상은 총 28개 노선이었으며, 유형별로는 노선 연장 4건, 변경 8건, 단축 8건, 폐선 7건, 통합 1건이었다.

심의대상은 23건이었으며, 심의결과 가결 16건, 보류 및 부결 7건으로 처리 되었다.

[2014년 정기 노선조정 세부내역]

연번	회사명	노선번호	기·종점	조정(안) 내용 및 사유	유형	내용	신청	심의결과	비고
1	성원여객	1164	서경대 ↔ 길음역	**내용** KT월곡지사에서 돈암주민센타 운행을 KT월곡지사~송곡중~미아삼거리역~삼양동입구 회차~미아롯데백화점~성북힐스테이트~돈암주민센타 운행으로 노선연장 **사유** 종암IC 정체에 따른 환승 불편민원 해소 (※ 차등 요금 노선)	연장	민원해소	운수회사	보류 (노선굴곡화)	

CHAPTER 03 시내버스 노선조정

연번	회사명	노선번호	기·종점	조정(안) 내용 및 사유	유형	내용	신청	심의결과	비고
2	성원여객 상진운수	2115	중랑차고지 ↔ 서경대	**내용** 숭덕초교~아리랑고개~돈암동 운행을 숭덕초교~정릉길음시장(길음역)~미아리고개~돈암동 운행으로 노선변경 **사유** 길음역 과밀승객 탑승 민원 해소	변경	민원해소	운수회사	"가결"	
3	한성여객	1227	하계동 ↔ 제기동	**내용** 떡전교사거리~고려대학교 앞 노선 연장 **사유** 떡전교사거리에서 고대앞 노선부재로 이용시민 편의 개선	연장	시민편익	동대문구	보류 (기존 청량리역 이용승객 불편)	
4	다모아자동차	710	상암차고지 ↔ 수유역	**내용** 수유역에서 방학사거리까지 노선 연장하고 평화공원 경유 운행구간을 미운행하여 성산2교~성산중학교~마포구청 운행을 성산2교~성산아파트부근 정류소신설~마포구청 왕복운행으로 변경 **사유** 현재 운행하는 이용승객이 저조하고 예전처럼 연장 운행을 요구하는 민원이 많이 발생하고 있으며, 마포구청역 정류소 이용을 양방향 운행으로 요구하는 민원이 많아 상습정체 구간인 평화의 광장 구간을 피하여 마포구청 방향으로 왕복운행하여 민원해소	연장	민원해소	운수회사	수정가결 ·마포구청 앞 노선경로 일원화 → 가결 ·수유역~방학사거리 연장 → 부결	
5	아진교통	142	도봉산 ↔ 방배동	**내용** 고속터미널 구간 변경 **사유** 고속터미널 부근 극심한 정체로 차량이 지속적으로 정체되어 배차간격에 많은 문제점이 있으며, 특히 이 구간은 정류소가 없으므로 노선을 변경하여 교통사고를 감소시키며 이용승객에게 보다 더 좋은 서비스 제공	변경	민원해소	운수회사	가결	
6	서울버스	3219	장지동 ↔ 영동교	**내용** 영동대교북단~영동대교남단(리베라호텔) 구간 단축 및 문정로4길~송이로~중대로~광평로 운행을 충민로(가든파이브)~자곡로~반고개로 운행으로 변경 **사유** 이용승객 과소구간인 문정동 구간을 단축하고 이용수요가 있는 세곡동 구간으로 변경하여 운송수지 개선 및 영동대교 북단 회차지점을 단축하여 비효율 운행 개선	변경	승객과소	자체발굴	가결	

77

박흥식의 시내버스 노선조정 [노선은 생물(生物)이다]

연번	회사명	노선번호	기·종점	조정(안) 내용 및 사유	유형	내용	신청	심의결과	비고
7	영인운수	662	외발산동 ↔ 여의나루역	**내용** 신정로 7길 및 신정이펜 1로 일방향 중복운행을 남부순환로 양방향 운행으로 변경 **사유** • 노선의 굴곡 및 중복운행구간을 남부순환로로 직선화하여 운행시간 및 배차간격 단축, 배차정시성 확보등 간선노선 효율화 필요 • 일 평균 대당 400명 미만인 비수익 노선으로 노선변경 필요 • 1회 운행시 푸른마을1단지앞 정류소와 신정동푸른마을 아파트를 3번 경유하게 되어 이용승객 혼란에 따른 고질적인 민원발생과 운전기사의 운행에 따른 애로사항으로 노선변경 필요	변경	민원해소	운수회사	보류 (신정이펜하우스 구간 운행노선 대체노선 마련 후 시행)	
8	오케이버스	6516	양천차고지 ↔ 박미삼거리	**내용** 문래동~방화중학교~김안과~영등포시장~대방역~서울고 운행을 문래동~도림고가동아에코빌~도림사거리~성락교회~신풍역~영진시장~서울고등학교 운행으로 변경 단축 운행코자 함 **사유** 장거리 운행노선 단축과 보라매역~신풍역 노선버스 부재에 따른 불편민원 해소	단축	장거리노선	운수회사	보류 (662번 대체노선으로 수정 검토)	
9	도원교통	6617	양천차고지 ↔ 목동역	**내용** 양천구 중앙로 구간을 신월로로 변경하여 지하철 등 대중교통 접근 및 연계성 등 향상하여 효율적 운영 **사유** • 현 6617번 노선은 주요 경유지인 목동우성아파트 입구에서 2회 U턴하고 있으나 U턴지점이 협소하여 사고 위험 및 교통정체 유발 등으로 주민 민원 발생함 • 해당지점에서 1회 U턴으로 변경하고 또한 운행 노선상 지하철역, 양천구청 등 주요 이동지점간 운행시간을 감소하여 운영 효율성을 향상코자 함	변경	민원해소	운수회사	가결	

CHAPTER 03 시내버스 노선조정

연번	회사명	노선 번호	기· 종점	조정(안) 내용 및 사유	유형	내용	신청	심의결과	비고
10	동아 운수	121	화계사 ↔ 서울숲	**내용** 한양대에서 성수대교북단 회차구간 단축하고 한양대에서 왕십리역 회차로 노선변경 **사유** • 대흥교통 차고지 이전으로 인해 노선이 서초구 염곡동까지 연장되었음에도 차량이 증차되지 않아 마장동 주민들의 왕십리역 방향 이동시 대기시간이 길어짐에 따라 마장동 지역주민들의 교통편의를 제공하고 • 서울숲 장소 특성상 시간대별, 요일대별, 승객수요 차가 크므로 이를 개선하고자 하며, • 노선 단축으로 운행횟수를 현행 1일 7회에서 8회로 늘리고 배차간격을 단축하여 단독 운행구간에 양질의 서비스 제공	단축	민원 해소	운수 회사	부결 (서울숲 연계노선 부재 및 단독구간 기존 이용승객 불편)	
12	한성 운수	1218	우이동 ↔ 답십리	**내용** 우이동 ~ 수유사거리(대한병원앞) 단축 및 변경 **사유** • 우이동~수유사거리구간은 경전철 주요 노선으로 현재 공사 중으로 도로정체로 배차정시가 어려워 민원이 가중되고 있으며, 또한, 경전철 운행이 계통될 시 노선의 중복으로 불필요한 운행이 예상됨 • 운행구간 단축시 운행여건이 좋아질 것이므로 이용시민 이용을 극대화 하고 수입금을 증대하기 위해 광운대입구역, 석계역 구간을 경유하여 이용하려는 이용시민의 교통편의 제공	단축	시민 편익	운수 회사	수정가결 ·우이동~수유 역사거리 구간 단축 → 가결 ·광운대~석계 역 경유노선 조정 → 부결	
13	한서 교통	3418	송파 차고지 ↔ 무역센타	**내용** 삼전삼밭나루공원 입구~잠실트리지움~잠실2동주민센터~신천역 운행을 삼전삼밭나루공원 입구~농협앞~새마을시장~신천역 운행으로 노선을 변경하고 종합운동장~무역센타 운행구간 노선 단축 **사유** 동 노선의 운행구간 중 영동일고, 레이크팰리스, 잠실리센트 아파트 구간은 이용승객이 저조하고 배차지연 민원이 많이 발생되는 노선으로 노선을 변경하고 일부 구간을 단축하여 배차지연 민원 해소	단축	민원해소	운수 회사	가결	

박흥식의 시내버스 노선조정 [노선은 생물(生物)이다]

연번	회사명	노선번호	기·종점	조정(안) 내용 및 사유	유형	내용	신청	심의결과	비고
14	대흥교통	463	염곡동 ↔ 국회의사당	**내용** 왕십리~마장동구간 단축 **사유** 차고지 이전으로 463번 운행구간이 연장되었으나 운행대수의 변동 없이 현재의 배차간격으로는 정시성 확보가 어려워 민원이 발생되고 있으므로, 왕십리~마장동 구간을 단축하여 정시성확보 및 운행시간 단축으로 이용승객에게 편의를 제공하고 운전자에게는 휴식시간을 보장하여 효율적인 노선운영을 하고자 함	단축	민원해소	자체발굴	가결	
15	경성여객	2013	면목동 ↔ 신당동	**내용** 면목로 ~ 군자로 ~ 광나루로 ~ 왕십리로 운행구간 단축하고, 겸재로 ~ 한천로 ~ 사가정로 ~ 마장로 ~ 마조로로 변경 **사유** 겸재교 개통 및 한국산업인력공단 이전에 따른 승객수요를 면목역, 신답역 연계로 소화하고 전농답십리뉴타운, 마장동에서 왕십리역방면 최단거리 운행으로 이용승객 편의 제공 (※ 463번 단축구간(마장동~왕십리) 대체노선	변경	시민편익	자체발굴	가결	
11	삼화상운	163	월계동 ↔ 목동	**내용** 청계9가 구간 단축 **사유** 동 노선은 월계동~청계천~목동구간을 운행하며 왕복 운행 거리가 66.65㎞로 4시간 이상을 운행하는 장거리 노선임. 특히, 청계천 9가 회차구간은 이용승객이 전무하며 교통정체가 극심한 지역으로 불필요한 운행시간만 낭비하고있는 실정임. 따라서 효율적 운행을 위하여 월계방면 운행시 청계9가~황학교 구간을 단축운행하여 배차정시성를 확보하고 이용승객의 불편 해소	단축	장거리 노선	운수회사	가결	
16	보영운수	503	광명차고지 ↔ 남대문	**내용** 남대문시장~YTN구간 단축 **사유** 503번 운행대수 15대로 운행거리 48.14㎞의 장거리 구간을 운행하고 있으며 도로여건 또한 서울의 대표적인 혼잡구간을	단축	민원해소	운수회사	가결	

CHAPTER 03 시내버스 노선조정

연번	회사명	노선번호	기·종점	조정(안) 내용 및 사유	유형	내용	신청	심의결과	비고
				운행하고 있어 배차에 따른 불편민원이 가중되고 있으며, 이용승객 또한 저조하여 불필요한 우회운행을 하고 있는 실정임. 따라서, 혼잡구간인 회현역~남대문시장입구~3호터널입구~한국은행앞을 단축하여 배차 정시성을 확보하고자 함					
17	진아교통	1146	월계동(이마트) ↔ 북서울꿈의숲	**내용** 노선폐선 **사유** • 동 노선은 10km미만 차등요금 노선으로 일 대당 평균 승객이 260명 미만이며 이용승객이 저조한 비수익 노선임 • 인가대수 2대로 25~30분 배차로 운행하고 있으며 상습 정체구간인 석계역을 경유하고 있어 정체 시 환승 불가 민원이 발생되고 있어 이를 개선하고자 함(※ 1135번에 1대, 1136번에 1대 증차)	폐선	승객과소	운수회사	가결	
18	흥안운수	1226	한국과학기술원 ↔ 경동시장	**내용** 노선폐선 **사유** 동 노선은 노상에서 배차하고 있어 운전기사 화장실 사용, 식사문제 등 복지시설이 매우 열악한 상황에서 운행하고 있으며 대당 평균 168명이 이용하는 승객과소 노선으로 이를 폐선하여 타 노선에 증차코자 함 ※ 1221번에 2대 증차	폐선	승객과소	운수회사	부결 (한국과학기술연구원~국립산림과학원 구간 약 2km 단독노선)	
19	동해운수	771	대화동 ↔ 상암DMC앞	**내용** 노선폐선하여 타노선에 증차 **사유** 평일 이용승객이 약 350명인 비수익 노선을 폐지하여 승객 많은 노선에 투입 이용승객의 편의를 제공코자 함 ※ 7728번 4대, 707번 2대, 700번 3대 증차	폐선	승객과소	운수회사	보류 (상암DMC 미디어기업 입주에 따른 이용수요 추이 검토 필요)	
20	서부운수	7719	북가좌동 ↔ 녹번역	**내용** 노선폐선 **사유** 동 노선은 운행거리 13.3km를 3대가 20~30분 간격으로 도착시간을 정하여 운행하고 있는 노선으로, 이용승객 대부분이 환승	폐선	민원해소	운수회사	가결	

박흥식의 시내버스 노선조정 [노선은 생물(生物)이다]

연번	회사명	노선번호	기·종점	조정(안) 내용 및 사유	유형	내용	신청	심의결과	비고
				이용승객이며 가재울 4구역 개발로 이용 이용승객이 늘어난 721번 2대를 증차하고, 배차간격이 길어 민원이 많이 발생되고 있는 7018번 노선에 1대를 투입하여 정시성을 확보하여 이용승객의 편의 제공 ※ 721번 노선에 2대, 7018번 노선에 1대 증차					
21	도선여객	8441	양재역 ↔ 옛골	**내용** 8441번, 8442번 노선폐선 **사유** • 8441번은 주말(토,공,일)에 청계산을 이용하는 등산객 편의를 도모하기 위해 신설된 노선이나, 신분당선 개통 후 청계산 등산객의 지하철 이용으로 수요가 현저히 감소되어 현재 4432번 노선만으로도 승객 수송에 문제가 없음	폐선	승객과소	자체발굴	가결	
22		8442	양재역 ↔ 옛골	• 8442번은 신원동에서 도심으로 출퇴근하는 직장인(주로 양재역에서 지하철 3호선으로 환승)과 언남초등학교 등하교하는 학생들의 편의를 제공하기 위해 신설되었으나, 언남초교가 내곡지구 단지내로 이전함에 따라 학생 수요가 없어졌으며 4432번 노선과 거의 유사하게 운행하고 있음 • 따라서, 동 노선을 폐선하여 본 노선인 4432번으로 투입하여 배차 간격을 단축하여 운행하는 것이 효율적이라 판단됨 ※ 폐선되는 8442번 삼호물산 운행구간은 서초 마을버스 09번이 운행중이므로 환승에 문제가 없음	폐선	승객과소	자체발굴	가결	
23	대원교통	41	탄천차고 ↔ 두림B/D	**내용** 41번과 4434번 통합하여 중랑공영차고지까지 노선연장 • 통합안 : 언주로~개포로~선릉로~역삼로~테헤란로~언주로~학동로~삼성로~도산대로~영동대교~동일로~겸재로~용마산로~중랑차고지 **사유** • 2개노선 모두 비수익노선이며 탄천주차장 상습 침수지역으로 차량관리 어려움과 승무	통합연장	차고지상습침수	운수회사	가결	

CHAPTER 03 시내버스 노선조정

연번	회사명	노선번호	기·종점	조정(안) 내용 및 사유	유형	내용	신청	심의결과	비고
		4434	탄천차고 ↔ 개포시영A	사원 관리(1일 2교대) 및 복지시설이 열악하여 승무원들로부터 차등대우에 따른 민원 등으로, 동 2개노선을 통합 중랑차고지 연계로 여러 문제점을 해소하고 수익증대에 기여코자 함 • 또한 서울시 사업개선명령(버스정책과-6738, 2014. 4. 9)으로 승무시간 관리를 위한 배차실 운영 및 배차인력 배치를 철저히하여 근로시간 준수 및 사전 회사의 승인없이 운전기사간 임의적 승무를 절대 금지 • 차량에 장착된 디지털 운행기록장치 정상작동 및 운행기록 분석, 활용을 철저히 하라는 서울시 지시에 적극 협조하기 위하여는 차고지에서 차량 및 운전자 관리가 절대적으로 필요함에 따라 동 2개노선을 관리가 용이한 사무실이 있는 차고지(중랑차고지)로 연계 운행 필요 ※ 노선통합 구간 대체 노선 : 논현로 구간-463, 4211번, 선릉·삼성역 구간-333번					

2018년 정기 노선조정

2018년 시내버스 정기 노선조정은 교통여건 변화에 능동적이고 신속하게 대응함으로써 시내버스 이용편의 제고 및 이용 불편사항을 적극 해소하며, 특히, 장거리·승객과소 등 비효율 노선의 개선과 경전철과의 중복 운행구간 개선 방안을 마련하기 위하여 2018년 정기 노선조정을 추진하였다.

2018년 정기 노선조정은 ① 장거리, 상습 정체구간 노선조정, ② 불법 유턴구간, 승객과소 및 중복구간 과다 등 불합리 노선조정, ③ 신규 대규모 입주단지 대중교통 확충, ④ 우이신설선 등 경전철 운행구간 노선조정을 중심으로 진행되었다.

신청은 총 75건(연장 13, 변경 31, 단축 11, 신설 12, 폐지 6, 통합 2)이었으나, 자체 검토를 통하여 21건의 대상 노선이 선정되었다.

21건에 대한 노선조정 심의위원회 개최 결과는 가결 10, 수정가결 8, 보류 2, 부결 1건으로 결정되었다.

1218, 362, 761번은 다음과 같은 사유로 보류 및 부결되었다.

- 1218번(보류) : 경전철 중복 구간 통행 특성 고려, 단축이 아닌 굴곡도 개선 필요
- 362번(보류) : 여의도 내부 및 영등포·동작~압구정 구간 단독 운행
- 761번(부결) : 원안가결 시 현재 배차간격 유지가 어려운 점, 실 수요 부족 등

[2018년 정기 노선조정 세부내역]

연번	회사명	노선번호	기·종점	조정(안) 내용 및 사유	유형	내용	신청	심의결과	비고
1	영신여객	109	우이동 ↔ 광화문	내용 우이동도선사입구~삼양로~길음역을 ⇒우이동도선사입구→방학로→방학사거리→도봉로→길음역으로 노선변경 사유 경전철 개통에 따른 노선중복도 36%(5km), 승객 감소율 11%, 개통후 1일 대당승객수 517명인 노선으로 경전철과 중복을 최소화하며 신규수요 창출	변경	시민편익 (경전철)	운수 회사	수정가결 (도봉구 2안, 삼양사거리 입구 서울시안 채택)	
2	한성운수	1218	수유리 ↔ 답십리	내용 수유역~4·19묘지사거리 구간 단축, 답십리 방면 운행 시 석계역 경유, 답십리역 구간 회차지점 변경 사유 노선단축 구간은 우이신설 경전철과 중복구간으로, 상습정체로 인한 근로자 휴게시간이 부족하고, 답십리역 구간은 이용승객이 많으나 노선 부족으로 인한 민원해소 위해 경로변경	변경	시민편익 (경전철)	운수 회사	보류 (굴곡도 재검토, 시민불편 해소)	
3	영신여객	1166	우이동 ↔ 국민대	내용 우이동~국민대 운행 노선 폐지 사유 경전철 개통에 따른 노선중복도 75%, 승객감소율, 23%, 개통후 1일 대당 승객수 301명대인 과소노선을 폐지하고, 국민대 대체노선 마련후 노선폐지 및 노선신설 (※ 신설 노선 6대 투입)	폐선	시민편익 (경전철)	운수 회사	가결	
4	대진여객	1114	길음역 ↔ 성북생태체험관	내용 성북생태체험관~정릉3동주민센터~길음역을⇒(하행시)길음역→봉국사→국민대→정릉3동주민센터→성북생태체험관으로 노선연장하여 노선변경	변경	시민편익 (경전철)	운수 회사	수정가결 (서울시 수정안, 국민대후문 왕복)	

CHAPTER 03 시내버스 노선조정

연번	회사명	노선번호	기·종점	조정(안) 내용 및 사유	유형	내용	신청	심의결과	비고
				사유 1166번 폐선에 따른 국민대 단독구간을 대체투입하고 1014번 2대 감차 → 1114번 2대 증차하여 노선연장					
5	영신여객	1167 (가칭)	우이동 ↔ 롯데마트	내용 우이동~도봉구청~노원역~롯데마트 운행 노선신설 사유 1166번 폐선에 따른 신설노선으로 방학2동에서의 경전철 환승 편의 증진, 우이동·방학2동에서 노원역을 최단거리로 접근하는 노선을 신설하여 교통소외 지역에 대중교통 공급확충	신설	시민편익 (경전철)	운수회사	가결	
6	동아운수	8111	화계사 ↔ 미아사거리역	내용 맞춤버스 화계사~미아사거리역 4회 운행 노선폐지 사유 경전철 개통후 1일 대당 승객수 –107명(-38%) 감소, 대체노선(1165번)고려하여 2대 감차 ⇒ 1115번 2대 증	폐선	시민편익 (경전철)	운수회사	수정가결 (1165번 정릉풍림 아파트 연장조건)	
7	북부운수	2112	면목동 ↔ 성북동	내용 동대문~종로5가~대학로/창경궁로~이화사거리 운행을 동대문~율곡로~이화사거리 운행으로 노선변경 사유 혼잡구간 노선단축 및 변경으로 운수종사자 휴게시간 확보	변경	시민편익 (휴게시간)	운수회사	가결	
8	한국비알티	140	도봉산역 ↔ 내곡IC	내용 도봉산역~한남대교~강남역~AT센터·양재꽃시장~내곡I·C 운행을⇒도봉산역~한남대교~강남역~AT센터·양재꽃시장 운행으로 노선단축 사유 장거리(67.2km) 노선으로 실운행시간 250분으로 인가상 운행시간인 235분보다 약 15분 정도 소요되는 노선임. 운행시간 과다로 가스 충전시간 부족, 휴게시간 부족 등 운전원 피로도 증가로 안전운행에 어려움이 있어 사고예방 차원에서 AT센터·양재꽃시장~내곡I·C 구간을 단축	단축	시민편익 (휴게시간)	운수회사	가결	

박홍식의 시내버스 노선조정 [노선은 생물(生物)이다]

연번	회사명	노선번호	기·종점	조정(안) 내용 및 사유	유형	내용	신청	심의결과	비고
9	메트로버스	262	중랑공영차고지 ↔ 여의도환승센터	내용 마포대교 남단 여의서로 불법 유턴 구간 및 여의도 타 노선과의 중복 운행구간 단축 사유 불법 유턴구간 경로변경으로 안전확보 및 중복 운행구간 단축으로 운전자 휴게시간 확보	단축	시민편익(휴게시간)	운수회사	수정가결(서울시 1안 채택)	
10	태진운수	362	송파공영차고지 ↔ 여의도	내용 여의도~흑석동 구간 노선단축 사유 63.1km에 이르는 장거리 노선 운행 효율화를 위하여 여의도~흑석동 구간 단축으로 운수종사자 휴게시간 확보	단축	민원해소	운수회사	보류(대체노선 부재)	
11	남성교통	462	송파공영차고지 ↔ 영등포역	내용 영등포역~흑석동 구간 노선단축 사유 77.5km에 이르는 장거리 노선 운행 효율화를 위하여 영등포역~흑석동 구간 단축으로 운수종사자 휴게시간 확보 ※ 노선단축(영등포-동작 흑석동, 13km)안이 '17.2.3 결정되었으나, 양천 및 영등포 구간 이용승객의 강남역 연계 민원으로 시행 보류 중으로 640번 연장과 병행 추진	단축	시민편익(휴게시간)	운수회사	가결	
12	중부운수	640	신월동 ↔ 신논현역	내용 신논현역~강남역 구간 노선연장 사유 장거리 노선인 462번 단축과 연계하여, 영등포 구간 이용승객 지하철 2호선 강남역 연계	연장	민원해소	운수회사	수정가결(신논현역까지는 중앙차로 이용)	
13	서울운수	761	진관차고지 ~영등포역	내용 영등포역~문래동사거리~신풍역~보라매역~신길뉴타운 등 구간 노선연장 사유 신길뉴타운 지역 주민의 홍대입구역까지 환승없는 접근성 확보 요구 수용	연장	시민편익	운수회사	부결(연장시 배차간격 과도)	
14	세풍운수	6614	양천차고지 ↔ 부천남부생태공원	내용 무정차 통과구간(푸른마을1,2단지) 폐지 및 신정이펜하우스 양방향으로 운행, 부천 옥길지구 연장운행	연장	민원해소 시민편익	운수회사	가결	

CHAPTER 03 시내버스 노선조정

연번	회사명	노선번호	기·종점	조정(안) 내용 및 사유	유형	내용	신청	심의결과	비고
				사유 푸른마을아파트 2회 중복운행중 1회 무정차 운행으로 이용승객 혼란에 따른 민원이 많은 구간을 정리하여 민원해소, 불법 주정차 등으로 배차 정시성 확보가 어려운 회차지점(부천생태공원) 단축 및 옥길지구 입주에 따른 신규수요 창출					
15	보영운수	503	광명공영차고지 ↔ 서울역	**내용** 구로동로→양천구, 영등포 진행시 구로119안젠센터→구로변전소→구로중앙로→구로역A·K플라자~양천/영등포 운행을 ⇒ 구로119안젠센터→구로동로→양천/영등포 운행으로 변경 **사유** 구로동로에서 양천, 영등포 방면 버스 이용시 도보 약200m 이상 이동해야 하는 불편함을 해소	변경	민원해소	운수회사	가결	
16	서울교통네트웍	507	석수역 ↔ 동대문역사문화공원	**내용** 회현역 경유 폐지 후 북창동 경유로 원복(명동역→북창동→숭례문→서울역) **사유** 현 운행구간은 서울역 고가철거시 임시운행으로 조정된 것이므로, 효율적인 노선운영을 위해 조정 필요	변경	운행효율	운수회사	가결	
17	신흥기업	3414	오금동 ↔ 고속버스터미널	**내용** 오금동신흥기업종점~오금공원사거리~방이역 운행 구간을 ⇒오금동신흥기업종점~오금지구~오금역~경찰병원역~가락시장역~신가초교앞교차로~오금사거리~방이역 운행으로 노선변경 및 고속버스터널~봉은사역 입구 단축 **사유** 2017. 11월 송파보금자리주택 1단지 입주 및 2018. 2월 2, 3단지 추가입주 예정에 따라 오금역 방면 이동 편의제공	변경	시민편익	운수회사	수정가결 (강남유지, 오금연장)	
18	진화운수	3422	장지차고지 ↔ 고속버스터미널	**내용** 고속버스터미널~경복아파트사거리 구간 노선단축 **사유** 교통혼잡구간인 고속버스터미널~경복아파트교차로 7.3km를 단축하여, 지하철	단축	민원해소 운행효율	운수회사	수정가결 (강남유지)	

박홍식의 시내버스 노선조정 [노선은 생물(生物)이다]

연번	회사명	노선번호	기·종점	조정(안) 내용 및 사유	유형	내용	신청	심의결과	비고
				9호선과 중복에 따른 비수익 노선을 개선하고 배차 정시성 확보					
19	대성운수	407	송파공영차고지 ↔ 동대문	**내용** 노선폐선 **사유** 대표적 교통량 과밀지역인 강남대로를 운행하고 있는 노선으로, 타 노선과 중복도가 높아 다수의 대체노선이 있으며 1일 대당승객수 400명대인 과소노선을 폐지하고, 잉여차량 25대중 10대를 위례신도시 신설 노선에 투입하여 운행 효율성을 높이고자 함 (※ 신설 10대, 333번 8대, 440번 7대 투입)	폐선	운행효율	운수회사	가결	
20	대성운수	3320 (가칭)	송파공영차고지 ↔ 가락시장역	**내용** 송파차고지~위례신도시~장지역~가락시장역 구간 노선신설 **사유** 위례신도시 교통수요 증가에 따른 순환버스 형태의 노선 신설로, 복정역 및 가락시장역 이동 편의제공	신설	민원해소	운수회사	가결	
21	한서교통	3217	거여동 ↔ 어린이대공원	**내용** 거여아파트~위례신도시~복정역 구간 노선연장에 따른 3217번과 3313번 노선 통합 **사유** 위례신도시~거여간 도로 개통('18년 상반기)으로 위례신도시 입주민들의 노선연장 요청민원 해소 ※ 3217번 노선단축(어린이대공원 ~ 봉원사역 구간) 및 3313번 노선연장(거여역~복정역 구간)	통합연장	시민편익	운수회사	수정가결 (3313번 복정역, 위례지구 연장)	
		3313	거여아파트 ↔ 잠실리센츠아파트앞						

CHAPTER 03 시내버스 노선조정

🚌 2021년 정기노선 조정

2021년 정기 노선조정의 대상 노선은 총 35건이었으며, 대규모 단지 등의 민원 해소 및 서비스 개선 15건, 지하철역 연계 2건, 비효율적 운행구간의 직선 또는 단순화를 통한 노선 운행의 효율화 10건, 장거리 노선 단축을 통한 근로여건 개선 8건으로 구성되었다.

정기 노선조정 심의 결과 35개 상정 안건 중 가결 16건, 수정가결 1건, 조건부 가결 2건, 보류 10건, 부결 6건으로 심의/의결되었다.

부결된 6건은 다음과 같다.

- 3316번(부결) : 3317번 폐선안 부결에 따라 운행차량 미확보
- 7612번(부결) : 대체노선이 있으며 지역내 마을버스로 서비스 제공
- 4212번(부결) : 공로상 버스 운행 타당(소음민원 불수용), 연장시 배차간격 증가
- 4432번(부결) : 지역내 환승통행 가능, 도로혼잡구간 연장시 서비스 저하 우려
- 660번(부결) : 폐지구간의 대체노선 부재(택지지구내 서비스 저하)
- 652번(부결) : 폐지구간의 대체노선 부재(이동권 음영지역 발생)

[2021년 정기 노선조정 세부내역]

연번	회사명	노선번호	기·종점	조정(안) 내용 및 사유	유형	내용	신청기관	심의결과
1	송파상운	3317 (3217 연계)	남한산성 입구~ 잠실리센츠 아파트앞	**내용** 노선폐선 후 3316번 연장노선으로 5대 투입 등 노선간 증·감차, 한서교통 3217번과 공동배차 **사유** 3217번과 운행경로가 유사한 노선을 폐선하여 3316번등 노선연장 계획에 따른 배차간격 유지를 위하여 노선간 증·감차	폐선	운행 효율화	운수회사	부결
	한서교통	3217 (3317 연계) 수정안 제시	거여동~ 어린이 대공원	**내용** 거여동~송파차고지구간 노선연장 **사유** ① 북위례지구 대단지 입주에 따른 대중교통 추가공급 요인 발생 ② 3217번 노선의 박차지와 배차지가 이원화 되어 있어 해당 노선 운전원의 고충(출근지와 퇴근지가 달라 자차이용을 해야 하는 운전원의 특성상 고충발생)이 누적, 노선간	연장	대규모 도시개발	운수회사	수정안 가결

박흥식의 시내버스 노선조정 [노선은 생물(生物)이다]

연번	회사명	노선번호	기·종점	조정(안) 내용 및 사유	유형	내용	신청기관	심의결과
				운전원들의 형성평 문제로 인한 갈등발생 ③ 공차이동거리(하절기에는 감압충전을 위하여 2회)발생으로 연료낭비가 되고 있는 실정임에 따라 해당노선을 북위례지구를 경유하여 박차지와 연료충전지인 송파공영차고지로 연장 ※ 노선연장후 배차간격 유지를 위하여 노선간 증·감차, 타 업체와 공동배차 가능				
2	송파상운	3316 (3217등 연계)	마천동~ 천호역	[내용] 천호역~풍납동~잠실역 구간 노선 연장 [사유] 현재 4318번이 풍납동을 운행하고 있으나 잠실역을 연계하는 유일한 노선으로 해당지역 대중교통확충 필요	연장	민원해소	운수회사	부결
3	대원여객	108 (111 연계)	양주 덕정리~종로5가	[내용] 폐선하여 의정부민락동~무교동 신설 노선으로 증차 [사유] 노선의 60%이상이 경기도 구간을 운행하는 장거리 노선으로 해당노선을 폐지하여 신설노선으로 차량 8대, 지하철9호선 개통 등으로 수요가 증가하는 2312번 노선에 증차 하고자 함. [대체노선] 106, 107번 등(서울구간 대체) ※ '19년도 정기노선 당시 단축 조건부 가결 노선 (경기도 대체노선 투입)	폐선	장거리 단축	운수회사	가결
4	대원여객	111 (가칭) (108 가결시 검토)	민락차고지~ 종로5가역	[내용] 108번 폐선 차량을 활용하여 노선 신설(연계 미비 구간) [사유] 노원구 동일로~성북 장위뉴타운~고려대~종로를 연계하는 간선 노선 신설을 통해 연계 미비 구간의 노선 확보 ※ 경기도버스 111번 노선 구간이나 단축 이후 원복 미시행	신설	노선확충	운수회사	보류
5	북부운수	2233 2211	면목동~ 회기역	[내용] 동대문구 장안동 노선의 종합적 개선 [사유] 2211번 노선은 우리은행 사거리	변경	운행효율화	운수회사	보류

CHAPTER 03 시내버스 노선조정

연번	회사명	노선번호	기·종점	조정(안) 내용 및 사유	유형	내용	신청기관	심의결과
		2112	옥수동 성북동	좌회전 신호가 없어 회기역 진행시 동대문소방서앞에서 U-턴을 하고 있는 바, 소방서를 침범하여 U-턴하는 사례가 발생하고, 이에 소방서에서 긴급출동방해 등에 따른 법적책임을 묻겠다는 입장. 2233, 2112번 노선은 같은 정류소에서 다른 방향으로 운행하는 구간에 승객들이 혼란을 겪어 민원이 자주 발생하는 바, 2211번과 함께 종합적인 노선조정 필요				
6	경성여객	271A	용마문화복지센터~월드컵파크7단지	내용 271B번 노선을 271A번 노선으로 통합(분리전으로 환원) 사유 '20.03.20 노선분리 이후 271A(기존노선)번 이용승객들의 배차간격 민원등이 지속적으로 발생하고 있고, 271B번 노선 이용승객 저조 ○ 271B번 누락구간 승객수요 : 일평균 450명 내외(대체노선 확보) 대체노선 153번, 8761번 및 273번 동시 변경 추진	통합	운행효율화	운수회사	가결
		271B	용마문화복지센터 ~ 국회의사당역					
7	메트로버스	273 (271AB 연계)	중랑공영차고지 ~ 홍대입구역	내용 271B번 폐선에 따른 누락 보완을 위한 노선변경 사유 271B번의 승객수요 저조 및 대체노선 확보로 273번의 회차구간 변경을 통해 광흥창역~도심 연계 관련 민원 해소 대체노선 271번, 602, 603, 5714, 6712번 등 (홍대입구역~도심방향)	변경	운행효율화	운수회사	보류
8	동아운수	153	우이동~ 당곡사거리	내용 롯데관악점~대방역 구간 노선단축 사유 장거리 노선 단축으로 운전원 휴게시간 확보 대체노선 461번, 6513번, 6514번.	단축	장거리단축	운수회사	조건부 가결 (폐지구간 대체노선 확보)

 **박흥식의 시내버스 노선조정** [노선은 생물(生物)이다]

연번	회사명	노선번호	기·종점	조정(안) 내용 및 사유	유형	내용	신청기관	심의결과
9	대성운수	362	송파차고지~여의도	**내용** 노량진~국회의사당역 구간 노선단축 **사유** 운행거리63.1km, 시간250분 운행하는 장거리 노선으로 근로시간 과다, 휴게시간 부족으로 일부구간 노선단축 통한 근로환경 개선 과 배차간격 단축으로 이용시민의 편의 도모	단축	장거리 단축	운수회사	가결
10	서울교통네트웍	150	도봉산광역환승센터~시흥대교	**내용** 시흥대교~보라매역 구간 노선단축 **사유** 장거리 노선으로 노선단축 필요성이 인정되어 2012년 하반기 정기노선 조정시 단축가결(시흥대교 ~ 구로디지털단지역)되었으나 민원으로 시행보류 되었는 바, 해당 노선을 단축하여 휴게시간 확보 및 신길동 대규모택지구 노선투입 등 효율적인 노선운용을 하고자 함. 광화문광장 재구조화에 따른 도로여건 변동으로 노선변경 필요 **대체노선** 505번. 5531번, 5623번, 5625번, 5713번 등 구로디지털단지 경유	단축	장거리 단축	운수회사	보류 (단축하되 단축구간 검토후 추진)
11	대원교통메트로버스	2016	중랑차고지~효창공원 후문	**내용** 중랑차고지 ~ 청파로 ~ 용산차고지로 노선단축 **사유** 장거리 노선으로 교통 정체시 운행시간 300분 이상 걸리는 노선으로 근로여건 개선 필요	단축	장거리 단축	자체발굴	보류
12	도선여객	4412	개포동~일원동	**내용** 개포동~일원동 운행하는 노선을 개포동~일원동~송파헬리오시티를 연계하는 노선으로 연장 **사유** 9,500세대가 입주해있는 송파 헬리오시티 아파트 단지에서 강남(대치동 등) 방면으로 이동편의 개선	연장	대규모 도시개발	시민	가결
13	우신운수	4212	전원마을~중곡역	**내용** 용마사거리~용마산빌라~중마초교, 중곡제일골목시장앞 운행을 ⇒ 용마사거리~	변경	민원해소	자체발굴	부결

CHAPTER 03 시내버스 노선조정

연번	회사명	노선번호	기·종점	조정(안) 내용 및 사유	유형	내용	신청기관	심의결과
				용마산역~한양수자인사가정파크~서일대학교 운행으로 변경 사유 용마산빌라(회차지점) 부근 주민들의 시내버스 진입에 따라 소음에 대한 지속적인 민원제기로 회차지를 변경하여 운행				
14	대원교통	242	중랑공영 차고지 ~ 개포동	내용 장안교사거리~군자교 운행 노선을 장안동삼거리~동대문소방서~장한평역 운행 노선으로 변경 사유 장안동~강남 연계 강화	연장	민원해소	동대문구	가결
15	현대교통	7612	홍연2교 ~ 영등포 구청역	내용 홍연2교→홍대역→합정역→양화대교→경인고속도로입구→양남사거리→영등포구청역 운행을 ⇒ 홍연2교→홍대역→합정역→양화대교→경인고속도로입구→양남사거리→우리벤처타운→문래중학교→문래롯데캐슬→문래공원사거리→문래역→영등포구청역 편방향 운행으로 노선연장 사유 문래동 5,6가 주거밀집지역의 남북축 대중교통 연계로 시민편의 도모	연장	민원해소	영등포구	부결
16	아진교통	1128	도봉산~ 월곡동	내용 종암SK아파트→사대부고앞 교차로→종암경찰서 구간 연장 사유 종암SK아파트→사대부고앞 교차로 경로로 운행하는 대중교통 부재에 따른 민원발생	연장	교통인프라	운수회사	가결
17	안양교통	5713	안양비산동~ 신촌기차역	내용 신길주유소~신풍역(신길로) 운행을 대방천로~성락교회(도림로)~도신로 변경하여 운행 사유 성락교회에서 신촌·홍대까지 직결로 운행하는 노선 조정 요청	변경	민원해소	민원	보류
18	흥안운수 삼화	146	상계주공7단지~강남역	내용 차고지에서 시내방향 진행시 경로 변경(기존 : 광림교회앞~상계주공7단지 ⇒ 변경 : 노원역~도봉면허시험장)	변경	민원해소	운수회사	보류

박흥식의 시내버스 노선조정 [노선은 생물(生物)이다]

연번	회사명	노선번호	기·종점	조정(안) 내용 및 사유	유형	내용	신청기관	심의결과
	상운			**사유** 도봉구청~지하철7호선 노원역 최단거리 연계 민원해소 **누락구간 수요**: 11개 정류소 약 350명 **대체노선** 동일구간 대체 불가(도보이동시 1167, 1144번)				
19	도선여객	4432	개포동 ~ 신원동	**내용** 개포동 ~ 도곡역 ~ 한티역 운행을 개포동 ~ 도곡역 ~ 대치역 ~ 한티역으로 변경하여 운행 **사유** 대치동 학원가 방면으로 한번에 가는 버스노선 부재로 주민 불편 민원 발생 **대체노선** 242번, 472번, 3426번, 6411번	변경	민원해소	서초구	부결
20	보광교통 도원교통 중부운수 범일운수	674 6620 6624		**내용** 목동이대병원앞~서울에너지공사(양평교 밑) 구간을 목동이대병원앞~안양천로~서울에너지공사(양평교 밑)으로 변경 **사유** 목동이대병원·목동6단지앞(15154) 정류소 정차후 양평교밑으로 좌회전 차로 진입시 도로구간이 짧아 무리하게 진입하는 버스로 인해 정체 및 사고위험 발생	변경	민원해소	양천구	가결
21	흥안운수	1226	한국과학기술원 ~ 경동시장	**내용** 시내버스 1226번의 회차구간(한국과학기술원)을 월곡중학교로 변경하여 월곡동 주민들의 이동편의 방안 마련 **사유** 현 회차구간 내 민원발생으로 인한 노선변경 방안 검토	변경	민원해소	성북구	가결
22	대진여객	162	정릉~여의도	**내용** 여의도환승센터→유진투자증권→한국거래소 구간 노선폐지 **사유** 근로시간 초과문제 해결과 이에 따른 운전원 법정 휴게 시간 확보를 위하여 노선 구간의 일부를 폐지하고자 함. **대체노선** 5012번, 5618번, 6513번 누락구간 승객수요 : 3개 정류소 250명 내외(전체 승객의 1.6% 수준)	변경	운행효율화	운수회사	가결

CHAPTER 03 시내버스 노선조정

연번	회사명	노선번호	기·종점	조정(안) 내용 및 사유	유형	내용	신청기관	심의결과
23	현대교통	7713	홍연2교~홍연2교	**내용** 차고지→연희지하차도 구간을 차고지→ 연희파크푸르지오앞→홍연시장→연희지하차도로 변경 **사유** 차고지에서 증가로 쪽으로 진출시 증가로에서 모래내로 우회전하는 승용차와 추돌 등의 안전사고 사전 방지 필요	변경	민원해소	민원	가결
24	보성운수 서울교통네트웍	660	온수동 종점~가양역	**내용** 항동로 운행구간을 서해안로로 변경 **사유** 어린이보호구역내 시내버스 진입으로 인한 소음 및 안전문제 등에 대한 민원으로 항동로 진입구간을 서해안로 진입으로 변경	변경	민원해소	자체발굴	부결
25	선진운수	7715	은평차고지~연신내역	**내용** 연신내 진입시, 월드컵경기장 남측 구간 폐지 및 월드컵경기장교차로에서 좌회전. **사유** 현행 U-턴구간에서 과거 교통사고가 있었고, U-턴 과정에서 교통사고 위험성이 상존하며, 교통 체증을 유발함. **대체노선** 571번, 730번 (DMC 이후 구간은 대체노선 부재)	단축	운행효율화	운수회사	가결
26	서울승합	3412	강동차고지~우면동	**내용** 강남역~우면동 구간 노선단축 **사유** 장거리 굴곡노선으로 근로시간 초과 및 휴게시간 부족, 용변권 확보문제 발생, 회차지점인 우면동 네이처힐가든 주민 소음등의 문제로 민원제기	단축	장거리단축	운수회사	가결
27	한국BRT	360	송파차고지~여의도환승센터	**내용** 여의도환승센터~여의나루역 구간 단축하고 여의도환승센터→한국거래소→여의도역→여의도공원으로 회차지점 변경 **사유** 360번은 대표적인 교통정체구간을 운행하는 장거리 노선으로 운행시간 240분이 초과되는 경우가 많아 법정 근로시간 초과상태 발생 및 휴게시간 확보가 어려워 운행거리 단축이 필요	단축	장거리단축	운수회사	조건부 가결 (여의나루역, 여의도역 경유)

 박흥식의 시내버스 노선조정 [노선은 생물(生物)이다]

연번	회사명	노선번호	기·종점	조정(안) 내용 및 사유	유형	내용	신청기관	심의결과
28	진화운수	3422	장지차고지~고속터미널	내용 고속터미널~교보타워사거리(서운로) 구간 노선단축 사유 상습정체구간을 운행하며 9호선(고속터미널역~언주역) 개통이후 승객수가 저조한 노선으로 노선단축 적정 배차간격 및 배차정시성을 확보하여 이용승객 편의를 증진하고자 함.	단축	운행효율화	운수회사	가결
29	신수교통	7734	진관차고지~홍대입구	내용 차고지에서 도심 진행시 동산능모퉁이.한국지역난방공사(19-291)정류소 미운행 및 한국지역난방공사 뒷길로 운행 사유 도심 진행시 운행시간 단축 등 효율성 제고	단축	운행효율화	운수회사	가결
30	북부운수	2311	중랑차고지~문정동	내용 중랑차고지~동일로~면목2동사거리~겸재로~한천로~사가정로~사가정역 노선 단축 사유 장거리 노선 단축으로 운수종사자 근로여건 및 노선의 효율성 개선	단축	장거리단축	자체발굴	가결
31	신수교통	705	진관차고지~롯데백화점	내용 차고지 진입시 동산능모퉁이.한국지역난방공사(19-291)정류소 미운행 및 한국지역난방공사 뒷길로 변경, 구파발역환승센터 정류소를 구파발역입구 중앙정류소로 변경 사유 승객수요가 적은 구간단축 및 구파발역환승센터 비효율적 운행방식을 개선하여 운행효율 제고	단축	운행효율화	운수회사	가결
32	신길운수	652	신월동~금천우체국 독산1동	내용 가산디지털단지역~금천우체국 구간 노선단축 사유 운행시간 과다발생 등으로 배차간격 유지가 어려운 상습정체구간을 단축하여 배차정시성 제고 및 운행효율화 대체노선 571, 5616, 5537, 금천03, 금천01-1	단축	운행효율화	운수회사	부결

CHAPTER 03 시내버스 노선조정

연번	회사명	노선번호	기·종점	조정(안) 내용 및 사유	유형	내용	신청기관	심의결과
33	미정	미정	경복비지니스고~DMC역 구간	**내용** 가양역~상암동(DMC역) 구간 노선 신설 **사유** '19년 정기심의시 구로 항동지구 연계를 위해 660번 노선 단축으로 가양역-DMC역 구간 노선이 3개에서 2개(6715번, 673번)로 감소함에 따라 6715, 673번 혼잡 등으로 노선신설 민원 지속 발생, 가양역,마포중고등학교 정류장에서 재차인원 60명 이상 현상이 3시간 이상 지속 등 승객 과밀현상이 발생하여 가양역~DMC역 구간에 대해 다람쥐 버스 투입	신설	민원해소	자체발굴	보류
34	미정	미정	상일동역~중앙보훈병원역	**내용** 상일동역~고덕지구~구천면로~중앙보훈병원역 **사유** 대규모 택지개발 진행중인 강동구에서 출퇴근시간 중앙보훈병원역을 운행하는 노선에 대한 수요가 증가하여 다람쥐 버스 신설	신설	교통인프라	자체발굴	보류
35	유성운수	7013A	은평차고지~남대문시장	**내용** 7013A) 서강초등학교~광흥창역 왕복운행 / 7013B) 월드메르디앙아파트~한강밤섬자이아파트 왕복운행을 ⇒ 7013번으로 통합하여 도심진행시 서강초등학교→광흥창 운행(7013A 편도구간), 차고지 진행시 한간밤섬자이아파트→월드메르디앙 아파트 운행(7013B 편도구간)으로 변경 **사유** 인가된 배차간격이 20~30분 노선이나 도로정체 등에 따른 배차정시성 확보가 어렵고, 이에 따른 배차간격 민원이 지속적으로 발생하고 있음. 7013A번과 7013B번 노선은 전체 정류소의 3개소에서만 분리된 구간을 운행하고 나머지 구간을 동일하게 운행하고 있어 두노선을 통합하여 문제를 해결하고자 함.	통합	운행효율화	운수회사	보류
		7013B	은평차고지~남대문시장					

04 시내버스 혼잡해소

4.1 2023년도 서울시 시내버스 혼잡해소 대책

시내버스 노선 중 차내 혼잡도 180%를 초과(재차인원 80명)하는 노선은 8%(25개)이며, 출퇴근 시간대 약 30분 동안 해당 노선의 전체 구간 중 약 9%에서 발생하고 있으며, 도시철도 사각지대나 주요 중앙버스 전용차로 집중되어 있었다.

연번	권역	주요 지역	혼잡노선
1	동북권	• 돈암동, 남산, 장안동	• 6개(100번, 140번, 172번, 2211, 2416번 등)
2	서북권	• 응암동, 남가좌동, 녹번동	• 7개(701번, 704번, 720번, 7612번, 7734번 등)
3	서남권	• 신림동, 보라매동, 가양동	• 9개(461번, 540번, 600번, 673번, 753번, 6715번 등)
4	동남권	• 고덕동, 강일동, 상일동	• 3개(340번, 3318번, 3411번)

시내버스 출퇴근시간대 10개 구간에 대하여 "혼잡도 180% → 130~140%"으로 개선하기 위한 맞춤노선 5개 신설 및 기존 노선 5대 증차하는 것으로 추진되었다.

맞춤노선 신설을 위한 26대의 차량은 연간 운행률 20% 미만의 예비차량 52대 중 17대를, 승객이 적은 과소노선 차량 이동으로 9대를 확보하였다.

2023년 시내버스 혼잡해소를 위한 노선 신설 및 증차 노선은 다음과 같다.

CHAPTER 04 시내버스 혼잡해소

유형변경 9703번 광역 → 간선(703번)

노선조정 774번 통일로 구간 연장

노선신설 맞춤버스 8101번, 맞춤버스 8772번, 맞춤버스 8701번,
맞춤버스 8561번, 맞춤버스 8762번

증차 01번 증차 2대, 2211번 증차 1대, 3318번 증차 2대, 600번 증차 1대, 540번 증차

🚌 맞춤버스 신설 노선

- **8101번** : 기존 혼잡노선인 140번, 150번, 160번, 172번 등 혼잡발생 구간 운행으로 도봉·강북·성북지역에서 도심까지 버스 혼잡개선을 위하여 신설하였다.

- **8773번** : 기존 혼잡노선인 7019번, 7612번, 7734번 등 혼잡발생 구간 운행으로, 도시철도 사각지대인 응암동, 남가좌동 버스 공급 확대를 위하여 신설하였다.

- **8701번** : 기존 혼잡노선인 701번, 704번, 720번, 752번 등 혼잡발생 구간 운행으로, 은평뉴타운, 홍제동 등 대규모 택지개발지역 교통불편 해소하고자 하였다.

- **8561번** : 기존 혼잡노선인 461번, 753번 등 혼잡발생 구간 운행으로, 동작구 보라매·신길동에서 여의도 방향 이용편의를 개선하기 위하여 신설한 노선이다.

- **8762번** : 기존 혼잡노선인 673번, 6715번 등 혼잡발생 구간 운행으로, 마포구 상암동와 강서구 마곡동 간 버스증편 민원 해소하고자 하였다.

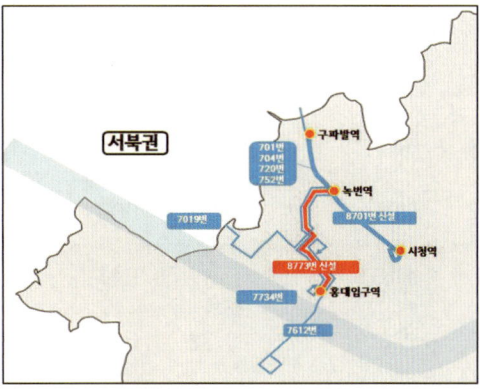

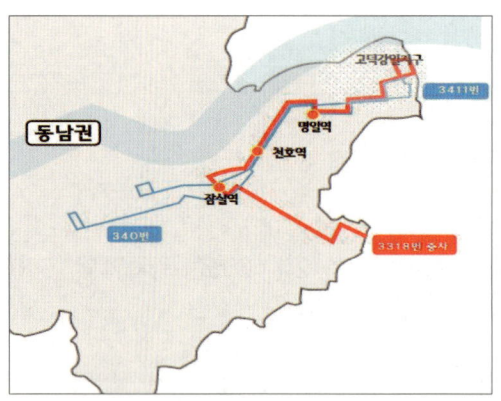
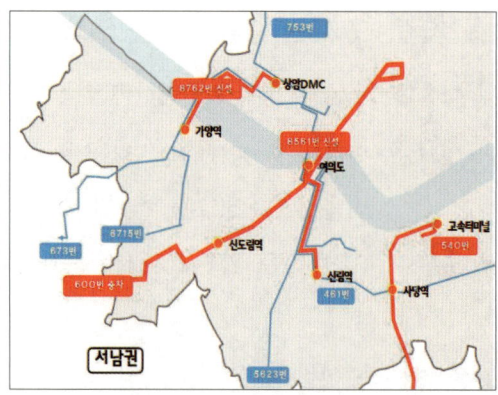

4.2 2024년도 서울시 시내버스 혼잡해소 대책(2024년 상반기)

2023년 하반기 기준 혼잡도 180% 초과 발생노선은 43개이며, 이 중 35개 노선이 오전에 발생하는 것으로 분석되었다.

연번	번호	발생일수	연번	번호	발생일수	연번	번호	발생일수	연번	번호	발생일수
1	504	4	12	162	1	23	708	1	34	5620	1
2	7612	3	13	171	1	24	721	1	35	5712	1
3	160	2	14	342	1(오후)	25	741	1	36	5713	1(오후)
4	340	2	15	441	1	26	1140	1(오후)	37	7016	1
5	500	2	16	461	1	27	1142	1(오후)	38	7019	1
6	602	2	17	600	1	28	1711	1(오후)	39	7025	1
7	704	2	18	605	1	29	2112	1	40	7211	1
8	1155	2	19	641	1	30	2412	1	41	7715	1
9	2211	2	20	643	1(오후)	31	3318	1(오후)	42	7728	1
10	6715	2	21	700	1	32	3411	1	43	702A	1
11	140	1	22	701	1	33	3413	1(오후)			

CHAPTER 04 시내버스 혼잡해소

[2023년 하반기 시내버스 혼잡노선 현황도]

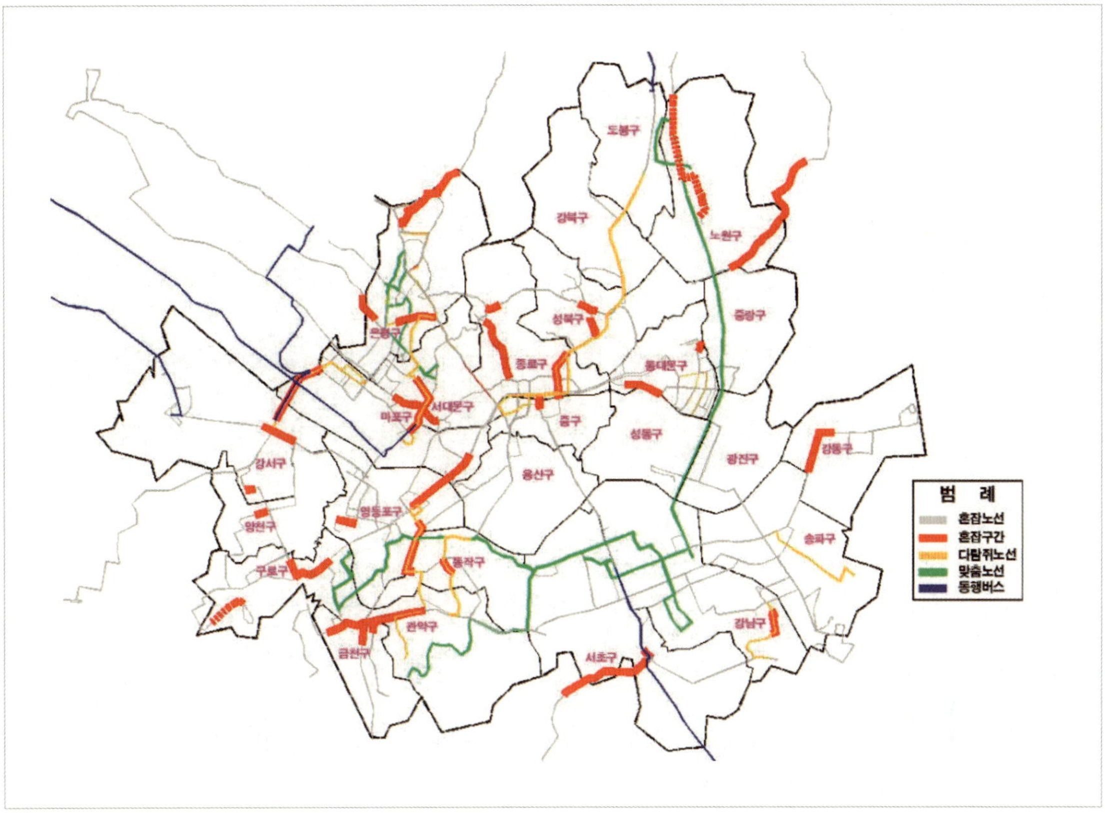

혼잡이 극심한(혼잡도 180% 초과) 구간에 출근 시간대, 주요 지하철역, 학교 등의 거점 연계(10.0Km 내외)의 순환 운행으로 혼잡을 개선하기 위한 2024년 혼잡개선대책은 예비차량(373대) 및 승객 과소노선 차량 활용과 심야버스, 출근 맞춤버스 동시 운행 등으로 시내버스 운송체계의 재구조화를 꾀하였다.

맞춤버스 8개 노선의 신설을 검토하였으나, 운행차량 확보 가능성, 차고지 여건 등 운행 여건 등에 의하여 5개 노선 신설로 진행되었다.

검토 계획 및 내용

🚌 8111번 (15km, 80분)

- 목적 : 140번(혜화동로터리→창경궁), 162번(정릉역→성신여대입구역), 7016(경복궁역→상명대입구), 7211번(국민은행세검정지점→서울예술고등 학교) 노선의 혼잡구간 혼잡완화

박흥식의 시내버스 노선조정 [노선은 생물(生物)이다]

- 운행구간 : 평창동→정릉역→성신여대입구역→혜화동로터리→원남동사거리→경복궁역→세검정교차로→평창동 구간 순환
- 운행시간 : 06:30 ~ 09:05
- 운행대수/배차간격/운행횟수 : 5대/15~20분/10회
- 주요 정류소 : 서울예술고등학교, 국민대앞, 정릉역, 성신여대입구역, 삼선교, 혜화동로터리, 안국역, 경복궁역, 효자동, 상명대입구, 세검정초등학교 등

🚌 8112번 (11km, 60분)

- 목적 : 1154번 노선의 수락리버시티아파트→노원역 구간 혼잡완화 및 시계주변 서울시민의 출근편의 제고
- 운행구간 : 수락리버시티아파트↔노원역
- 운행시간 : 06:30 ~ 09:15
- 운행대수/배차간격/운행횟수 : 4대/15분/12회
- 주요 정류소 : 수락리버시티아파트, 수락중고등학교, 수락산역, 마들역, 노원역 등

🚌 8332번

- 목적 : 340, 3318, 3411번 노선의 암사역↔강일중학교 구간 혼잡완화
- 운행구간 : 강동공영차고지↔암사역
- 운행거리(소요시간) : 15km (80분)
- 운행시간 : 06:10 ~ 09:10
- 운행대수/배차간격/운행횟수 : 4대/18~25분/10회
- 주요 정류소 : 강동공영차고지, 강일리버스트 4/8단지아파트, 상일동역1번출구, 고덕역, 강일중.선사고, 신암중학교, 암사역 등

🚌 8661번

- 목적 : 6615번 노선의 항동주민센터→천왕역 구간 혼잡완화
- 운행구간 : 온수공영차고지↔천왕역
- 운행거리(소요시간) : 11km (50분)
- 운행시간 : 06:30 ~ 08:55
- 운행대수/배차간격/운행횟수 : 3대/15~20분/9회
- 주요 정류소 : 역곡역남부, 항동우남퍼스트빌, 항동복합행정센터, 푸른수목원, 오남중학교, 천왕역 등

CHAPTER 04 시내버스 혼잡해소

🚌 **8671번**

- 목적 : 160번 노선의 애오개역→영등포역 구간 혼잡완화
- 운행구간 : 중부운수문래영업소↔애오개역
- 운행거리(소요시간) : 17.5km (80분)
- 운행시간 : 06:30 ~ 09:05
- 운행대수/배차간격/운행횟수 : 4대/15~20분/10회
- 주요 정류소 : 아현초등학교, 마포경찰서, 아현동주민센터, 공덕역, 마포역, 여의도환승센터, 영등포역, e편한세상문래에듀플라츠 등

[2024년 맞춤버스 신설 노선]

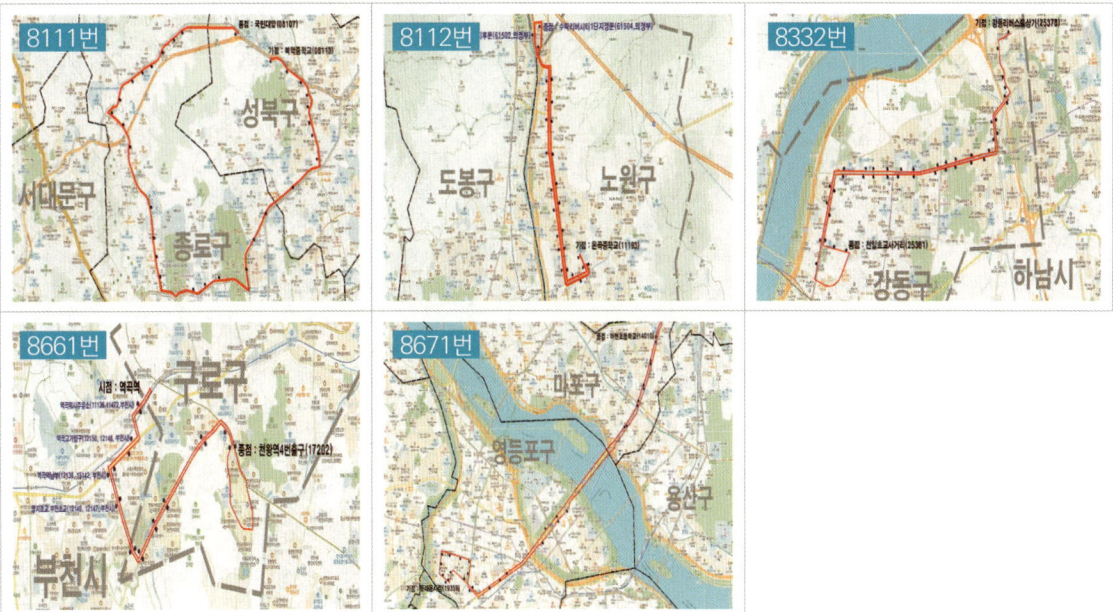

4.3 출퇴근 맞춤버스 확대 운행(2024년 하반기)

 2023~2024년 시내버스 혼잡해소 대책을 시행하여 기존 혼잡도 180% 초과 발생 노선 중 21개 노선의 혼잡도가 감소하였으나, 일부 노선의 출퇴근시간대 혼잡도가 여전히 극심하여, 맞춤버스 노선 신설, 증차, 운행 확대 등 추가 대책을 시행하였다.

박흥식의 시내버스 노선조정 [노선은 생물(生物)이다]

'23~'24년 신설 맞춤버스	혼잡 완화 목표 노선	연도별 최대 혼잡도(전년 대비 증감률)			최대 혼잡 발생구간 (발생시간 : 오전 / 오후 구분)
		2022. 9	2023. 9	2024. 9	
8101	107	172.5%	152.5%	157.5% (↑ 5%)	의정부 장암동~장암역 (오전)
	140	160%	155%	152.5% (↓ 2.5%)	길음뉴타운~서울대병원(오전)
	150	170%	165%	162.5% (↓ 2.5%)	금천구청~구로디지털단지(오전)
	160	177.5%	175%	172.5% (↓ 2.5%)	성신여대입구~서울대병원(오전) 광화문~영등포역(오후)
8561	163	175%	167.5%	167.5% (-)	길음뉴타운~고대사대부고(오전) 국민대~길음시장(오후)
	6713	147.5%	170%	170% (-)	신길뉴타운~샛강역(오전)
8701	701	165%	157.5%	165% (↑ 7.5%)	녹번동~서대문역(오전)
	704	175%	172.5%	165% (↓ 7.5%)	홍제역~서대문역(오전)
	705	145%	140%	137.5% (↓ 2.5%)	-
	708	172.5%	162.5%	165% (↑ 2.5%)	녹번역~서대문역(오전)
	720	157.5%	155%	152.5% (↓ 2.5%)	홍제역~서대문역(오전) 종로1가~무악재역(오후)
	741	182.5%	167.5%	165% (↓ 2.5%)	홍제역~서대문역(오전) 명동~무악재역(오후)
8762	673	157.5%	157.5%	147.5% (↓ 10%)	-
	6715	180%	162.5%	162.5% (-)	화곡본동~상암고(오전)
8773	7019	167.5%	177.5%	160% (↓ 17.5%)	백련산힐스테이트~서대문역(오전)
	7612	185%	182.5%	172.5% (↓ 10%)	백련시장~홍대입구역(오전 / 오후)
	7734	167.5%	160%	157.5% (↓ 2.5%)	백련산힐스테이트~은평구청(오전) 홍대입구역~명지대(오후)
8111	140	160%	155%	152.5% (↓ 2.5%)	길음뉴타운~서울대병원(오전)
	162	155%	157.5%	152.5% (↓ 5%)	성신여대입구~서울대병원(오전)
	7016	180%	165%	157.5% (↓7.5%)	숙대입구역~서울역~상명대(오전) 상명대~경복궁역(오후)
	7211	155%	162.5%	157.5% (↓ 5%)	불광역~평창동(오전) 국민대~불광역(오후)

CHAPTER 04 시내버스 혼잡해소

'23~'24년 신설 맞춤버스	혼잡 완화 목표 노선	연도별 최대 혼잡도(전년 대비 증감률)			최대 혼잡 발생구간 (발생시간 : 오전 / 오후 구분)
		2022. 9	2023. 9	2024. 9	
8112	1154	170%	142.5%	165% (↑ 22.5%)	수락산역~장암동(오후)
8332	3318	152.5%	155%	152.5% (↓ 2.5%)	상일동역~강일동주민센터(오후)
	3411	165%	152.5%	122.5% (↓ 30%)	-
	340	175%	172.5%	155% (↓ 17.5%)	송파구의회~대치동학원가(오전)
8661	6615	165%	150%	122.5%(↓ 27.5%)	-
8671	160	177.5%	175%	172.5% (↓ 2.5%)	성신여대입구~서울대병원(오전) 광화문~영등포역(오후)
8442	441	167.5%	172.5%	170%(↓ 2.5%)	선바위역~양재시민의숲역(오전) 양재시민의숲역~선바위역(오후)

맞춤버스 신설 노선

- **8442번** : 기존 혼잡노선인 441번, 안양11-3번 등 혼잡발생 구간 운행으로, 서초구 양재1동에서 양재역까지 버스 혼잡개선을 위하여 '24년 8월 신설하였음

  - 운행구간 : 서초호반써밋아파트↔양재역
  - 운행거리(소요시간) : 12.2km (60분)
  - 운행시간 : (출근) 06:40-07:45 / (퇴근) 18:30-19:30
  - 운행대수/배차간격/운행횟수 : (출근) 2대/7~50분/4회 / (퇴근) 1대/60분/2회
  - 주요 정류소 : LH서초아파트, 양재꽃시장, 양재시민의숲역, 양재역 등

맞춤버스 증차

- **8101번** : 기존 혼잡노선인 140번, 150번, 160번 등 혼잡발생 구간 운행으로, 도봉·강북·성북 지역에서 도심까지 버스 혼잡개선을 위해 '23년 신설하였으며, 추가적인 혼잡 해소를 위해 '24년 8월 차량 1대를 증차하였음

  - 운행구간 : 도봉보건소↔서소문
  - 운행거리(소요시간) : 30.2km (180분)
  - 운행시간 : 07:00-08:00

박홍식의 시내버스 노선조정 [노선은 생물(生物)이다]

- 운행대수/배차간격/운행횟수
  : (기존) 6대/7분/6회 / (변경) 7대/10분/7회
- 주요 정류소 : LH서초아파트, 양재꽃시장, 양재시민의숲역, 양재역 등

▪ 8773번 : 기존 혼잡노선인 7019번, 7612번, 7734번 등 혼잡발생 구간 운행으로, 도시철도 사각지대인 응암동, 남가좌동 버스 공급 확대를 위하여 '23년 신설하였으며, 추가적인 혼잡 해소를 위해 '24년 10월 기점을 구산동으로 연장하고, 차량 3대를 증차하였음

- 운행구간
  : (기존) 녹번역↔홍대입구역 / (변경) 구산동↔홍대입구역
- 운행거리(소요시간)
  : (기존) 15km (90분) / (변경) 26.1km (157분)
- 운행시간
  : (기존 출근) 06:30-08:30 / (변경 출근) 05:40-07:20
  : (기존 퇴근) 17:30-19:30 / (변경 퇴근) 16:55-18:35
- 운행대수/배차간격/운행횟수
  : (기존 출근) 2대/40~45분/4회 / (변경 출근) 5대/20~40분/5회
  : (변경 출근) 2대/40~45분/4회 / (변경 퇴근) 5대/20~40분/5회
- 주요 정류소 : 응암역, 녹번역, 백련산힐스테이트, 명지대, 연희삼거리, 홍대입구역 등

🚌 운행 확대

▪ 8701번(→706번) : 기존 혼잡노선인 701번, 704번, 720번, 752번 등 혼잡발생 구간 운행으로, 은평뉴타운, 홍제동 등 대규모 택지 개발지역의 교통불편을 해소하고자 '23년 신설하였으며, 통일로 구간의 고질적인 혼잡 해소를 위해 '24년 10월 정규 노선으로 전환하였음

- 운행구간 : (기존) 지축교앞↔서소문 / (변경) 진관차고지↔서소문
- 운행거리(소요시간) : (기존) 27km (100분) / (변경) 30km (110분)
- 운행시간
  : (기존 출근) 07:20-09:20 / (변경) 04:00-23:00
  : (기존 퇴근) 17:10-19:30 / (변경) 04:00-23:00
- 운행대수/배차간격/운행횟수
  : (기존 출근) 3대/10분/3회 / (변경) 10대/12~20분/80회

CHAPTER 04 시내버스 혼잡해소

: (기존 퇴근) 3대/10분/3회 / (변경) 10대/12~20분/80회
- 주요 정류소 : 은평뉴타운래미안아파트, 구파발역, 폭포동, 연신내역, 불광역, 홍제역, 시청 등

[출퇴근 맞춤버스 노선전도(2024.10월 기준)]

05 시내버스 노선도

🚌 **100번** : 하계동~용산구청을 기종점으로 왕복 121개의 정류소에 정차한다. 이용승객은 18,578명, 16개의 정류장이 전철역을 연계하며, 일평균 운행속도는 14.8km/h, 운행시간 3시간 50분이다. (2024.06.27. 기준)

노선번호	100	인가대수	29대	인가거리	57.09km	첫차시간	04:00
업체명	한성여객	운행대수	28대	운행시간	237분	막차시간	22:30
기 점	하계동	예비대수	1대	운행횟수	총 109회/일	배차간격	최소 8분
종 점	용산구청	정상대수	28대		대당 3.9회/대		최대 12분

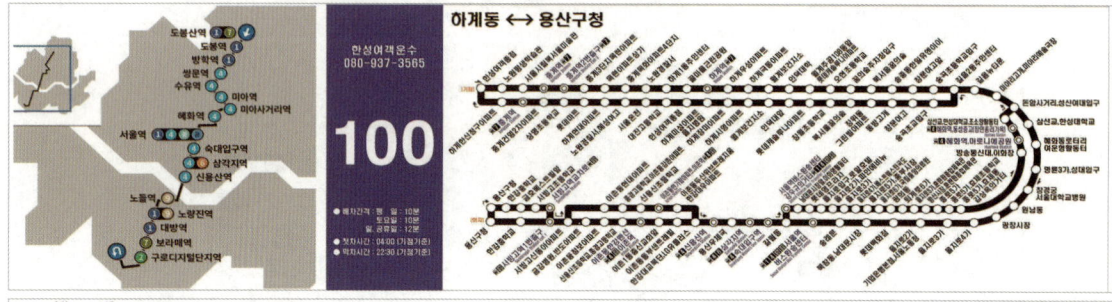

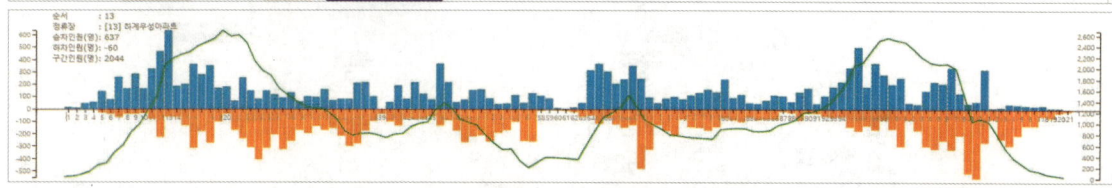

🚌 **101번** : 우이동-서소문을 기종점으로 왕복 80개의 정류소에 정차한다. 이용승객은 18,026명, 8개의 정류장이 전철역을 연계하며, 일평균 운행속도는 14km/h, 운행시간 2시간 41분이다. (2024.06.27. 기준)

노선번호	101	인가대수	23대	인가거리	37.81km	첫차시간	04:00
업체명	동아운수	운행대수	22대	운행시간	170분	막차시간	23:00
기 점	우이동	예비대수	1대	운행횟수	총 119회/일	배차간격	최소 6분
종 점	서소문	정상대수	21대		대당 5.5회/대		최대 10분

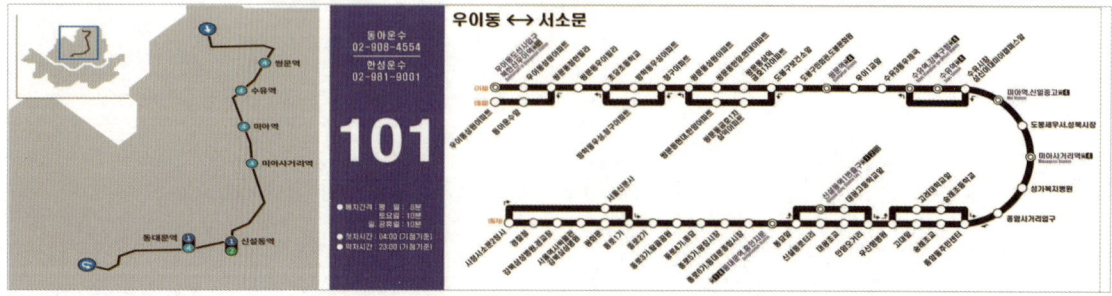

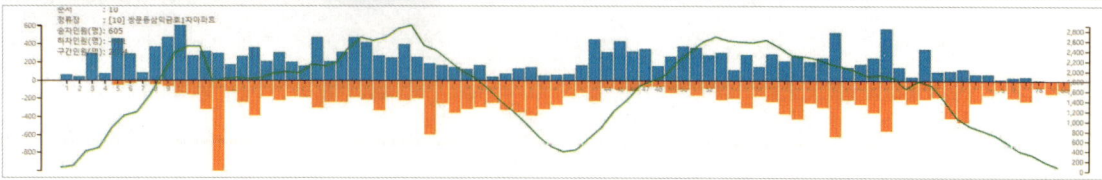

CHAPTER 05 시내버스 노선도

🚌 **102번** : 상계주공7단지~동대문을 기종점으로 왕복 66개의 정류소에 정차한다. 이용승객은 14,284명, 7개의 정류장이 전철역을 연계하며, 일평균 운행속도는 14.5km/h, 운행시간 2시간 9분이다. (2024.06.27. 기준)

노선번호	102	인가대수	20대	인가거리	30.20km	첫차시간	04:00
업 체 명	삼화상운/흥안운수	운행대수	19대	운행시간	126분	막차시간	23:10
기 점	상계주공7단지	예비대수	1대	운행횟수	총	134회/일	배차간격	최소	8분
종 점	동대문	정상대수	17대		대당	7회/대		최대	12분

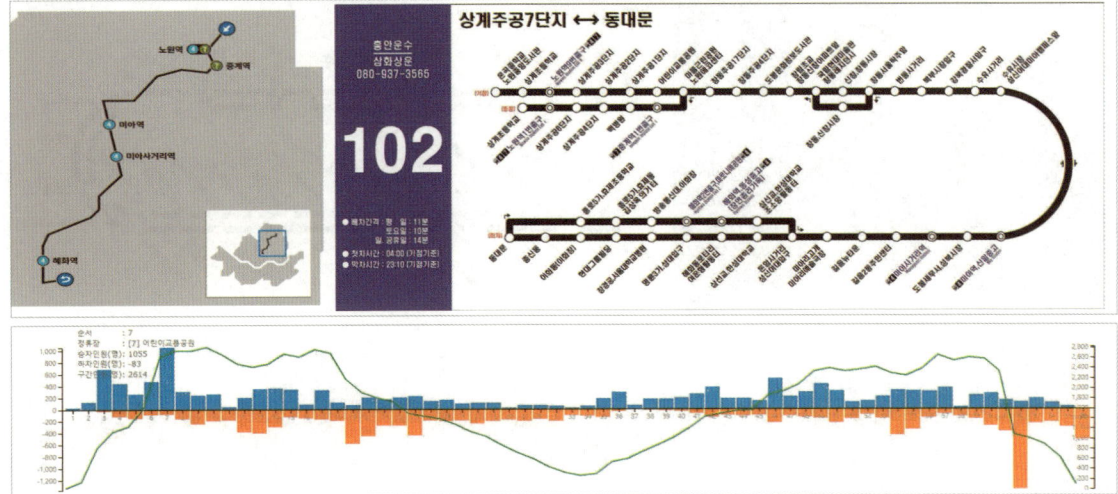

🚌 **103번** : 삼화상운~서울역을 기종점으로 왕복 69개의 정류소에 정차한다. 이용승객은 13181명, 5개의 정류장이 전철역을 연계하며, 일평균 운행속도는 13.3km/h, 운행시간 1시간 55분이다. (2024.06.27. 기준)

노선번호	103	인가대수	24대	인가거리	30.42km	첫차시간	04:30
업 체 명	삼화상운	운행대수	23대	운행시간	135분	막차시간	23:00
기 점	삼화상운	예비대수	1대	운행횟수	총	149회/일	배차간격	최소	6분
종 점	서울역	정상대수	22대		대당	6.6회/대		최대	12분

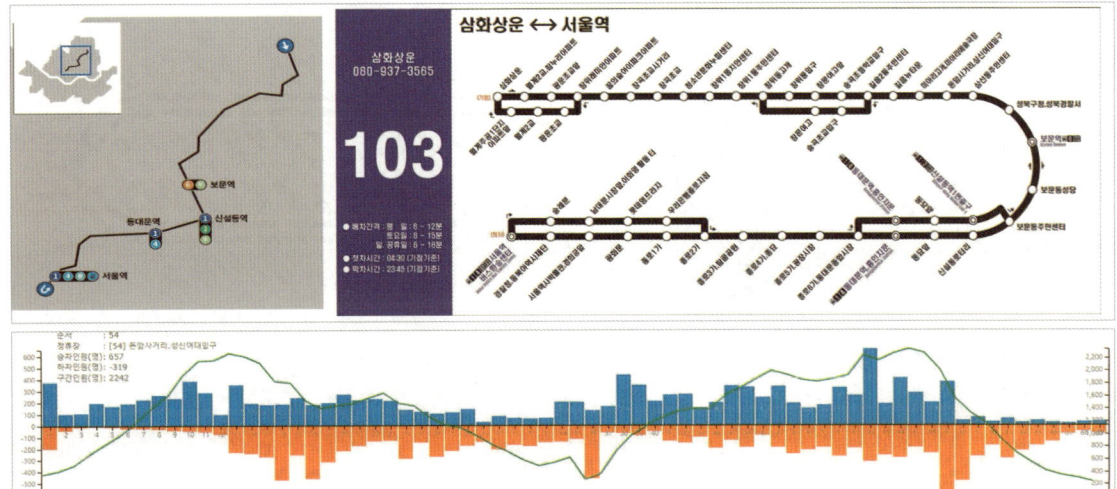

박흥식의 시내버스 노선조정 [노선은 생물(生物)이다]

🚌 **104번** : 강북청소년수련관~서울역을 기종점으로 왕복 64개의 정류소에 정차한다. 이용승객은 11,780명, 14개의 정류장이 전철역을 연계하며, 일평균 운행속도는 13.3km/h, 운행시간 2시간 21분이다. (2024.06.27. 기준)

노선번호	104	인가대수	24대	인가거리	30.50km	첫차시간		04:00
업 체 명	선일교통	운행대수	23대	운행시간	145분	막차시간		23:15
기 점	강북청소년수련관	예비대수	1대	운행횟수	총	152회/일	배차간격	최소	5분
종 점	서울역버스환승센터	정상대수	23대		대당	6.6회/대		최대	10분

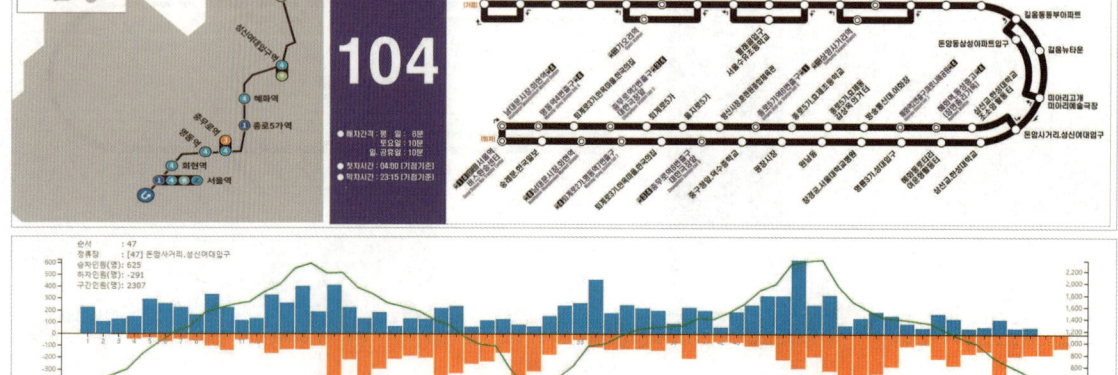

🚌 **105번** : 상계주공7단지~숭례문을 기종점으로 왕복 85개의 정류소에 정차한다. 이용승객은 11,591명, 26개의 정류장이 전철역을 연계하며, 일평균 운행속도는 14.8km/h, 운행시간 2시간 46분이다. (2024.06.27. 기준)

노선번호	105	인가대수	20대	인가거리	38.77km	첫차시간		04:30
업 체 명	흥안운수	운행대수	19대	운행시간	145분	막차시간		22:40
기 점	상계주공7단지	예비대수	1대	운행횟수	총	104회/일	배차간격	최소	8분
종 점	숭례문	정상대수	18대		대당	5.6회/대		최대	14분

CHAPTER 05 시내버스 노선도

🚌 **107번** : 민락동차고지~동대문을 기종점으로 왕복 121개의 정류소에 정차한다. 이용승객은 12.460명, 12개의 정류장이 전철역을 연계하며, 일평균 운행속도는 16.4km/h, 운행시간 3시간 44분이다. (2024.06.27. 기준)

노선번호	107	인가대수	25대	인가거리		61.00km	첫차시간		04:10
업 체 명	대원여객	운행대수	24대	운행시간		230분	막차시간		22:30
기 점	민락동차고지	예비대수	1대	운행횟수	총	92회/일	배차간격	최소	10분
종 점	동대문	정상대수	24대		대당	4회/대		최대	13분

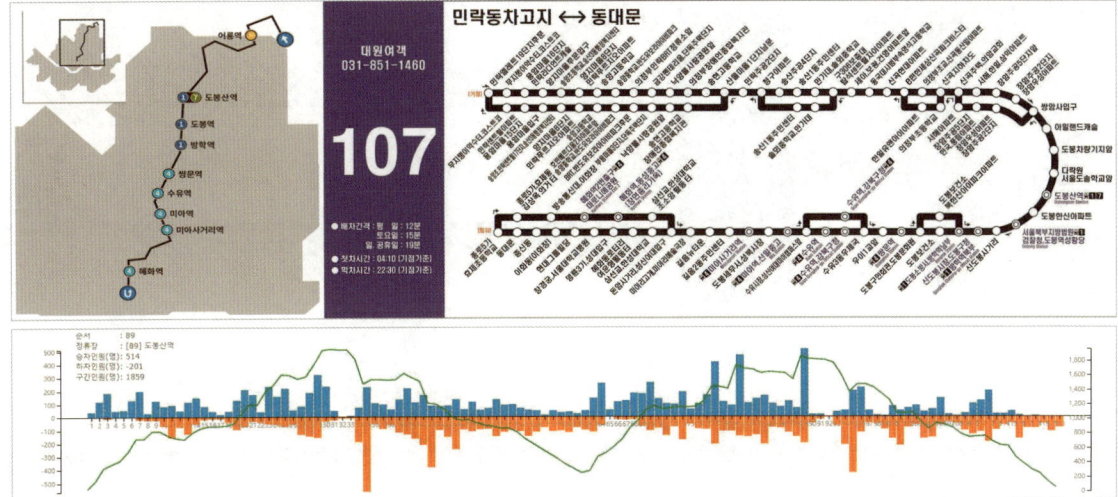

🚌 **109번** : 우이동~광화문를 기종점으로 왕복 63개의 정류소에 정차한다. 이용승객은 8,458명, 13개의 정류장이 전철역을 연계하며, 일평균 운행속도는 14.2km/h, 운행시간 2시간 4분이다. (2024.06.27. 기준)

노선번호	109	인가대수	16대	인가거리		28.16km	첫차시간		04:27
업 체 명	영신여객	운행대수	16대	운행시간		122분	막차시간		23:20
기 점	우이동	예비대수	1대	운행횟수	총	115회/일	배차간격	최소	7분
종 점	광화문	정상대수	15대		대당	7.4회/대		최대	13분

박흥식의 시내버스 노선조정 [노선은 생물(生物)이다]

🚌 **110A번** : 정릉~정릉을 기종점으로 왕복 87개의 정류소에 정차한다. 이용승객은 15,640명, 9개의 정류장이 전철역을 연계하며, 일평균 운행속도는 14.8km/h, 운행시간 2시간 27분이다. (2024.06.27. 기준)

노선번호	110A	인가대수	22대	인가거리	36.90km	첫차시간	04:00
업 체 명	대진여객	운행대수	221대	운행시간	150분	막차시간	22:40
기 점	정릉	예비대수	1대	운행횟수 총	126회/일	배차간격 최소	7분
종 점	정릉	정상대수	21대	운행횟수 대당	6회/대	배차간격 최대	10분

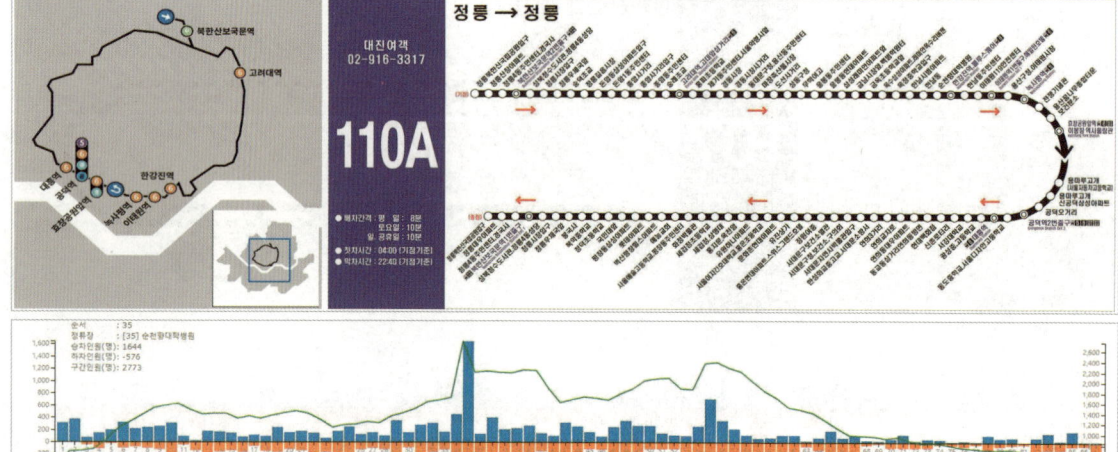

🚌 **110B번** : 정릉~정릉를 기종점으로 왕복 90개의 정류소에 정차한다. 이용승객은 17,625명, 12개의 정류장이 전철역을 연계하며, 일평균 운행속도는 14.9km/h, 운행시간 2시간 34분이다. (2024.06.27. 기준)

노선번호	110B	인가대수	22대	인가거리	36.80km	첫차시간	04:05
업 체 명	대진여객	운행대수	22대	운행시간	150분	막차시간	22:45
기 점	정릉	예비대수	0대	운행횟수 총	132회/일	배차간격 최소	7분
종 점	정릉	정상대수	22대	운행횟수 대당	6회/대	배차간격 최대	10분

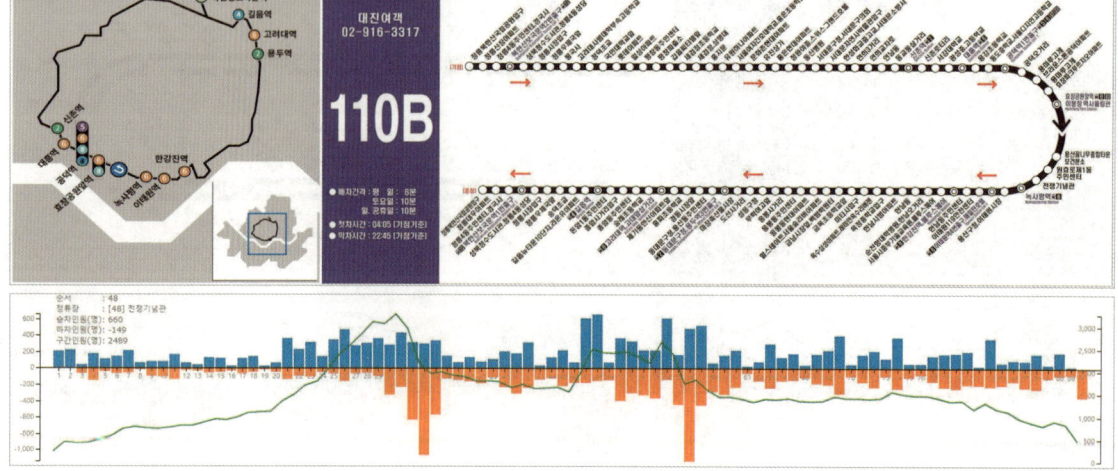

CHAPTER 05 시내버스 노선도

🚌 **111번** : 민락동차고지~동대문을 기종점으로 왕복 115개의 정류소에 정차한다. 이용승객은 6,399명, 9개의 정류장이 전철역을 연계하며, 일평균 운행속도는 15.5km/h, 운행시간 3시간 45분이다. (2024.06.27. 기준)

노선번호	111	인가대수	13대	인가거리	57.10km	첫차시간	04:10
업체명	대원여객	운행대수	13대	운행시간	235분	막차시간	22:20
기점	민락동차고지	예비대수	0대	운행횟수	총 48회/일	배차간격	최소 15분
종점	동대문	정상대수	13대		대당 4회/대		최대 24분

🚌 **120번** : 우이동~청량리를 기종점으로 왕복 88개의 정류소에 정차한다. 이용승객은 24,352명, 17개의 정류장이 전철역을 연계하며, 일평균 운행속도는 14.1km/h, 운행시간 2시간 25분이다. (2024.06.27. 기준)

노선번호	120	인가대수	32대	인가거리	33.10km	첫차시간	04:25
업체명	영신여객	운행대수	31대	운행시간	142분	막차시간	23:10
기점	우이동	예비대수	1대	운행횟수	총 186회/일	배차간격	최소 5분
종점	청량리	정상대수	31대		대당 6회/대		최대 8분

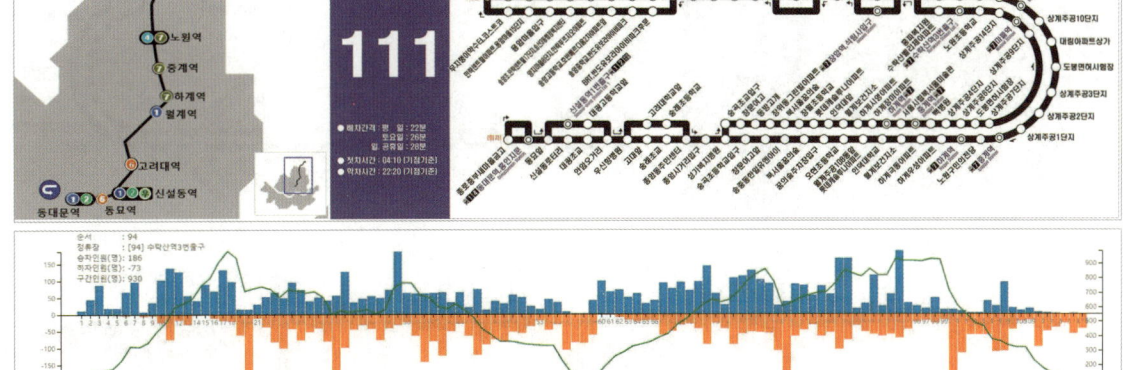

박흥식의 시내버스 노선조정 [노선은 생물(生物)이다]

🚌 **121번** : 화계사~서울숲을 기종점으로 왕복 85개의 정류소에 정차한다. 이용승객은 14,665명, 10개의 정류장이 전철역을 연계하며, 일평균 운행속도는 12.9km/h, 운행시간 2시간 39분이다. (2024.06.27. 기준)

노선번호	121	인가대수	27대	인가거리	33.68km	첫차시간		04:00
업체명	동화운수	운행대수	25대	운행시간	150분	막차시간		22:30
기점	화계사	예비대수	2대	운행횟수	총 143회/일	배차간격	최소	6분
종점	서울숲	정상대수	25대		대당 5.72회/대		최대	10분

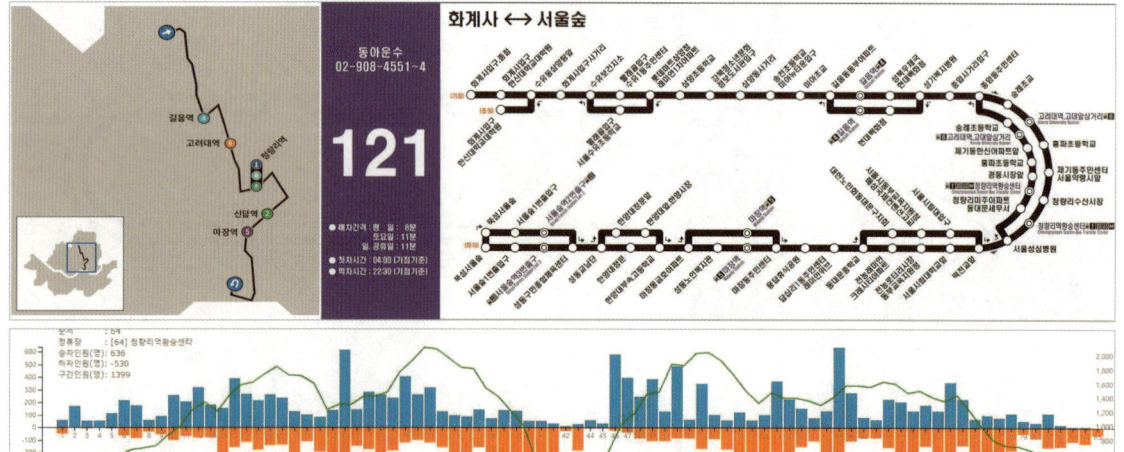

🚌 **130번** : 우이동~길동 기종점으로 왕복 86개의 정류소에 정차한다. 이용승객은 28,905명, 24개의 정류장이 전철역을 연계하며, 일평균 운행속도는 16.4km/h, 운행시간 2시간 58분이다. (2024.06.27. 기준)

노선번호	130	인가대수	42대	인가거리	48.70km	첫차시간		04:20
업체명	삼양교통	운행대수	39대	운행시간	183분	막차시간		22:50
기점	우이동	예비대수	3대	운행횟수	총 196회/일	배차간격	최소	3분
종점	길동	정상대수	36대		대당 5회/대		최대	12분

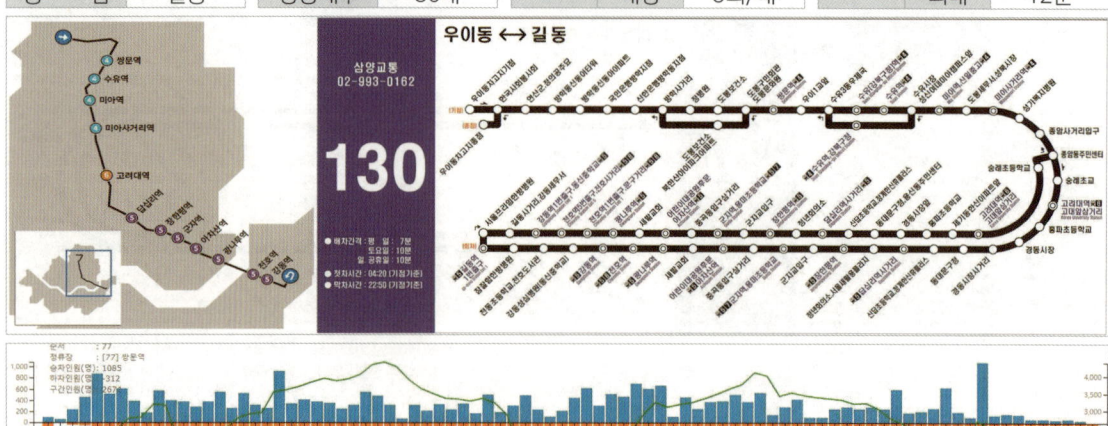

CHAPTER 05 시내버스 노선도

🚌 **140번** : 도봉산역~AT센터 기종점으로 왕복 87개의 정류소에 정차한다. 이용승객은 25,186명, 20개의 정류장이 전철역을 연계하며, 일평균 운행속도는 15.7km/h, 운행시간 3시간 47분이다. (2024.06.27. 기준)

노선번호	140	인가대수	45대	인가거리	58.10km	첫차시간	04:00
업체명	한국brt자동차	운행대수	44대	운행시간	230분	막차시간	22:50
기 점	도봉산역	예비대수	1대	운행횟수	총 176회/일	배차간격 최소	5분
종 점	AT센터	정상대수	44대		대당 4회/대	배차간격 최대	10분

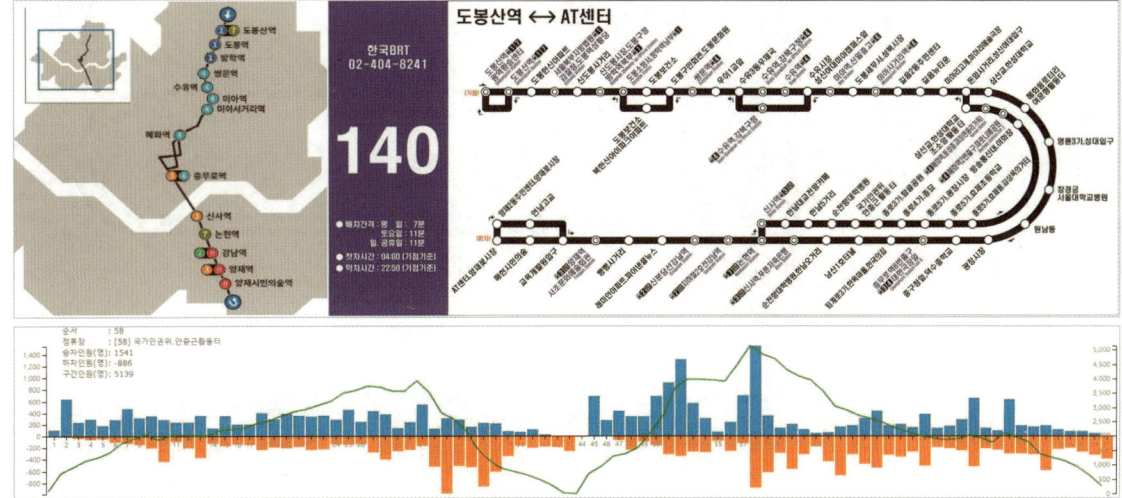

🚌 **141번** : 도봉산~염곡동을 기종점으로 왕복 104개의 정류소에 정차한다. 이용승객은 20,589명, 10개의 정류장이 전철역을 연계하며, 일평균 운행속도는 14.5km/h, 운행시간 3시간 51분이다. (2024.06.27. 기준)

노선번호	141	인가대수	37대	인가거리	54.10km	첫차시간	04:00
업체명	아진교통	운행대수	36대	운행시간	215분	막차시간	22:40
기 점	도봉산	예비대수	1대	운행횟수	총 141회/일	배차간격 최소	5분
종 점	염곡동	정상대수	34대		대당 4.03회/대	배차간격 최대	12분

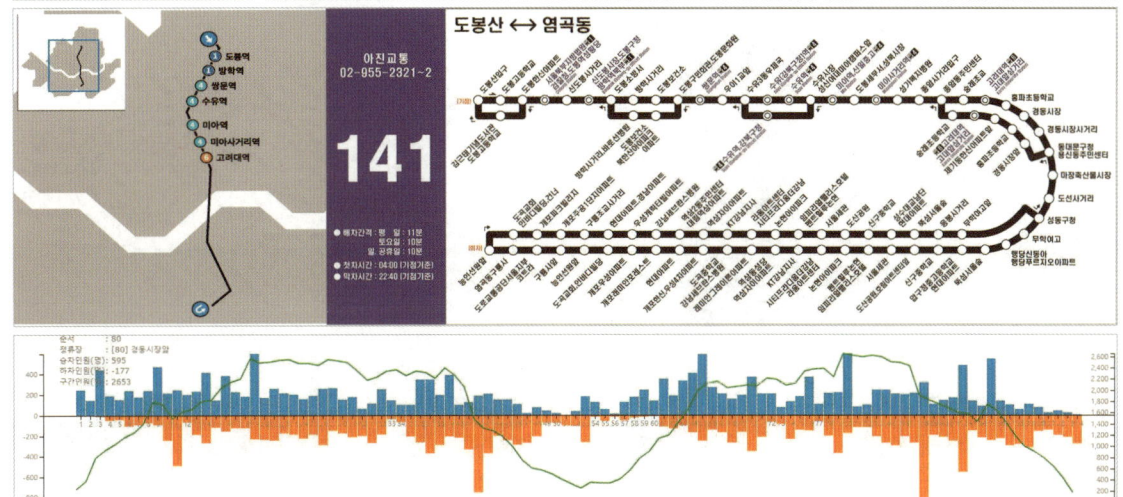

박흥식의 시내버스 노선조정 [노선은 생물(生物)이다]

🚌 **142번** : 방배동~도봉산을 기종점으로 왕복 105개의 정류소에 정차한다. 이용승객은 27,250명, 31개의 정류장이 전철역을 연계하며, 일평균 운행속도는 14.9km/h, 운행시간 4시간 6분이다. (2024.06.27. 기준)

노선번호	142	인가대수	38대	인가거리	59.40km	첫차시간	04:00
업 체 명	아진교통	운행대수	37대	운행시간	225분	막차시간	22:45
기 점	방배동	예비대수	1대	운행횟수 총	143회/일	배차간격 최소	5분
종 점	도봉산	정상대수	34대	대당	4.03회/대	최대	12분

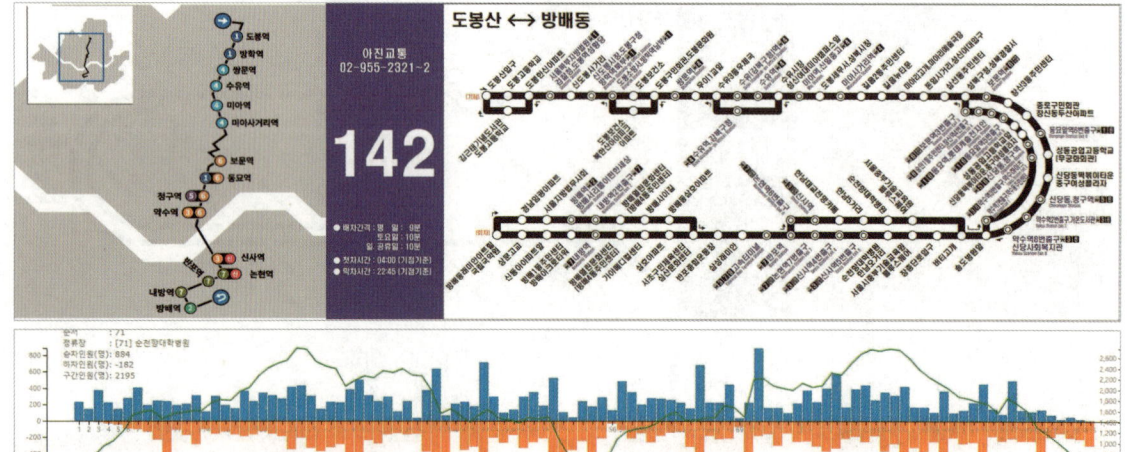

🚌 **143번** : 정릉~개포동을 기종점으로 왕복 112개의 정류소에 정차한다. 이용승객은 42,302명, 18개의 정류장이 전철역을 연계하며, 일평균 운행속도는 14.9km/h, 운행시간 4시간 8분이다. (2024.06.27. 기준)

노선번호	143	인가대수	50대	인가거리	62.20km	첫차시간	04:00
업 체 명	대진여객	운행대수	49대	운행시간	230분	막차시간	22:10
기 점	정릉	예비대수	1대	운행횟수 총	196회/일	배차간격 최소	4분
종 점	개포동	정상대수	49대	대당	4회/대	최대	8분

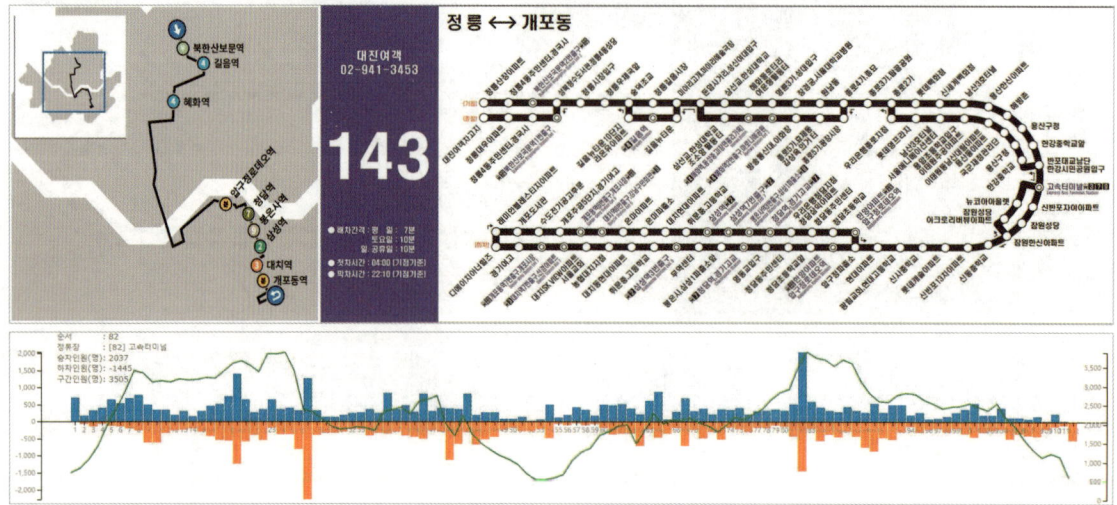

CHAPTER 05 시내버스 노선도

🚍 144번
: 우이동~교대를 기종점으로 왕복 98개의 정류소에 정차한다. 이용승객은 23,311명, 19개의 정류장이 전철역을 연계하며, 일평균 운행속도는 14.9km/h, 운행시간 3시간 21분이다. (2024.06.27. 기준)

노선번호	144	인가대수	39대	인가거리	48.79km	첫차시간	04:30
업체명	삼양교통	운행대수	38대	운행시간	205분	막차시간	22:50
기점	우이동	예비대수	1대	운행횟수	총 172회/일	배차간격	최소 3분
종점	교대	정상대수	34대		대당 4.83회/대		최대 12분

🚍 145번
: 번동~강남역을 기종점으로 왕복 100개의 정류소에 정차한다. 이용승객은 20,973명, 15개의 정류장이 전철역을 연계하며, 일평균 운행속도는 14.3km/h, 운행시간 3시간 18분이다. (2024.06.27. 기준)

노선번호	145	인가대수	34대	인가거리	45.60km	첫차시간	04:00
업체명	한성운수	운행대수	33대	운행시간	183분	막차시간	22:40
기점	번동	예비대수	1대	운행횟수	총 162회/일	배차간격	최소 4분
종점	강남역	정상대수	32대		대당 5회/대		최대 10분

박흥식의 시내버스 노선조정 [노선은 생물(生物)이다]

🚌 **146번** : 상계주공7단지~강남역을 기종점으로 왕복 134개의 정류소에 정차한다. 이용승객은 28,030명, 33개의 정류장이 전철역을 연계하며, 일평균 운행속도는 14.3km/h, 운행시간 4시간 6분이다. (2024.06.27. 기준)

노선번호	146	인가대수	41대	인가거리	57.20km	첫차시간	04:05
업체명	삼화운수 흥안운수	운행대수	38대	운행시간	244분	막차시간	23:00
기 점	상계주공7단지	예비대수	3대	운행횟수 총	147회/일	배차간격 최소	1분
종 점	강남역	정상대수	35대	대당	3.8회/대	최대	12분

🚌 **147번** : 월계동~도곡동을 기종점으로 왕복 113개의 정류소에 정차한다. 이용승객은 29357명, 31개의 정류장이 전철역을 연계하며, 일평균 운행속도는 13.9km/h, 운행시간 3시간 54분이다. (2024.06.27. 기준)

노선번호	147	인가대수	39대	인가거리	52.82km	첫차시간	04:00
업체명	진아교통	운행대수	37대	운행시간	235분	막차시간	22:10
기 점	월계동	예비대수	2대	운행횟수 총	148회/일	배차간격 최소	7분
종 점	도곡동	정상대수	35대	대당	4회/대	최대	9분

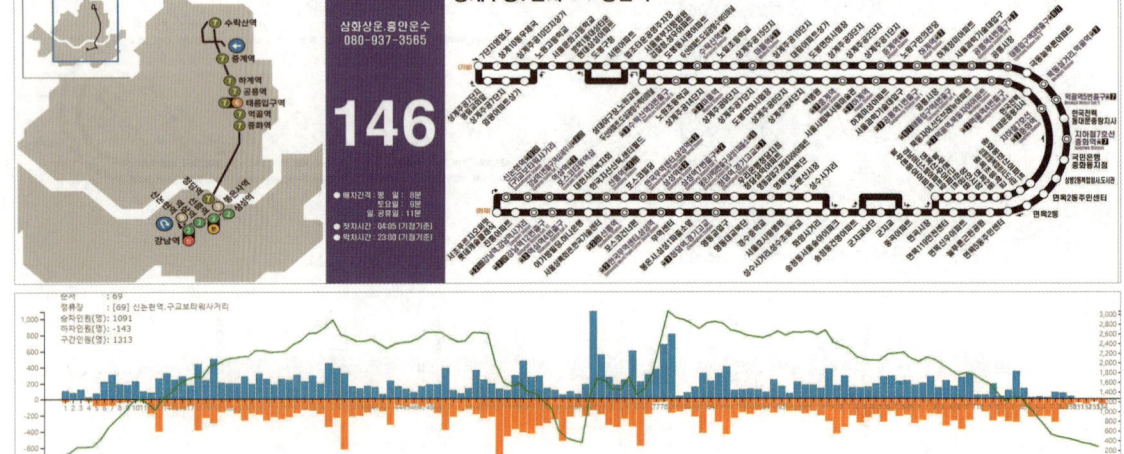

CHAPTER 05 시내버스 노선도

🚌 **148번** : 번동~방배동를 기종점으로 왕복 83개의 정류소에 정차한다. 이용승객은 18598명, 23개의 정류장이 전철역을 연계하며, 일평균 운행속도는 14.9km/h, 운행시간 3시간 19분이다. (2024.06.27. 기준).

노선번호	148	인가대수	31대	인가거리		44.60km	첫차시간		04:00
업체명	한성운수	운행대수	30대	운행시간		183분	막차시간		22:40
기 점	번동	예비대수	1대	운행횟수	총	147회/일	배차간격	최소	4분
종 점	방배동	정상대수	29대		대당	5회/대		최대	10분

🚌 **150번** : 도봉산역~시흥대교를 기종점으로 왕복 122개의 정류소에 정차한다. 이용승객은 30,118명, 25개의 정류장이 전철역을 연계하며, 일평균 운행속도는 15.2km/h, 운행시간 4시간 47분이다. (2024.06.27. 기준).

노선번호	150	인가대수	50대	인가거리		74.80km	첫차시간		03:57
업체명	서울교통네트웍	운행대수	49대	운행시간		281분	막차시간		22:00
기 점	도봉산역	예비대수	1대	운행횟수	총	157회/일	배차간격	최소	6분
종 점	시흥대교	정상대수	49대		대당	3.2회/대		최대	9분

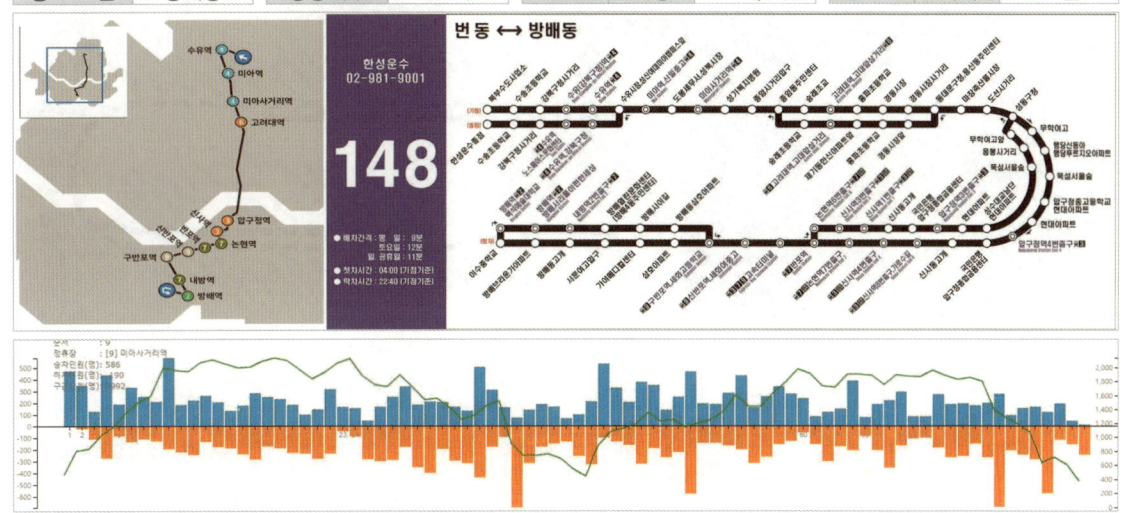

박흥식의 시내버스 노선조정 [노선은 생물(生物)이다]

🚌 **151번** : 우이동~중앙대를 기종점으로 왕복 94개의 정류소에 정차한다. 이용승객은 22,612명, 15개의 정류장이 전철역을 연계하며, 일평균 운행속도는 14.9km/h, 운행시간 3시간 12분이다. (2024.06.27. 기준)

노선번호	151	인가대수	35대	인가거리	47.32km	첫차시간	04:00
업 체 명	동아운수	운행대수	34대	운행시간	200분	막차시간	22:50
기 점	우이동	예비대수	1대	운행횟수 총	153회/일	배차간격 최소	6분
종 점	중앙대	정상대수	34대	대당	4.5회/대	최대	10분

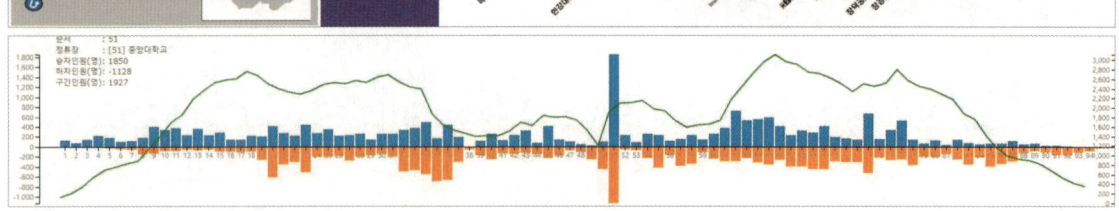

🚌 **152번** : 회계사~삼막사사거리를 기종점으로 왕복 130개의 정류소에 정차한다. 이용승객은 31156명, 24개의 정류장이 전철역을 연계하며, 일평균 운행속도는 15km/h, 운행시간 4시간 24분이다. (2024.06.27. 기준)

노선번호	152	인가대수	51대	인가거리	64.43km	첫차시간	04:00
업 체 명	동아운수	운행대수	49대	운행시간	260분	막차시간	22:00
기 점	화계사	예비대수	2대	운행횟수 총	157회/일	배차간격 최소	3분
종 점	삼막사사거리	정상대수	49대	대당	3회/대	최대	10분

CHAPTER 05 시내버스 노선도

🚌 **160번** : 도봉산역환승센터~온수동종점을 기종점으로 왕복 118개의 정류소에 정차한다. 이용승객은 37,397명, 27개의 정류장이 전철역을 연계하며, 일평균 운행속도는 15km/h, 운행시간 4시간 24분이다. (2024.06.27. 기준)

노선번호	160	인가대수	49대	인가거리	69.90km	첫차시간	03:57
업체명	서울교통네트웍	운행대수	48대	운행시간	261분	막차시간	22:10
기 점	도봉산역광역환승센터	예비대수	1대	운행횟수 총	163회/일	배차간격 최소	6분
종 점	온수동종점	정상대수	48대	운행횟수 대당	3.4회/대	배차간격 최대	9분

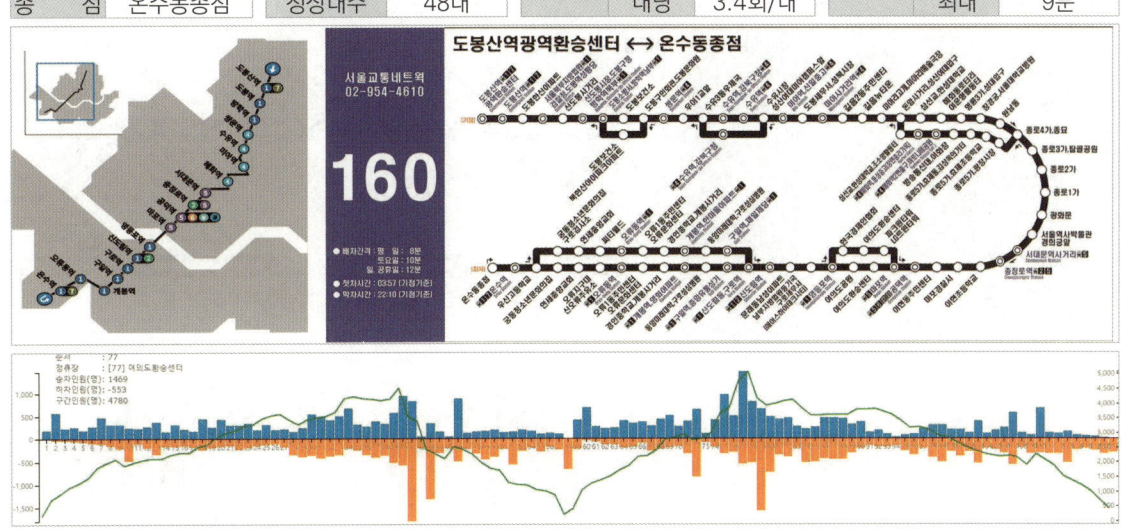

🚌 **162번** : 정릉~여의도를 기종점으로 왕복 76개의 정류소에 정차한다. 이용승객은 20,032명, 21개의 정류장이 전철역을 연계하며, 일평균 운행속도는 14km/h, 운행시간 2시간 43분이다. (2024.06.27. 기준)

노선번호	162	인가대수	29대	인가거리	37.70km	첫차시간	04:00
업체명	대진여객	운행대수	28대	운행시간	155분	막차시간	22:50
기 점	정릉	예비대수	1대	운행횟수 총	168회/일	배차간격 최소	6분
종 점	여의도	정상대수	28대	운행횟수 대당	6회/대	배차간격 최대	9분

박홍식의 시내버스 노선조정 [노선은 생물(生物)이다]

🚌 **163번** : 우이동~대방역을 기종점으로 왕복 111개의 정류소에 정차한다. 이용승객은 28,027명, 18개의 정류장이 전철역을 연계하며, 일평균 운행속도는 15.8km/h, 운행시간 3시간 34분이다. (2024.06.27. 기준)

노선번호	163	인가대수	42대	인가거리	55.63km	첫차시간	04:00
업 체 명	동아운수	운행대수	41대	운행시간	220분	막차시간	22:30
기 점	우이동	예비대수	1대	운행횟수 총	166회/일	배차간격 최소	5분
종 점	대방역	정상대수	41대	운행횟수 대당	4.05회/대	배차간격 최대	10분

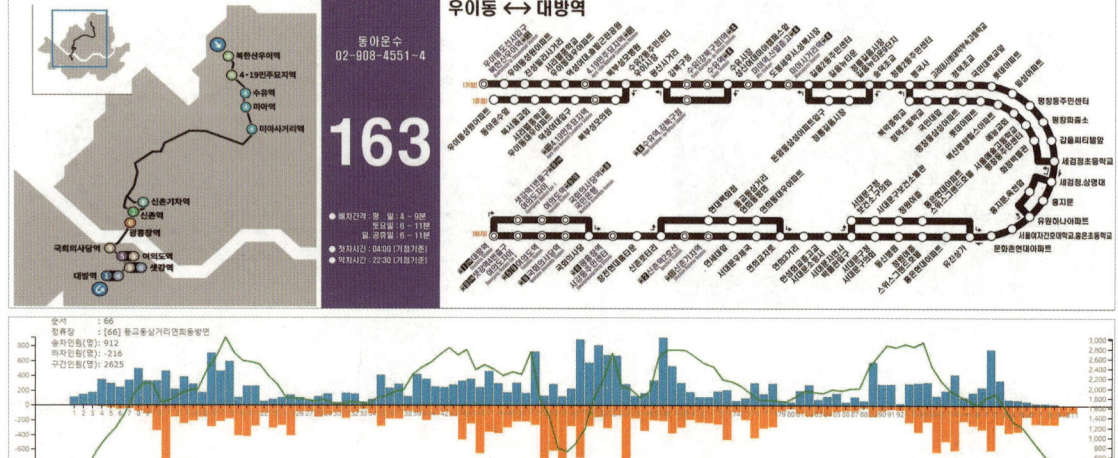

🚌 **171번** : 국민대앞~월드컵파크7단지를 기종점으로 왕복 83개의 정류소에 정차한다. 이용승객은 17,705명, 9개의 정류장이 전철역을 연계하며, 일평균 운행속도는 15.5km/h, 운행시간 2시간 50분이다. (2024.06.27. 기준)

노선번호	171	인가대수	29대	인가거리	45.37km	첫차시간	04:00
업 체 명	도원교통	운행대수	28대	운행시간	176분	막차시간	23:00
기 점	국민대앞	예비대수	1대	운행횟수 총	148회/일	배차간격 최소	6분
종 점	월드컵파크7단지	정상대수	28대	운행횟수 대당	5.3회/대	배차간격 최대	11분

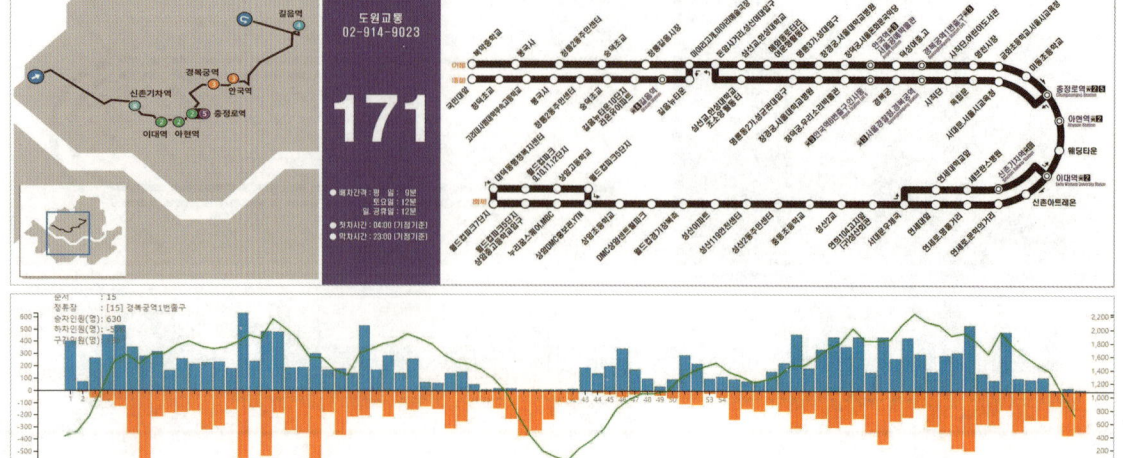

CHAPTER 05 시내버스 노선도

🚌 **172번** : 하계동~상암동을 기종점으로 왕복 103개의 정류소에 정차한다. 이용승객은 15,070명, 10개의 정류장이 전철역을 연계하며, 일평균 운행속도는 14km/h, 운행시간 3시간 30분이다. (2024.06.27. 기준)

노선번호	172	인가대수	29대	인가거리		45.37km	첫차시간		04:00
업체명	한성여객	운행대수	28대	운행시간		176분	막차시간		23:00
기 점	하계동	예비대수	1대	운행횟수	총	148회/일	배차간격	최소	6분
종 점	상암동	정상대수	28대		대당	5.3회/대		최대	11분

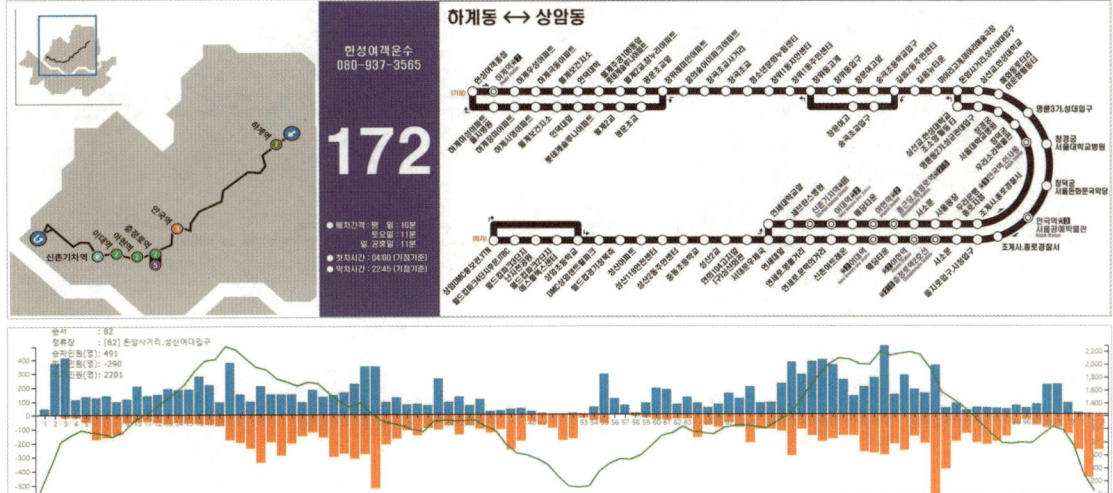

🚌 **173번** : 월계동~신촌기차역를 기종점으로 왕복 111개의 정류소에 정차한다. 이용승객은 13,267명, 23개의 정류장 전철역을 연계하며, 일평균 운행속도는 13.5km/h, 운행시간 3시간 13분이다. (2024.06.27. 기준)

노선번호	173	인가대수	25대	인가거리		43.20km	첫차시간		04:00
업체명	삼화상운	운행대수	24대	운행시간		195분	막차시간		22:50
기 점	월계동	예비대수	1대	운행횟수	총	108회/일	배차간격	최소	7분
종 점	신촌기차역	정상대수	23대		대당	4.6회/대		최대	13분

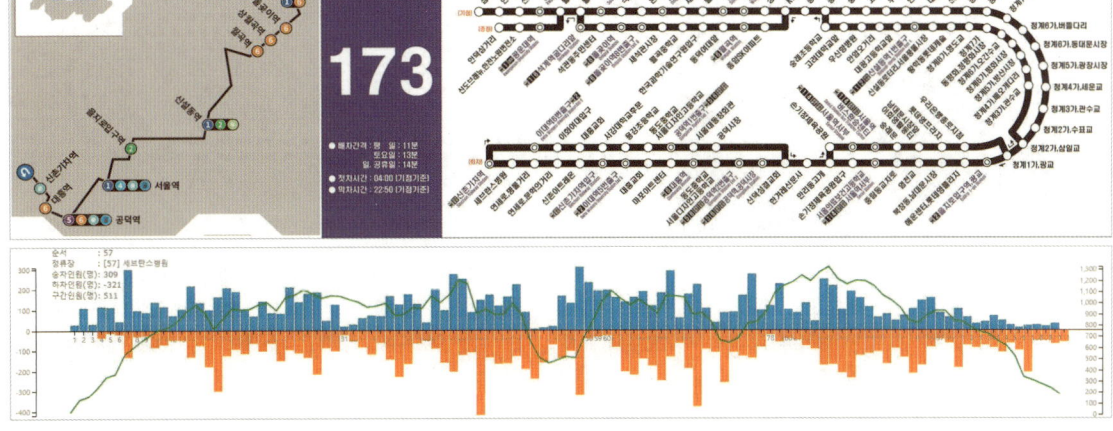

박흥식의 시내버스 노선조정 [노선은 생물(生物)이다]

🚌 **201번** : 수택동차고지~서울역환승센터을 기종점으로 왕복 115개의 정류소에 정차한다. 이용승객은 10,809명, 11개의 정류장이 전철역을 연계하며, 일평균 운행속도는 14.7km/h, 운행시간 3시간 24분이다. (2024.06.27. 기준)

노선번호	201	인가대수	19대	인가거리	51.70km	첫차시간	04:00
업체명	대원여객	운행대수	18대	운행시간	210분	막차시간	00:00
기 점	수택동차고지	예비대수	1대	운행횟수 총	73회/일	배차간격 최소	13분
종 점	서울역환승센터	정상대수	18대	대당	4.3회/대	최대	18분

🚌 **202번** : 불암동~후암동을 기종점으로 왕복 130개의 정류소에 정차한다. 이용승객은 25,541명, 20개의 정류장 전철역을 연계하며, 일평균 운행속도는 15.2km/h, 운행시간 3시간 29분이다. (2024.06.27. 기준)

노선번호	202	인가대수	36대	인가거리	53.10km	첫차시간	04:00
업체명	태릉교통	운행대수	36대	운행시간	220분	막차시간	22:00
기 점	불암동	예비대수	0대	운행횟수 총	149회/일	배차간격 최소	5분
종 점	후암동	정상대수	35대	대당	4.2회/대	최대	10분

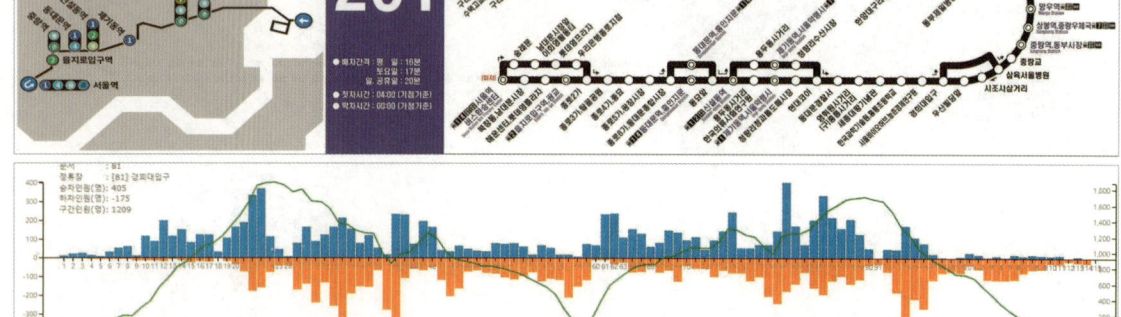

CHAPTER 05 시내버스 노선도

🚌 **240번** : 수택동차고지~서울역환승센터을 기종점으로 왕복 119개의 정류소에 정차한다. 이용승객은 12,463명, 13개의 정류장이 전철역을 연계하며, 일평균 운행속도는 12.7km/h, 운행시간 3시간 20분이다. (2024.06.27. 기준)

노선번호	240	인가대수	22대	인가거리	41.80km	첫차시간	04:00
업 체 명	대원교통	운행대수	21대	운행시간	205분	막차시간	22:50
기 점	중랑공영차고지	예비대수	1대	운행횟수 총	89회/일	배차간격 최소	10분
종 점	신사역사거리	정상대수	21대	운행횟수 대당	4.43회/대	배차간격 최대	15분

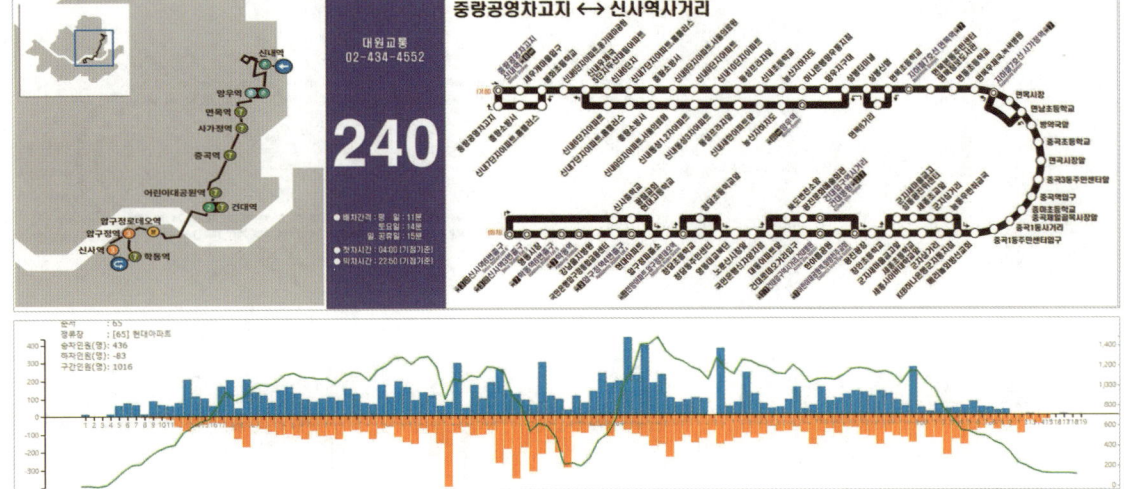

🚌 **241번** : 중랑공영차고지~논현역을 기종점으로 왕복 123개의 정류소에 정차한다. 이용승객은 17,247명, 19개의 정류장 전철역을 연계하며, 일평균 운행속도는 14.1km/h, 운행시간 3시간 47분이다. (2024.06.27. 기준)

노선번호	241	인가대수	28대	인가거리	51.00km	첫차시간	04:00
업 체 명	대원교통	운행대수	25대	운행시간	225분	막차시간	22:30
기 점	중랑공영차고지	예비대수	3대	운행횟수 총	109회/일	배차간격 최소	9분
종 점	논현역	정상대수	25대	운행횟수 대당	4.2회/대	배차간격 최대	11분

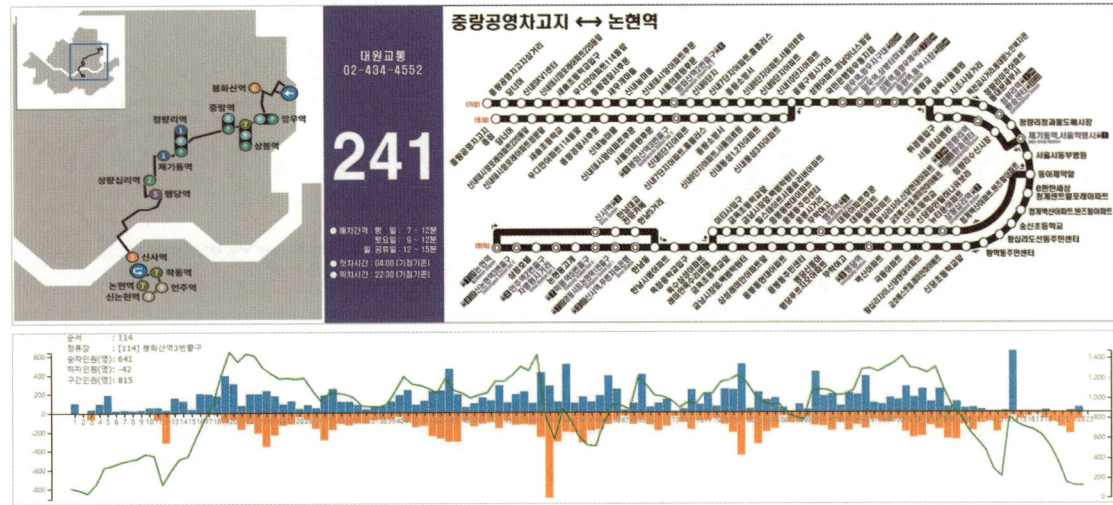

박흥식의 시내버스 노선조정 [노선은 생물(生物)이다]

🚌 **242번** : 중랑공영차고지~개포동을 기종점으로 왕복 107개의 정류소에 정차한다. 이용승객은 12,114명, 7개의 정류장이 전철역을 연계하며, 일평균 운행속도는 13.2km/h, 운행시간 3시간 22분이다. (2024.06.27. 기준)

노선번호	242	인가대수	19대	인가거리	47:00km	첫차시간	04:00
업체명	대원교통	운행대수	10대	운행시간	215분	막차시간	22:30
기 점	중랑공영차고지	예비대수	0대	운행횟수 총	79회/일	배차간격 최소	10분
종 점	개포동	정상대수	19대	대당	4.37회/대	최대	17분

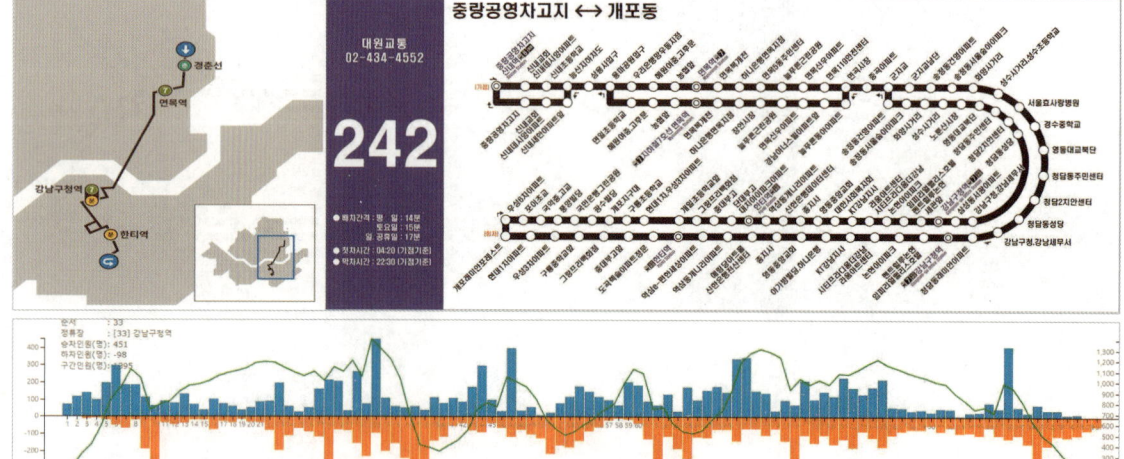

🚌 **260번** : 중랑공영차고지~국회의사당을 기종점으로 왕복 96개의 정류소에 정차한다. 이용승객은 22,565명, 19개의 정류장 전철역을 연계하며, 일평균 운행속도는 15.7km/h, 운행시간 3시간 14분이다. (2024.06.27. 기준)

노선번호	202	인가대수	30대	인가거리	53.10km	첫차시간	03:55
업체명	매트로버스	운행대수	30대	운행시간	205분	막차시간	22:40
기 점	중랑공영차고지	예비대수	0대	운행횟수 총	138회/일	배차간격 최소	7분
종 점	국회의사당	정상대수	30대	대당	4.6회/대	최대	10분

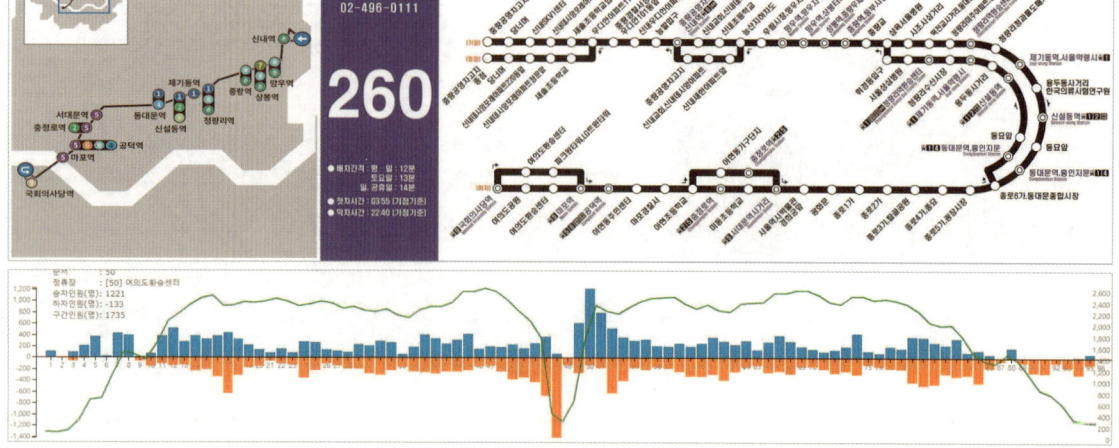

CHAPTER 05 시내버스 노선도

🚌 **261번** : 석관동(상진운수종점)~여의도을 기종점으로 왕복 118개의 정류소에 정차한다. 이용승객은 23,458명, 24개의 정류장이 전철역을 연계하며, 일평균 운행속도는 14km/h, 운행시간 3시간 52분이다. (2024.06.27. 기준)

노선번호	261	인가대수	33대	인가거리		52.70km	첫차시간		03:50
업체명	상진운수	운행대수	32대	운행시간		220분	막차시간		22:30
기 점	석관동(상진운수종점)	예비대수	1대	운행횟수	총	128회/일	배차간격	최소	7분
종 점	여의도	정상대수	30대		대당	4회/대		최대	11분

🚌 **262번** : 중랑공영차고지~여의도를 기종점으로 왕복 135개의 정류소에 정차한다. 이용승객은 23,993명, 29개의 정류장 전철역을 연계하며, 일평균 운행속도는 13.6km/h, 운행시간 4시간 12분이다. (2024.06.27. 기준)

노선번호	262	인가대수	34대	인가거리		55.30km	첫차시간		04:00
업체명	대원교통 북부운수	운행대수	32대	운행시간		245분	막차시간		22:00
기 점	중랑공영차고지	예비대수	2대	운행횟수	총	125회/일	배차간격	최소	8분
종 점	여의도	정상대수	32대		대당	3.8회/대		최대	10분

박홍식의 시내버스 노선조정 [노선은 생물(生物)이다]

🚌 **270번** : 상암차고지~망우리(양원역)을 기종점으로 왕복 97개의 정류소에 정차한다. 이용승객은 19,091명, 22개의 정류장이 전철역을 연계하며, 일평균 운행속도는 14.5km/h, 운행시간 3시간 31분이다. (2024.06.27. 기준)

노선번호	270	인가대수	33대	인가거리	50:90km	첫차시간	04:00
업체명	다모아자동차	운행대수	32대	운행시간	218분	막차시간	22:20
기 점	상암차고지	예비대수	1대	운행횟수 총	128회/일	배차간격 최소	7분
종 점	망우리(양원역)	정상대수	28대	대당	4.13회/대	최대	10분

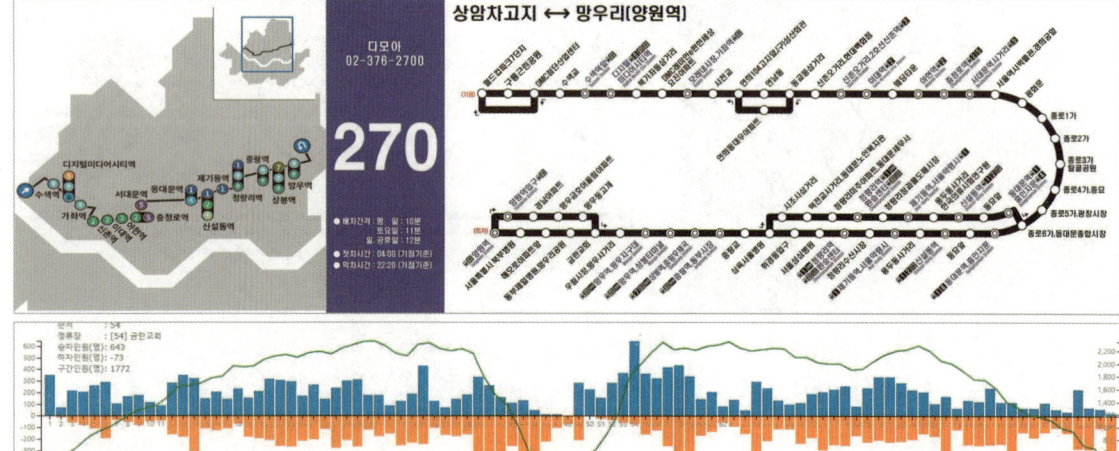

🚌 **271번** : 용마문화복지센터~월드컵파크7단지를 기종점으로 왕복 122개의 정류소에 정차한다. 이용승객은 33,131명, 16개의 정류장 전철역을 연계하며, 일평균 운행속도는 13.6km/h, 운행시간 4시간 0분이다. (2024.06.27. 기준)

노선번호	271	인가대수	45대	인가거리	52.99km	첫차시간	04:10
업체명	경성여객	운행대수	44대	운행시간	238분	막차시간	22:20
기 점	용마문화복지센터	예비대수	1대	운행횟수 총	174회/일	배차간격 최소	6분
종 점	월드컵파크7단지	정상대수	43대	대당	4회/대	최대	7분

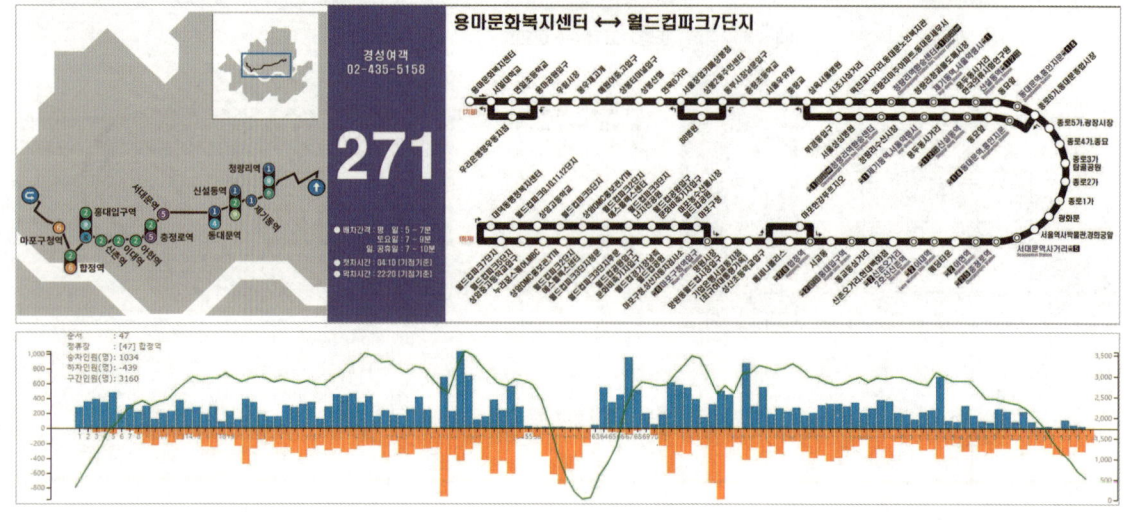

CHAPTER 05 시내버스 노선도

🚌 **272번** : 면목동~남가좌동을 기종점으로 왕복 93개의 정류소에 정차한다. 이용승객은 33,896명, 17개의 정류장이 전철역을 연계하며, 일평균 운행속도는 15.2km/h, 운행시간 3시간 4분이다. (2024.06.27. 기준)

노선번호	272	인가대수	41대	인가거리		46:50km	첫차시간		04:15
업 체 명	북부운수	운행대수	40대	운행시간		195분	막차시간		22:30
기 점	면목동	예비대수	1대	운행횟수	총	200회/일	배차간격	최소	4분
종 점	남가좌동	정상대수	40대		대당	5회/대		최대	7분

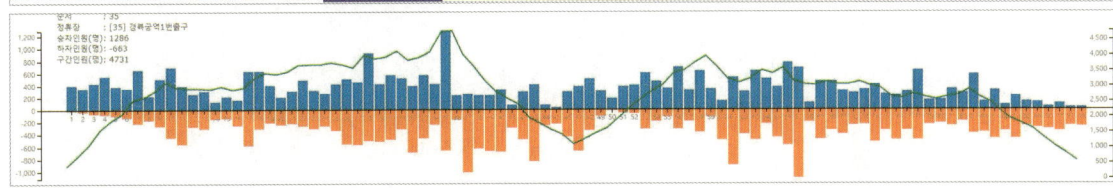

🚌 **273번** : 중랑공영차고지~홍대입구역을 기종점으로 왕복 111개의 정류소에 정차한다. 이용승객은 29,097명, 18개의 정류장 전철역을 연계하며, 일평균 운행속도는 13.2km/h, 운행시간 3시간 25분이다. (2024.06.27. 기준)

노선번호	273	인가대수	39대	인가거리		44.00km	첫차시간		04:10
업 체 명	매트로버스	운행대수	38대	운행시간		215분	막차시간		22:30
기 점	중랑공영차고지	예비대수	1대	운행횟수	총	164회/일	배차간격	최소	5분
종 점	홍대입구역	정상대수	38대		대당	4.32회/대		최대	8분

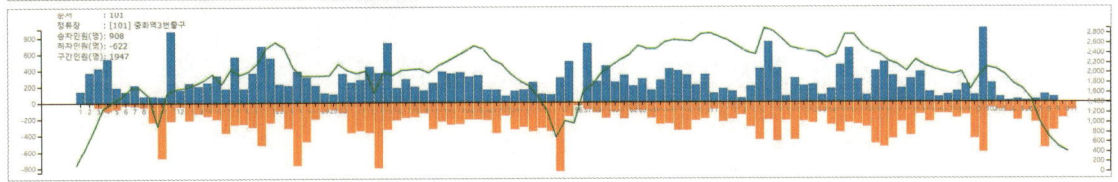

박흥식의 시내버스 노선조정 [노선은 생물(生物)이다]

🚌 **301번** : 장지공영차고지~혜화동을 기종점으로 왕복 99개의 정류소에 정차한다. 이용승객은 25,276명, 22개의 정류장이 전철역을 연계하며, 일평균 운행속도는 13.8km/h, 운행시간 3시간 33분이다. (2024.06.27. 기준)

노선번호	301	인가대수	42대	인가거리	48:15km	첫차시간	04:00
업체명	서울버스	운행대수	41대	운행시간	210분	막차시간	22:30
기 점	장지공영차고지	예비대수	1대	운행횟수 총	173회/일	배차간격 최소	5분
종 점	혜화동	정상대수	39대	대당	4.3회/대	최대	8분

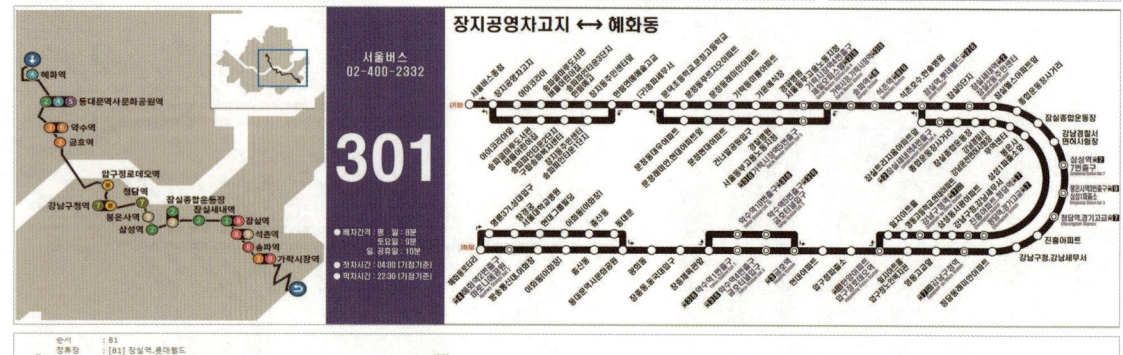

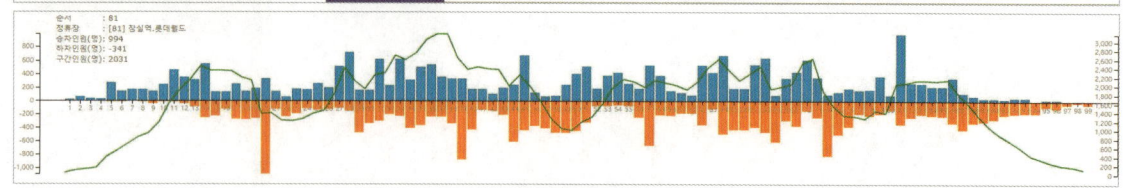

🚌 **302번** : 상대원차고지~상왕십리역을 기종점으로 왕복 125개의 정류소에 정차한다. 이용승객은 17,142명, 21개의 정류장 전철역을 연계하며, 일평균 운행속도는 15.3km/h, 운행시간 3시간 46분이다. (2024.06.27. 기준)

노선번호	302	인가대수	29대	인가거리	55.46km	첫차시간	04:00
업체명	동성교통	운행대수	28대	운행시간	220분	막차시간	22:45
기 점	상대원차고지	예비대수	1대	운행횟수 총	112회/일	배차간격 최소	8분
종 점	상왕십리역	정상대수	28대	대당	4회/대	최대	15분

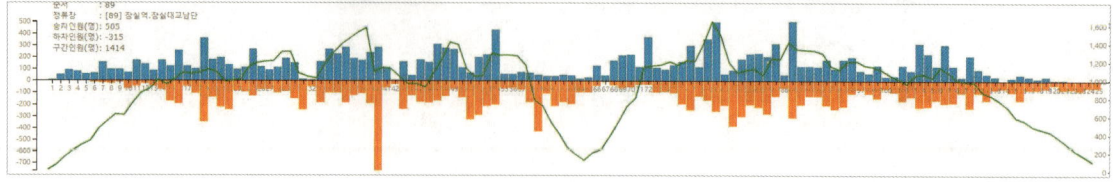

CHAPTER 05 시내버스 노선도

🚌 **303번** : 상대원차고지~신설동역을 기종점으로 왕복 105개의 정류소에 정차한다. 이용승객은 24,006명, 24개의 정류장이 전철역을 연계하며, 일평균 운행속도는 15.8km/h, 운행시간 3시간 29분이다. (2024.06.27. 기준)

노선번호	303	인가대수	39대	인가거리	54:59km	첫차시간	04:00
업체명	동성교통	운행대수	38대	운행시간	210분	막차시간	22:20
기 점	상대원차고지	예비대수	1대	운행횟수	총 152회/일	배차간격	최소 6분
종 점	신설동역	정상대수	38대		대당 4회/대		최대 12분

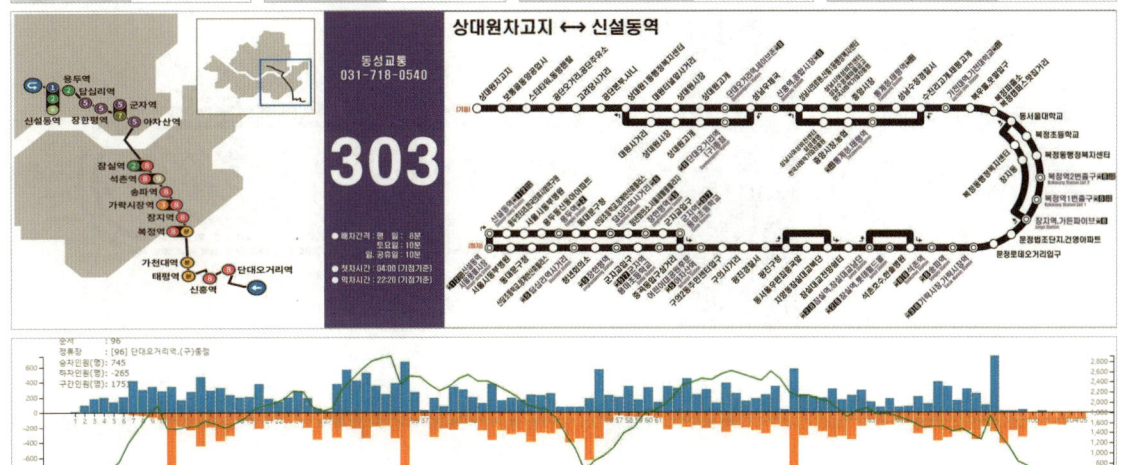

🚌 **320번** : 복정역환승센터~중랑구청을 기종점으로 왕복 87개의 정류소에 정차한다. 이용승객은 15,226명, 12개의 정류장 전철역을 연계하며, 일평균 운행속도는 15.3km/h, 운행시간 3시간 46분이다. (2024.06.27. 기준)

노선번호	320	인가대수	24대	인가거리	39.50km	첫차시간	04:00
업체명	남성버스	운행대수	23대	운행시간	150분	막차시간	23:00
기 점	복정역환승센터	예비대수	1대	운행횟수	총 138회/일	배차간격	최소 7분
종 점	중랑구청	정상대수	23대		대당 6회/대		최대 9분

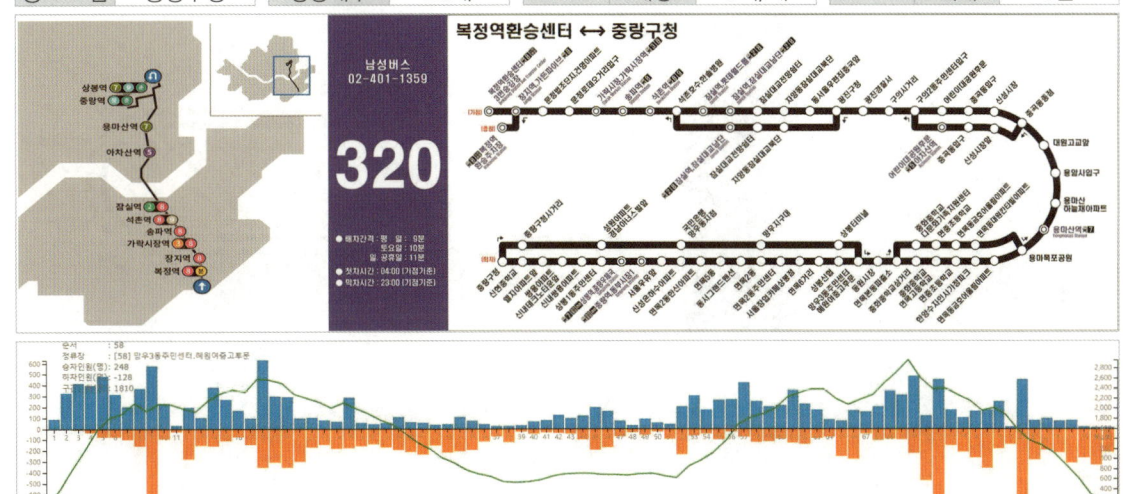

박홍식의 시내버스 노선조정 [노선은 생물(生物)이다]

🚌 **333번** : 복정역환승센터~올림픽공원을 기종점으로 왕복 102개의 정류소에 정차한다. 이용승객은 14,308명, 22개의 정류장이 전철역을 연계하며, 일평균 운행속도는 13.2km/h, 운행시간 3시간 37분이다. (2024.06.27. 기준)

노선번호	333	인가대수	28대	인가거리	46.50km	첫차시간	04:00
업체명	대성운수	운행대수	27대	운행시간	228분	막차시간	23:00
기점	복정역환승센터	예비대수	1대	운행횟수 총	106회/일	배차간격 최소	9분
종점	올림픽공원	정상대수	26대	운행횟수 대당	4회/대	배차간격 최대	13분

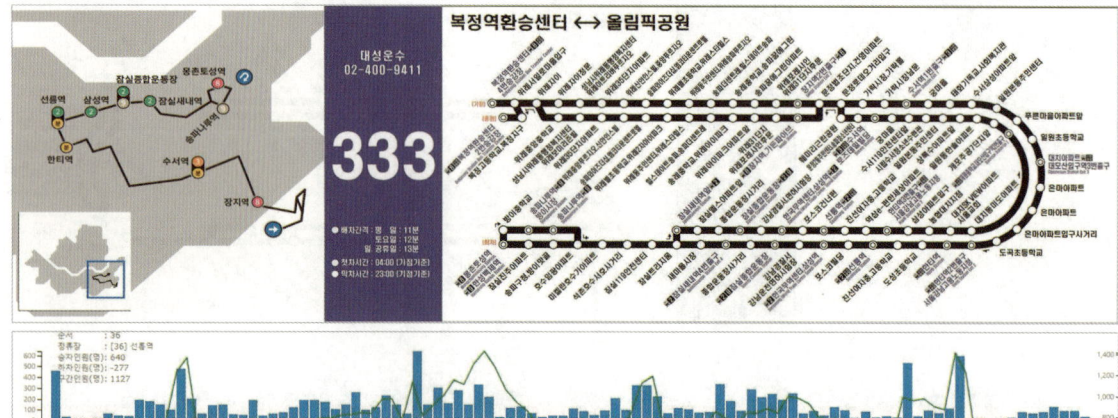

🚌 **340번** : 강동공영차고지~강남역을 기종점으로 왕복 105개의 정류소에 정차한다. 이용승객은 29,743명, 31개의 정류장 전철역을 연계하며, 일평균 운행속도는 13.9km/h, 운행시간 3시간 0분이다. (2024.06.27. 기준)

노선번호	340	인가대수	35대	인가거리	41:10km	첫차시간	04:30
업체명	서울승합	운행대수	33대	운행시간	185분	막차시간	23:10
기점	강동공영차고지	예비대수	2대	운행횟수 총	170회/일	배차간격 최소	5분
종점	강남역	정상대수	33대	운행횟수 대당	5회/대	배차간격 최대	8분

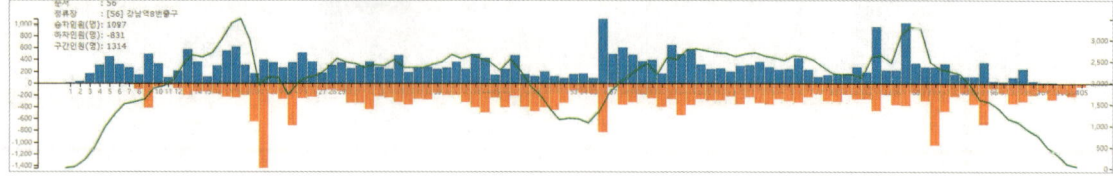

CHAPTER 05 시내버스 노선도

🚌 **341번** : 강동공영차고지~우면동을 기종점으로 왕복 92개의 정류소에 정차한다. 이용승객은 13,843명, 27개의 정류장이 전철역을 연계하며, 일평균 운행속도는 13.9km/h, 운행시간 3시간 0분이다. (2024.06.27. 기준)

노선번호	341	인가대수	22대	인가거리	45.70km	첫차시간	04:30
업 체 명	대원여객	운행대수	21대	운행시간	220분	막차시간	22:20
기 점	강동공영차고지	예비대수	1대	운행횟수 총	80회/일	배차간격 최소	10분
종 점	우면동	정상대수	21대	운행횟수 대당	4회/대	배차간격 최대	14분

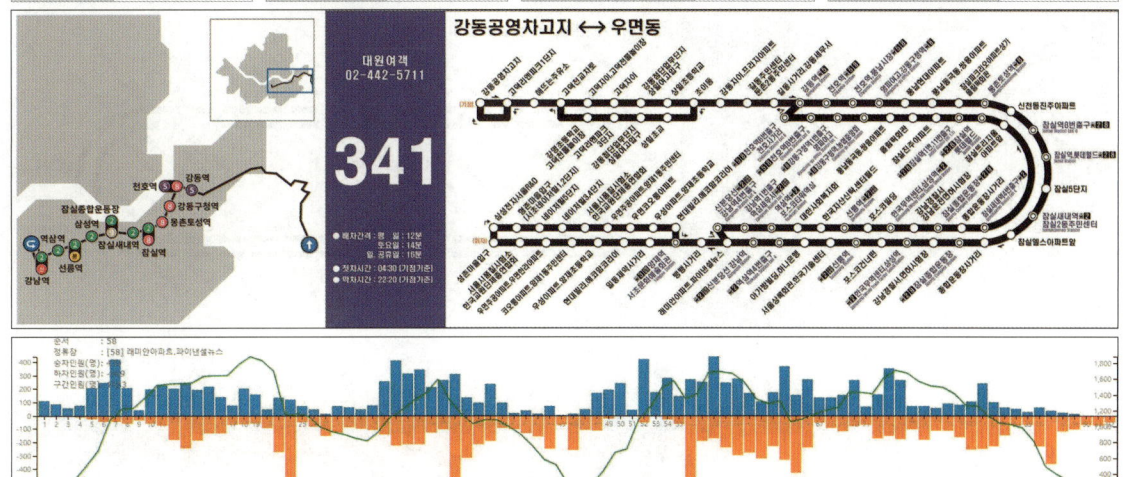

🚌 **342번** : 강동공영차고지~압구정로데오역을 기종점으로 왕복 109개의 정류소에 정차한다. 이용승객은 15,198명, 30개의 정류장 전철역을 연계하며, 일평균 운행속도는 13km/h, 운행시간 3시간 42분이다. (2024.06.27. 기준)

노선번호	342	인가대수	26대	인가거리	47.00km	첫차시간	04:00
업 체 명	서울승합	운행대수	25대	운행시간	200분	막차시간	22:30
기 점	강동공영차고지	예비대수	1대	운행횟수 총	111회/일	배차간격 최소	8분
종 점	압구정로데오역	정상대수	25대	운행횟수 대당	4.25회/대	배차간격 최대	11분

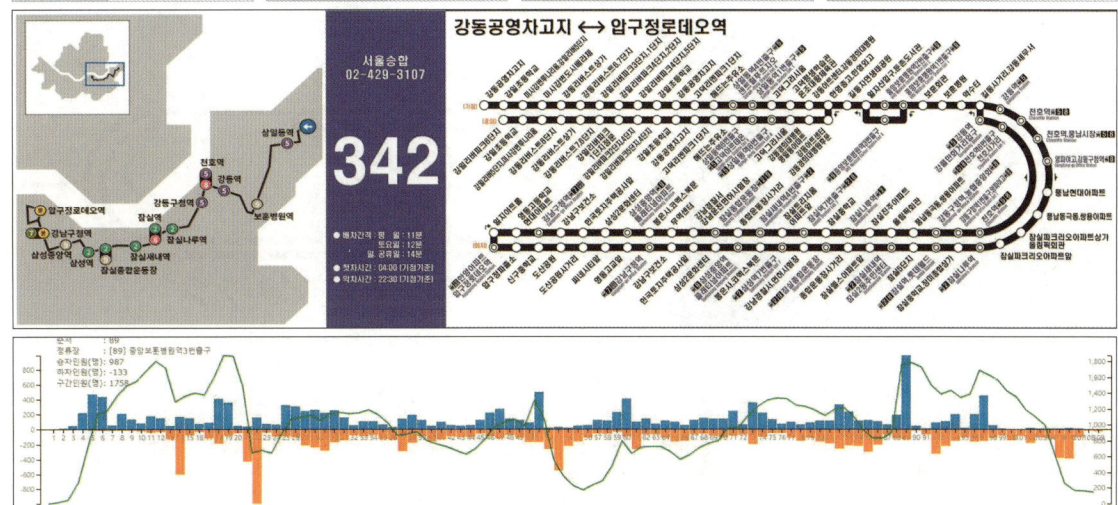

박흥식의 시내버스 노선조정 [노선은 생물(生物)이다]

🚌 **343번** : 복정역환승센터~압구정역을 기종점으로 왕복 68개의 정류소에 정차한다. 이용승객은 7,821명, 19개의 정류장이 전철역을 연계하며, 일평균 운행속도는 14.4km/h, 운행시간 2시간 48분이다. (2024.06.27. 기준)

노선번호	343	인가대수	18대	인가거리	40.70km	첫차시간	04:00
업체명	대성운수	운행대수	17대	운행시간	173분	막차시간	22:40
기점	복정역환승센터	예비대수	1대	운행횟수 총	82회/일	배차간격 최소	12분
종점	압구정역	정상대수	16대	대당	5회/대	최대	17분

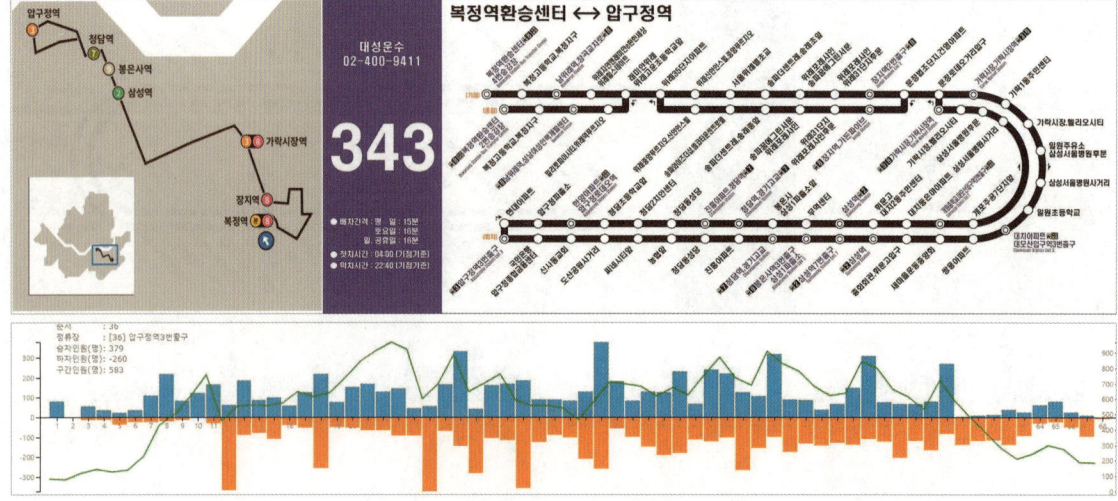

🚌 **345번** : 복정역환승센터~구반포역을 기종점으로 왕복 85개의 정류소에 정차한다. 이용승객은 10,536명, 25개의 정류장 전철역을 연계하며, 일평균 운행속도는 14.3km/h, 운행시간 3시간 31분이다. (2024.06.27. 기준)

노선번호	345	인가대수	25대	인가거리	49.00km	첫차시간	04:00
업체명	대성운수	운행대수	24대	운행시간	215분	막차시간	22:50
기점	복정역환승센터	예비대수	1대	운행횟수 총	96회/일	배차간격 최소	9분
종점	구반포역	정상대수	22대	대당	4.2회/대	최대	14분

CHAPTER 05 시내버스 노선도

🚌 **350번** : 복정역환승센터~노들역 기종점으로 왕복 96개의 정류소에 정차한다. 이용승객은 14,420명, 19개의 정류장이 전철역을 연계하며, 일평균 운행속도는 14.3km/h, 운행시간 3시간 33분이다. (2024.06.27. 기준)

노선번호	350	인가대수	26대	인가거리	51.20km	첫차시간	04:00
업체명	한서교통	운행대수	26대	운행시간	210분	막차시간	22:30
기점	복정역환승센터	예비대수	0대	운행횟수 총	102회/일	배차간격 최소	8분
종점	노들역	정상대수	25대	대당	4회/대	최대	13분

🚌 **360번** : 복정역환승센터~여의도환승센터를 기종점으로 왕복 90개의 정류소에 정차한다. 이용승객은 30,107명, 37개의 정류장 전철역을 연계하며, 일평균 운행속도는 18.9km/h, 운행시간 3시간 4분이다. (2024.06.27. 기준)

노선번호	360	인가대수	51대	인가거리	55.70km	첫차시간	04:00
업체명	한국brt자동차	운행대수	49대	운행시간	235분	막차시간	22:50
기점	복정역환승센터	예비대수	2대	운행횟수 총	196회/일	배차간격 최소	5분
종점	여의도환승센터	정상대수	49대	대당	4회/대	최대	7분

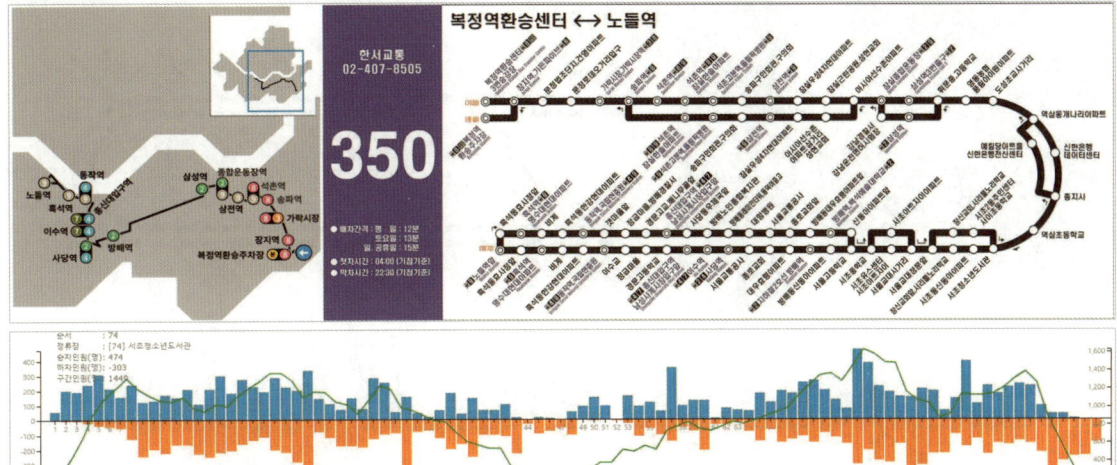

박홍식의 시내버스 노선조정 [노선은 생물(生物)이다]

🚌 **361번** : 복정역환승센터~여의도을 기종점으로 왕복 94개의 정류소에 정차한다. 이용승객은 10,817명, 34개의 정류장이 전철역을 연계하며, 일평균 운행속도는 15.8km/h, 운행시간 3시간 37분이다. (2024.06.27. 기준)

노선번호	361	인가대수	27대	인가거리	54.20km	첫차시간	04:00
업체명	남성버스	운행대수	26대	운행시간	230분	막차시간	22:30
기 점	복정역환승센터	예비대수	1대	운행횟수 총	102회/일	배차간격 최소	9분
종 점	여의도	정상대수	25대	대당	4회/대	최대	13분

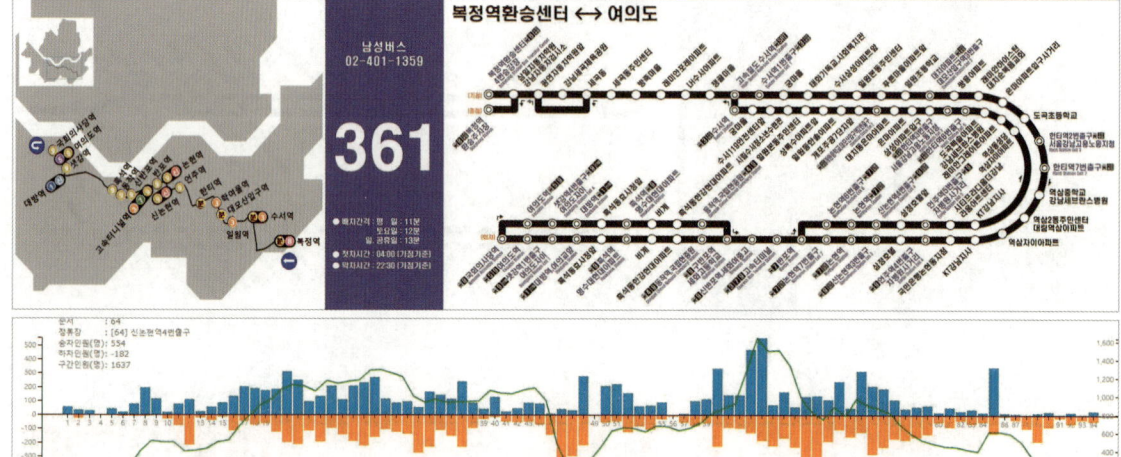

🚌 **370번** : 강동공영차고지~충정로역을 기종점으로 왕복 93개의 정류소에 정차한다. 이용승객은 25,346명, 13개의 정류장 전철역을 연계하며, 일평균 운행속도는 15.6km/h, 운행시간 3시간 19분이다. (2024.06.27. 기준)

노선번호	370	인가대수	41대	인가거리	48.70km	첫차시간	04:00
업체명	대원여객 송파상운	운행대수	39대	운행시간	200분	막차시간	22:50
기 점	강동공영차고지	예비대수	2대	운행횟수 총	176회/일	배차간격 최소	1분
종 점	충정로역	정상대수	39대	대당	4.65회/대	최대	8분

CHAPTER 05 시내버스 노선도

🚌 **400번** : 염곡동~시청을 기종점으로 왕복 103개의 정류소에 정차한다. 이용승객은 16,212명, 19개의 정류장이 전철역을 연계하며, 일평균 운행속도는 13.8km/h, 운행시간 3시간 38분이다. (2024.06.27. 기준)

노선번호	400	인가대수	23대	인가거리	48.92km	첫차시간	04:15
업 체 명	삼성여객	운행대수	22대	운행시간	220분	막차시간	22:25
기 점	염곡동	예비대수	1대	운행횟수 총	92회/일	배차간격 최소	8분
종 점	시청	정상대수	22대	대당	4.2회/대	최대	16분

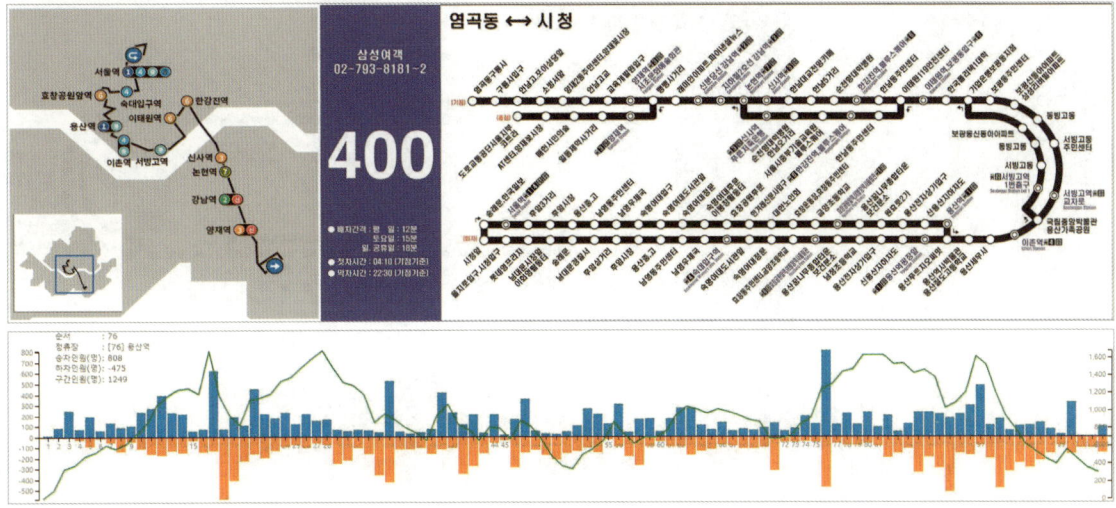

🚌 **401번** : 장지공영차고지~서울역을 기종점으로 왕복 98개의 정류소에 정차한다. 이용승객은 15,824명, 23개의 정류장 전철역을 연계하며, 일평균 운행속도는 14.3km/h, 운행시간 3시간 47분이다. (2024.06.27. 기준)

노선번호	401	인가대수	28대	인가거리	52.68km	첫차시간	04:00
업 체 명	서울버스	운행대수	27대	운행시간	215분	막차시간	22:30
기 점	장지공영차고지	예비대수	1대	운행횟수 총	107회/일	배차간격 최소	8분
종 점	서울역	정상대수	25대	대당	4.1회/대	최대	12분

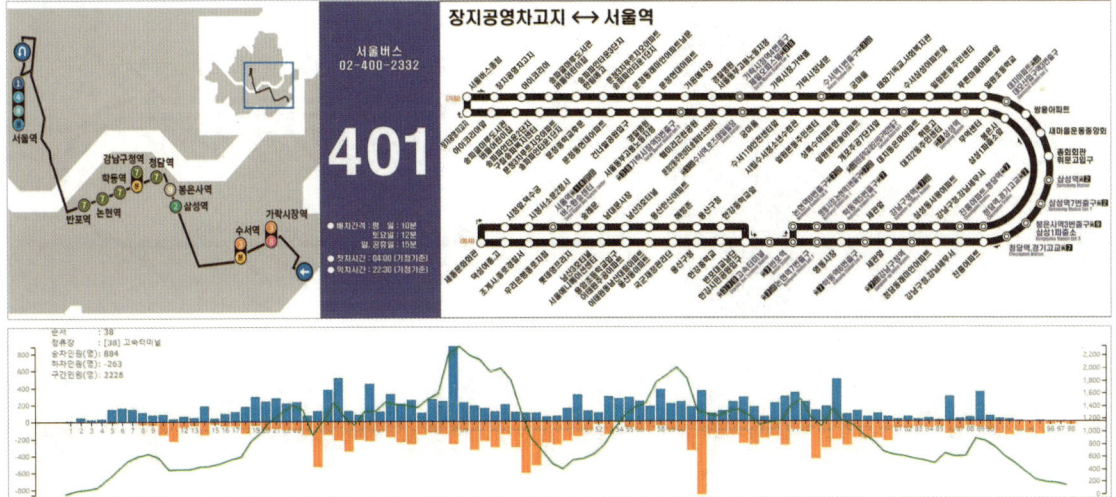

박흥식의 시내버스 노선조정 [노선은 생물(生物)이다]

🚌 **402번** : 장지공영차고지~시청을 기종점으로 왕복 109개의 정류소에 정차한다. 이용승객은 21,762명, 22개의 정류장이 전철역을 연계하며, 일평균 운행속도는 15.4km/h, 운행시간 3시간 42분이다. (2024.06.27. 기준)

노선번호	402	인가대수	37대	인가거리	56.70km	첫차시간	04:00
업체명	진화운수	운행대수	36대	운행시간	225분	막차시간	00:05
기 점	장지공영차고지	예비대수	1대	운행횟수 총	136회/일	배차간격 최소	6분
종 점	시청	정상대수	32대	대당	4회/대	최대	12분

🚌 **405번** : 염곡동~시청광장을 기종점으로 왕복 83개의 정류소에 정차한다. 이용승객은 10,168명, 6개의 정류장 전철역을 연계하며, 일평균 운행속도는 16.9km/h, 운행시간 2시간 53분이다. (2024.06.27. 기준)

노선번호	405	인가대수	17대	인가거리	43.90km	첫차시간	04:10
업체명	삼성여객	운행대수	16대	운행시간	175분	막차시간	22:40
기 점	염곡동	예비대수	1대	운행횟수 총	86회/일	배차간격 최소	7분
종 점	시청광장	정상대수	16대	대당	5.4회/대	최대	16분

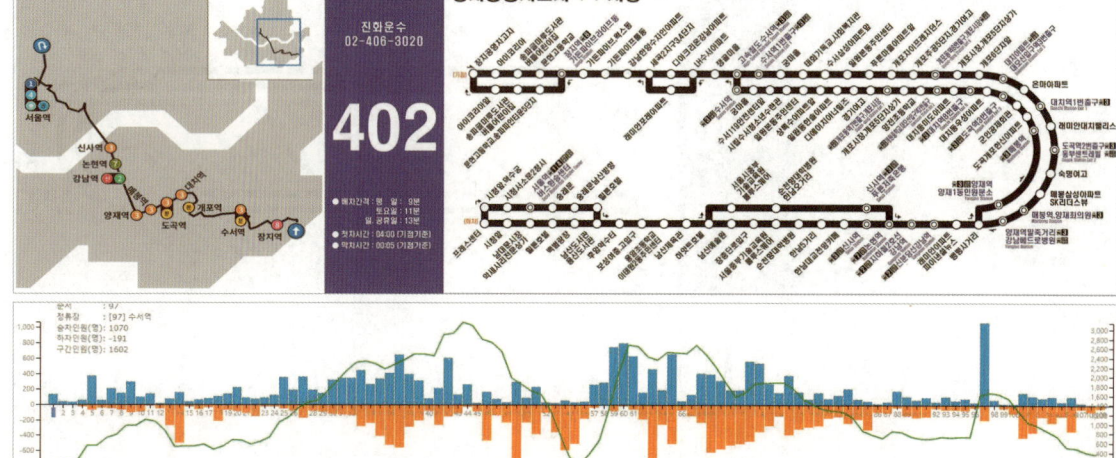

CHAPTER 05 시내버스 노선도

🚌 **406번** : 개포동~서울역을 기종점으로 왕복 67개의 정류소에 정차한다. 이용승객은 10,326명, 10개의 정류장이 전철역을 연계하며, 일평균 운행속도는 18km/h, 운행시간 2시간 38분이다. (2024.06.27. 기준)

노선번호	406	인가대수	17대	인가거리	41.53km	첫차시간	04:20
업체명	도선여객	운행대수	16대	운행시간	140분	막차시간	23:20
기 점	개포동	예비대수	1대	운행횟수 총	96회/일	배차간격 최소	9분
종 점	서울역	정상대수	16대	운행횟수 대당	6회/대	배차간격 최대	14분

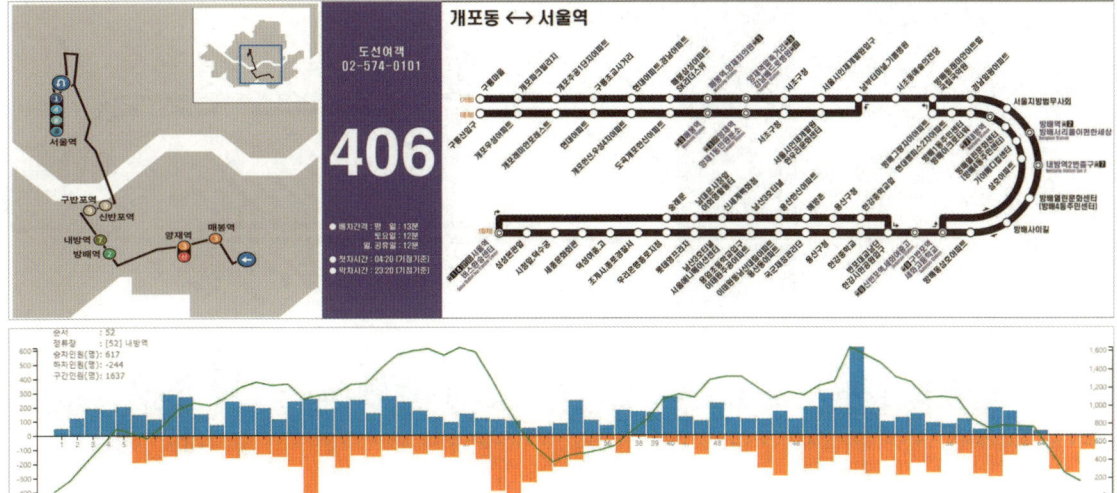

🚌 **420번** : 개포동~청량리를 기종점으로 왕복 86개의 정류소에 정차한다. 이용승객은 27,048명, 20개의 정류장 전철역을 연계하며, 일평균 운행속도는 13.7km/h, 운행시간 3시간 21분이다. (2024.06.27. 기준)

노선번호	420	인가대수	37대	인가거리	46.20km	첫차시간	04:10
업체명	도선여객	운행대수	36대	운행시간	205분	막차시간	23:00
기 점	개포동	예비대수	1대	운행횟수 총	159회/일	배차간격 최소	4분
종 점	청량리	정상대수	34대	운행횟수 대당	4.5회/대	배차간격 최대	10분

박흥식의 시내버스 노선조정 [노선은 생물(生物)이다]

🚌 **421번** : 염곡동차고지~옥수동을 기종점으로 왕복 112개의 정류소에 정차한다. 이용승객은 26,275명, 25개의 정류장이 전철역을 연계하며, 일평균 운행속도는 13.8km/h, 운행시간 4시간 14분이다. (2024.06.27. 기준)

노선번호	421	인가대수	39대	인가거리	57.25km	첫차시간	04:00
업 체 명	삼성여객	운행대수	38대	운행시간	265분	막차시간	22:10
기 점	염곡동차고지	예비대수	1대	운행횟수 총	133회/일	배차간격 최소	5분
종 점	옥수동	정상대수	38대	대당	3.5회/대	최대	12분

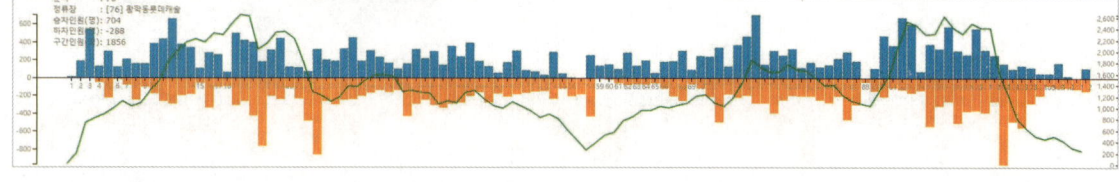

🚌 **422번** : 구미동차고지~중곡역을 기종점으로 왕복 115개의 정류소에 정차한다. 이용승객은 4,969명, 23개의 정류장 전철역을 연계하며, 일평균 운행속도는 15.8km/h, 운행시간 3시간 49분이다. (2024.06.27. 기준)

노선번호	422	인가대수	15대	인가거리	59.70km	첫차시간	04:30
업 체 명	동성교통	운행대수	15대	운행시간	225분	막차시간	23:00
기 점	구미동차고지	예비대수	대	운행횟수 총	60회/일	배차간격 최소	15분
종 점	중곡역	정상대수	15대	대당	4회/대	최대	20분

CHAPTER 05 시내버스 노선도

440번 : 복정역환승센터~압구정동한양파출소앞을 기종점으로 왕복 94개의 정류소에 정차한다. 이용승객은 14,759명, 12개의 정류장이 전철역을 연계하며, 일평균 운행속도는 14.2km/h, 운행시간 3시간 34분이다. (2024.06.27. 기준)

노선번호	440	인가대수	28대	인가거리	49.00km	첫차시간	03:55
업체명	대성운수	운행대수	27대	운행시간	215분	막차시간	22:55
기점	복정역환승센터	예비대수	1대	운행횟수	총 111회/일	배차간격	최소 9분
종점	압구정동한양파출소앞	정상대수	26대		대당 4.2회/대		최대 13분

441번 : 월암공영차고지~신사사거리를 기종점으로 왕복 124개의 정류소에 정차한다. 이용승객은 16,567명, 17개의 정류장 전철역을 연계하며, 일평균 운행속도는 16.8km/h, 운행시간 3시간 42분이다. (2024.06.27. 기준)

노선번호	441	인가대수	29대	인가거리	61.10km	첫차시간	04:20
업체명	우신버스	운행대수	25대	운행시간	220분	막차시간	22:20
기점	월암공영차고지	예비대수	4대	운행횟수	총 113회/일	배차간격	최소 8분
종점	신사사거리	정상대수	25대		대당 4.18회/대		최대 12분

박흥식의 시내버스 노선조정 [노선은 생물(生物)이다]

🚌 **452번** : 복정역환승센터~중대병원을 기종점으로 왕복 124개의 정류소에 정차한다. 이용승객은 18,059명, 29개의 정류장이 전철역을 연계하며, 일평균 운행속도는 17.1km/h, 운행시간 4시간 16분이다. (2024.06.27. 기준)

노선번호	452	인가대수	34대	인가거리	62.74km	첫차시간	04:00
업 체 명	남성버스	운행대수	33대	운행시간	250분	막차시간	23:30
기 점	복정역환승센터	예비대수	1대	운행횟수 총	122회/일	배차간격 최소	8분
종 점	중대병원	정상대수	33대	대당	3.7회/대	최대	12분

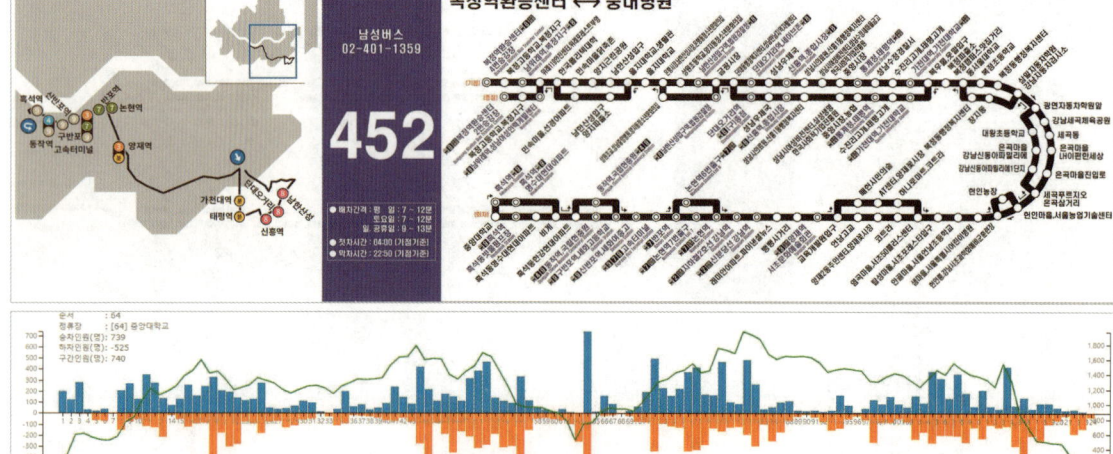

🚌 **461번** : 장지공영차고지~여의도공원을 기종점으로 왕복 138개의 정류소에 정차한다. 이용승객은 23,049명, 23개의 정류장 전철역을 연계하며, 일평균 운행속도는 13.3km/h, 운행시간 4시간 48분이다. (2024.06.27. 기준)

노선번호	461	인가대수	40대	인가거리	62.70km	첫차시간	04:00
업 체 명	진화운수	운행대수	39대	운행시간	275분	막차시간	22:10
기 점	장지공영차고지	예비대수	1대	운행횟수 총	115회/일	배차간격 최소	8분
종 점	여의도공원	정상대수	37대	대당	3회/대	최대	15분

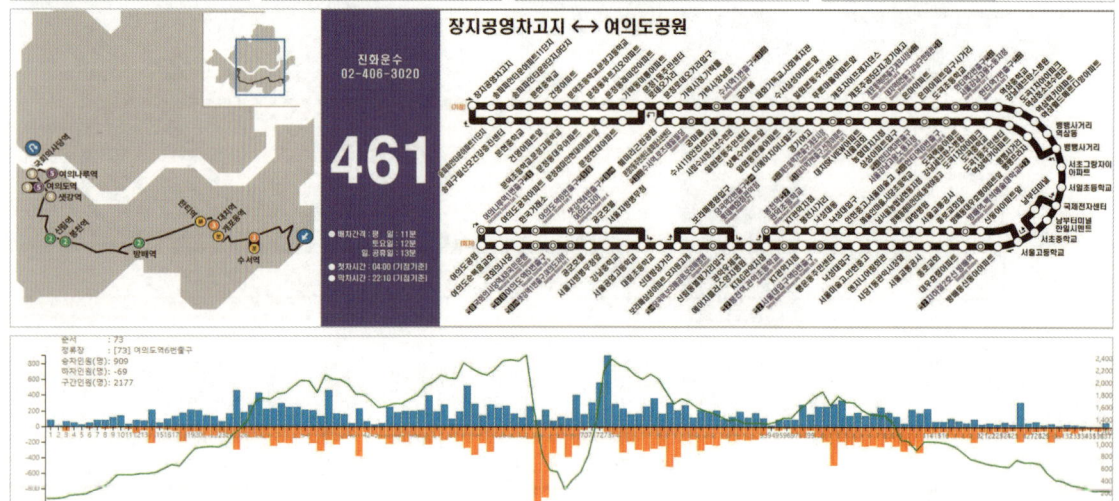

CHAPTER 05 시내버스 노선도

🚌 **463번** : 염곡동차고지~국회의사당을 기종점으로 왕복 94개의 정류소에 정차한다. 이용승객은 22,184명, 25개의 정류장이 전철역을 연계하며, 일평균 운행속도는 14.3km/h, 운행시간 3시간 36분이다. (2024.06.27. 기준)

노선번호	463	인가대수	30대	인가거리		49.50km	첫차시간		04:00
업체명	대흥교통	운행대수	29대	운행시간		215분	막차시간		22:15
기점	염곡동차고지	예비대수	1대	운행횟수	총	120회/일	배차간격	최소	7분
종점	국회의사당	정상대수	29대		대당	4.15회/대		최대	12분

🚌 **470번** : 상암차고지~안골마을을 기종점으로 왕복 87개의 정류소에 정차한다. 이용승객은 18,922명, 11개의 정류장 전철역을 연계하며, 일평균 운행속도는 15.9km/h, 운행시간 3시간 33분이다. (2024.06.27. 기준)

노선번호	470	인가대수	33대	인가거리		58.28km	첫차시간		04:00
업체명	다모아자동차	운행대수	32대	운행시간		222분	막차시간		22:30
기점	상암차고지	예비대수	1대	운행횟수	총	130회/일	배차간격	최소	7분
종점	안골마을	정상대수	30대		대당	4.14회/대		최대	11분

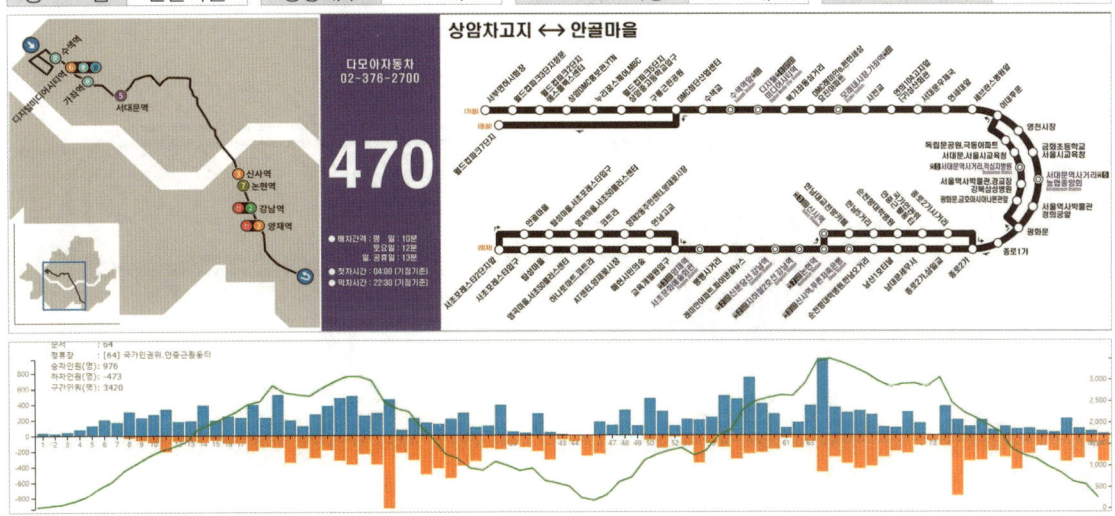

박홍식의 시내버스 노선조정 [노선은 생물(生物)이다]

🚌 **472번** : 개포동차고지~신촌로타리를 기종점으로 왕복 70개의 정류소에 정차한다. 이용승객은 20,479명, 12개의 정류장이 전철역을 연계하며, 일평균 운행속도는 14.5km/h, 운행시간 2시간 49분이다. (2024.06.27. 기준)

노선번호	472	인가대수	31대	인가거리	39.65km	첫차시간	04:10
업체명	도선여객	운행대수	30대	운행시간	70분	막차시간	23:20
기 점	개포동차고지	예비대수	1대	운행횟수 총	160회/일	배차간격 최소	6분
종 점	신촌로타리	정상대수	28대	대당	5.5회/대	최대	10분

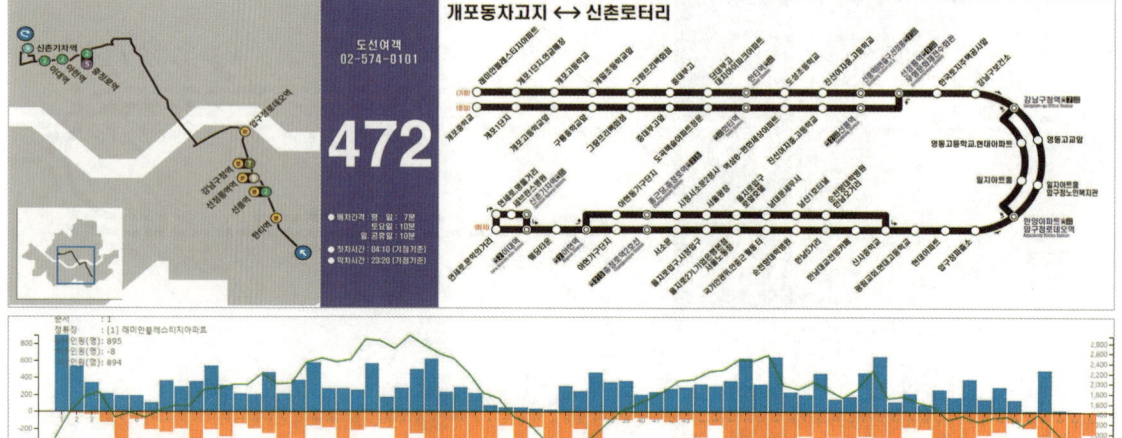

🚌 **500번** : 석수역~을지로입구를 기종점으로 왕복 83개의 정류소에 정차한다. 이용승객은 18,674명, 12개의 정류장 전철역을 연계하며, 일평균 운행속도는 14.8km/h, 운행시간 2시간 59분이다. (2024.06.27. 기준)

노선번호	500	인가대수	32대	인가거리	43.80km	첫차시간	04:00
업체명	서울교통네트웍 군포교통	운행대수	30대	운행시간	185분	막차시간	23:00
기 점	석수역	예비대수	2대	운행횟수 총	144회/일	배차간격 최소	7분
종 점	을지로입구	정상대수	28대	대당	5회/대	최대	10분

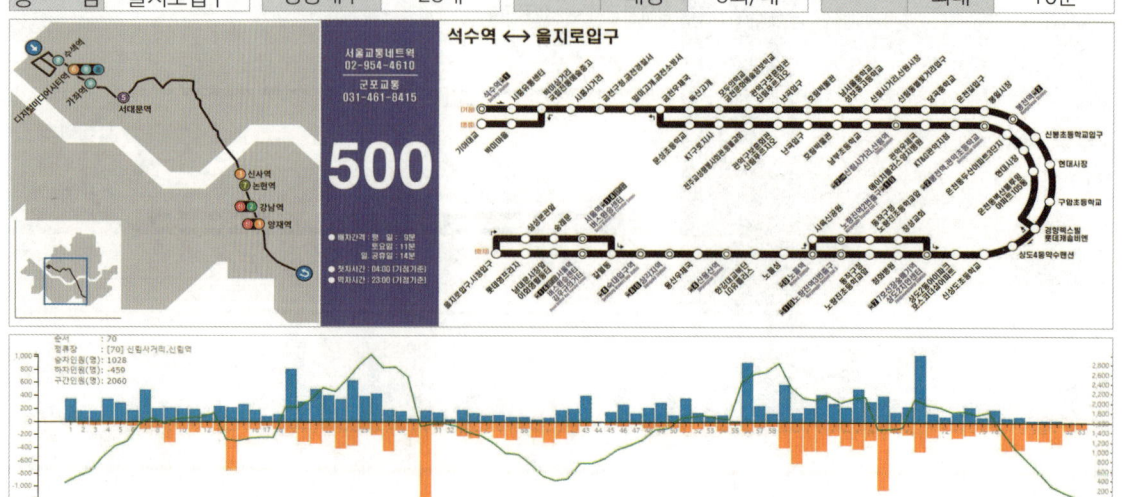

CHAPTER 05 시내버스 노선도

🚌 **501번** : 한남운수대학동차고지~종로2가을 기종점으로 왕복 57개의 정류소에 정차한다. 이용승객은 11,591명, 7개의 정류장이 전철역을 연계하며, 일평균 운행속도는 15.3km/h, 운행시간 2시간 0분이다. (2024.06.27. 기준)

노선번호	501	인가대수	18대	인가거리		29.92km	첫차시간		04:30
업체명	한남여객운수	운행대수	17대	운행시간		125분	막차시간		22:30
기 점	한남운수대학동차고지	예비대수	1대	운행횟수	총	128회/일	배차간격	최소	7분
종 점	종로2가	정상대수	17대		대당	7.5회/대		최대	11분

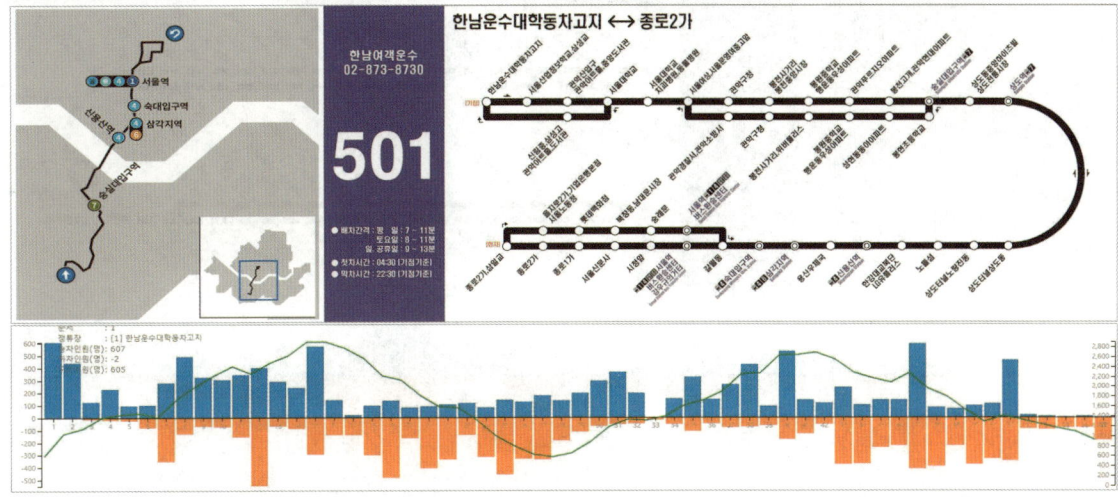

🚌 **502번** : 월암공영차고지~한국은행.신세계를 기종점으로 왕복 132개의 정류소에 정차한다. 이용승객은 13,868명, 23개의 정류장 전철역을 연계하며, 일평균 운행속도는 18.6km/h, 운행시간 3시간 50분이다. (2024.06.27. 기준)

노선번호	502	인가대수	24대	인가거리		70.47km	첫차시간		04:10
업체명	우신버스	운행대수	24대	운행시간		225분	막차시간		22:50
기 점	월암공영차고지	예비대수	0대	운행횟수	총	99회/일	배차간격	최소	10분
종 점	한국은행.신세계	정상대수	24대		대당	4.13회/대		최대	12분

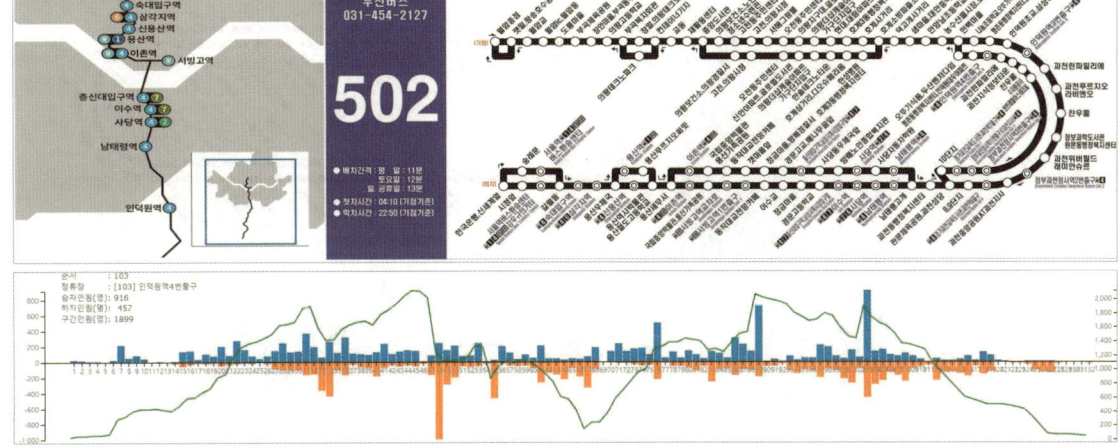

박흥식의 시내버스 노선조정 [노선은 생물(生物)이다]

🚌 **503번** : 광명공영차고지~서울역을 기종점으로 왕복 88개의 정류소에 정차한다. 이용승객은 7,274명, 14개의 정류장이 전철역을 연계하며, 일평균 운행속도는 14.4km/h, 운행시간 3시간 0분이다. (2024.06.27. 기준)

노선번호	503	인가대수	16대	인가거리	45:00km	첫차시간	04:15
업 체 명	보영운수	운행대수	15대	운행시간	195분	막차시간	22:20
기 점	광명공영차고지	예비대수	1대	운행횟수 총	72회/일	배차간격 최소	11분
종 점	서울역	정상대수	14대	대당	5회/대	최대	18분

🚌 **504번** : 광명공영주차장~남대문을 기종점으로 왕복 95개의 정류소에 정차한다. 이용승객은 20,859명, 15개의 정류장 전철역을 연계하며, 일평균 운행속도는 15km/h, 운행시간 3시간 3분이다. (2024.06.27. 기준)

노선번호	504	인가대수	33대	인가거리	44.04km	첫차시간	03:55
업 체 명	한성운수	운행대수	32대	운행시간	185분	막차시간	22:40
기 점	광명공영주차장	예비대수	1대	운행횟수 총	157회/일	배차간격 최소	5분
종 점	남대문	정상대수	31대	대당	5회/대	최대	8분

CHAPTER 05 시내버스 노선도

🚌 **505번** : 노온사동~서울역을 기종점으로 왕복 100개의 정류소에 정차한다. 이용승객은 15,295명, 10개의 정류장이 전철역을 연계하며, 일평균 운행속도는 17.6km/h, 운행시간 3시간 16분이다. (2024.06.27. 기준)

노선번호	505	인가대수	29대	인가거리		57:40km	첫차시간		04:10
업체명	범일운수	운행대수	27대	운행시간		195분	막차시간		22:30
기 점	노온사동	예비대수	2대	운행횟수	총	109회/일	배차간격	최소	8분
종 점	서울역	정상대수	25대		대당	4.2회/대		최대	12분

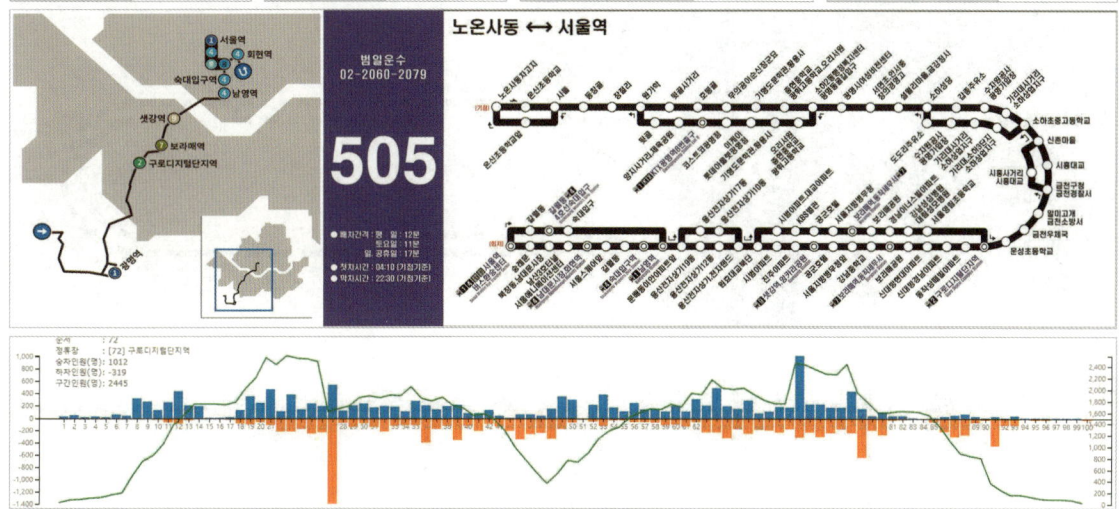

🚌 **506번** : 신림2동차고지~을지로입구역.광교를 기종점으로 왕복 99개의 정류소에 정차한다. 이용승객은 14,354명, 12개의 정류장 전철역을 연계하며, 일평균 운행속도는 14.9km/h, 운행시간 2시간 57분이다. (2024.07.04. 기준)

노선번호	506	인가대수	19대	인가거리		44.10km	첫차시간		04:30
업체명	한남여객	운행대수	17대	운행시간		188분	막차시간		22:30
기 점	신림2동차고지	예비대수	2대	운행횟수	총	95회/일	배차간격	최소	11분
종 점	을지로입구역.광교	정상대수	17대		대당	5회/대		최대	16분

박흥식의 시내버스 노선조정 [노선은 생물(生物)이다]

🚌 **507번** : 석수역~동대문역사문화공원을 기종점으로 왕복 104개의 정류소에 정차한다. 이용승객은 15,023명, 15개의 정류장이 전철역을 연계하며, 일평균 운행속도는 14.5km/h, 운행시간 3시간 19분이다. (2024.07.04. 기준)

노선번호	507	인가대수	29대	인가거리	51.80km	첫차시간	04:00
업체명	서울교통네트웍	운행대수	28대	운행시간	204분	막차시간	22:50
기 점	석수역	예비대수	1대	운행횟수 총	120회/일	배차간격 최소	7분
종 점	동대문역사문화공원	정상대수	27대	운행횟수 대당	4.4회/대	배차간격 최대	11분

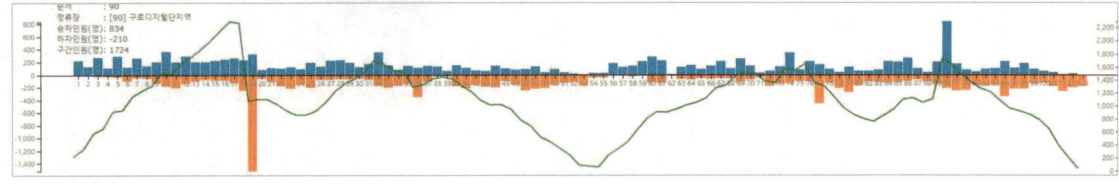

🚌 **540번** : 군포공영차고지~서울성모병원을 기종점으로 왕복 93개의 정류소에 정차한다. 이용승객은 18,336명, 15개의 정류장 전철역을 연계하며, 일평균 운행속도는 18.2km/h, 운행시간 3시간 2분이다. (2024.07.04. 기준)

노선번호	540	인가대수	29대	인가거리	52.00km	첫차시간	04:45
업체명	우신버스	운행대수	27대	운행시간	180분	막차시간	00:05
기 점	군포공영차고지	예비대수	2대	운행횟수 총	145회/일	배차간격 최소	6분
종 점	서울성모병원	정상대수	27대	운행횟수 대당	5.18회/대	배차간격 최대	25분

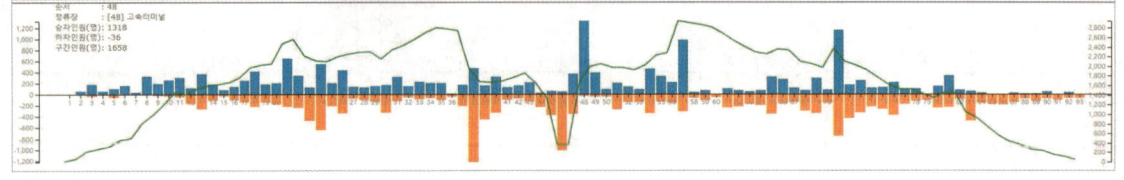

CHAPTER 05 시내버스 노선도

🚌 **541번** : 석수역~동대문역사문화공원을 기종점으로 왕복 122개의 정류소에 정차한다. 이용승객은 12,206명, 18개의 정류장이 전철역을 연계하며, 일평균 운행속도는 17.8km/h, 운행시간 3시간 13분이다. (2024.07.04. 기준)

노선번호	541	인가대수	22대	인가거리	56.70km	첫차시간	04:10
업체명	우신버스	운행대수	19대	운행시간	185분	막차시간	23:20
기 점	군포공영차고지	예비대수	3대	운행횟수 총	103회/일	배차간격 최소	9분
종 점	강남역	정상대수	19대	대당	4.9회/대	최대	20분

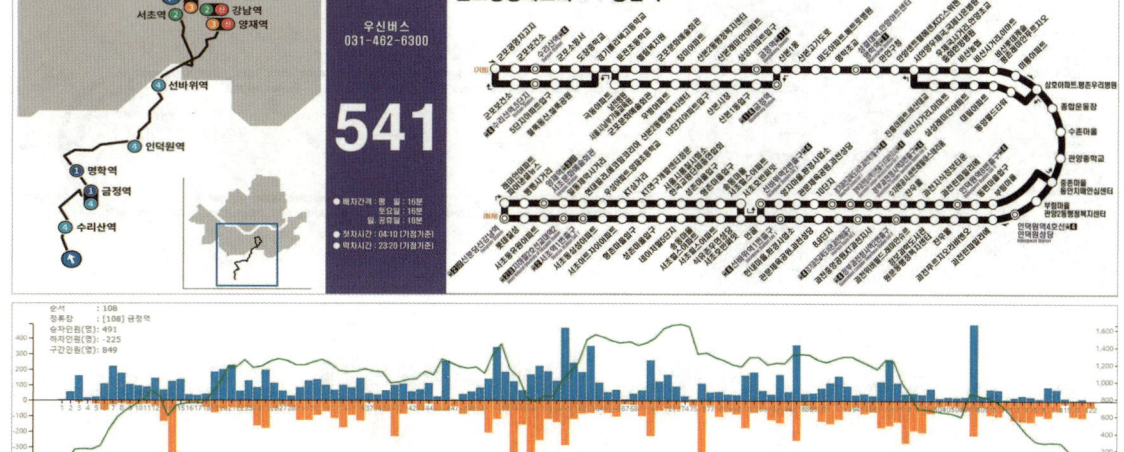

🚌 **571번** : 가산동~진관공영차고지를 기종점으로 왕복 120개의 정류소에 정차한다. 이용승객은 17,510명, 26개의 정류장이 전철역을 연계하며, 일평균 운행속도는 14.8km/h, 운행시간 3시간 56분이다. (2024.07.04. 기준)

노선번호	571	인가대수	28대	인가거리	57.68km	첫차시간	04:20
업체명	신인운수	운행대수	25대	운행시간	245분	막차시간	22:30
기 점	가산동	예비대수	3대	운행횟수 총	100회/일	배차간격 최소	7분
종 점	진관공영차고지	정상대수	25대	대당	3.7회/대	최대	15분

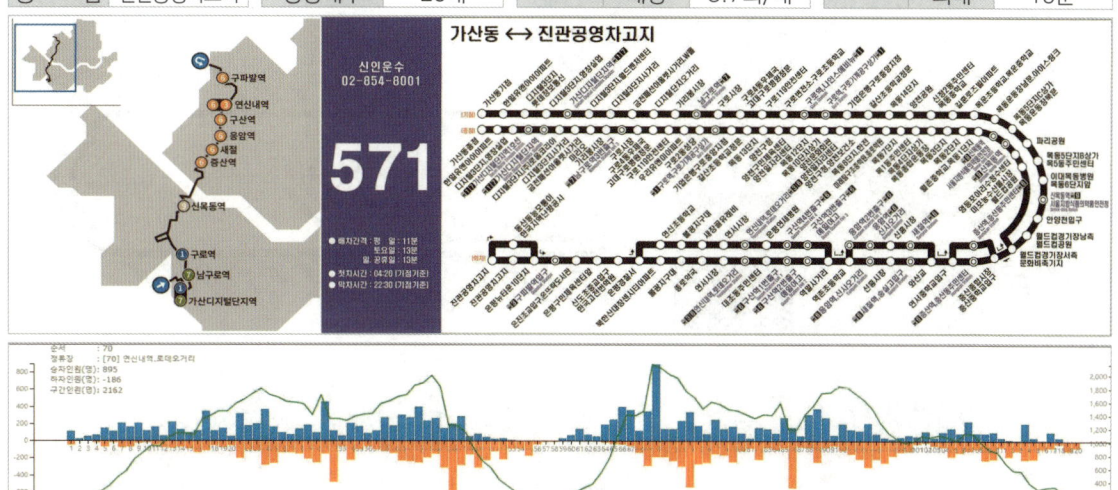

박흥식의 시내버스 노선조정 [노선은 생물(生物)이다]

🚌 **600번** : 온수동~광화문을 기종점으로 왕복 68개의 정류소에 정차한다. 이용승객은 22,307명, 11개의 정류장 전철역을 연계하며, 일평균 운행속도는 14.8km/h, 운행시간 3시간 56분이다. (2024.07.04. 기준)

노선번호	600	인가대수	27대	인가거리	38.10km	첫차시간	04:00
업체명	서울교통네트웍	운행대수	26대	운행시간	143분	막차시간	23:30
기 점	온수동	예비대수	1대	운행횟수 총	168회/일	배차간격 최소	7분
종 점	광화문	정상대수	24대	대당	6.4회/대	최대	9분

🚌 **601번** : 석수역~동대문역사문화공원을 기종점으로 왕복 76개의 정류소에 정차한다. 이용승객은 17,203명, 14개의 정류장이 전철역을 연계하며, 일평균 운행속도는 18.4km/h, 운행시간 2시간 52분이다. (2024.07.04. 기준)

노선번호	601	인가대수	28대	인가거리	51.73km	첫차시간	04:00
업체명	다모아자동차	운행대수	27대	운행시간	185분	막차시간	23:00
기 점	개화동	예비대수	1대	운행횟수 총	135회/일	배차간격 최소	7분
종 점	혜화역	정상대수	27대	대당	5회/대	최대	10분

CHAPTER 05 시내버스 노선도

🚌 **602번** : 양천공영차고지~시청앞을 기종점으로 왕복 84개의 정류소에 정차한다. 이용승객은 15,872명, 18개의 정류장 전철역을 연계하며, 일평균 운행속도는 16.3km/h, 운행시간 2시간 29분이다. (2024.07.04. 기준)

노선번호	602	인가대수	26대	인가거리	39.47km	첫차시간	04:10
업체명	양천운수	운행대수	25대	운행시간	165분	막차시간	22:30
기 점	양천공영차고지	예비대수	1대	운행횟수 총	135회/일	배차간격 최소	6분
종 점	시청앞	정상대수	24대	대당	5.5회/대	최대	10분

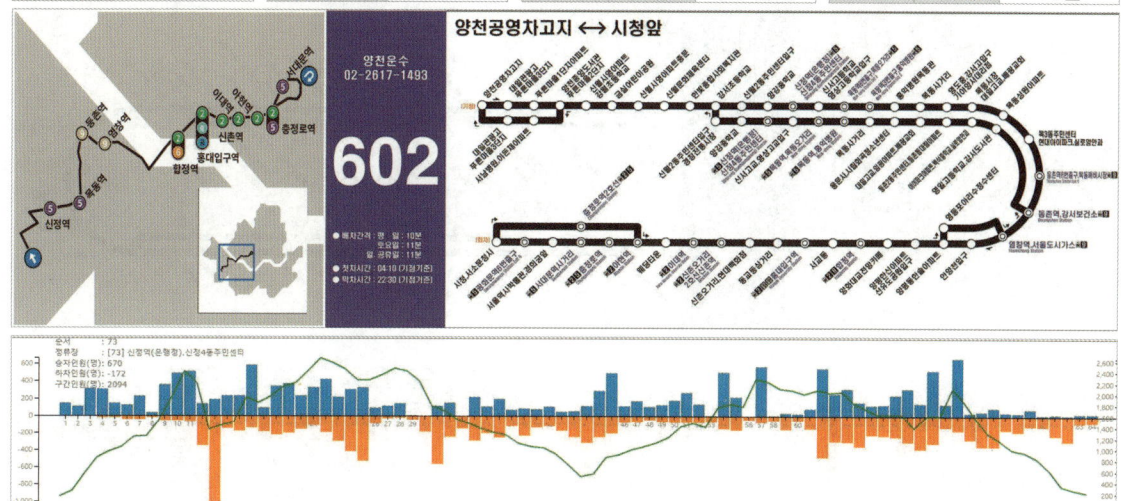

🚌 **603번** : 신월동~시청을 기종점으로 왕복 79개의 정류소에 정차한다. 이용승객은 13,692명, 17개의 정류장이 전철역을 연계하며, 일평균 운행속도는 15.4km/h, 운행시간 2시간 28분이다. (2024.07.04. 기준)

노선번호	603	인가대수	21대	인가거리	37.24km	첫차시간	04:20
업체명	중부운수	운행대수	19대	운행시간	160분	막차시간	23:00
기 점	신월동	예비대수	2대	운행횟수 총	114회/일	배차간격 최소	6분
종 점	시청	정상대수	19대	대당	6회/대	최대	12분

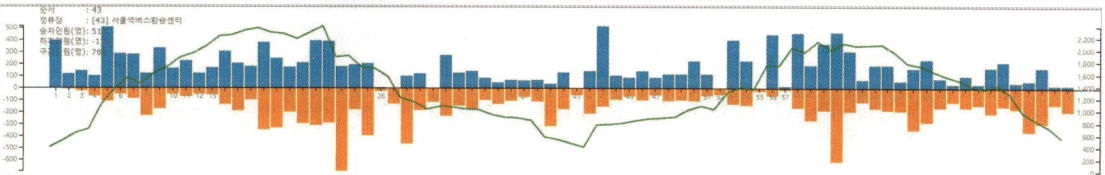

박흥식의 시내버스 노선조정 [노선은 생물(生物)이다]

🚌 **604번** : 신월동기점~중구청앞을 기종점으로 왕복 88개의 정류소에 정차한다. 이용승객은 12,917명, 21개의 정류장 전철역을 연계하며, 일평균 운행속도는 14.9km/h, 운행시간 2시간 58분이다. (2024.07.05. 기준)

노선번호	604	인가대수	20대	인가거리	42.30km	첫차시간	04:00
업체명	신길교통	운행대수	19대	운행시간	180분	막차시간	22:50
기 점	신월동기점	예비대수	1대	운행횟수 총	95회/일	배차간격 최소	9분
종 점	중구청앞	정상대수	19대	대당	5회/대	최대	16분

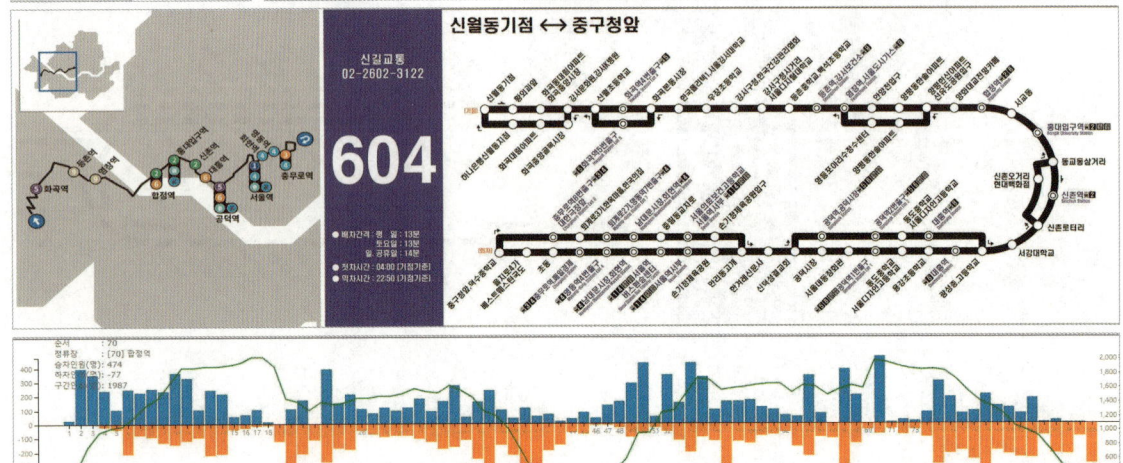

🚌 **605번** : 강서공영차고지~서울역.후암동을 기종점으로 왕복 103개의 정류소에 정차한다. 이용승객은 15,590명, 29개의 정류장이 전철역을 연계하며, 일평균 운행속도는 16km/h, 운행시간 3시간 36분이다. (2024.07.05. 기준)

노선번호	605	인가대수	27대	인가거리	57.30km	첫차시간	04:00
업체명	공항버스	운행대수	26대	운행시간	215분	막차시간	22:20
기 점	강서공영차고지.개화역	예비대수	1대	운행횟수 총	112회/일	배차간격 최소	7분
종 점	서울역.후암동	정상대수	26대	대당	4.3회/대	최대	11분

CHAPTER 05 시내버스 노선도

🚌 **606번** : 부천상동~조계사를 기종점으로 왕복 124개의 정류소에 정차한다. 이용승객은 11,831명, 15개의 정류장 전철역을 연계하며, 일평균 운행속도는 16.5km/h, 운행시간 3시간 47분이다. (2024.07.05. 기준)

노선번호	606	인가대수	22대	인가거리	62.90km	첫차시간	04:00
업체명	신길교통	운행대수	21대	운행시간	220분	막차시간	22:30
기 점	부천상동	예비대수	1대	운행횟수 총	80회/일	배차간격 최소	11분
종 점	조계사	정상대수	19대	대당	4회/대	최대	18분

🚌 **640번** : 신월동기점~강남역을 기종점으로 왕복 78개의 정류소에 정차한다. 이용승객은 12,200명, 25개의 정류장이 전철역을 연계하며, 일평균 운행속도는 15.7km/h, 운행시간 2시간 42분이다. (2024.07.05. 기준)

노선번호	640	인가대수	21대	인가거리	39.83km	첫차시간	04:20
업체명	중부운수	운행대수	20대	운행시간	180분	막차시간	22:50
기 점	신월동기점	예비대수	1대	운행횟수 총	110회/일	배차간격 최소	3분
종 점	강남역	정상대수	20대	대당	5.5회/대	최대	13분

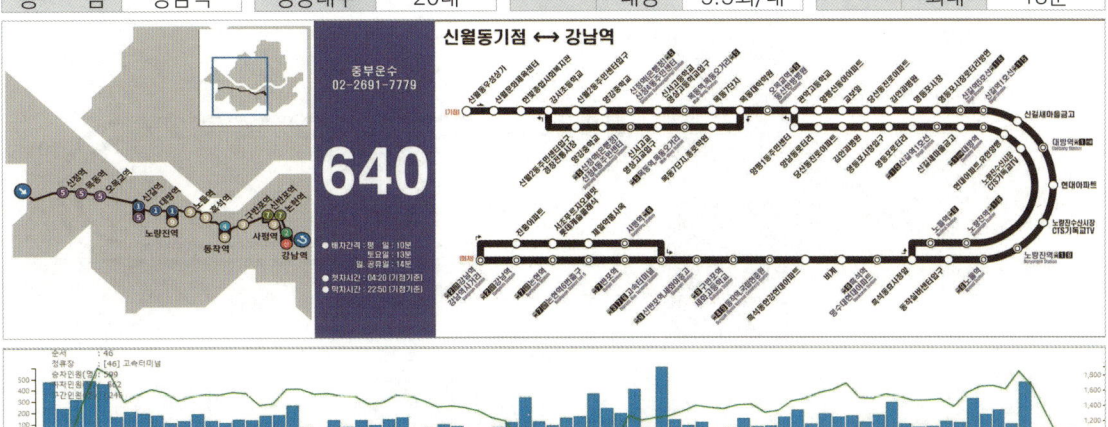

박흥식의 시내버스 노선조정 [노선은 생물(生物)이다]

🚌 **641번** : 문래동~양재동을 기종점으로 왕복 97개의 정류소에 정차한다. 이용승객은 26,937명, 15개의 정류장 전철역을 연계하며, 일평균 운행속도는 14.2km/h, 운행시간 3시간 0분이다. (2024.07.05. 기준)

노선번호	641	인가대수	35대	인가거리	41.59km	첫차시간	04:10
업체명	중부운수	운행대수	34대	운행시간	190분	막차시간	22:40
기점	문래동	예비대수	1대	운행횟수 총	170회/일	배차간격 최소	3분
종점	양재동	정상대수	34대	운행횟수 대당	5회/대	배차간격 최대	9분

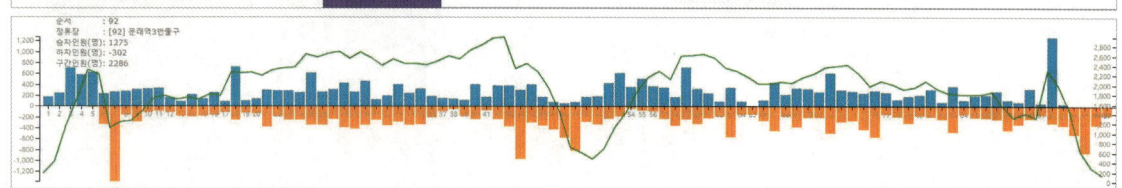

🚌 **643번** : 양천차고지~강남역을 기종점으로 왕복 84개의 정류소에 정차한다. 이용승객은 23,849명, 23개의 정류장이 전철역을 연계하며, 일평균 운행속도는 16.4km/h, 운행시간 2시간 58분이다. (2024.07.05. 기준)

노선번호	643	인가대수	28대	인가거리	45.00km	첫차시간	04:30
업체명	관악교통	운행대수	28대	운행시간	184분	막차시간	22:40
기점	양천차고지	예비대수	0대	운행횟수 총	137회/일	배차간격 최소	6분
종점	강남역	정상대수	26대	운행횟수 대당	5.1회/대	배차간격 최대	10분

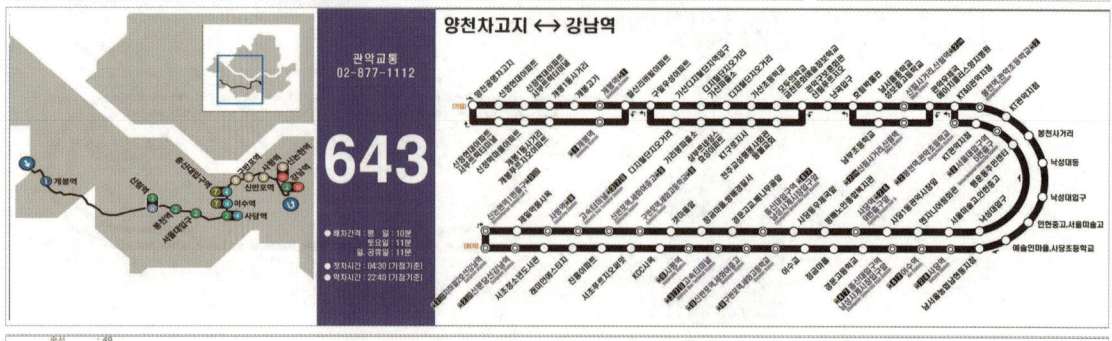

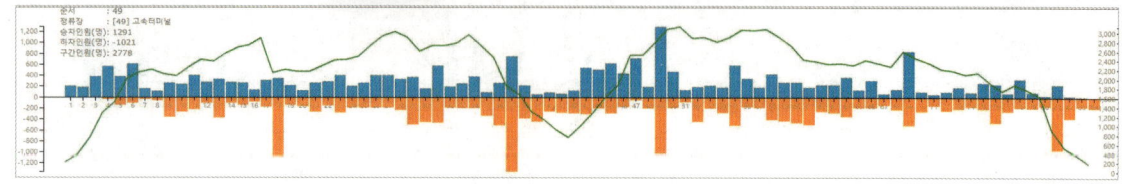

CHAPTER 05 시내버스 노선도

🚌 **650번** : 외발산동~낙성대입구를 기종점으로 왕복 96개의 정류소에 정차한다. 이용승객은 14,953명, 13개의 정류장 전철역을 연계하며, 일평균 운행속도는 14.3km/h, 운행시간 2시간 59분이다. (2024.07.05. 기준)

노선번호	650	인가대수	25대	인가거리	42.48km	첫차시간	04:00
업체명	영인운수	운행대수	24대	운행시간	190분	막차시간	22:40
기 점	외발산동	예비대수	1대	운행횟수 총	118회/일	배차간격 최소	6분
종 점	낙성대입구	정상대수	23대	대당	5회/대	최대	12분

🚌 **651번** : 방화동~관악구청을 기종점으로 왕복 97개의 정류소에 정차한다. 이용승객은 15,180명, 15개의 정류장이 전철역을 연계하며, 일평균 운행속도는 16.1km/h, 운행시간 3시간 15분이다. (2024.07.05. 기준)

노선번호	651	인가대수	25대	인가거리	51.85km	첫차시간	04:00
업체명	김포교통	운행대수	24대	운행시간	200분	막차시간	22:40
기 점	방화동	예비대수	1대	운행횟수 총	109회/일	배차간격 최소	8분
종 점	관악구청	정상대수	23대	대당	4.6회/대	최대	13분

박흥식의 시내버스 노선조정 [노선은 생물(生物)이다]

🚌 **652번** : 신월동기점~금천우체국을 기종점으로 왕복 114개의 정류소에 정차한다. 이용승객은 20,616명, 23개의 정류장 전철역을 연계하며, 일평균 운행속도는 13.2km/h, 운행시간 3시간 42분이다. (2024.07.05. 기준)

노선번호	652	인가대수	28대	인가거리	47.90km	첫차시간	04:00
업 체 명	신길교통	운행대수	26대	운행시간	228분	막차시간	22:40
기 점	신월동기점	예비대수	2대	운행횟수 총	108회/일	배차간격 최소	6분
종 점	금천우체국	정상대수	26대	대당	4회/대	최대	12분

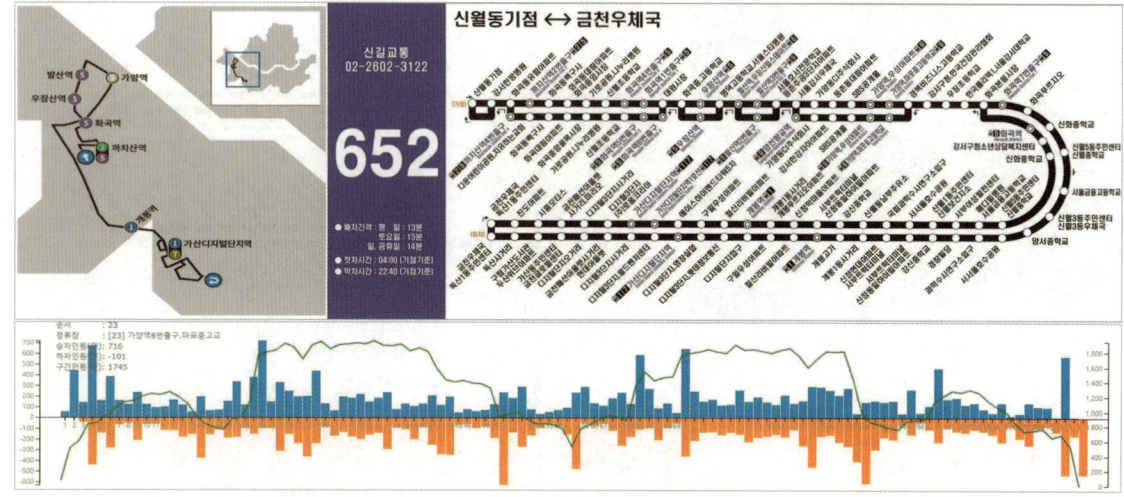

🚌 **653번** : 외발산동기점~가산디지털단지역을 기종점으로 왕복 54개의 정류소에 정차한다. 이용승객은 5,266명, 8개의 정류장이 전철역을 연계하며, 일평균 운행속도는 16.2km/h, 운행시간 1시간 47분이다. (2024.07.05. 기준)

노선번호	653	인가대수	29대	인가거리	51.80km	첫차시간	04:00
업 체 명	영인운수 신길교통	운행대수	28대	운행시간	204분	막차시간	22:50
기 점	외발산동기점	예비대수	1대	운행횟수 총	120회/일	배차간격 최소	7분
종 점	가산디지털단지역	정상대수	27대	대당	4.4회/대	최대	11분

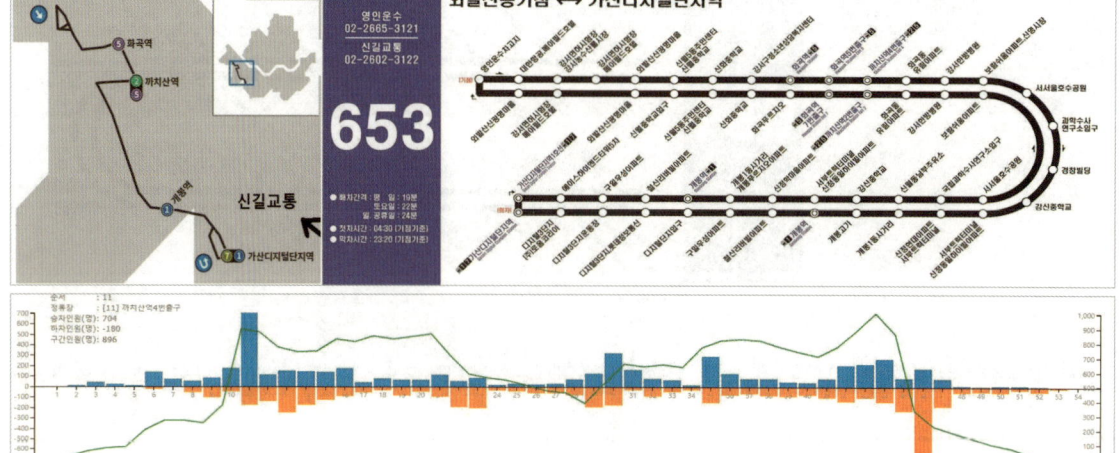

CHAPTER 05 시내버스 노선도

🚌 **654번** : 방화동~노들역을 기종점으로 왕복 102개의 정류소에 정차한다. 이용승객은 15,696명, 24개의 정류장 전철역을 연계하며, 일평균 운행속도는 13.3km/h, 운행시간 3시간 19분이다. (2024.07.05. 기준)

노선번호	654	인가대수	22대	인가거리		44.50km	첫차시간		04:00
업체명	김포교통	운행대수	22대	운행시간		205분	막차시간		22:30
기 점	방화동	예비대수	0대	운행횟수	총	96회/일	배차간격	최소	9분
종 점	노들역	정상대수	20대		대당	4.5회/대		최대	14분

🚌 **660번** : 온수동~가양역을 기종점으로 왕복 99개의 정류소에 정차한다. 이용승객은 8,519명, 16개의 정류장이 전철역을 연계하며, 일평균 운행속도는 15.3km/h, 운행시간 3시간 4분이다. (2024.07.05. 기준)

노선번호	660	인가대수	20대	인가거리		45.86km	첫차시간		04:00
업체명	서울교통네트웍 보성운수	운행대수	18대	운행시간		194분	막차시간		22:30
기 점	온수동	예비대수	2대	운행횟수	총	84회/일	배차간격	최소	11분
종 점	가양역	정상대수	16대		대당	5회/대		최대	15분

박흥식의 시내버스 노선조정 [노선은 생물(生物)이다]

🚌 **661번** : 부천상동~영등포신세계백화점을 기종점으로 왕복 125개의 정류소에 정차한다. 이용승객은 9,744명, 21개의 정류장 전철역을 연계하며, 일평균 운행속도는 14.2km/h, 운행시간 3시간 48분이다. (2024.07.05. 기준)

노선번호	661	인가대수	18대	인가거리	53.18km	첫차시간	04:00
업체명	신길교통	운행대수	17대	운행시간	205분	막차시간	22:40
기 점	부천상동	예비대수	1대	운행횟수 총	69회/일	배차간격 최소	12분
종 점	영등포신세계백화점	정상대수	16대	운행횟수 대당	4.2회/대	배차간격 최대	20분

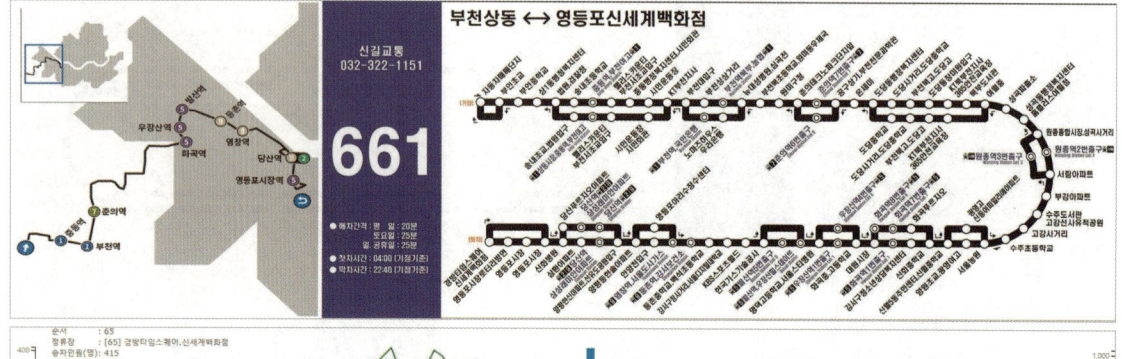

🚌 **662번** : 외발산동기점~여의나루역을을 기종점으로 왕복 73개의 정류소에 정차한다. 이용승객은 7,503명, 8개의 정류장이 전철역을 연계하며, 일평균 운행속도는 16.1km/h, 운행시간 2시간 17분이다. (2024.07.05. 기준)

노선번호	662	인가대수	17대	인가거리	37.00km	첫차시간	04:00
업체명	영인운수	운행대수	16대	운행시간	150분	막차시간	23:10
기 점	외발산동기점	예비대수	1대	운행횟수 총	99회/일	배차간격 최소	8분
종 점	여의나루역	정상대수	14대	운행횟수 대당	6.5회/대	배차간격 최대	15분

CHAPTER 05 시내버스 노선도

🚌 **672번** : 방화동기점~이대후문을 기종점으로 왕복 78개의 정류소에 정차한다. 이용승객은 5,400명, 20개의 정류장 전철역을 연계하며, 일평균 운행속도는 15.9km/h, 운행시간 2시간 29분이다. (2024.07.05. 기준)

노선번호	672	인가대수	15대	인가거리		39.00km	첫차시간		04:30
업 체 명	김포교통	운행대수	14대	운행시간		162분	막차시간		22:50
기 점	방화동기점	예비대수	1대	운행횟수	총	78회/일	배차간격	최소	12분
종 점	이대후문	정상대수	13대		대당	5.8회/대		최대	17분

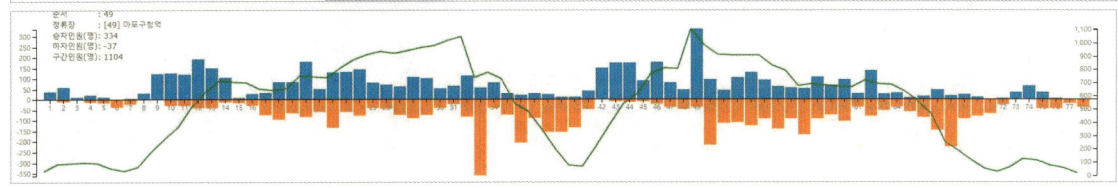

🚌 **673번** : 부천상동~이대부고를 기종점으로 왕복 107개의 정류소에 정차한다. 이용승객은 9,033명, 10개의 정류장이 전철역을 연계하며, 일평균 운행속도는 16.3km/h, 운행시간 3시간 19분이다. (2024.07.05. 기준)

노선번호	673	인가대수	17대	인가거리		51.00km	첫차시간		04:30
업 체 명	신길교통	운행대수	16대	운행시간		200분	막차시간		22:50
기 점	부천상동	예비대수	1대	운행횟수	총	72회/일	배차간격	최소	13분
종 점	이대부고	정상대수	16대		대당	4.5회/대		최대	18분

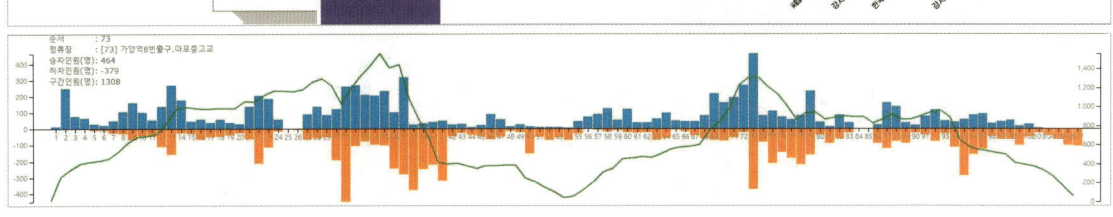

박흥식의 시내버스 노선조정 [노선은 생물(生物)이다]

🚌 **674번** : 신월동기점~연세대를 기종점으로 왕복 57개의 정류소에 정차한다. 이용승객은 5,065명, 6개의 정류장 전철역을 연계하며, 일평균 운행속도는 16.6km/h, 운행시간 1시간 47분이다. (2024.07.05. 기준)

노선번호	674	인가대수	12대	인가거리	28.00km	첫차시간	04:20
업체명	신길교통 보광교통	운행대수	12대	운행시간	120분	막차시간	23:00
기점	신월동기점	예비대수	0대	운행횟수 총	88회/일	배차간격 최소	12분
종점	연세대	정상대수	12대	대당	8회/대	최대	17분

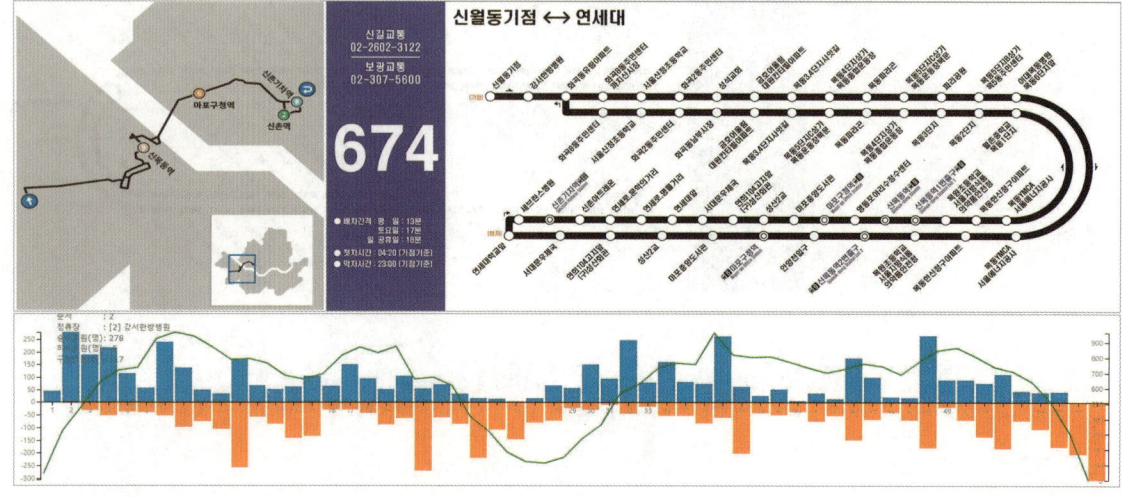

🚌 **700번** : 대화동~숭례문을 기종점으로 왕복 94개의 정류소에 정차한다. 이용승객은 11,532명, 10개의 정류장이 전철역을 연계하며, 일평균 운행속도는 19.1km/h, 운행시간 3시간 18분이다. (2024.07.05. 기준)

노선번호	700	인가대수	24대	인가거리	61.69km	첫차시간	04:30
업체명	동해운수	운행대수	23대	운행시간	205분	막차시간	00:00
기점	대화동	예비대수	1대	운행횟수 총	103회/일	배차간격 최소	8분
종점	숭례문	정상대수	21대	대당	4.7회/대	최대	20분

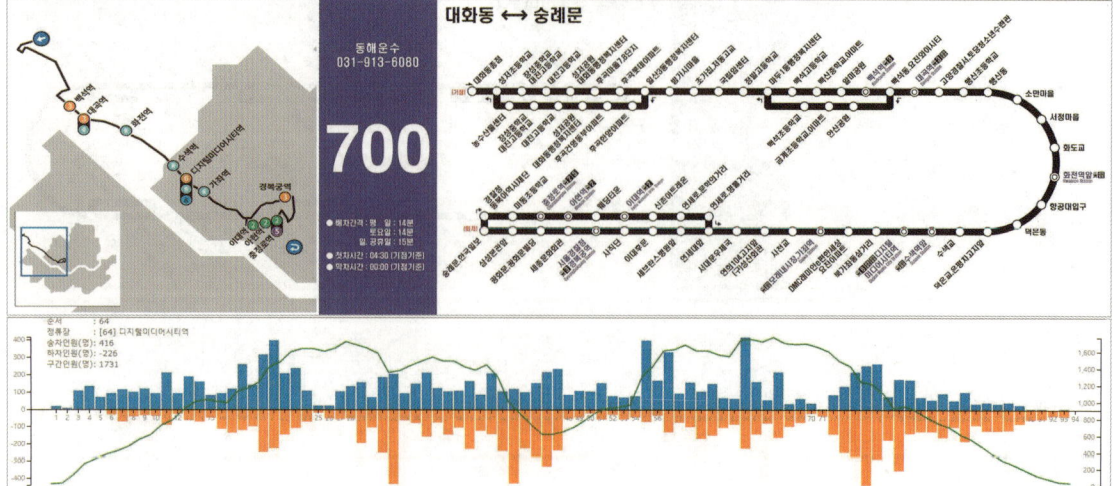

CHAPTER 05 시내버스 노선도

🚌 **701번** : 진관차고지~종로2가를 기종점으로 왕복 72개의 정류소에 정차한다. 이용승객은 9,559명, 14개의 정류장 전철역을 연계하며, 일평균 운행속도는 16.5km/h, 운행시간 2시간 18분이다. (2024.07.03. 기준)

노선번호	701	인가대수	19대	인가거리	38.40km	첫차시간	04:00
업체명	한국BRT	운행대수	18대	운행시간	148분	막차시간	23:00
기 점	진관차고지	예비대수	1대	운행횟수	총 108회/일	배차간격	최소 8분
종 점	종로2가	정상대수	18대		대당 6회/대		최대 12분

🚌 **702A서오릉번** : 서오릉~종로1가를 기종점으로 왕복 70개의 정류소에 정차한다. 이용승객은 18,587명, 9개의 정류장이 전철역을 연계하며, 일평균 운행속도는 15.9km/h, 운행시간 1시간 54분이다. (2024.07.03. 기준)

노선번호	702A서오릉	인가대수	26대	인가거리	30.64km	첫차시간	04:00
업체명	선진운수	운행대수	25대	운행시간	128분	막차시간	23:00
기 점	서오릉	예비대수	1대	운행횟수	총 178회/일	배차간격	최소 5분
종 점	종로1가	정상대수	22대		대당 7.55회/대		최대 8분

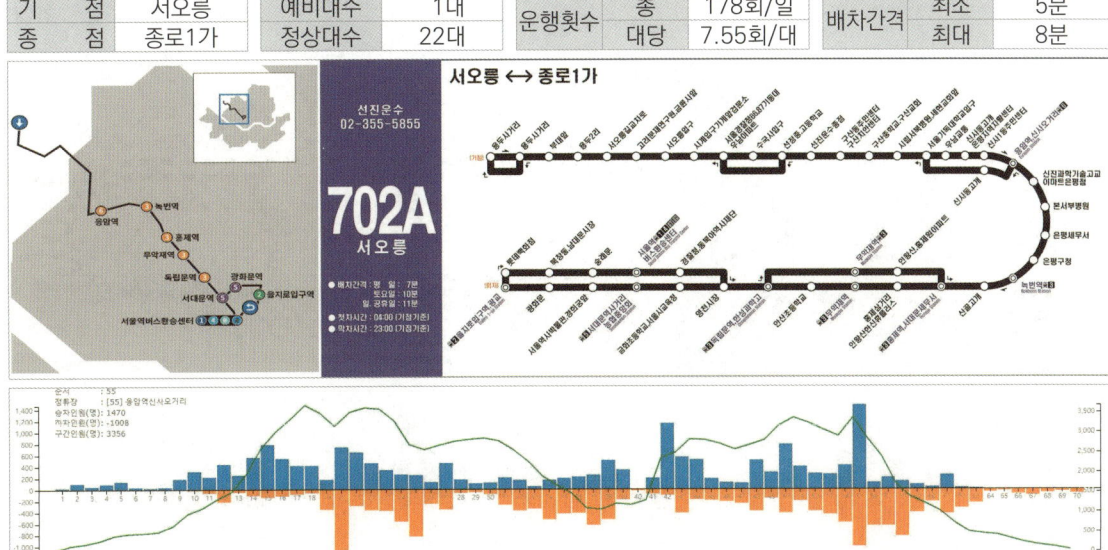

박홍식의 시내버스 노선조정 [노선은 생물(生物)이다]

🚌 **702B용두초교번** : 용두초교~종로1가를 기종점으로 왕복 71개의 정류소에 정차한다. 이용승객은 8,378명, 8개의 정류장 전철역을 연계하며, 일평균 운행속도는 15.8km/h, 운행시간 2시간 2분이다. (2024.07.03. 기준)

노선번호	702B용두초교	인가대수	14대	인가거리	31.52km	첫차시간	04:05
업 체 명	선진운수	운행대수	14대	운행시간	136분	막차시간	23:05
기 점	용두초교	예비대수	0대	운행횟수	총	98회/일	배차간격	최소	9분
종 점	종로1가	정상대수	13대		대당	7.2회/대		최대	18분

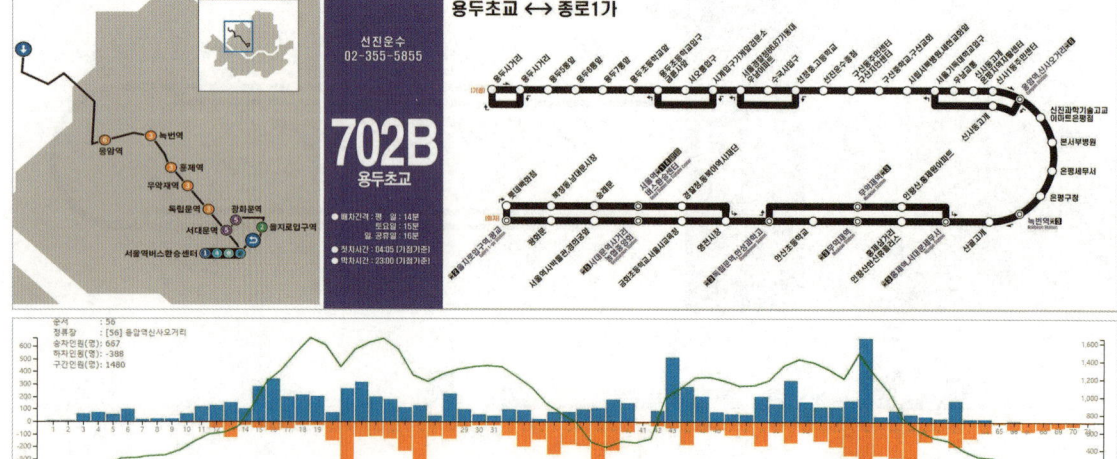

🚌 **703번** : 탄현역~숭례문을 기종점으로 왕복 115개의 정류소에 정차한다. 이용승객은 5,556명, 14개의 정류장이 전철역을 연계하며, 일평균 운행속도는 19.1km/h, 운행시간 3시간 18분이다. (2024.07.03. 기준)

노선번호	703	인가대수	14대	인가거리	66.20km	첫차시간	04:30
업 체 명	서울매일버스	운행대수	13대	운행시간	213분	막차시간	22:30
기 점	탄현역	예비대수	1대	운행횟수	총	55회/일	배차간격	최소	15분
종 점	숭례문	정상대수	13대		대당	4.2회/대		최대	25분

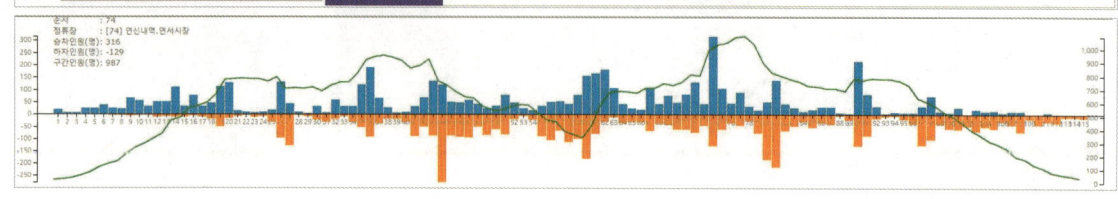

CHAPTER 05 시내버스 노선도

🚌 **704번** : 송추~서울역환승센터 기종점으로 왕복 111개의 정류소에 정차한다. 이용승객은 10,060명, 15개의 정류장 전철역을 연계하며, 일평균 운행속도는 19.6km/h, 운행시간 2시간 44분이다. (2024.07.03. 기준)

노선번호	704	인가대수	17대	인가거리	54.30km	첫차시간	04:00
업체명	제일교통	운행대수	16대	운행시간	163분	막차시간	22:30
기 점	송추	예비대수	1대	운행횟수 총	80회/일	배차간격 최소	10분
종 점	서울역환승센터	정상대수	16대	대당	5회/대	최대	20분

🚌 **705번** : 진관공영차고지~롯데백화점을 기종점으로 왕복 66개의 정류소에 정차한다. 이용승객은 6,872명, 15개의 정류장이 전철역을 연계하며, 일평균 운행속도는 16.4km/h, 운행시간 2시간 16분이다. (2024.07.03. 기준)

노선번호	705	인가대수	14대	인가거리	38.00km	첫차시간	03:50
업체명	신수교통	운행대수	13대	운행시간	144분	막차시간	23:00
기 점	진관공영차고지	예비대수	1대	운행횟수 총	78회/일	배차간격 최소	13분
종 점	롯데백화점	정상대수	12대	대당	6.3회/대	최대	17분

박흥식의 시내버스 노선조정 [노선은 생물(生物)이다]

🚌 **706번** : 진관차고지~서소문을 기종점으로 왕복 64개의 정류소에 정차한다. 이용승객은 8,736명, 13개의 정류장이 전철역을 연계하며, 일평균 운행속도는 14.1km/h, 운행시간 2시간 3분이다. (2024.11.20. 기준)

노선번호	706	인가대수	10대	인가거리	30.0km	첫차시간	04:00
업체명	신수교통	운행대수	10대	운행시간	110분	막차시간	23:00
기 점	진관차고지	예비대수	-대	운행횟수 총	80회/일	배차간격 최소	15분
종 점	서소문	정상대수	10대	대당	8.0회/대	최대	20분

🚌 **707번** : 고양시 가좌동~롯데백화점을 기종점으로 왕복 125개의 정류소에 정차한다. 이용승객은 10,505명, 22개의 정류장 전철역을 연계하며, 일평균 운행속도는 18.2km/h, 운행시간 4시간 33분이다. (2024.07.03. 기준)

노선번호	707	인가대수	24대	인가거리	78.75km	첫차시간	04:20
업체명	선진운수	운행대수	23대	운행시간	240분	막차시간	22:50
기 점	고양시 가좌동	예비대수	1대	운행횟수 총	92회/일	배차간격 최소	7분
종 점	롯데백화점	정상대수	23대	대당	4회/대	최대	23분

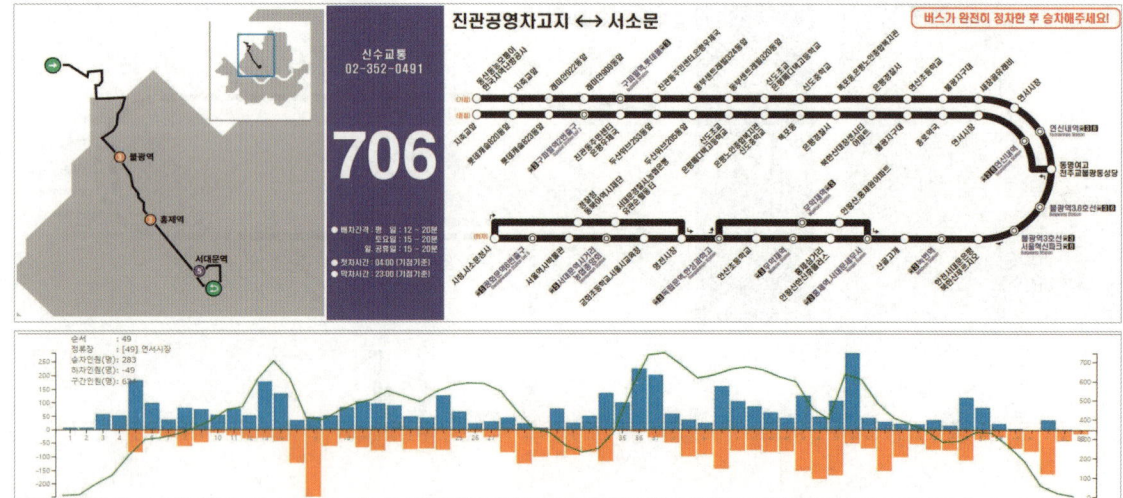

708번
: 진관차고지~서울역을 기종점으로 왕복 61개의 정류소에 정차한다. 이용승객은 9,229명, 14개의 정류장이 전철역을 연계하며, 일평균 운행속도는 17.3km/h, 운행시간 1시간 58분이다. (2024.07.03. 기준)

노선번호	708	인가대수	16대	인가거리		34.00km	첫차시간		04:30
업 체 명	한국BRT	운행대수	15대	운행시간		140분	막차시간		23:20
기 점	진관차고지	예비대수	1대	운행횟수	총	102회/일	배차간격	최소	10분
종 점	서울역	정상대수	15대		대당	6.8회/대		최대	12분

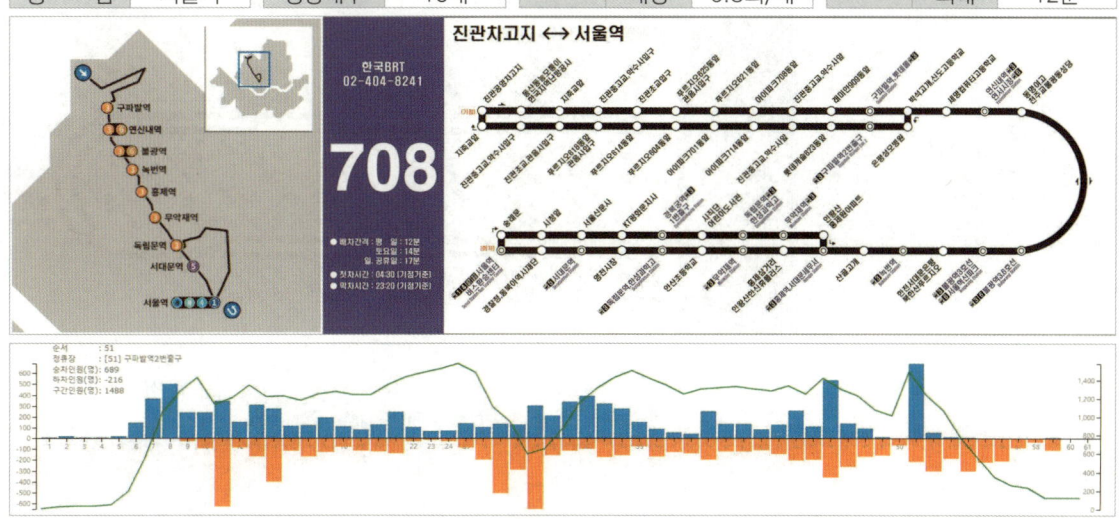

710
: 상암차고지~수유역.강북구청을 기종점으로 왕복 74개의 정류소에 정차한다. 이용승객은 10,842명, 10개의 정류장 전철역을 연계하며, 일평균 운행속도는 16.5km/h, 운행시간 2시간 49분이다. (2024.07.03. 기준)

노선번호	710	인가대수	24대	인가거리		48.60km	첫차시간		03:50
업 체 명	다모아자동차	운행대수	23대	운행시간		170분	막차시간		22:40
기 점	상암차고지	예비대수	1대	운행횟수	총	109회/일	배차간격	최소	7분
종 점	수유역.강북구청	정상대수	20대		대당	5회/대		최대	12분

박흥식의 시내버스 노선조정 [노선은 생물(生物)이다]

🚌 **720번** : 진관공영차고지~답십리를 기종점으로 왕복 110개의 정류소에 정차한다. 이용승객은 24,869명, 23개의 정류장이 전철역을 연계하며, 일평균 운행속도는 15.2km/h, 운행시간 3시간 12분이다. (2024.07.03. 기준)

노선번호	720	인가대수	33대	인가거리	48.72km	첫차시간	04:00
업체명	제일교통	운행대수	32대	운행시간	197분	막차시간	23:10
기 점	진관공영차고지	예비대수	1대	운행횟수	총 150회/일	배차간격	최소 6분
종 점	답십리	정상대수	30대		대당 4.8회/대		최대 12분

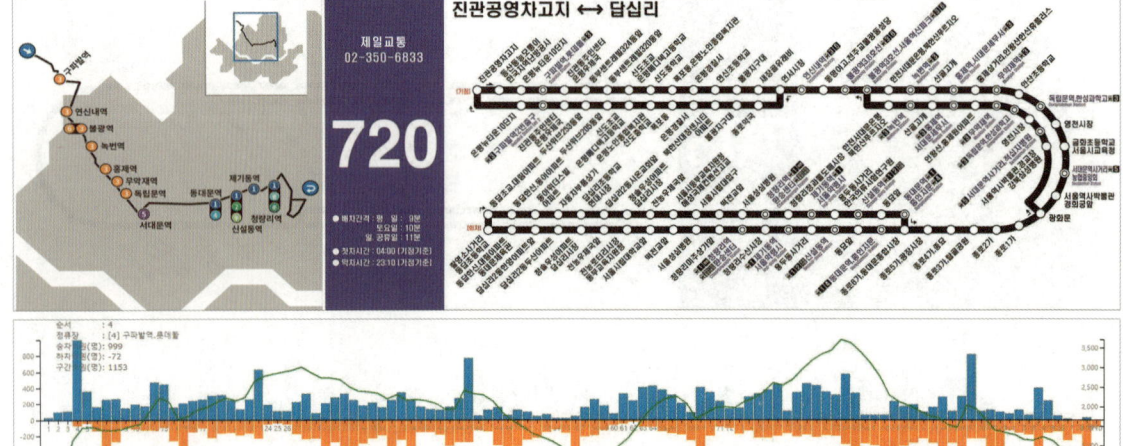

🚌 **721** : 북가좌동~건대입구역을 기종점으로 왕복 89개의 정류소에 정차한다. 이용승객은 22,637명, 18개의 정류장 전철역을 연계하며, 일평균 운행속도는 15.6km/h, 운행시간 2시간 54분이다. (2024.07.03. 기준)

노선번호	721	인가대수	37대	인가거리	43.30km	첫차시간	04:20
업체명	서부운수	운행대수	36대	운행시간	154분	막차시간	22:40
기 점	북가좌동	예비대수	1대	운행횟수	총 172회/일	배차간격	최소 5분
종 점	건대입구역	정상대수	32대		대당 5회/대		최대 9분

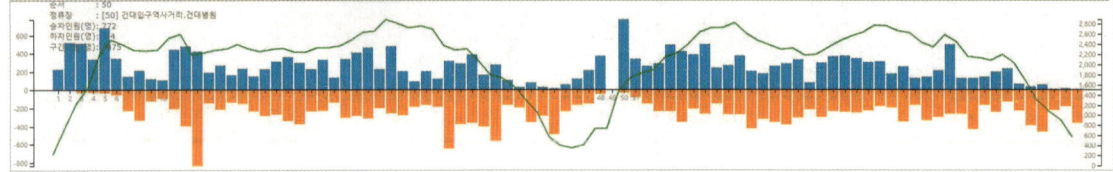

CHAPTER 05 시내버스 노선도

🚌 **740번** : 덕은동~삼성역을 기종점으로 왕복 92개의 정류소에 정차한다. 이용승객은 19,516명, 23개의 정류장이 전철역을 연계하며, 일평균 운행속도는 16.4km/h, 운행시간 3시간 10분이다. (2024.07.03. 기준)

노선번호	740	인가대수	30대	인가거리	48.60km	첫차시간	04:00
업체명	신촌교통	운행대수	28대	운행시간	189분	막차시간	22:40
기 점	덕은동	예비대수	2대	운행횟수 총	137회/일	배차간격 최소	6분
종 점	삼성역	정상대수	25대	대당	4.88회/대	최대	12분

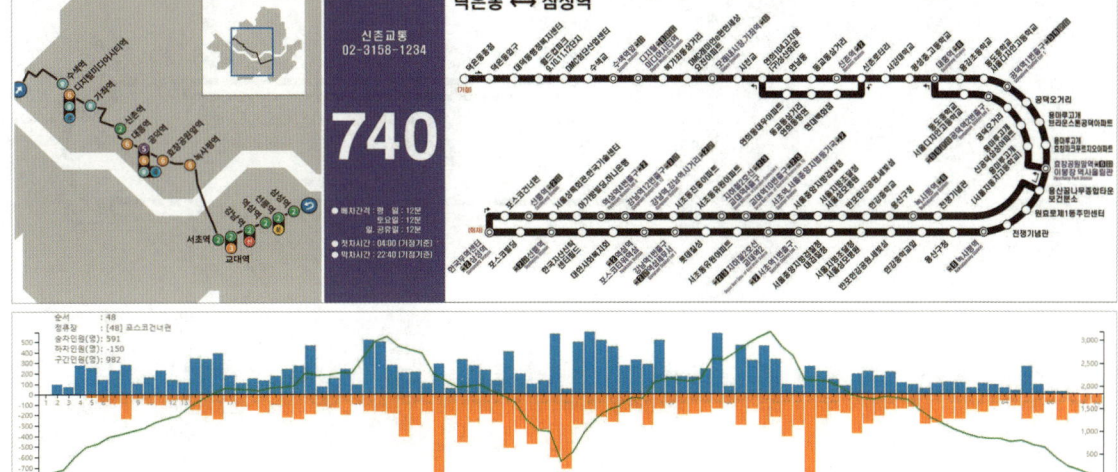

🚌 **741** : 진관차고지~세곡동사거리를 기종점으로 왕복 96개의 정류소에 정차한다. 이용승객은 21,043명, 18개의 정류장 전철역을 연계하며, 일평균 운행속도는 18.5km/h, 운행시간 3시간 33분이다. (2024.07.03. 기준)

노선번호	741	인가대수	35대	인가거리	65.80km	첫차시간	04:00
업체명	한국BRT	운행대수	32대	운행시간	229분	막차시간	22:50
기 점	진관차고지	예비대수	3대	운행횟수 총	132회/일	배차간격 최소	5분
종 점	세곡동사거리	정상대수	32대	대당	4회/대	최대	10분

박흥식의 시내버스 노선조정 [노선은 생물(生物)이다]

🚌 **742번** : 구산동~교대역을 기종점으로 왕복 131개의 정류소에 정차한다. 이용승객은 21,509명, 27개의 정류장이 전철역을 연계하며, 일평균 운행속도는 15.2km/h, 운행시간 4시간 4분이다. (2024.07.03. 기준)

노선번호	742	인가대수	32대	인가거리	57.90km	첫차시간	04:00
업체명	선진운수	운행대수	32대	운행시간	247분	막차시간	22:10
기 점	구산동	예비대수	0대	운행횟수 총	114회/일	배차간격 최소	7분
종 점	교대역	정상대수	31대	대당	3.6회/대	최대	13분

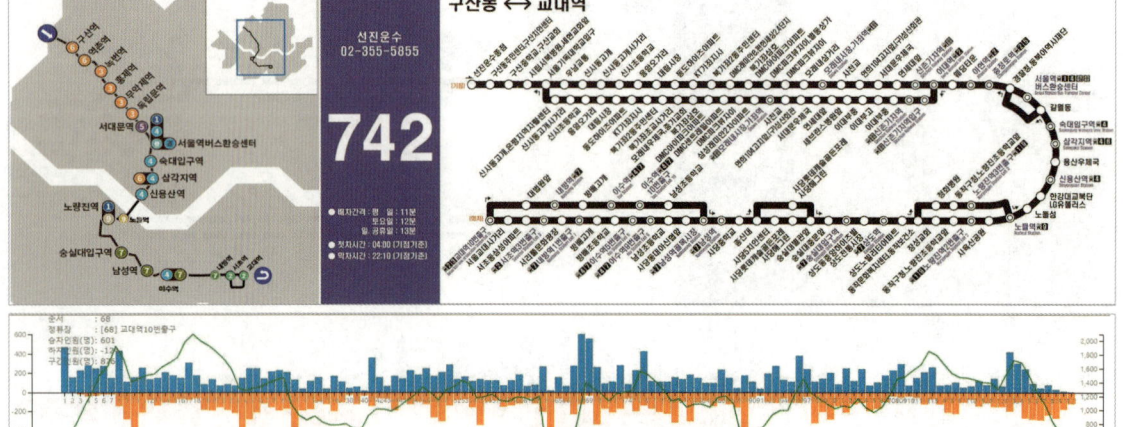

🚌 **750A번** : 덕은동종점~서울대학교를 기종점으로 왕복 81개의 정류소에 정차한다. 이용승객은 10,558명, 9개의 정류장이 전철역을 연계하며, 일평균 운행속도는 17.3km/h, 운행시간 2시간 43분이다. (2024.07.03. 기준)

노선번호	750A	인가대수	17대	인가거리	46.93km	첫차시간	04:00
업체명	신촌교통	운행대수	16대	운행시간	170분	막차시간	23:10
기 점	덕은동종점	예비대수	1대	운행횟수 총	82회/일	배차간격 최소	5분
종 점	서울대학교	정상대수	14대	대당	5.4회/대	최대	14분

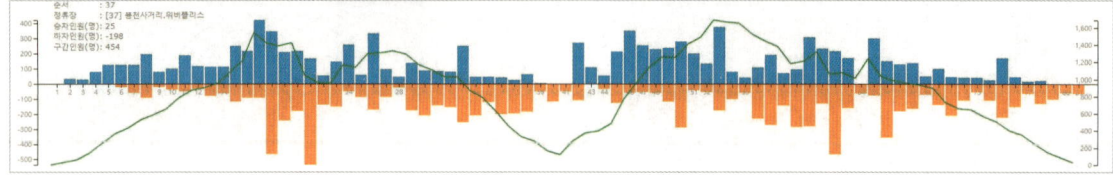

CHAPTER 05 시내버스 노선도

🚌 **750B번** : 은평공영차고지-서울대를 기종점으로 왕복 74개의 정류소에 정차한다. 이용승객은 11,299명, 9개의 정류장이 전철역을 연계하며, 일평균 운행속도는 17.8km/h, 운행시간 2시간 31분이다. (2024.07.03. 기준)

노선번호	750B	인가대수	17대	인가거리		44.00km	첫차시간		04:00
업체명	유성운수	운행대수	16대	운행시간		150분	막차시간		23:10
기 점	은평공영차고지	예비대수	1대	운행횟수	총	90회/일	배차간격	최소	4분
종 점	서울대	정상대수	14대		대당	6회/대		최대	10분

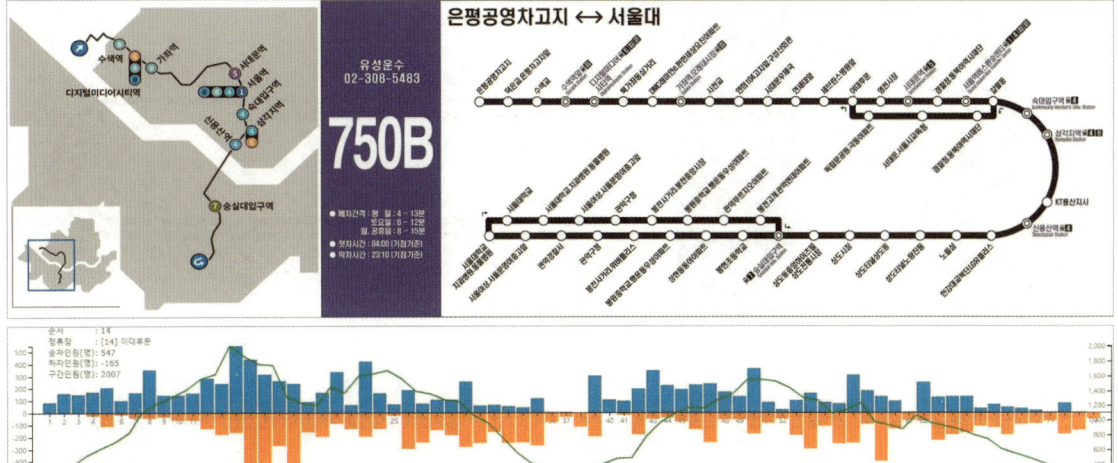

🚌 **752번** : 하계동~용산구청을 기종점으로 왕복 102개의 정류소에 정차한다. 이용승객은 19,800명, 35개의 정류장이 전철역을 연계하며, 일평균 운행속도는 16.6km/h, 운행시간 3시간 10분이다. (2024.07.03. 기준)

노선번호	752	인가대수	27대	인가거리		51.20km	첫차시간		04:00
업체명	선진운수	운행대수	26대	운행시간		202분	막차시간		22:20
기 점	구산동	예비대수	1대	운행횟수	총	118회/일	배차간격	최소	7분
종 점	노량진	정상대수	26대		대당	4.55회/대		최대	13분

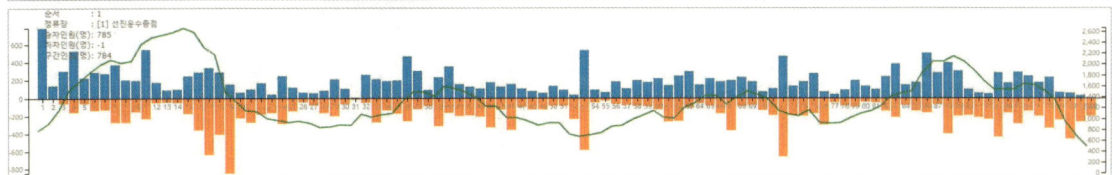

박홍식의 시내버스 노선조정 [노선은 생물(生物)이다]

🚌 **753번** : 구산동-상도동을 기종점으로 왕복 103개의 정류소에 정차한다. 이용승객은 15,121명, 23개의 정류장이 전철역을 연계하며, 일평균 운행속도는 14.4km/h, 운행시간 3시간 23분이다. (2024.07.03. 기준)

노선번호	753	인가대수	21대	인가거리	49.20km	첫차시간		04:10
업체명	선진운수	운행대수	20대	운행시간	203분	막차시간		22:20
기 점	구산동	예비대수	1대	운행횟수	총 89회/일	배차간격	최소	9분
종 점	상도동	정상대수	20대		대당 4.45회/대		최대	15분

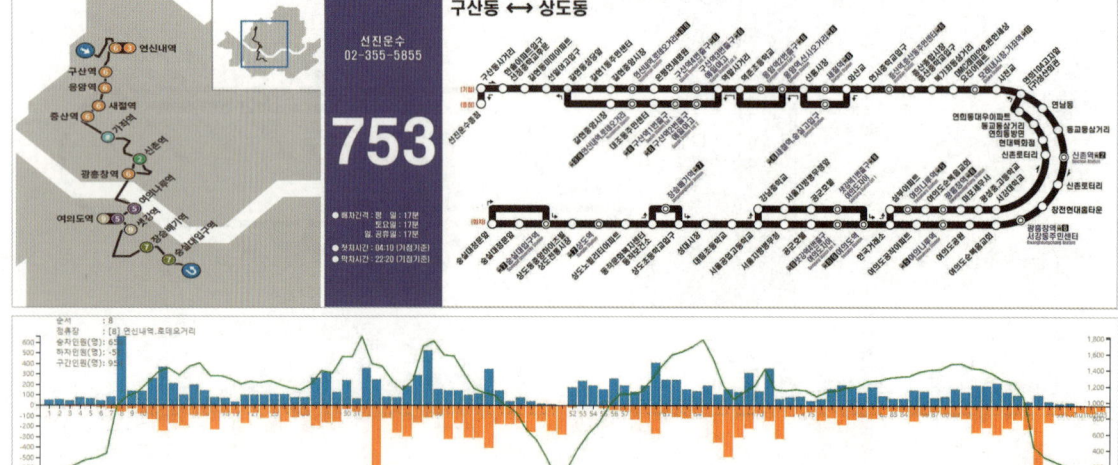

🚌 **760번** : 대화동~영등포소방서를 기종점으로 왕복 100개의 정류소에 정차한다. 이용승객은 7,235명, 10개의 정류장이 전철역을 연계하며, 일평균 운행속도는 16.8km/h, 운행시간 3시간 46분이다. (2024.07.03. 기준)

노선번호	760	인가대수	21대	인가거리	62.20km	첫차시간		04:30
업체명	동해운수	운행대수	19대	운행시간	235분	막차시간		23:00
기 점	대화동	예비대수	2대	운행횟수	총 80회/일	배차간격	최소	12분
종 점	영등포소방서.타임스퀘어	정상대수	19대		대당 4회/대		최대	20분

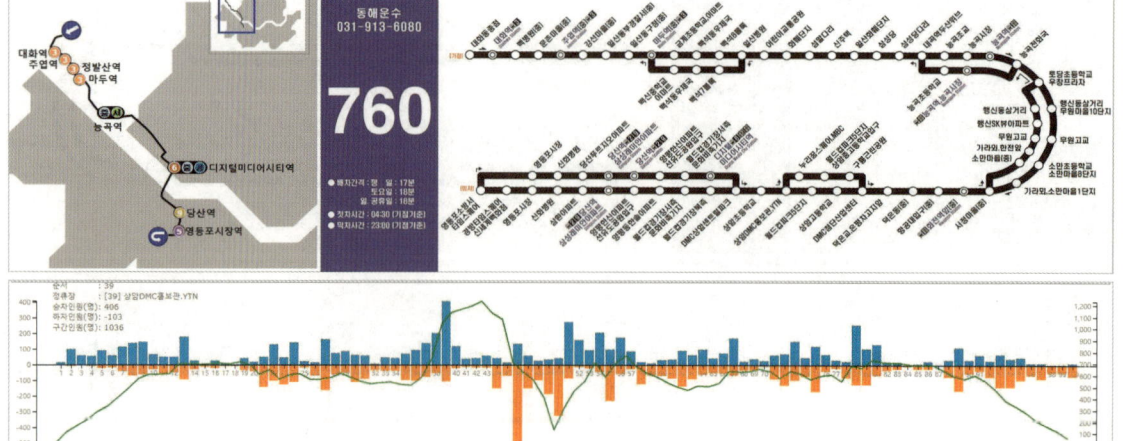

CHAPTER 05 시내버스 노선도

🚌 **761번** : 진관공영차고지-영등포역을 기종점으로 왕복 82개의 정류소에 정차한다. 이용승객은 15,499명, 13개의 정류장이 전철역을 연계하며, 일평균 운행속도는 14.9km/h, 운행시간 2시간 40분이다. (2024.07.03. 기준)

노선번호	761	인가대수	21대	인가거리	39.00km	첫차시간	04:00
업체명	신수교통	운행대수	20대	운행시간	165분	막차시간	23:20
기 점	진관공영차고지	예비대수	1대	운행횟수	총	109회/일	배차간격	최소	8분
종 점	영등포역	정상대수	19대		대당	5.6회/대		최대	12분

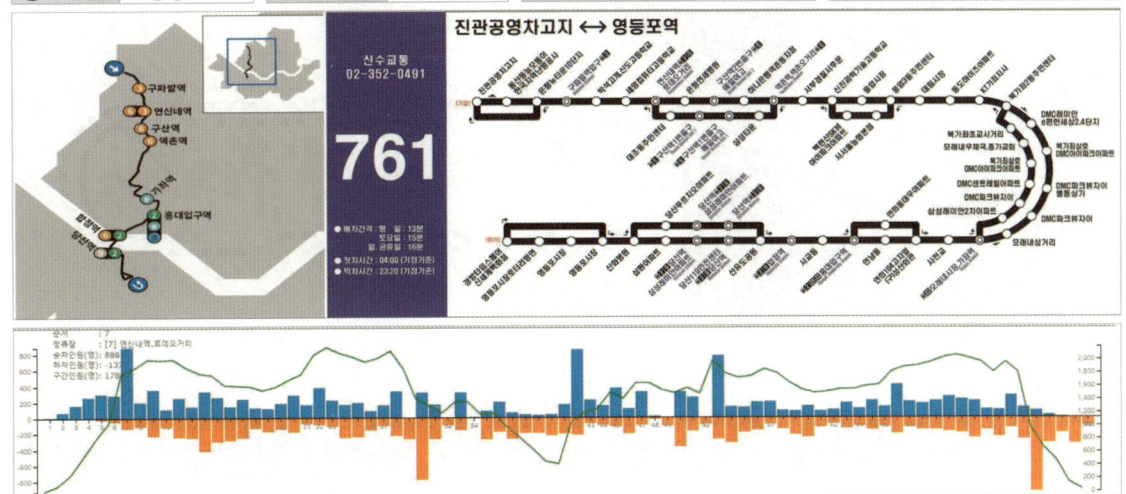

🚌 **771번** : 대화동종점~디지털미디어시티역을 기종점으로 왕복 101개의 정류소에 정차한다. 이용승객은 4,211명, 6개의 정류장이 전철역을 연계하며, 일평균 운행속도는 16.4km/h, 운행시간 3시간 2분이다. (2024.07.03. 기준)

노선번호	771	인가대수	11대	인가거리	53.00km	첫차시간	04:10
업체명	동해운수	운행대수	11대	운행시간	190분	막차시간	23:30
기 점	대화동종점	예비대수	0대	운행횟수	총	53회/일	배차간격	최소	16분
종 점	디지털미디어시티역	정상대수	10대		대당	5회/대		최대	24분

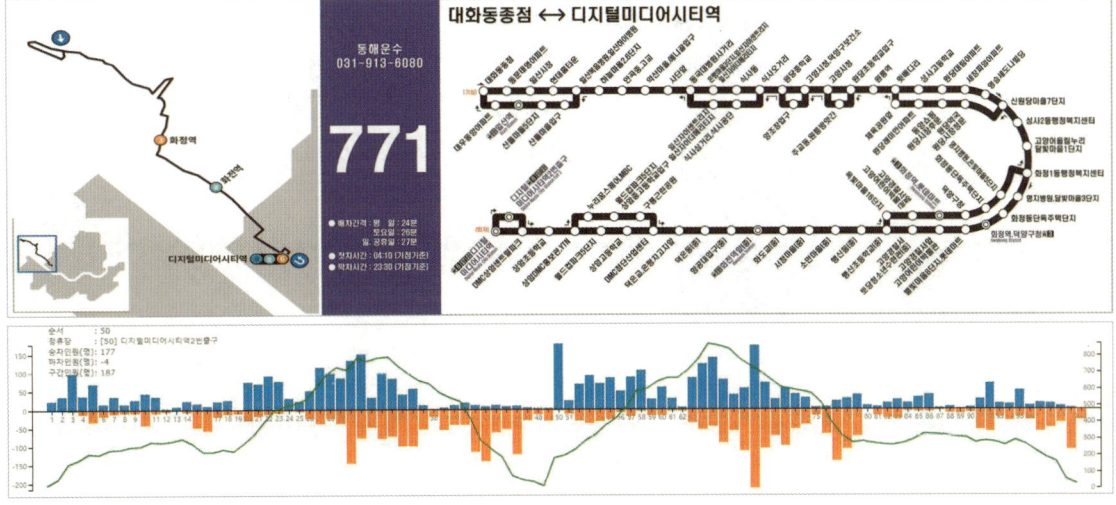

박홍식의 시내버스 노선조정 [노선은 생물(生物)이다]

🚌 **773번** : 우이동-서소문을 기종점으로 왕복 80개의 정류소에 정차한다. 이용승객은 18,026명, 8개의 정류장이 전철역을 연계하며, 일평균 운행속도는 14km/h, 운행시간 2시간 41분이다. (2024.07.03. 기준)

노선번호	773	인가대수	17대	인가거리	84:00km	첫차시간	04:30
업체명	제일교통	운행대수	17대	운행시간	230분	막차시간	00:30
기 점	교하운정	예비대수	0대	운행횟수 총	66회/일	배차간격 최소	15분
종 점	불광역	정상대수	16대	대당	4회/대	최대	22분

🚌 **774번** : 진관차고지~파주읍을 기종점으로 왕복 159개의 정류소에 정차한다. 이용승객은 6,667명, 14개의 정류장이 전철역을 연계하며, 일평균 운행속도는 22.2km/h, 운행시간 3시간 21분이다. (2024.07.03. 기준)

노선번호	774	인가대수	19대	인가거리	74.20km	첫차시간	03:40
업체명	신수교통	운행대수	18대	운행시간	210분	막차시간	23:00
기 점	진관차고지	예비대수	1대	운행횟수 총	74회/일	배차간격 최소	12분
종 점	파주읍	정상대수	18대	대당	4.1회/대	최대	20분

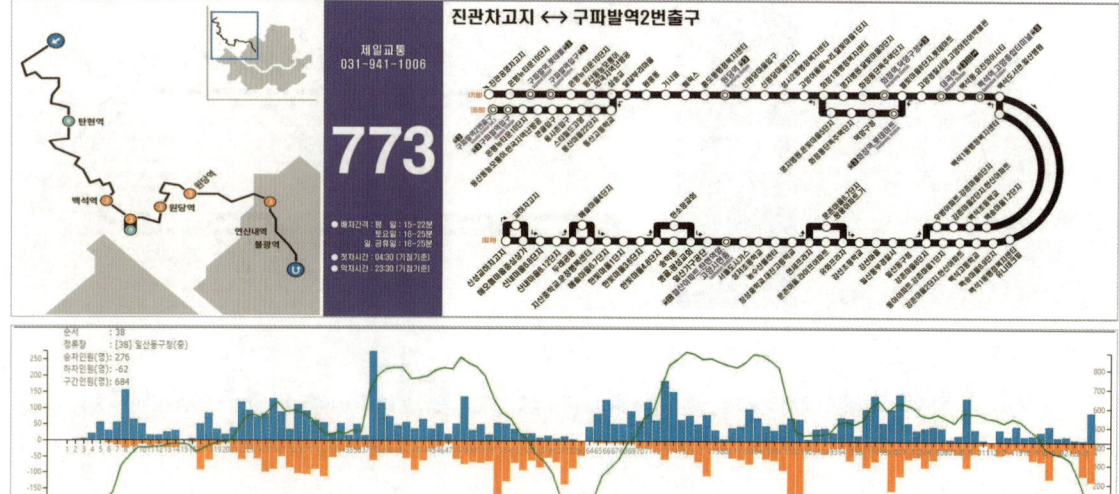

CHAPTER 05 시내버스 노선도

🚌 **0017번** : 용산차고지~신용산역3번출구를 기종점으로 왕복 40개의 정류소에 정차한다. 이용승객은 5,522명, 4개의 정류장이 전철역을 연계하며, 일평균 운행속도는 10.9km/h, 운행시간 1시간 17분이다. (2024.09.27. 기준)

노선번호	0017	인가대수	9대	인가거리	13.50km	첫차시간	05:15
업체명	보광교통	운행대수	8대	운행시간	64분	막차시간	23:30
기 점	용산차고지	예비대수	1대	운행횟수	총	112회/일	배차간격	최소	9분
종 점	신용산역3번출구	정상대수	6대		대당	14회/대		최대	15분

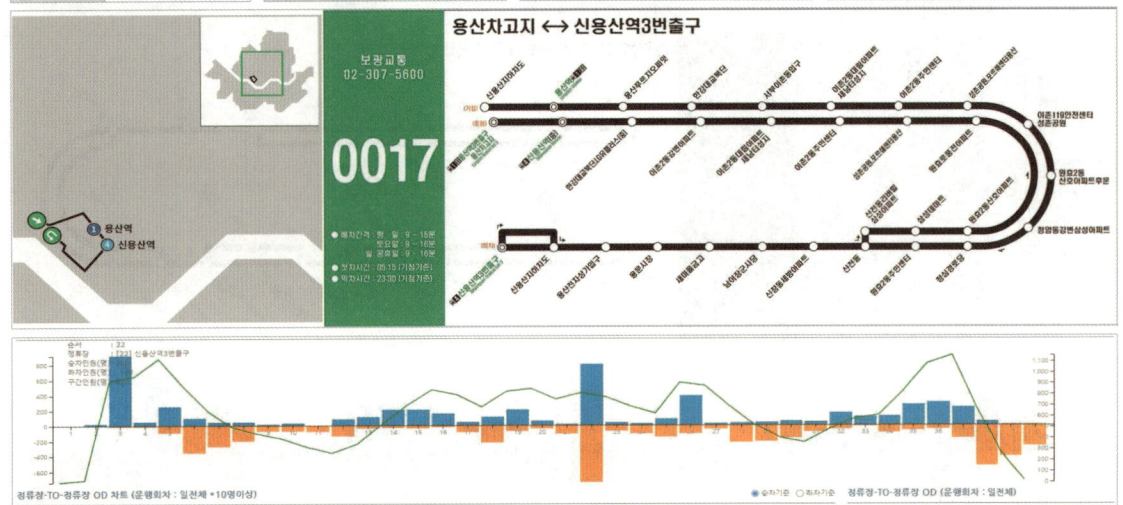

🚌 **0411번** : 용산차고지~AT센터를 기종점으로 왕복 95개의 정류소에 정차한다. 이용승객은 10,842명, 15개의 정류장이 전철역을 연계하며, 일평균 운행속도는 14.9km/h, 운행시간 3시간 25분이다. (2024.09.27. 기준)

노선번호	1017	인가대수	22대	인가거리	44.30km	첫차시간	04:20
업체명	대원여객	운행대수	21대	운행시간	220분	막차시간	22:30
기 점	용산차고지	예비대수	1대	운행횟수	총	84회/일	배차간격	최소	10분
종 점	AT센터	정상대수	21대		대당	4.2회/대		최대	15분

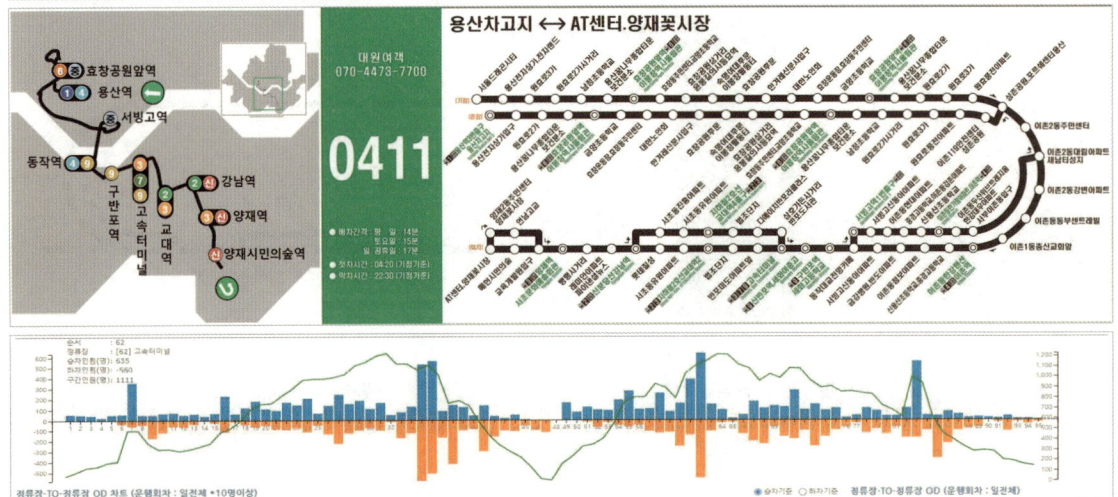

박흥식의 시내버스 노선조정 [노선은 생물(生物)이다]

🚌 **1014번** : 성북생태체험관~동묘역을 기종점으로 왕복 36개의 정류소에 정차한다. 이용승객은 9,038명, 11개의 정류장이 전철역을 연계하며, 일평균 운행속도는 12.4km/h, 운행시간 1시간 3분이다. (2024.07.03. 기준)

노선번호	1014	인가대수	12대	인가거리	12.60km	첫차시간	05:00
업체명	대진여객	운행대수	11대	운행시간	70분	막차시간	23:40
기점	성북생태체험관	예비대수	1대	운행횟수 총	143회/일	배차간격 최소	7분
종점	동묘역,롯데캐슬천지인	정상대수	11대	운행횟수 대당	13회/대	배차간격 최대	10분

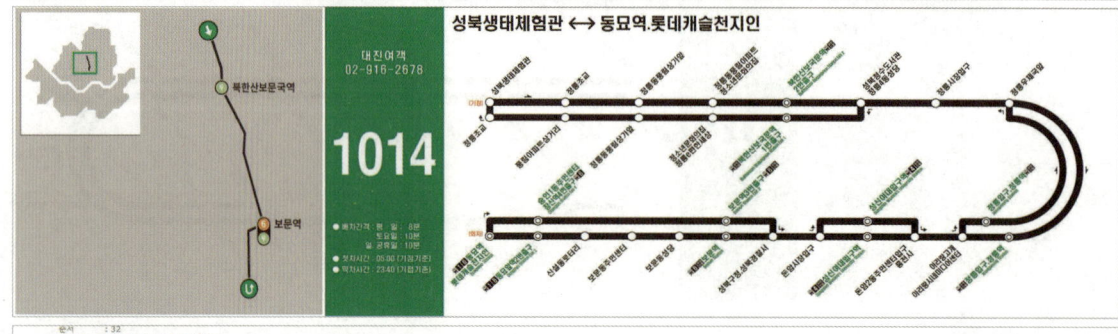

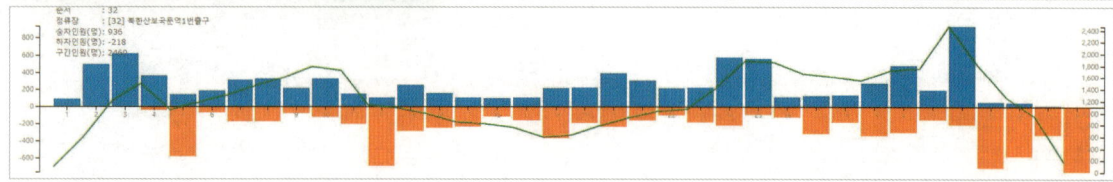

🚌 **1017번** : 월계동-상왕십리를 기종점으로 왕복 69개의 정류소에 정차한다. 이용승객은 5,376명, 2개의 정류장이 전철역을 연계하며, 일평균 운행속도는 13.8km/h, 운행시간 1시간 40분이다. (2024.07.03. 기준)

노선번호	1017	인가대수	11대	인가거리	23.95km	첫차시간	04:30
업체명	한성여객운수	운행대수	10대	운행시간	110분	막차시간	23:20
기점	월계동	예비대수	1대	운행횟수 총	82회/일	배차간격 최소	11분
종점	상왕십리	정상대수	9대	운행횟수 대당	8.7회/대	배차간격 최대	15분

CHAPTER 05 시내버스 노선도

🚌 **1020번** : 의정부~종로5가를 기종점으로 왕복 53개의 정류소에 정차한다. 이용승객은 7,083명, 2개의 정류장이 전철역을 연계하며, 일평균 운행속도는 16.5km/h, 운행시간 1시간 25분이다. (2024.07.03. 기준)

노선번호	1020	인가대수	15대	인가거리	23.20km	첫차시간	04:30
업체명	대진여객	운행대수	14대	운행시간	85분	막차시간	23:20
기점	정릉	예비대수	1대	운행횟수 총	140회/일	배차간격 최소	7분
종점	교보문고	정상대수	14대	운행횟수 대당	10회/대	배차간격 최대	9분

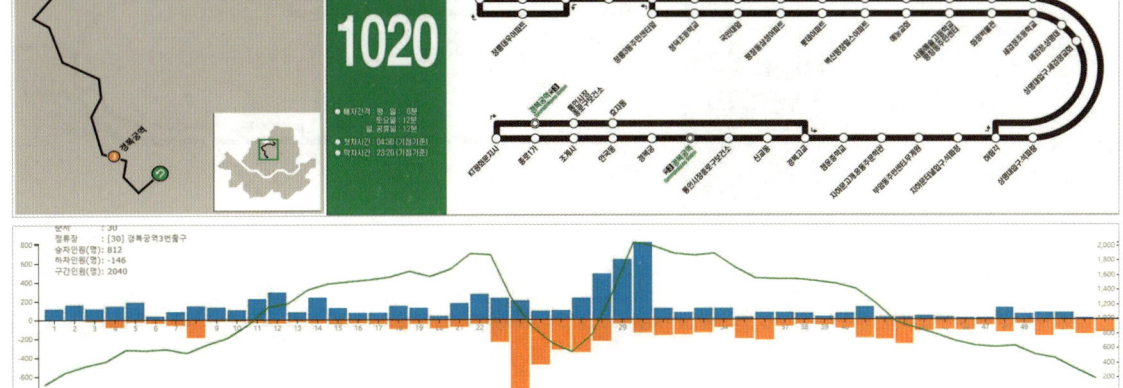

🚌 **1111번** : 번동~성북동을 기종점으로 왕복 76개의 정류소에 정차한다. 이용승객은 11,066명, 11개의 정류장이 전철역을 연계하며, 일평균 운행속도는 14.2km/h, 운행시간 1시간 52분이다. (2024.07.03. 기준)

노선번호	1111	인가대수	18대	인가거리	26.17km	첫차시간	04:20
업체명	한성운수	운행대수	17대	운행시간	120분	막차시간	23:20
기점	번동	예비대수	1대	운행횟수 총	128회/일	배차간격 최소	8분
종점	성북동	정상대수	17대	운행횟수 대당	7.5회/대	배차간격 최대	12분

박홍식의 시내버스 노선조정 [노선은 생물(生物)이다]

🚌 **1112번** : 정릉4동~성북동을 기종점으로 왕복 61개의 정류소에 정차한다. 이용승객은 5,489명, 6개의 정류장이 전철역을 연계하며, 일평균 운행속도는 13.5km/h, 운행시간 1시간 40분이다. (2024.07.03. 기준)

노선번호	1112	인가대수	12대	인가거리	22.80km	첫차시간	04:00
업체명	도원교통	운행대수	11대	운행시간	106분	막차시간	23:00
기 점	정릉4동	예비대수	1대	운행횟수 총	96회/일	배차간격 최소	5분
종 점	성북동	정상대수	11대	대당	8.7회/대	최대	8분

🚌 **1113번** : 정릉~정릉을 기종점으로 왕복 33개의 정류소에 정차한다. 이용승객은 2,014명, 3개의 정류장이 전철역을 연계하며, 일평균 운행속도는 12.8km/h, 운행시간 0시간 58분이다. (2024.07.03. 기준)

노선번호	1113	인가대수	5대	인가거리	13.90km	첫차시간	05:10
업체명	대진여객	운행대수	5대	운행시간	65분	막차시간	23:40
기 점	정릉	예비대수	0대	운행횟수 총	14회/일	배차간격 최소	14분
종 점	월곡동	정상대수	5대	대당	70회/대	최대	16분

CHAPTER 05 시내버스 노선도

🚌 **1114번** : 정릉~길음역을 기종점으로 왕복 24개의 정류소에 정차한다. 이용승객은 1,757명, 1개의 정류장이 전철역을 연계하며, 일평균 운행속도는 13.9km/h, 운행시간 0시간 38분이다. (2024.07.03. 기준)

노선번호	1114	인가대수	4대	인가거리		8.30km	첫차시간		05:00
업 체 명	대진여객	운행대수	4대	운행시간		40분	막차시간		23:50
기 점	정릉	예비대수	0대	운행횟수	총	80회/일	배차간격	최소	12분
종 점	길음역	정상대수	4대		대당	20회/대		최대	20분

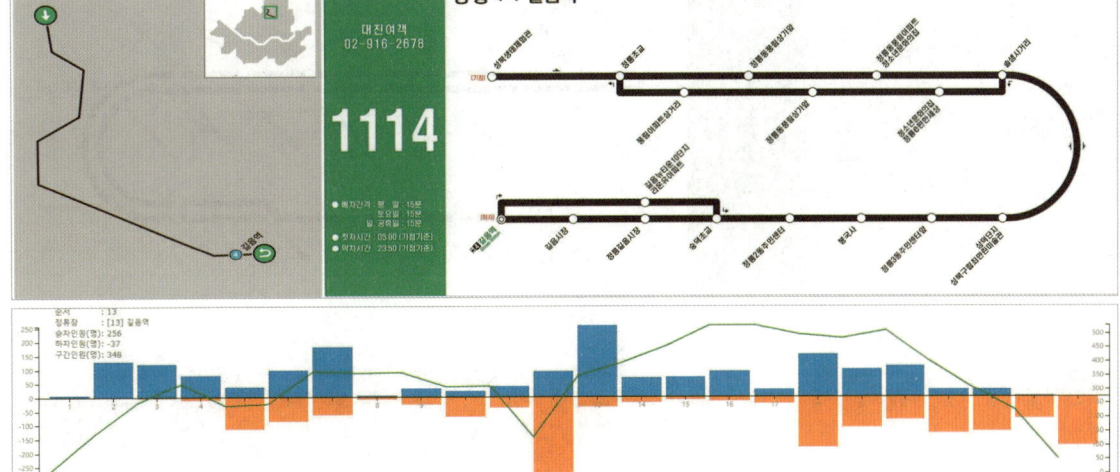

🚌 **1115번** : 수유중학교.혜화여고~미아사거리역을 기종점으로 왕복 29개의 정류소에 정차한다. 이용승객은 3,131명, 2개의 정류장이 전철역을 연계하며, 일평균 운행속도는 13.7km/h, 운행시간 0시간 43분이다. (2024.07.03. 기준)

노선번호	1115	인가대수	6대	인가거리		11.68km	첫차시간		05:30
업 체 명	동아운수	운행대수	6대	운행시간		60분	막차시간		00:00
기 점	수유중학교.혜화여고	예비대수	0대	운행횟수	총	96회/일	배차간격	최소	9분
종 점	미아사거리역	정상대수	6대		대당	16회/대		최대	16분

박흥식의 시내버스 노선조정 [노선은 생물(生物)이다]

🚌 **1116번** : 국민대학교~미아사거리역을 기종점으로 왕복 29개의 정류소에 정차한다. 이용승객은 2,202명, 1개의 정류장이 전철역을 연계하며, 일평균 운행속도는 12.4km/h, 운행시간 0시간 56분이다. (2024.07.03. 기준)

노선번호	1116	인가대수	5대	인가거리	12:00km	첫차시간	05:00
업 체 명	대진여객	운행대수	5대	운행시간	70분	막차시간	23:30
기 점	국민대학교	예비대수	0대	운행횟수 총	70회/일	배차간격 최소	15분
종 점	미아사거리역	정상대수	5대	운행횟수 대당	14회/대	배차간격 최대	25분

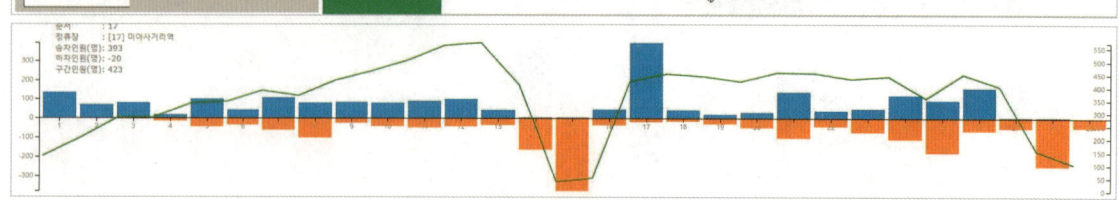

🚌 **1119번** : 강북청소년수련관~녹천역을 기종점으로 왕복 64개의 정류소에 정차한다. 이용승객은 10018명, 5개의 정류장이 전철역을 연계하며, 일평균 운행속도는 11km/h, 운행시간 1시간 55분이다. (2024.07.03. 기준)

노선번호	1119	인가대수	20대	인가거리	20.73km	첫차시간	04:40
업 체 명	선일교통	운행대수	20대	운행시간	120분	막차시간	23:35
기 점	강북청소년수련관	예비대수	0대	운행횟수 총	162회/일	배차간격 최소	6분
종 점	녹천역	정상대수	19대	운행횟수 대당	8.3회/대	배차간격 최대	9분

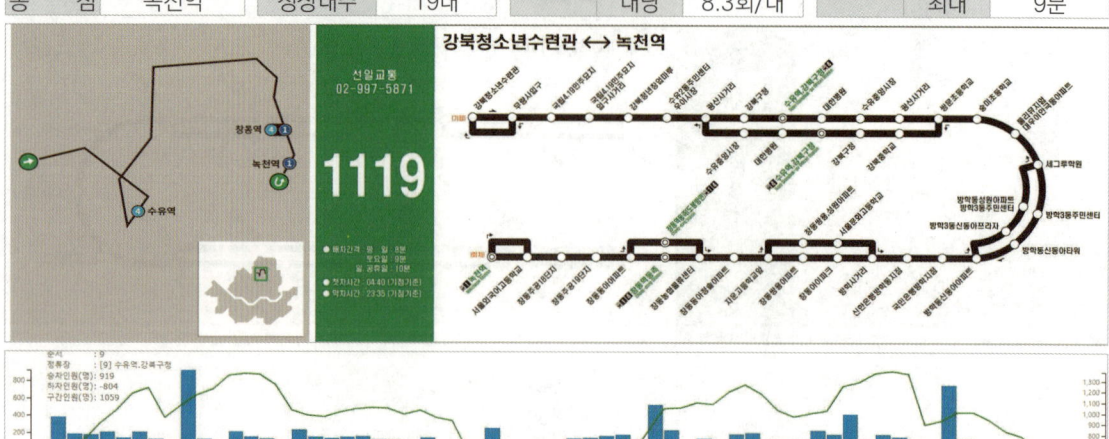

CHAPTER 05 시내버스 노선도

🚌 **1120번** : 하계동~삼양동입구를 기종점으로 왕복 84개의 정류소에 정차한다. 이용승객은 5,269명, 11개의 정류장이 전철역을 연계하며, 일평균 운행속도는 13.3km/h, 운행시간 2시간 27분이다. (2024.07.03. 기준)

노선번호	1120	인가대수	14대	인가거리	31.79km	첫차시간	04:30
업체명	한성여객운수	운행대수	13대	운행시간	152분	막차시간	23:00
기점	하계동	예비대수	1대	운행횟수 총	75회/일	배차간격 최소	12분
종점	삼양동입구	정상대수	12대	운행횟수 대당	6회/대	배차간격 최대	18분

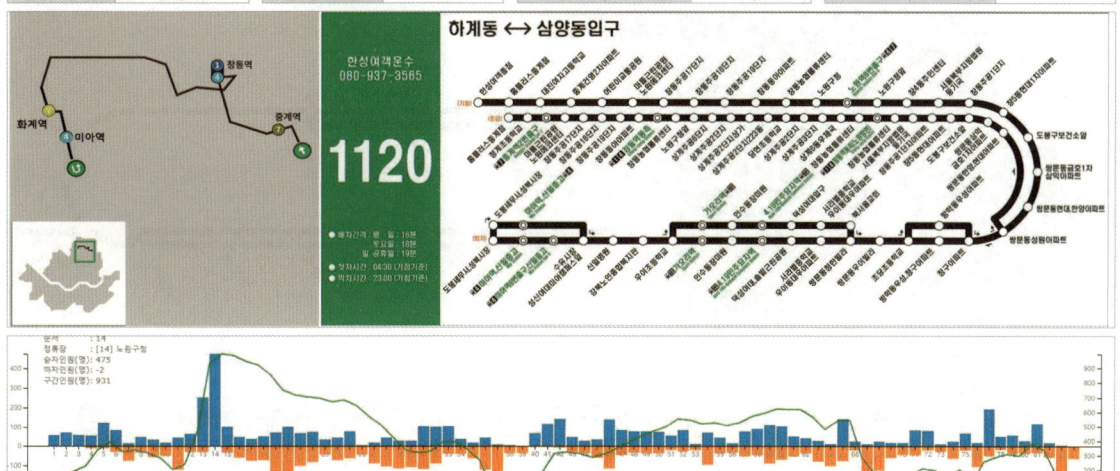

🚌 **1122번** : 석관동(상진운수종점)~원자력병원을 기종점으로 왕복 62개의 정류소에 정차한다. 이용승객은 8,349명, 8개의 정류장이 전철역을 연계하며, 일평균 운행속도는 13.7km/h, 운행시간 1시간 27분이다. (2024.07.03. 기준)

노선번호	1122	인가대수	16대	인가거리	19.40km	첫차시간	04:00
업체명	상진운수	운행대수	15대	운행시간	86분	막차시간	23:30
기점	석관동(상진운수종점)	예비대수	1대	운행횟수 총	150회/일	배차간격 최소	7분
종점	원자력병원	정상대수	15대	운행횟수 대당	10회/대	배차간격 최대	10분

박흥식의 시내버스 노선조정 [노선은 생물(生物)이다]

🚌 **1124번** : 수유역~미아사거리역을 기종점으로 왕복 36개의 정류소에 정차한다. 이용승객은 2,195명, 3개의 정류장이 전철역을 연계하며, 일평균 운행속도는 12.8km/h, 운행시간 0시간 48분이다. (2024.07.03. 기준)

노선번호	1124	인가대수	6대	인가거리	10.50km	첫차시간	05:00
업 체 명	한성운수	운행대수	6대	운행시간	52분	막차시간	00:30
기 점	수유역	예비대수	0대	운행횟수 총	108회/일	배차간격 최소	10분
종 점	미아사거리역	정상대수	6대	대당	18회/대	최대	16분

🚌 **1126번** : 강북청소년수련관~안방학동을 기종점으로 왕복 65개의 정류소에 정차한다. 이용승객은 10,410명, 2개의 정류장이 전철역을 연계하며, 일평균 운행속도는 12.1km/h, 운행시간 1시간 34분이다. (2024.07.03. 기준)

노선번호	1126	인가대수	20대	인가거리	18.91km	첫차시간	04:25
업 체 명	선일교통	운행대수	19대	운행시간	95분	막차시간	23:50
기 점	강북청소년수련관	예비대수	1대	운행횟수 총	163회/일	배차간격 최소	6분
종 점	안방학동	정상대수	17대	대당	9회/대	최대	9분

180 • 버스정책연구회

CHAPTER 05 시내버스 노선도

🚌 **1127번** : 수유역~도봉산을 기종점으로 왕복 59개의 정류소에 정차한다. 이용승객은 3,850명, 6개의 정류장이 전철역을 연계하며, 일평균 운행속도는 14.2km/h, 운행시간 1시간 27분이다. (2024.07.03. 기준)

노선번호	1127	인가대수	9대	인가거리	20:00km	첫차시간	05:00
업체명	아진교통	운행대수	8대	운행시간	90분	막차시간	23:10
기 점	수유역	예비대수	1대	운행횟수	총	80회/일	배차간격	최소	11분
종 점	도봉산	정상대수	8대		대당	10회/대		최대	14분

🚌 **1128번** : 도봉산~월곡동을 기종점으로 왕복 80개의 정류소에 정차한다. 이용승객은 7,602명, 8개의 정류장이 전철역을 연계하며, 일평균 운행속도는 13.9km/h, 운행시간 2시간 7분이다. (2024.07.03. 기준)

노선번호	1128	인가대수	14대	인가거리	29.00km	첫차시간	04:30
업체명	아진교통	운행대수	13대	운행시간	130분	막차시간	22:50
기 점	도봉산	예비대수	1대	운행횟수	총	96회/일	배차간격	최소	10분
종 점	월곡동	정상대수	13대		대당	7.4회/대		최대	13분

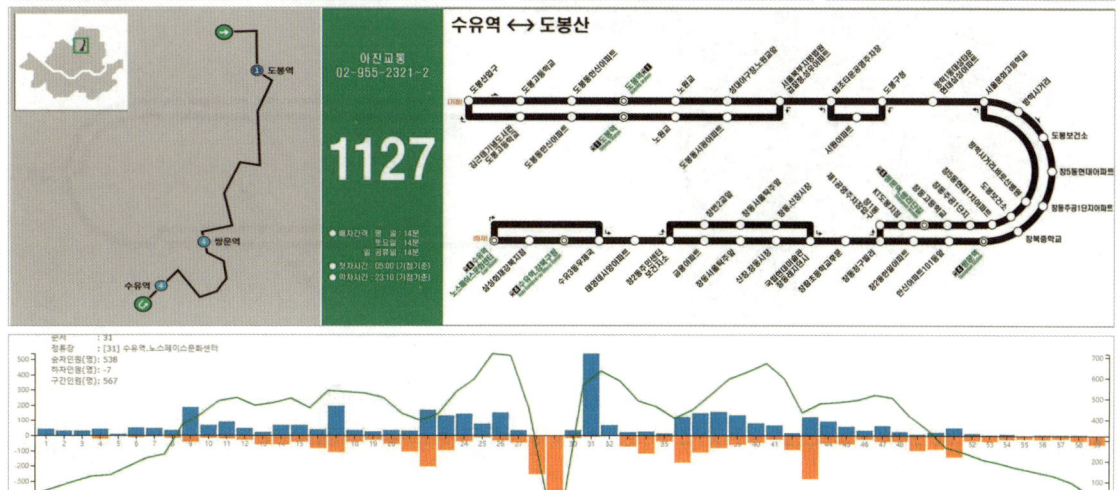

박흥식의 시내버스 노선조정 [노선은 생물(生物)이다]

🚌 **1129번** : 상계8동~창동역을 기종점으로 왕복 21개의 정류소에 정차한다. 이용승객은 1,020명, 5개의 정류장이 전철역을 연계하며, 일평균 운행속도는 12.1km/h, 운행시간 0시간 44분이다. (2024.07.11. 기준)

노선번호	1129	인가대수	3대	인가거리	8.80km	첫차시간	05:00
업체명	삼화상운	운행대수	3대	운행시간	43분	막차시간	23:30
기점	상계8동	예비대수	0대	운행횟수 총	57회/일	배차간격 최소	15분
종점	창동역	정상대수	3대	운행횟수 대당	19회/대	배차간격 최대	40분

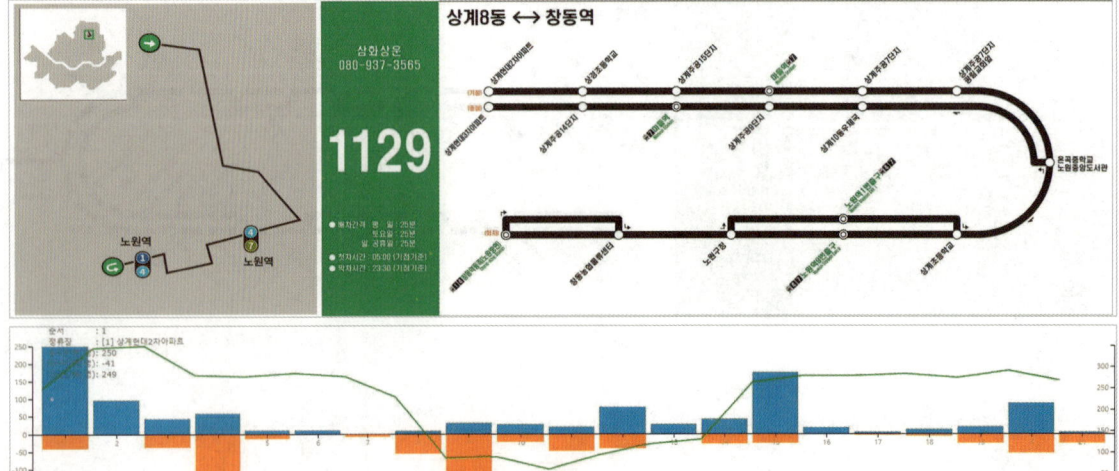

🚌 **1130번** : 청백아파트1단지~석계역을 기종점으로 왕복 26개의 정류소에 정차한다. 이용승객은 3,586명, 4개의 정류장이 전철역을 연계하며, 일평균 운행속도는 15km/h, 운행시간 0시간 34분 이다. (2024.07.11. 기준)

노선번호	1130	인가대수	5대	인가거리	7.90km	첫차시간	05:00
업체명	삼화상운	운행대수	5대	운행시간	37분	막차시간	00:10
기점	청백아파트1단지	예비대수	0대	운행횟수 총	108회/일	배차간격 최소	8분
종점	석계역	정상대수	4대	운행횟수 대당	24회/대	배차간격 최대	15분

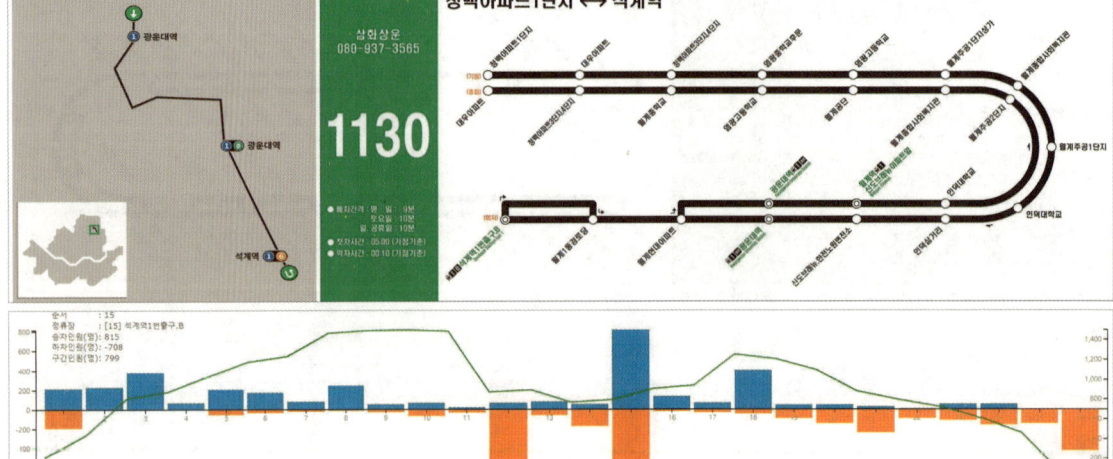

CHAPTER 05 시내버스 노선도

🚌 **1131번** : 중계본동~석계역을 기종점으로 왕복 56개의 정류소에 정차한다. 이용승객은 2,884명, 7개의 정류장이 전철역을 연계하며, 일평균 운행속도는 13.7km/h, 운행시간 1시간 12분이다. (2024.07.11. 기준)

노선번호	1131	인가대수	6대	인가거리	16.25km	첫차시간	05:00
업체명	흥안운수 한성여객운수	운행대수	6대	운행시간	73분	막차시간	23:50
기점	중계본동	예비대수	0대	운행횟수 총	66회/일	배차간격 최소	13분
종점	석계역	정상대수	5대	운행횟수 대당	12회/대	배차간격 최대	20분

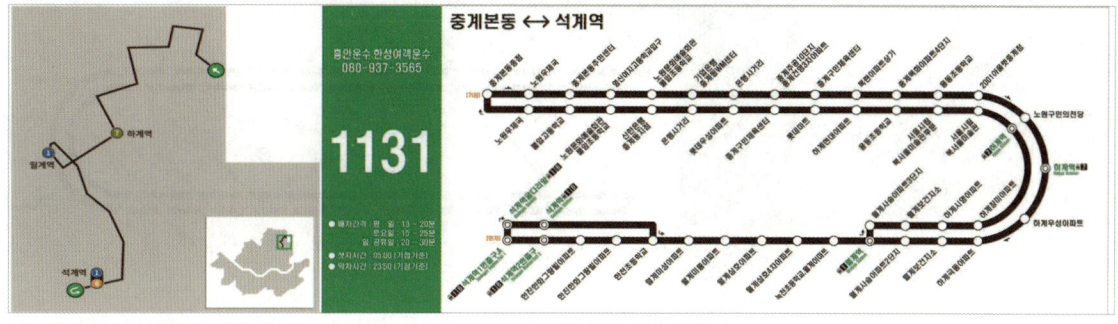

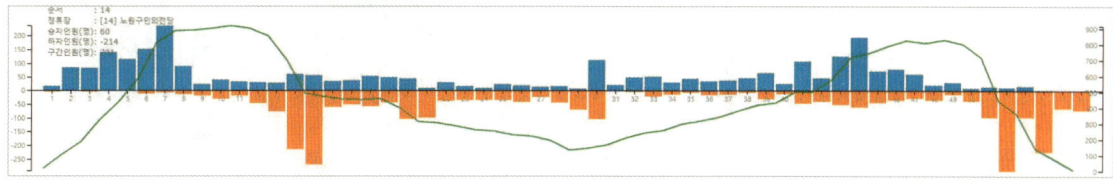

🚌 **1132번** : 월계동~노원역을 기종점으로 왕복 64개의 정류소에 정차한다. 이용승객은 12,076명, 13개의 정류장이 전철역을 연계하며, 일평균 운행속도는 13.2km/h, 운행시간 1시간 34분이다. (2024.07.11. 기준)

노선번호	1132	인가대수	17대	인가거리	19.60km	첫차시간	04:30
업체명	진아교통	운행대수	16대	운행시간	87분	막차시간	22:40
기점	월계동	예비대수	1대	운행횟수 총	161회/일	배차간격 최소	6분
종점	노원역	정상대수	13대	운행횟수 대당	10.5회/대	배차간격 최대	11분

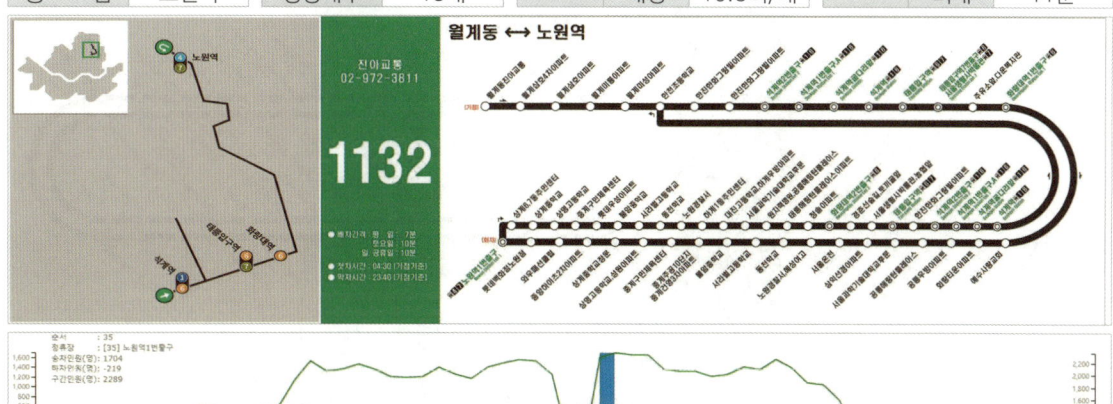

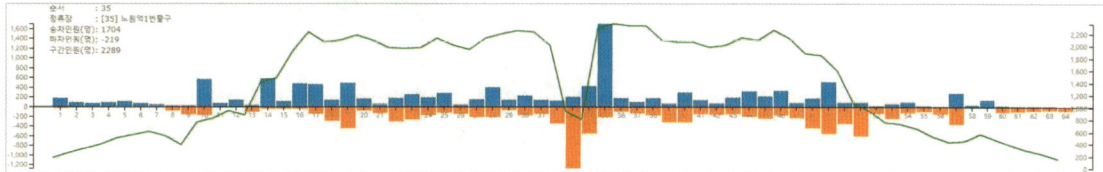

박흥식의 시내버스 노선조정 [노선은 생물(生物)이다]

🚌 **1133번** : 염광고교(수유)~염광고교(석계)을 기종점으로 왕복 47개의 정류소에 정차한다. 이용승객은 4,155명, 4개의 정류장이 전철역을 연계하며, 일평균 운행속도는 14.4km/h, 운행시간 0시간 56분이다. (2024.07.11. 기준)

노선번호	1133	인가대수	7대	인가거리	12.90km	첫차시간	05:00
업체명	삼화상운	운행대수	7대	운행시간	59분	막차시간	23:40
기 점	염광고교(수유)	예비대수	0대	운행횟수 총	96회/일	배차간격 최소	10분
종 점	염광고교(석계)	정상대수	6대	대당	15회/대	최대	20분

🚌 **1135번** : 월계동~은행사거리를 기종점으로 왕복 58개의 정류소에 정차한다. 이용승객은 6,266명, 13개의 정류장이 전철역을 연계하며, 일평균 운행속도는 13.3km/h, 운행시간 1시간 25분이다. (2024.07.11. 기준)

노선번호	1135	인가대수	10대	인가거리	17.60km	첫차시간	04:30
업체명	진아교통	운행대수	9대	운행시간	70분	막차시간	23:40
기 점	월계동	예비대수	1대	운행횟수 총	100회/일	배차간격 최소	9분
종 점	은행사거리	정상대수	8대	대당	11회/대	최대	13분

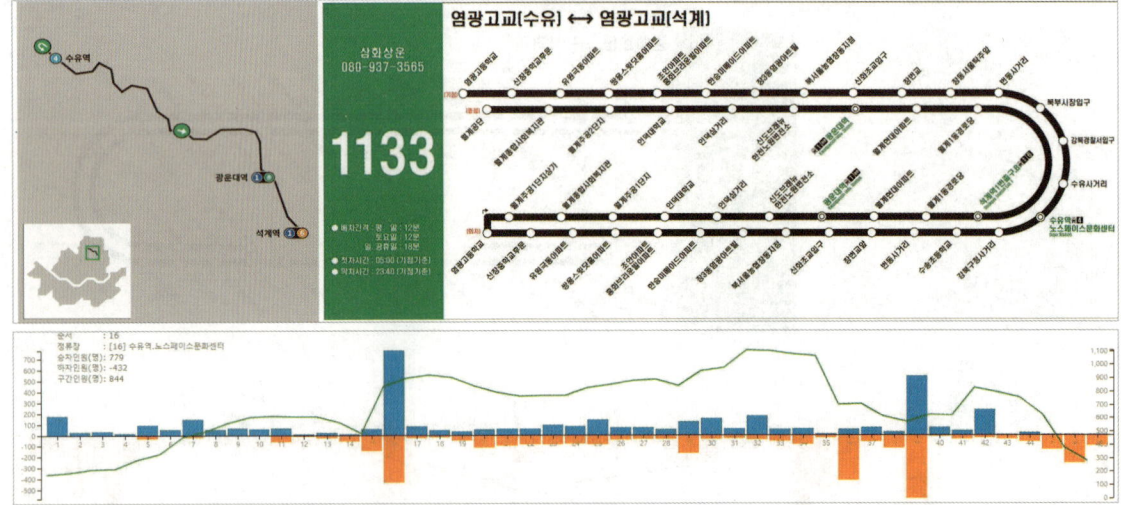

CHAPTER 05 시내버스 노선도

🚌 **1136번** : 월계동~원자력병원을 기종점으로 왕복 38개의 정류소에 정차한다. 이용승객은 3,233명, 9개의 정류장이 전철역을 연계하며, 일평균 운행속도는 11.7km/h, 운행시간 0시간 51분이다. (2024.07.11. 기준)

노선번호	1136	인가대수	6대	인가거리	10.80km	첫차시간	05:00
업체명	진아교통	운행대수	5대	운행시간	55분	막차시간	00:00
기 점	월계동	예비대수	1대	운행횟수 총	85회/일	배차간격 최소	11분
종 점	원자력병원	정상대수	5대	대당	17회/대	최대	17분

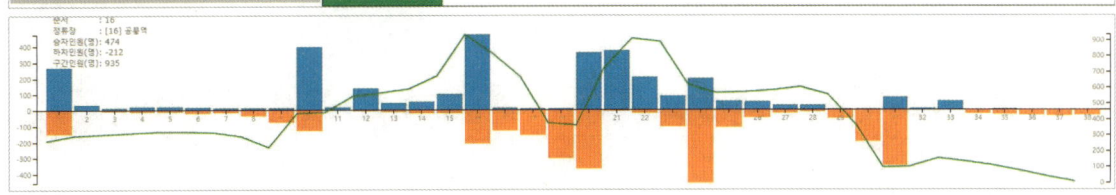

🚌 **1137번** : 월계동~은행사거리를 기종점으로 왕복 77개의 정류소에 정차한다. 이용승객은 11,255명, 6개의 정류장이 전철역을 연계하며, 일평균 운행속도는 12.2km/h, 운행시간 2시간 3분이다. (2024.07.11. 기준)

노선번호	1137	인가대수	17대	인가거리	24.00km	첫차시간	04:30
업체명	삼화상운	운행대수	17대	운행시간	130분	막차시간	23:10
기 점	상계동	예비대수	1대	운행횟수 총	116회/일	배차간격 최소	8분
종 점	미아사거리	정상대수	16대	대당	7회/대	최대	14분

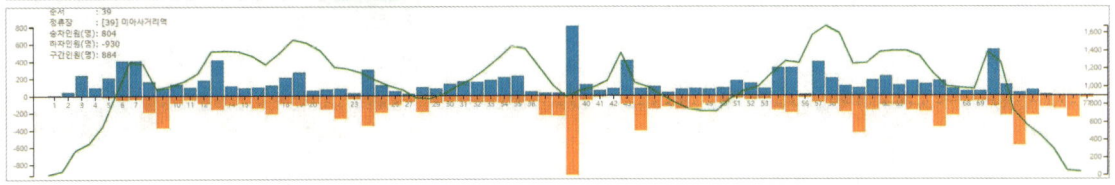

박홍식의 시내버스 노선조정 [노선은 생물(生物)이다]

🚌 **1138번** : 상계4동~수유역을 기종점으로 왕복 50개의 정류소에 정차한다. 이용승객은 3,028명, 6개의 정류장이 전철역을 연계하며, 일평균 운행속도는 12.7km/h, 운행시간 1시간 26분이다. (2024.07.11. 기준)

노선번호	1138	인가대수	5대	인가거리	17.70km	첫차시간	04:30
업 체 명	흥안운수	운행대수	5대	운행시간	87분	막차시간	23:40
기 점	상계4동	예비대수	0대	운행횟수	총 53회/일	배차간격	최소 17분
종 점	수유역	정상대수	5대		대당 10.6회/대		최대 28분

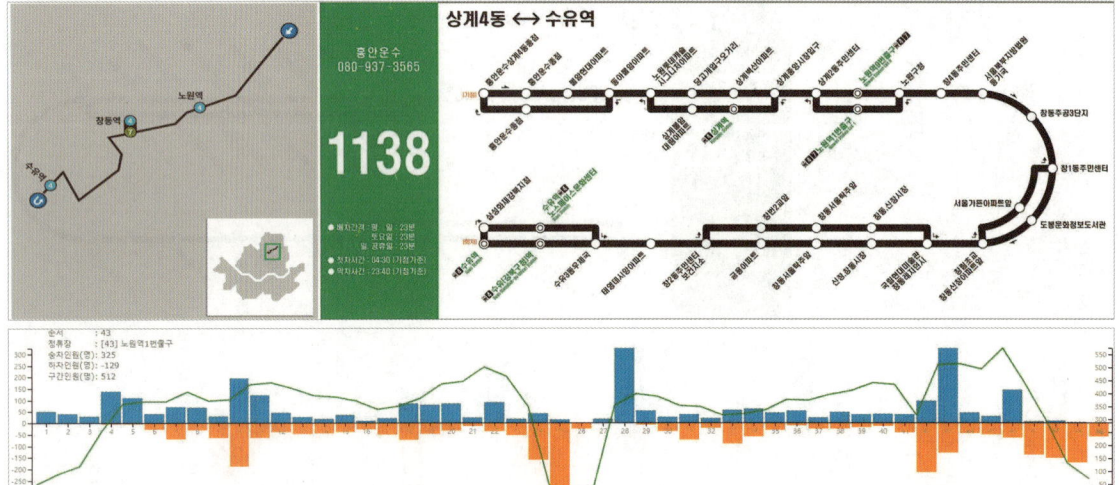

🚌 **1139번** : 상계4동~방학3동주민센터를 기종점으로 왕복 71개의 정류소에 정차한다. 이용승객은 7,536명, 10개의 정류장이 전철역을 연계하며, 일평균 운행속도는 13km/h, 운행시간 1시간 51분이다. (2024.07.11. 기준)

노선번호	1139	인가대수	11대	인가거리	23.62km	첫차시간	04:30
업 체 명	흥안운수	운행대수	11대	운행시간	115분	막차시간	23:40
기 점	상계4동	예비대수	0대	운행횟수	총 88회/일	배차간격	최소 10분
종 점	방학3동주민센터	정상대수	11대		대당 8회/대		최대 16분

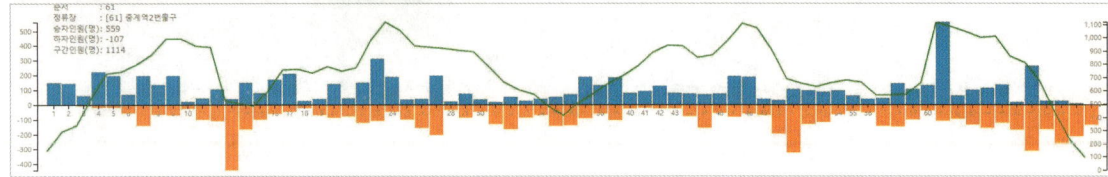

CHAPTER 05 시내버스 노선도

🚌 **1140번** : 중계동~광운대를 기종점으로 왕복 48개의 정류소에 정차한다. 이용승객은 3,598명, 7개의 정류장이 전철역을 연계하며, 일평균 운행속도는 13.5km/h, 운행시간 1시간 13분이다. (2024.07.11. 기준)

노선번호	1140	인가대수	5대	인가거리	15.90km	첫차시간	05:00
업체명	삼화운수 한성여객운수	운행대수	5대	운행시간	74분	막차시간	00:00
기점	중계동	예비대수	0대	운행횟수 총	62회/일	배차간격 최소	15분
종점	광운대	정상대수	5대	대당	12.4회/대	최대	23분

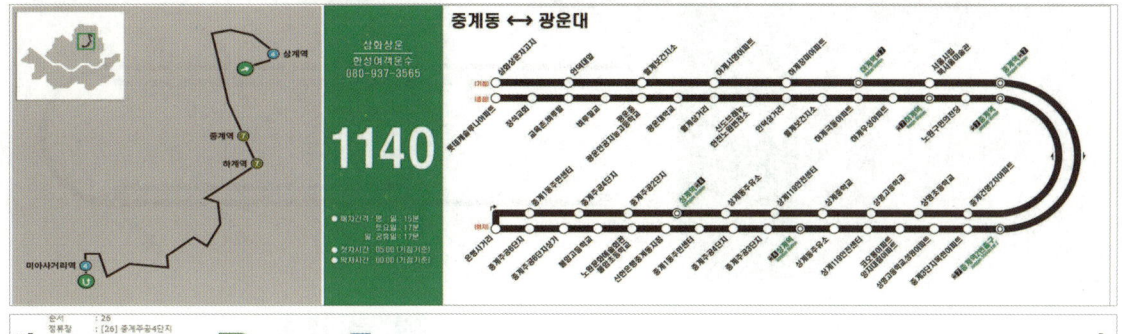

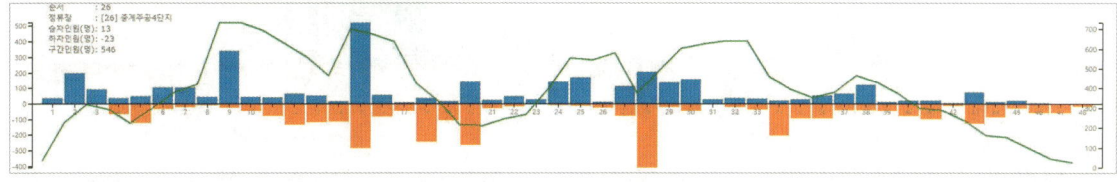

🚌 **1141번** : 중계본동종점~석계역을 기종점으로 왕복 53개의 정류소에 정차한다. 이용승객은 4,101명, 8개의 정류장이 전철역을 연계하며, 일평균 운행속도는 12km/h, 운행시간 1시간 18분이다. (2024.07.11. 기준)

노선번호	1141	인가대수	6대	인가거리	15.50km	첫차시간	05:00
업체명	흥안운수 한성여객운수	운행대수	6대	운행시간	73분	막차시간	23:50
기점	중계본동종점	예비대수	0대	운행횟수 총	66회/일	배차간격 최소	12분
종점	석계역	정상대수	5대	대당	12회/대	최대	20분

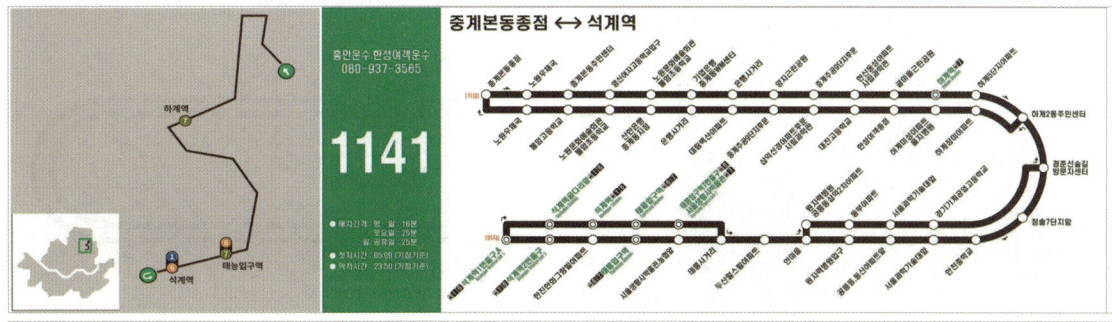

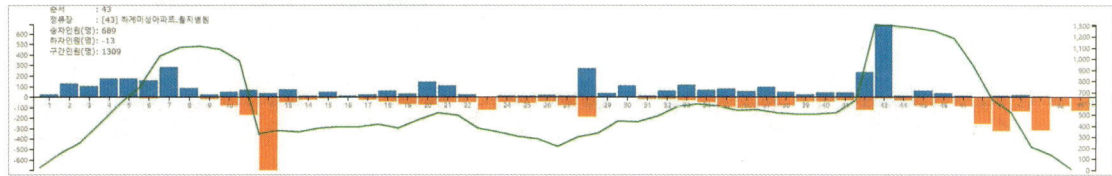

박흥식의 시내버스 노선조정 [노선은 생물(生物)이다]

🚌 **1142번** : 중계본동~창동역을 기종점으로 왕복 29개의 정류소에 정차한다. 이용승객은 10,248명, 4개의 정류장이 전철역을 연계하며, 일평균 운행속도는 11.5km/h, 운행시간 0시간 54분이다. (2024.07.11. 기준)

노선번호	1142	인가대수	13대	인가거리	10.10km	첫차시간	05:00
업 체 명	흥안운수	운행대수	11대	운행시간	57분	막차시간	00:00
기 점	중계본동	예비대수	2대	운행횟수 총	171회/일	배차간격 최소	5분
종 점	창동역	정상대수	10대	대당	15.5회/대	최대	10분

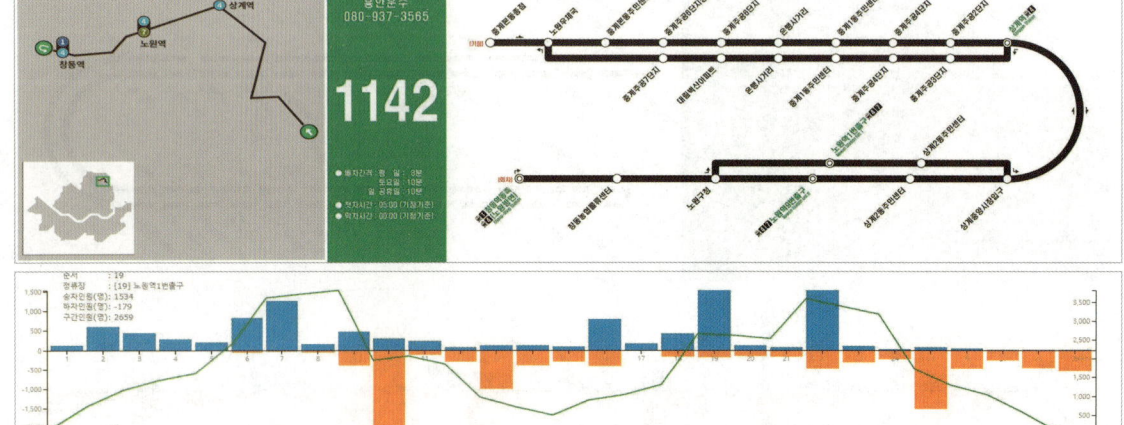

🚌 **1143번** : 중계본동~수락리버시티를 기종점으로 왕복 69개의 정류소에 정차한다. 이용승객은 5,379명, 6개의 정류장이 전철역을 연계하며, 일평균 운행속도는 13.8km/h, 운행시간 1시간 48분이다. (2024.07.11. 기준)

노선번호	1143	인가대수	10대	인가거리	25.06km	첫차시간	04:30
업 체 명	삼화상운/흥안운수 한성여객운수 서울교통네트웍	운행대수	6대	운행시간	105분	막차시간	23:20
기 점	중계본동	예비대수	4대	운행횟수 총	80회/일	배차간격 최소	8분
종 점	수락리버시티	정상대수	6대	대당	8회/대	최대	18분

CHAPTER 05 시내버스 노선도

🚌 **1144번** : 하계동~우이동을 기종점으로 왕복 60개의 정류소에 정차한다. 이용승객은 3,485명, 3개의 정류장이 전철역을 연계하며, 일평균 운행속도는 12km/h, 운행시간 1시간 43분이다. (2024.07.11. 기준)

노선번호	1144	인가대수	9대	인가거리		19.89km	첫차시간		04:40
업체명	한성여객운수	운행대수	9대	운행시간		105분	막차시간		23:40
기 점	하계동	예비대수	0대	운행횟수	총	81회/일	배차간격	최소	10분
종 점	우이동	정상대수	9대		대당	9회/대		최대	18분

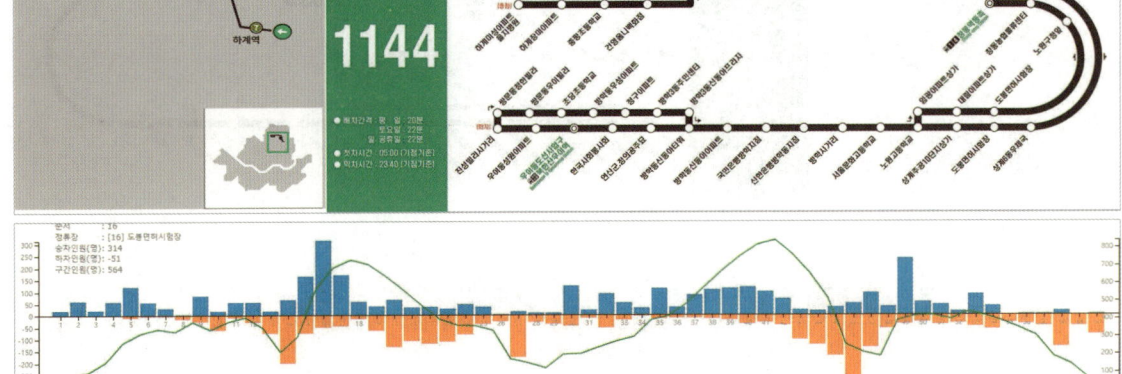

🚌 **1154번** : 하계동~신곡동을 기종점으로 왕복 56개의 정류소에 정차한다. 이용승객은 7,063명, 8개의 정류장이 전철역을 연계하며, 일평균 운행속도는 16.7km/h, 운행시간 1시간 39분이다. (2024.07.11. 기준)

노선번호	1154	인가대수	11대	인가거리		27.64km	첫차시간		04:30
업체명	한성여객운수	운행대수	11대	운행시간		106분	막차시간		23:20
기 점	하계동	예비대수	0대	운행횟수	총	87회/일	배차간격	최소	10분
종 점	신곡동	정상대수	9대		대당	8.8회/대		최대	188분

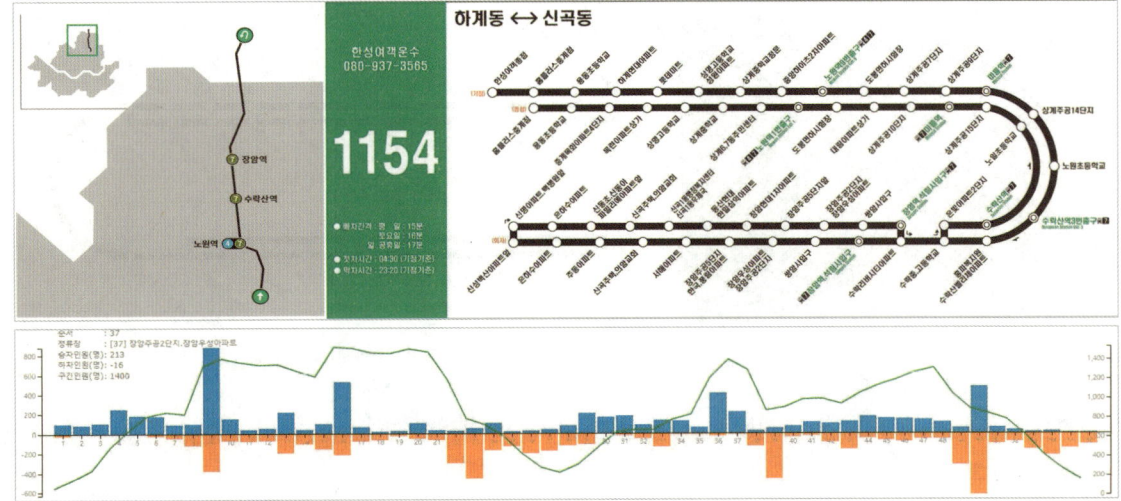

박흥식의 시내버스 노선조정 [노선은 생물(生物)이다]

🚌 **1155번** : 청학리~석계역을 기종점으로 왕복 75개의 정류소에 정차한다. 이용승객은 8,410명, 9개의 정류장이 전철역을 연계하며, 일평균 운행속도는 21.1km/h, 운행시간 1시간 31분이다. (2024.07.12. 기준)

노선번호	1155	인가대수	13대	인가거리	31.10km	첫차시간	04:30
업 체 명	태릉교통	운행대수	13대	운행시간	95분	막차시간	22:50
기 점	청학리	예비대수	0대	운행횟수 총	130회/일	배차간격 최소	6분
종 점	석계역	정상대수	13대	대당	10회/대	최대	15분

🚌 **1162번** : 구민회관~보문역을 기종점으로 왕복 37개의 정류소에 정차한다. 이용승객은 4,110명, 2개의 정류장이 전철역을 연계하며, 일평균 운행속도는 13.3km/h, 운행시간 0시간 41분이다. (2024.07.12. 기준)

노선번호	1162	인가대수	7대	인가거리	8.31km	첫차시간	05:00
업 체 명	도원교통 대진여객	운행대수	7대	운행시간	42분	막차시간	23:40
기 점	구민회관	예비대수	0대	운행횟수 총	117회/일	배차간격 최소	7분
종 점	보문역	정상대수	6대	대당	18회/대	최대	12분

CHAPTER 05 시내버스 노선도

🚌 **1164번** : 서경대~길음전철역을 기종점으로 왕복 28개의 정류소에 정차한다. 이용승객은 8,645명, 2개의 정류장이 전철역을 연계하며, 일평균 운행속도는 14km/h, 운행시간 0시간 40분이다. (2024.07.12. 기준)

노선번호	1164	인가대수	12대	인가거리	8.78km	첫차시간	05:00
업 체 명	도원교통	운행대수	12대	운행시간	40분	막차시간	23:40
기 점	서경대	예비대수	0대	운행횟수	총	230회/일	배차간격	최소	4분
종 점	길음전철역	정상대수	11대		대당	20회/대		최대	7분

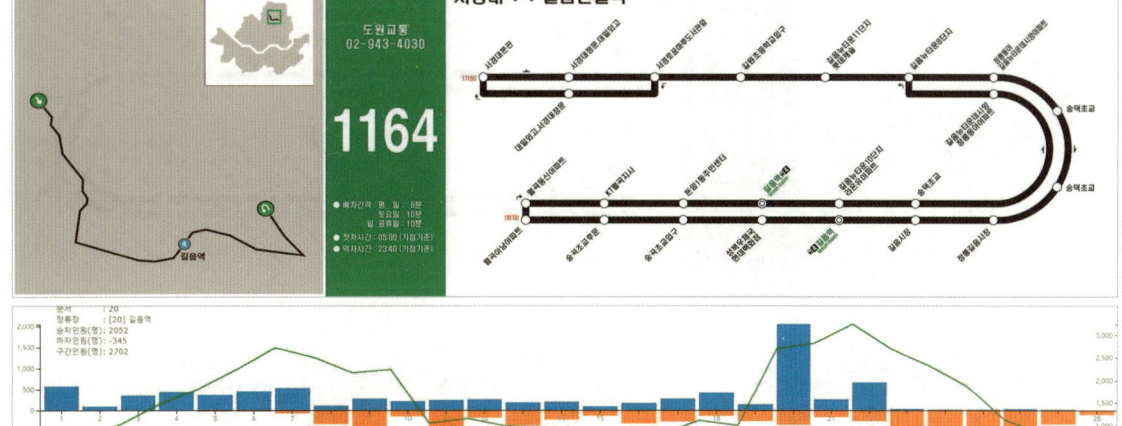

🚌 **1165번** : 화계사~미아사거리역을 기종점으로 왕복 65개의 정류소에 정차한다. 이용승객은 13,663명, 3개의 정류장이 전철역을 연계하며, 일평균 운행속도는 11.9km/h, 운행시간 1시간 40분이다. (2024.07.12. 기준)

노선번호	1165	인가대수	22대	인가거리	21.300km	첫차시간	04:30
업 체 명	동아운수 삼양교통	운행대수	20대	운행시간	110분	막차시간	23:30
기 점	화계사	예비대수	2대	운행횟수	총	160회/일	배차간격	최소	6분
종 점	미아사거리역	정상대수	20대		대당	8회/대		최대	10분

박홍식의 시내버스 노선조정 [노선은 생물(生物)이다]

🚌 **1167번** : 우이동~은행사거리를 기종점으로 왕복 50개의 정류소에 정차한다. 이용승객은 8,502명, 4개의 정류장이 전철역을 연계하며, 일평균 운행속도는 14.3km/h, 운행시간 1시간 22분이다. (2024.07.12. 기준)

노선번호	1167	인가대수	11대	인가거리	18.92km	첫차시간	04:45
업체명	영신여객	운행대수	9대	운행시간	80분	막차시간	23:30
기 점	우이동	예비대수	2대	운행횟수 총	110회/일	배차간격 최소	8분
종 점	은행사거리	정상대수	9대	대당	11회/대	최대	13분

🚌 **1213번** : 용마문화복지센터~국민대학교를 기종점으로 왕복 67개의 정류소에 정차한다. 이용승객은 11,862명, 7개의 정류장이 전철역을 연계하며, 일평균 운행속도는 13.5km/h, 운행시간 2시간 8분이다. (2024.07.12. 기준)

노선번호	1213	인가대수	21대	인가거리	27.98km	첫차시간	04:00
업체명	경성여객 도원교통	운행대수	20대	운행시간	125분	막차시간	23:20
기 점	용마문화복지센터	예비대수	1대	운행횟수 총	133회/일	배차간격 최소	8분
종 점	국민대학교	정상대수	18대	대당	7회/대	최대	15분

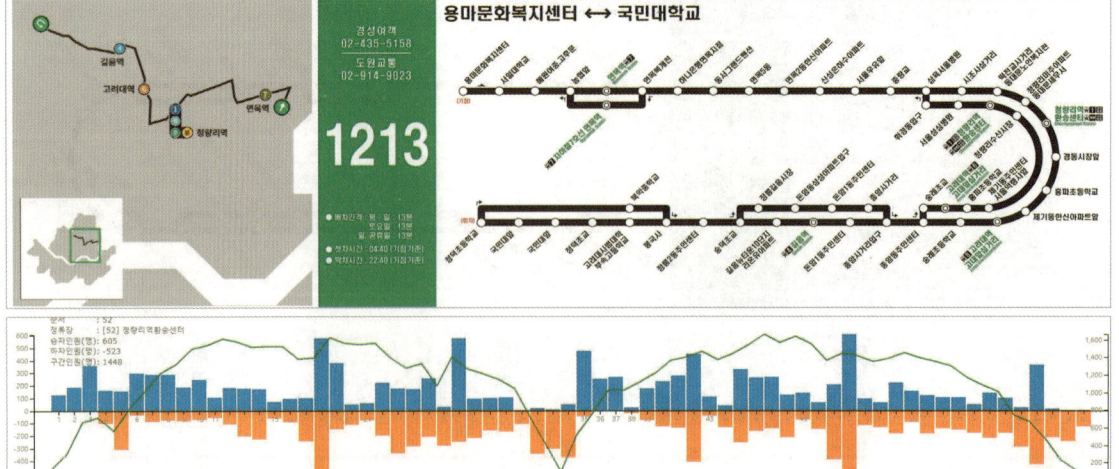

1218번 : 수유역~답십리를 기종점으로 왕복 84개의 정류소에 정차한다. 이용승객은 10,414명, 6개의 정류장이 전철역을 연계하며, 일평균 운행속도는 13.7km/h, 운행시간 2시간 21분이다. (2024.07.12. 기준)

노선번호	1218	인가대수	19대	인가거리	33.00km	첫차시간	04:10
업체명	한성운수	운행대수	19대	운행시간	142분	막차시간	22:50
기 점	수유역	예비대수	0대	운행횟수 총	117회/일	배차간격 최소	8분
종 점	답십리	정상대수	17대	대당	6.5회/대	최대	14분

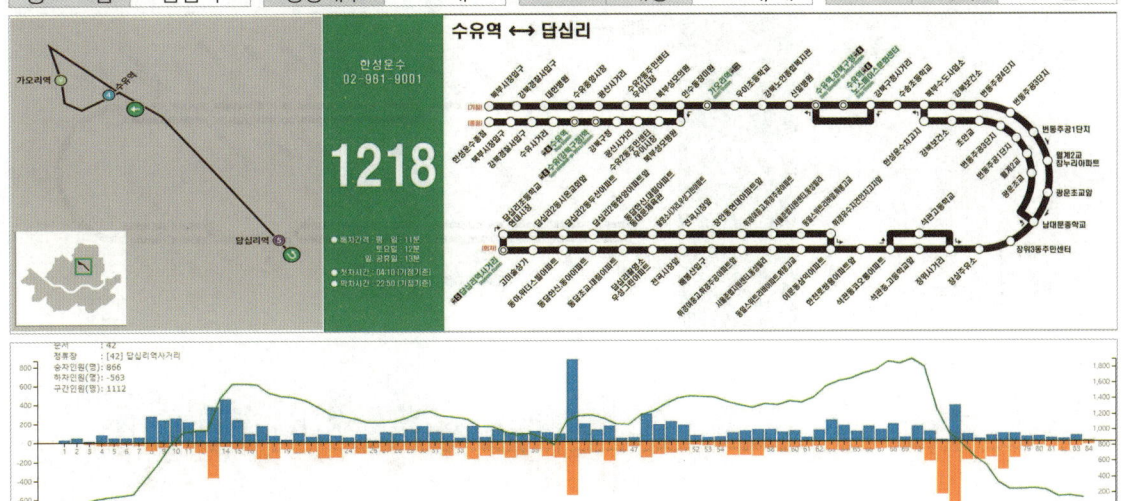

1221번 : 중계동~서울의료원을 기종점으로 왕복 44개의 정류소에 정차한다. 이용승객은 2,797명, 11개의 정류장이 전철역을 연계하며, 일평균 운행속도는 13.9km/h, 운행시간 1시간 8분이다. (2024.07.12. 기준)

노선번호	1221	인가대수	5대	인가거리	15.64km	첫차시간	04:30
업체명	흥안운수	운행대수	5대	운행시간	68분	막차시간	23:30
기 점	중계동	예비대수	0대	운행횟수 총	60회/일	배차간격 최소	14분
종 점	서울의료원	정상대수	4대	대당	13회/대	최대	27분

박홍식의 시내버스 노선조정 [노선은 생물(生物)이다]

🚌 **1222번** : 월계동~고대앞을 기종점으로 왕복 55개의 정류소에 정차한다. 이용승객은 4,830명, 8개의 정류장이 전철역을 연계하며, 일평균 운행속도는 12.8km/h, 운행시간 1시간 30분이다. (2024.07.12. 기준)

노선번호	1222	인가대수	11대	인가거리	18.60km	첫차시간		04:00
업체명	진아교통	운행대수	10대	운행시간	72분	막차시간		23:10
기 점	월계동	예비대수	1대	운행횟수	총	105회/일	배차간격	최소	9분
종 점	고대앞	정상대수	9대		대당	11회/대		최대	12분

🚌 **1224번** : 상계동~청량리를 기종점으로 왕복 87개의 정류소에 정차한다. 이용승객은 18,522명, 13개의 정류장이 전철역을 연계하며, 일평균 운행속도는 13.1km/h, 운행시간 2시간 22분이다. (2024.07.12. 기준)

노선번호	1224	인가대수	24대	인가거리	31.40km	첫차시간		04:30
업체명	삼화상운 흥안운수	운행대수	22대	운행시간	144분	막차시간		23:20
기 점	상계동	예비대수	2대	운행횟수	총	136회/일	배차간격	최소	5분
종 점	청량리	정상대수	19대		대당	6.3회/대		최대	9분

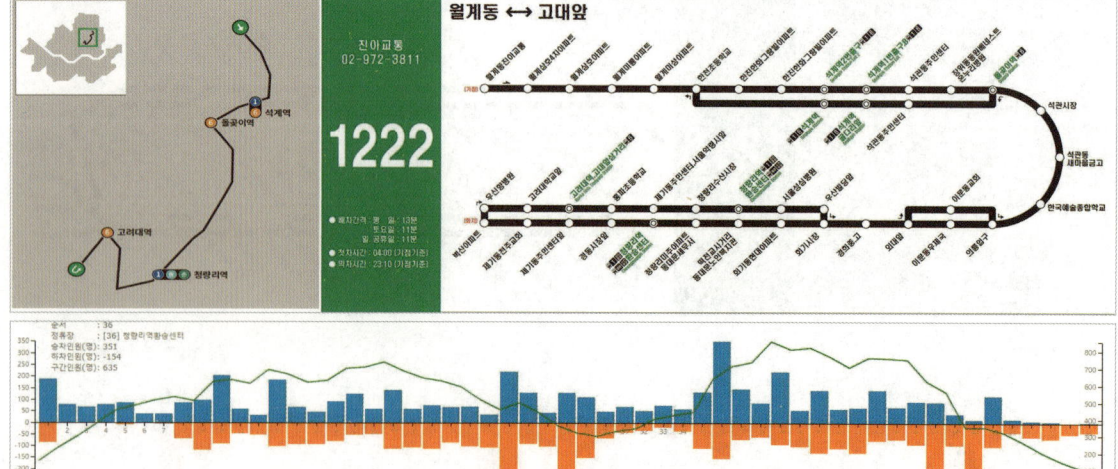

CHAPTER 05 시내버스 노선도

1226번 : 월곡중학교~경동시장을 기종점으로 왕복 22개의 정류소에 정차한다. 이용승객은 368명, 1개의 정류장이 전철역을 연계하며, 일평균 운행속도는 13.6km/h, 운행시간 0시간 37분이다. (2024.07.12. 기준)

노선번호	1226	인가대수	2대	인가거리	8.72km	첫차시간	04:30
업체명	흥안운수	운행대수	1대	운행시간	44분	막차시간	22:40
기 점	월곡중학교	예비대수	1대	운행횟수 총	42/일	배차간격 최소	22분
종 점	경동시장	정상대수	1대	대당	21회/대	최대	50분

1227번 : 하계동~제기동을 기종점으로 왕복 66개의 정류소에 정차한다. 이용승객은 6,423명, 12개의 정류장이 전철역을 연계하며, 일평균 운행속도는 13.9km/h, 운행시간 1시간 53분이다. (2024.07.12. 기준)

노선번호	1227	인가대수	14대	인가거리	26.90km	첫차시간	04:30
업체명	한성여객운수	운행대수	13대	운행시간	114분	막차시간	23:20
기 점	하계동	예비대수	1대	운행횟수 총	100회/일	배차간격 최소	8분
종 점	제기동	정상대수	12대	대당	8회/대	최대	13분

박흥식의 시내버스 노선조정 [노선은 생물(生物)이다]

🚌 **1711번** : 국민대~공덕동을 기종점으로 왕복 63개의 정류소에 정차한다. 이용승객은 14,557명, 10개의 정류장이 전철역을 연계하며, 일평균 운행속도는 15.2km/h, 운행시간 1시간 57분이다. (2024.07.12. 기준)

노선번호	1711	인가대수	25대	인가거리	29.93km	첫차시간	04:30
업 체 명	도원교통	운행대수	24대	운행시간	125분	막차시간	23:00
기 점	국민대	예비대수	0대	운행횟수 총	173회/일	배차간격 최소	4분
종 점	공덕동	정상대수	22대	대당	7.5회/대	최대	9분

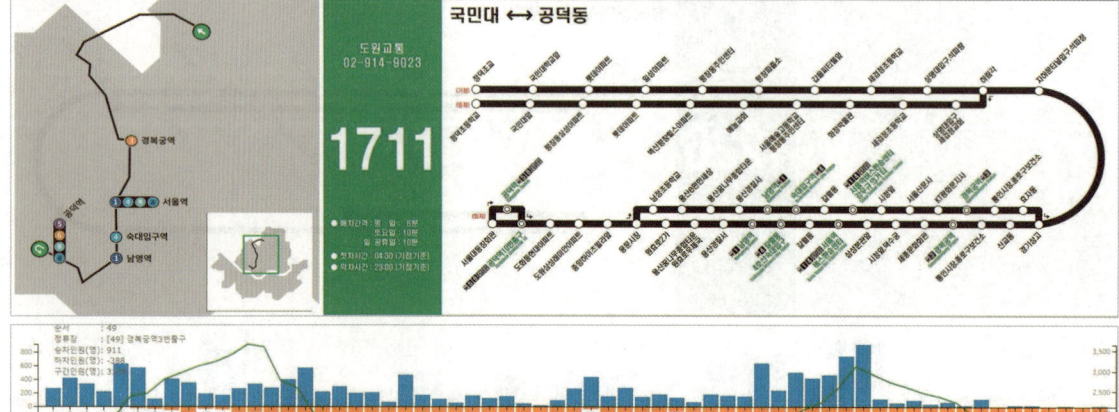

🚌 **2012번** : 중랑공영차고지~동대문역사문화공원을 기종점으로 왕복 112개의 정류소에 정차한다. 이용승객은 13,269명, 13개의 정류장이 전철역을 연계하며, 일평균 운행속도는 13.1km/h, 운행시간 3시간 0분이다. (2024.07.12. 기준)

노선번호	2012	인가대수	20대	인가거리	38.03km	첫차시간	04:00
업 체 명	상진운수	운행대수	19대	운행시간	180분	막차시간	22:40
기 점	중랑공영차고지	예비대수	1대	운행횟수 총	99회/일	배차간격 최소	9분
종 점	동대문역사문화공원	정상대수	19대	대당	5.2회/대	최대	13분

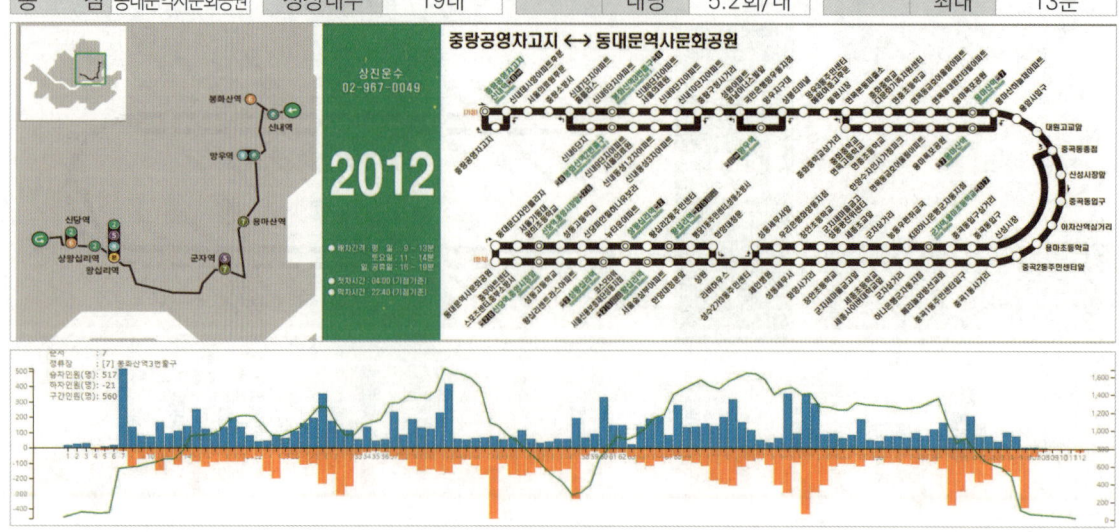

CHAPTER 05 시내버스 노선도

🚌 **2013번** : 면목동~신당역을 기종점으로 왕복 61개의 정류소에 정차한다. 이용승객은 6,957명, 8개의 정류장이 전철역을 연계하며, 일평균 운행속도는 11.9km/h, 운행시간 1시간 48분이다. (2024.07.12. 기준)

노선번호	2013	인가대수	11대	인가거리		21.20km	첫차시간		04:20
업체명	경성여객	운행대수	11대	운행시간		110분	막차시간		22:50
기 점	면목동	예비대수	0대	운행횟수	총	87회/일	배차간격	최소	11분
종 점	신당역	정상대수	10대		대당	8.2회/대		최대	15분

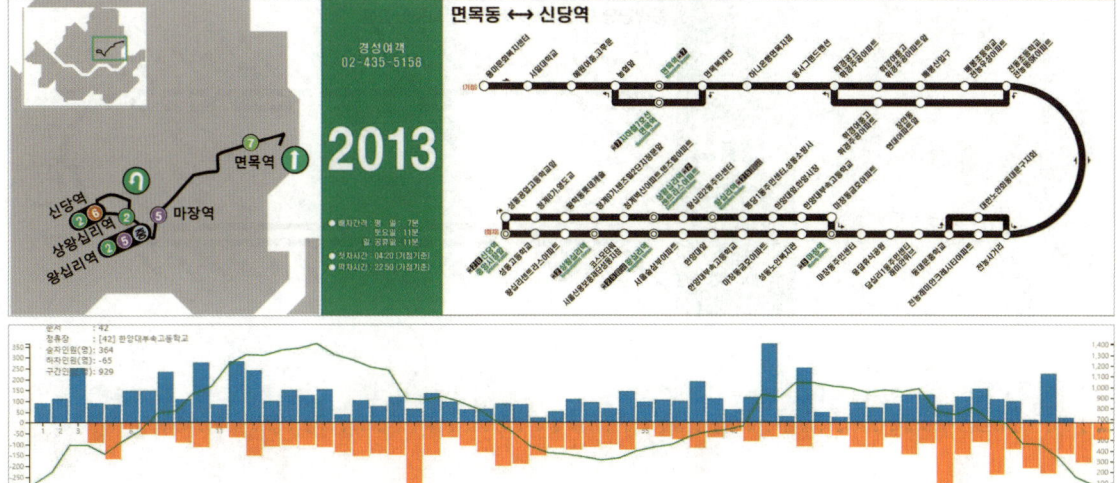

🚌 **2014번** : 성수동~동대문역사문화공원을 기종점으로 왕복 66개의 정류소에 정차한다. 이용승객은 7,676명, 9개의 정류장이 전철역을 연계하며, 일평균 운행속도는 13km/h, 운행시간 1시간 44분이다. (2024.07.12. 기준)

노선번호	2014	인가대수	14대	인가거리		22.70km	첫차시간		04:20
업체명	태진운수	운행대수	13대	운행시간		112분	막차시간		23:30
기 점	성수동	예비대수	1대	운행횟수	총	100회/일	배차간격	최소	10분
종 점	동대문역사문화공원	정상대수	12대		대당	8회/대		최대	14분

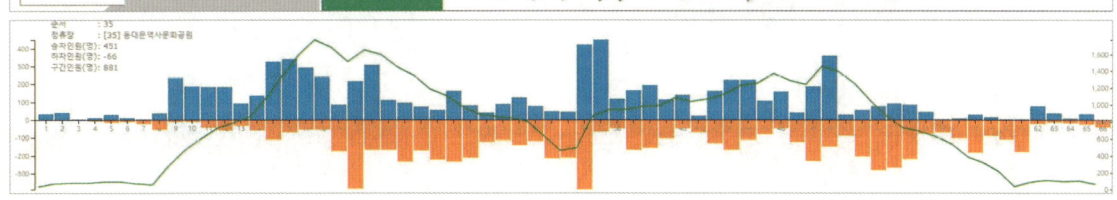

197

박흥식의 시내버스 노선조정 [노선은 생물(生物)이다]

🚌 **2015번** : 중랑공영차고지~동대문역사문화공원을 기종점으로 왕복 81개의 정류소에 정차한다. 이용승객은 18,123명, 16개의 정류장이 전철역을 연계하며, 일평균 운행속도는 12.7km/h, 운행시간 2시간 25분이다. (2024.07.12. 기준)

노선번호	2015	인가대수	26대	인가거리	29.81km	첫차시간	04:30
업 체 명	대원교통	운행대수	25대	운행시간	153분	막차시간	23:10
기 점	중랑공영차고지	예비대수	1대	운행횟수	총 144회/일	배차간격	최소 6분
종 점	동대문역사문화공원	정상대수	25대		대당 6회/대		최대 10분

🚌 **2016번** : 중랑공영차고지~이촌2동을 기종점으로 왕복 136개의 정류소에 정차한다. 이용승객은 15,661명, 22개의 정류장이 전철역을 연계하며, 일평균 운행속도는 13.9km/h, 운행시간 4시간 1분이다. (2024.07.12. 기준)

노선번호	2016	인가대수	24대	인가거리	54.70km	첫차시간	04:00
업 체 명	대원교통	운행대수	19대	운행시간	235분	막차시간	22:20
기 점	중랑공영차고지	예비대수	5대	운행횟수	총 88회/일	배차간격	최소 9분
종 점	이촌2동	정상대수	19대		대당 4회/대		최대 15분

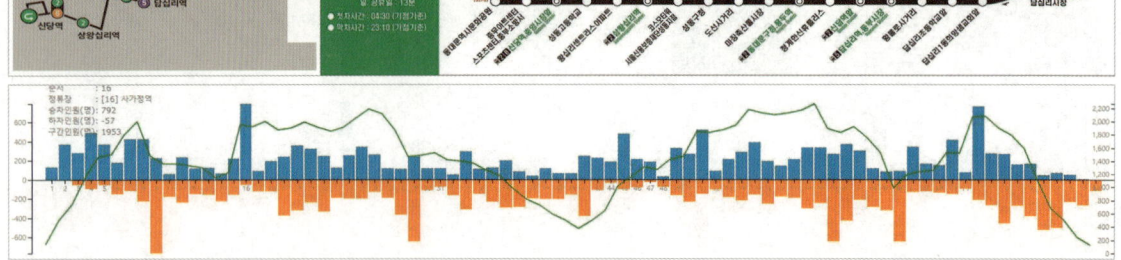

CHAPTER 05 시내버스 노선도

🚌 **2112번** : 면목동~성북동을 기종점으로 왕복 109개의 정류소에 정차한다. 이용승객은 11,401명, 6개의 정류장이 전철역을 연계하며, 일평균 운행속도는 12km/h, 운행시간 1시간 18분이다. (2024.07.12. 기준)

노선번호	2112	인가대수	14대	인가거리	36.51km	첫차시간	04:30
업체명	북부운수	운행대수	14대	운행시간	170분	막차시간	22:40
기 점	면목동	예비대수	0대	운행횟수 총	74회/일	배차간격 최소	10분
종 점	성북동	정상대수	14대	대당	5.3회/대	최대	18분

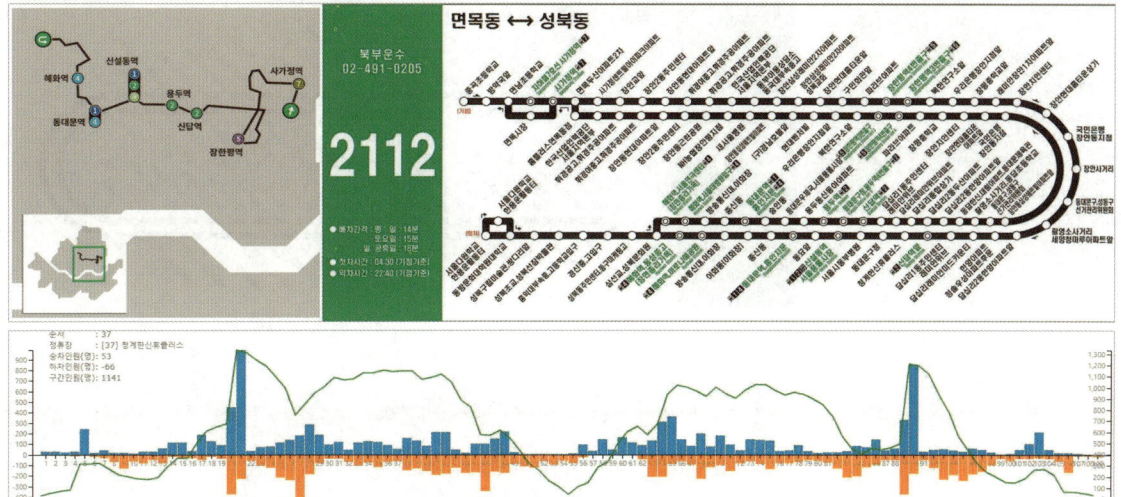

🚌 **2113번** : 중랑공영차고지~석계역을 기종점으로 왕복 66개의 정류소에 정차한다. 이용승객은 5,482명, 8개의 정류장이 전철역을 연계하며, 일평균 운행속도는 11.8km/h, 운행시간 1시간 39분이다. (2024.07.12. 기준)

노선번호	2113	인가대수	13대	인가거리	19.09km	첫차시간	05:00
업체명	보광운수	운행대수	13대	운행시간	100분	막차시간	23:50
기 점	중랑공영차고지	예비대수	0대	운행횟수 총	119회/일	배차간격 최소	12분
종 점	석계역	정상대수	12대	대당	9.5회/대	최대	20분

박흥식의 시내버스 노선조정 [노선은 생물(生物)이다]

🚌 **2114번** : 중랑공영차고지~태릉시장을 기종점으로 왕복 78개의 정류소에 정차한다. 이용승객은 5,907명, 14개의 정류장이 전철역을 연계하며, 일평균 운행속도는 11.9km/h, 운행시간 2시간 0분이다. (2024.07.12. 기준)

노선번호	2114	인가대수	13대	인가거리	27.00km	첫차시간	05:30
업체명	보광운수	운행대수	13대	운행시간	120분	막차시간	23:30
기점	중랑공영차고지	예비대수	0대	운행횟수 총	102회/일	배차간격 최소	9분
종점	태릉시장	정상대수	12대	대당	8.2회/대	최대	13분

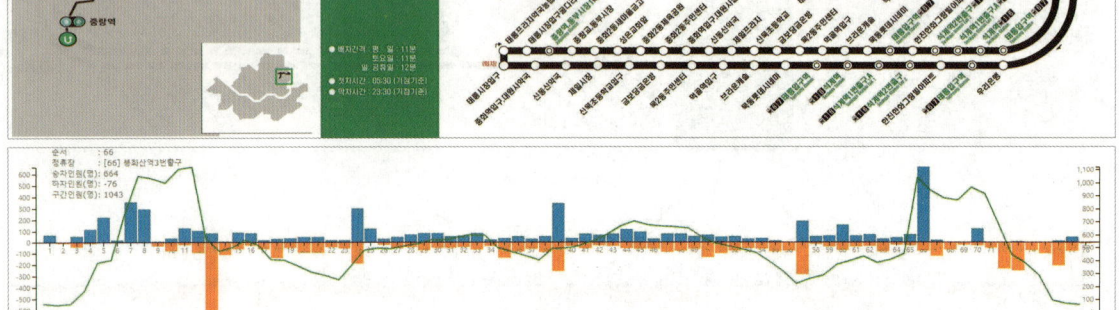

🚌 **2115번** : 중랑공영차고지~서경대입구를 기종점으로 왕복 107개의 정류소에 정차한다. 이용승객은 15,853명, 11개의 정류장이 전철역을 연계하며, 일평균 운행속도는 12.9km/h, 운행시간 2시간 27분이다. (2024.07.12. 기준)

노선번호	2115	인가대수	29대	인가거리	36.70km	첫차시간	04:00
업체명	도원교통 상진운수	운행대수	27대	운행시간	170분	막차시간	22:50
기점	중랑공영차고지	예비대수	2대	운행횟수 총	149회/일	배차간격 최소	6분
종점	서경대입구	정상대수	27대	대당	5.5회/대	최대	11분

CHAPTER 05 시내버스 노선도

🚌 **2211번** : 면목동~회기역을 기종점으로 왕복 50개의 정류소에 정차한다. 이용승객은 18,001명, 3개의 정류장이 전철역을 연계하며, 일평균 운행속도는 12.9km/h, 운행시간 1시간 20분이다. (2024.07.12. 기준)

노선번호	2211	인가대수	18대	인가거리		16.80km	첫차시간		04:40
업체명	북부운수	운행대수	17대	운행시간		82분	막차시간		23:25
기 점	면목동	예비대수	1대	운행횟수	총	192회/일	배차간격	최소	5분
종 점	회기역	정상대수	17대		대당	11회/대		최대	7분

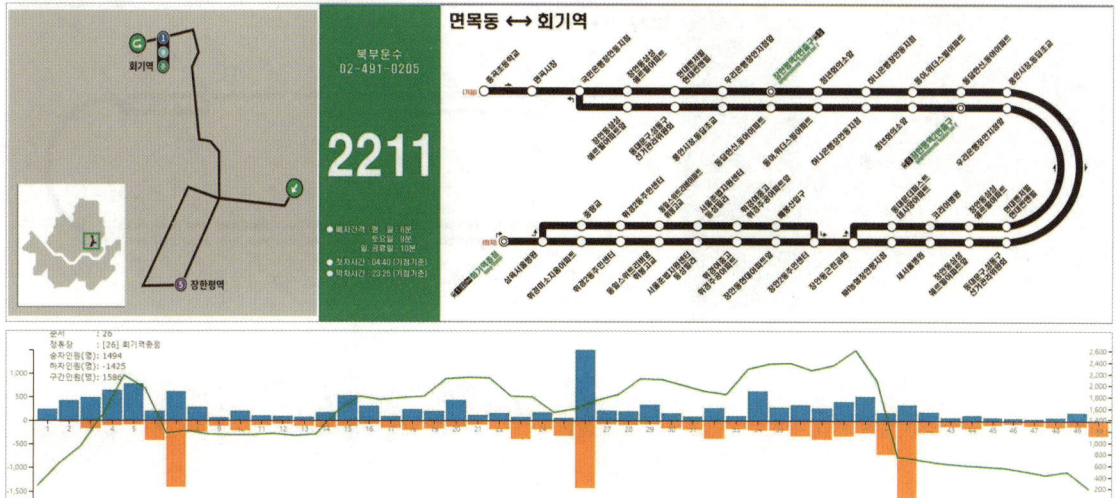

🚌 **2212번** : 불암동~면목동(서일대)을 기종점으로 왕복 87개의 정류소에 정차한다. 이용승객은 3,448명, 11개의 정류장이 전철역을 연계하며, 일평균 운행속도는 14.4km/h, 운행시간 2시간 15분이다. (2024.07.12. 기준)

노선번호	2212	인가대수	10대	인가거리		32.30km	첫차시간		04:10
업체명	태릉교통	운행대수	10대	운행시간		140분	막차시간		22:30
기 점	불암동	예비대수	0대	운행횟수	총	70회/일	배차간격	최소	13분
종 점	면목동(서일대)	정상대수	10대		대당	7회/대		최대	23분

201

박흥식의 시내버스 노선조정 [노선은 생물(生物)이다]

🚌 **2221번** : 자양동~신설동을 기종점으로 왕복 56개의 정류소에 정차한다. 이용승객은 11,395명, 11개의 정류장이 전철역을 연계하며, 일평균 운행속도는 13.4km/h, 운행시간 1시간 52분이다. (2024.07.12. 기준)

노선번호	2221	인가대수	20대	인가거리	24.400km	첫차시간	04:30
업체명	신흥운수	운행대수	19대	운행시간	106분	막차시간	23:15
기 점	자양동	예비대수	0대	운행횟수 총	147회/일	배차간격 최소	6분
종 점	신설동	정상대수	17대	대당	8.2회/대	최대	13분

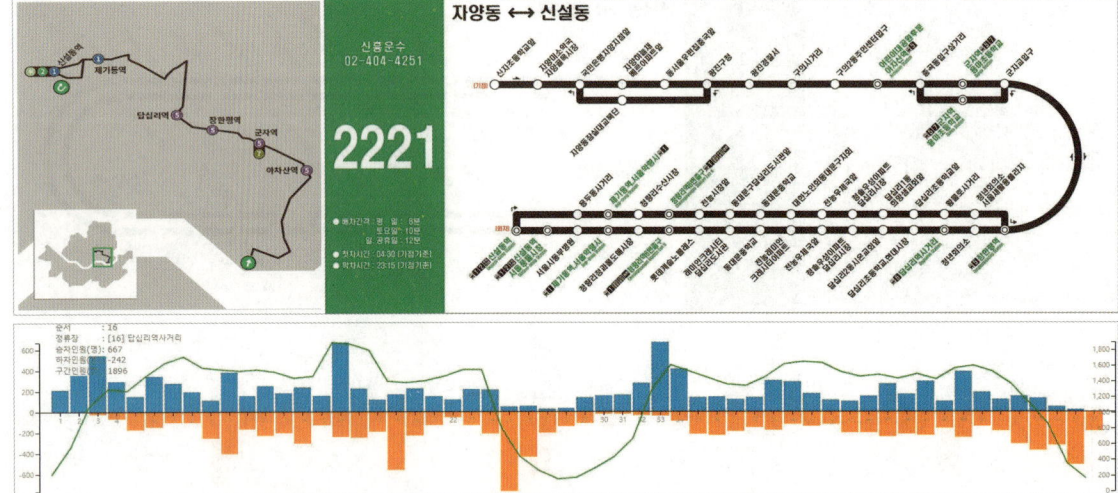

🚌 **2222번** : 중계본동종점~석계역을 기종점으로 왕복 61개의 정류소에 정차한다. 이용승객은 7,922명, 8개의 정류장이 전철역을 연계하며, 일평균 운행속도는 13.1km/h, 운행시간 1시간 45분이다. (2024.07.12. 기준)

노선번호	2222	인가대수	14대	인가거리	23:20km	첫차시간	04:30
업체명	신흥운수	운행대수	13대	운행시간	120분	막차시간	23:20
기 점	자양동	예비대수	1대	운행횟수 총	104회/일	배차간격 최소	8분
종 점	고대앞	정상대수	13대	대당	8회/대	최대	20분

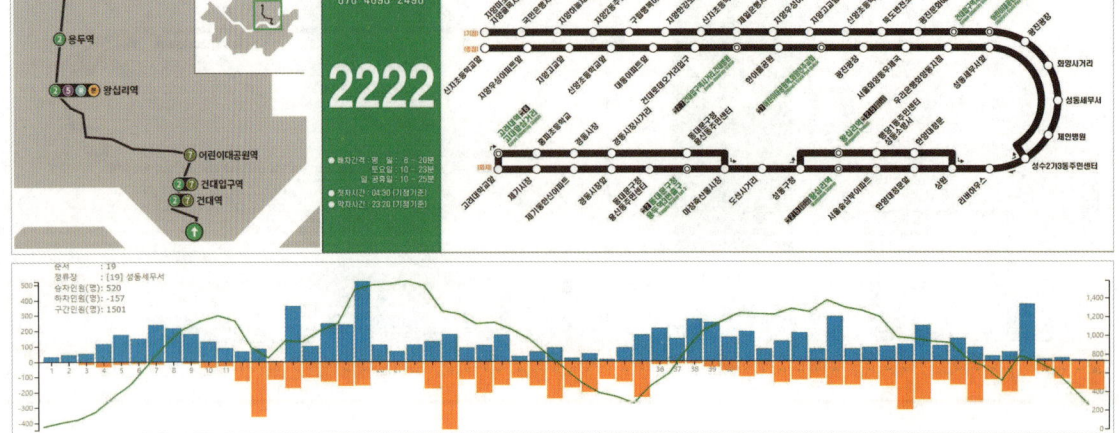

CHAPTER 05 시내버스 노선도

🚌 **2224번** : 성수동~강변역을 기종점으로 왕복 53개의 정류소에 정차한다. 이용승객은 4,101명, 11개의 정류장이 전철역을 연계하며, 일평균 운행속도는 12.4km/h, 운행시간 1시간 29분이다. (2024.07.12. 기준)

노선번호	2224	인가대수	11대	인가거리	17.30km	첫차시간	04:10
업 체 명	태진운수	운행대수	10대	운행시간	93분	막차시간	23:15
기 점	성수동	예비대수	1대	운행횟수 총	90회/일	배차간격 최소	11분
종 점	강변역	정상대수	9대	대당	9.45회/대	최대	16분

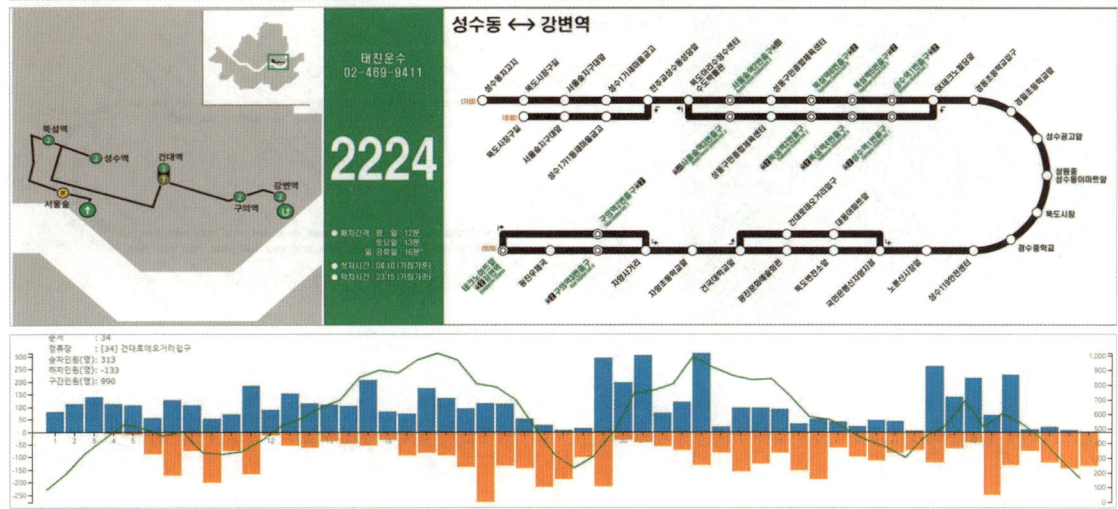

🚌 **2227번** : 중랑차고지~광장동을 기종점으로 왕복 107개의 정류소에 정차한다. 이용승객은 14,193명, 14개의 정류장이 전철역을 연계하며, 일평균 운행속도는 12.8km/h, 운행시간 3시간 1분이다. (2024.07.12. 기준)

노선번호	2227	인가대수	22대	인가거리	39.50km	첫차시간	04:20
업 체 명	메트로	운행대수	18대	운행시간	185분	막차시간	22:40
기 점	중랑차고지	예비대수	4대	운행횟수 총	105회/일	배차간격 최소	9분
종 점	광장동	정상대수	18대	대당	5회/대	최대	12분

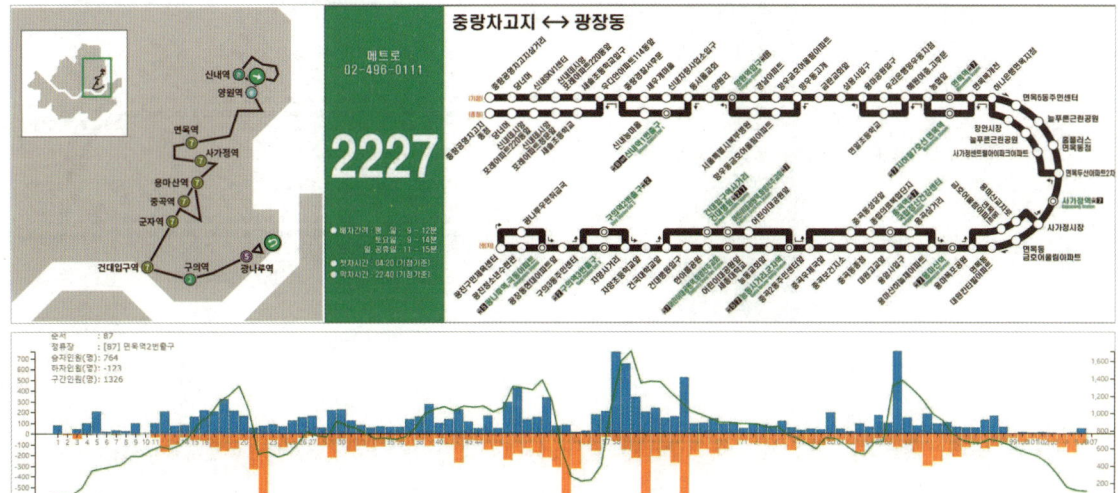

박흥식의 시내버스 노선조정 [노선은 생물(生物)이다]

🚌 **2230번** : 면목동~경동시장을 기종점으로 왕복 91개의 정류소에 정차한다. 이용승객은 14,115명, 9개의 정류장이 전철역을 연계하며, 일평균 운행속도는 12.5km/h, 운행시간 2시간 21분이다. (2024.07.12. 기준)

노선번호	2230	인가대수	19대	인가거리	28:10km	첫차시간	04:20
업체명	북부운수	운행대수	17대	운행시간	150분	막차시간	23:00
기 점	면목동	예비대수	1대	운행횟수 총	114회/일	배차간격 최소	5분
종 점	경동시장	정상대수	17대	대당	6.7회/대	최대	10분

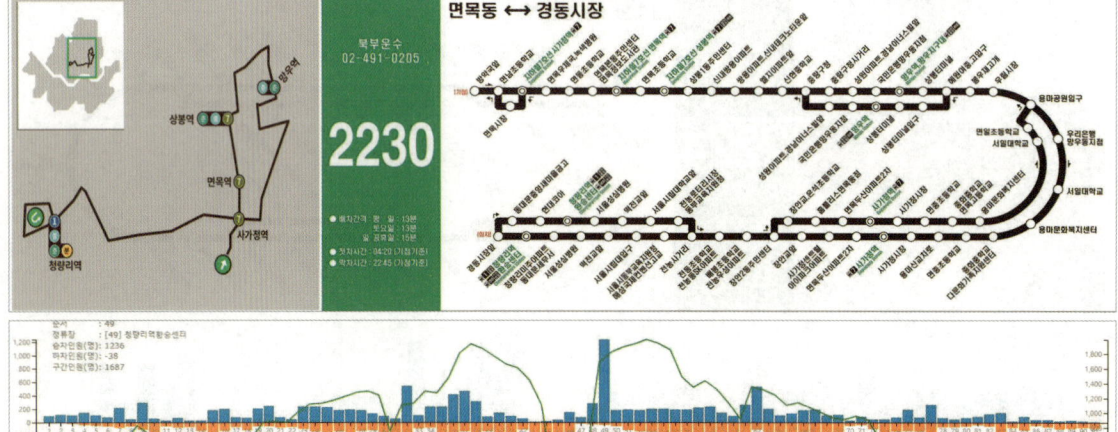

🚌 **2233번** : 면목동~옥수동을 기종점으로 왕복 119개의 정류소에 정차한다. 이용승객은 11,094명, 20개의 정류장이 전철역을 연계하며, 일평균 운행속도는 13.9km/h, 운행시간 3시간 13분이다. (2024.07.12. 기준)

노선번호	2233	인가대수	16대	인가거리	42.71km	첫차시간	04:30
업체명	북부운수	운행대수	16대	운행시간	192분	막차시간	22:40
기 점	면목동	예비대수	0대	운행횟수 총	76회/일	배차간격 최소	12분
종 점	옥수동	정상대수	16대	대당	4.77회/대	최대	17분

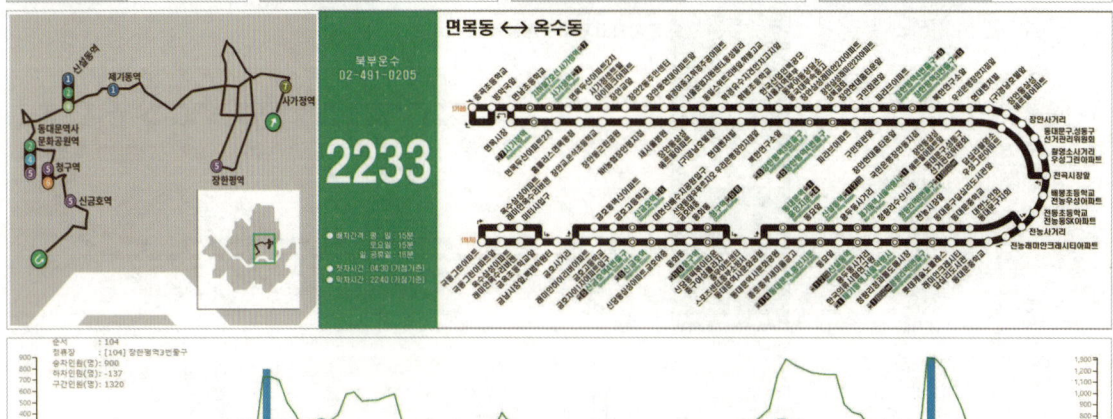

CHAPTER 05 시내버스 노선도

🚌 **2236번** : 중랑공영차고지~신이문역을 기종점으로 왕복 85개의 정류소에 정차한다. 이용승객은 5,750명, 15개의 정류장이 전철역을 연계하며, 일평균 운행속도는 11.4km/h, 운행시간 2시간 26분이다. (2024.07.12. 기준)

노선번호	2236	인가대수	15대	인가거리	27.00km	첫차시간	05:00
업체명	보광운수	운행대수	15대	운행시간	150분	막차시간	22:30
기 점	중랑공영차고지	예비대수	0대	운행횟수	총 84회/일	배차간격	최소 10분
종 점	신이문역	정상대수	13대		대당 6회/대		최대 15분

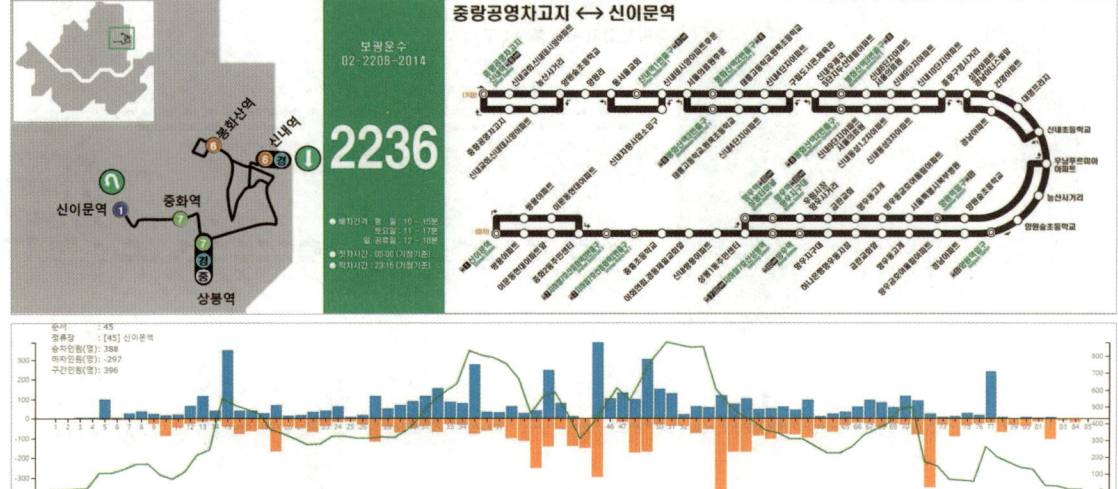

🚌 **2311번** : 중랑차고지~문정동을 기종점으로 왕복 116개의 정류소에 정차한다. 이용승객은 11,117명, 15개의 정류장이 전철역을 연계하며, 일평균 운행속도는 13.8km/h, 운행시간 3시간 25분이다. (2024.07.12. 기준)

노선번호	2311	인가대수	22대	인가거리	45.50km	첫차시간	04:00
업체명	북부운수	운행대수	21대	운행시간	220분	막차시간	22:30
기 점	중랑차고지	예비대수	1대	운행횟수	총 95회/일	배차간격	최소 11분
종 점	문정동	정상대수	21대		대당 4.5회/대		최대 13분

박흥식의 시내버스 노선조정 [노선은 생물(生物)이다]

🚌 **2312번** : 강동차고지~중랑차고지를 기종점으로 왕복 104개의 정류소에 정차한다. 이용승객은 11,674명, 21개의 정류장이 전철역을 연계하며, 일평균 운행속도는 18.1km/h, 운행시간 1시간 20분이다. (2024.07.12. 기준)

노선번호	2312	인가대수	16대	인가거리	46.00km	첫차시간	04:20
업체명	대원여객 북부운수	운행대수	16대	운행시간	90분	막차시간	22:30
기 점	강동차고지	예비대수	0대	운행횟수	총 80회/일	배차간격	최소 8분
종 점	중랑차고지	정상대수	16대		대당 5회/대		최대 12분

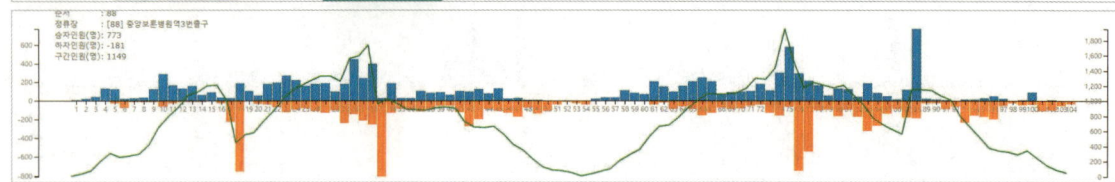

🚌 **2412번** : 성수동~세곡동사거리를 기종점으로 왕복 75개의 정류소에 정차한다. 이용승객은 11,670명, 10개의 정류장이 전철역을 연계하며, 일평균 운행속도는 14.1km/h, 운행시간 2시간 25분이다. (2024.07.12. 기준)

노선번호	2412	인가대수	15대	인가거리	34.00km	첫차시간	04:00
업체명	태진운수	운행대수	14대	운행시간	133분	막차시간	22:40
기 점	성수동	예비대수	1대	운행횟수	총 99회/일	배차간격	최소 10분
종 점	세곡동사거리	정상대수	13대		대당 6.8회/대		최대 15분

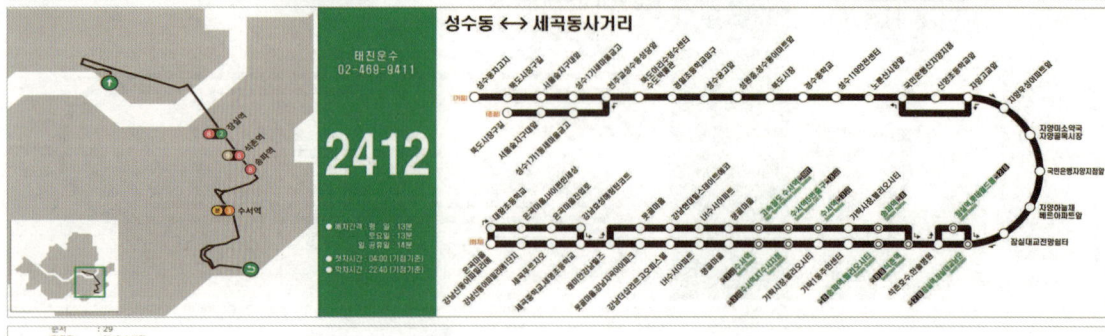

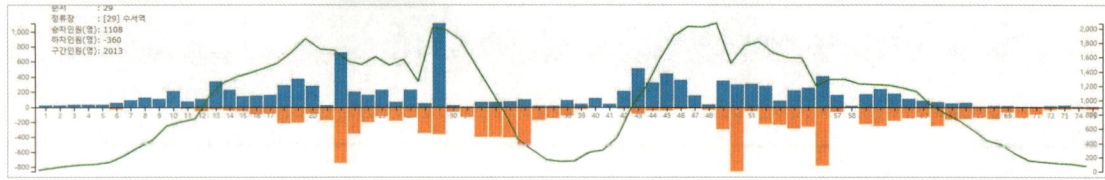

CHAPTER 05 시내버스 노선도

🚌 **2413번** : 성수동~개포동을 기종점으로 왕복 68개의 정류소에 정차한다. 이용승객은 6,030명, 14개의 정류장이 전철역을 연계하며, 일평균 운행속도는 13km/h, 운행시간 2시간 8분이다. (2024.07.12. 기준)

노선번호	2413	인가대수	11대	인가거리	26.30km	첫차시간	04:10
업체명	태진운수	운행대수	10대	운행시간	128분	막차시간	23:10
기점	성수동	예비대수	1대	운행횟수 총	70회/일	배차간격 최소	13분
종점	개포동	정상대수	10대	대당	7회/대	최대	20분

🚌 **2415번** : 자양동~대치동을 기종점으로 왕복 51개의 정류소에 정차한다. 이용승객은 9,914명, 15개의 정류장이 전철역을 연계하며, 일평균 운행속도는 12.9km/h, 운행시간 2시간 5분이다. (2024.07.12. 기준)

노선번호	2415	인가대수	20대	인가거리	25.20km	첫차시간	04:30
업체명	신흥운수	운행대수	19대	운행시간	115분	막차시간	23:20
기점	자양동	예비대수	1대	운행횟수 총	139회/일	배차간격 최소	6분
종점	대치동	정상대수	17대	대당	7.7회/대	최대	16분

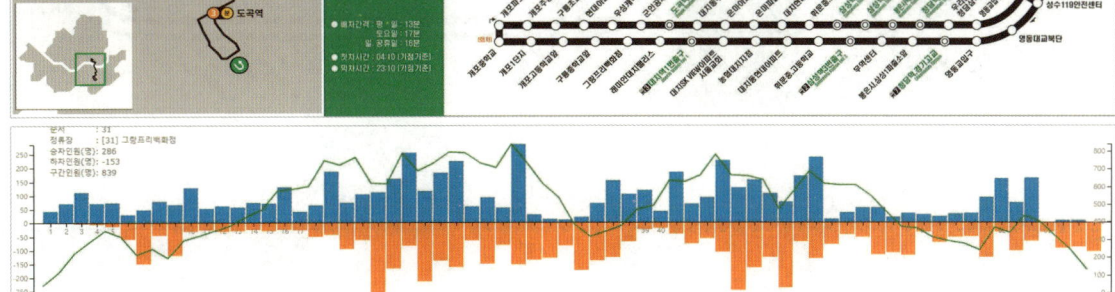

박흥식의 시내버스 노선조정 [노선은 생물(生物)이다]

🚌 **2416번** : 중랑공영차고지~삼성역을 기종점으로 왕복 87개의 정류소에 정차한다. 이용승객은 9,203명, 16개의 정류장이 전철역을 연계하며, 일평균 운행속도는 12.8km/h, 운행시간 2시간 55분이다. (2024.07.12. 기준)

노선번호	2416	인가대수	15대	인가거리	35.70km	첫차시간	04:30
업 체 명	대원여객	운행대수	14대	운행시간	190분	막차시간	22:40
기 점	중랑공영차고지	예비대수	1대	운행횟수	총	65회/일	배차간격	최소	14분
종 점	삼성역	정상대수	14대		대당	5회/대		최대	17분

🚌 **3011번** : 장지공영차고지~한남동을 기종점으로 왕복 87개의 정류소에 정차한다. 이용승객은 5,283명, 11개의 정류장이 전철역을 연계하며, 일평균 운행속도는 13.8km/h, 운행시간 3시간 8분이다. (2024.07.12. 기준)

노선번호	3011	인가대수	23대	인가거리	43.16km	첫차시간	04:20
업 체 명	서울버스 진화운수	운행대수	21대	운행시간	180분	막차시간	22:50
기 점	장지공영차고지	예비대수	2대	운행횟수	총	101회/일	배차간격	최소	10분
종 점	한남동	정상대수	19대		대당	5회/대		최대	13분

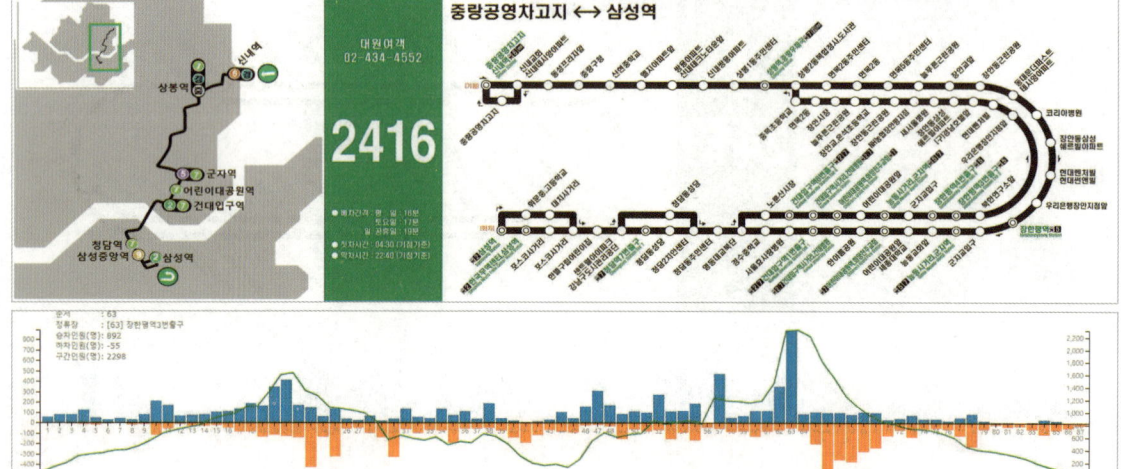

CHAPTER 05 시내버스 노선도

🚌 **3212번** : 강동차고지~강변역을 기종점으로 왕복 66개의 정류소에 정차한다. 이용승객은 5,246명, 6개의 정류장이 전철역을 연계하며, 일평균 운행속도는 13.6km/h, 운행시간 1시간 56분이다. (2024.07.12. 기준)

노선번호	3212	인가대수	10대	인가거리	26.50km	첫차시간	04:30
업체명	서울승합	운행대수	10대	운행시간	120분	막차시간	23:30
기 점	강동차고지	예비대수	0대	운행횟수	총	80회/일	배차간격	최소	12분
종 점	강변역	정상대수	10대		대당	8회/대		최대	16분

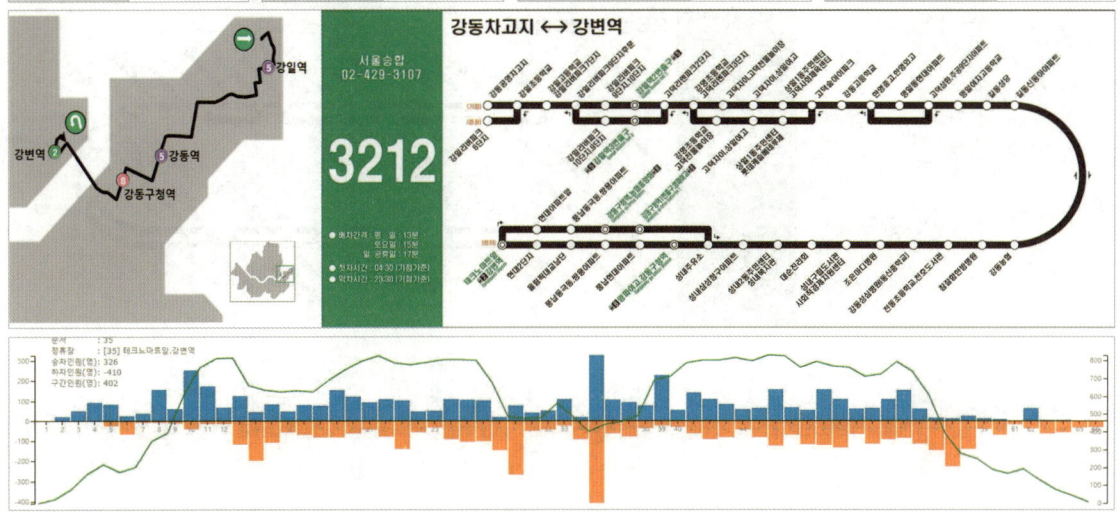

🚌 **3214번** : 마천동~강변역을 기종점으로 왕복 56개의 정류소에 정차한다. 이용승객은 6610명, 15개의 정류장이 전철역을 연계하며, 일평균 운행속도는 15.6km/h, 운행시간 1시간 44분이다. (2024.07.12. 기준)

노선번호	3214	인가대수	11대	인가거리	26.44km	첫차시간	04:40
업체명	송파상운	운행대수	11대	운행시간	112분	막차시간	23:20
기 점	마천동	예비대수	0대	운행횟수	총	88회/일	배차간격	최소	11분
종 점	강변역	정상대수	10대		대당	8.4회/대		최대	14분

박흥식의 시내버스 노선조정 [노선은 생물(生物)이다]

🚌 **3216번** : 오금동~경희대입구를 기종점으로 왕복 90개의 정류소에 정차한다. 이용승객은 13,487명, 12개의 정류장이 전철역을 연계하며, 일평균 운행속도는 13.9km/h, 운행시간 2시간 50분이다. (2024.07.12. 기준)

노선번호	3216	인가대수	20대	인가거리	38.10km	첫차시간		04:30
업체명	신흥운수	운행대수	19대	운행시간	165분	막차시간		22:40
기점	오금동	예비대수	0대	운행횟수	총	95회/일	배차간격	최소	11분
종점	경희대입구	정상대수	17대		대당	5.1회/대		최대	15분

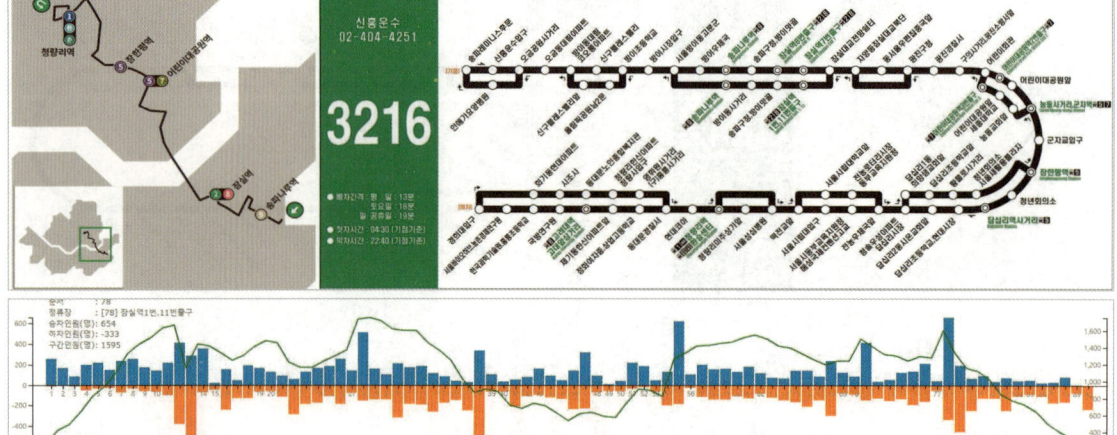

🚌 **3217번** : 복정역환승센터~어린이대공원을 기종점으로 왕복 82개의 정류소에 정차한다. 이용승객은 15,848명, 23개의 정류장이 전철역을 연계하며, 일평균 운행속도는 13.5km/h, 운행시간 3시간 13분이다. (2024.07.12. 기준)

노선번호	3217	인가대수	29대	인가거리	42.60km	첫차시간		04:00
업체명	한서교통	운행대수	27대	운행시간	180분	막차시간		23:45
기점	복정역환승센터	예비대수	2대	운행횟수	총	132회/일	배차간격	최소	7분
종점	어린이대공원	정상대수	26대		대당	5회/대		최대	10분

CHAPTER 05 시내버스 노선도

🚌 **3220번** : 오금동~경희대입구를 기종점으로 왕복 90개의 정류소에 정차한다. 이용승객은 13,373명, 10개의 정류장이 전철역을 연계하며, 일평균 운행속도는 14.5km/h, 운행시간 2시간 49분이다. (2024.07.12. 기준)

노선번호	3220	인가대수	19대	인가거리		37.38km	첫차시간		04:30
업체명	신흥운수	운행대수	18대	운행시간		165분	막차시간		22:40
기점	오금동	예비대수	1대	운행횟수	총	95회/일	배차간격	최소	9분
종점	청량리	정상대수	17대		대당	5.4회/대		최대	16분

🚌 **3313번** : 복정역환승센터~잠실새내역을 기종점으로 왕복 41개의 정류소에 정차한다. 이용승객은 10,840명, 16개의 정류장이 전철역을 연계하며, 일평균 운행속도는 12.8km/h, 운행시간 1시간 37분이다. (2024.07.12. 기준)

노선번호	3313	인가대수	18대	인가거리		21.00km	첫차시간		04:25
업체명	대성운수 한서교통	운행대수	17대	운행시간		115분	막차시간		23:25
기점	복정역환승센터	예비대수	1대	운행횟수	총	132회/일	배차간격	최소	7분
종점	잠실새내역	정상대수	16대		대당	8회/대		최대	12분

박흥식의 시내버스 노선조정 [노선은 생물(生物)이다]

🚌 **3314번** : 장지공영차고지~종합운동장을 기종점으로 왕복 68개의 정류소에 정차한다. 이용승객은 11,174명, 11개의 정류장이 전철역을 연계하며, 일평균 운행속도는 14.8km/h, 운행시간 2시간 4분이다. (2024.07.12. 기준)

노선번호	3314	인가대수	17대	인가거리	29.40km	첫차시간	04:40
업 체 명	송파상운	운행대수	17대	운행시간	125분	막차시간	23:20
기 점	장지공영차고지	예비대수	0대	운행횟수 총	124회/일	배차간격 최소	8분
종 점	종합운동장	정상대수	16대	운행횟수 대당	7.5회/대	배차간격 최대	11분

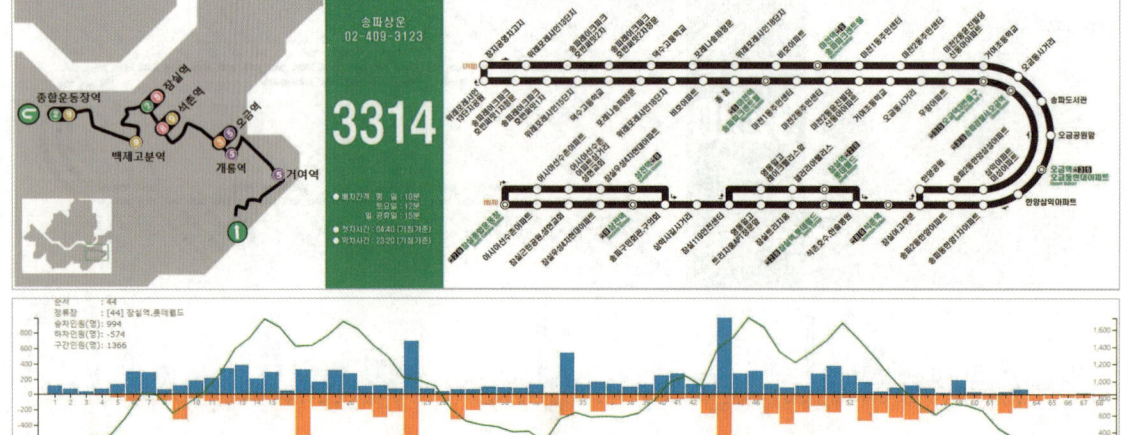

🚌 **3315번** : 장지공영차고지~삼전동사회복지관을 기종점으로 왕복 74개의 정류소에 정차한다. 이용승객은 17,880명, 15개의 정류장이 전철역을 연계하며, 일평균 운행속도는 13.6km/h, 운행시간 2시간 4분이다. (2024.07.12. 기준)

노선번호	3315	인가대수	23대	인가거리	27.40km	첫차시간	04:30
업 체 명	송파상운	운행대수	23대	운행시간	125분	막차시간	2320
기 점	장지공영차고지	예비대수	0대	운행횟수 총	169회/일	배차간격 최소	5분
종 점	삼전동사회복지관	정상대수	22대	운행횟수 대당	7.5회/대	배차간격 최대	8분

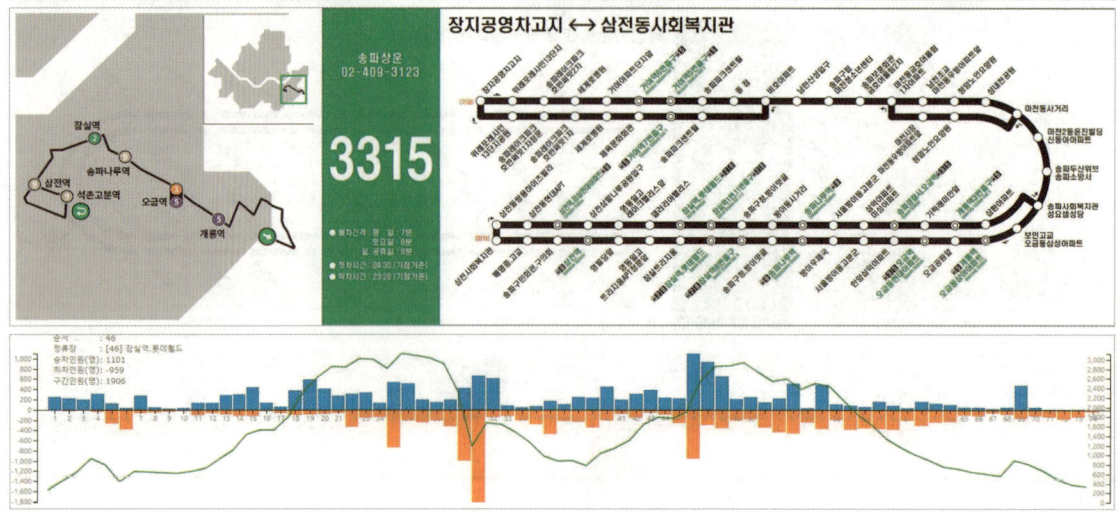

CHAPTER 05 시내버스 노선도

🚌 **3316번** : 마천동~천호역을 기종점으로 왕복 41개의 정류소에 정차한다. 이용승객은 5,134명, 8개의 정류장이 전철역을 연계하며, 일평균 운행속도는 15.4km/h, 운행시간 1시간 15분이다. (2024.07.12. 기준)

노선번호	3316	인가대수	10대	인가거리	18.70km	첫차시간	04:50
업체명	송파상운	운행대수	9대	운행시간	66분	막차시간	23:30
기 점	마천동	예비대수	1대	운행횟수 총	108회/일	배차간격 최소	9분
종 점	천호역	정상대수	9대	대당	12회/대	최대	12분

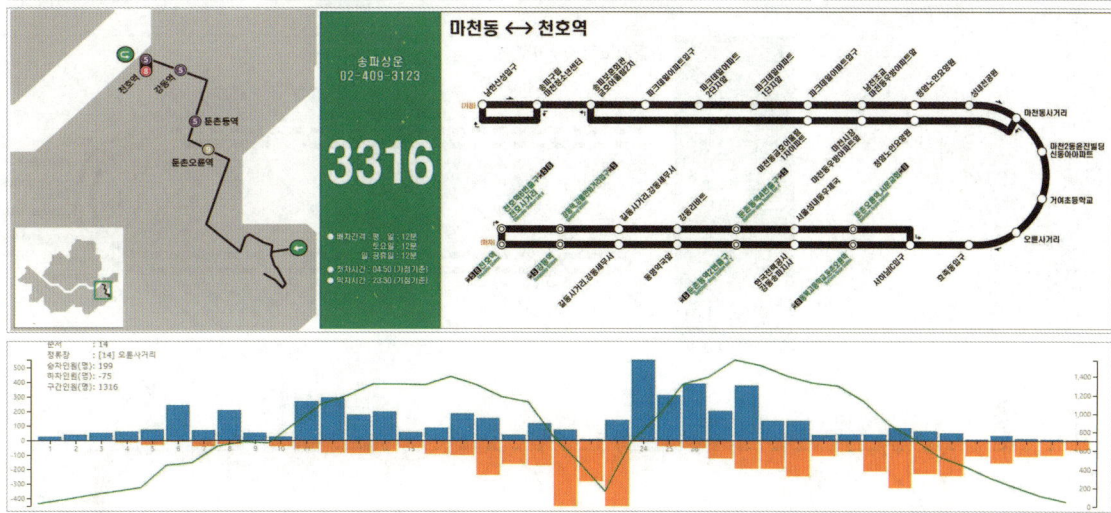

🚌 **3317번** : 남한산성입구~잠실새내역을 기종점으로 왕복 38개의 정류소에 정차한다. 이용승객은 5,490명, 5개의 정류장이 전철역을 연계하며, 일평균 운행속도는 14.4km/h, 운행시간 1시간 16분이다. (2024.07.12. 기준)

노선번호	3317	인가대수	11대	인가거리	18.40km	첫차시간	04:30
업체명	송파상운	운행대수	9대	운행시간	83분	막차시간	23:30
기 점	남한산성입구	예비대수	2대	운행횟수 총	124회/일	배차간격 최소	8분
종 점	잠실새내역	정상대수	9대	대당	11.3회/대	최대	10분

박홍식의 시내버스 노선조정 [노선은 생물(生物)이다]

🚌 **3318번** : 강동차고지~마천동을 기종점으로 왕복 111개의 정류소에 정차한다. 이용승객은 15,789명, 28개의 정류장이 전철역을 연계하며, 일평균 운행속도는 13.5km/h, 운행시간 3시간 20분이다. (2024.07.12. 기준)

노선번호	3318	인가대수	20대	인가거리	44.00km	첫차시간	04:30
업 체 명	서울승합 송파상운	운행대수	18대	운행시간	195분	막차시간	23:10
기 점	강동차고지	예비대수	2대	운행횟수	총 94회/일	배차간격	최소 10분
종 점	마천동	정상대수	18대		대당 4.7회/대		최대 13분

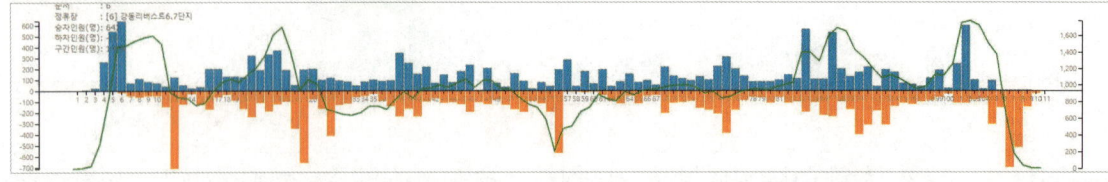

🚌 **3319번** : 장지공영차고지~잠실역7번출구를 기종점으로 왕복 55개의 정류소에 정차한다. 이용승객은 6,469명, 12개의 정류장이 전철역을 연계하며, 일평균 운행속도는 13.4km/h, 운행시간 1시간 48분 이다. (2024.07.12. 기준)

노선번호	3319	인가대수	12대	인가거리	23.40km	첫차시간	04:30
업 체 명	진화운수	운행대수	11대	운행시간	115분	막차시간	23:30
기 점	장지공영차고지	예비대수	1대	운행횟수	총 84회/일	배차간격	최소 11분
종 점	잠실역7번출구	정상대수	10대		대당 8회/대		최대 15분

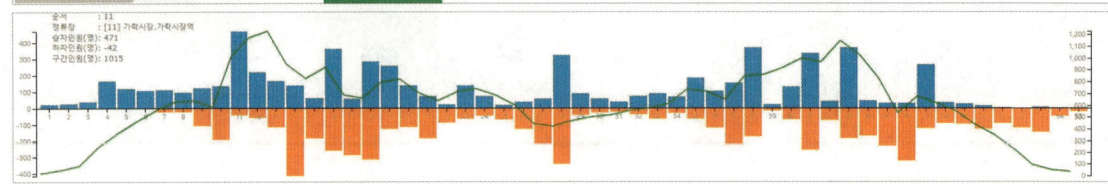

CHAPTER 05 시내버스 노선도

🚌 **3321번** : 강동공영차고지~강동구청을 기종점으로 왕복 73개의 정류소에 정차한다. 이용승객은 7,131명, 11개의 정류장이 전철역을 연계하며, 일평균 운행속도는 13.5km/h, 운행시간 1시간 50분이다. (2024.07.12. 기준)

노선번호	3321	인가대수	10대	인가거리	23.00km	첫차시간	04:30
업체명	서울승합 송파상운	운행대수	10대	운행시간	105분	막차시간	23:40
기점	강동공영차고지	예비대수	0대	운행횟수	총 80회/일	배차간격	최소 12분
종점	강동구청	정상대수	10대		대당 8회/대		최대 16분

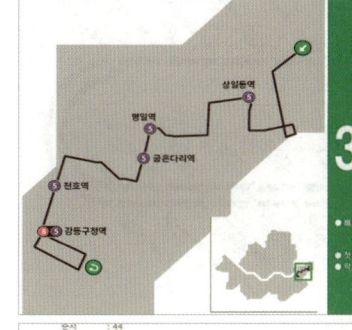  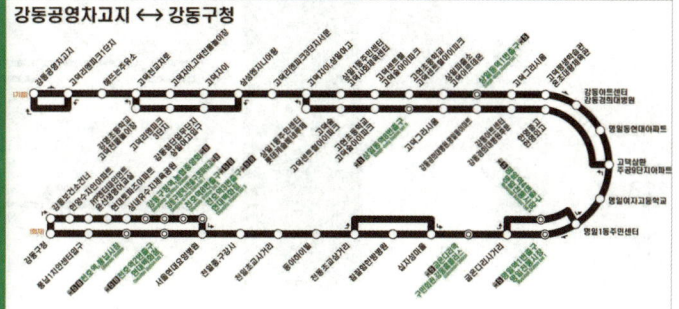

🚌 **3322번** : 복정역환승센터~잠실종합운동장을 기종점으로 왕복 60개의 정류소에 정차한다. 이용승객은 10,542명, 11개의 정류장이 전철역을 연계하며, 일평균 운행속도는 13km/h, 운행시간 2시간 0분이다. (2024.07.12. 기준)

노선번호	3322	인가대수	19대	인가거리	27.30km	첫차시간	04:00
업체명	한서교통	운행대수	18대	운행시간	120분	막차시간	23:20
기점	복정역환승센터	예비대수	1대	운행횟수	총 123회/일	배차간격	최소 7분
종점	잠실종합운동장	정상대수	17대		대당 7회/대		최대 12분

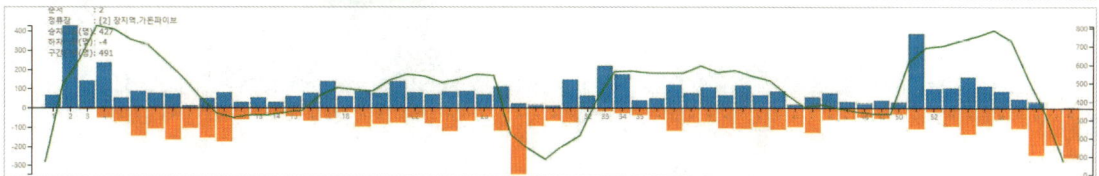

박흥식의 시내버스 노선조정 [노선은 생물(生物)이다]

🚌 **3323** : 강동차고지~중앙보훈병원역을 기종점으로 왕복 45개의 정류소에 정차한다. 이용승객은 3,086명, 9개의 정류장이 전철역을 연계하며, 일평균 운행속도는 14.1km/h, 운행시간 1시간 23분이다. (2024.07.12. 기준)

노선번호	3323	인가대수	8대	인가거리	19.20km	첫차시간	04:30
업 체 명	대원여객	운행대수	8대	운행시간	90분	막차시간	23:40
기 점	강동차고지	예비대수	0대	운행횟수 총	80회/일	배차간격 최소	12분
종 점	중앙보훈병원역	정상대수	8대	대당	10회/대	최대	16분

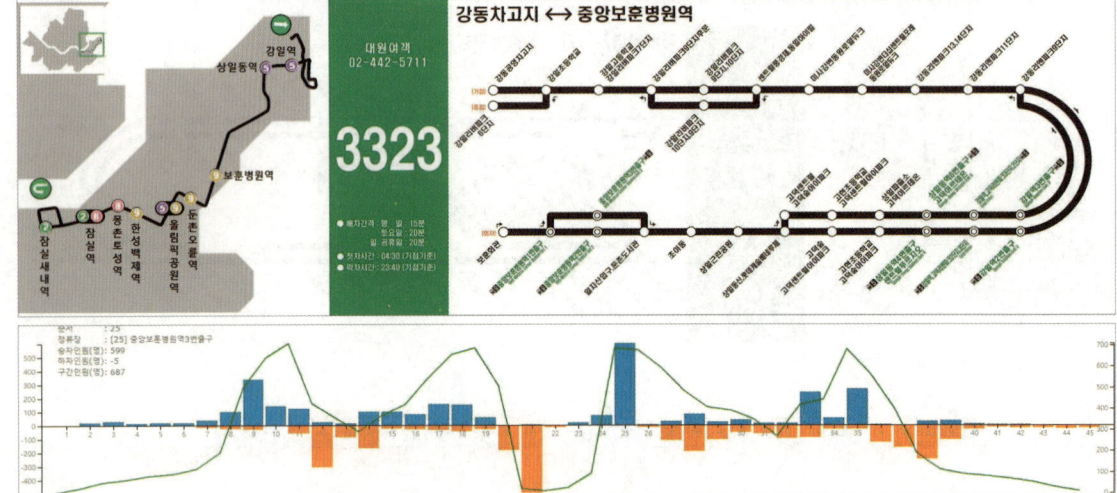

🚌 **3411번** : 강동차고지~삼성역을 기종점으로 왕복 83개의 정류소에 정차한다. 이용승객은 12,416명, 30개의 정류장이 전철역을 연계하며, 일평균 운행속도는 13.7km/h, 운행시간 2시간 32분이다. (2024.07.12. 기준)

노선번호	3411	인가대수	17대	인가거리	34.60km	첫차시간	04:30
업 체 명	서울승합	운행대수	16대	운행시간	160분	막차시간	23:20
기 점	강동차고지	예비대수	1대	운행횟수 총	102회/일	배차간격 최소	9분
종 점	삼성역	정상대수	16대	대당	6회/대	최대	13분

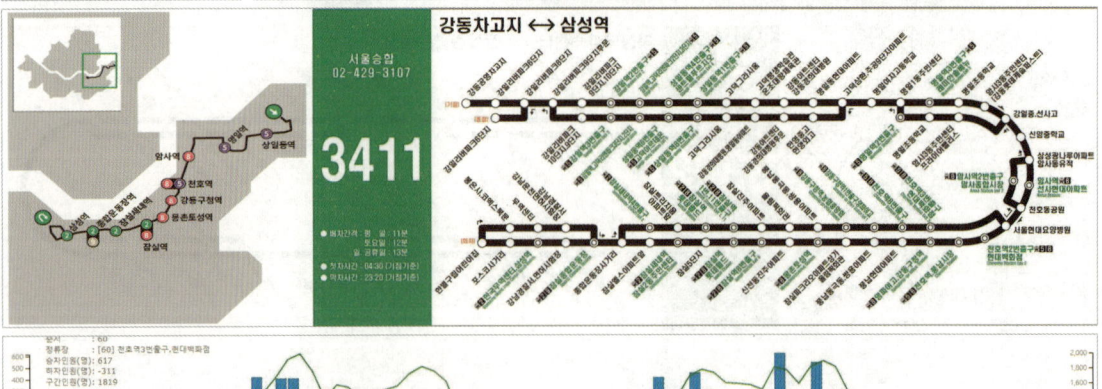

CHAPTER 05 시내버스 노선도

🚌 **3412번** : 강동차고지~강남역을 기종점으로 왕복 115개의 정류소에 정차한다. 이용승객은 11,502명, 34개의 정류장이 전철역을 연계하며, 일평균 운행속도는 13.3km/h, 운행시간 3시간 50분이다. (2024.07.12. 기준)

노선번호	3412	인가대수	22대	인가거리	50.80km	첫차시간	04:00
업체명	서울승합	운행대수	21대	운행시간	210분	막차시간	22:30
기 점	강동차고지	예비대수	1대	운행횟수 총	90회/일	배차간격 최소	10분
종 점	강남역	정상대수	21대	운행횟수 대당	4.3회/대	배차간격 최대	14분

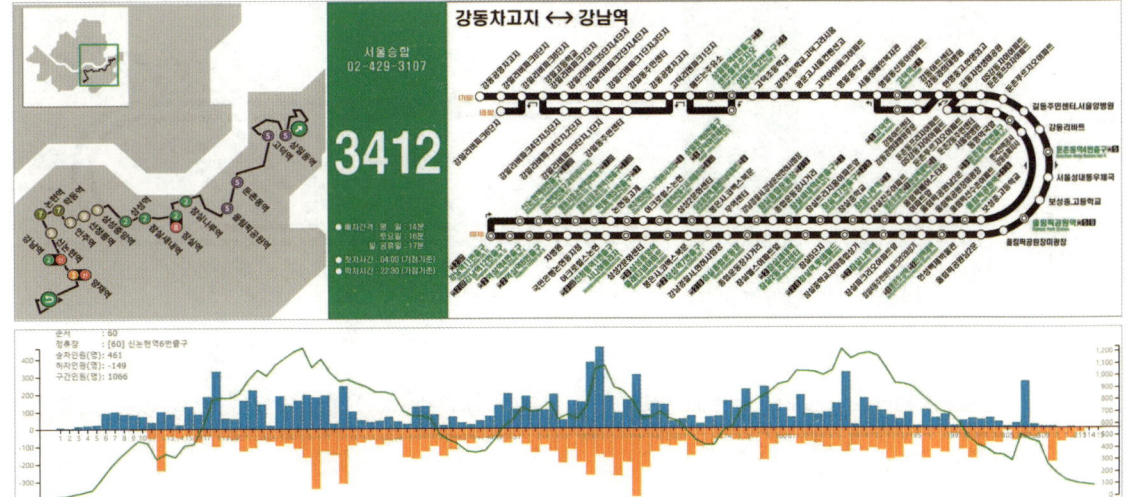

🚌 **3413번** : 강동차고지~수서경찰서를 기종점으로 왕복 100개의 정류소에 정차한다. 이용승객은 21,295명, 31개의 정류장이 전철역을 연계하며, 일평균 운행속도는 14.6km/h, 운행시간 3시간 2분이다. (2024.07.12. 기준)

노선번호	3413	인가대수	26대	인가거리	43.30km	첫차시간	04:20
업체명	서울승합	운행대수	24대	운행시간	190분	막차시간	23:00
기 점	강동차고지	예비대수	2대	운행횟수 총	128회/일	배차간격 최소	8분
종 점	수서경찰서	정상대수	24대	운행횟수 대당	5.1회/대	배차간격 최대	10분

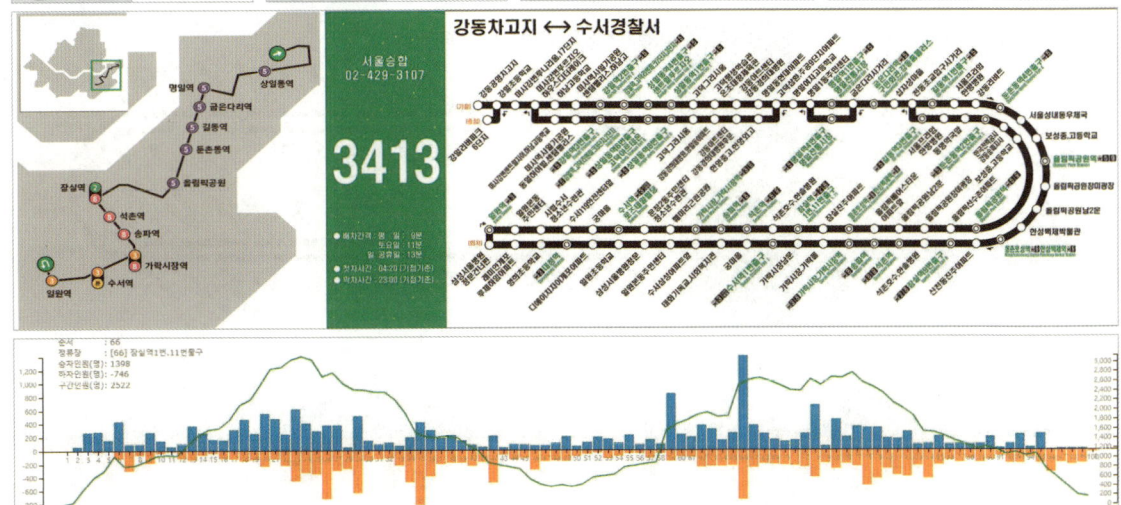

박흥식의 시내버스 노선조정 [노선은 생물(生物)이다]

🚌 **3414번** : 오금동~개포동을 기종점으로 왕복 87개의 정류소에 정차한다. 이용승객은 11,040명, 22개의 정류장이 전철역을 연계하며, 일평균 운행속도는 12.3km/h, 운행시간 3시간 5분이다. (2024.07.12. 기준)

노선번호	3414	인가대수	26대	인가거리	43.30km	첫차시간	04:20
업체명	신흥운수	운행대수	24대	운행시간	190분	막차시간	23:00
기점	오금동	예비대수	2대	운행횟수 총	128회/일	배차간격 최소	8분
종점	개포동	정상대수	24대	대당	5.1회/대	최대	10분

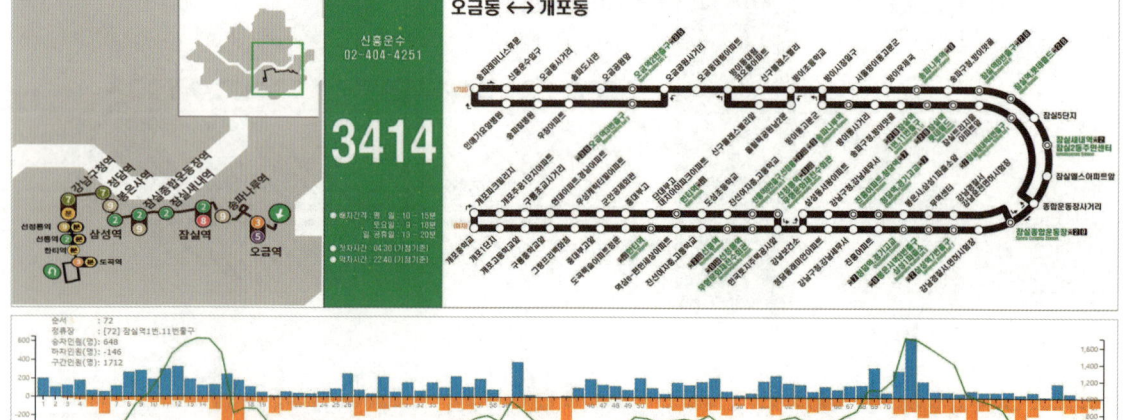

🚌 **3413번** : 마천동~은곡마을입구.리엔파크2단지를 기종점으로 왕복 64개의 정류소에 정차한다. 이용승객은 6,272명, 10개의 정류장이 전철역을 연계하며, 일평균 운행속도는 15km/h, 운행시간 1시간 31분이다. (2024.07.12. 기준)

노선번호	3416	인가대수	10대	인가거리	23.00km	첫차시간	04:40
업체명	송파상운	운행대수	10대	운행시간	100분	막차시간	23:30
기점	마천동	예비대수	0대	운행횟수 총	100회/일	배차간격 최소	10분
종점	은곡마을입구.리엔파크2단지	정상대수	10대	대당	10회/대	최대	13분

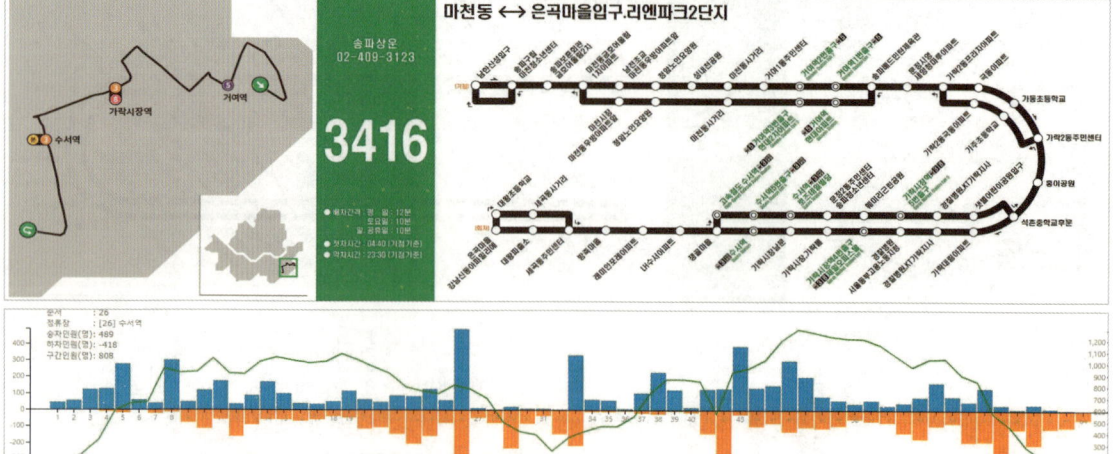

CHAPTER 05 시내버스 노선도

🚌 **3417번** : 장지공영차고지역~삼성역을 기종점으로 왕복 59개의 정류소에 정차한다. 이용승객은 11,238명, 6개의 정류장이 전철역을 연계하며, 일평균 운행속도는 13.6km/h, 운행시간 1시간 52분이다. (2024.07.12. 기준)

노선번호	3417	인가대수	23대	인가거리	24.60km	첫차시간	04:30
업체명	진화운수	운행대수	21대	운행시간	110분	막차시간	23:30
기 점	장지공영차고지	예비대수	2대	운행횟수	총 168회/일	배차간격	최소 5분
종 점	삼성역	정상대수	19대		대당 8회/대		최대 8분

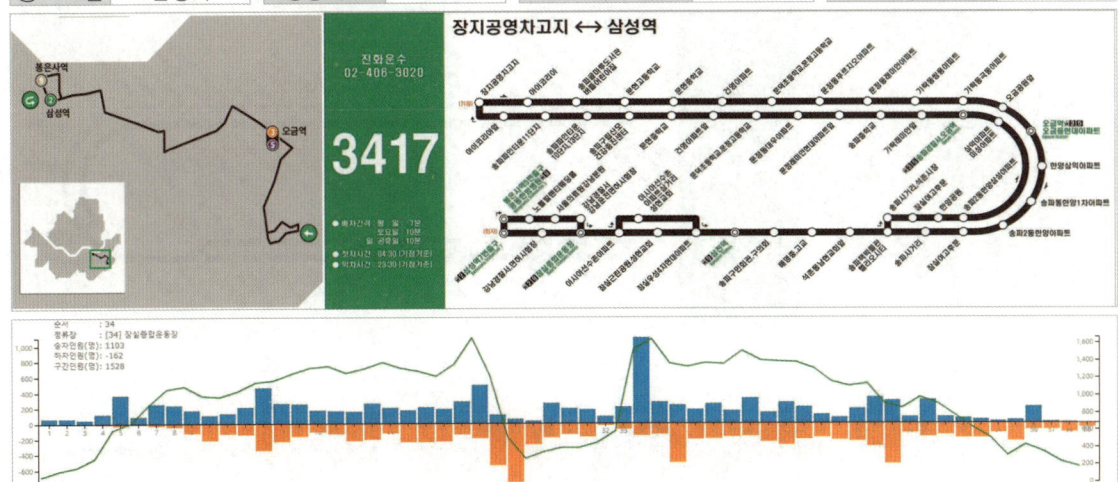

🚌 **3420번** : 복정역환승센터~구반포역을 기종점으로 왕복 88개의 정류소에 정차한다. 이용승객은 12,284명, 32개의 정류장이 전철역을 연계하며, 일평균 운행속도는 14.2km/h, 운행시간 3시간 27분이다. (2024.07.24. 기준)

노선번호	3420	인가대수	24대	인가거리	48.50km	첫차시간	04:00
업체명	남성버스 동성교통	운행대수	23대	운행시간	220분	막차시간	22:30
기 점	복정역환승센터	예비대수	1대	운행횟수	총 98회/일	배차간격	최소 9분
종 점	구반포역	정상대수	23대		대당 4.27회/대		최대 14분

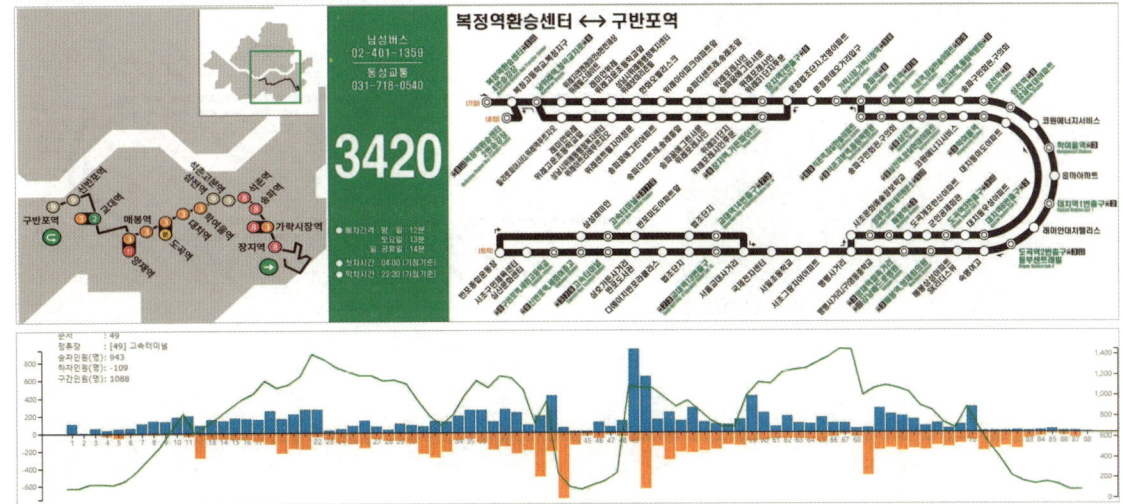

박흥식의 시내버스 노선조정 [노선은 생물(生物)이다]

🚌 **3422번** : 장지공영차고지~한티역을 기종점으로 왕복 91개의 정류소에 정차한다. 이용승객은 5,421명, 34개의 정류장이 전철역을 연계하며, 일평균 운행속도는 13.5km/h, 운행시간 3시간 1분이다. (2024.07.24. 기준)

노선번호	3422	인가대수	17대	인가거리	39.83km	첫차시간	04:20
업체명	진화운수	운행대수	16대	운행시간	185분	막차시간	22:30
기점	장지공영차고지	예비대수	1대	운행횟수 총	78회/일	배차간격 최소	10분
종점	한티역	정상대수	15대	대당	5회/대	최대	16분

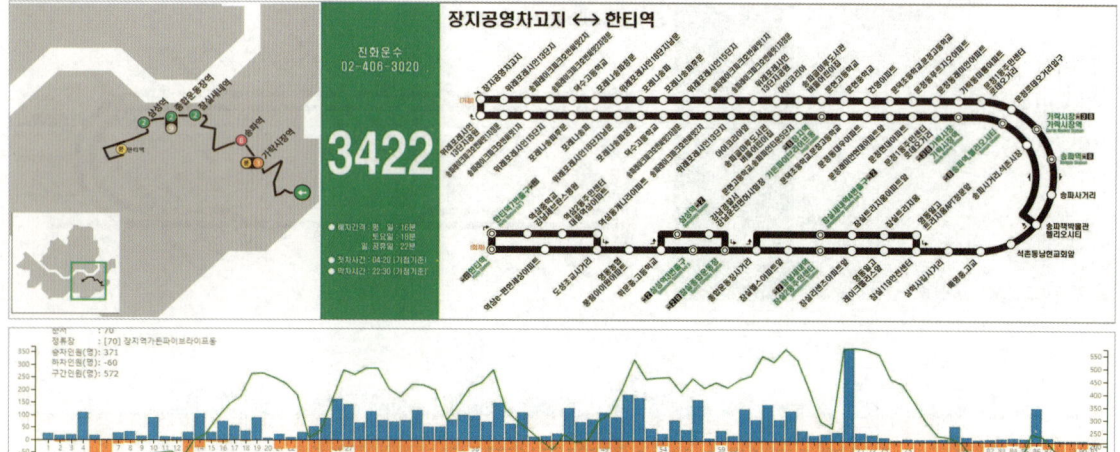

🚌 **3426번** : 서울버스종점~청담동을 기종점으로 왕복 86개의 정류소에 정차한다. 이용승객은 8696명, 21개의 정류장이 전철역을 연계하며, 일평균 운행속도는 13.5km/h, 운행시간 2시간 42분이다. (2024.07.24. 기준)

노선번호	3426	인가대수	21대	인가거리	36.940km	첫차시간	04:20
업체명	서울버스	운행대수	20대	운행시간	155분	막차시간	23:00
기점	서울버스종점	예비대수	1대	운행횟수 총	114회/일	배차간격 최소	7분
종점	청담동	정상대수	18대	대당	6회/대	최대	12분

CHAPTER 05 시내버스 노선도

🚌 **4211번** : 염곡차고지~한양대동문앞을 기종점으로 왕복 74개의 정류소에 정차한다. 이용승객은 11,913명, 11개의 정류장이 전철역을 연계하며, 일평균 운행속도는 14.5km/h, 운행시간 2시간 21분이다. (2024.09.25. 기준)

노선번호	4211	인가대수	16대	인가거리	33.00km	첫차시간	03:55
업 체 명	대흥교통	운행대수	15대	운행시간	150분	막차시간	23:00
기 점	염곡동차고지	예비대수	1대	운행횟수 총	90회/일	배차간격 최소	10분
종 점	한양대동문앞	정상대수	15대	운행횟수 대당	6.0회/대	배차간격 최대	14분

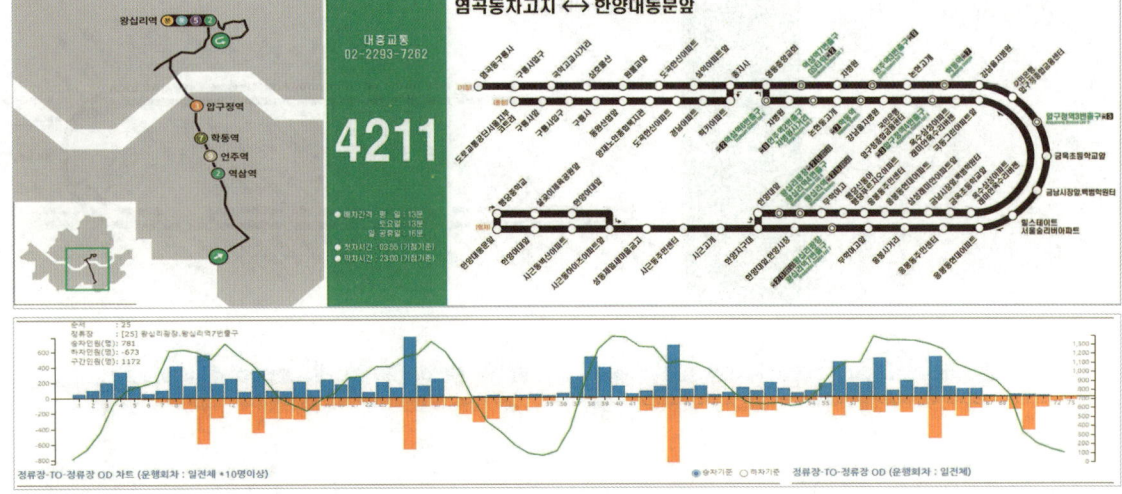

🚌 **4212번** : 남태령역~중곡역을 기종점으로 왕복 71개의 정류소에 정차한다. 이용승객은 22,204명, 25개의 정류장이 전철역을 연계하며, 일평균 운행속도는 15.1km/h, 운행시간 2시간 41분이다. (2024.09.25. 기준)

노선번호	4212	인가대수	28대	인가거리	35.18km	첫차시간	04:00
업 체 명	우신운수	운행대수	27대	운행시간	160분	막차시간	23:00
기 점	남태령역	예비대수	1대	운행횟수 총	162회/일	배차간격 최소	5분
종 점	중곡역	정상대수	27대	운행횟수 대당	6.0회/대	배차간격 최대	12분

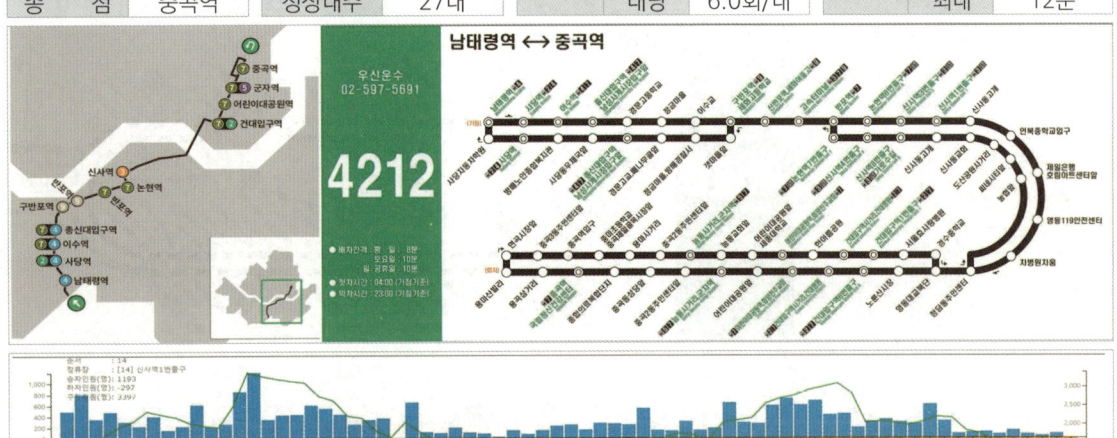

박홍식의 시내버스 노선조정 [노선은 생물(生物)이다]

🚌 **4312번** : 개포동~가락1동주민센터를 기종점으로 왕복 85개의 정류소에 정차한다. 이용승객은 16,759명, 26개의 정류장이 전철역을 연계하며, 일평균 운행속도는 13.6km/h, 운행시간 3시간 10분이다. (2024.09.25. 기준)

노선번호	4312	인가대수	28대	인가거리	43.00km	첫차시간	04:30
업체명	도선여객	운행대수	27대	운행시간	210분	막차시간	22:50
기점	개포동	예비대수	1대	운행횟수 총	114회/일	배차간격 최소	7분
종점	가락1동주민센터	정상대수	25대	운행횟수 대당	4.3회/대	배차간격 최대	10분

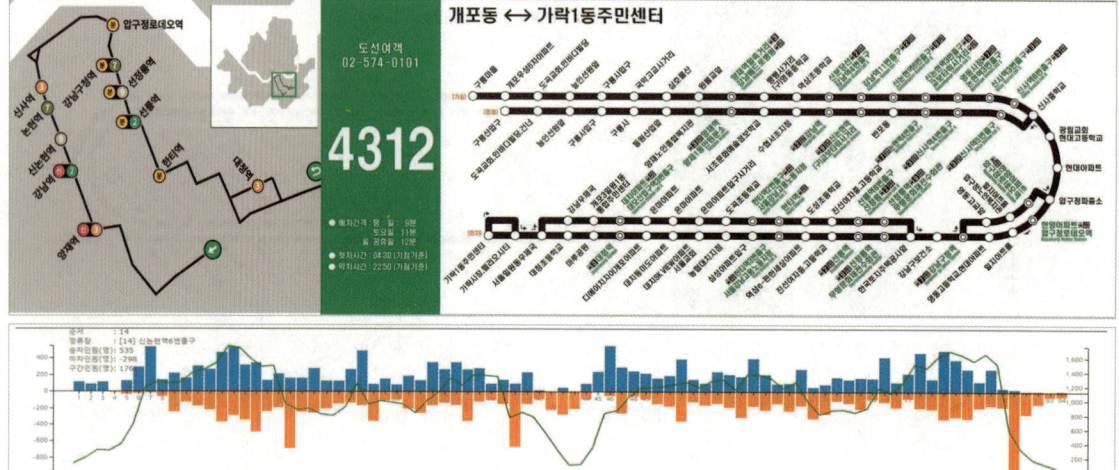

🚌 **4318번** : 남태령역~천호역을 기종점으로 왕복 107개의 정류소에 정차한다. 이용승객은 26,763명, 25개의 정류장이 전철역을 연계하며, 일평균 운행속도는 15.3km/h, 운행시간 3시간 41분이다. (2024.09.25. 기준)

노선번호	4318	인가대수	36대	인가거리	51.60km	첫차시간	03:20
업체명	우신운수	운행대수	34대	운행시간	225분	막차시간	22:30
기점	남태령역	예비대수	2대	운행횟수 총	140회/일	배차간격 최소	5분
종점	천호역	정상대수	34대	운행횟수 대당	4.0회/대	배차간격 최대	20분

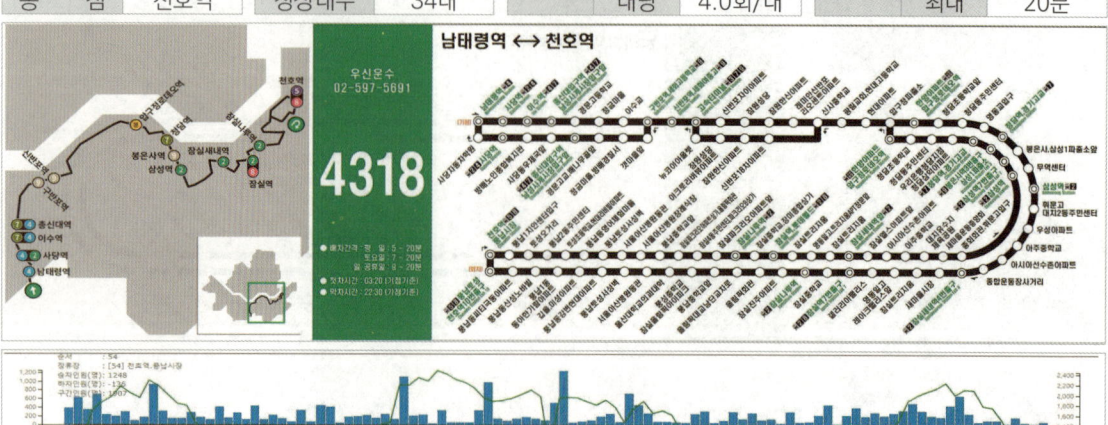

CHAPTER 05 시내버스 노선도

🚌 **4319번** : 전원마을~잠실역을 기종점으로 왕복 76개의 정류소에 정차한다. 이용승객은 12,659명, 28개의 정류장이 전철역을 연계하며, 일평균 운행속도는 13.5km/h, 운행시간 2시간 33분이다. (2024.09.25. 기준)

노선번호	4319	인가대수	20대	인가거리	33.30km	첫차시간	04:20
업 체 명	우신운수	운행대수	19대	운행시간	160분	막차시간	23:00
기 점	전원마을	예비대수	1대	운행횟수 총	105회/일	배차간격 최소	8분
종 점	잠실역	정상대수	16대	대당	6.0회/대	최대	17분

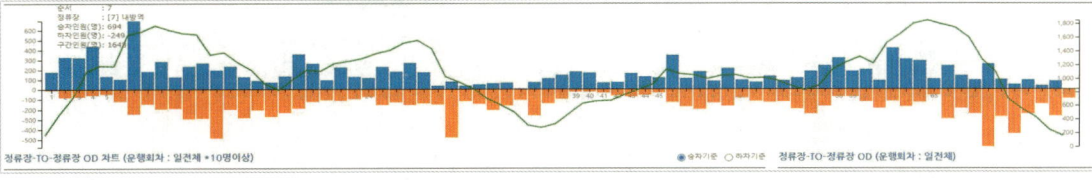

🚌 **4425번** : 상대원차고지~삼성역을 기종점으로 왕복 109개의 정류소에 정차한다. 이용승객은 8,704명, 19개의 정류장이 전철역을 연계하며, 일평균 운행속도는 14.8km/h, 운행시간 3시간 18분이다. (2024.09.25. 기준)

노선번호	4425	인가대수	19대	인가거리	48.00km	첫차시간	04:00
업 체 명	동성교통	운행대수	18대	운행시간	200분	막차시간	22:30
기 점	상대원차고지	예비대수	1대	운행횟수 총	74회/일	배차간격 최소	10분
종 점	삼성역	정상대수	17대	대당	4.2회/대	최대	20분

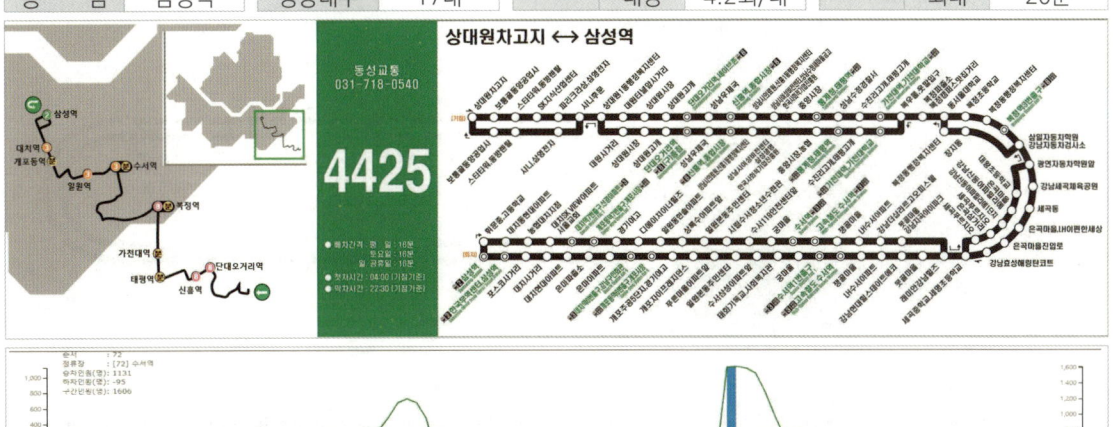

박홍식의 시내버스 노선조정 [노선은 생물(生物)이다]

🚌 **4432번** : 개포동~청계산을 기종점으로 왕복 57개의 정류소에 정차한다. 이용승객은 8,862명, 4개의 정류장이 전철역을 연계하며, 일평균 운행속도는 15.0km/h, 운행시간 1시간 42분이다. (2024.09.25. 기준)

노선번호	4432	인가대수	14대	인가거리	25.80km	첫차시간		04:00
업 체 명	도선여객	운행대수	13대	운행시간	104분	막차시간		23:20
기 점	개포동	예비대수	1대	운행횟수	총	117회/일	배차간격	최소	7분
종 점	청계산	정상대수	13대		대당	9.0회/대		최대	12분

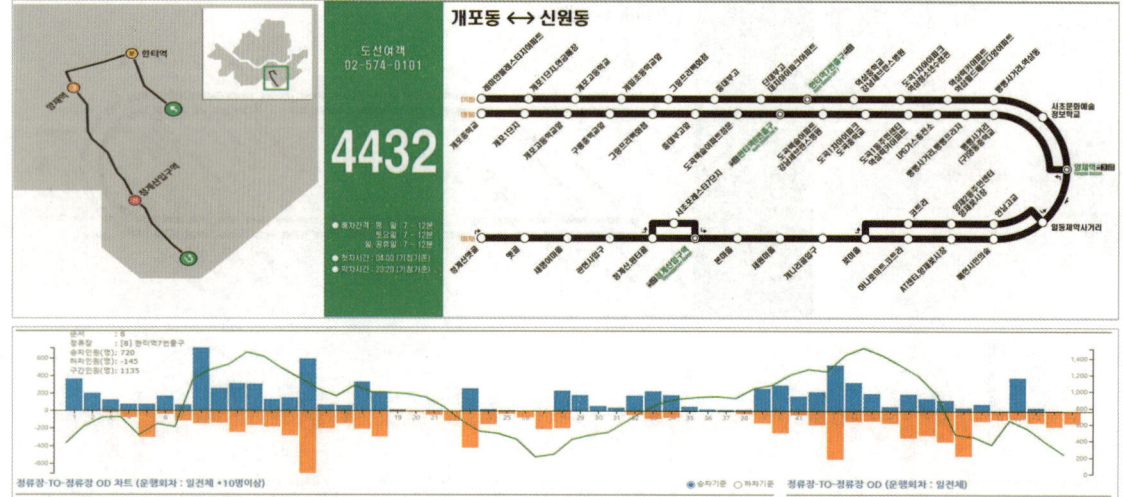

🚌 **4433번** : 대치역~양재역을 기종점으로 왕복 34개의 정류소에 정차한다. 이용승객은 3,988명, 9개의 정류장이 전철역을 연계하며, 일평균 운행속도는 13.4km/h, 운행시간 0시간 51분이다. (2024.09.25. 기준)

노선번호	4433	인가대수	8대	인가거리	12.20km	첫차시간		05:40
업 체 명	정평운수	운행대수	8대	운행시간	60분	막차시간		23:30
기 점	대치역	예비대수	0대	운행횟수	총	122회/일	배차간격	최소	7분
종 점	양재역	정상대수	7대		대당	16.0회/대		최대	11분

224 • 버스정책연구회

CHAPTER 05 시내버스 노선도

🚌 **4435번** : 개포동차고지~서초역을 기종점으로 왕복 46개의 정류소에 정차한다. 이용승객은 6,977명, 8개의 정류장이 전철역을 연계하며, 일평균 운행속도는 17.4km/h, 운행시간 1시간 40분이다. (2024.09.25. 기준)

노선번호	4435	인가대수	12대	인가거리	23.50km	첫차시간	04:20
업 체 명	도선여객	운행대수	11대	운행시간	100분	막차시간	23:30
기 점	개포동차고지	예비대수	1대	운행횟수 총	99회/일	배차간격 최소	10분
종 점	서초역	정상대수	11대	대당	9.0회/대	최대	14분

🚌 **5012번** : 가산동~용산역을 기종점으로 왕복 102개의 정류소에 정차한다. 이용승객은 12,952명, 14개의 정류장이 전철역을 연계하며, 일평균 운행속도는 15.3km/h, 운행시간 3시간 07분이다. (2024.09.27. 기준)

노선번호	5012	인가대수	22대	인가거리	45.00km	첫차시간	04:20
업 체 명	신인운수	운행대수	21대	운행시간	185분	막차시간	22:30
기 점	가산동	예비대수	1대	운행횟수 총	95회/일	배차간격 최소	8분
종 점	용산역	정상대수	19대	대당	4.7회/대	최대	19분

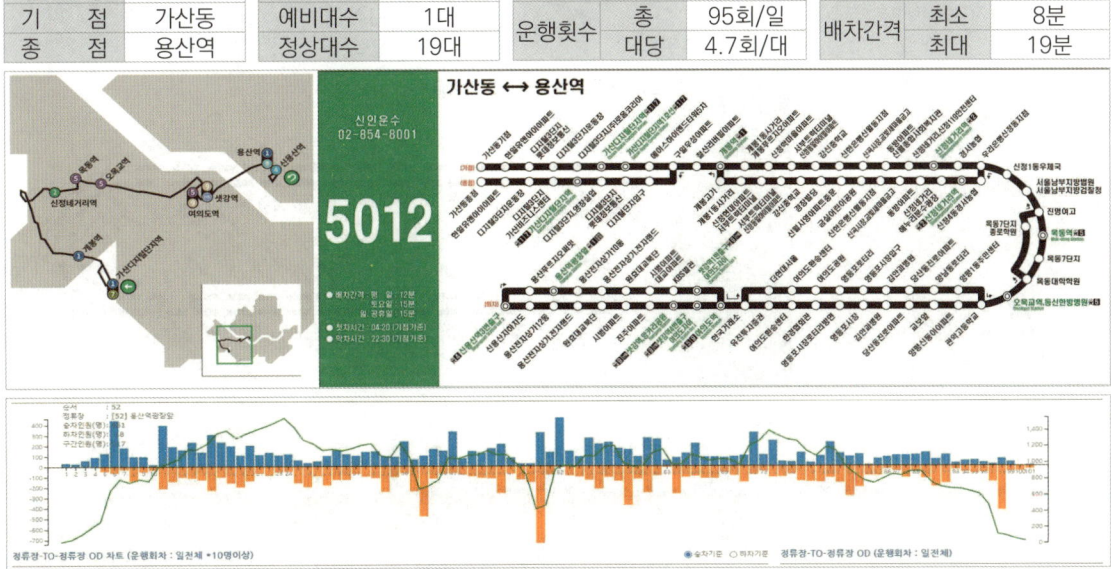

박흥식의 시내버스 노선조정 [노선은 생물(生物)이다]

🚌 **5413번** : 시흥~고속터미널을 기종점으로 왕복 86개의 정류소에 정차한다. 이용승객은 21,162명, 6개의 정류장이 전철역을 연계하며, 일평균 운행속도는 16.6km/h, 운행시간 2시간 23분이다. (2024.09.27. 기준)

노선번호	5413	인가대수	27대	인가거리	36.13km	첫차시간	04:20
업체명	범일운수	운행대수	26대	운행시간	142분	막차시간	23:10
기 점	시흥	예비대수	1대	운행횟수	총 156회/일	배차간격	최소 5분
종 점	고속터미널	정상대수	26대		대당 6.0회/대		최대 9분

🚌 **5511번** : 신림2동차고지~중앙대학교를 기종점으로 왕복 77개의 정류소에 정차한다. 이용승객은 15,631명, 4개의 정류장이 전철역을 연계하며, 일평균 운행속도는 15.5km/h, 운행시간 1시간 44분이다. (2024.09.27. 기준)

노선번호	5511	인가대수	16대	인가거리	25.10km	첫차시간	05:30
업체명	한남여객	운행대수	15대	운행시간	115분	막차시간	23:30
기 점	신림2동차고지	예비대수	1대	운행횟수	총 120회/일	배차간격	최소 8분
종 점	중앙대학교	정상대수	15대		대당 8.0회/대		최대 11분

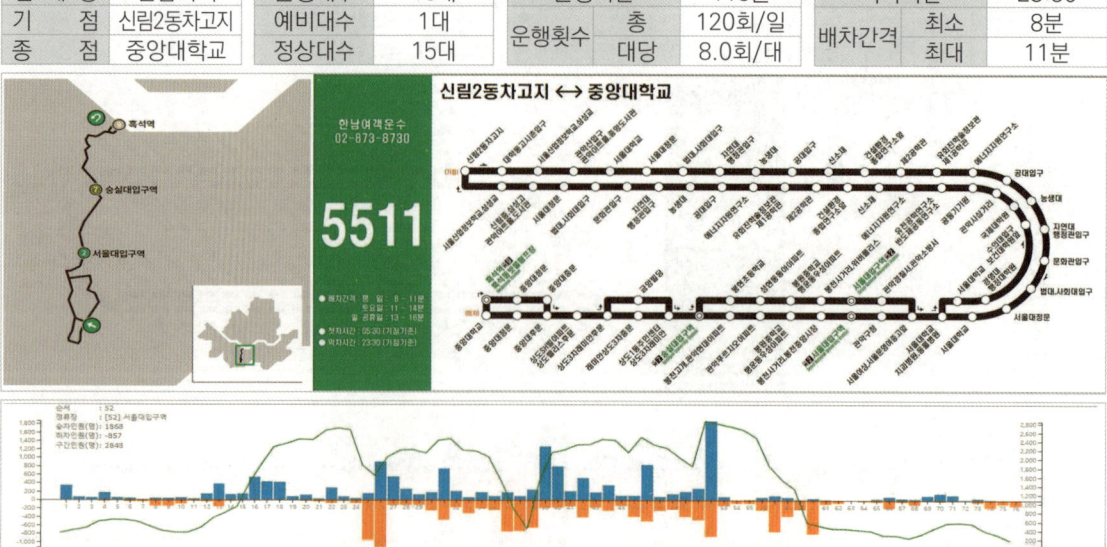

CHAPTER 05 시내버스 노선도

🚌 **5513번** : 서울대학교~관악드림타운을 기종점으로 왕복 44개의 정류소에 정차한다. 이용승객은 8,747명, 2개의 정류장이 전철역을 연계하며, 일평균 운행속도는 16.6km/h, 운행시간 0시간 57분이다. (2024.09.27. 기준)

노선번호	5513	인가대수	9대	인가거리	15.16km	첫차시간	05:30
업 체 명	한남여객	운행대수	8대	운행시간	65분	막차시간	23:30
기 점	서울대학교	예비대수	1대	운행횟수 총	112회/일	배차간격 최소	8분
종 점	관악드림타운	정상대수	8대	운행횟수 대당	14.0회/대	배차간격 최대	14분

🚌 **5515번** : 금호타운아파트~청림동현대아파트를 기종점으로 왕복 32개의 정류소에 정차한다. 이용승객은 12,166명, 2개의 정류장이 전철역을 연계하며, 일평균 운행속도는 12.0km/h, 운행시간 0시간 53분이다. (2024.09.27. 기준)

노선번호	5515	인가대수	14대	인가거리	10.87km	첫차시간	05:30
업 체 명	관악/한남	운행대수	13대	운행시간	60분	막차시간	23:30
기 점	금호타운아파트	예비대수	1대	운행횟수 총	168회/일	배차간격 최소	5분
종 점	청림동현대A	정상대수	13대	운행횟수 대당	13.0회/대	배차간격 최대	12분

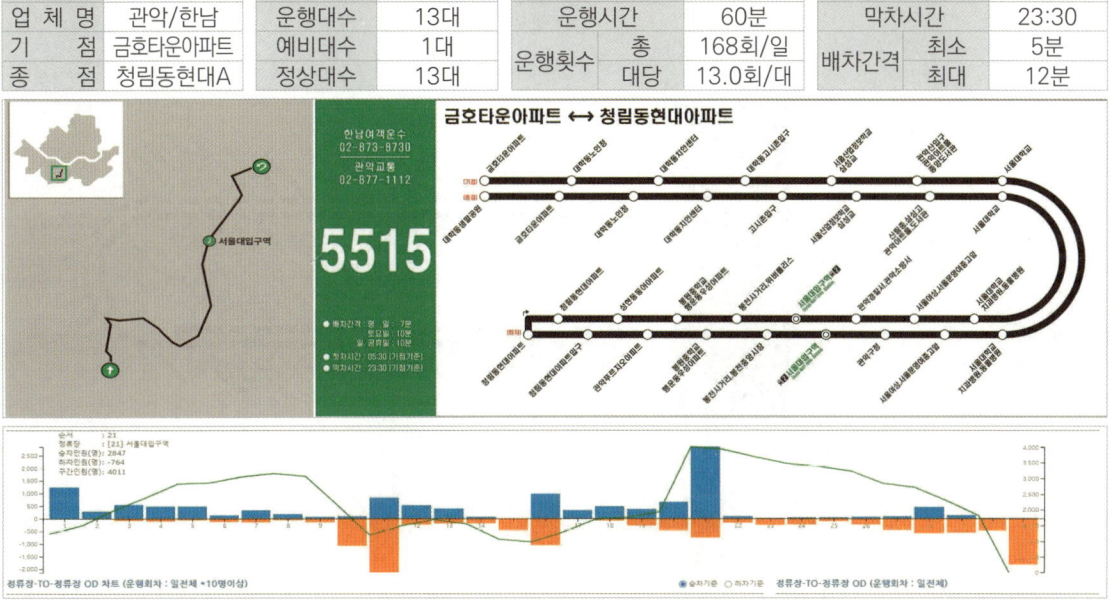

 박흥식의 시내버스 노선조정 [노선은 생물(生物)이다]

🚌 **5516번** : 신림2동차고지~노량진역을 기종점으로 왕복 75개의 정류소에 정차한다. 이용승객은 13,824명, 11개의 정류장이 전철역을 연계하며, 일평균 운행속도는 15.9km/h, 운행시간 2시간 00분이다. (2024.09.27. 기준)

노선번호	4319	인가대수	18대	인가거리	30.56km	첫차시간	05:00
업체명	한남여객	운행대수	18대	운행시간	130분	막차시간	23:00
기 점	신림2동차고지	예비대수	0대	운행횟수 총	131회/일	배차간격 최소	7분
종 점	노량진역	정상대수	18대	운행횟수 대당	7.3회/대	배차간격 최대	9분

🚌 **5517번** : 한남운수대학동차고지~중앙대학교를 기종점으로 왕복 92개의 정류소에 정차한다. 이용승객은 10,506명, 14개의 정류장이 전철역을 연계하며, 일평균 운행속도는 16.0km/h, 운행시간 2시간 25분이다. (2024.09.27. 기준)

노선번호	5517	인가대수	15대	인가거리	37.28km	첫차시간	04:30
업체명	한남여객	운행대수	15대	운행시간	155분	막차시간	22:30
기 점	대학동차고지	예비대수	0대	운행횟수 총	90회/일	배차간격 최소	12분
종 점	중앙대학교	정상대수	15대	운행횟수 대당	6.0회/대	배차간격 최대	23분

228 • 버스정책연구회

CHAPTER 05 시내버스 노선도

5519번 : 우방아파트~용천사를 기종점으로 왕복 30개의 정류소에 정차한다. 이용승객은 2,993명, 6개의 정류장이 전철역을 연계하며, 일평균 운행속도는 11.7km/h, 운행시간 0시간 47분이다. (2024.09.27. 기준)

노선번호	5519	인가대수	6대	인가거리	9.10km	첫차시간	06:00
업체명	관악교통	운행대수	6대	운행시간	60분	막차시간	23:25
기점	우방아파트	예비대수	0대	운행횟수 총	82회/일	배차간격 최소	10분
종점	용천사	정상대수	6대	대당	15.0회/대	최대	17분

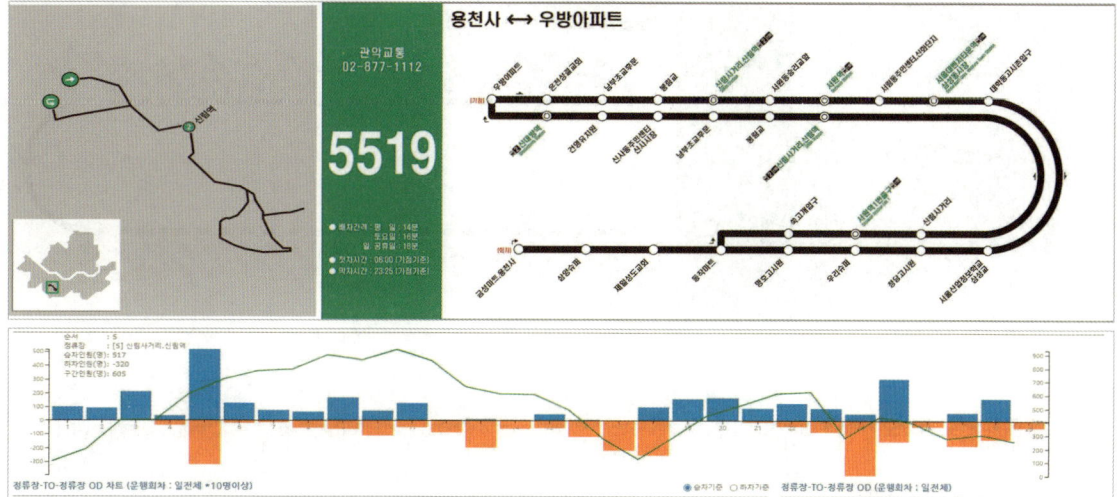

5522A번 : 난곡~난곡을 기종점으로 왕복 59개의 정류소에 정차한다. 이용승객은 8,223명, 6개의 정류장이 전철역을 연계하며, 일평균 운행속도는 13.3km/h, 운행시간 1시간 24분이다. (2024.09.27. 기준)

노선번호	5522	인가대수	23대	인가거리	20.00km	첫차시간	05:00
업체명	보성/한남	운행대수	22대	운행시간	100분	막차시간	23:30
기점	난곡	예비대수	1대	운행횟수 총	199회/일	배차간격 최소	7분
종점	난곡	정상대수	21대	대당	9.5회/대	최대	15분

박흥식의 시내버스 노선조정 [노선은 생물(生物)이다]

🚌 **5522B번** : 서울남향초등학교~신대방역을 기종점으로 왕복 54개의 정류소에 정차한다. 이용승객은 6,497명, 8개의 정류장이 전철역을 연계하며, 일평균 운행속도는 13.0km/h, 운행시간 1시간 27분이다. (2024.09.27. 기준)

노선번호	5522	인가대수	23대	인가거리	20.00km	첫차시간	05:00
업체명	보성/한남	운행대수	22대	운행시간	100분	막차시간	23:30
기 점	서울난향초등학교	예비대수	1대	운행횟수 총	199회/일	배차간격 최소	7분
종 점	신대방역	정상대수	21대	대당	9.5회/대	최대	15분

🚌 **5523번** : 난곡종점~관악구청을 기종점으로 왕복 36개의 정류소에 정차한다. 이용승객은 6,758명, 4개의 정류장이 전철역을 연계하며, 일평균 운행속도는 13.2km/h, 운행시간 0시간 55분이다. (2024.09.27. 기준)

노선번호	5523	인가대수	10대	인가거리	12.20km	첫차시간	04:30
업체명	보성운수	운행대수	9대	운행시간	60분	막차시간	23:20
기 점	난곡종점	예비대수	1대	운행횟수 총	114회/일	배차간격 최소	8분
종 점	관악구청	정상대수	8대	대당	13.5회/대	최대	17분

CHAPTER 05 시내버스 노선도

🚌 **5524번** : 난향차고지~중앙대학교를 기종점으로 왕복 94개의 정류소에 정차한다. 이용승객은 25,536명, 16개의 정류장이 전철역을 연계하며, 일평균 운행속도는 12.7km/h, 운행시간 2시간 50분이다. (2024.09.27. 기준)

노선번호	5524	인가대수	29대	인가거리	34.90km	첫차시간	04:00
업체명	양천운수	운행대수	28대	운행시간	165분	막차시간	22:30
기 점	난향차고지	예비대수	1대	운행횟수 총	135회/일	배차간격 최소	7분
종 점	중앙대학교	정상대수	26대	대당	5.0회/대	최대	10분

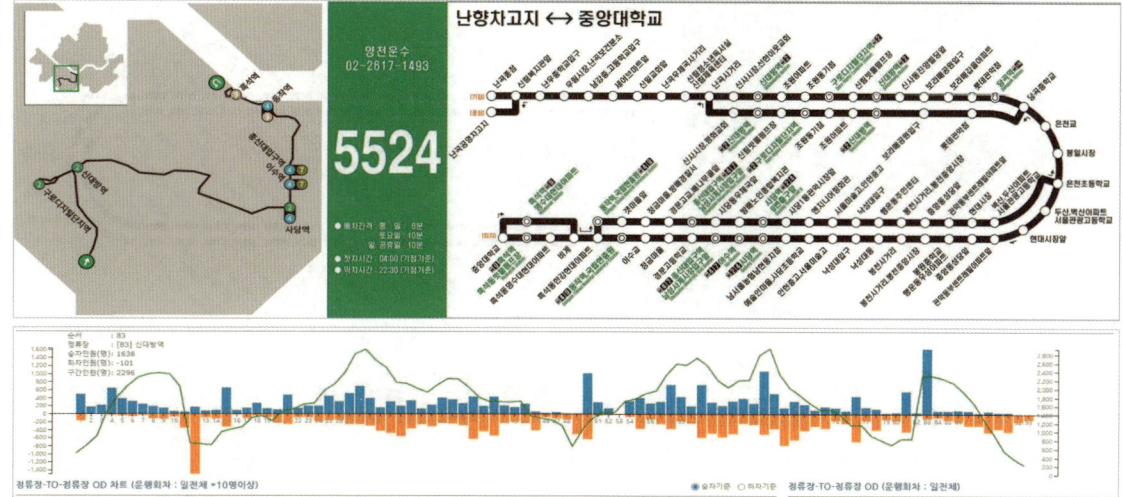

🚌 **5525번** : 시흥동~보라매공원을 기종점으로 왕복 44개의 정류소에 정차한다. 이용승객은 3,739명, 2개의 정류장이 전철역을 연계하며, 일평균 운행속도는 13.7km/h, 운행시간 1시간 07분이다. (2024.09.27. 기준)

노선번호	5525	인가대수	7대	인가거리	15.75km	첫차시간	04:50
업체명	범일운수	운행대수	6대	운행시간	70분	막차시간	23:20
기 점	시흥동	예비대수	1대	운행횟수 총	66회/일	배차간격 최소	14분
종 점	보라매공원	정상대수	6대	대당	11.0회/대	최대	19분

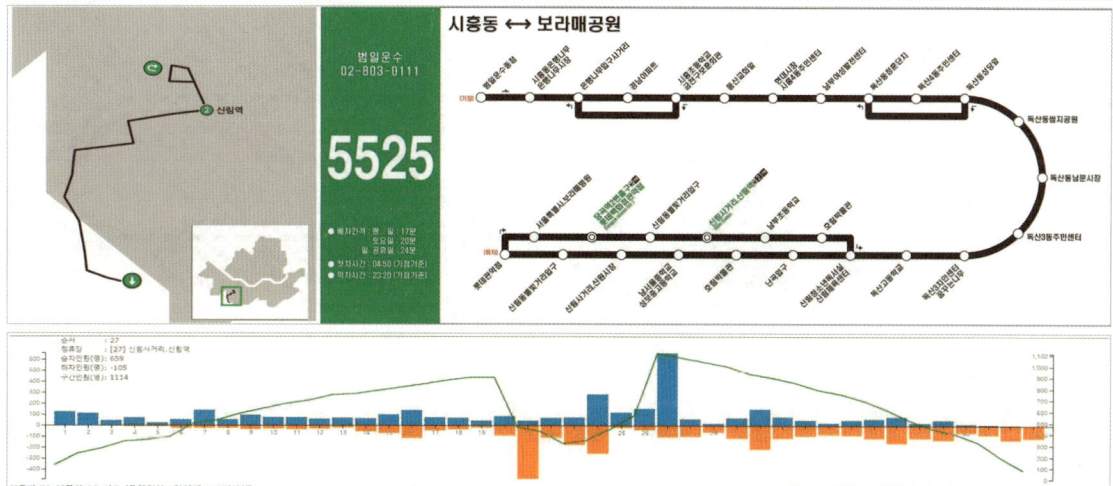

박흥식의 시내버스 노선조정 [노선은 생물(生物)이다]

🚌 **5528번** : 가산동~사당역을 기종점으로 왕복 82개의 정류소에 정차한다. 이용승객은 12,294명, 15개의 정류장이 전철역을 연계하며, 일평균 운행속도는 13.8km/h, 운행시간 2시간 48분이다. (2024.09.27. 기준)

노선번호	5528	인가대수	21대	인가거리	38.40km	첫차시간	04:30
업체명	신인운수	운행대수	20대	운행시간	170분	막차시간	22:50
기 점	가산동	예비대수	1대	운행횟수 총	103회/일	배차간격 최소	7분
종 점	사당역	정상대수	18대	대당	5.4회/대	최대	15분

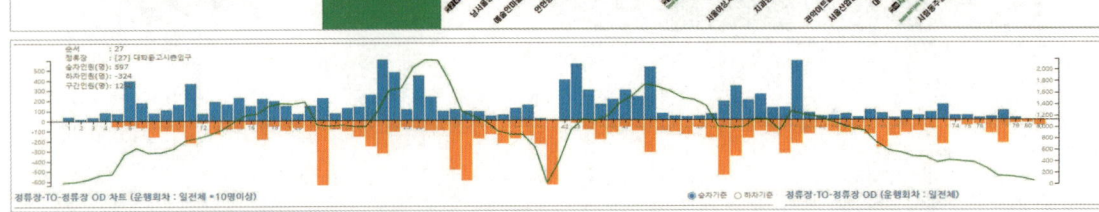

🚌 **5530번** : 군포공영차고지~사당역을 기종점으로 왕복 115개의 정류소에 정차한다. 이용승객은 16,465명, 18개의 정류장이 전철역을 연계하며, 일평균 운행속도는 15.5km/h, 운행시간 3시간 43분이다. (2024.09.27. 기준)

노선번호	5530	인가대수	29대	인가거리	58.00km	첫차시간	04:40
업체명	우신버스	운행대수	27대	운행시간	220분	막차시간	22:30
기 점	군포공영차고지	예비대수	2대	운행횟수 총	113회/일	배차간격 최소	8분
종 점	사당역	정상대수	27대	대당	4.18회/대	최대	14분

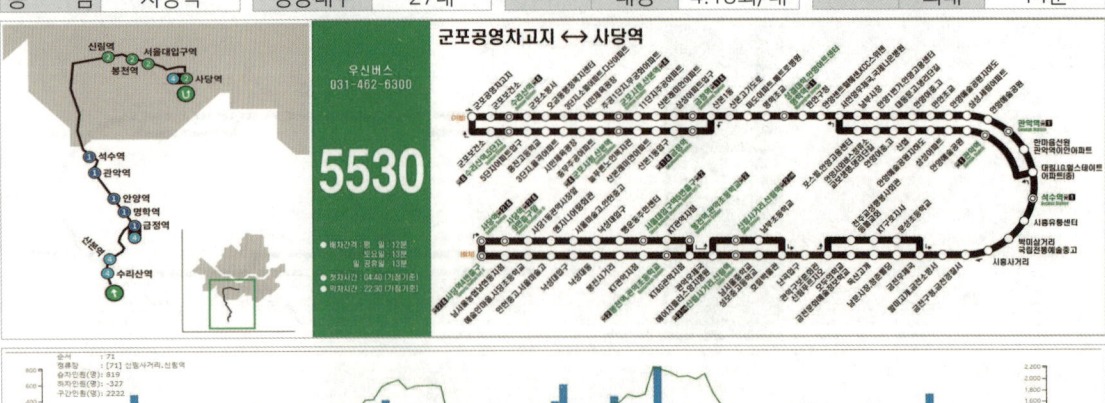

CHAPTER 05 시내버스 노선도

🚌 **5531번** : 군포공영차고지~노들역을 기종점으로 왕복 110개의 정류소에 정차한다. 이용승객은 27,952명, 15개의 정류장이 전철역을 연계하며, 일평균 운행속도는 15.5km/h, 운행시간 3시간 21분이다. (2024.09.27. 기준)

노선번호	5531	인가대수	41대	인가거리	52.00km	첫차시간	04:20
업 체 명	군포교통	운행대수	40대	운행시간	213분	막차시간	22:30
기 점	군포공영차고지	예비대수	1대	운행횟수 총	170회/일	배차간격 최소	6분
종 점	노들역	정상대수	36대	대당	4.5회/대	최대	10분

🚌 **5535번** : 하안동~노량진을 기종점으로 왕복 82개의 정류소에 정차한다. 이용승객은 13,758명, 10개의 정류장이 전철역을 연계하며, 일평균 운행속도는 12.8km/h, 운행시간 2시간 51분이다. (2024.09.27. 기준)

노선번호	5535	인가대수	24대	인가거리	37.60km	첫차시간	04:00
업 체 명	한성운수	운행대수	23대	운행시간	170분	막차시간	22:40
기 점	하안동	예비대수	1대	운행횟수 총	129회/일	배차간격 최소	6분
종 점	노량진	정상대수	22대	대당	5.5회/대	최대	10분

박흥식의 시내버스 노선조정 [노선은 생물(生物)이다]

🚌 **5536번** : 하안동~중앙대를 기종점으로 왕복 65개의 정류소에 정차한다. 이용승객은 14,636명, 9개의 정류장이 전철역을 연계하며, 일평균 운행속도는 13.0km/h, 운행시간 2시간 15분이다. (2024.09.27. 기준)

노선번호	5536	인가대수	24대	인가거리	27.60km	첫차시간	04:10
업체명	한성운수	운행대수	23대	운행시간	140분	막차시간	22:40
기점	하안동	예비대수	1대	운행횟수 총	150회/일	배차간격 최소	6분
종점	중앙대	정상대수	23대	대당	6.5회/대	최대	15분

🚌 **5537번** : 시흥동~가산디지털단지역을 기종점으로 왕복 28개의 정류소에 정차한다. 이용승객은 3,782명, 1개의 정류장이 전철역을 연계하며, 일평균 운행속도는 14.3km/h, 운행시간 0시간 48분이다. (2024.09.27. 기준)

노선번호	5537	인가대수	6대	인가거리	11.10km	첫차시간	04:30
업체명	범일운수	운행대수	6대	운행시간	49분	막차시간	23:30
기점	시흥동	예비대수	0대	운행횟수 총	83회/일	배차간격 최소	12분
종점	가산디지털단지역	정상대수	5대	대당	15.0회/대	최대	18분

CHAPTER 05 시내버스 노선도

🚌 **5611번** : 가산동기점~대림동우성아파트를 기종점으로 왕복 37개의 정류소에 정차한다. 이용승객은 2,110명, 6개의 정류장이 전철역을 연계하며, 일평균 운행속도는 15.3km/h, 운행시간 0시간 52분이다. (2024.09.27. 기준)

노선번호	5611	인가대수	5대	인가거리	12.40km	첫차시간	04:20
업체명	한남여객	운행대수	5대	운행시간	57분	막차시간	23:20
기점	가산동기점	예비대수	0대	운행횟수 총	67회/일	배차간격 최소	12분
종점	대림동우성A	정상대수	4대	운행횟수 대당	15.0회/대	배차간격 최대	23분

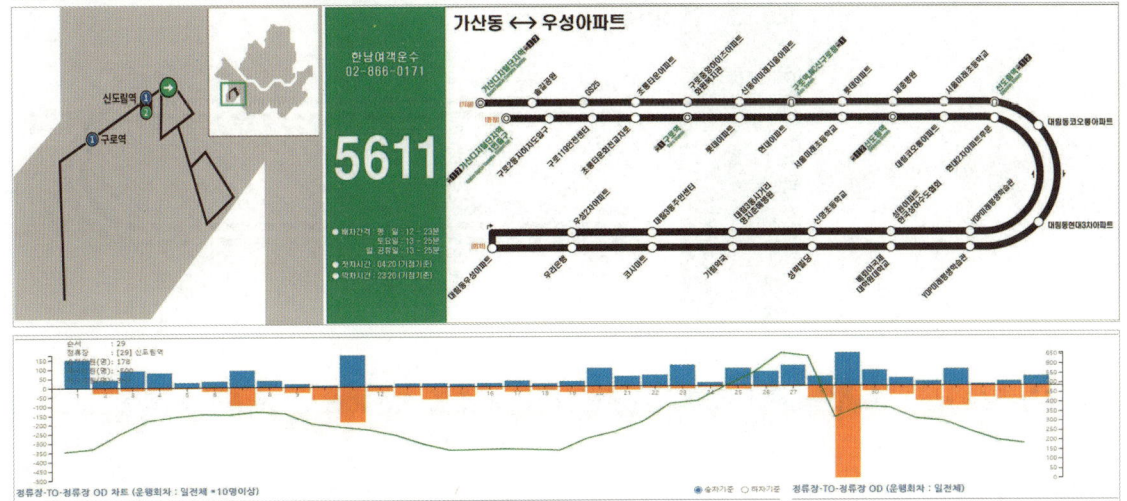

🚌 **5615번** : 여의도~난곡을 기종점으로 왕복 64개의 정류소에 정차한다. 이용승객은 11,426명, 12개의 정류장이 전철역을 연계하며, 일평균 운행속도는 14.0km/h, 운행시간 2시간 00분이다. (2024.09.27. 기준)

노선번호	5615	인가대수	19대	인가거리	27.50km	첫차시간	04:10
업체명	보성운수	운행대수	18대	운행시간	120분	막차시간	23:00
기점	여의도	예비대수	1대	운행횟수 총	124회/일	배차간격 최소	8분
종점	난곡	정상대수	17대	운행횟수 대당	7.1회/대	배차간격 최대	10분

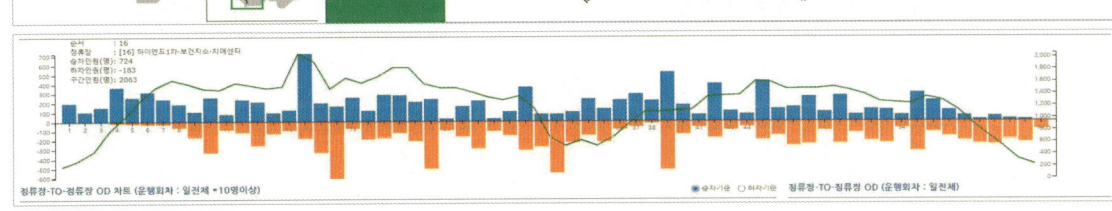

박흥식의 시내버스 노선조정 [노선은 생물(生物)이다]

🚌 **5616번** : 가산동기점~영도중학교를 기종점으로 왕복 116개의 정류소에 정차한다. 이용승객은 10,508명, 19개의 정류장이 전철역을 연계하며, 일평균 운행속도는 13.5km/h, 운행시간 3시간 27분이다. (2024.09.27. 기준)

노선번호	5616	인가대수	18대	인가거리	45.40km	첫차시간	04:20
업 체 명	한남여객	운행대수	17대	운행시간	210분	막차시간	22:20
기 점	가산동기점	예비대수	1대	운행횟수 총	73회/일	배차간격 최소	14분
종 점	영도중학교입구	정상대수	17대	운행횟수 대당	4.3회/대	배차간격 최대	17분

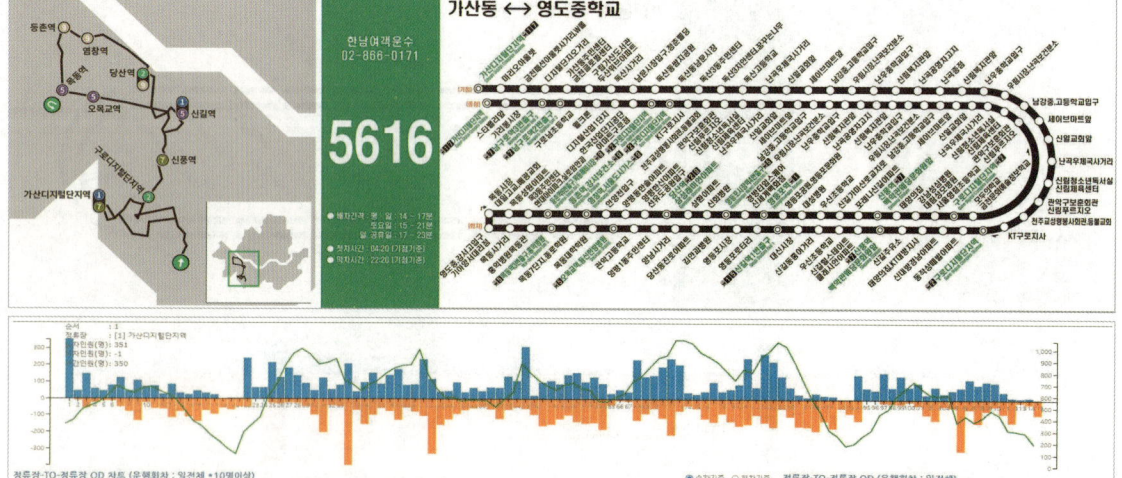

🚌 **5617번** : 시흥~구로디지털단지역을 기종점으로 왕복 18개의 정류소에 정차한다. 이용승객은 5,032명, 1개의 정류장이 전철역을 연계하며, 일평균 운행속도는 14.5km/h, 운행시간 0시간 43분이다. (2024.09.27. 기준)

노선번호	5617	인가대수	8대	인가거리	10.53km	첫차시간	04:50
업 체 명	범일운수	운행대수	8대	운행시간	41분	막차시간	23:50
기 점	시흥	예비대수	0대	운행횟수 총	128회/일	배차간격 최소	7분
종 점	구로디지털단지역	정상대수	8대	운행횟수 대당	16.0회/대	배차간격 최대	11분

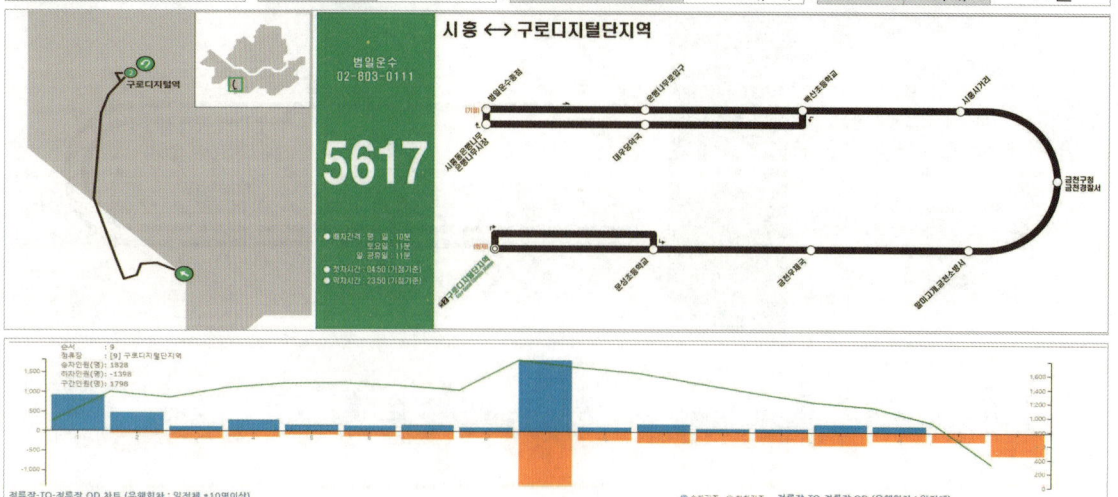

CHAPTER 05 시내버스 노선도

🚌 **5618번** : 구로동~구로동을 기종점으로 왕복 68개의 정류소에 정차한다. 이용승객은 13,187명, 16개의 정류장이 전철역을 연계하며, 일평균 운행속도는 13.2km/h, 운행시간 2시간 30분이다. (2024.09.25. 기준)

노선번호	5618	인가대수	23대	인가거리	34.30km	첫차시간	03:30
업 체 명	보성운수	운행대수	22대	운행시간	160분	막차시간	22:10
기 점	구로동	예비대수	1대	운행횟수	총	118회/일	배차간격	최소	7분
종 점	구로동	정상대수	21대		대당	5.5회/대		최대	12분

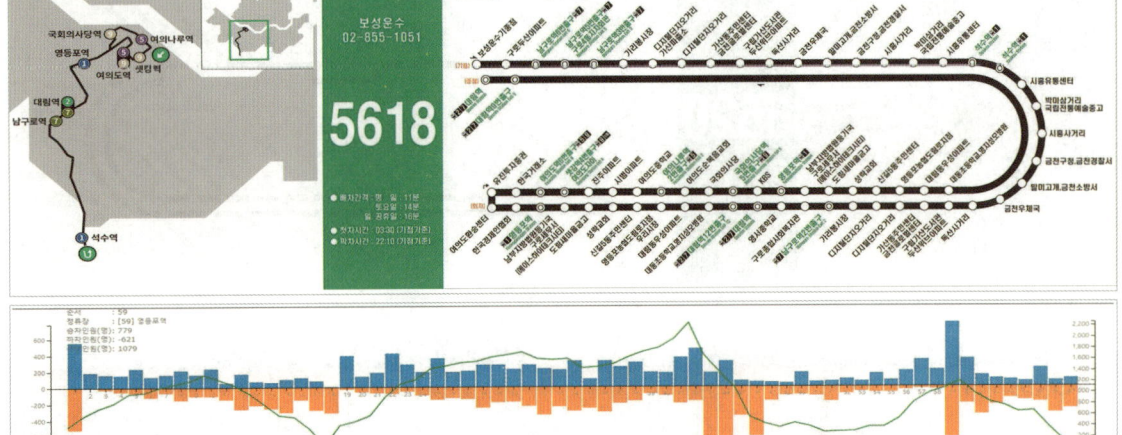

🚌 **5619번** : 시흥동~신도림역을 기종점으로 왕복 54개의 정류소에 정차한다. 이용승객은 9,341명, 3개의 정류장이 전철역을 연계하며, 일평균 운행속도는 14.0km/h, 운행시간 1시간 23분이다. (2024.09.27. 기준)

노선번호	5619	인가대수	13대	인가거리	18.77km	첫차시간	04:30
업 체 명	범일운수	운행대수	12대	운행시간	84분	막차시간	23:30
기 점	시흥동	예비대수	1대	운행횟수	총	114회/일	배차간격	최소	8분
종 점	신도림역	정상대수	12대		대당	9.5회/대		최대	12분

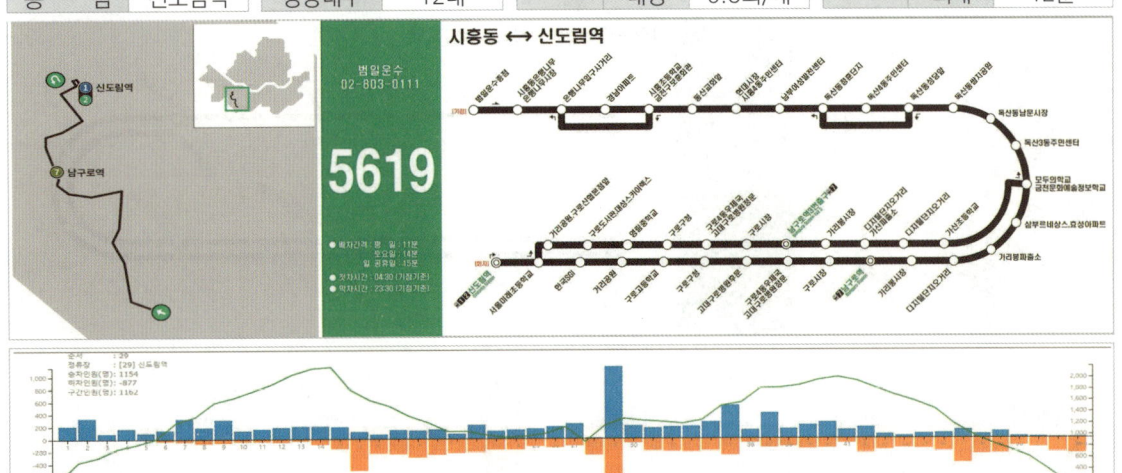

박흥식의 시내버스 노선조정 [노선은 생물(生物)이다]

🚌 **5620번** : 시흥~선유도역을 기종점으로 왕복 68개의 정류소에 정차한다. 이용승객은 15,488명, 11개의 정류장이 전철역을 연계하며, 일평균 운행속도는 13.8km/h, 운행시간 2시간 01분이다. (2024.09.27. 기준)

노선번호	5620	인가대수	21대	인가거리	27.67km	첫차시간	04:30
업체명	범일운수	운행대수	20대	운행시간	119분	막차시간	23:10
기 점	시흥	예비대수	1대	운행횟수 총	140회/일	배차간격 최소	7분
종 점	선유도역	정상대수	20대	대당	7.0회/대	최대	9분

🚌 **5621번** : 삼익아파트~구로디지털단지역을 기종점으로 왕복 18개의 정류소에 정차한다. 이용승객은 6,366명, 1개의 정류장이 전철역을 연계하며, 일평균 운행속도는 13.3km/h, 운행시간 0시간 32분이다. (2024.09.27. 기준)

노선번호	5621	인가대수	8대	인가거리	6.45km	첫차시간	05:20
업체명	범일운수	운행대수	8대	운행시간	30분	막차시간	23:50
기 점	삼익아파트	예비대수	0대	운행횟수 총	150회/일	배차간격 최소	6분
종 점	구로디지털단지역	정상대수	7대	대당	20.0회/대	최대	9분

CHAPTER 05 시내버스 노선도

5623번 : 군포공영차고지~여의도를 기종점으로 왕복 120개의 정류소에 정차한다. 이용승객은 22,609명, 13개의 정류장이 전철역을 연계하며, 일평균 운행속도는 15.6km/h, 운행시간 3시간 33분이다. (2024.09.27. 기준)

노선번호	5623	인가대수	37대	인가거리	56.00km	첫차시간	04:00
업체명	군포교통	운행대수	36대	운행시간	222분	막차시간	22:00
기 점	군포공영차고지	예비대수	1대	운행횟수	총	141회/일	배차간격	최소	7분
종 점	여의도	정상대수	30대		대당	4.3회/대		최대	10분

5625번 : 안양비산동~영등포역을 기종점으로 왕복 78개의 정류소에 정차한다. 이용승객은 9,774명, 8개의 정류장이 전철역을 연계하며, 일평균 운행속도는 16.1km/h, 운행시간 2시간 26분이다. (2024.09.27. 기준)

노선번호	5625	인가대수	19대	인가거리	39.20km	첫차시간	04:00
업체명	서울매일버스	운행대수	18대	운행시간	160분	막차시간	22:40
기 점	안양비산동	예비대수	1대	운행횟수	총	102회/일	배차간격	최소	7분
종 점	영등포역	정상대수	18대		대당	5.65회/대		최대	15분

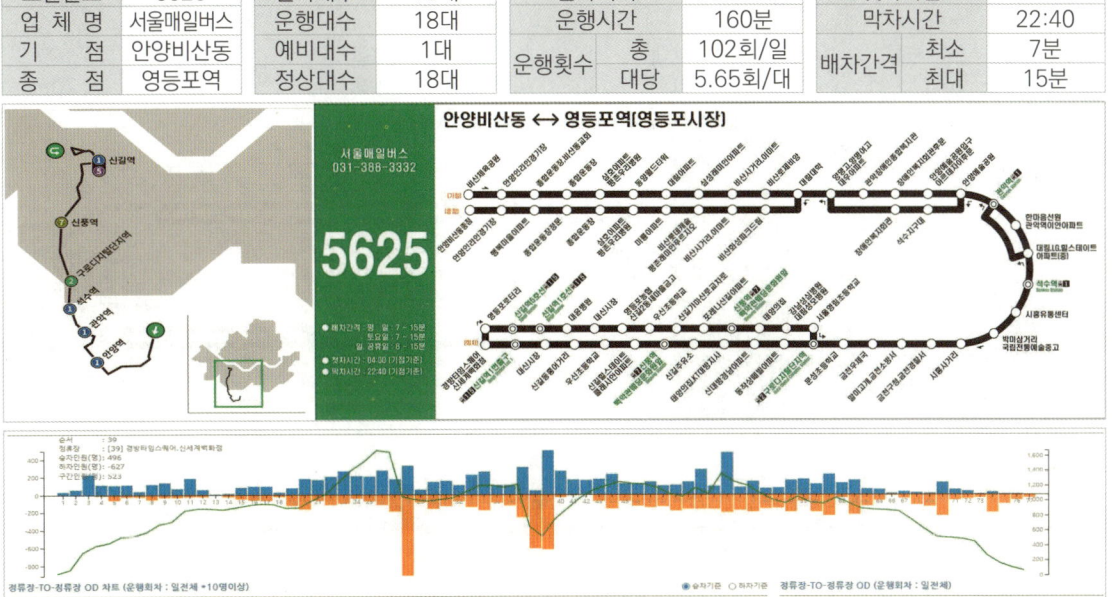

박흥식의 시내버스 노선조정 [노선은 생물(生物)이다]

🚌 **5626번** : 안양비산동~온수동종점을 기종점으로 왕복 106개의 정류소에 정차한다. 이용승객은 18,251명, 14개의 정류장이 전철역을 연계하며, 일평균 운행속도는 14.9km/h, 운행시간 3시간 23분이다. (2024.09.27. 기준)

노선번호	5626	인가대수	26대	인가거리	49.19km	첫차시간	04:00
업체명	서울매일버스	운행대수	25대	운행시간	206분	막차시간	22:25
기점	안양비산동	예비대수	1대	운행횟수 총	115회/일	배차간격 최소	8분
종점	온수동종점	정상대수	25대	대당	4.6회/대	최대	14분

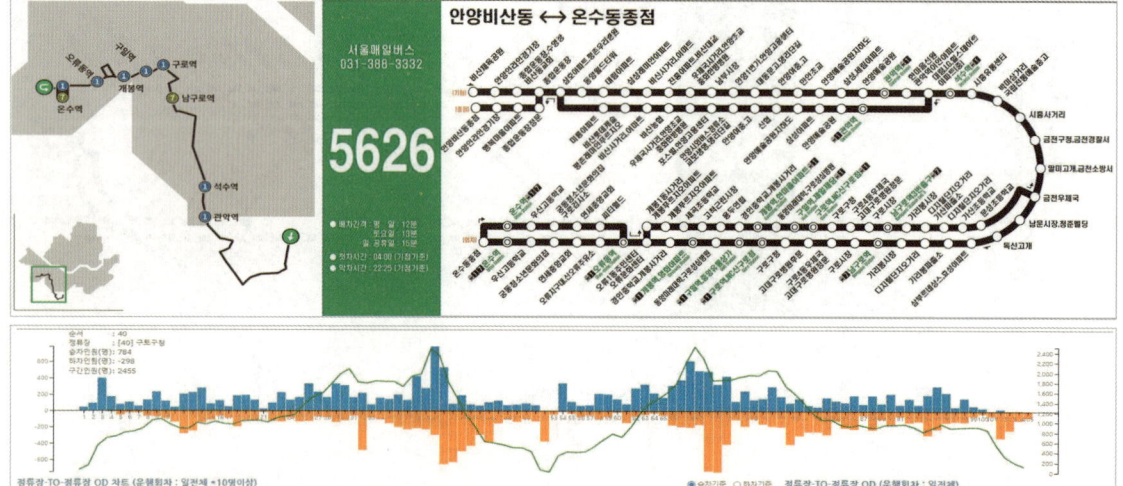

🚌 **5627번** : 노온사동~구로디지털단지역을 기종점으로 왕복 71개의 정류소에 정차한다. 이용승객은 5,184명, 5개의 정류장이 전철역을 연계하며, 일평균 운행속도는 18.2km/h, 운행시간 1시간 58분이다. (2024.09.27. 기준)

노선번호	5627	인가대수	11대	인가거리	35.91km	첫차시간	04:30
업체명	범일운수	운행대수	10대	운행시간	124분	막차시간	23:30
기점	노온사동	예비대수	1대	운행횟수 총	70회/일	배차간격 최소	14분
종점	구로디지털단지역	정상대수	10대	대당	7.0회/대	최대	20분

CHAPTER 05 시내버스 노선도

🚌 **5630번** : 광명공영차고지~목동역을 기종점으로 왕복 71개의 정류소에 정차한다. 이용승객은 5,411명, 5개의 정류장이 전철역을 연계하며, 일평균 운행속도는 13.4km/h, 운행시간 2시간 14분이다. (2024.09.27. 기준)

노선번호	5630	인가대수	13대	인가거리	28.42km	첫차시간	04:15
업 체 명	보영운수	운행대수	13대	운행시간	140분	막차시간	22:50
기 점	광명공영차고지	예비대수	0대	운행횟수 총	85회/일	배차간격 최소	12분
종 점	목동역	정상대수	11대	운행횟수 대당	7.0회/대	배차간격 최대	18분

🚌 **5633번** : 노온사동~순복음교회를 기종점으로 왕복 112개의 정류소에 정차한다. 이용승객은 11,326명, 9개의 정류장이 전철역을 연계하며, 일평균 운행속도는 16.7km/h, 운행시간 2시간 23분이다. (2024.09.27. 기준)

노선번호	5633	인가대수	21대	인가거리	55.82km	첫차시간	04:20
업 체 명	범일운수	운행대수	20대	운행시간	193분	막차시간	22:50
기 점	노온사동	예비대수	1대	운행횟수 총	84회/일	배차간격 최소	11분
종 점	순복음교회	정상대수	20대	운행횟수 대당	4.2회/대	배차간격 최대	15분

박흥식의 시내버스 노선조정 [노선은 생물(生物)이다]

🚌 **5634번** : 광명공영차고지~여의도를 기종점으로 왕복 56개의 정류소에 정차한다. 이용승객은 7,166명, 7개의 정류장이 전철역을 연계하며, 일평균 운행속도는 13.5km/h, 운행시간 2시간 06분이다. (2024.09.27. 기준)

노선번호	5634	인가대수	15대	인가거리	28.47km	첫차시간	04:15
업체명	보영운수	운행대수	14대	운행시간	135분	막차시간	21:50
기점	광명공영차고지	예비대수	1대	운행횟수 총	98회/일	배차간격 최소	10분
종점	여의도	정상대수	12대	대당	7.5회/대	최대	17분

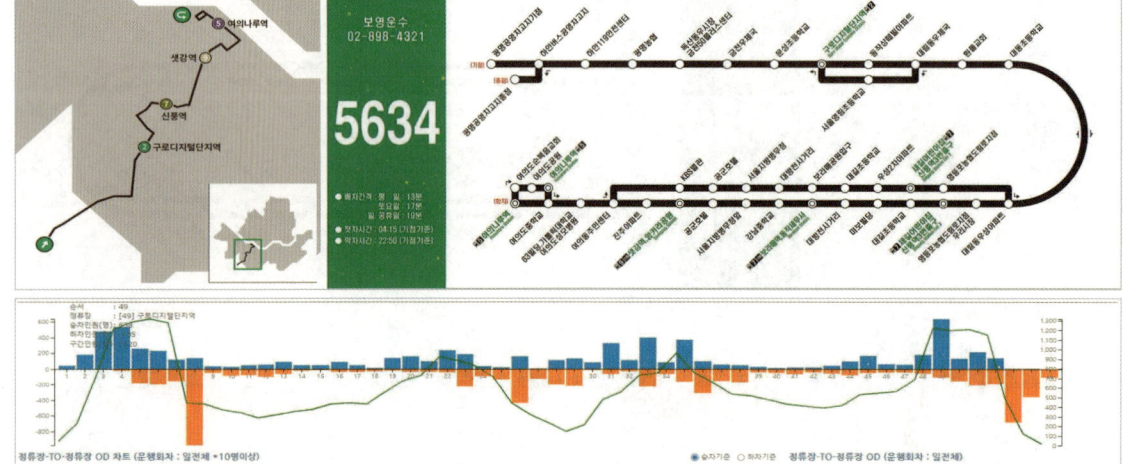

🚌 **5712번** : 가산동기점~홍대입구역을 기종점으로 왕복 88개의 정류소에 정차한다. 이용승객은 24,417명, 18개의 정류장이 전철역을 연계하며, 일평균 운행속도는 14.6km/h, 운행시간 2시간 59분이다. (2024.09.27. 기준)

노선번호	5712	인가대수	27대	인가거리	43.50km	첫차시간	04:30
업체명	한남여객	운행대수	26대	운행시간	190분	막차시간	22:30
기점	가산동기점	예비대수	1대	운행횟수 총	130회/일	배차간격 최소	7분
종점	홍대입구역	정상대수	26대	대당	5.0회/대	최대	10분

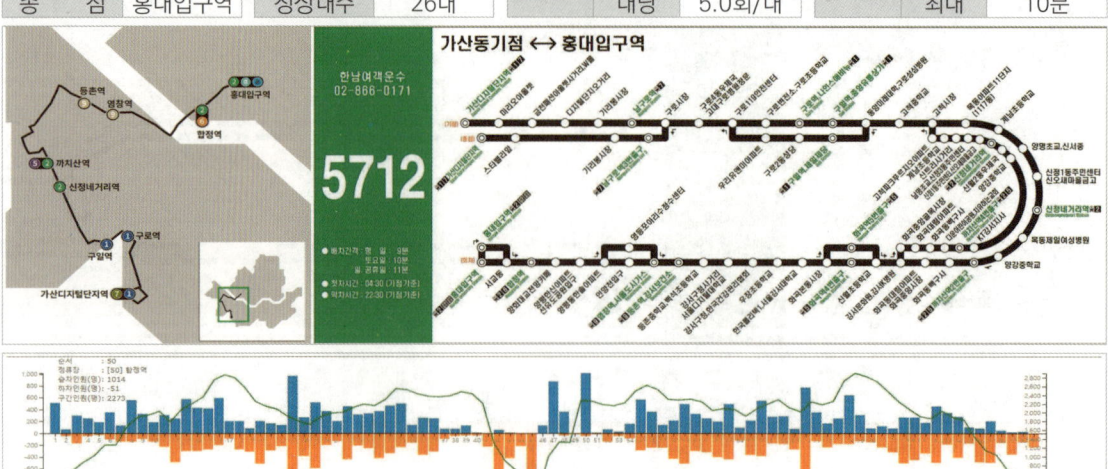

CHAPTER 05 시내버스 노선도

🚌 **5713번** : 안양비산동~신촌기차역을 기종점으로 왕복 92개의 정류소에 정차한다. 이용승객은 15,951명, 12개의 정류장이 전철역을 연계하며, 일평균 운행속도는 16.7km/h, 운행시간 3시간 04분이다. (2024.09.27. 기준)

노선번호	5713	인가대수	25대	인가거리	49.20km	첫차시간	04:00
업체명	서울매일버스	운행대수	25대	운행시간	195분	막차시간	22:25
기점	안양비산동	예비대수	0대	운행횟수 총	120회/일	배차간격 최소	6분
종점	신촌기차역	정상대수	25대	대당	4.8회/대	최대	12분

🚌 **5714번** : 광명공영차고지~이대입구를 기종점으로 왕복 91개의 정류소에 정차한다. 이용승객은 22,076명, 15개의 정류장이 전철역을 연계하며, 일평균 운행속도는 13.4km/h, 운행시간 3시간 10분이다. (2024.09.27. 기준)

노선번호	5714	인가대수	34대	인가거리	41.53km	첫차시간	04:15
업체명	보영운수	운행대수	33대	운행시간	205분	막차시간	22:10
기점	광명공영차고지	예비대수	1대	운행횟수 총	147회/일	배차간격 최소	5분
종점	이대입구	정상대수	30대	대당	4.7회/대	최대	13분

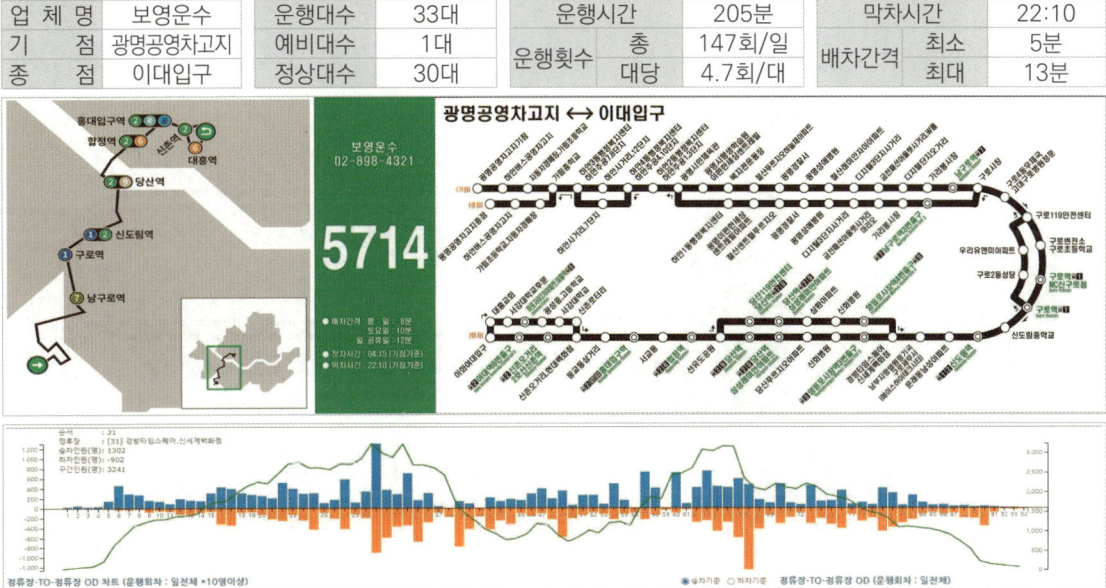

박흥식의 시내버스 노선조정 [노선은 생물(生物)이다]

🚌 **6211번** : 신월동~상왕십리를 기종점으로 왕복 110개의 정류소에 정차한다. 이용승객은 17,122명, 26개의 정류장이 전철역을 연계하며, 일평균 운행속도는 15.2km/h, 운행시간 3시간 34분이다. (2024.09.27. 기준)

노선번호	6211	인가대수	24대	인가거리	52.68km	첫차시간	04:20
업 체 명	중부운수	운행대수	23대	운행시간	225분	막차시간	22:30
기 점	신월동	예비대수	1대	운행횟수 총	97회/일	배차간격 최소	8분
종 점	상왕십리	정상대수	23대	운행횟수 대당	4.2회/대	배차간격 최대	13분

🚌 **6411번** : 신정동~선릉역을 기종점으로 왕복 117개의 정류소에 정차한다. 이용승객은 13,683명, 35개의 정류장이 전철역을 연계하며, 일평균 운행속도는 15.8km/h, 운행시간 3시간 51분이다. (2024.09.27. 기준)

노선번호	6411	인가대수	27대	인가거리	54.80km	첫차시간	03:45
업 체 명	한남여객	운행대수	26대	운행시간	250분	막차시간	22:15
기 점	정랑고개	예비대수	1대	운행횟수 총	94회/일	배차간격 최소	9분
종 점	선릉역	정상대수	26대	운행횟수 대당	3.6회/대	배차간격 최대	14분

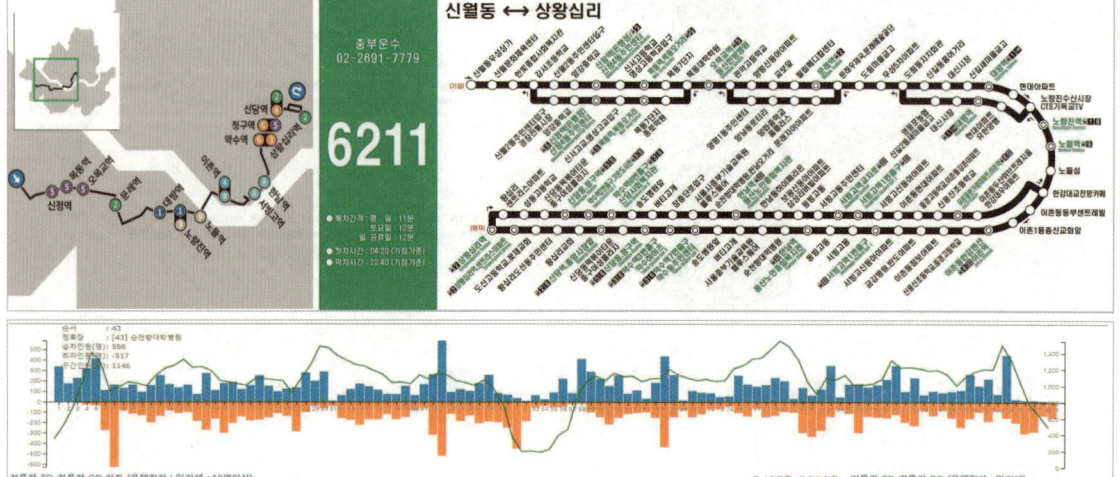

CHAPTER 05 시내버스 노선도

🚌 **6511번** : 신정동~서울역을 기종점으로 왕복 89개의 정류소에 정차한다. 이용승객은 5,654명, 12개의 정류장이 전철역을 연계하며, 일평균 운행속도는 13.5km/h, 운행시간 2시간 50분이다. (2024.09.27. 기준)

노선번호	6511	인가대수	12대	인가거리		37.50km	첫차시간		04:00
업 체 명	한남여객	운행대수	11대	운행시간		180분	막차시간		23:00
기 점	정랑고개	예비대수	1대	운행횟수	총	60회/일	배차간격	최소	17분
종 점	서울대	정상대수	11대		대당	5.0회/대		최대	23분

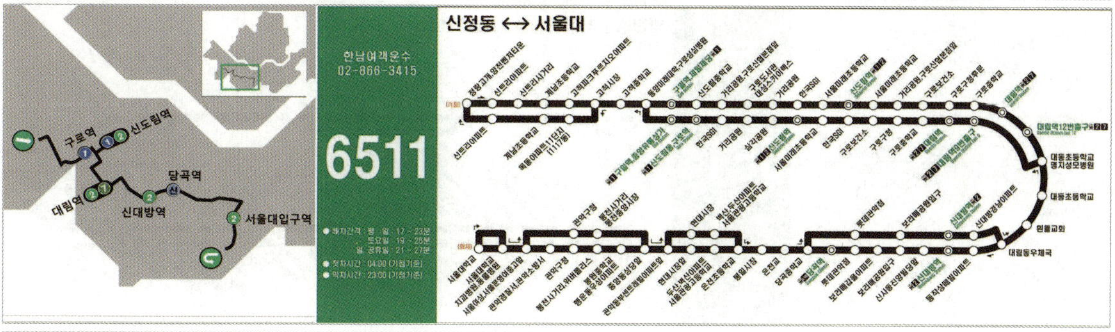

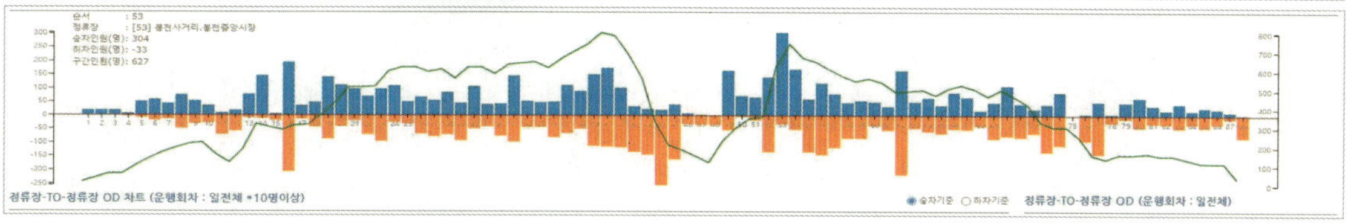

🚌 **6512번** : 구로동~서울대를 기종점으로 왕복 80개의 정류소에 정차한다. 이용승객은 15,238명, 19개의 정류장이 전철역을 연계하며, 일평균 운행속도는 14.6km/h, 운행시간 2시간 33분이다. (2024.09.27. 기준)

노선번호	6512	인가대수	24대	인가거리		37.42km	첫차시간		03:50
업 체 명	보성운수	운행대수	23대	운행시간		170분	막차시간		22:30
기 점	구로동	예비대수	1대	운행횟수	총	123회/일	배차간격	최소	6분
종 점	서울대	정상대수	22대		대당	5.5회/대		최대	13분

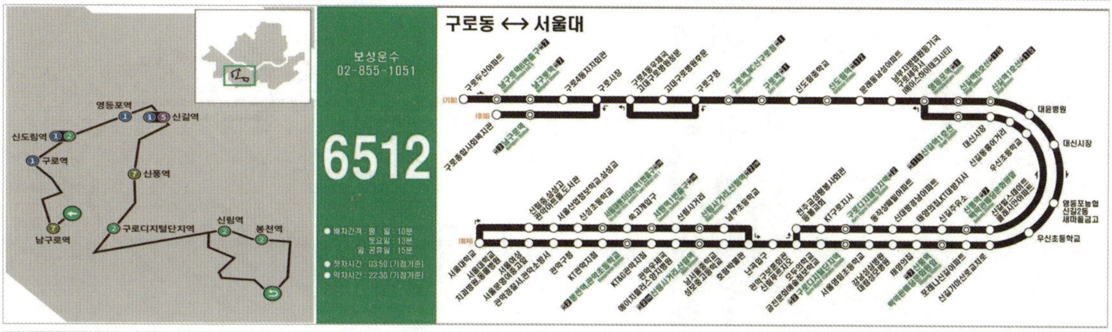

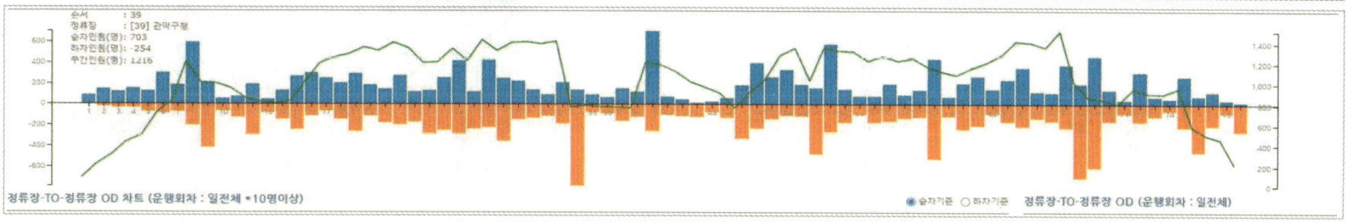

245

박흥식의 시내버스 노선조정 [노선은 생물(生物)이다]

🚌 **6514번** : 양천공영차고지~서울대학교를 기종점으로 왕복 111개의 정류소에 정차한다. 이용승객은 18,055명, 24개의 정류장이 전철역을 연계하며, 일평균 운행속도는 13.3km/h, 운행시간 3시간 52분이다. (2024.09.27. 기준)

노선번호	6514	인가대수	26대	인가거리	50.90km	첫차시간	04:00
업체명	도원교통	운행대수	25대	운행시간	230분	막차시간	22:00
기 점	양천공영차고지	예비대수	1대	운행횟수 총	103회/일	배차간격 최소	8분
종 점	서울대학교	정상대수	25대	대당	4.12회/대	최대	13분

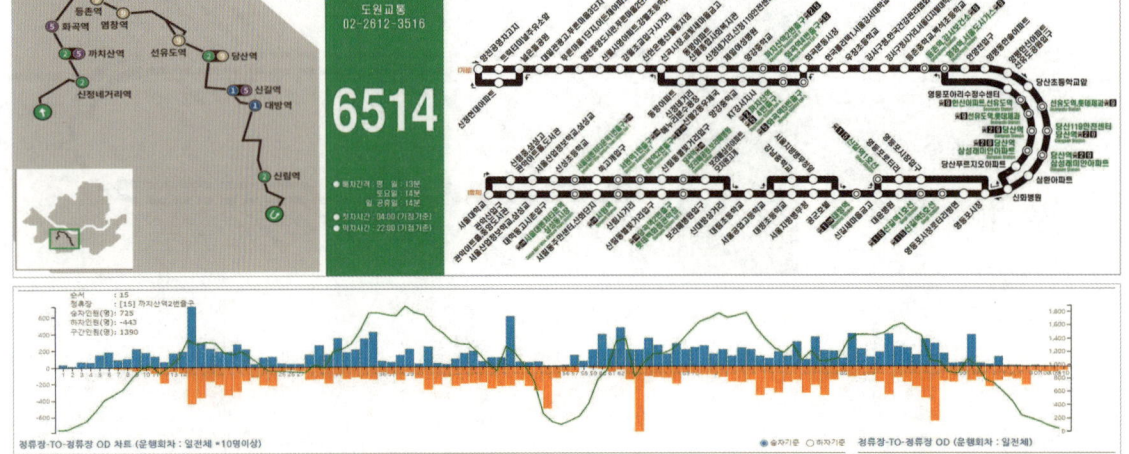

🚌 **6515번** : 양천공영차고지~경인교육대학교를 기종점으로 왕복 111개의 정류소에 정차한다. 이용승객은 26,618명, 17개의 정류장이 전철역을 연계하며, 일평균 운행속도는 15.3km/h, 운행시간 3시간 37분이다. (2024.09.27. 기준)

노선번호	6515	인가대수	33대	인가거리	54.00km	첫차시간	04:10
업체명	관악교통	운행대수	32대	운행시간	219분	막차시간	22:10
기 점	양천공영차고지	예비대수	1대	운행횟수 총	128회/일	배차간격 최소	7분
종 점	경인교육대학교	정상대수	29대	대당	4.2회/대	최대	10분

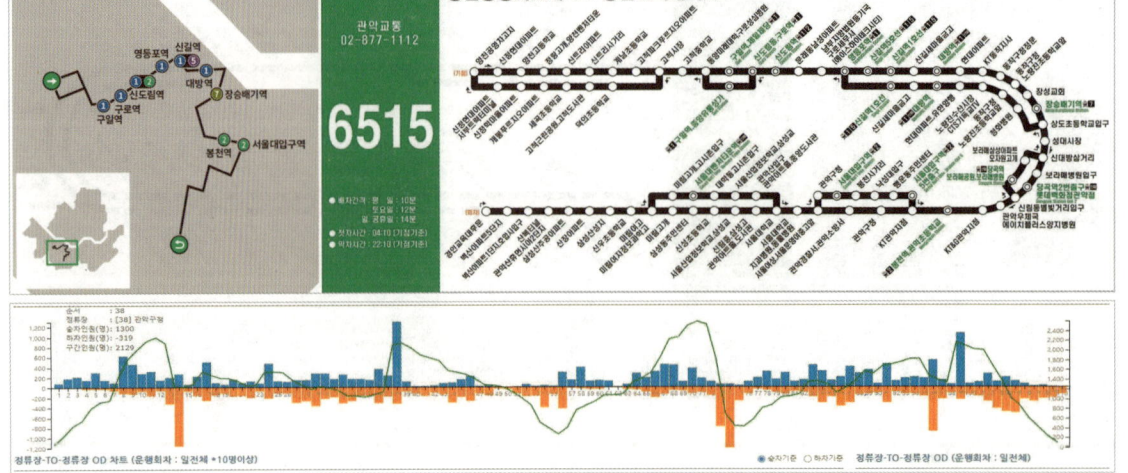

CHAPTER 05 시내버스 노선도

6516번 : 양천공영차고지~박미삼거리를 기종점으로 왕복 121개의 정류소에 정차한다. 이용승객은 8,593명, 16개의 정류장이 전철역을 연계하며, 일평균 운행속도는 13.1km/h, 운행시간 3시간 45분이다. (2024.09.27. 기준)

노선번호	6516	인가대수	19대	인가거리	50.00km	첫차시간	04:00
업 체 명	양천운수	운행대수	18대	운행시간	235분	막차시간	21:40
기 점	양천공영차고지	예비대수	1대	운행횟수 총	105회/일	배차간격 최소	15분
종 점	박미삼거리	정상대수	17대	대당	3.82회/대	최대	20분

6613번 : 양천공영차고지~대림역을 기종점으로 왕복 81개의 정류소에 정차한다. 이용승객은 5,200명, 11개의 정류장이 전철역을 연계하며, 일평균 운행속도는 14.7km/h, 운행시간 2시간 12분이다. (2024.09.27. 기준)

노선번호	6613	인가대수	10대	인가거리	31.30km	첫차시간	04:30
업 체 명	세풍운수	운행대수	9대	운행시간	135분	막차시간	22:50
기 점	양천공영차고지	예비대수	1대	운행횟수 총	67회/일	배차간격 최소	13분
종 점	대림역	정상대수	8대	대당	6.7회/대	최대	19분

247

박흥식의 시내버스 노선조정 [노선은 생물(生物)이다]

🚌 **6614번** : 양천공영차고지~부천옥길지구를 기종점으로 왕복 90개의 정류소에 정차한다. 이용승객은 8,208명, 7개의 정류장이 전철역을 연계하며, 일평균 운행속도는 14.9km/h, 운행시간 2시간 25분이다. (2024.09.27. 기준)

노선번호	6614	인가대수	15대	인가거리	35.50km	첫차시간	04:30
업체명	세풍운수	운행대수	14대	운행시간	135분	막차시간	22:40
기 점	양천공영차고지	예비대수	1대	운행횟수 총	84회/일	배차간격 최소	11분
종 점	부천옥길지구	정상대수	14대	운행횟수 대당	6.0회/대	배차간격 최대	18분

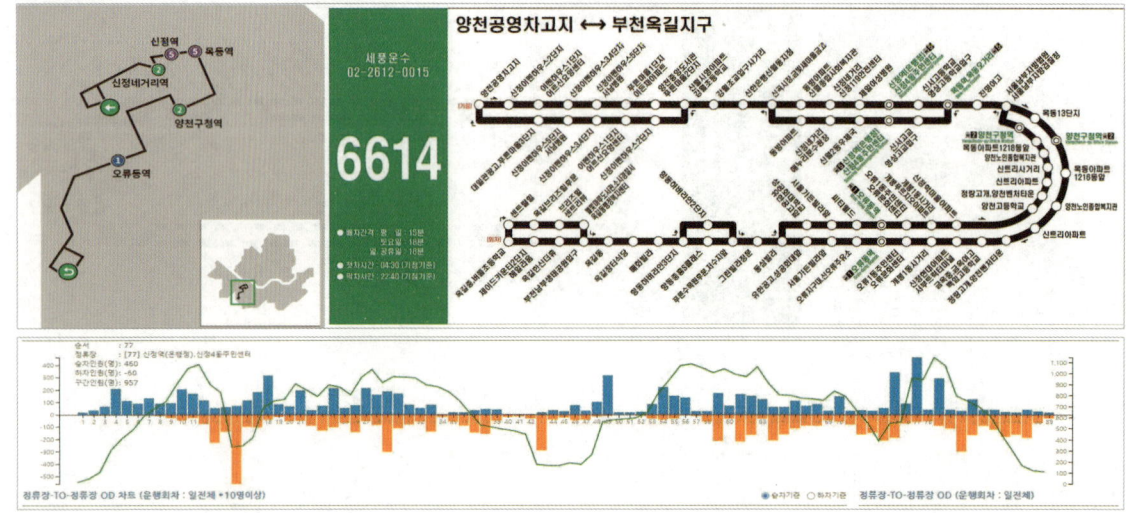

🚌 **6615번** : 양천공영차고지~천왕역을 기종점으로 왕복 43개의 정류소에 정차한다. 이용승객은 4,175명, 5개의 정류장이 전철역을 연계하며, 일평균 운행속도는 15.7km/h, 운행시간 1시간 15분이다. (2024.09.27. 기준)

노선번호	6615	인가대수	7대	인가거리	18.90km	첫차시간	04:30
업체명	세풍운수	운행대수	6대	운행시간	90분	막차시간	23:00
기 점	양천공영차고지	예비대수	1대	운행횟수 총	75회/일	배차간격 최소	13분
종 점	천왕역	정상대수	6대	운행횟수 대당	10.7회/대	배차간격 최대	22분

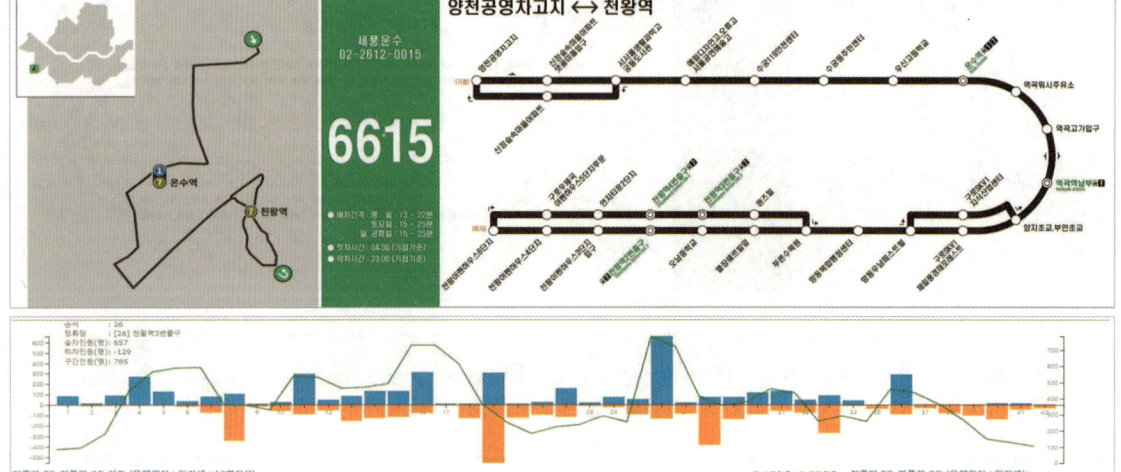

CHAPTER 05 시내버스 노선도

🚌 **6616번** : 철산동~온수동을 기종점으로 왕복 79개의 정류소에 정차한다. 이용승객은 7,104명, 6개의 정류장이 전철역을 연계하며, 일평균 운행속도는 14.5km/h, 운행시간 1시간 55분이다. (2024.09.27. 기준)

노선번호	6616	인가대수	13대	인가거리		27.19km	첫차시간		04:30
업체명	세풍운수	운행대수	12대	운행시간		125분	막차시간		23:10
기 점	철산동	예비대수	1대	운행횟수	총	91회/일	배차간격	최소	11분
종 점	온수동	정상대수	12대		대당	7.6회/대		최대	18분

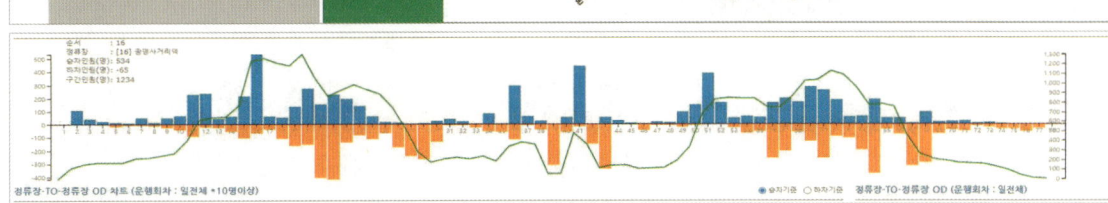

🚌 **6617번** : 양천공영차고지~목동우성아파트를 기종점으로 왕복 56개의 정류소에 정차한다. 이용승객은 4,775명, 5개의 정류장이 전철역을 연계하며, 일평균 운행속도는 11.8km/h, 운행시간 1시간 31분이다. (2024.09.27. 기준)

노선번호	6617	인가대수	10대	인가거리		19.00km	첫차시간		05:00
업체명	도원교통	운행대수	9대	운행시간		89분	막차시간		23:30
기 점	양천공영차고지	예비대수	1대	운행횟수	총	95회/일	배차간격	최소	9분
종 점	목동우성아파트	정상대수	9대		대당	10.5회/대		최대	12분

박흥식의 시내버스 노선조정 [노선은 생물(生物)이다]

🚌 **6620번** : 양천공영차고지~당산역을 기종점으로 왕복 61개의 정류소에 정차한다. 이용승객은 5,738명, 12개의 정류장이 전철역을 연계하며, 일평균 운행속도는 13.9km/h, 운행시간 1시간 49분이다. (2024.09.27. 기준)

노선번호	6620	인가대수	9대	인가거리	25.12km	첫차시간		05:00
업 체 명	도원교통	운행대수	9대	운행시간	109분	막차시간		23:30
기 점	양천공영차고지	예비대수	1대	운행횟수	총	72회/일	배차간격	최소	13분
종 점	당산역	정상대수	9대		대당	8.5회/대		최대	16분

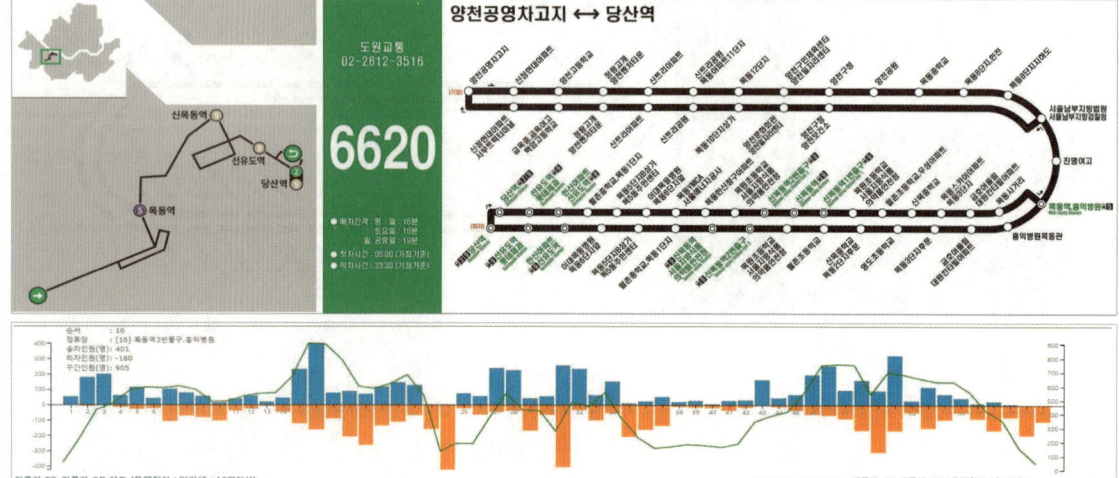

🚌 **6623번** : 양천공영차고지~여의도를 기종점으로 왕복 69개의 정류소에 정차한다. 이용승객은 8,664명, 13개의 정류장이 전철역을 연계하며, 일평균 운행속도는 15.0km/h, 운행시간 2시간 12분이다. (2024.09.27. 기준)

노선번호	6623	인가대수	14대	인가거리	31.90km	첫차시간		04:10
업 체 명	양천운수	운행대수	14대	운행시간	135분	막차시간		22:50
기 점	양천공영차고지	예비대수	0대	운행횟수	총	87회/일	배차간격	최소	10분
종 점	여의도	정상대수	12대		대당	6.7회/대		최대	15분

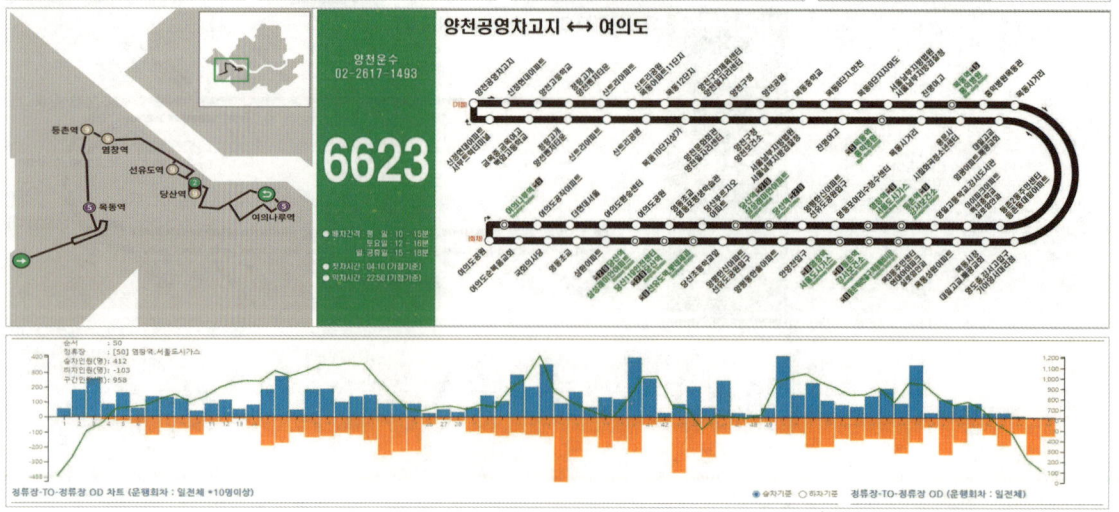

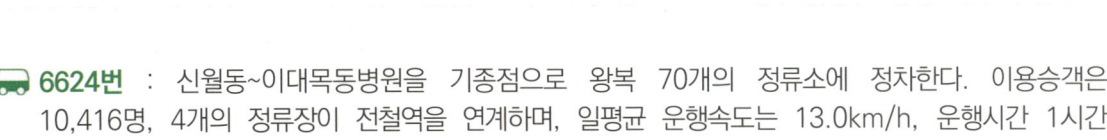

6624번
: 신월동~이대목동병원을 기종점으로 왕복 70개의 정류소에 정차한다. 이용승객은 10,416명, 4개의 정류장이 전철역을 연계하며, 일평균 운행속도는 13.0km/h, 운행시간 1시간 55분이다. (2024.09.27. 기준)

노선번호	6624	인가대수	18대	인가거리	24.12km	첫차시간	05:00
업체명	중부운수	운행대수	17대	운행시간	125분	막차시간	23:40
기점	신월동	예비대수	1대	운행횟수 총	132회/일	배차간격 최소	6분
종점	이대목동병원	정상대수	16대	대당	8.0회/대	최대	12분

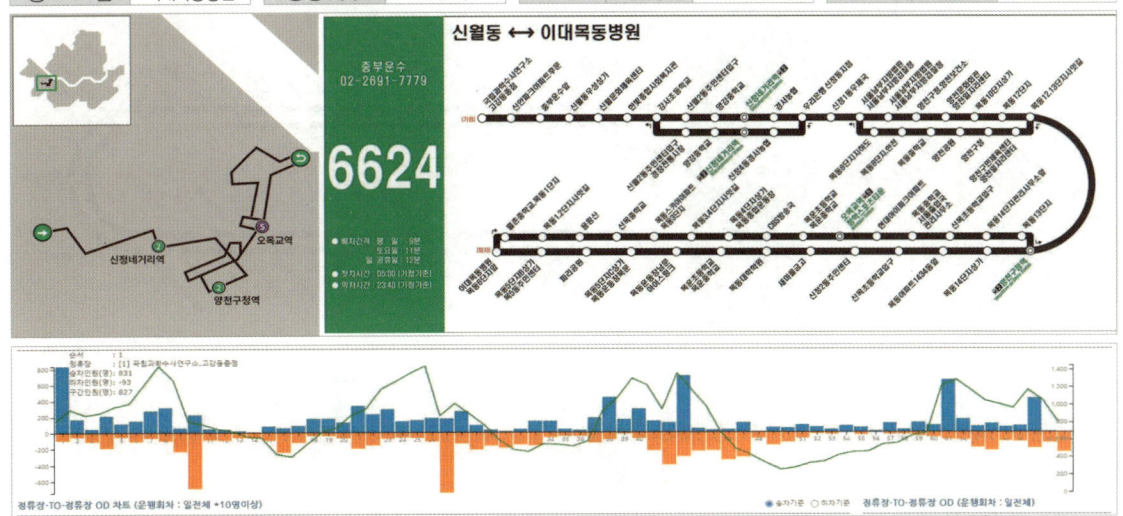

6625번
: 문래동~화곡역을 기종점으로 왕복 74개의 정류소에 정차한다. 이용승객은 6,336명, 10개의 정류장이 전철역을 연계하며, 일평균 운행속도는 13.8km/h, 운행시간 2시간 10분이다. (2024.09.27. 기준)

노선번호	6625	인가대수	12대	인가거리	29.50km	첫차시간	04:30
업체명	중부운수	운행대수	12대	운행시간	140분	막차시간	23:00
기점	문래동	예비대수	0대	운행횟수 총	84회/일	배차간격 최소	9분
종점	화곡역	정상대수	12대	대당	7.0회/대	최대	18분

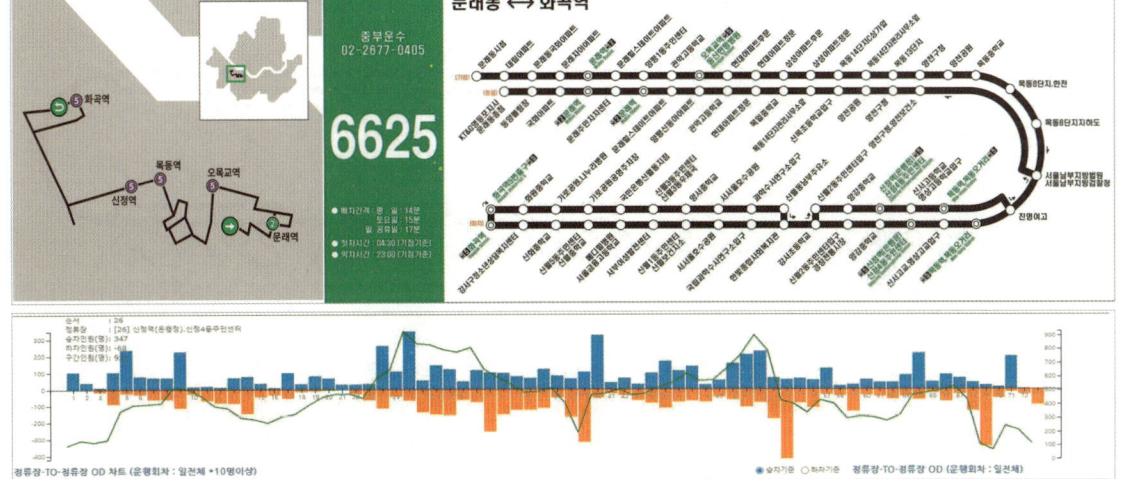

박흥식의 시내버스 노선조정 [노선은 생물(生物)이다]

🚌 **6627번** : 양천공영차고지~이대목동병원을 기종점으로 왕복 70개의 정류소에 정차한다. 이용승객은 8,230명, 9개의 정류장이 전철역을 연계하며, 일평균 운행속도는 15.9km/h, 운행시간 2시간 07분이다. (2024.09.27. 기준)

노선번호	6627	인가대수	13대	인가거리	28.34km	첫차시간	04:30
업체명	양천운수	운행대수	12대	운행시간	135분	막차시간	23:00
기점	양천공영차고지	예비대수	1대	운행횟수 총	79회/일	배차간격 최소	11분
종점	이대목동병원	정상대수	12대	운행횟수 대당	6.6회/대	배차간격 최대	16분

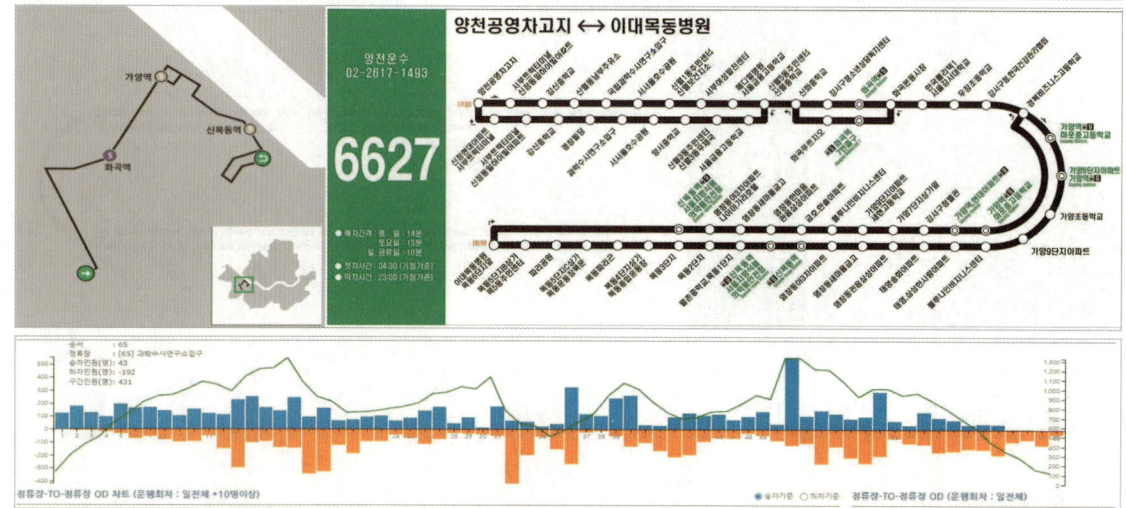

🚌 **6628번** : 외발산동~여의도를 기종점으로 왕복 59개의 정류소에 정차한다. 이용승객은 19,481명, 6개의 정류장이 전철역을 연계하며, 일평균 운행속도는 13.7km/h, 운행시간 1시간 59분이다. (2024.09.27. 기준)

노선번호	6628	인가대수	25대	인가거리	27.10km	첫차시간	04:10
업체명	영인운수	운행대수	24대	운행시간	125분	막차시간	23:20
기점	외발산동	예비대수	1대	운행횟수 총	173회/일	배차간격 최소	5분
종점	여의도	정상대수	22대	운행횟수 대당	7.5회/대	배차간격 최대	11분

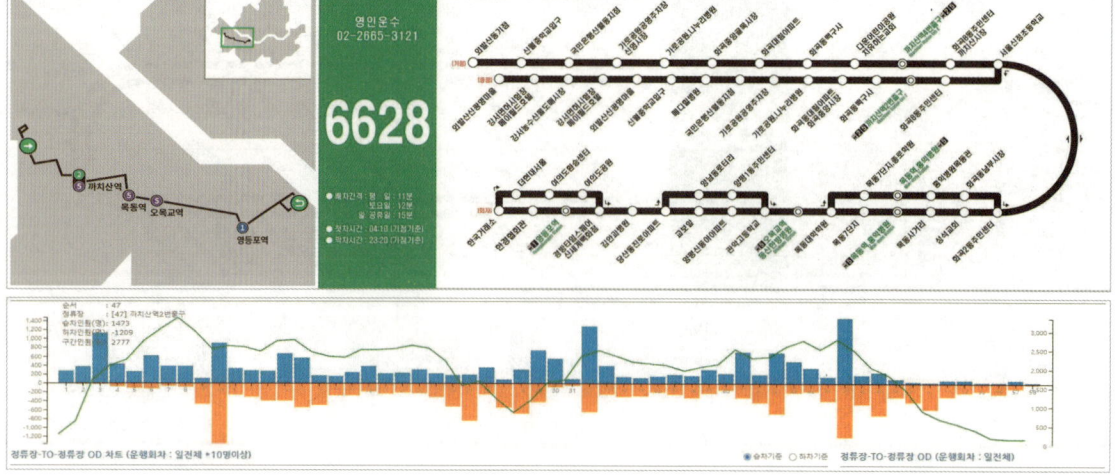

CHAPTER 05 시내버스 노선도

🚌 **6629번** : 방화동~영등포역을 기종점으로 왕복 95개의 정류소에 정차한다. 이용승객은 11,714명, 17개의 정류장이 전철역을 연계하며, 일평균 운행속도는 14.1km/h, 운행시간 3시간 11분이다. (2024.09.27. 기준)

노선번호	6629	인가대수	24대	인가거리	43.00km	첫차시간	04:30
업체명	김포교통	운행대수	23대	운행시간	195분	막차시간	22:40
기 점	방화동	예비대수	1대	운행횟수 총	109회/일	배차간격 최소	8분
종 점	영등포역	정상대수	22대	대당	4.8회/대	최대	13분

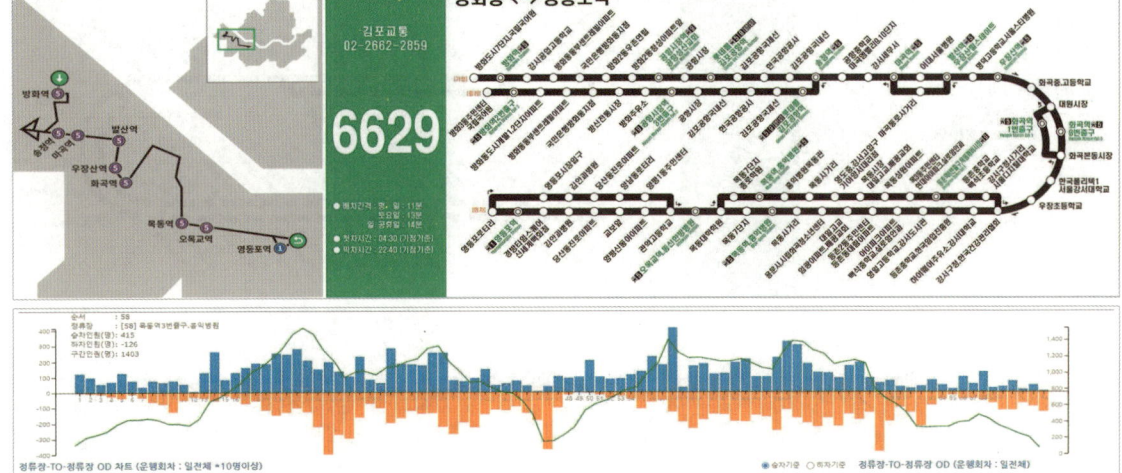

🚌 **6630번** : 외발산동기점~영등포시장연흥극장을 기종점으로 왕복 97개의 정류소에 정차한다. 이용승객은 7,846명, 18개의 정류장이 전철역을 연계하며, 일평균 운행속도는 12.7km/h, 운행시간 2시간 59분이다. (2024.09.27. 기준)

노선번호	6630	인가대수	14대	인가거리	36.72km	첫차시간	04:20
업체명	영인운수	운행대수	13대	운행시간	178분	막차시간	22:50
기 점	영인운수차고지	예비대수	1대	운행횟수 총	69회/일	배차간격 최소	10분
종 점	영등포시장	정상대수	13대	대당	5.3회/대	최대	20분

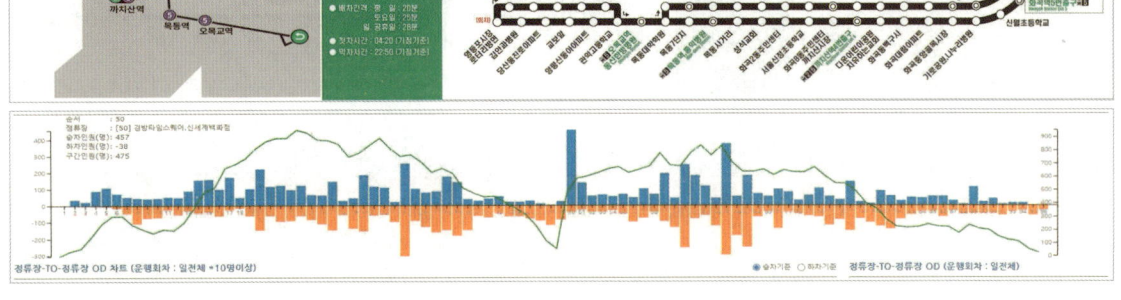

박흥식의 시내버스 노선조정 [노선은 생물(生物)이다]

🚌 **6631번** : 강서공영차고지~영등포시장을 기종점으로 왕복 92개의 정류소에 정차한다. 이용승객은 11,516명, 13개의 정류장이 전철역을 연계하며, 일평균 운행속도는 14.4km/h, 운행시간 2시간 40분이다. (2024.09.27. 기준)

노선번호	6631	인가대수	26대	인가거리	38.20km	첫차시간	04:20
업체명	공항버스	운행대수	25대	운행시간	160분	막차시간	22:50
기점	강서공영차고지	예비대수	1대	운행횟수 총	140회/일	배차간격 최소	7분
종점	영등포시장	정상대수	24대	대당	5.7회/대	최대	10분

🚌 **6632번** : 강서공영차고지~당산역을 기종점으로 왕복 66개의 정류소에 정차한다. 이용승객은 5,944명, 12개의 정류장이 전철역을 연계하며, 일평균 운행속도는 16.2km/h, 운행시간 2시간 13분이다. (2024.09.27. 기준)

노선번호	6632	인가대수	17대	인가거리	34.96km	첫차시간	04:30
업체명	공항버스	운행대수	17대	운행시간	150분	막차시간	23:00
기점	강서공영차고지	예비대수	0대	운행횟수 총	104회/일	배차간격 최소	8분
종점	당산역	정상대수	15대	대당	6.5회/대	최대	13분

CHAPTER 05 시내버스 노선도

🚌 **6633번** : 강서공영차고지~여의도역을 기종점으로 왕복 93개의 정류소에 정차한다. 이용승객은 3,383명, 20개의 정류장이 전철역을 연계하며, 일평균 운행속도는 14.0km/h, 운행시간 3시간 44분이다. (2024.09.27. 기준)

노선번호	6633	인가대수	11대	인가거리	52.00km	첫차시간	04:20
업 체 명	공항버스	운행대수	11대	운행시간	220분	막차시간	22:50
기 점	강서공영차고지	예비대수	0대	운행횟수	총	42회/일	배차간격	최소	15분
종 점	여의도역	정상대수	10대		대당	4.0회/대		최대	30분

🚌 **6637번** : 노온사동~목동을 기종점으로 왕복 78개의 정류소에 정차한다. 이용승객은 22,228명, 8개의 정류장이 전철역을 연계하며, 일평균 운행속도는 15.7km/h, 운행시간 2시간 25분이다. (2024.09.27. 기준)

노선번호	6637	인가대수	31대	인가거리	37.05km	첫차시간	04:30
업 체 명	범일운수	운행대수	29대	운행시간	145분	막차시간	23:10
기 점	노온사동	예비대수	2대	운행횟수	총	174회/일	배차간격	최소	5분
종 점	목동	정상대수	29대		대당	6.0회/대		최대	8분

255

박흥식의 시내버스 노선조정 [노선은 생물(生物)이다]

🚌 **6638번** : 철산동~오목교를 기종점으로 왕복 68개의 정류소에 정차한다. 이용승객은 9,133명, 7개의 정류장이 전철역을 연계하며, 일평균 운행속도는 14.5km/h, 운행시간 1시간 49분이다. (2024.09.27. 기준)

노선번호	6638	인가대수	12대	인가거리	25.64km	첫차시간	04:30
업 체 명	세풍운수	운행대수	11대	운행시간	120분	막차시간	23:00
기 점	철산동	예비대수	1대	운행횟수 총	94회/일	배차간격 최소	11분
종 점	오목교	정상대수	11대	대당	7.8회/대	최대	15분

🚌 **6640A** : 양천공영차고지를 기종점으로 왕복 48개의 정류소에 정차한다. 이용승객은 6,444명, 9개의 정류장이 전철역을 연계하며, 일평균 운행속도는 14.8km/h, 운행시간 1시간 28분이다. (2024.09.27. 기준)

노선번호	4425	인가대수	19대	인가거리	20.48km	첫차시간	04:30
업 체 명	세풍운수	운행대수	16대	운행시간	95분	막차시간	23:10
기 점	양천공영차고지	예비대수	3대	운행횟수 총	180회/일	배차간격 최소	11분
종 점	양천공영차고지	정상대수	16대	대당	10.0회/대	최대	10분

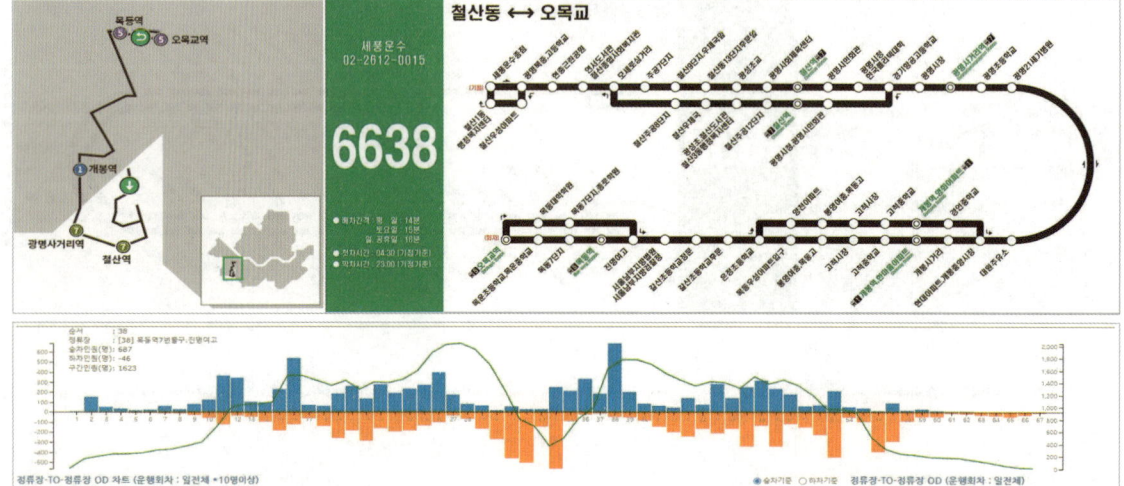

CHAPTER 05 시내버스 노선도

6640B : 양천공영차고지를 기종점으로 왕복 47개의 정류소에 정차한다. 이용승객은 6,389명, 8개의 정류장이 전철역을 연계하며, 일평균 운행속도는 15.0km/h, 운행시간 1시간 26분이다. (2024.09.27. 기준)

노선번호	4425	인가대수	19대	인가거리	20.48km	첫차시간	04:30
업 체 명	세풍운수	운행대수	16대	운행시간	95분	막차시간	23:10
기 점	양천공영차고지	예비대수	3대	운행횟수	총 180회/일	배차간격	최소 11분
종 점	양천공영차고지	정상대수	16대		대당 10.0회/대		최대 10분

6642번 : 강서공영차고지~가양9단지를 기종점으로 왕복 74개의 정류소에 정차한다. 이용승객은 6,792명, 16개의 정류장이 전철역을 연계하며, 일평균 운행속도는 14.1km/h, 운행시간 2시간 10분이다. (2024.09.27. 기준)

노선번호	6642	인가대수	13대	인가거리	30.60km	첫차시간	04:40
업 체 명	정평운수	운행대수	13대	운행시간	144분	막차시간	22:30
기 점	강서공영차고지	예비대수	0대	운행횟수	총 90회/일	배차간격	최소 11분
종 점	가양9단지	정상대수	12대		대당 7.2회/대		최대 12분

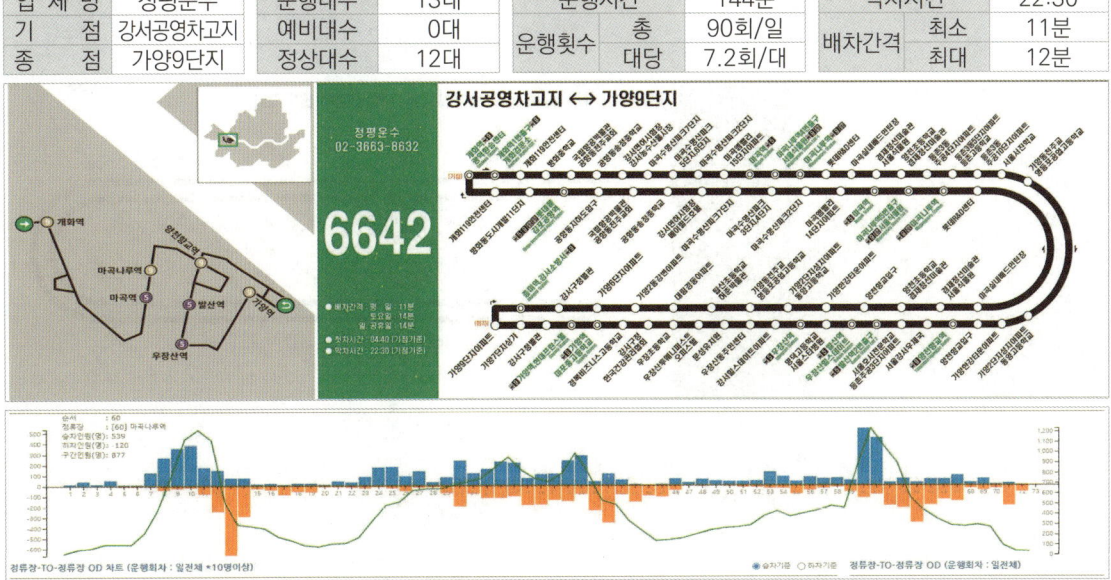

박흥식의 시내버스 노선조정 [노선은 생물(生物)이다]

🚌 **6645번** : 강서공영차고지~가양9단지를 기종점으로 왕복 68개의 정류소에 정차한다. 이용승객은 6,224명, 22개의 정류장이 전철역을 연계하며, 일평균 운행속도는 13.5km/h, 운행시간 2시간 05분이다. (2024.09.27. 기준)

노선번호	6645	인가대수	13대	인가거리	27.00km	첫차시간	04:40
업 체 명	정평운수	운행대수	13대	운행시간	124분	막차시간	22:30
기 점	강서공영차고지	예비대수	0대	운행횟수	총 90회/일	배차간격	최소 10분
종 점	가양9단지	정상대수	12대		대당 7.2회/대		최대 14분

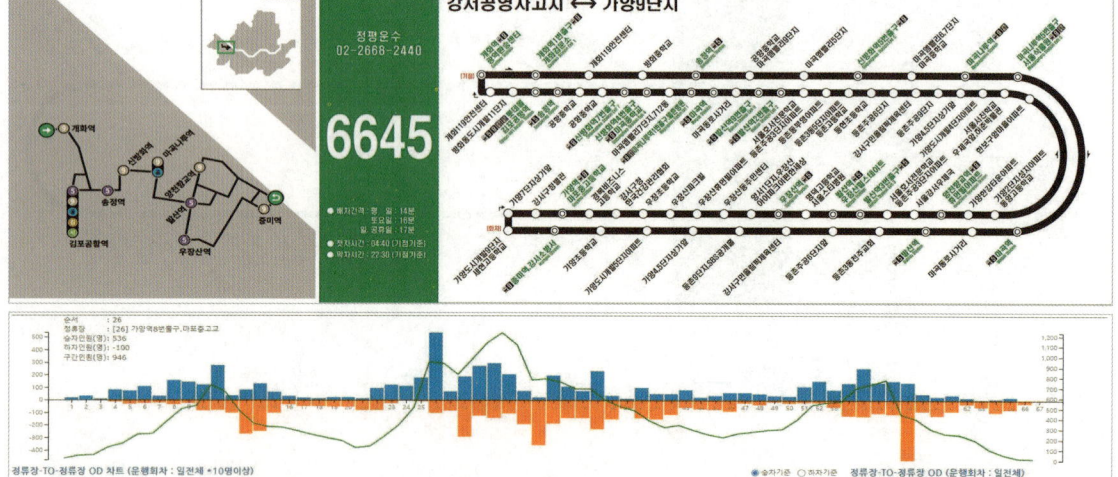

🚌 **6647번** : 강서공영차고지~강서면허시험장을 기종점으로 왕복 54개의 정류소에 정차한다. 이용승객은 3,476명, 11개의 정류장이 전철역을 연계하며, 일평균 운행속도는 17.3km/h, 운행시간 1시간 27분이다. (2024.09.27. 기준)

노선번호	6647	인가대수	13대	인가거리	23.20km	첫차시간	05:00
업 체 명	정평운수	운행대수	13대	운행시간	100분	막차시간	23:00
기 점	강서공영차고지	예비대수	0대	운행횟수	총 126회/일	배차간격	최소 8분
종 점	강서면허시험장	정상대수	12대		대당 10.0회/대		최대 13분

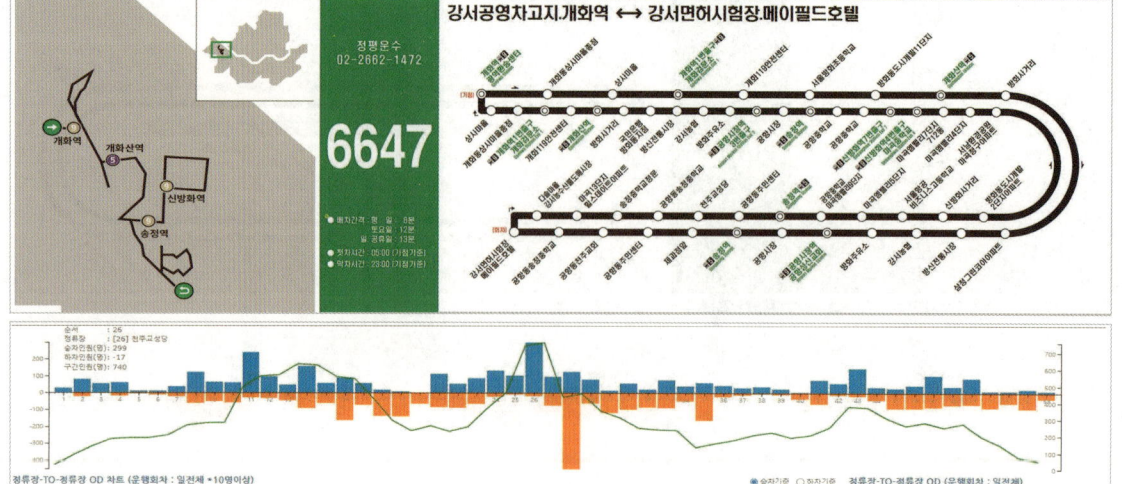

CHAPTER 05 시내버스 노선도

🚌 **6648번** : 방화동~양천구청을 기종점으로 왕복 77개의 정류소에 정차한다. 이용승객은 8,558명, 20개의 정류장이 전철역을 연계하며, 일평균 운행속도는 12.4km/h, 운행시간 2시간 21분이다. (2024.09.27. 기준)

노선번호	6648	인가대수	14대	인가거리	29.00km	첫차시간	04:30
업체명	김포교통	운행대수	14대	운행시간	150분	막차시간	23:00
기점	방화동	예비대수	0대	운행횟수 총	78회/일	배차간격 최소	12분
종점	양천구청	정상대수	12대	대당	6.0회/대	최대	17분

🚌 **6657번** : 양천공영차고지~강서한강자이아파트를 기종점으로 왕복 51개의 정류소에 정차한다. 이용승객은 3,499명, 14개의 정류장이 전철역을 연계하며, 일평균 운행속도는 12.1km/h, 운행시간 1시간 33분이다. (2024.09.27. 기준)

노선번호	6657	인가대수	6대	인가거리	19.09km	첫차시간	05:00
업체명	도원교통	운행대수	6대	운행시간	100분	막차시간	23:00
기점	양천공영차고지	예비대수	0대	운행횟수 총	56회/일	배차간격 최소	15분
종점	강서한강자이A	정상대수	6대	대당	9.4회/대	최대	21분

박흥식의 시내버스 노선조정 [노선은 생물(生物)이다]

🚌 **6712번** : 방화동~서강대학교를 기종점으로 왕복 82개의 정류소에 정차한다. 이용승객은 7,735명, 10개의 정류장이 전철역을 연계하며, 일평균 운행속도는 14.8km/h, 운행시간 2시간 35분이다. (2024.09.27. 기준)

노선번호	6712	인가대수	17대	인가거리	43.20km	첫차시간		04:30
업체명	김포교통	운행대수	16대	운행시간	165분	막차시간		22:40
기 점	방화동	예비대수	1대	운행횟수	총 86회/일	배차간격	최소	11분
종 점	서강대학교	정상대수	15대		대당 5.5회/대		최대	15분

🚌 **6713번** : 철산역~홍대입구역을 기종점으로 왕복 69개의 정류소에 정차한다. 이용승객은 12,060명, 17개의 정류장이 전철역을 연계하며, 일평균 운행속도는 15.4km/h, 운행시간 2시간 34분이다. (2024.09.27. 기준)

노선번호	6713	인가대수	20대	인가거리	39.40km	첫차시간		04:30
업체명	세풍운수	운행대수	20대	운행시간	180분	막차시간		22:20
기 점	철산동	예비대수	0대	운행횟수	총 104회/일	배차간격	최소	10분
종 점	홍대입구역	정상대수	20대		대당 5.2회/대		최대	17분

CHAPTER 05 시내버스 노선도

🚌 **6714번** : 양천공영차고지~이대부고를 기종점으로 왕복 68개의 정류소에 정차한다. 이용승객은 6,128명, 6개의 정류장이 전철역을 연계하며, 일평균 운행속도는 16.6km/h, 운행시간 2시간 05분이다. (2024.09.27. 기준)

노선번호	6714	인가대수	11대	인가거리	33.80km	첫차시간	04:30
업체명	양천운수	운행대수	10대	운행시간	130분	막차시간	23:00
기점	양천공영차고지	예비대수	1대	운행횟수 총	70회/일	배차간격 최소	13분
종점	이대부고	정상대수	10대	대당	7.0회/대	최대	20분

🚌 **6715번** : 신월동~상암동을 기종점으로 왕복 61개의 정류소에 정차한다. 이용승객은 13,435명, 10개의 정류장이 전철역을 연계하며, 일평균 운행속도는 15.0km/h, 운행시간 1시간 58분이다. (2024.09.27. 기준)

노선번호	6715	인가대수	20대	인가거리	30.40km	첫차시간	04:30
업체명	중부운수	운행대수	19대	운행시간	130분	막차시간	23:20
기점	신월동	예비대수	1대	운행횟수 총	144회/일	배차간격 최소	5분
종점	상암동	정상대수	19대	대당	7.6회/대	최대	10분

261

박홍식의 시내버스 노선조정 [노선은 생물(生物)이다]

🚌 **6716번** : 양천공영차고지~이대입구를 기종점으로 왕복 101개의 정류소에 정차한다. 이용승객은 19,812명, 17개의 정류장이 전철역을 연계하며, 일평균 운행속도는 16.7km/h, 운행시간 2시간 58분이다. (2024.09.27. 기준)

노선번호	6716	인가대수	27대	인가거리	48.12km	첫차시간	04:30
업체명	세풍운수	운행대수	26대	운행시간	180분	막차시간	22:20
기 점	양천공영차고지	예비대수	1대	운행횟수 총	130회/일	배차간격 최소	9분
종 점	이대입구	정상대수	26대	대당	5.0회/대	최대	11분

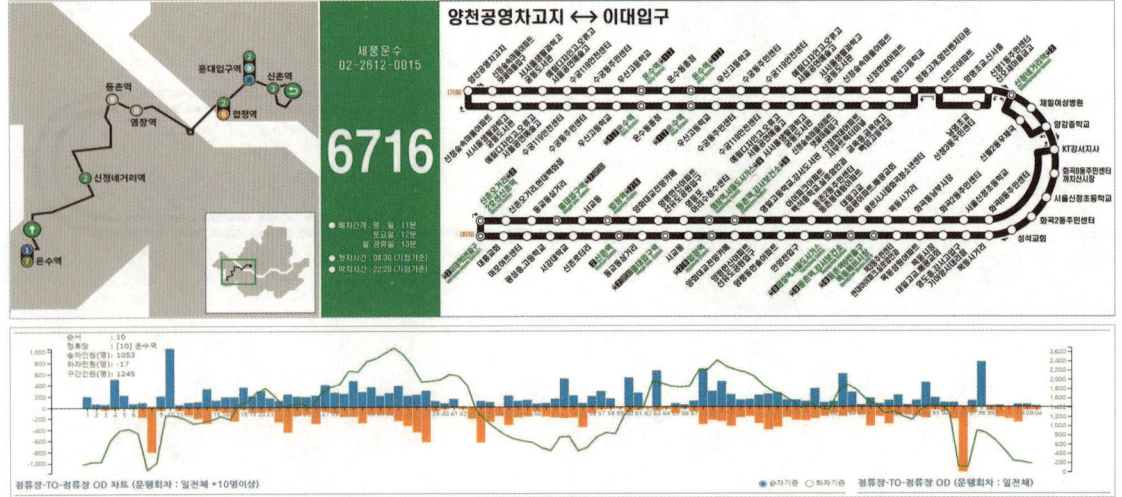

🚌 **7011번** : 은평차고지~중구청을 기종점으로 왕복 63개의 정류소에 정차한다. 이용승객은 13,386명, 16개의 정류장이 전철역을 연계하며, 일평균 운행속도는 14.3km/h, 운행시간 2시간 45분이다. (2024.09.27. 기준)

노선번호	7011	인가대수	21대	인가거리	35.80km	첫차시간	04:30
업체명	유성운수	운행대수	20대	운행시간	175분	막차시간	23:10
기 점	은평차고지	예비대수	1대	운행횟수 총	110회/일	배차간격 최소	7분
종 점	중구청	정상대수	18대	대당	5.8회/대	최대	14분

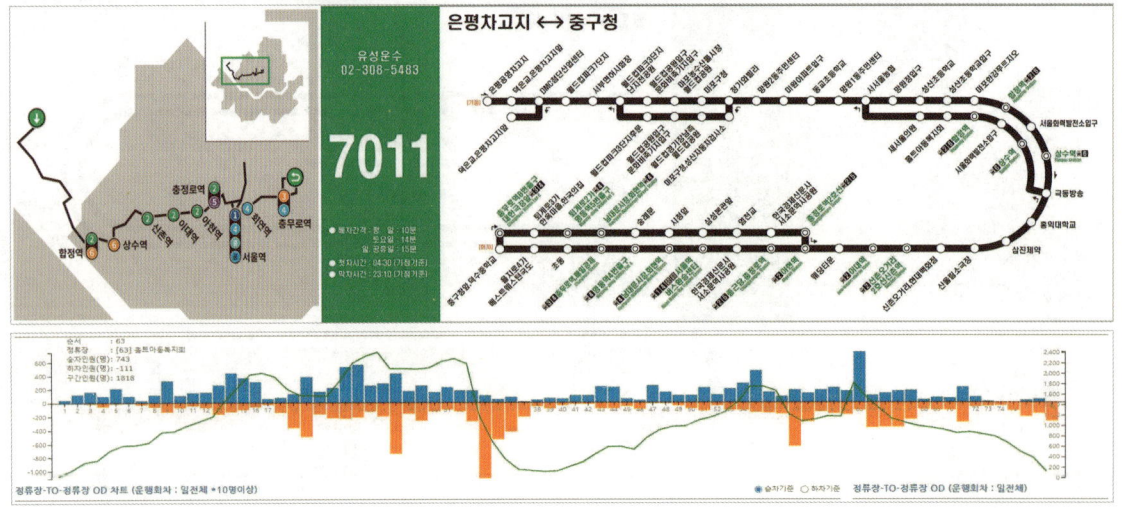

CHAPTER 05 시내버스 노선도

🚌 **7013A번** : 은평차고지~남대문시장을 기종점으로 왕복 77개의 정류소에 정차한다. 이용승객은 4,802명, 15개의 정류장이 전철역을 연계하며, 일평균 운행속도는 13.2km/h, 운행시간 2시간 33분이다. (2024.09.27. 기준)

노선번호	7013	인가대수	17대	인가거리	37.60km	첫차시간	04:30
업체명	유성운수	운행대수	16대	운행시간	155분	막차시간	23:00
기 점	은평차고지	예비대수	1대	운행횟수	총 90회/일	배차간격	최소 15분
종 점	남대문시장	정상대수	14대		대당 6.0회/대		최대 30분

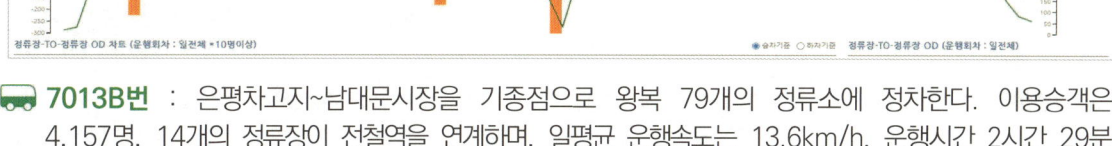

🚌 **7013B번** : 은평차고지~남대문시장을 기종점으로 왕복 79개의 정류소에 정차한다. 이용승객은 4,157명, 14개의 정류장이 전철역을 연계하며, 일평균 운행속도는 13.6km/h, 운행시간 2시간 29분이다. (2024.09.27. 기준)

노선번호	7013	인가대수	17대	인가거리	37.60km	첫차시간	04:30
업체명	유성운수	운행대수	16대	운행시간	155분	막차시간	23:00
기 점	은평차고지	예비대수	1대	운행횟수	총 90회/일	배차간격	최소 15분
종 점	남대문시장	정상대수	14대		대당 6.0회/대		최대 30분

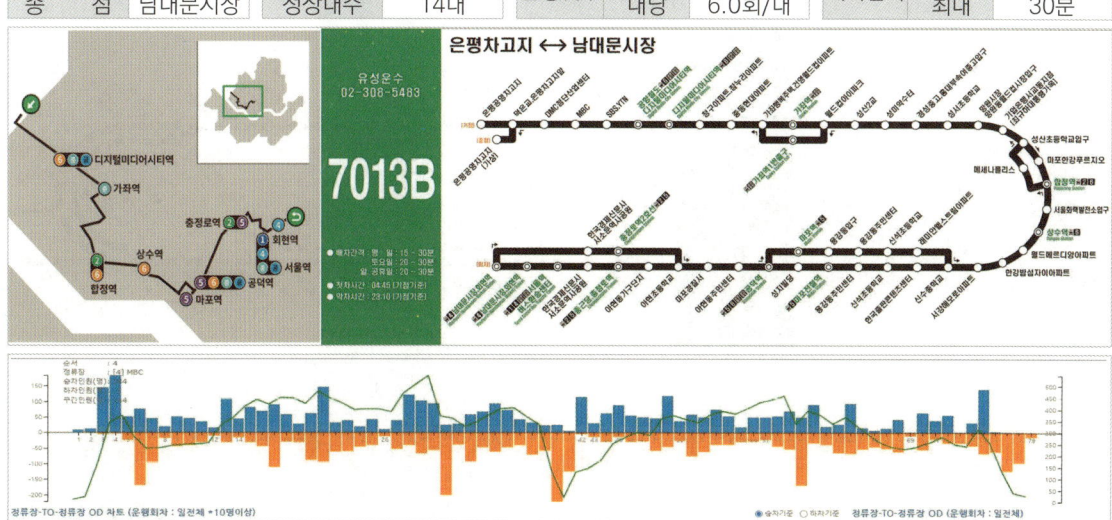

박흥식의 시내버스 노선조정 [노선은 생물(生物)이다]

🚌 **7016번** : 은평차고지~상명대을 기종점으로 왕복 105개의 정류소에 정차한다. 이용승객은 22,765명, 14개의 정류장이 전철역을 연계하며, 일평균 운행속도는 13.8km/h, 운행시간 3시간 30분이다. (2024.09.27. 기준)

노선번호	7016	인가대수	32대	인가거리	50.00km	첫차시간	04:30
업 체 명	유성운수	운행대수	31대	운행시간	210분	막차시간	22:30
기 점	은평차고지	예비대수	1대	운행횟수 총	140회/일	배차간격 최소	5분
종 점	상명대	정상대수	30대	운행횟수 대당	4.6회/대	배차간격 최대	11분

🚌 **7017번** : 은평차고지~롯데백화점을 기종점으로 왕복 89개의 정류소에 정차한다. 이용승객은 13,370명, 11개의 정류장이 전철역을 연계하며, 일평균 운행속도는 13.7km/h, 운행시간 2시간 47분이다. (2024.09.27. 기준)

노선번호	7017	인가대수	23대	인가거리	36.60km	첫차시간	04:30
업 체 명	보광교통	운행대수	22대	운행시간	170분	막차시간	23:00
기 점	은평차고지	예비대수	1대	운행횟수 총	125회/일	배차간격 최소	7분
종 점	롯데백화점	정상대수	22대	운행횟수 대당	5.7회/대	배차간격 최대	11분

CHAPTER 05 시내버스 노선도

🚌 **7018번** : 북가좌동~무교동을 기종점으로 왕복 56개의 정류소에 정차한다. 이용승객은 8,776명, 4개의 정류장이 전철역을 연계하며, 일평균 운행속도는 15.0km/h, 운행시간 1시간 48분이다. (2024.09.27. 기준)

노선번호	7018	인가대수	18대	인가거리	26.40km	첫차시간	04:15
업체명	서부운수	운행대수	17대	운행시간	115분	막차시간	23:00
기점	북가좌동	예비대수	1대	운행횟수 총	124회/일	배차간격 최소	6분
종점	무교동	정상대수	14대	운행횟수 대당	8.0회/대	배차간격 최대	12분

🚌 **7019번** : 은평차고지~서소문을 기종점으로 왕복 89개의 정류소에 정차한다. 이용승객은 14,257명, 8개의 정류장이 전철역을 연계하며, 일평균 운행속도는 14.2km/h, 운행시간 2시간 46분이다. (2024.09.27. 기준)

노선번호	7019	인가대수	26대	인가거리	39.00km	첫차시간	04:30
업체명	현대교통	운행대수	25대	운행시간	158분	막차시간	22:55
기점	은평차고지	예비대수	1대	운행횟수 총	143회/일	배차간격 최소	6분
종점	서소문	정상대수	25대	운행횟수 대당	5.7회/대	배차간격 최대	12분

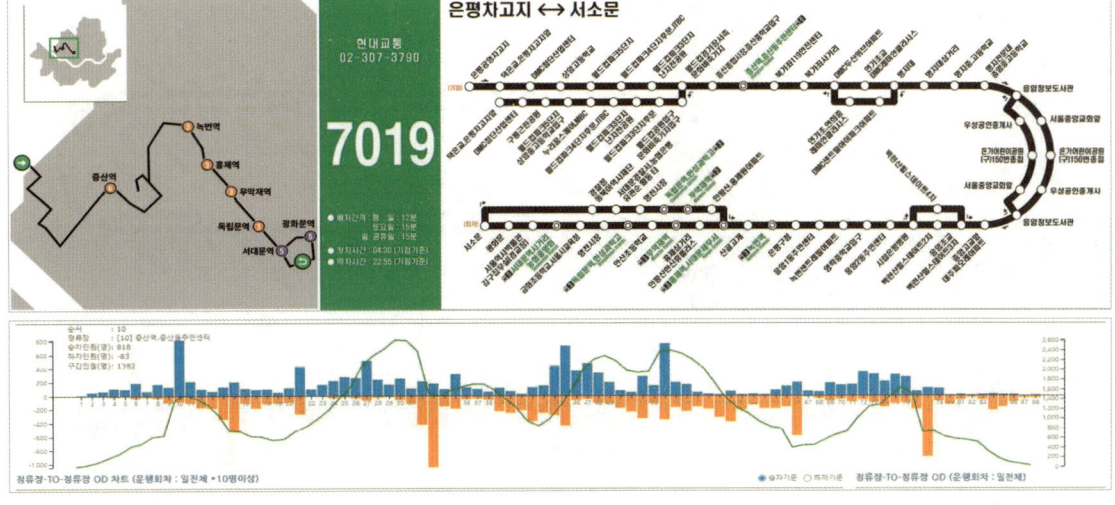

박흥식의 시내버스 노선조정 [노선은 생물(生物)이다]

🚌 **7021번** : 은평차고지~을지로입구를 기종점으로 왕복 75개의 정류소에 정차한다. 이용승객은 15,335명, 13개의 정류장이 전철역을 연계하며, 일평균 운행속도는 13.9km/h, 운행시간 2시간 31분이다. (2024.09.27. 기준)

노선번호	7021	인가대수	23대	인가거리	33.69km	첫차시간	04:30
업체명	보광교통	운행대수	21대	운행시간	160분	막차시간	23:00
기 점	은평차고지	예비대수	2대	운행횟수 총	132회/일	배차간격 최소	7분
종 점	을지로입구	정상대수	21대	대당	6.0회/대	최대	12분

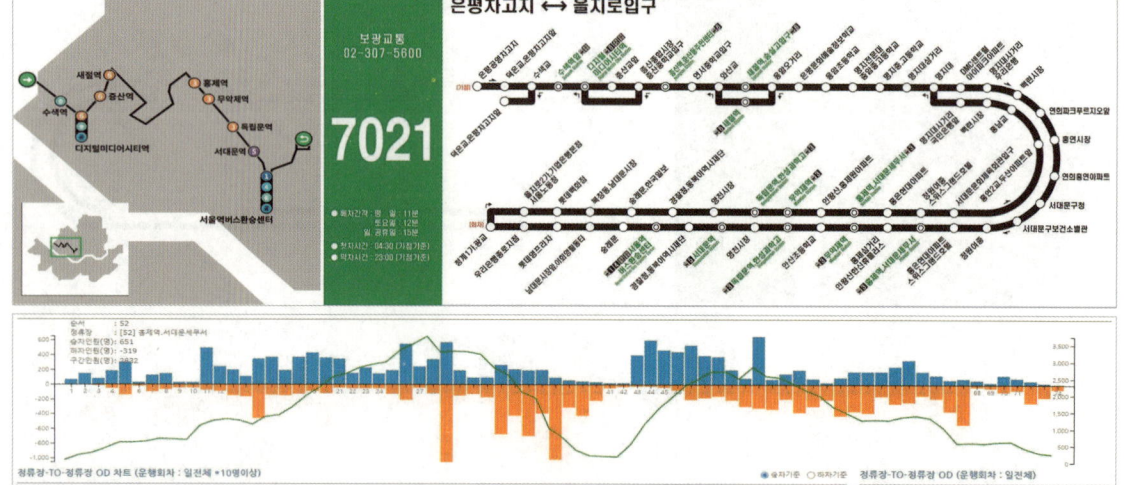

🚌 **7022번** : 구산동~서울역을 기종점으로 왕복 72개의 정류소에 정차한다. 이용승객은 13,336명, 9개의 정류장이 전철역을 연계하며, 일평균 운행속도는 13.5km/h, 운행시간 2시간 16분이다. (2024.09.27. 기준)

노선번호	7022	인가대수	19대	인가거리	30.80km	첫차시간	04:30
업체명	선진운수	운행대수	18대	운행시간	125분	막차시간	23:10
기 점	구산동	예비대수	1대	운행횟수 총	133회/일	배차간격 최소	7분
종 점	서울역	정상대수	18대	대당	7.4회/대	최대	10분

CHAPTER 05 시내버스 노선도

🚌 **7024번** : 봉원사~서울역을 기종점으로 왕복 30개의 정류소에 정차한다. 이용승객은 2,219명, 4개의 정류장이 전철역을 연계하며, 일평균 운행속도는 14.8km/h, 운행시간 0시간 59분이다. (2024.09.27. 기준)

노선번호	7024	인가대수	5대	인가거리	13.61km	첫차시간	05:30
업체명	원버스	운행대수	5대	운행시간	75분	막차시간	23:10
기 점	봉원사	예비대수	0대	운행횟수 총	67회/일	배차간격 최소	13분
종 점	서울역	정상대수	4대	대당	15.0회/대	최대	22분

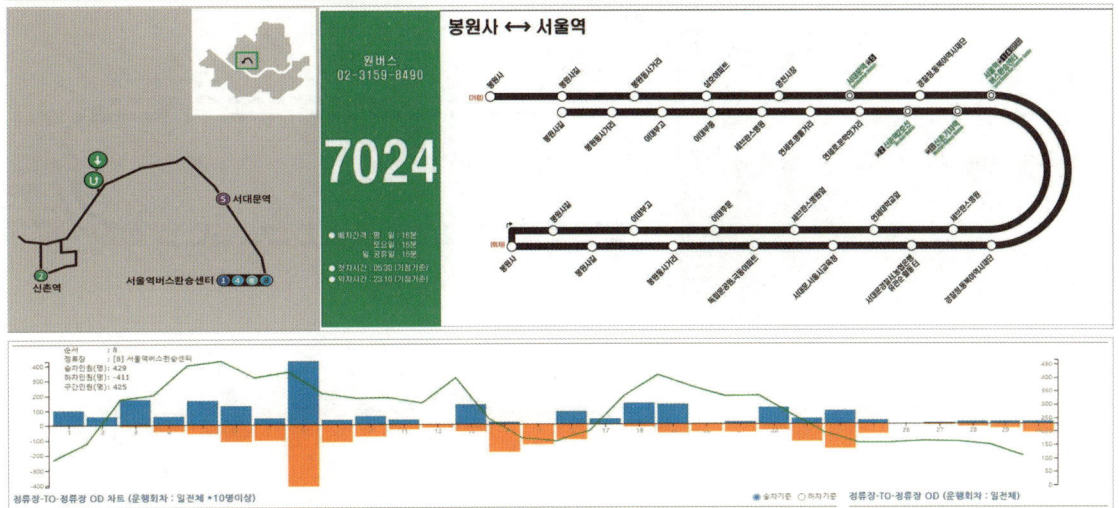

🚌 **7025번** : 은평차고지~종로6가를 기종점으로 왕복 71개의 정류소에 정차한다. 이용승객은 11,760명, 14개의 정류장이 전철역을 연계하며, 일평균 운행속도는 14.0km/h, 운행시간 2시간 24분이다. (2024.09.27. 기준)

노선번호	7025	인가대수	17대	인가거리	32.97km	첫차시간	04:10
업체명	선진운수	운행대수	16대	운행시간	142분	막차시간	23:20
기 점	은평차고지	예비대수	1대	운행횟수 총	112회/일	배차간격 최소	9분
종 점	종로6가	정상대수	16대	대당	7.0회/대	최대	17분

박홍식의 시내버스 노선조정 [노선은 생물(生物)이다]

🚌 **7211번** : 진관공영차고지~신설동을 기종점으로 왕복 108개의 정류소에 정차한다. 이용승객은 19,294명, 12개의 정류장이 전철역을 연계하며, 일평균 운행속도는 14.5km/h, 운행시간 2시간 06분이다. (2024.09.27. 기준)

노선번호	7211	인가대수	29대	인가거리	48.80km	첫차시간		04:10
업 체 명	제일교통	운행대수	128	운행시간	175분	막차시간		23:00
기 점	진관공영차고지	예비대수	1대	운행횟수	총	143회/일	배차간격	최소	7분
종 점	신설동	정상대수	27대		대당	5.2회/대		최대	15분

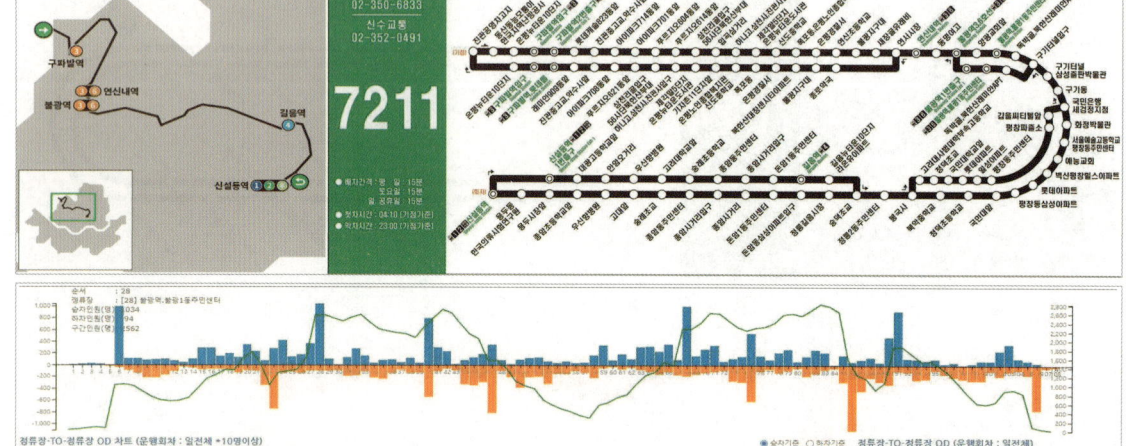

🚌 **7212번** : 은평차고지~극동그린아파트앞을 기종점으로 왕복 141개의 정류소에 정차한다. 이용승객은 17,823명, 23개의 정류장이 전철역을 연계하며, 일평균 운행속도는 14.8km/h, 운행시간 2시간 10분이다. (2024.09.27. 기준)

노선번호	7212	인가대수	25대	인가거리	59.12km	첫차시간		04:00
업 체 명	선진운수	운행대수	25대	운행시간	255분	막차시간		22:10
기 점	은평차고지	예비대수	0대	운행횟수	총	94회/일	배차간격	최소	8분
종 점	극동그린아파트앞	정상대수	24대		대당	3.8회/대		최대	16분

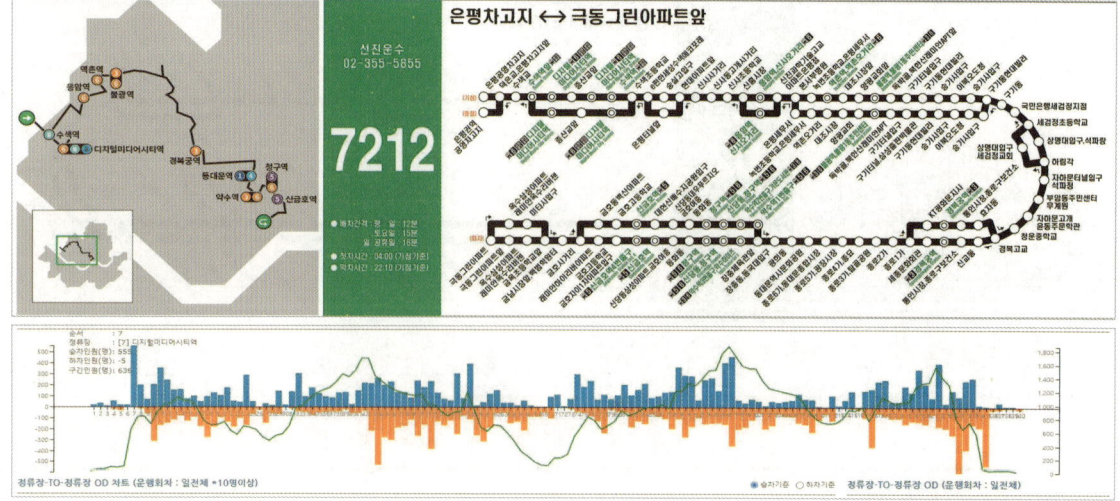

CHAPTER 05 시내버스 노선도

🚌 **7611번** : 은평차고지~여의도를 기종점으로 왕복 80개의 정류소에 정차한다. 이용승객은 13,556명, 15개의 정류장이 전철역을 연계하며, 일평균 운행속도는 14.9km/h, 운행시간 2시간 45분이다. (2024.09.27. 기준)

노선번호	7611	인가대수	17대	인가거리	39.04km	첫차시간	04:10
업체명	현대교통	운행대수	17대	운행시간	152분	막차시간	22:40
기 점	은평차고지	예비대수	0대	운행횟수 총	102회/일	배차간격 최소	8분
종 점	여의도	정상대수	17대	대당	6.0회/대	최대	14분

🚌 **7612번** : 홍연2교~영등포구청역을 기종점으로 왕복 43개의 정류소에 정차한다. 이용승객은 15,159명, 2개의 정류장이 전철역을 연계하며, 일평균 운행속도는 13.7km/h, 운행시간 1시간 31분이다. (2024.09.27. 기준)

노선번호	7612	인가대수	17대	인가거리	19.97km	첫차시간	04:33
업체명	현대교통	운행대수	17대	운행시간	95분	막차시간	23:40
기 점	홍연2교	예비대수	0대	운행횟수 총	165회/일	배차간격 최소	6분
종 점	영등포구청역	정상대수	17대	대당	9.7회/대	최대	12분

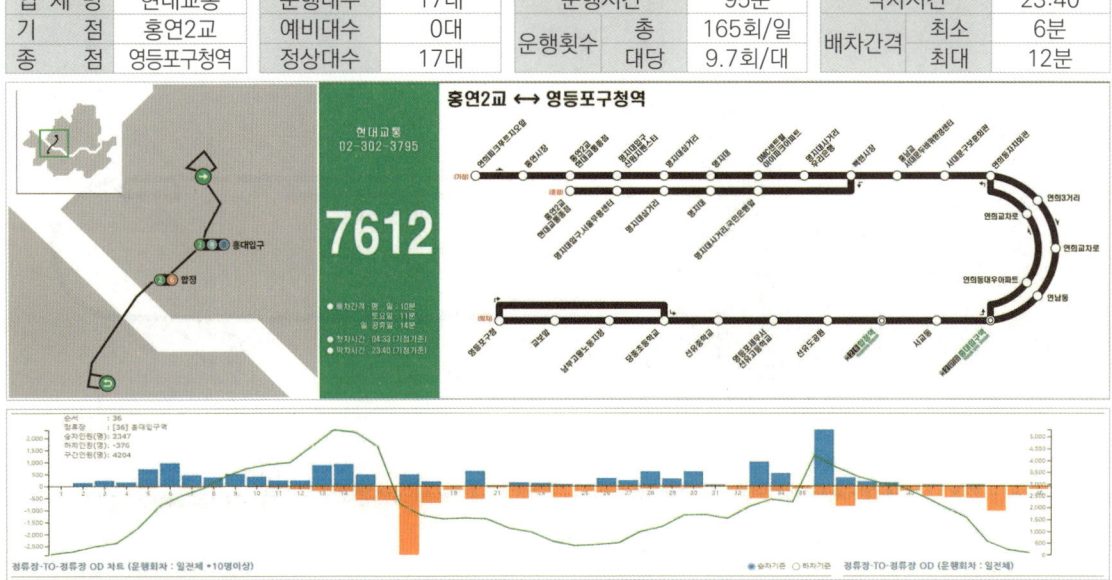

박흥식의 시내버스 노선조정 [노선은 생물(生物)이다]

🚌 **7613번** : 구산동~여의도를 기종점으로 왕복 88개의 정류소에 정차한다. 이용승객은 8,769명, 15개의 정류장이 전철역을 연계하며, 일평균 운행속도는 13.6km/h, 운행시간 2시간 48분이다. (2024.09.27. 기준)

노선번호	7613	인가대수	16대	인가거리	34.50km	첫차시간	04:30
업 체 명	선진운수	운행대수	15대	운행시간	160분	막차시간	23:00
기 점	구산동	예비대수	1대	운행횟수 총	86회/일	배차간격 최소	12분
종 점	여의도	정상대수	15대	대당	5.7회/대	최대	15분

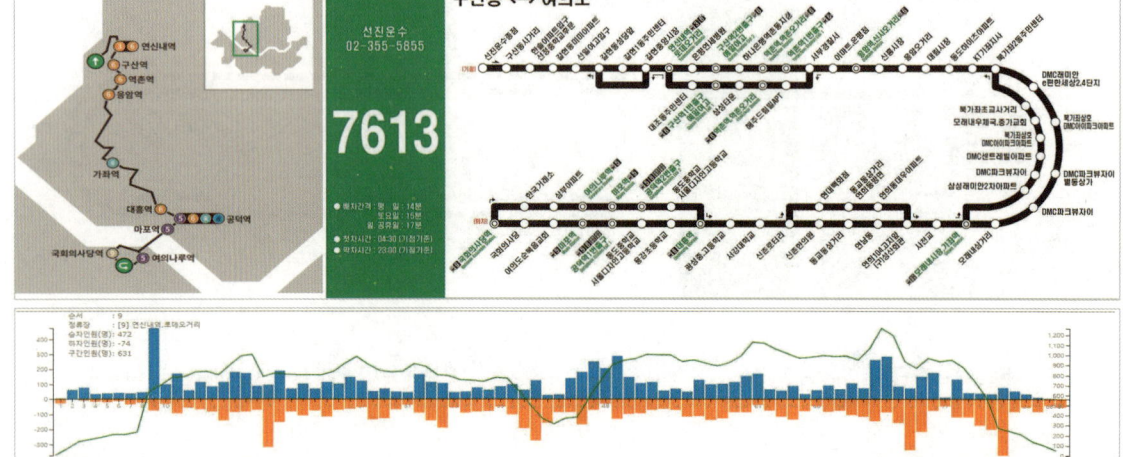

🚌 **7711번** : 덕은동종점~홍대입구역을 기종점으로 왕복 41개의 정류소에 정차한다. 이용승객은 4,203명, 3개의 정류장이 전철역을 연계하며, 일평균 운행속도는 12.8km/h, 운행시간 1시간 06분이다. (2024.09.27. 기준)

노선번호	7711	인가대수	9대	인가거리	13.30km	첫차시간	04:30
업 체 명	신촌교통	운행대수	8대	운행시간	68분	막차시간	00:00
기 점	덕은동종점	예비대수	1대	운행횟수 총	113회/일	배차간격 최소	8분
종 점	홍대입구역	정상대수	7대	대당	13.8회/대	최대	10분

CHAPTER 05 시내버스 노선도

🚌 **7713번** : 홍연2교~신촌오거리를 기종점으로 왕복 68개의 정류소에 정차한다. 이용승객은 8,495명, 5개의 정류장이 전철역을 연계하며, 일평균 운행속도는 14.3km/h, 운행시간 1시간 51분이다. (2024.09.27. 기준)

노선번호	7713	인가대수	15대	인가거리	24.20km	첫차시간	05:00
업 체 명	현대교통	운행대수	14대	운행시간	113분	막차시간	23:30
기 점	홍연2교	예비대수	1대	운행횟수	총	112회/일	배차간격	최소	9분
종 점	홍연2교	정상대수	14대		대당	8.0회/대		최대	13분

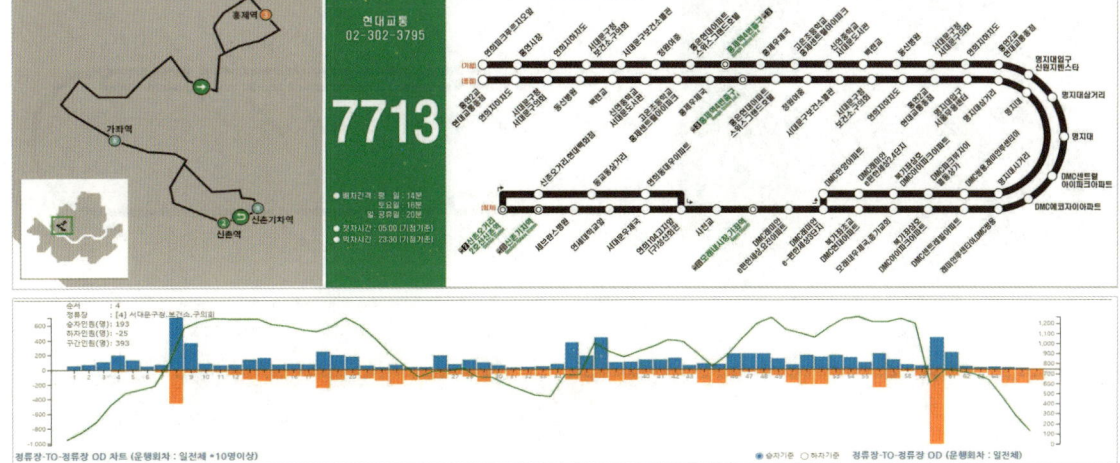

🚌 **7715번** : 은평차고지~연신내역을 기종점으로 왕복 58개의 정류소에 정차한다. 이용승객은 9,230명, 7개의 정류장이 전철역을 연계하며, 일평균 운행속도는 13.9km/h, 운행시간 1시간 53분이다. (2024.09.27. 기준)

노선번호	7715	인가대수	13대	인가거리	26.40km	첫차시간	04:30
업 체 명	선진운수	운행대수	12대	운행시간	114분	막차시간	23:30
기 점	은평차고지	예비대수	1대	운행횟수	총	104회/일	배차간격	최소	7분
종 점	연신내역	정상대수	12대		대당	8.7회/대		최대	13분

박흥식의 시내버스 노선조정 [노선은 생물(生物)이다]

🚌 **7719번** : 북가좌동~홍제동을 기종점으로 왕복 33개의 정류소에 정차한다. 이용승객은 1,353명, 2개의 정류장이 전철역을 연계하며, 일평균 운행속도는 14.3km/h, 운행시간 0시간 51분이다. (2024.09.27. 기준)

노선번호	7719	인가대수	4대	인가거리	13.30km	첫차시간	04:20
업체명	서부운수	운행대수	3대	운행시간	55분	막차시간	23:00
기 점	북가좌동	예비대수	1대	운행횟수 총	45회/일	배차간격 최소	20분
종 점	잠실역	정상대수	3대	대당	15.0회/대	최대	30분

🚌 **7720번** : 구산동~신촌을 기종점으로 왕복 76개의 정류소에 정차한다. 이용승객은 11,559명, 10개의 정류장이 전철역을 연계하며, 일평균 운행속도는 13.5km/h, 운행시간 2시간 08분이다. (2024.09.27. 기준)

노선번호	7720	인가대수	16대	인가거리	27.76km	첫차시간	04:30
업체명	선진운수	운행대수	16대	운행시간	117분	막차시간	23:10
기 점	구산동	예비대수	0대	운행횟수 총	118회/일	배차간격 최소	7분
종 점	신촌	정상대수	14대	대당	7.8회/대	최대	15분

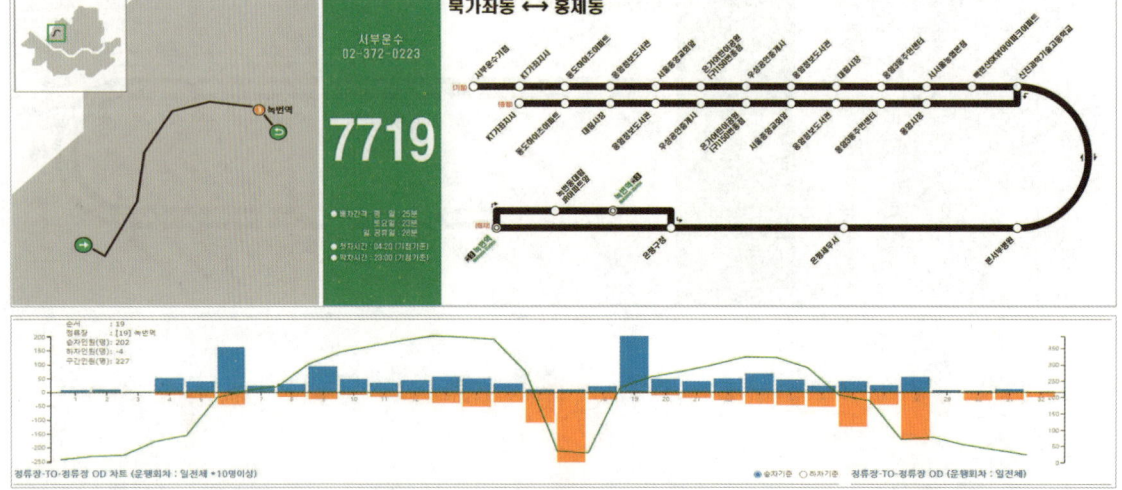

CHAPTER 05 시내버스 노선도

🚌 **7722번** : 진관공영차고지~녹번역을 기종점으로 왕복 48개의 정류소에 정차한다. 이용승객은 6,954명, 8개의 정류장이 전철역을 연계하며, 일평균 운행속도는 13.8km/h, 운행시간 1시간 26분이다. (2024.09.27. 기준)

노선번호	7722	인가대수	10대	인가거리	19.28km	첫차시간	04:30
업체명	신수교통	운행대수	10대	운행시간	88분	막차시간	23:50
기점	진관공영차고지	예비대수	0대	운행횟수	총	95회/일	배차간격	최소	9분
종점	녹번역	정상대수	9대		대당	10.0회/대		최대	15분

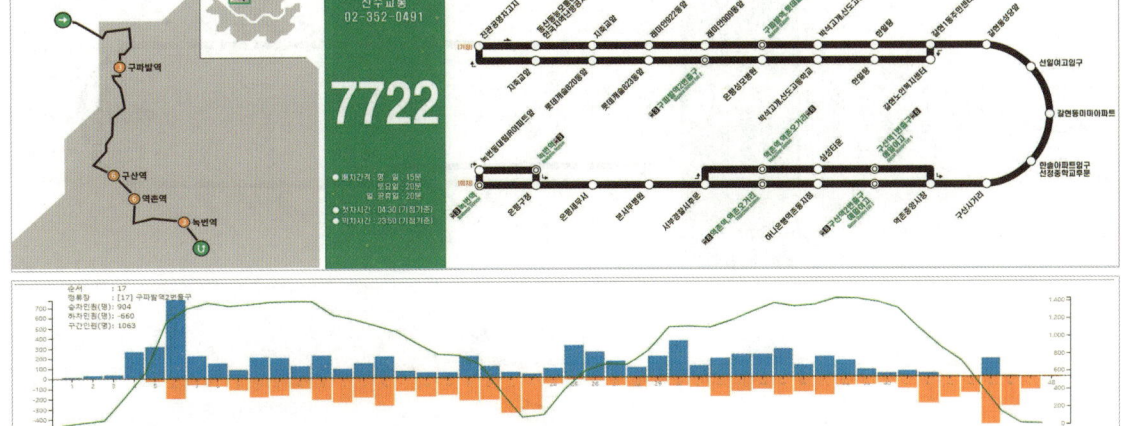

🚌 **7723번** : 진관공영차고지~구파발역을 기종점으로 왕복 39개의 정류소에 정차한다. 이용승객은 4,649명, 2개의 정류장이 전철역을 연계하며, 일평균 운행속도는 15.6km/h, 운행시간 1시간 07분이다. (2024.09.27. 기준)

노선번호	7723	인가대수	8대	인가거리	17.30km	첫차시간	04:30
업체명	신수교통	운행대수	7대	운행시간	65분	막차시간	00:00
기점	진관공영차고지	예비대수	1대	운행횟수	총	98회/일	배차간격	최소	10분
종점	구파발역	정상대수	7대		대당	14.0회/대		최대	14분

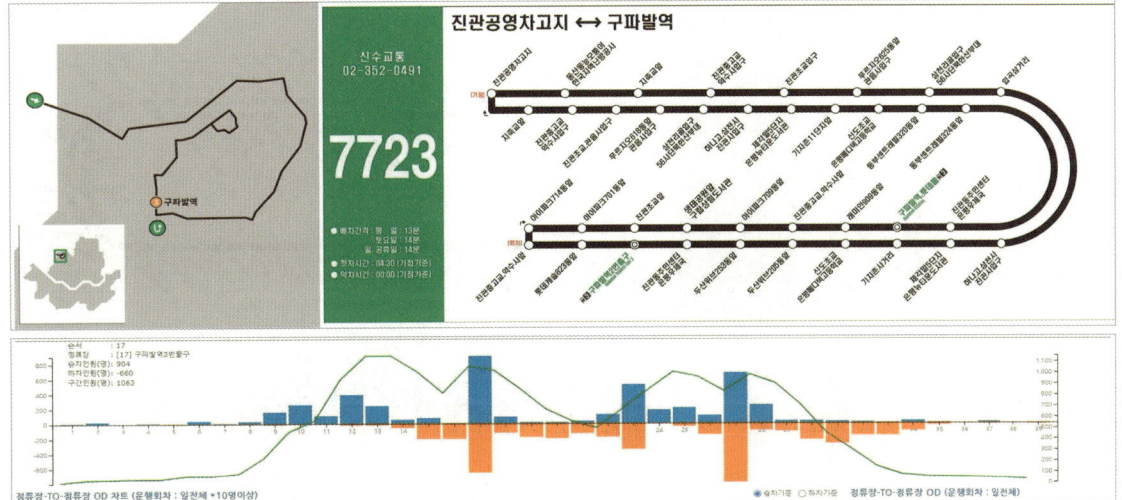

박흥식의 시내버스 노선조정 [노선은 생물(生物)이다]

🚌 **7726번** : 덕은동종점~모래내삼거리를 기종점으로 왕복 66개의 정류소에 정차한다. 이용승객은 2,720명, 3개의 정류장이 전철역을 연계하며, 일평균 운행속도는 17.5km/h, 운행시간 1시간 35분이다. (2024.09.27. 기준)

노선번호	7726	인가대수	7대	인가거리	27.50km	첫차시간		05:00
업 체 명	신촌교통	운행대수	5대	운행시간	93분	막차시간		00:00
기 점	덕은동종점	예비대수	2대	운행횟수	총	55회/일	배차간격	최소	19분
종 점	모래내삼거리	정상대수	5대		대당	10.0회/대		최대	23분

🚌 **7727번** : 설문동~신촌을 기종점으로 왕복 108개의 정류소에 정차한다. 이용승객은 12,891명, 8개의 정류장이 전철역을 연계하며, 일평균 운행속도는 18.2km/h, 운행시간 3시간 23분이다. (2024.09.27. 기준)

노선번호	7727	인가대수	22대	인가거리	60.96km	첫차시간		04:30
업 체 명	신촌교통	운행대수	21대	운행시간	200분	막차시간		22:50
기 점	설문동	예비대수	1대	운행횟수	총	97회/일	배차간격	최소	9분
종 점	신촌	정상대수	19대		대당	4.8회/대		최대	14분

CHAPTER 05 시내버스 노선도

🚌 **7728번** : 대화동~신촌을 기종점으로 왕복 109개의 정류소에 정차한다. 이용승객은 10,822명, 7개의 정류장이 전철역을 연계하며, 일평균 운행속도는 16.5km/h, 운행시간 3시간 34분이다. (2024.09.27. 기준)

노선번호	7728	인가대수	22대	인가거리	58.30km	첫차시간	04:00
업체명	동해운수	운행대수	21대	운행시간	215분	막차시간	22:10
기 점	대화동	예비대수	1대	운행횟수 총	88회/일	배차간격 최소	10분
종 점	신촌	정상대수	20대	대당	4.3회/대	최대	16분

🚌 **7730번** : 은평차고지~이북오도청을 기종점으로 왕복 74개의 정류소에 정차한다. 이용승객은 11,427명, 5개의 정류장이 전철역을 연계하며, 일평균 운행속도는 13.5km/h, 운행시간 2시간 14분이다. (2024.09.27. 기준)

노선번호	7730	인가대수	19대	인가거리	48.00km	첫차시간	04:00
업체명	보광교통	운행대수	18대	운행시간	200분	막차시간	22:30
기 점	은평차고지	예비대수	1대	운행횟수 총	74회/일	배차간격 최소	10분
종 점	이북오도청	정상대수	17대	대당	4.2회/대	최대	20분

275

박홍식의 시내버스 노선조정 [노선은 생물(生物)이다]

🚌 **7734번** : 진관공영차고지~홍대입구역을 기종점으로 왕복 92개의 정류소에 정차한다. 이용승객은 22,072명, 11개의 정류장이 전철역을 연계하며, 일평균 운행속도는 13.2km/h, 운행시간 2시간 35분이다. (2024.09.27. 기준)

노선번호	7734	인가대수	24대	인가거리	32.50km	첫차시간	04:00
업 체 명	신수교통	운행대수	23대	운행시간	155분	막차시간	23:00
기 점	진관공영차고지	예비대수	1대	운행횟수 총	130회/일	배차간격 최소	6분
종 점	홍대입구역	정상대수	12대	대당	5.8회/대	최대	12분

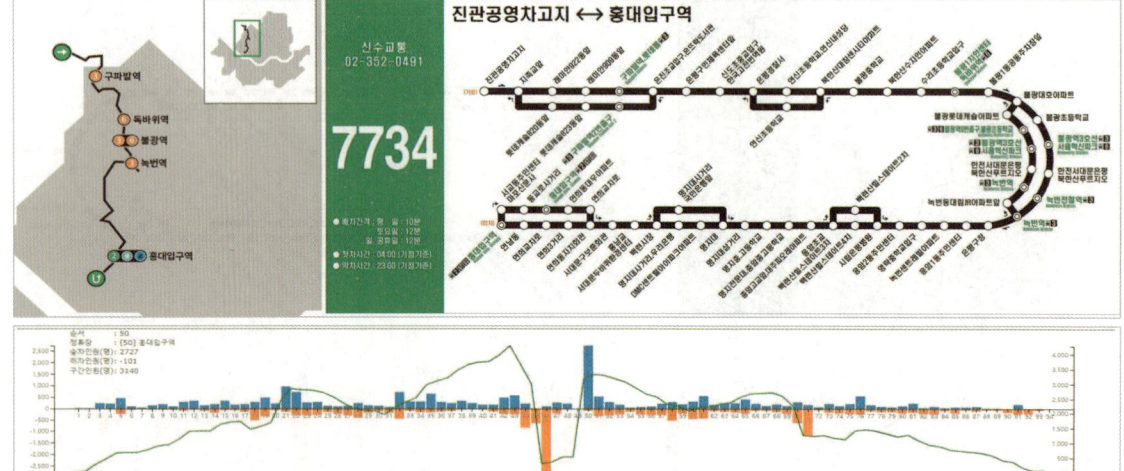

🚌 **7737번** : 은평공영차고지~파크빌아파트를 기종점으로 왕복 62개의 정류소에 정차한다. 이용승객은 12,143명, 9개의 정류장이 전철역을 연계하며, 일평균 운행속도는 14.6km/h, 운행시간 1시간 54분이다. (2024.09.27. 기준)

노선번호	7737	인가대수	14대	인가거리	27.33km	첫차시간	05:05
업 체 명	원버스	운행대수	14대	운행시간	145분	막차시간	23:10
기 점	은평공영차고지	예비대수	0대	운행횟수 총	100회/일	배차간격 최소	9분
종 점	파트빌아파트	정상대수	12대	대당	7.7회/대	최대	12분

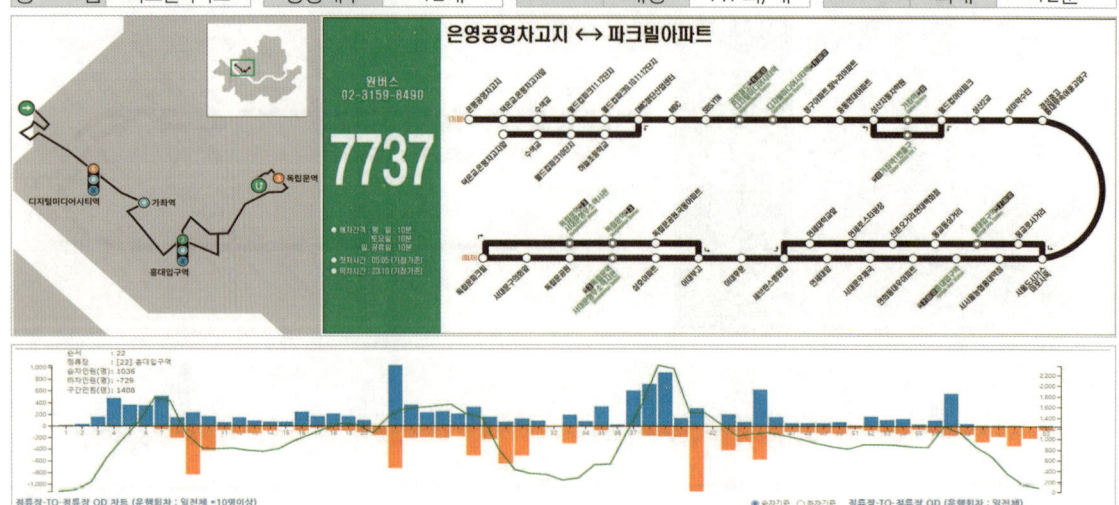

CHAPTER 05 시내버스 노선도

7738번 : 은평공영차고지~홍제역을 기종점으로 왕복 54개의 정류소에 정차한다. 이용승객은 9,032명, 3개의 정류장이 전철역을 연계하며, 일평균 운행속도는 14.3km/h, 운행시간 1시간 20분이다. (2024.09.27. 기준)

노선번호	7738	인가대수	13대	인가거리	19.39km		첫차시간	05:00
업체명	원버스	운행대수	13대	운행시간	85분		막차시간	23:20
기 점	은평공영차고지	예비대수	0대	운행횟수	총	132회/일	배차간격	최소	7분
종 점	홍제역	정상대수	11대		대당	11.0회/대		최대	10분

7739번 : 은평공영차고지~서교가든을 기종점으로 왕복 41개의 정류소에 정차한다. 이용승객은 3,627명, 4개의 정류장이 전철역을 연계하며, 일평균 운행속도는 13.2km/h, 운행시간 1시간 19분이다. (2024.09.27. 기준)

노선번호	7739	인가대수	8대	인가거리	17.47km		첫차시간	05:00
업체명	원버스	운행대수	8대	운행시간	75분		막차시간	23:20
기 점	은평공영차고지	예비대수	0대	운행횟수	총	78회/일	배차간격	최소	12분
종 점	서교가든	정상대수	6대		대당	11.0회/대		최대	15분

박흥식의 시내버스 노선조정 [노선은 생물(生物)이다]

🚌 **8003번** : 평창파출소를 기종점으로 왕복 27개의 정류소에 정차한다. 이용승객은 505명, 25개의 정류장이 전철역을 연계하며, 일평균 운행속도는 13.7km/h, 운행시간 0시간 29분이다. (2024.10.04. 기준)

노선번호	8003	인가대수	2대	인가거리	6.70km	첫차시간	06:00
업체명	대진여객	운행대수	2대	운행시간	30분	막차시간	23:00
기 점	평창동주민센터	예비·단축대수	0대	운행횟수 총	44회/일	배차간격 최소	20분
종 점	평창동주민센터			운행횟수 대당	22.0회/대	배차간격 최대	40분

🚌 **8101번** : 도봉보건소~서소문을 기종점으로 왕복 55개의 정류소에 정차한다. 이용승객은 422명, 9개의 정류장이 전철역을 연계하며, 일평균 운행속도는 15.4km/h, 운행시간 1시간 58분이다. (2024.10.04. 기준)

노선번호	8101	인가대수	7대	인가거리	30.20km	첫차시간	07:00
업체명	삼양 등 6개사	운행대수	4대	운행시간	180분	막차시간	08:00
기 점	도봉보건소	예비·단축대수	3대	운행횟수 총	7회/일	배차간격 최소	10분
종 점	서소문			운행횟수 대당	1회/대	배차간격 최대	10분

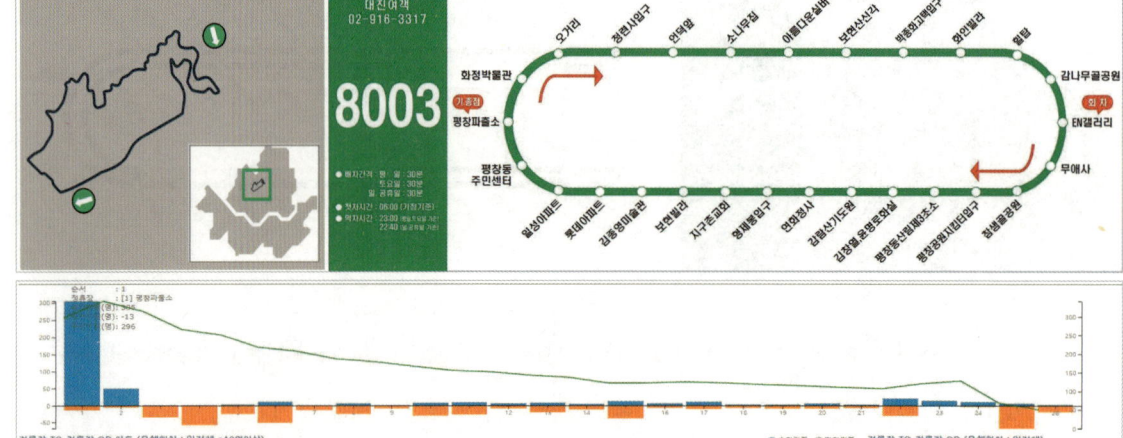

CHAPTER 05 시내버스 노선도

🚌 **8111번** : 북악중학교~국민대앞을 기종점으로 왕복 30개의 정류소에 정차한다. 이용승객은 357명, 4개의 정류장이 전철역을 연계하며, 일평균 운행속도는 17.0km/h, 운행시간 0시간 51분이다. (2024.10.04. 기준)

노선번호	8111	인가대수	5대	인가거리	15.00km	첫차시간	06:30
업 체 명	도원/동아	운행대수	5대	운행시간	80분	막차시간	09:05
기 점	북악중학교	예비·단축대수	0대	운행횟수 총	10회/일	배차간격 최소	15분
종 점	국민대앞			운행횟수 대당	2.0회/대	배차간격 최대	20분

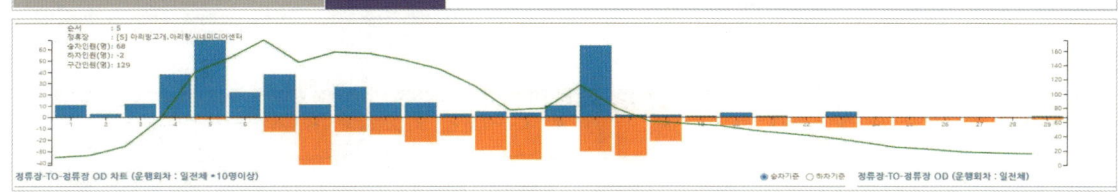

🚌 **8112번** : 온곡중학교~수락리버시티1단지 정문을 기종점으로 왕복 26개의 정류소에 정차한다. 이용승객은 172명, 7개의 정류장이 전철역을 연계하며, 일평균 운행속도는 14.3km/h, 운행시간 2시간 41분이다. (2024.10.04. 기준)

노선번호	8112	인가대수	4대	인가거리	15.00km	첫차시간	06:30
업 체 명	삼화/흥안	운행대수	4대	운행시간	80분	막차시간	09:15
기 점	온곡중학교	예비·단축대수	0대	운행횟수 총	12회/일	배차간격 최소	15분
종 점	수락리버시티1단지			운행횟수 대당	3.0회/대	배차간격 최대	15분

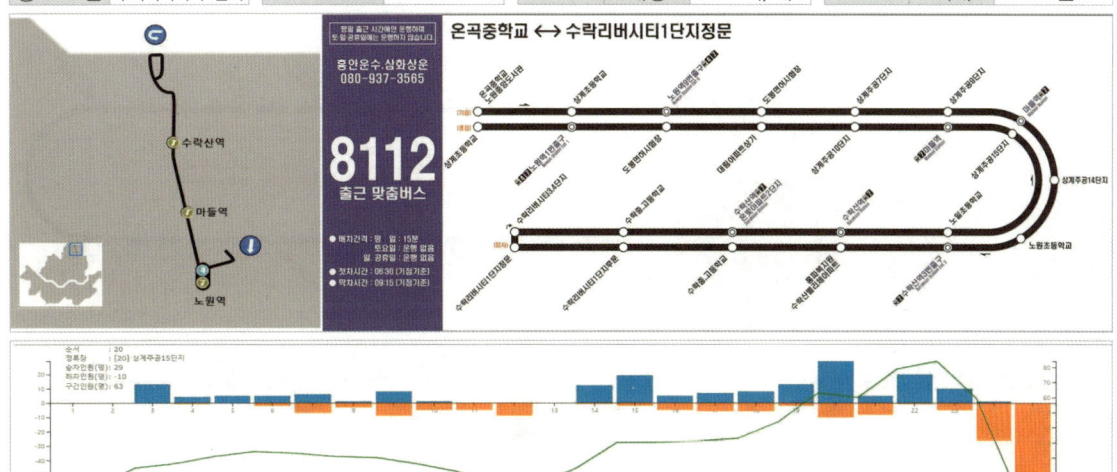

박흥식의 시내버스 노선조정 [노선은 생물(生物)이다]

🚌 **8146번** : 상계주공7단지~강남역을 기종점으로 왕복 135개의 정류소에 정차한다. 이용승객은 291명, 29개의 정류장이 전철역을 연계하며, 일평균 운행속도는 20.6km/h, 운행시간 2시간 51분이다. (2024.10.04. 기준)

노선번호	8146	인가대수	4대	인가거리	57.20km	첫차시간	03:50
업체명	한성/흥안	운행대수	0대	운행시간	231분	막차시간	04:00
기점	상계주공7단지	예비·단축대수	4대	운행횟수 총	4회/일	배차간격 최소	5분
종점	강남역			운행횟수 대당	1회/대	배차간격 최대	5분

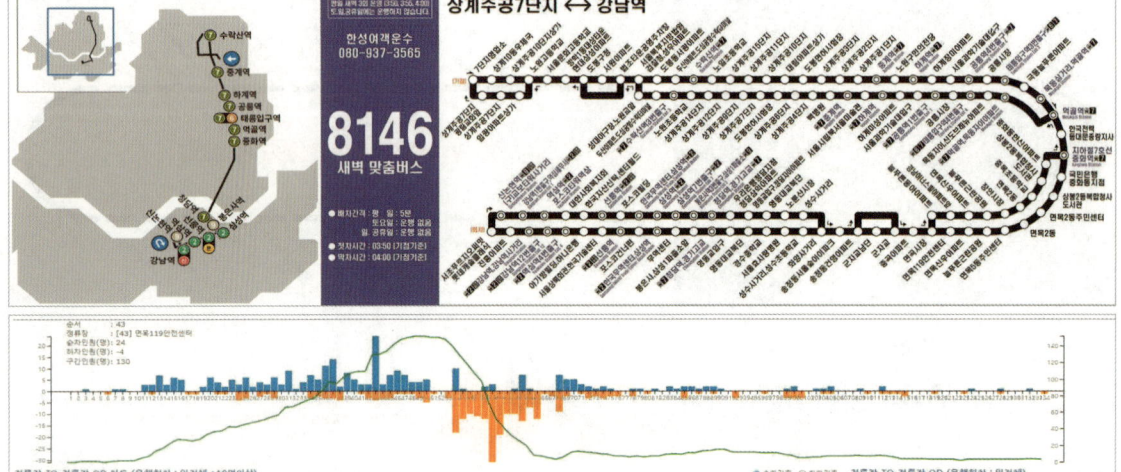

🚌 **8221번** : 장암2동주민센터~답십리역을 기종점으로 왕복 15개의 정류소에 정차한다. 이용승객은 618명, 2개의 정류장이 전철역을 연계하며, 일평균 운행속도는 15.4km/h, 운행시간 0시간 32분이다. (2024.10.04. 기준)

노선번호	8221	인가대수	6대	인가거리	11.10km	첫차시간	06:40
업체명	북부 등 4개사	운행대수	5대	운행시간	50분	막차시간	08:50
기점	장안2동주민센터	예비·단축대수	1대	운행횟수 총	17회/일	배차간격 최소	5분
종점	답십리역			운행횟수 대당	2.8회/대	배차간격 최대	13분

CHAPTER 05 시내버스 노선도

8331번 : 마천동사거리~잠실역8번출구를 기종점으로 왕복 14개의 정류소에 정차한다. 이용승객은 438명, 4개의 정류장이 전철역을 연계하며, 일평균 운행속도는 12.6km/h, 운행시간 0시간 26분이다. (2024.10.04. 기준)

노선번호	8331	인가대수	5대	인가거리		12.10km	첫차시간		07:20
업체명	신흥/진화	운행대수	5대	운행시간		55분	막차시간		09:20
기점	마천사거리	예비·단축대수	0대	운행횟수	총	12회/일	배차간격	최소	9분
종점	잠실역				대당	2.4회/대		최대	12분

8332번 : 강동리버스트상가~중앙보훈병원역을 기종점으로 왕복 31개의 정류소에 정차한다. 이용승객은 304명, 8개의 정류장이 전철역을 연계하며, 일평균 운행속도는 16.6km/h, 운행시간 0시간 49분이다. (2024.10.04. 기준)

노선번호	8332	인가대수	4대	인가거리		13.50km	첫차시간		06:10
업체명	대원/서울	운행대수	4대	운행시간		80분	막차시간		09:10
기점	강동리버스트상가	예비·단축대수	0대	운행횟수	총	10회/일	배차간격	최소	18분
종점	중앙보훈병원역				대당	2.5회/대		최대	25분

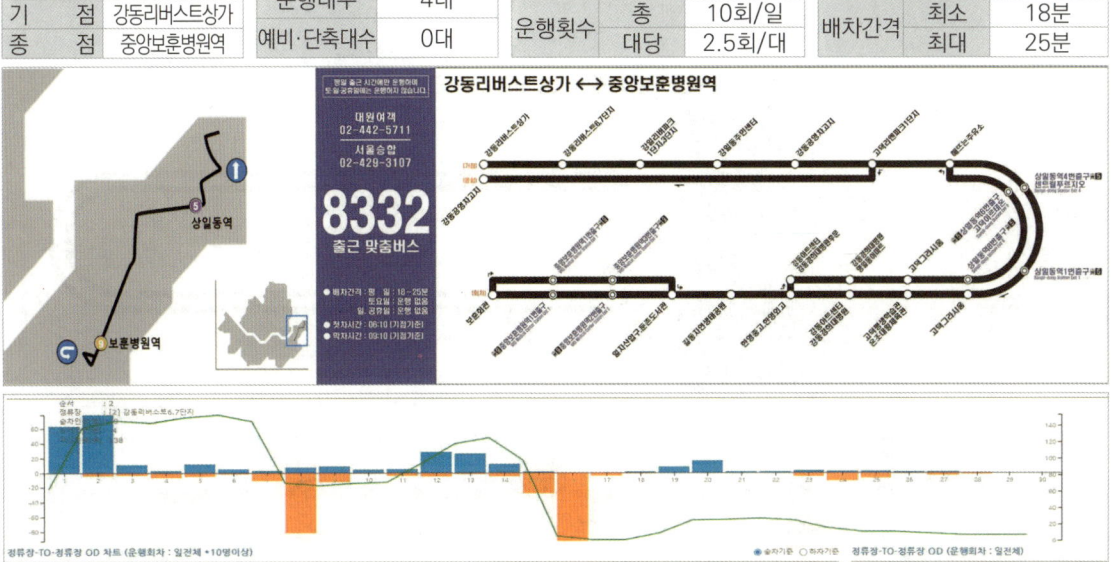

박흥식의 시내버스 노선조정 [노선은 생물(生物)이다]

🚌 **8441번** : 은곡마을~수서역5번출구를 기종점으로 왕복 10개의 정류소에 정차한다. 이용승객은 437명, 1개의 정류장이 전철역을 연계하며, 일평균 운행속도는 16.5km/h, 운행시간 0시간 15분이다. (2024.10.04. 기준)

노선번호	8441	인가대수	4대	인가거리	9.50km	첫차시간	06:40
업 체 명	진화/태진	운행대수	4대	운행시간	43분	막차시간	08:40
기 점	은곡마을			운행횟수 총	11회/일	배차간격 최소	10분
종 점	수서역5번출구	예비·단축대수	0대	대당	2.75회/대	최대	13분

🚌 **8442번** : 서초호반써밋~양재역을 기종점으로 왕복 15개의 정류소에 정차한다. 이용승객은 51명, 2개의 정류장이 전철역을 연계하며, 일평균 운행속도는 12.2km/h, 운행시간 1시간이다. (2024.10.04. 기준)

노선번호	8442	인가대수	3대	인가거리	12.20km	첫차시간	07:45
업 체 명	우신운수	운행대수	3대	운행시간	60분	막차시간	08:40
기 점	서초호반써밋			운행횟수 총	6회/일	배차간격 최소	7분
종 점	양재역	예비·단축대수	0대	대당	2회/대	최대	50분

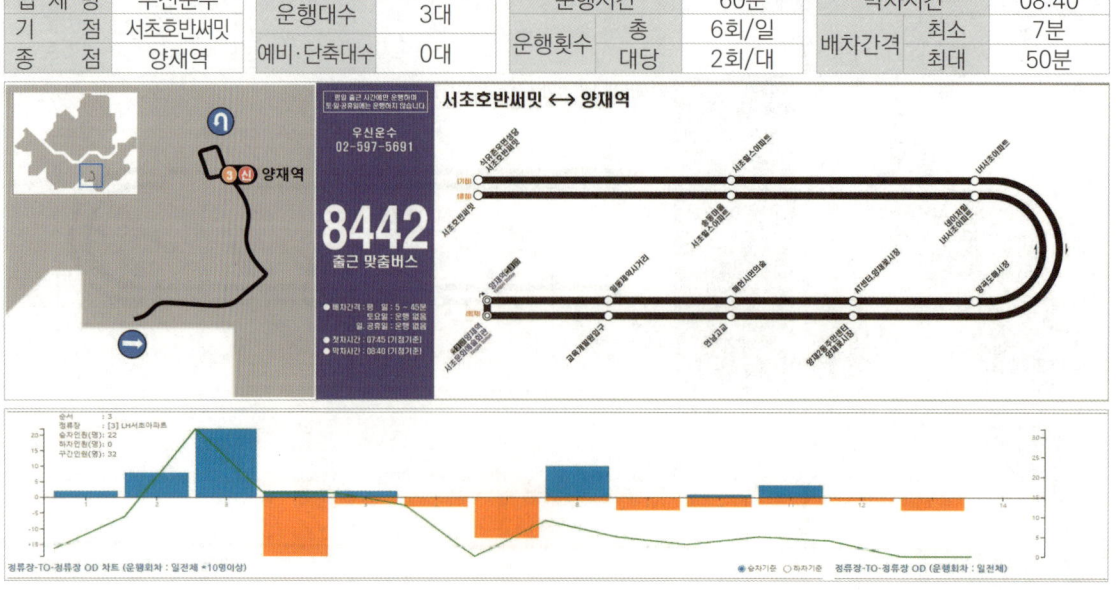

CHAPTER 05 시내버스 노선도

🚌 **8541번** : 호암사~강남역을 기종점으로 왕복 56개의 정류소에 정차한다. 이용승객은 265명, 12개의 정류장이 전철역을 연계하며, 일평균 운행속도는 21.2km/h, 운행시간 1시간 28분이다. (2024.10.04. 기준)

노선번호	8541	인가대수	3대	인가거리		28.86km	첫차시간		04:00
업체명	관악교통	운행대수	0대	운행시간		120분	막차시간		04:40
기 점	호압사			운행횟수	총	3회/일	배차간격	최소	10분
종 점	강남역	예비·단축대수	3대		대당	1.0회/대		최대	20분

🚌 **8551번** : 봉천역~노량진역을 기종점으로 왕복 24개의 정류소에 정차한다. 이용승객은 557명, 6개의 정류장이 전철역을 연계하며, 일평균 운행속도는 13.0km/h, 운행시간 0시간 48분이다. (2024.10.04. 기준)

노선번호	8551	인가대수	5대	인가거리		14.50km	첫차시간		06:50
업체명	범일/한남/한성	운행대수	5대	운행시간		60분	막차시간		08:50
기 점	봉천역			운행횟수	총	10회/일	배차간격	최소	12분
종 점	노량진역	예비·단축대수	0대		대당	2.0회/대		최대	15분

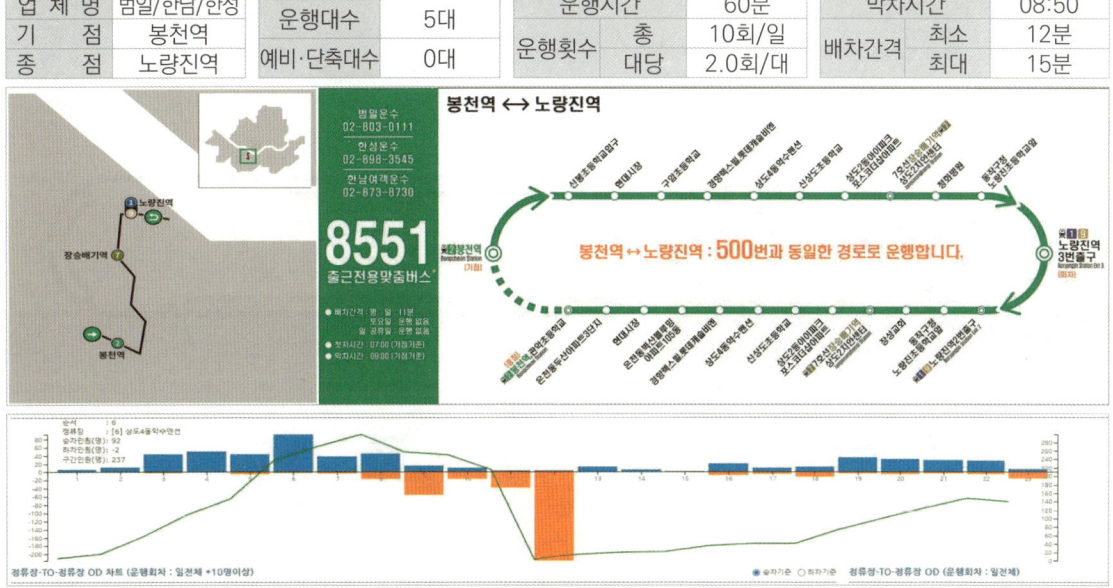

 박흥식의 시내버스 노선조정 [노선은 생물(生物)이다]

🚌 **8552번** : 신림복지관~신림역을 기종점으로 왕복 12개의 정류소에 정차한다. 이용승객은 407명, 2개의 정류장이 전철역을 연계하며, 일평균 운행속도는 11.5km/h, 운행시간 0시간 16분이다. (2024.10.04. 기준)

노선번호	8552	인가대수	4대	인가거리	7.60km	첫차시간	07:00
업체명	보성/보영	운행대수	4대	운행시간	28분	막차시간	09:00
기 점	신림복지관앞	예비·단축대수	0대	운행횟수 총	12회/일	배차간격 최소	9분
종 점	신림역			운행횟수 대당	3.0회/대	배차간격 최대	11분

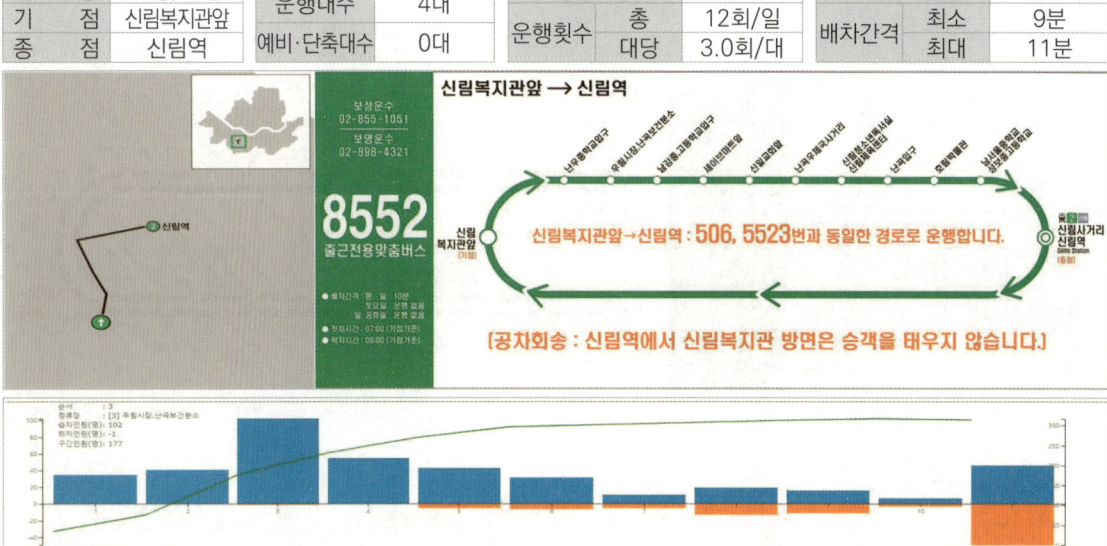

🚌 **8561번** : 신림동~여의도환승센터를 기종점으로 왕복 24개의 정류소에 정차한다. 이용승객은 629명, 6개의 정류장이 전철역을 연계하며, 일평균 운행속도는 14.6km/h, 운행시간 0시간 46분이다. (2024.10.04. 기준)

노선번호	8561	인가대수	5대	인가거리	11.50km	첫차시간	06:30
업체명	군포/보영/한성	운행대수	0대	운행시간	60분	막차시간	09:00
기 점	신림동	예비·단축대수	5대	운행횟수 총	15회/일	배차간격 최소	10분
종 점	여의도환승센터			운행횟수 대당	3.0회/대	배차간격 최대	11분

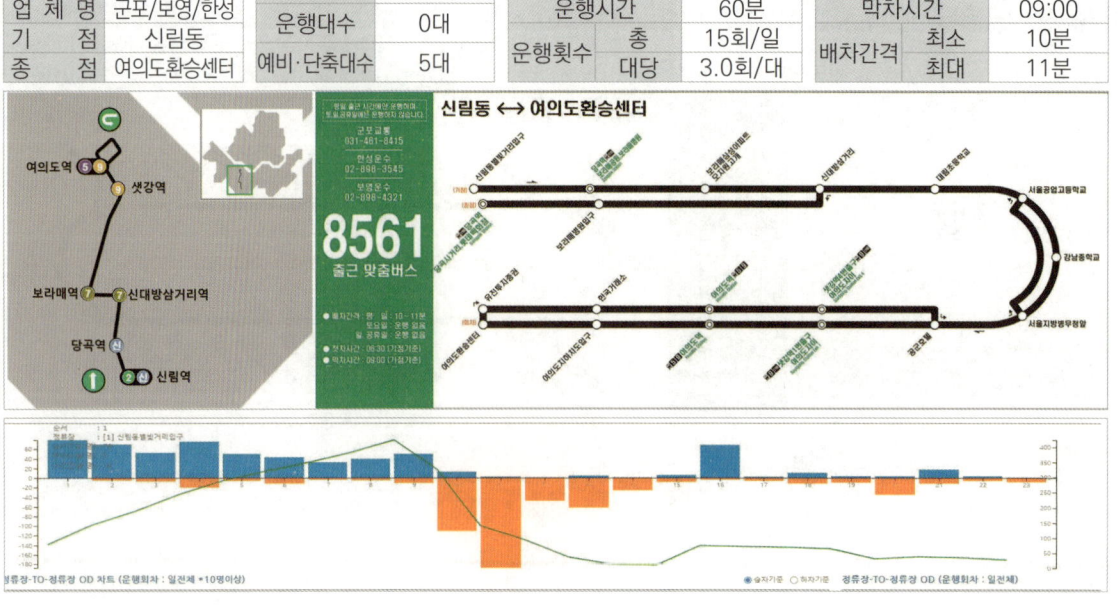

CHAPTER 05 시내버스 노선도

🚌 **8641번** : 구로동~개포동을 기종점으로 왕복 117개의 정류소에 정차한다. 이용승객은 175명, 36개의 정류장이 전철역을 연계하며, 일평균 운행속도는 16.3km/h, 운행시간 3시간 29분이다. (2024.10.04. 기준)

노선번호	8641	인가대수	2대	인가거리	52.90km	첫차시간	03:50
업체명	중부운수	운행대수	0대	운행시간	226분	막차시간	03:50
기점	거리공원			운행횟수 총	2회/일	배차간격 최소	-분
종점	개포중학교	예비·단축대수	2대	대당	1.0회/대	최대	-분

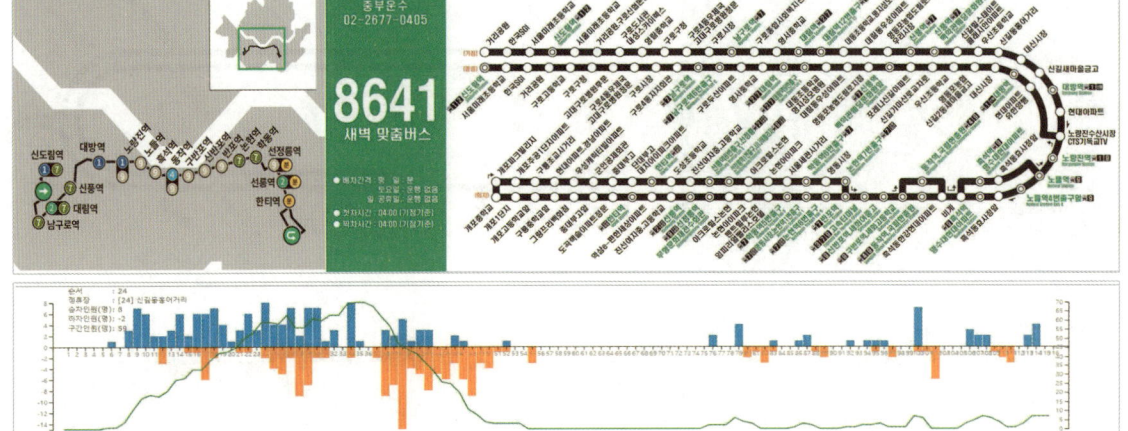

🚌 **8661번** : 역곡역~천왕역4번출구를 기종점으로 왕복 12개의 정류소에 정차한다. 이용승객은 155명, 2개의 정류장이 전철역을 연계하며, 일평균 운행속도는 17.7km/h, 운행시간 0시간 25분이다. (2024.10.04. 기준)

노선번호	8661	인가대수	3대	인가거리	11.00km	첫차시간	06:30
업체명	관악교통	운행대수	3대	운행시간	5분	막차시간	08:55
기점	온수공영차고지			운행횟수 총	15회/일	배차간격 최소	15분
종점	천왕역4번출구	예비·단축대수	0대	대당	3.0회/대	최대	20분

285

박흥식의 시내버스 노선조정 [노선은 생물(生物)이다]

🚌 **8671번** : 문래동시점~아현초등학교를 기종점으로 왕복 31개의 정류소에 정차한다. 이용승객은 22,204명, 6개의 정류장이 전철역을 연계하며, 일평균 운행속도는 16.5km/h, 운행시간 1시간 11분이다. (2024.10.04. 기준)

노선번호	8671	인가대수	4대	인가거리	17.50km	첫차시간	06:30
업체명	중부/현대	운행대수	0대	운행시간	80분	막차시간	09:00
기 점	문래동시점			운행횟수 총	10회/일	배차간격 최소	15분
종 점	아현초등학교	예비·단축대수	4대	대당	2.5회/대	최대	20분

🚌 **8762번** : 디지털미디어시티역2번출구~가양역을 기종점으로 왕복 15개의 정류소에 정차한다. 이용승객은 655명, 4개의 정류장이 전철역을 연계하며, 일평균 운행속도는 16.0km/h, 운행시간 0시간 45분이다. (2024.10.04. 기준)

노선번호	8762	인가대수	4대	인가거리	13.00km	첫차시간	06:30
업체명	신촌/유성	운행대수	3대	운행시간	52분	막차시간	19:54
기 점	디지털미디어시티역			운행횟수 총	24회/일	배차간격 최소	14분
종 점	가양역	예비·단축대수	1대	대당	6.0회/대	최대	17분

CHAPTER 05 시내버스 노선도

🚌 **8771번** : 구산중~녹번역을 기종점으로 왕복 12개의 정류소에 정차한다. 이용승객은 364명, 2개의 정류장이 전철역을 연계하며, 일평균 운행속도는 14.2km/h, 운행시간 0시간 15분이다. (2024.10.04. 기준)

노선번호	8771	인가대수	4대	인가거리	7.70km	첫차시간	07:00
업체명	선진운수	운행대수	4대	운행시간	40분	막차시간	09:00
기 점	구산중	예비·단축대수	0대	운행횟수 총	12회/일	배차간격 최소	11분
종 점	녹번역			운행횟수 대당	3.0회/대	배차간격 최대	10분

🚌 **8772번** : 진관공영차고지~북한산성입구를 기종점으로 왕복 27개의 정류소에 정차한다. 이용승객은 1,297명, 3개의 정류장이 전철역을 연계하며, 일평균 운행속도는 17.1km/h, 운행시간 0시간 46분이다. (2024.10.05. 기준)

노선번호	8772	인가대수	5대	인가거리	13.24km	첫차시간	08:00
업체명	제일교통	운행대수	5대	운행시간	35분	막차시간	18:00
기 점	진관공영차고지	예비·단축대수	0대	운행횟수 총	55회/일	배차간격 최소	10분
종 점	북한산성입구			운행횟수 대당	11.0회/대	배차간격 최대	15분

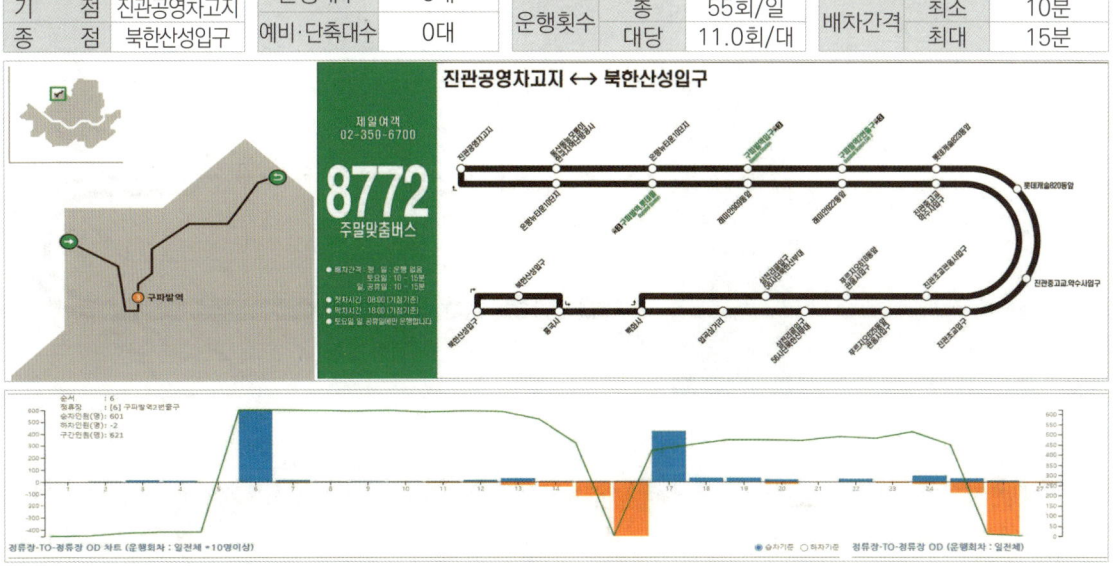

박흥식의 시내버스 노선조정 [노선은 생물(生物)이다]

🚌 **8773번** : 구산동~홍대입구역을 기종점으로 왕복 74개의 정류소에 정차한다. 이용승객은 506명, 4개의 정류장이 전철역을 연계하며, 일평균 운행속도는 11.2km/h, 운행시간 1시간 55분이다. (2024.10.21. 기준)

노선번호	8773	인가대수	5대	인가거리	26.1km	첫차시간	05:40
업체명	선진/서부/현대	운행대수	4대	운행시간	157분	막차시간	17:35
기 점	구산동	예비·단축대수	1대	운행횟수 총	10회/일	배차간격 최소	20분
종 점	홍대입구역			대당	2회/대	최대	40분

🚌 **8774번** : 구산동~서대문구청을 기종점으로 왕복 58개의 정류소에 정차한다. 이용승객은 2,282명, 5개의 정류장이 전철역을 연계하며, 일평균 운행속도는 14.8km/h, 운행시간 1시간 22분이다. (2024.10.04. 기준)

노선번호	8774	인가대수	5대	인가거리	18.70km	첫차시간	04:30
업체명	선진운수	운행대수	5대	운행시간	108분	막차시간	23:00
기 점	구산동	예비·단축대수	0대	운행횟수 총	48회/일	배차간격 최소	20분
종 점	서대문구청			대당	9.6회/대	최대	25분

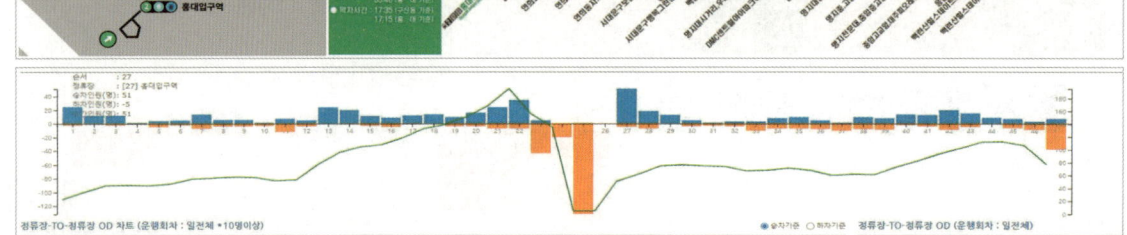

CHAPTER 05 시내버스 노선도

🚌 **8777번** : 난지한강공원~월드컵경기장남측을 기종점으로 왕복 18개의 정류소에 정차한다. 이용승객은 199명, 1개의 정류장이 전철역을 연계하며, 일평균 운행속도는 15.0km/h, 운행시간 0시간 43분이다. (2024.10.05. 기준)

노선번호	8777	인가대수	2대	인가거리	10.50km	첫차시간	10:00
업 체 명	보광/원버스	운행대수	2대	운행시간	50분	막차시간	20:00
기 점	난지한강공원	예비·단축대수	0대	운행횟수 총	18회/일	배차간격 최소	25분
종 점	월드컵경기장남측			운행횟수 대당	9.0회/대	배차간격 최대	30분

🚌 **9401번** : 구미동차고지~서울역을 기종점으로 왕복 57개의 정류소에 정차한다. 이용승객은 10,214명, 3개의 정류장이 전철역을 연계하며, 일평균 운행속도는 28.8km/h, 운행시간 2시간 33분이다. (2024.10.04. 기준)

노선번호	9401	인가대수	50대	인가거리	72.36km	첫차시간	04:30
업 체 명	남성/동성	운행대수	46대	운행시간	165분	막차시간	23:00
기 점	구미동차고지	예비대수	4대	운행횟수 총	270회/일	배차간격 최소	3분
종 점	서울역	정상대수	45대	운행횟수 대당	5.5회/대	배차간격 최대	6분

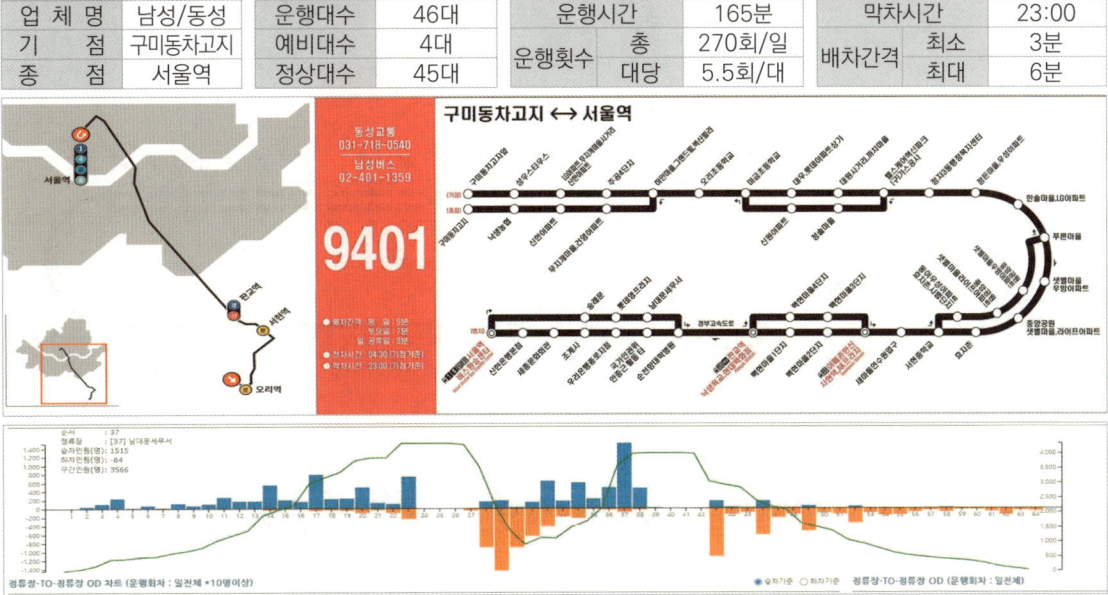

박흥식의 시내버스 노선조정 [노선은 생물(生物)이다]

🚌 **9401-1번** : 푸른마을~서울시중부기술교육원을 기종점으로 왕복 15개의 정류소에 정차한다. 이용승객은 1,446명, 3개의 정류장이 전철역을 연계하며, 일평균 운행속도는 38.2km/h, 운행시간 1시간 17분이다. (2024.10.04. 기준)

노선번호	9401-1	인가대수	10대	인가거리	56.00km	첫차시간	06:00
업체명	동성/남성	운행대수	10대	운행시간	120분	막차시간	23:00
기 점	푸른마을	예비대수	0대	운행횟수	총 80회/일	배차간격	최소 10분
종 점	서울시중부기술교육원	정상대수	10대		대당 8.0회/대		최대 20분

🚌 **9404번** : 분당구미동~신사역을 기종점으로 왕복 58개의 정류소에 정차한다. 이용승객은 2,988명, 7개의 정류장이 전철역을 연계하며, 일평균 운행속도는 24.5km/h, 운행시간 2시간 14분이다. (2024.10.04. 기준)

노선번호	9404	인가대수	26대	인가거리	56.00km	첫차시간	04:00
업체명	남성버스	운행대수	24대	운행시간	150분	막차시간	23:30
기 점	분당구미동	예비대수	1대	운행횟수	총 155회/일	배차간격	최소 6분
종 점	신사역	정상대수	23대		대당 6.2회/대		최대 8분

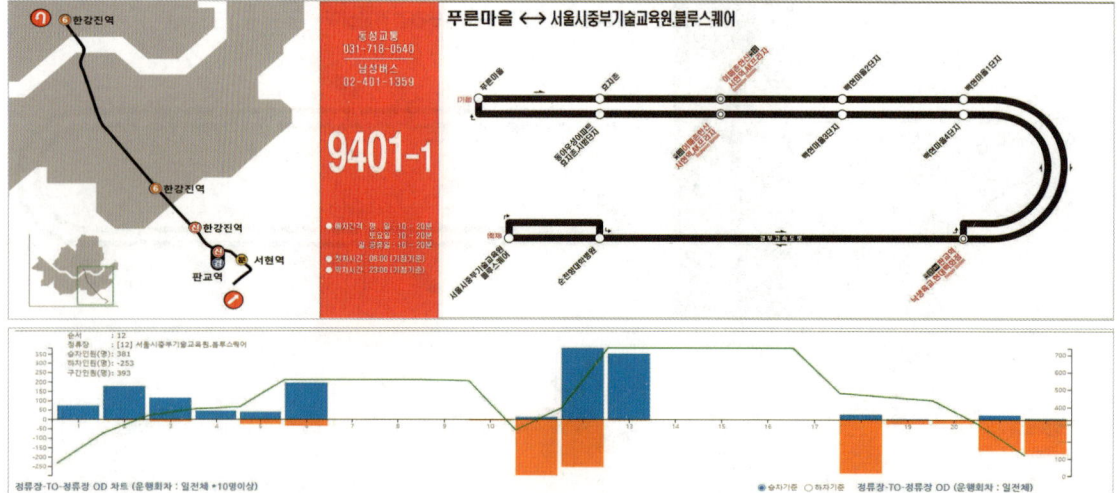

CHAPTER 05 시내버스 노선도

🚌 **9408번** : 구미동차고지~고속터미널을 기종점으로 왕복 120개의 정류소에 정차한다. 이용승객은 1,580명, 14개의 정류장이 전철역을 연계하며, 일평균 운행속도는 20.9km/h, 운행시간 3시간 20분이다. (2024.10.04. 기준)

노선번호	9408	인가대수	18대	인가거리	66.00km	첫차시간	04:00
업체명	남성버스	운행대수	17대	운행시간	220분	막차시간	22:40
기점	구미동차고지	예비대수	1대	운행횟수	총 71회/일	배차간격	최소 10분
종점	고속터미널	정상대수	17대		대당 4.2회/대		최대 18분

🚌 **9409번** : 구미동차고지~신사역을 기종점으로 왕복 85개의 정류소에 정차한다. 이용승객은 612명, 11개의 정류장이 전철역을 연계하며, 일평균 운행속도는 19.8km/h, 운행시간 3시간 15분이다. (2024.10.04. 기준)

노선번호	9409	인가대수	8대	인가거리	61.00km	첫차시간	05:00
업체명	동성교통	운행대수	8대	운행시간	205분	막차시간	23:00
기점	구미동차고지	예비대수	0대	운행횟수	총 33회/일	배차간격	최소 25분
종점	신사역	정상대수	8대		대당 4.2회/대		최대 30분

박흥식의 시내버스 노선조정 [노선은 생물(生物)이다]

🚌 **9707번** : 고양시가좌동~영등포역을 기종점으로 왕복 77개의 정류소에 정차한다. 이용승객은 3,570명, 9개의 정류장이 전철역을 연계하며, 일평균 운행속도는 24.4km/h, 운행시간 2시간 43분이다. (2024.10.04. 기준)

노선번호	9707	인가대수	22대	인가거리	65.80km	첫차시간		05:00
업체명	선진운수	운행대수	21대	운행시간	166분	막차시간		00:00
기 점	고양시가좌동	예비대수	1대	운행횟수	총	121회/일	배차간격	최소	6분
종 점	영등포역	정상대수	21대		대당	5.5회/대		최대	16분

🚌 **9711번** : 일산동부경찰서~양재역을 기종점으로 왕복 61개의 정류소에 정차한다. 이용승객은 4,082명, 13개의 정류장이 전철역을 연계하며, 일평균 운행속도는 25.6km/h, 운행시간 3시간 15분이다. (2024.10.04. 기준)

노선번호	9711	인가대수	24대	인가거리	90.50km	첫차시간		04:50
업체명	서울매일버스	운행대수	23대	운행시간	230분	막차시간		23:30
기 점	일산동부경찰서	예비대수	1대	운행횟수	총	96회/일	배차간격	최소	7분
종 점	양재역	정상대수	23대		대당	4.0회/대		최대	16분

CHAPTER 05 시내버스 노선도

01A번
예장주차장을 기종점으로 왕복 25개의 정류소에 정차한다. 이용승객은 12,766명, 3개의 정류장이 전철역을 연계하며, 일평균 운행속도는 15.4km/h, 운행시간 0시간 54분이다. (2024.10.04. 기준)

노선번호	01A	인가대수	16대	인가거리	16.00km	첫차시간	06:30
업체명	북부운수	운행대수	12대	운행시간	60분	막차시간	23:00
기점	남산예장버스	예비대수	2대	운행횟수 총	144회/일	배차간격 최소	6분
종점	환승주차장	정상대수	12대	운행횟수 대당	12.0회/대	배차간격 최대	9분

01B번
예장주차장을 기종점으로 왕복 15개의 정류소에 정차한다. 이용승객은 5,276명, 2개의 정류장이 전철역을 연계하며, 일평균 운행속도는 17.3km/h, 운행시간 0시간 54분이다. (2024.10.04. 기준)

노선번호	01B	인가대수	6대	인가거리	16.00km	첫차시간	06:30
업체명	북부운수	운행대수	6대	운행시간	65분	막차시간	23:00
기점	남산예장버스	예비대수	0대	운행횟수 총	72회/일	배차간격 최소	12분
종점	환승주차장	정상대수	6대	운행횟수 대당	12.0회/대	배차간격 최대	18분

박흥식의 시내버스 노선조정 [노선은 생물(生物)이다]

🚌 **N13번** : 상계주공7단지~복정역환승센터를 기종점으로 왕복 145개의 정류소에 정차한다. 이용승객은 2,348명, 47개의 정류장이 전철역을 연계하며, 일평균 운행속도는 17.4km/h, 운행시간 2시간 5분이다. (2024.10.04. 기준)

노선번호	N13	인가대수	12대	인가거리	75.00km	첫차시간	23:30
업 체 명	흥안/한국brt	운행대수	12대	운행시간	250분	막차시간	01:20
기 점	상계주공7단지	예비대수	0대	운행횟수 총	12회/일	배차간격 최소	20분
종 점	복정역환승센터	정상대수	12대	대당	1.0회/대	최대	30분

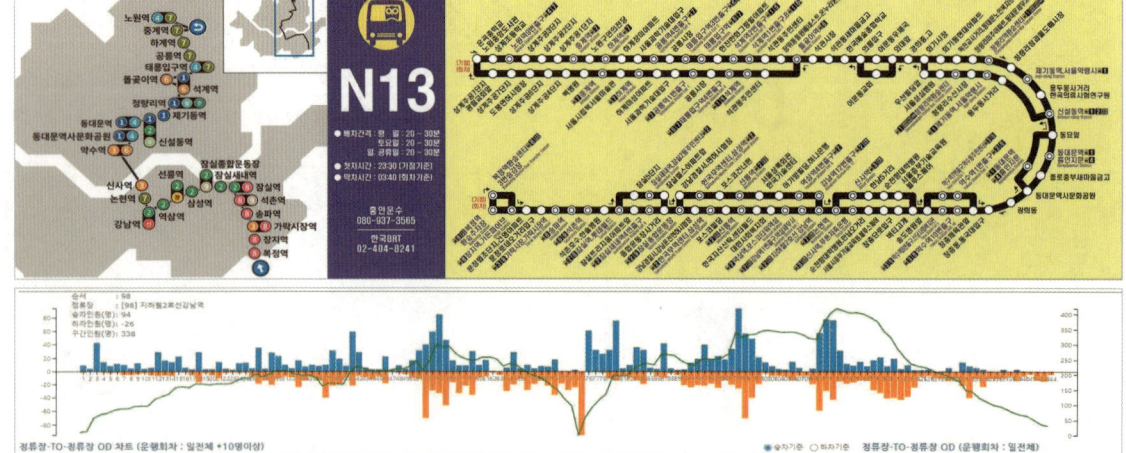

🚌 **N15번** : 우이동~남태령역을 기종점으로 왕복 145개의 정류소에 정차한다. 이용승객은 2,427명, 31개의 정류장이 전철역을 연계하며, 일평균 운행속도는 18.8km/h, 운행시간 1시간 55분이다. (2024.10.04. 기준)

노선번호	N15	인가대수	12대	인가거리	74.40km	첫차시간	23:50
업 체 명	동아/우신	운행대수	12대	운행시간	240분	막차시간	01:30
기 점	우이동	예비대수	0대	운행횟수 총	12회/일	배차간격 최소	15분
종 점	남태령역	정상대수	12대	대당	1.0회/대	최대	30분

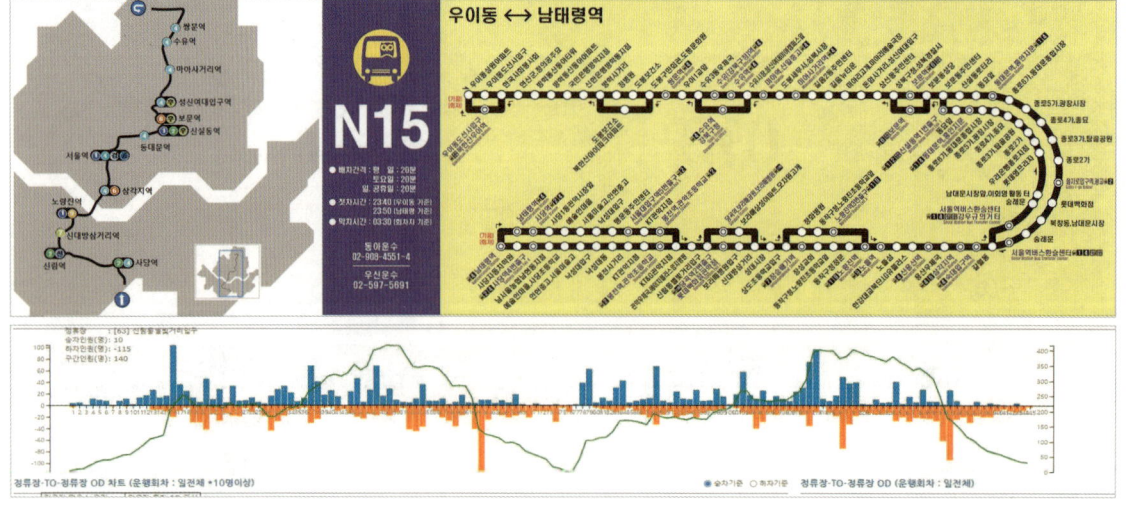

CHAPTER 05 시내버스 노선도

🚌 **N16번** : 도봉차고지~온수동차고지를 기종점으로 왕복 131개의 정류소에 정차한다. 이용승객은 2,057명, 39개의 정류장이 전철역을 연계하며, 일평균 운행속도는 19.1km/h, 운행시간 2시간 06분이다. (2024.10.04. 기준)

노선번호	N16	인가대수	12대	인가거리	76.10km	첫차시간	23:50
업체명	아진 등 3개사	운행대수	10대	운행시간	260분	막차시간	01:30
기 점	도봉차고지	예비대수	2대	운행횟수 총	12회/일	배차간격 최소	20분
종 점	온수동차고지	정상대수	10대	대당	1.0회/대	최대	30분

🚌 **N26번** : 강서공영차고지~중랑공영차고지를 기종점으로 왕복 130개의 정류소에 정차한다. 이용승객은 1,945명, 32개의 정류장이 전철역을 연계하며, 일평균 운행속도는 19.6km/h, 운행시간 1시간 44분이다. (2024.10.04. 기준)

노선번호	N26	인가대수	10대	인가거리	72.90km	첫차시간	00:00
업체명	다모아/메트로	운행대수	9대	운행시간	240분	막차시간	01:30
기 점	강서공영차고지	예비대수	1대	운행횟수 총	11회/일	배차간격 최소	15분
종 점	중랑공영차고지	정상대수	9대	대당	1.0회/대	최대	25분

295

박흥식의 시내버스 노선조정 [노선은 생물(生物)이다]

🚌 **N30번** : 강동공영차고지~서울역환승센터를 기종점으로 왕복 95개의 정류소에 정차한다. 이용승객은 811명, 26개의 정류장이 전철역을 연계하며, 일평균 운행속도는 20.3km/h, 운행시간 1시간 48분이다. (2024.10.04. 기준)

노선번호	N30	인가대수	4대	인가거리	47.50km	첫차시간	23:10
업체명	서울승합	운행대수	4대	운행시간	145분	막차시간	03:50
기 점	강동공영차고지	예비대수	0대	운행횟수 총	8회/일	배차간격 최소	8분
종 점	서울역환승센터	정상대수	4대	대당	2.0회/대	최대	17분

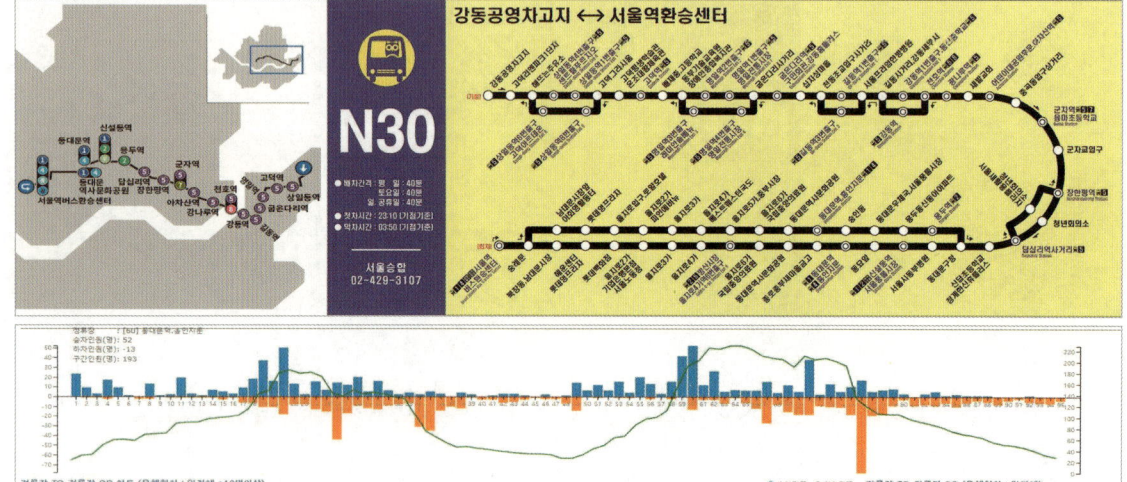

🚌 **N31번** : 강동공영차고지~국민대를 기종점으로 왕복 146개의 정류소에 정차한다. 이용승객은 1,547명, 46개의 정류장이 전철역을 연계하며, 일평균 운행속도는 16.4km/h, 운행시간 2시간 11분이다. (2024.10.04. 기준)

노선번호	N31	인가대수	8대	인가거리	73.70km	첫차시간	23:30
업체명	대원/대진	운행대수	6대	운행시간	250분	막차시간	01:20
기 점	강동공영차고지	예비대수	2대	운행횟수 총	8회/일	배차간격 최소	35분
종 점	국민대	정상대수	6대	대당	1.0회/대	최대	40분

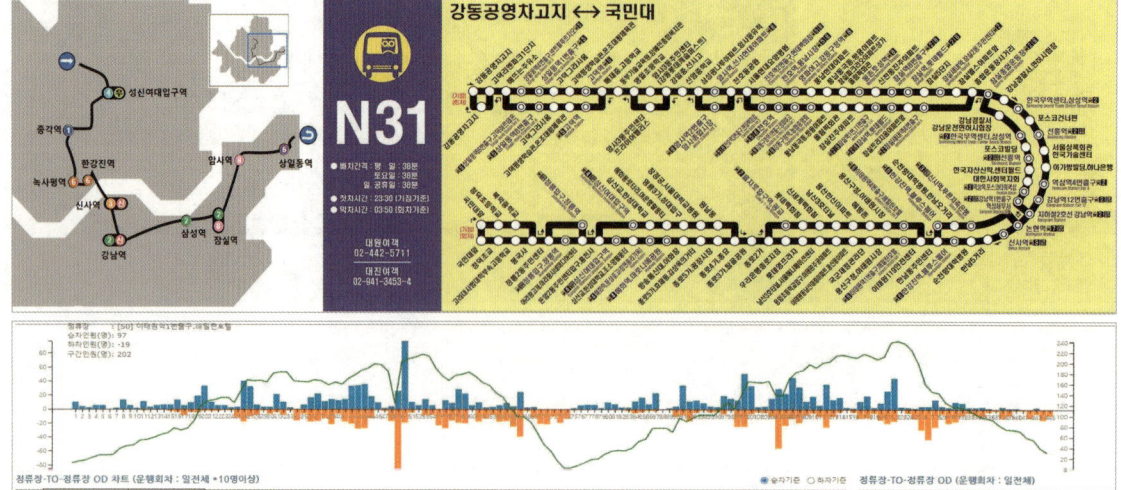

CHAPTER 05 시내버스 노선도

🚌 **N37번** : 복정역환승센터~진관공영차고지를 기종점으로 왕복 111개의 정류소에 정차한다. 이용승객은 1,090명, 34개의 정류장이 전철역을 연계하며, 일평균 운행속도는 20.5km/h, 운행시간 2시간 41분이다. (2024.10.04. 기준)

노선번호	N37	인가대수	8대	인가거리		73.46km	첫차시간		23:50
업 체 명	한국brt/제일	운행대수	8대	운행시간		220분	막차시간		01:20
기 점	복정역환승센터	예비대수	0대	운행횟수	총	8회/일	배차간격	최소	25분
종 점	진관공영차고지	정상대수	8대		대당	1.0회/대		최대	25분

🚌 **N51번** : 시흥동차고지~하계동차고지를 기종점으로 왕복 154개의 정류소에 정차한다. 이용승객은 1,536명, 26개의 정류장이 전철역을 연계하며, 일평균 운행속도는 19.0km/h, 운행시간 2시간 6분이다. (2024.10.04. 기준)

노선번호	N51	인가대수	8대	인가거리		77.40km	첫차시간		23:40
업 체 명	범일/한성	운행대수	7대	운행시간		240분	막차시간		01:30
기 점	시흥동차고지	예비대수	1대	운행횟수	총	8회/일	배차간격	최소	30분
종 점	하계동차고지	정상대수	7대		대당	1.0회/대		최대	30분

박흥식의 시내버스 노선조정 [노선은 생물(生物)이다]

🚌 **N61번** : 양천공영차고지~상계주공7단지를 기종점으로 왕복 186개의 정류소에 정차한다. 이용승객은 3,229명, 48개의 정류장이 전철역을 연계하며, 일평균 운행속도는 19.6km/h, 운행시간 2시간 9분이다. (2024.10.04. 기준)

노선번호	N61	인가대수	16대	인가거리	88.60km	첫차시간	23:40
업체명	관악 등 3개사	운행대수	14대	운행시간	280분	막차시간	04:10
기점	양천공영차고지	예비대수	2대	운행횟수 총	16회/일	배차간격 최소	10분
종점	상계주공7단지	정상대수	14대	대당	1.0회/대	최대	30분

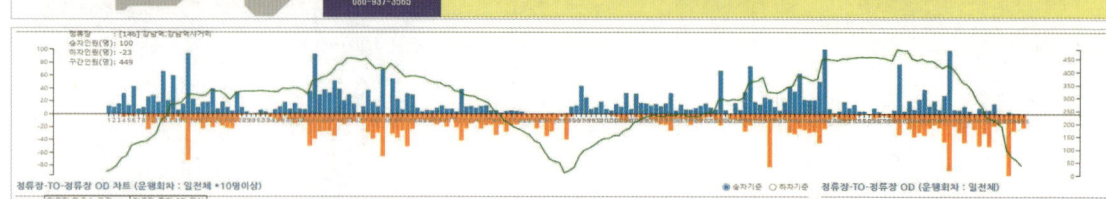

🚌 **N62번** : 양천공영차고지~면목동차고지를 기종점으로 왕복 158개의 정류소에 정차한다. 이용승객은 2,166명, 34개의 정류장이 전철역을 연계하며, 일평균 운행속도는 17.6km/h, 운행시간 2시간 4분이다. (2024.10.04. 기준)

노선번호	N62	인가대수	12대	인가거리	72.30km	첫차시간	23:40
업체명	도원/경성	운행대수	11대	운행시간	240분	막차시간	01:10
기점	양천공영차고지	예비대수	1대	운행횟수 총	12회/일	배차간격 최소	15분
종점	면목동차고지	정상대수	11대	대당	1.0회/대	최대	20분

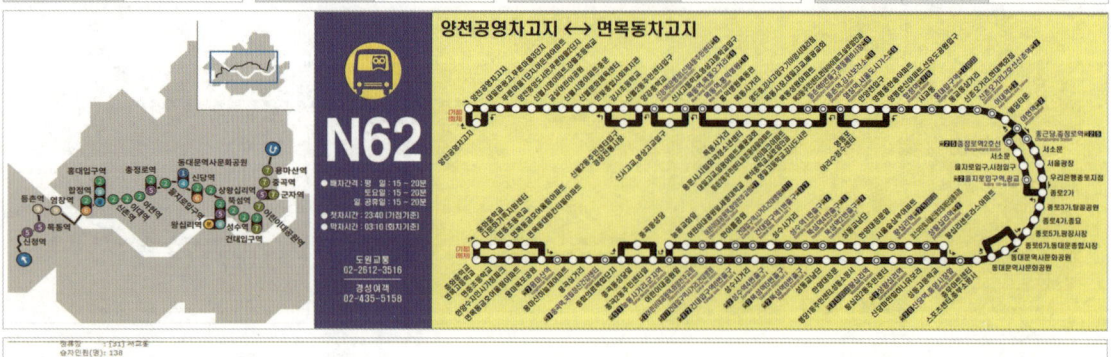

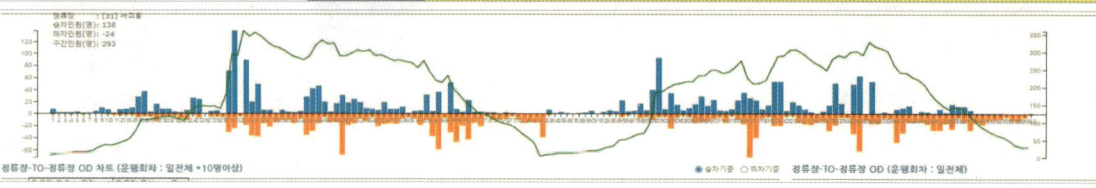

CHAPTER 05 시내버스 노선도

🚌 **N64번** : 강서공영차고지~염곡공영차고지를 기종점으로 왕복 165개의 정류소에 정차한다. 이용승객은 1,401명, 58개의 정류장이 전철역을 연계하며, 일평균 운행속도는 18.3km/h, 운행시간 2시간 3분이다. (2024.10.04. 기준)

노선번호	N64	인가대수	8대	인가거리	70.30km	첫차시간	23:40
업체명	공한/삼성	운행대수	8대	운행시간	230분	막차시간	01:10
기 점	강서공영차고지	예비대수	0대	운행횟수 총	8회/일	배차간격 최소	30분
종 점	염곡공영차고지	정상대수	8대	대당	1.0회/대	최대	35분

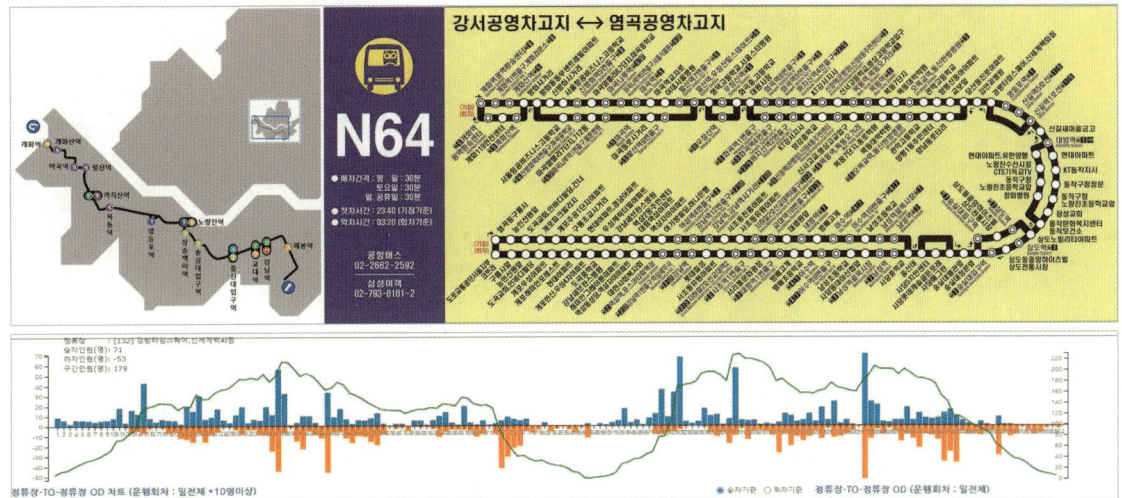

🚌 **N72번** : 은평공영차고지~중랑공영차고지를 기종점으로 왕복 168개의 정류소에 정차한다. 이용승객은 1,611명, 35개의 정류장이 전철역을 연계하며, 일평균 운행속도는 14.5km/h, 운행시간 2시간 19분이다. (2024.10.04. 기준)

노선번호	N72	인가대수	9대	인가거리	70.00km	첫차시간	23:30
업체명	보광/북부	운행대수	7대	운행시간	250분	막차시간	01:15
기 점	은평공영차고지	예비대수	2대	운행횟수 총	9회/일	배차간격 최소	10분
종 점	중랑공영차고지	정상대수	7대	대당	1.0회/대	최대	20분

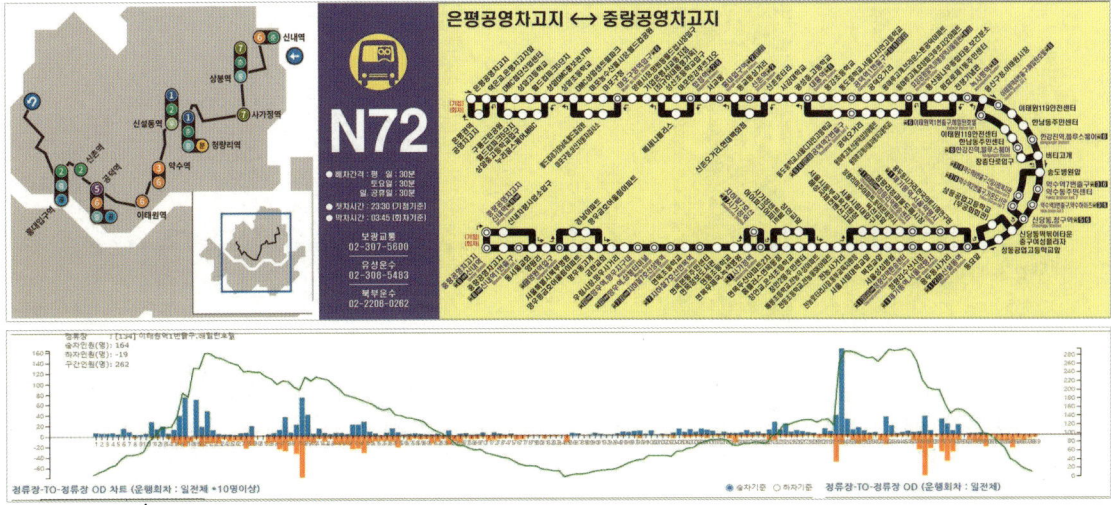

박흥식의 시내버스 노선조정 [노선은 생물(生物)이다]

🚌 **N73번** : 구산동차고지~복정역환승센터를 기종점으로 왕복 153개의 정류소에 정차한다. 이용승객은 1,393명, 43개의 정류장이 전철역을 연계하며, 일평균 운행속도는 16.8km/h, 운행시간 2시간 12분이다. (2024.10.04. 기준)

노선번호	N73	인가대수	8대	인가거리	76.00km	첫차시간	23:30
업 체 명	선진/한국brt	운행대수	5대	운행시간	260분	막차시간	01:15
기 점	구산동차고지	예비대수	3대	운행횟수 총	8회/일	배차간격 최소	35분
종 점	복정역환승센터	정상대수	5대	대당	1.0회/대	최대	35분

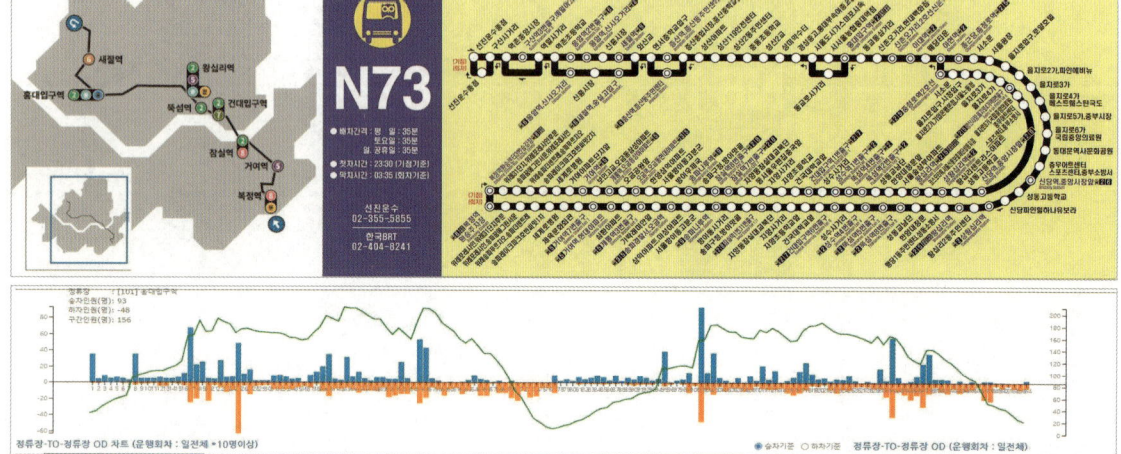

🚌 **N75번** : 진관공영차고지~신림2동차고지를 기종점으로 왕복 171개의 정류소에 정차한다. 이용승객은 2,254명, 38개의 정류장이 전철역을 연계하며, 일평균 운행속도는 18.9km/h, 운행시간 2시간 28분이다. (2024.10.04. 기준)

노선번호	N75	인가대수	12대	인가거리	88.20km	첫차시간	23:00
업 체 명	제일/한남	운행대수	11대	운행시간	300분	막차시간	01:20
기 점	진관공영차고지	예비대수	1대	운행횟수 총	12회/일	배차간격 최소	25분
종 점	신림2동차고지	정상대수	11대	대당	1.0회/대	최대	30분

CHAPTER 05 시내버스 노선도

🚌 **서울01번 출근** : 화성시동탄~강남역을 기종점으로 9개의 정류소에 정차한다. 이용승객은 57명, 3개의 정류장이 전철역을 연계하며, 일평균 운행속도는 35.6km/h, 운행시간 1시간 4분이다. (2024.10.04. 기준)

노선번호	서울01출근	인가대수	3대	인가거리		38.00km	첫차시간		07:00
업 체 명	동성교통	운행대수	1대	운행시간		120분	막차시간		07:30
기 점	화성시동탄	예비·단축대수	2대	운행횟수	총	3회/일	배차간격	최소	15분
종 점	강남역				대당	1.0회/대		최대	20분

🚌 **서울01번 퇴근** : 강남역~화성시동탄을 기종점으로 10개의 정류소에 정차한다. 이용승객은 25명, 3개의 정류장이 전철역을 연계하며, 일평균 운행속도는 36.8km/h, 운행시간 1시간 2분이다. (2024.10.04. 기준)

노선번호	서울01퇴근	인가대수	2대	인가거리		38.00km	첫차시간		18:20
업 체 명	동성교통	운행대수	0대	운행시간		120분	막차시간		18:40
기 점	강남역	예비·단축대수	2대	운행횟수	총	2회/일	배차간격	최소	20분
종 점	화성시동탄				대당	1.0회/대		최대	20분

301

박흥식의 시내버스 노선조정 [노선은 생물(生物)이다]

🚌 **서울02번 출근** : 김포시풍무동~김포공항역을 기종점으로 왕복 6개의 정류소에 정차한다. 이용승객은 266명, 2개의 정류장이 전철역을 연계하며, 일평균 운행속도는 29.3km/h, 운행시간 0시간 24분이다. (2024.10.04. 기준)

노선번호	서울02출근	인가대수	6대	인가거리	12.00km	첫차시간	06:30
업 체 명	공항/다모아	운행대수	6대	운행시간	60분	막차시간	08:20
기 점	김포시풍무동	예비·단축대수	0대	운행횟수 총	12회/일	배차간격 최소	10분
종 점	김포공항역			대당	2.0회/대	최대	12분

🚌 **서울02번 퇴근** : 김포공항역~김포시풍무동을 기종점으로 왕복 6개의 정류소에 정차한다. 이용승객은 43명, 2개의 정류장이 전철역을 연계하며, 일평균 운행속도는 19.6km/h, 운행시간 0시간 37분이다. (2024.10.04. 기준)

노선번호	서울02퇴근	인가대수	3대	인가거리	12.00km	첫차시간	18:20
업 체 명	공항/다모아	운행대수	3대	운행시간	60분	막차시간	19:00
기 점	김포공항역	예비·단축대수	0대	운행횟수 총	3회/일	배차간격 최소	20분
종 점	김포시풍무동			대당	1.0회/대	최대	20분

CHAPTER 05 시내버스 노선도

🚌 **서울03번 출근** : 파주운정지구~홍대입구역을 기종점으로 7개의 정류소에 정차한다. 이용승객은 66명, 2개의 정류장이 전철역을 연계하며, 일평균 운행속도는 39.6km/h, 운행시간 0시간 56분이다. (2024.10.04. 기준)

노선번호	서울03출근	인가대수	3대	인가거리	37.00km	첫차시간	06:20
업체명	선진운수	운행대수	3대	운행시간	80분	막차시간	07:00
기점	파주운정지구	예비·단축대수	0대	운행횟수 총	3회/일	배차간격 최소	20분
종점	홍대입구역			운행횟수 대당	1.0회/대	배차간격 최대	25분

🚌 **서울03번 퇴근** : 홍대입구역~파주운정지구를 기종점으로 7개의 정류소에 정차한다. 이용승객은 55명, 2개의 정류장이 전철역을 연계하며, 일평균 운행속도는 40.4km/h, 운행시간 0시간 55분이다. (2024.10.04. 기준)

노선번호	서울03퇴근	인가대수	2대	인가거리	37.00km	첫차시간	18:20
업체명	선진운수	운행대수	2대	운행시간	80분	막차시간	18:40
기점	홍대입구	예비·단축대수	0대	운행횟수 총	2회/일	배차간격 최소	20분
종점	파주운정지구			운행횟수 대당	1.0회/대	배차간격 최대	20분

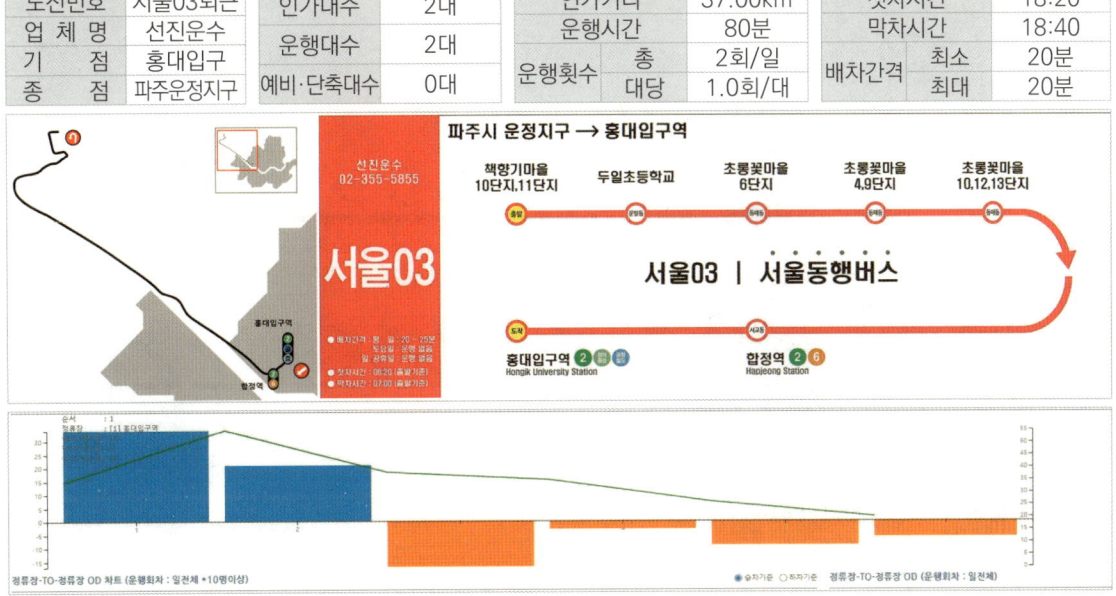

박흥식의 시내버스 노선조정 [노선은 생물(生物)이다]

🚌 **서울04번 출근** : 고양시 원흥지구~가양역을 기종점으로 12개의 정류소에 정차한다. 이용승객은 126명, 1개의 정류장이 전철역을 연계하며, 일평균 운행속도는 18.8km/h, 운행시간 0시간 41분이다. (2024.10.04. 기준)

노선번호	서울04출근	인가대수	4대	인가거리		13.00km	첫차시간		06:30
업체명	선진운수	운행대수	3대	운행시간		60분	막차시간		07:15
기점	고양원흥지구	예비·단축대수	1대	운행횟수	총	4회/일	배차간격	최소	15분
종점	가양역				대당	1.0회/대		최대	20분

🚌 **서울04번 퇴근** : 가양역~고양시 원흥지구를 기종점으로 11개의 정류소에 정차한다. 이용승객은 59명, 1개의 정류장이 전철역을 연계하며, 일평균 운행속도는 16.5km/h, 운행시간 0시간 48분이다. (2024.10.04. 기준)

노선번호	서울04퇴근	인가대수	3대	인가거리		13.00km	첫차시간		18:30
업체명	선진운수	운행대수	3대	운행시간		60분	막차시간		19:10
기점	가양역	예비·단축대수	0대	운행횟수	총	3회/일	배차간격	최소	20분
종점	고양원흥지구				대당	1.0회/대		최대	20분

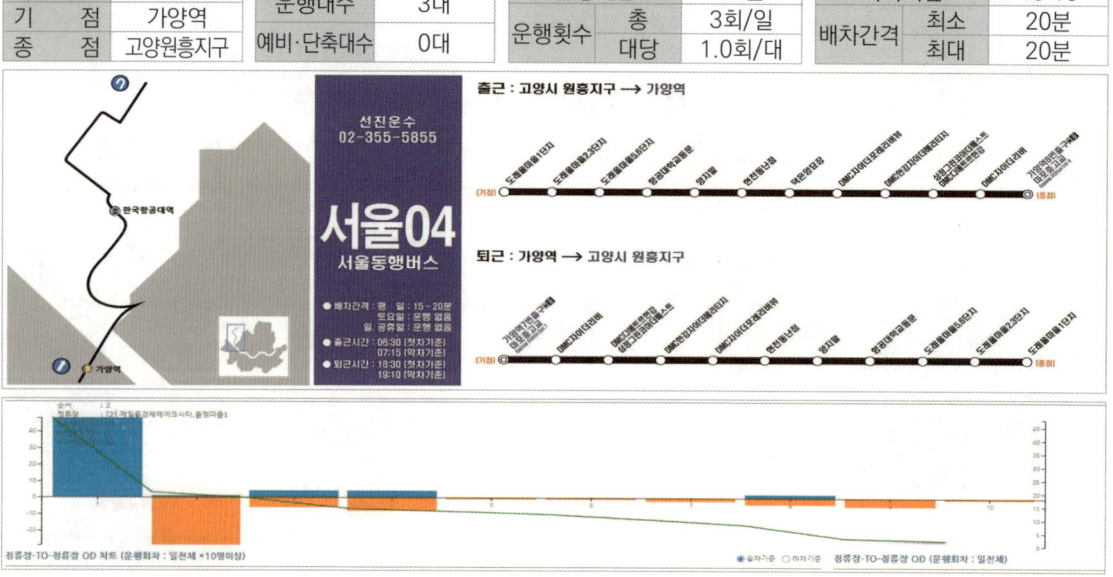

CHAPTER 05 시내버스 노선도

🚌 **서울05번 출근** : 양주옥정신도시~도봉산역을 기종점으로 8개의 정류소에 정차한다. 이용승객은 69명, 1개의 정류장이 전철역을 연계하며, 일평균 운행속도는 25.8km/h, 운행시간 0시간 47분이다. (2024.10.04. 기준)

노선번호	서울05출근	인가대수	4대	인가거리	21.00km	첫차시간	06:30
업체명	서울교통네트웤	운행대수	4대	운행시간	50분	막차시간	07:15
기 점	양주옥정신도시	예비·단축대수	0대	운행횟수 총	4회/일	배차간격 최소	15분
종 점	도봉산역			운행횟수 대당	1.0회/대	배차간격 최대	20분

🚌 **서울05번 퇴근** : 도봉산역~양주옥정신도시를 기종점으로 8개의 정류소에 정차한다. 이용승객은 18명, 1개의 정류장이 전철역을 연계하며, 일평균 운행속도는 28.1km/h, 운행시간 0시간 45분이다. (2024.10.04. 기준)

노선번호	서울05퇴근	인가대수	2대	인가거리	21.00km	첫차시간	18:40
업체명	서울교통네트웤	운행대수	2대	운행시간	50분	막차시간	19:00
기 점	도봉산역	예비·단축대수	0대	운행횟수 총	2회/일	배차간격 최소	20분
종 점	양주옥정신도시			운행횟수 대당	1.0회/대	배차간격 최대	20분

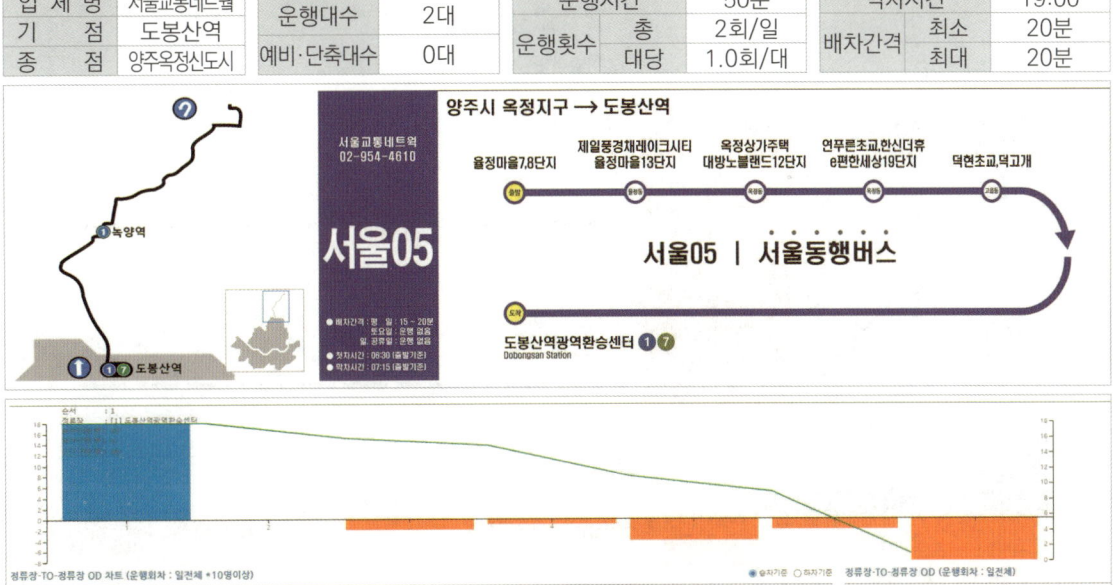

박흥식의 시내버스 노선조정 [노선은 생물(生物)이다]

🚌 **서울06번 출근** : 광주시 능평동~강남역을 기종점으로 11개의 정류소에 정차한다. 이용승객은 39명, 3개의 정류장이 전철역을 연계하며, 일평균 운행속도는 26.4km/h, 운행시간 0시간 55분이다. (2024.10.04. 기준)

노선번호	서울06출근	인가대수	3대	인가거리	33.00km	첫차시간	06:50
업체명	남성버스	운행대수	0대	운행시간	100분	막차시간	07:20
기점	광주시능평동	예비·단축대수	3대	운행횟수 총	3회/일	배차간격 최소	15분
종점	강남역			대당	1.0회/대	최대	20분

🚌 **서울06번 퇴근** : 강남역~광주시 능평동을 기종점으로 11개의 정류소에 정차한다. 이용승객은 38명, 3개의 정류장이 전철역을 연계하며, 일평균 운행속도는 19.8km/h, 운행시간 1시간 15분이다. (2024.10.04. 기준)

노선번호	서울06퇴근	인가대수	2대	인가거리	33.00km	첫차시간	18:20
업체명	남성버스	운행대수	0대	운행시간	100분	막차시간	18:40
기점	강남역	예비·단축대수	2대	운행횟수 총	2회/일	배차간격 최소	20분
종점	광주시능평동			대당	1.0회/대	최대	20분

CHAPTER 05 시내버스 노선도

🚌 **서울07번 출근** : 양재역~성남시판교제2테크노밸리를 기종점으로 9개의 정류소에 정차한다. 이용승객은 74명, 2개의 정류장이 전철역을 연계하며, 일평균 운행속도는 24.0km/h, 운행시간 0시간 30분이다. (2024.10.04. 기준)

노선번호	서울07출근	인가대수	4대	인가거리	13.00km	첫차시간		07:00
업체명	삼성/우신	운행대수	4대	운행시간	50분	막차시간		07:45
기 점	양재역			운행횟수	총	4회/일	배차간격	최소	15분
종 점	판교제2테크노밸리	예비·단축대수	0대		대당	1.0회/대		최대	20분

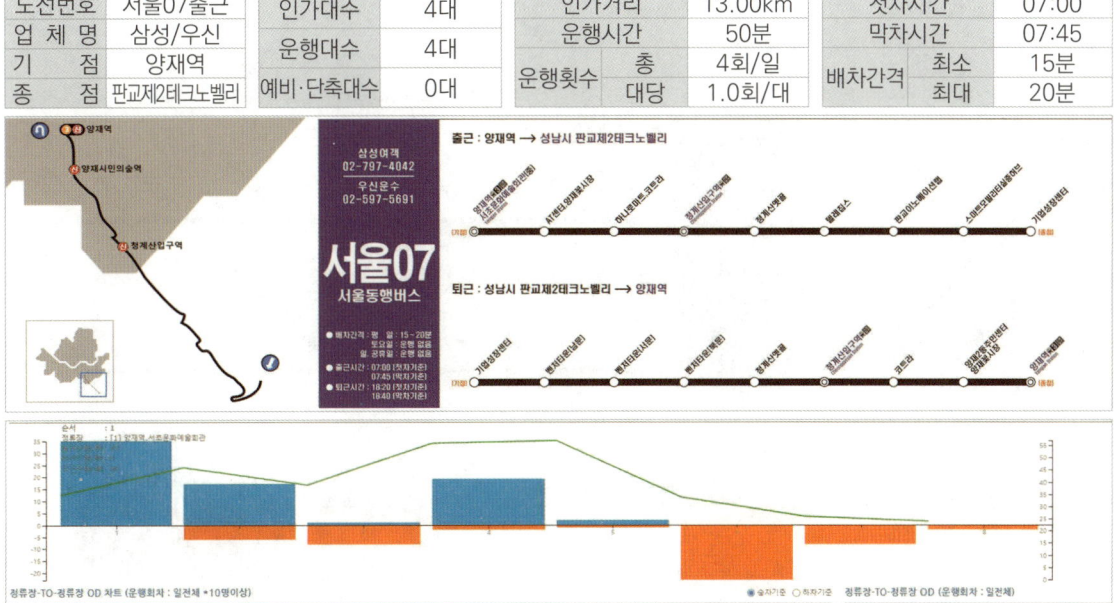

🚌 **서울07번 퇴근** : 성남시판교제2테크노밸리~양재역을 기종점으로 9개의 정류소에 정차한다. 이용승객은 39명, 2개의 정류장이 전철역을 연계하며, 일평균 운행속도는 20.0km/h, 운행시간 0시간 37분이다. (2024.10.04. 기준)

노선번호	서울07퇴근	인가대수	2대	인가거리	13.00km	첫차시간		18:20
업체명	우신운수	운행대수	2대	운행시간	50분	막차시간		18:40
기 점	판교제2테크노밸리			운행횟수	총	2회/일	배차간격	최소	20분
종 점	양재역	예비·단축대수	0대		대당	1.0회/대		최대	20분

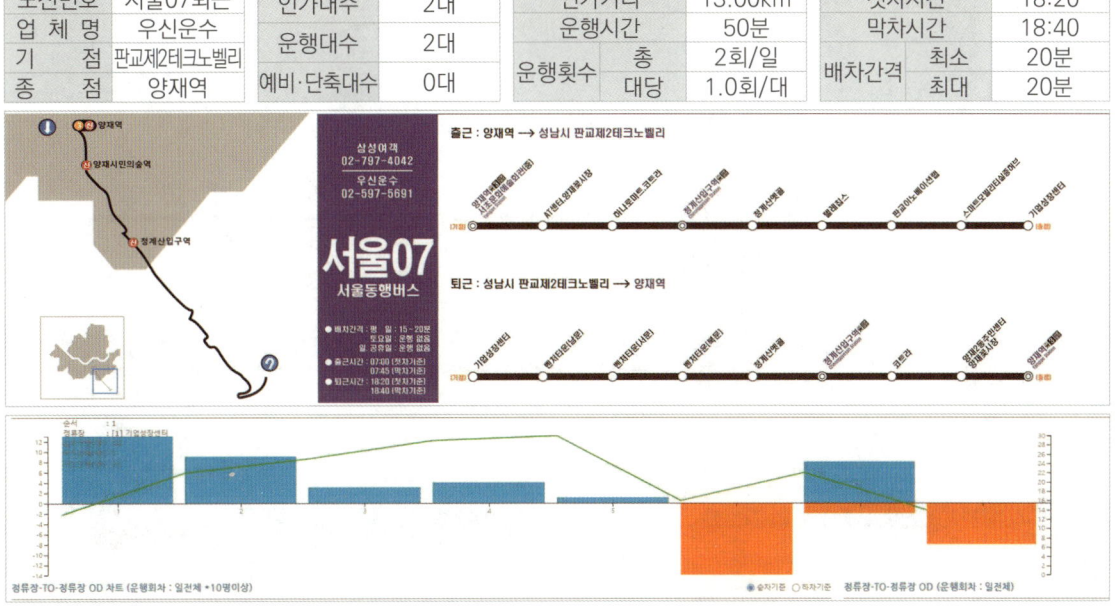

박흥식의 시내버스 노선조정 [노선은 생물(生物)이다]

🚌 **서울08번 출근** : 고양시화정역~DMC역을 기종점으로 12개의 정류소에 정차한다. 이용승객은 71명, 3개의 정류장이 전철역을 연계하며, 일평균 운행속도는 17.0km/h, 운행시간 0시간 33분이다. (2024.10.04. 기준)

노선번호	서울08출근	인가대수	3대	인가거리	10.00km	첫차시간	07:00
업체명	보광교통	운행대수	3대	운행시간	30분	막차시간	07:30
기점	고양시화정역	예비·단축대수	0대	운행횟수 총	3회/일	배차간격 최소	15분
종점	DMC역			대당	1.0회/대	최대	20분

🚌 **서울08번 퇴근** : DMC역~고양시화정역을 기종점으로 12개의 정류소에 정차한다. 이용승객은 31명, 3개의 정류장이 전철역을 연계하며, 일평균 운행속도는 17.9km/h, 운행시간 0시간 32분이다. (2024.10.04. 기준)

노선번호	서울08퇴근	인가대수	2대	인가거리	10.00km	첫차시간	18:20
업체명	보광교통	운행대수	2대	운행시간	30분	막차시간	18:40
기점	DMC역	예비·단축대수	0대	운행횟수 총	2회/일	배차간격 최소	20분
종점	고양시화정역			대당	1.0회/대	최대	20분

308 • 버스정책연구회

CHAPTER 05 시내버스 노선도

🚌 **서울09번 출근** : 의정부시고산지구~노원역을 기종점으로 13개의 정류소에 정차한다. 이용승객은 114명, 2개의 정류장이 전철역을 연계하며, 일평균 운행속도는 25.0km/h, 운행시간 0시간 39분이다. (2024.10.04. 기준)

노선번호	서울09출근	인가대수	4대	인가거리		16.00km	첫차시간		07:00
업 체 명	삼화/한성/흥안	운행대수	4대	운행시간		50분	막차시간		07:45
기 점	의정부고산지구	예비·단축대수	0대	운행횟수	총	4회/일	배차간격	최소	15분
종 점	노원역				대당	1.0회/대		최대	20분

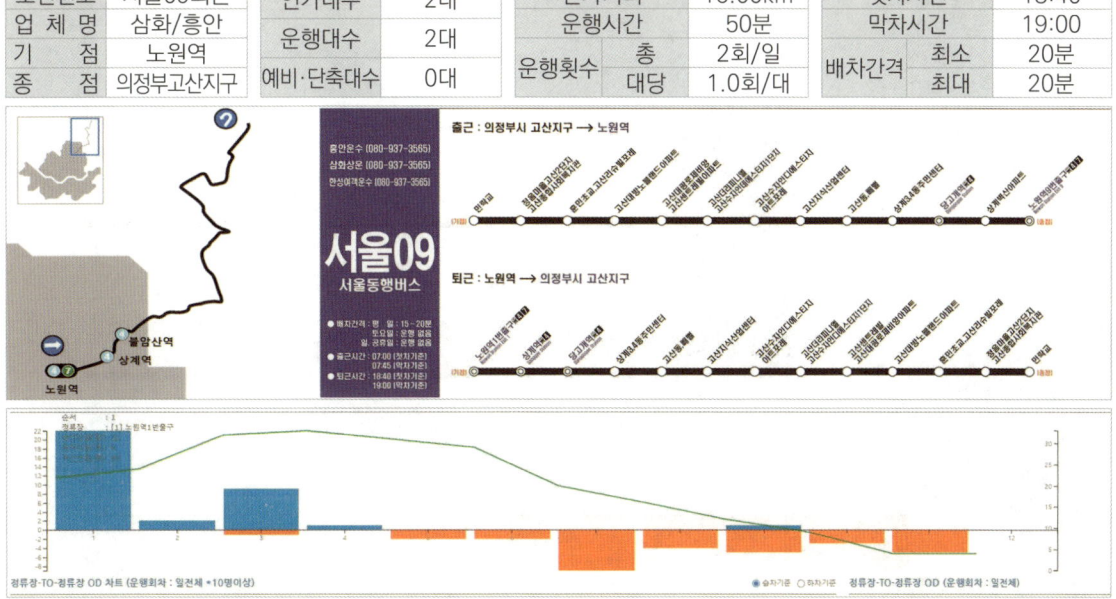

🚌 **서울09번 퇴근** : 노원역~의정부시고산지구를 기종점으로 13개의 정류소에 정차한다. 이용승객은 35명, 3개의 정류장이 전철역을 연계하며, 일평균 운행속도는 17.6km/h, 운행시간 0시간 54분이다. (2024.10.04. 기준)

노선번호	서울09퇴근	인가대수	2대	인가거리		16.00km	첫차시간		18:40
업 체 명	삼화/흥안	운행대수	2대	운행시간		50분	막차시간		19:00
기 점	노원역	예비·단축대수	0대	운행횟수	총	2회/일	배차간격	최소	20분
종 점	의정부고산지구				대당	1.0회/대		최대	20분

309

박홍식의 시내버스 노선조정 [노선은 생물(生物)이다]

🚌 **서울10번 출근** : 의정부시가능동~도봉산역을 기종점으로 8개의 정류소에 정차한다. 이용승객은 71명, 1개의 정류장이 전철역을 연계하며, 일평균 운행속도는 21.2km/h, 운행시간 0시간 18분이다. (2024.10.04. 기준)

노선번호	서울10출근	인가대수	4대	인가거리		10.00km	첫차시간		07:00
업체명	동아/진아	운행대수	4대	운행시간		30분	막차시간		07:45
기 점	의정부시가능동			운행횟수	총	4회/일	배차간격	최소	15분
종 점	도봉산역	예비·단축대수	0대		대당	1.0회/대		최대	20분

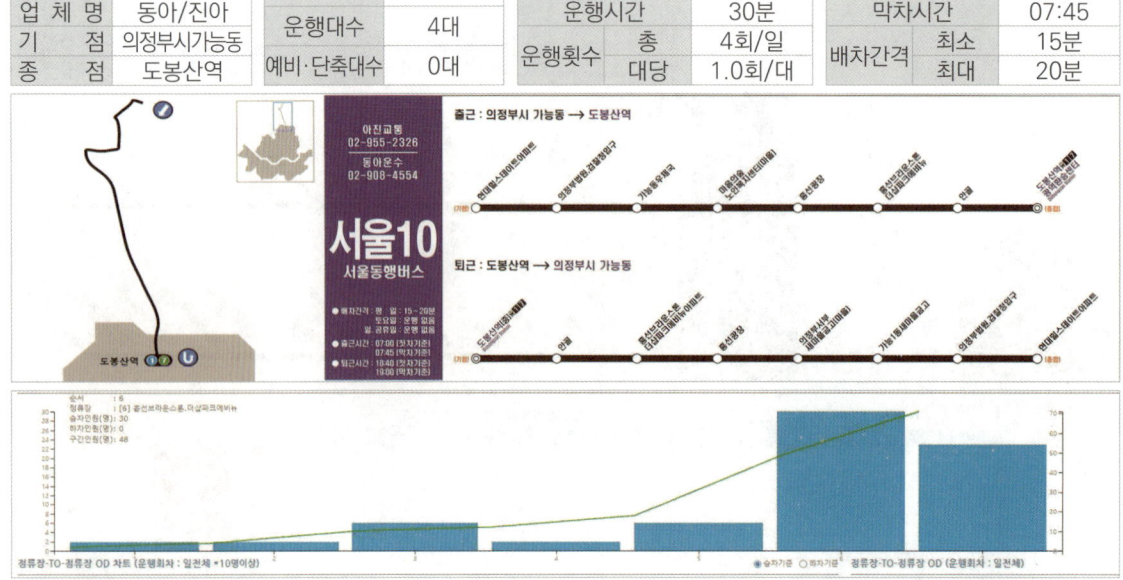

🚌 **서울10번 퇴근** : 도봉산역~의정부시가능동을 기종점으로 8개의 정류소에 정차한다. 이용승객은 37명, 1개의 정류장이 전철역을 연계하며, 일평균 운행속도는 28.7km/h, 운행시간 0시간 20분이다. (2024.10.04. 기준)

노선번호	서울10퇴근	인가대수	2대	인가거리		10.00km	첫차시간		18:40
업체명	동아/진아	운행대수	2대	운행시간		30분	막차시간		19:00
기 점	도봉산역			운행횟수	총	2회/일	배차간격	최소	20분
종 점	의정부시가능동	예비·단축대수	0대		대당	1.0회/대		최대	20분

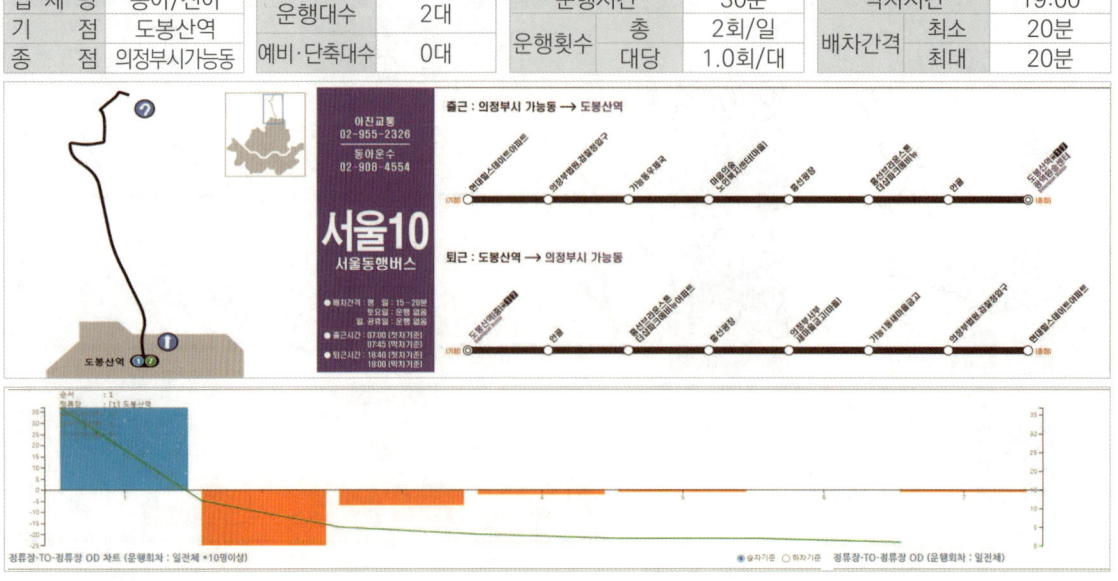

06 2026년 버스노선 전면개편 계획

　2026년의 서울시내버스노선 전면개편은 시내·마을버스, 광역·도시철도, 경기·인천버스(시계 유입) 현황 조사 및 교통카드데이터·통신모바일 등 빅데이터 분석에 기반하며, 2004년 7월, 시내버스 체계개편 이후, 도시구조, 교통·인구·토지이용현황 등 변화된 여건을 종합적으로 고려한 서울시내버스 노선체계의 전면개편에 그 목적이 있다.

　서울시내버스는 2004년 7월, 민영제에서 운송수입금공동관리 기반의 준공영제 운영방식으로 전면 개편되었으며, 도입 초기에는 전면적인 제도개편으로 인한 사회적 갈등이 일부 있었으나, 노선번호체계 개편, 간·지선체계로 노선체계 개편, 중앙버스전용차로 개설, 통합환승할인제도 도입 등으로 단시일 내에 안정화 체계를 확립하였다.

　시내버스 전면 개편을 통해 이용객의 증가, 굴곡도 감소, 통행속도 증가 등의 준공영제 도입성과가 있었으나, 20년이 지난 지금은 국부적인 노선조정, 굴곡도 증가, 중앙버스전용차로 및 시내버스 통행속도 감소 등 서울시내버스의 운행 서비스수준이 악화되는 경향을 보이고 있으며, 또한, 장거리 노선에 의한 근로여건 악화, 시민안전 위협, 노선운영의 비효율성 심화 문제와 택지개발 등으로 서울 내, 주변 지역의 버스노선 및 대중교통시설 부족 지역이 발생하고 있다.

　개별적인 노선조정으로의 문제해결에는 한계가 있어, 시내버스와 타 대중교통 수단 간 중복 최소화, 수요 평탄화, 배차간격 합리화, 과소수요 노선의 통폐합을 통한 노선 운영의 효율성 제고와 장거리 노선의 단축/분리, 수요 맞춤형 버스 확대 등의 서비스 개선을 위한 수단 다양화 등을 통한 문제해결을 위하여 서울시내버스 노선체계의 전면 개편을 추진하게 되었다.

기본적인 추진 방향은 철도-광역-시내버스-마을버스 연계를 통한 촘촘한 노선체계 구축, 중복·장거리 노선조정을 통한 출·퇴근, 새벽·심야 시간대 맞춤형 버스서비스 확대, 2층버스, DRT, 자율주행버스등 신개념 버스 도입을 통한 버스수단의 다양화로 설정하였다.

2024년 버스노선 전면개편의 기본목표 및 계획지표는 다음과 같이 설정되었다.

접근성 개선	노선개편을 통한 사각지대 해소로 '걸어서 5분, 대중교통세력권' 실현
통행시간 단축	연계·환승 강화 및 굴곡도 완화를 통한 기·종점 통행시간 단축
형평성 개선	중복도 완화를 통한 노선조정으로 지역별 이용기회 및 대기시간 균형
편의성 개선	자율주행버스(이용시간 확대) 및 수요응답버스(이용범위 확대) 도입
안전성 개선	장거리 노선 단축·분리로 운수종사자의 졸음·피로운전 최소화
쾌적성 개선	고수요 지역 정류소 혼잡도 완화 및 고수요 노선 차내혼잡도 완화
통행속도 개선	주요정류소, 버스전용차로, 광역버스(경기·인천) 수요관리

추진 일정은 2024년 시내버스조합, 티머니, 서울시가 함께 사업계획 수립 및 발주로 사업자를 선정하고, 2025년 개편안 마련을 위한 사업수행으로, 2026년 1월 서울시 시내버스 노선의 전면개편을 시행하는 것으로 진행되고 있다.

그리고, 노선 전면개편을 위해 서울시에 축적된 1일 3,000만건 이상의 교통카드데이터 등 빅데이터 분석과 민간사업자, 연구기관, 관리관청의 민·관·학 협업으로 합리적이고 효율적인 노선체계 전면개편안을 마련하여 버스중심의 대중교통세력권(대세권)을 실현할 계획이다.

CHAPTER 06 2026년 버스노선 전면개편 계획

노선체계 개편은 단기 및 중장기 계획안으로 구분하여, 단기안에서는 현재 시점에서 문제점이 도출되는 노선을 중심으로 개편방안을 설정하였다.

① 경기·인천버스 집중으로 인해 통행속도가 저하되는 교통축에 대한 노선개편
② 지역별 노선공급의 형평성이 낮은 지역에 대한 서비스수준 제고방안
③ 시내·광역버스 서비스기준과 위상정립 : 유형별 운행거리, 1일 승객수 등
④ 버스유형별 적정 통행속도 : 중앙버스전용차로 시설용량 대비 적정운행대수
⑤ 도시철도 연계 강화를 통한 환승체계 구축
⑥ 노선집중 교통축(강남대로 등)의 노선부족 교통축(언주로 등)으로 노선 이동

중장기 계획안으로는 버스유형별 노선 특성을 고려한 지역별 노선운행의 형평성 및 지역특성을 고려한 노선개편 계획 수립, 노선공급의 형평성 제고를 위한 버스서비스 지표개발, 행정동별 버스서비스 지표분석, 행정동 그룹별 노선조정 및 차량이동, 그리고, 대중교통 지표개발을 통한 도시철도(역사 및 노선 수) 발달 지역과 미 발달 지역에 대한 버스노선 차별화를 제시하였다.

추가적으로, 첨단교통수단(자율주행버스, 수요응답버스 등)의 도입 및 운영방안, 맞춤버스, 심야버스, 동행버스 운영기준 및 확대 방안, 고용량교통수단(2층버스, 굴절버스) 도입사례 및 문제점, 관련법률 및 운영방안, 법정근로시간을 고려한 버스유형별 적정 운행계통 기준 제시, 주요도로, 주요정류소, 중앙버스전용차로, 경기·인천버스 수요관리 방안, 노선도 디자인 변경, 인쇄, 교체 등 관련 계획 수립 등에 대해서도 함께 검토할 계획이다.

부 록

I. 여객자동차운수사업법/시행규칙/시행령

여객자동차운수사업법	여객자동차운수사업법 시행령	여객자동차운수사업법 시행규칙
제1장 총칙 제1조(목적) 이 법은 여객자동차 운수사업에 관한 질서를 확립하고 여객의 원활한 운송과 여객자동차 운수사업의 종합적인 발달을 도모하여 공공복리를 증진하는 것을 목적으로 한다. 제2조(정의) 이 법에서 사용하는 용어의 뜻은 다음과 같다. 〈개정 2021. 3. 23.〉 1. "자동차"란 「자동차관리법」 제3조에 따른 승용자동차, 승합자동차 및 특수자동차(「자동차관리법」 제29조제3항에 따른 캠핑용자동차를 말하며, 제4호에 따른 자동차대여사업에 한정한다)를 말한다. 2. "여객자동차 운수사업"이란 여객자동차운송사업, 자동차대여사업, 여객자동차터미널사업 및 여객자동차운송플랫폼사업을 말한다. 3. "여객자동차운송사업"이란 다른 사람의 수요에 응하여 자동차를 사용하여 유상(有償)으로 여객을 운송하는 사업을 말한다. 4. "자동차대여사업"이란 다른 사람의 수요에 응하여 유상으로 자동차를 대여(貸與)하는 사업을 말한다. 5. "여객자동차터미널"이란 다음 각 목의 어느 하나에 해당하는 장소가 아닌 곳으로서 승합자동차를 정류(停留)시키거나 여객을 승하차(乘下車)시키기 위하여 제36조에 따라 설치된 시설과 장소를 말하며, 그 종류는 국토교통부령으로 정한다. 가. 도로의 노면(路面)	제1조(목적) 이 영은 「여객자동차 운수사업법」에서 위임된 사항과 그 시행에 필요한 사항을 규정함을 목적으로 한다. 제2조(정의) 이 영에서 사용하는 용어의 뜻은 다음 각 호와 같다. 〈개정 2009. 11. 27.〉 1. "노선"이란 자동차를 정기적으로 운행하거나 운행하려는 구간을 말한다. 2. "운행계통"이란 노선의 기점(起點)·종점(終點)과 그 기점·종점 간의 운행경로·운행거리·운행횟수 및 운행대수를 총칭한 것을 말한다. 3. "여객운송 부가서비스"란 여객자동차를 이용하여 여객운송 외에 여객의 특성과 수요에 따른 업무지원 또는 도움 기능 등을 부가적으로 제공하는 서비스를 말한다. 제2조의2(수요응답형 여객자동차운송사업의 대상) 「여객자동차 운수사업법」(이하 "법"이라 한다) 제3조제1항제3호나목에서 "대통령령으로 정하는 경우"란 다음 각 호의 어느 하나에 해당하는 경우를 말한다. 〈개정 2024. 7. 2.〉 1. 「대도시권 광역교통 관리에 관한 특별법」 제7조의2에 따른 광역교통 개선대책이 수립·확정되었으나 그 이행이 완료되지 않은 지역으로서 국토교통부장관 또는 특별시장·광역시장·특별자치시장·	**제1장 총칙** 제1조(목적) 이 규칙은 「여객자동차 운수사업법」 및 같은 법 시행령에서 위임된 사항과 그 시행에 필요한 사항을 규정함을 목적으로 한다. 제2조(정의) 이 규칙에서 사용하는 용어의 뜻은 다음과 같다. 〈개정 2009. 12. 2., 2012. 11. 23., 2013. 3. 23., 2019. 10. 1.〉 1. "관할관청"이란 제3조 및 제4조에 따라 관할이 정해지는 국토교통부장관, 「대도시권 광역교통 관리에 관한 특별법」 제8조에 따른 대도시권광역교통위원회(이하 "대도시권광역교통위원회"라 한다)나 특별시장·광역시장·특별자치시장·도지사 또는 특별자치도지사(이하 "시·도지사"라 한다)를 말한다. 2. "정류소"란 여객이 승차 또는 하차할 수 있도록 노선 사이에 설치한 장소를 말한다. 3. "택시 승차대"란 택시운송사업용 자동차에 승객을 승차·하차시키거나 승객을 태우기 위하여 대기하는 장소 또는 구역을 말한다. 제3조(여객자동차 운수사업의 관할관청) ① 여객자동차 운수사업은 「여객자동차 운수사업법」(이하 "법"이라 한다), 같은 법 시행령(이하 "영"이라 한다) 또는 이 규칙에 따라 국토교통부장관 및 대도시권광역교통위원회가 관장하는 경우 외에는 주사무소의 소재지를

여객자동차운수사업법	여객자동차운수사업법 시행령	여객자동차운수사업법 시행규칙
나. 그 밖에 일반교통에 사용되는 장소 6. "여객자동차터미널사업"이란 여객자동차터미널을 여객자동차운송사업에 사용하게 하는 사업을 말한다. 7. "여객자동차운송플랫폼사업"이란 여객의 운송과 관련한 다른 사람의 수요에 응하여 이동통신단말장치, 인터넷 홈페이지 등에서 사용되는 응용프로그램(이하 "운송플랫폼"이라 한다)을 제공하는 사업을 말한다. 8. 삭제 〈2020. 4. 7.〉 9. 삭제 〈2020. 4. 7.〉 **제2장 여객자동차운송사업** 제3조(여객자동차운송사업의 종류) ① 여객자동차운송사업의 종류는 다음 각 호와 같다. 〈개정 2023. 4. 18.〉 1. 노선(路線) 여객자동차운송사업: 자동차를 정기적으로 운행하려는 구간(이하 "노선"이라 한다)을 정하여 여객을 운송하는 사업 2. 구역(區域) 여객자동차운송사업: 사업구역을 정하여 그 사업 구역 안에서 여객을 운송하는 사업 3. 수요응답형 여객자동차운송사업: 다음 각 목의 어느 하나에 해당하는 경우로서 운행계통·운행시간·운행횟수를 여객의 요청에 따라 탄력적으로 운영하여 여객을 운송하는 사업 가. 「농업·농촌 및 식품산업 기본법」 제3조제5호에 따른 농촌과 「수산업·어촌 발전 기본법」 제3조제6호에 따른 어촌을 기점 또는 종점으로 하는 경우 나. 신도시, 심야시간대 등 대중교통수단이 부족하여 교통불편이 발생하는 경우로서 대통령령으로 정하는 경우	도지사·특별자치도지사(이하 "시·도지사"라 한다)가 교통이 불편하다고 인정하는 경우 2. 「대중교통의 육성 및 이용촉진에 관한 법률」 제16조에 따라 실시하는 대중교통현황조사 결과 대중교통이 부족하다고 국토교통부장관이 인정하는 경우 3. 제1호 또는 제2호에 해당하는 지역을 기점 또는 종점으로 하는 노선버스 및 철도(도시철도를 포함한다. 이하 같다) 등 대중교통수단(이하 "대중교통수단"이라 한다)이 인근 지역의 「국가통합교통체계효율화법」 제2조제12호에 따른 환승시설 또는 같은 조 제13호에 따른 환승센터까지 운행되지 않거나 운행횟수가 부족하여 국토교통부장관 또는 시·도지사가 교통이 불편하다고 인정하는 경우 4. 심야시간대에 대중교통수단이 운행되지 않거나 그 접근이 불편한 경우로서 국토교통부장관 또는 시·도지사가 시간 및 지역을 정하여 고시하는 경우 5. 수익성 부족, 인구 감소 등을 이유로 기존 노선이 폐지 또는 단축되어 대중교통수단이 없거나 그 접근이 불편한 지역으로서 국토교통부장관 또는 시·도지사가 이를 대체할 교통수단의 도입이 필요하다고 인정하는 경우 6. 「대도시권 광역교통 관리에 관한 특별법 시행령」 별표 1에 따른 대도시권의 같은 권역 내 둘 이상의 특별시·광역시·특별자치시·도 또는 특별자치도(이하 "시·도"라 한다) 간에 일상적인 교통수요를 신속하게 처리하기 위한 대중교통수단이 부족한 경우로서 국토교통부장관이 지역을 정하여 고시하는	관할하는 시·도지사가 관장한다. 다만, 운행형태가 광역급행형인 시내버스운송사업의 경우 면허 또는 사업계획 변경인가를 받은 이후에는 주사무소의 소재지를 관할하는 시·도지사가 그 사업을 관장하고, 주사무소가 특별시·광역시 또는 특별자치시에 있는 시외버스운송사업의 경우에는 인접한 도의 도지사가 그 사업을 관장한다. 〈개정 2008. 12. 2., 2012. 11. 23., 2013. 3. 23., 2019. 10. 1.〉 ② 제1항에도 불구하고 주사무소 소재지 외 1개 특별시·광역시·특별자치시·도 또는 특별자치도(이하 "시·도"라 한다) 안에 노선의 기점(起點)과 종점(終點)이 있는 노선 여객자동차운송사업의 경우에는 해당 기점과 종점의 소재지를 관할하는 시·도지사가 그 사업을 관장하되, 그 관장 사무에 관하여는 주사무소의 소재지를 관할하는 시·도지사와 협의하여야 한다. 〈개정 2012. 11. 23.〉 제4조(영업소 등의 관할관청) ① 제3조에도 불구하고 여객자동차 운수사업의 사업계획서에 표시된 다음 각 호의 영업소 등은 그 소재지를 관할하는 시·도지사가 관장한다. 1. 영업소 2. 정류소 3. 차고 4. 운송부대시설 5. 여객자동차터미널 ② 여객자동차 운수사업 관리의 위탁·수탁, 사업의 양도·양수나 법인의 합병에 관하여는 해당 사업의 면허 또는 등록의 관할관청이 관장한다. 이 경우 관할관청이 둘 이상이면 수탁자·양수자나 법인의 합병으로 존속 또는 신설되는 법인을 관할하는 시·도지사가 이를 관장하되, 관계 시·도지사에게 그 사실을 확인하여야 한다.

박흥식의 시내버스 노선조정 [노선은 생물(生物)이다]

여객자동차운수사업법	여객자동차운수사업법 시행령	여객자동차운수사업법 시행규칙

다. 「스마트도시 조성 및 산업진흥 등에 관한 법률」이나 그 밖에 다른 법률에 따라 수요응답형 여객자동차운송사업 면허의 규제특례를 받아 운행 등 실증과정을 거친 지역에서 특별시장·광역시장·특별자치시장·도지사·특별자치도지사(이하 "시·도지사"라 한다)가 필요하다고 인정하는 경우
② 제1항제1호 및 제2호의 여객자동차운송사업은 대통령령으로 정하는 바에 따라 세분할 수 있다.
 	
제4조(면허 등) ① 여객자동차운송사업을 경영하려는 자는 사업계획을 작성하여 국토교통부령으로 정하는 바에 따라 국토교통부장관의 면허를 받아야 한다. 다만, 대통령령으로 정하는 여객자동차운송사업을 경영하려는 자는 사업계획을 작성하여 국토교통부령으로 정하는 바에 따라 시·도지사의 면허를 받거나 시·도지사에게 등록하여야 한다. 〈개정 2012. 5. 23., 2013. 3. 23., 2023. 4. 18.〉
② 제1항에 따른 면허나 등록을 하는 경우에는 제3조에 따른 여객자동차운송사업의 종류별로 노선이나 사업구역을 정하여야 한다.
③ 국토교통부장관 또는 시·도지사는 제1항에 따라 면허나 대통령령으로 정하는 여객자동차운송사업을 등록하는 경우에 필요하다고 인정하면 국토교통부령으로 정하는 바에 따라 운송할 여객 등에 관한 업무의 범위나 기간을 한정하여 면허(이하 "한정면허"라 한다)를 하거나 여객자동차운송사업의 질서를 확립하기 위하여 필요한 조건을 붙일 수 있다. 〈개정 2013. 3. 23.〉
④ 운송사업자(제1항에 따라 여객자동차운송사업의 면허를 받거나 등록을 한 자를 말한다. 이하 같다) 중 대
	경우
	[본조신설 2023. 10. 10.]
	
	제3조(여객자동차운송사업의 종류) 법 제3조제2항에 따라 같은 조 제1항제1호 및 제2호에 따른 노선 여객자동차운송사업과 구역 여객자동차운송사업은 다음 각 호와 같이 세분한다. 〈개정 2008. 11. 26., 2009. 11. 27., 2011. 12. 8., 2011. 12. 30., 2012. 11. 23., 2013. 3. 23., 2015. 1. 28., 2016. 1. 6., 2016. 1. 22., 2019. 2. 12., 2021. 4. 6., 2023. 10. 10.〉
	1. 노선 여객자동차운송사업
	  가. 시내버스운송사업: 주로 특별시·광역시·특별자치시 또는 시(「제주특별자치도 설치 및 국제자유도시 조성을 위한 특별법」 제10조제2항에 따른 행정시를 포함한다. 이하 같다)의 단일 행정구역에서 운행계통을 정하고 국토교통부령으로 정하는 자동차를 사용하여 여객을 운송하는 사업. 이 경우 국토교통부령으로 정하는 바에 따라 광역급행형·직행좌석형·좌석형 및 일반형 등으로 그 운행형태를 구분한다.
	  나. 농어촌버스운송사업: 주로 군(광역시의 군은 제외한다)의 단일 행정구역에서 운행계통을 정하고 국토교통부령으로 정하는 자동차를 사용하여 여객을 운송하는 사업. 이 경우 국토교통부령으로 정하는 바에 따라 직행좌석형·좌석형 및 일반형 등으로 그 운행형태를 구분한다.
	  다. 마을버스운송사업: 주로 시·군·구의 단일 행정구역에서 기점·종점의 특수성이나 사용되는 자동차의 특수성 등으로 인하
		제5조(협의·조정신청 등) ① 노선 여객자동차운송사업을 관할하는 시·도지사는 노선이 둘 이상의 시·도에 걸치는 경우 노선의 신설 또는 변경이나 노선과 관련되는 사업계획 변경의 인가·등록 또는 사업개선명령을 하려면 관계 시·도지사와 미리 협의하여야 한다. 다만, 다음 각 호의 경우에는 그러하지 아니하다. 〈개정 2012. 11. 23., 2014. 7. 29.〉
		1. 시내버스운송사업, 농어촌버스운송사업 및 마을버스운송사업에 관한 사항으로서 다음 각 목의 어느 하나에 해당하는 사항에 관한 사업계획 변경의 인가·등록 또는 사업개선명령의 경우
		  가. 시내버스운송사업 또는 농어촌버스운송사업의 직행좌석형·좌석형·일반형 상호 간 운행형태의 전환
		  나. 관할 시·도 구역에만 해당되는 운행계통의 변경(둘 이상의 시·도지사가 공동배차 하는 노선은 제외한다)
		  다. 다른 시·도 구역에서의 운행계통의 단축 또는 도로·다리의 개설·확충 등으로 인한 운행경로의 변경(운행경로의 변경으로 거리가 연장되는 경우는 제외한다)
		  라. 제3항에 따른 교통대책을 수립하는 경우로서 그 대책에 따른 사항
		2. 시외버스운송사업에 관한 사항으로서 다음 각 목의 어느 하나에 해당하는 사항에 관한 사업계획 변경인가 또는 사업개선명령의 경우
		  가. 관할 시·도구역에만 해당되는 운행계통의 단축이나 운행경로의 변경(관계 시·도지사의 면

여객자동차운수사업법	여객자동차운수사업법 시행령	여객자동차운수사업법 시행규칙
통령령으로 정하는 운송사업자는 제2항에도 불구하고 다음 각 호의 어느 하나에 해당하는 교통시설(이하 "주요교통시설"이라 한다)이 같은 항에 따라 정하여진 사업구역(이하 "소속 사업구역"이라 한다)과 인접(국토교통부령으로 정하는 범위로 한정한다)하고 소속 사업구역에서 승차한 여객을 그 주요교통시설에 하차시킨 경우에는 제5항에 따른 승차대를 이용하여 소속 사업구역으로 가는 여객을 운송할 수 있다. 〈신설 2016. 3. 29., 2016. 12. 2., 2018. 3. 13., 2024. 1. 9.〉 1. 「철도의 건설 및 철도시설 유지관리에 관한 법률」 제2조제2호에 따른 고속철도의 역 시설 2. 국제 정기편 운항이 이루어지는 「공항시설법」 제2조제3호에 따른 공항 3. 여객이용시설이 설치된 「항만법」 제2조제2호에 따른 무역항 4. 그 밖에 제1호부터 제3호까지에 준하는 교통시설로서 대통령령으로 정하는 교통시설 ⑤ 주요교통시설의 사업시행자는 그 주요교통시설을 이용하는 여객의 연계수송 편의 제고를 위하여 대통령령으로 정하는 여객자동차운송사업의 사업구역을 표시한 승차대를 설치하여야 한다. 이 경우 승차대의 설치·운영 등에 필요한 사항은 국토교통부령으로 정한다. 〈신설 2016. 12. 2.〉 제5조(면허 등의 기준) ① 여객자동차운송사업의 면허기준은 다음 각 호와 같다. 〈개정 2013. 3. 23.〉 1. 사업계획이 해당 노선이나 사업구역의 수송 수요와 수송력 공급에 적합할 것 2. 최저 면허기준 대수(臺數), 보유 차고 면적, 부대시설, 그 밖에 국	여 다른 노선 여객자동차운송사업자가 운행하기 어려운 구간을 대상으로 국토교통부령으로 정하는 기준에 따라 운행계통을 정하고 국토교통부령으로 정하는 자동차를 사용하여 여객을 운송하는 사업 라. 시외버스운송사업: 운행계통을 정하고 국토교통부령으로 정하는 자동차를 사용하여 여객을 운송하는 사업으로서 가목부터 다목까지의 사업에 속하지 아니하는 사업. 이 경우 국토교통부령이 정하는 바에 따라 고속형·직행형 및 일반형 등으로 그 운행형태를 구분한다. 2. 구역 여객자동차운송사업 가. 전세버스운송사업: 운행계통을 정하지 아니하고 전국을 사업구역으로 정하여 1개의 운송계약에 따라 국토교통부령으로 정하는 자동차를 사용하여 여객을 운송하는 사업. 다만, 다음 어느 하나에 해당하는 기관 또는 시설 등의 장과 1개의 운송계약(운임의 수령주체와 관계없이 개별 탑승자로부터 현금이나 회수권 또는 카드결제 등의 방식으로 운임을 받는 경우는 제외한다)에 따라 그 소속원 [「산업입지 및 개발에 관한 법률」에 따른 산업단지, 준산업단지 및 공장입지 유도지구(이하 이 조에서 "산업단지등"이라 한다) 관리기관의 경우 해당 산업단지등의 입주기업체 소속원을 포함한다]만의 통근·통학 목적으로 자동차를 운행하는 경우에는 운행계통을 정하지 아니한 것으로 본다. 1) 정부기관·지방자치단체와 그	허를 받은 다른 시외버스운송사업자가 해당 운행계통을 운행하고 있거나 운행하게 되는 경우는 제외한다) 나. 특별시·광역시 또는 특별자치시에 걸치는 노선과 관련되는 사항의 경우(노선을 신설하거나 연장함으로써 특별시·광역시 또는 특별자치시에 기점 또는 종점이 있게 되는 경우와 특별시·광역시 또는 특별자치시의 관할구역에서 기점 또는 종점을 변경하는 경우는 제외한다) 다. 시외버스운송사업의 운행형태를 일반형에서 직행형으로 또는 직행형에서 고속형으로 전환 라. 운행형태가 직행형·일반형인 시외버스운송사업을 시내버스운송사업 또는 농어촌버스운송사업으로 변경(관할 시·도 구역 밖으로 운행계통이 걸쳐 있는 시내버스운송사업 또는 농어촌버스운송사업으로의 변경은 제외한다) ② 시·도지사는 제1항 각 호의 어느 하나에 해당하는 사업계획 변경의 인가·등록 또는 사업개선명령을 하였을 때에는 1주일 이내에 그 사실을 관계 시·도지사에게 통보하여야 한다. ③ 제1항제1호다목에 따른 사업계획 변경에 관하여 제2항에 따른 통보를 받은 관계 시·도지사는 사업계획 변경 전과 같은 운행계통을 유지할 필요가 있다고 인정할 때에는 다른 노선의 여객자동차운송사업자로 하여금 단축된 운행계통을 운행하게 하는 등 교통대책을 수립·시행하여야 한다. ④ 제1항에 따라 협의요청을 받은 시·도지사는 15일 이내에 협의요청을 받은 사항에 대한 회신을 하여야 한다.

박흥식의 시내버스 노선조정 [노선은 생물(生物)이다]

여객자동차운수사업법	여객자동차운수사업법 시행령	여객자동차운수사업법 시행규칙
토교통부령으로 정하는 기준에 적합할 것 3. 대통령령으로 정하는 여객자동차운송사업인 경우에는 운전 경력, 교통사고 유무, 거주지 등 국토교통부령으로 정하는 기준에 적합할 것 ② 국토교통부장관은 제1항제1호의 수송력 공급에 관한 산정기준(대통령령으로 정하는 여객자동차운송사업의 경우로 한정한다)을 정하여 시·도지사에게 통보할 수 있다. 〈개정 2013. 3. 23.〉 ③ 제2항에 따라 수송력 공급에 관한 산정기준을 통보받은 시·도지사는 5년마다 수송력 공급계획을 수립·공고하고, 이를 국토교통부장관에게 보고하여야 한다. 〈신설 2009. 5. 27., 2013. 3. 23.〉 ④ 시·도지사는 「택시운송사업의 발전에 관한 법률」 제9조에 따라 사업구역별 택시 총량의 산정 또는 재산정이 있거나 수송 수요의 급격한 변화 등 국토교통부령으로 정하는 사유로 제3항의 수송력 공급계획을 변경할 필요가 있는 경우에는 국토교통부장관의 승인을 받아 이를 변경할 수 있다. 다만, 사업구역별 택시 총량의 재산정으로 인하여 공급계획을 변경하는 경우에는 국토교통부장관의 승인을 받지 아니하고 수송력 공급계획을 변경할 수 있다. 〈신설 2009. 5. 27., 2013. 3. 23., 2014. 1. 28.〉 ⑤ 여객자동차운송사업의 등록기준이 되는 최저 등록기준 대수, 보유 차고 면적, 부대시설, 수송력 공급계획의 수립·공고, 그 밖에 필요한 사항은 국토교통부령으로 정한다. 〈개정 2009. 5. 27., 2013. 3. 23.〉 제5조의2(노선의 타당성 평가) 제5조의3(여객자동차운송사업 수급계획의 수립 등)	출연기관·연구기관 등 공법인 2) 회사, 「초·중등교육법」 제2조에 따른 학교, 「고등교육법」 제2조에 따른 학교, 「유아교육법」 제2조제2호에 따른 유치원, 「영유아보육법」 제10조에 따른 어린이집, 「학원의 설립·운영 및 과외교습에 관한 법률」 제2조의2 제1항제1호에 따른 학교교과교습학원 또는 「체육시설의 설치·이용에 관한 법률」 제3조에 따른 체육시설(「유통산업발전법」 제2조제3호에 따른 대규모점포에 부설된 체육시설은 제외한다) 3) 국토교통부장관 또는 시·도지사가 정하여 고시하는 산업단지등의 관리기관 나. 특수여객자동차운송사업: 운행계통을 정하지 아니하고 전국을 사업구역으로 하여 1개의 운송계약에 따라 국토교통부령으로 정하는 특수한 자동차를 사용하여 장례에 참여하는 자와 시체(유골을 포함한다)를 운송하는 사업 다. 일반택시운송사업: 운행계통을 정하지 아니하고 국토교통부령으로 정하는 사업구역에서 1개의 운송계약에 따라 국토교통부령으로 정하는 자동차를 사용하여 여객을 운송하는 사업. 이 경우 국토교통부령으로 정하는 바에 따라 경형·소형·중형·대형·모범형 및 고급형 등으로 구분한다. 라. 개인택시운송사업: 운행계통을 정하지 아니하고 국토교통부령으로 정하는 사업구역에서 1개의 운송계약에 따라 국토교통	이 경우 15일 이내에 회신을 하지 아니하면 그 협의요청에 동의한 것으로 본다. ⑤ 시·도지사는 제1항에 따라 관계 시·도지사와 협의해야 하는 사항(마을버스운송사업에 관한 사항은 제외한다)에 관하여 협의가 성립되지 않은 경우에는 법 제78조제1항에 따라 다음 각 호의 기일 내에 국토교통부장관 또는 대도시권광역교통위원회에 조정신청을 해야 한다. 다만, 조정신청 이후 수송수요 등의 변동이 있는 경우로서 교통편의의 증진을 위하여 필요하다고 인정되는 경우에는 수시로 조정을 신청할 수 있다. 〈개정 2013. 3. 23., 2014. 7. 29., 2019. 10. 1.〉 1. 상반기: 매년 5월 10일까지 2. 하반기: 매년 11월 10일까지 ⑥ 제5항에 따른 조정신청에 필요한 세부적인 사항은 국토교통부장관 또는 대도시권광역교통위원회가 따로 정하는 바에 따른다. 〈개정 2013. 3. 23., 2019. 10. 1.〉 제5조의2(의견 청취) 국토교통부장관 또는 대도시권광역교통위원회는 다음 각 호의 구분에 따른 버스운송사업에 관하여 노선의 신설 또는 변경이나 노선과 관련되는 사업계획 변경의 인가를 하려는 때에는 관계 시·도지사의 의견을 들을 수 있다. 〈개정 2013. 3. 23., 2019. 10. 1., 2020. 12. 29.〉 1. 국토교통부장관: 운행형태가 고속형인 시외버스운송사업 2. 대도시권광역교통위원회: 영 제37조제1항제1호 각 목 외의 부분에서 규정한 시내버스운송사업 [본조신설 2008. 12. 2.] 제6조(면허증 등의 발급 등) ① 관할관청은 다음 각 호의 면허·허가를 하거나 등록을 받은 경우에는 별지 제1

부록

여객자동차운수사업법	여객자동차운수사업법 시행령	여객자동차운수사업법 시행규칙
제6조(결격사유) 다음 각 호의 어느 하나에 해당하는 자는 여객자동차운송사업의 면허를 받거나 등록을 할 수 없다. 법인의 경우 그 임원 중에 다음 각 호의 어느 하나에 해당하는 자가 있는 경우에도 또한 같다. 〈개정 2014. 1. 28., 2017. 12. 26.〉 1. 피성년후견인 2. 파산선고를 받고 복권(復權)되지 아니한 자 3. 이 법을 위반하여 징역 이상의 실형(實刑)을 선고받고 그 집행이 끝나거나(집행이 끝난 것으로 보는 경우를 포함한다) 면제된 날부터 2년이 지나지 아니한 자 4. 이 법을 위반하여 징역 이상의 형(刑)의 집행유예를 선고받고 그 집행유예 기간 중에 있는 자 5. 여객자동차운송사업의 면허나 등록이 취소된 후 그 취소일부터 2년이 지나지 아니한 자. 다만, 제1호 또는 제2호에 해당하여 제85조제1항제8호에 따라 여객자동차운송사업의 면허나 등록이 취소된 경우는 제외한다. 제7조(운송 개시) 제4조제1항에 따라 여객자동차운송사업의 면허를 받은 자는 국토교통부장관 또는 시·도지사가 지정하는 기일 또는 기간 안에 사업계획에 따른 수송시설을 확인받고 운송을 시작하여야 한다. 다만, 국토교통부장관 또는 시·도지사는 천재지변이나 그 밖의 부득이한 사유로 여객자동차운송사업의 면허를 받은 자가 국토교통부장관 또는 시·도지사가 지정하는 기일 또는 기간 안에 운송을 시작할 수 없는 경우에는 그 면허를 받은 자의 신청에 따라 기일을 늦추거나 기간을 늘릴 수 있다. 〈개정 2013. 3. 23.〉	부령으로 정하는 자동차 1대를 사업자가 직접 운전(사업자의 질병 등 국토교통부령으로 정하는 사유가 있는 경우는 제외한다)하여 여객을 운송하는 사업. 이 경우 국토교통부령으로 정하는 바에 따라 경형·소형·중형·대형·모범형 및 고급형 등으로 구분한다. 제3조의2 삭제 〈2024. 7. 2.〉 제3조의3 삭제 〈2024. 7. 2.〉 제3조의4 삭제 〈2024. 7. 2.〉 제3조의5 삭제 〈2024. 7. 2.〉 제3조의6 삭제 〈2024. 7. 2.〉 제3조의7 삭제 〈2024. 7. 2.〉 제3조의8 삭제 〈2024. 7. 2.〉 제4조(시·도지사의 면허 또는 등록 대상인 여객자동차운송사업) ① 법 제4조제1항 단서에 따라 시·도지사의 면허를 받아야 하는 면허 대상 여객자동차운송사업은 법 제3조제1항제3호에 따른 수요응답형 여객자동차운송사업(이하 "수요응답형 여객자동차운송사업"이라 한다) 중 제2조의2제6호에 따른 사업을 제외한 사업으로 한다. 〈신설 2015. 1. 28., 2016. 1. 6., 2024. 7. 2.〉 ② 법 제4조제1항 단서에 따라 시·도지사에게 등록하여야 하는 등록대상 여객자동차운송사업은 마을버스운송사업·전세버스운송사업 및 특수여객자동차운송사업으로 한다. 〈개정 2015. 1. 28.〉 ③ 법 제4조제3항에서 "대통령령으로 정하는 여객자동차운송사업"이란 마을버스운송사업을 말한다. 〈개정 2015. 1. 28.〉 [제목개정 2015. 1. 28.]	호서식의 여객자동차 운수사업 면허증, 허가증 또는 등록증을 발급해야 한다. 〈개정 2021. 4. 8.〉 1. 법 제4조제1항에 따른 여객자동차운송사업의 면허 또는 등록 2. 법 제28조제1항에 따른 자동차대여사업의 등록 3. 법 제36조제1항에 따른 여객자동차터미널사업의 면허 4. 법 제49조의3제1항에 따른 여객자동차플랫폼운송사업의 허가 및 같은 조 제9항에 따른 허가의 갱신 5. 법 제49조의10제1항에 따른 여객자동차플랫폼운송가맹사업의 면허 6. 법 제49조의18제1항에 따른 여객자동차플랫폼운송중개사업의 등록 ② 관할관청은 제1항에 따라 여객자동차 운수사업 면허증, 허가증 또는 등록증을 발급했을 때에는 다음 각 호의 구분에 따른 면허대장, 허가대장 또는 등록대장을 작성하고, 필요한 사항을 기록·관리해야 한다. 〈개정 2009. 12. 2., 2021. 4. 8.〉 1. 법 제4조제1항에 따라 면허(개인택시운송사업의 면허는 제외한다)를 하였을 때: 별지 제2호서식의 여객자동차운송사업 면허대장 2. 법 제4조제1항 단서에 따라 등록을 받았을 때: 별지 제3호서식의 여객자동차운송사업 등록대장 3. 법 제28조에 따라 등록을 받았을 때: 별지 제4호서식의 자동차대여사업 등록대장 4. 법 제49조의3제1항에 따라 허가를 받았을 때: 별지 제4호의2서식의 여객자동차플랫폼운송사업 허가대장 5. 법 제49조의10제1항에 따라 면허를 했을 때: 별지 제4호의3서식의 여객자동차플랫폼운송가맹사업 면허대장 6. 법 제49조의18제1항에 따라 등록

박흥식의 시내버스 노선조정 [노선은 생물(生物)이다]

여객자동차운수사업법	여객자동차운수사업법 시행령	여객자동차운수사업법 시행규칙
제8조(운임·요금의 신고 등) ① 제4조제1항에 따라 여객자동차운송사업의 면허를 받은 자는 국토교통부장관 또는 시·도지사가 정하는 기준과 요율의 범위에서 운임이나 요금을 정하여 국토교통부장관 또는 시·도지사에게 신고하여야 한다. 〈개정 2013. 3. 23.〉 ② 제4조제1항에 따라 여객자동차운송사업의 면허나 등록을 받은 자로서 대통령령으로 정하는 자는 제1항에도 불구하고 운임이나 요금을 정하려는 때에는 시·도지사에게 신고하여야 한다. 운임이나 요금을 변경하려는 때에도 또한 같다. ③ 국토교통부장관 또는 시·도지사는 제1항 또는 제2항에 따른 신고 또는 변경신고를 받은 날부터 국토교통부령으로 정하는 기간 내에 신고수리 여부를 신고인에게 통지하여야 한다. 〈신설 2017. 3. 21.〉 ④ 국토교통부장관 또는 시·도지사가 제3항에서 정한 기간 내에 신고수리 여부 또는 민원 처리 관련 법령에 따른 처리기간의 연장 여부를 신고인에게 통지하지 아니하면 그 기간이 끝난 날의 다음 날에 신고를 수리한 것으로 본다. 〈신설 2017. 3. 21.〉 ⑤ 제1항의 운임·요금의 기준과 요율의 결정에 필요한 사항은 국토교통부령으로 정한다. 〈개정 2013. 3. 23., 2017. 3. 21.〉 ⑥ 노선 여객자동차운송사업자는 여객이 동반하는 6세 미만인 어린아이 1명은 운임이나 요금을 받지 아니하고 운송하여야 한다. 다만, 어린아이의 좌석을 따로 배정받기를 원하는 경우에는 운임이나 요금을 받고 운송할 수 있다. 〈개정 2017. 3. 21.〉 제9조(운송약관) ① 운송사업자는 운송약관을 정하여 국토교통부장관 또는	제4조의2(연계수송 대상 여객자동차운송사업) ① 법 제4조제4항 각 호 외의 부분에서 "대통령령으로 정하는 운송사업자"란 일반택시운송사업자 및 개인택시운송사업자를 말한다. ② 법 제4조제5항 전단에서 "대통령령으로 정하는 여객자동차운송사업"이란 일반택시운송사업 및 개인택시운송사업을 말한다. [본조신설 2017. 1. 20.] 제4조의3(연계수송 대상 교통시설) 법 제4조제4항제4호에서 "대통령령으로 정하는 교통시설"이란 「국가통합교통체계효율화법」 제2조제15호에 따른 복합환승센터를 말한다. [본조신설 2017. 1. 20.] 제5조(운전경력 등 별도의 면허기준이 요구되는 여객자동차운송사업) 법 제5조제1항제3호에 따른 운전 경력 등의 면허기준이 적용되는 여객자동차운송사업은 개인택시운송사업으로 한다. 제6조(수송력 공급에 관한 산정기준을 정할 수 있는 여객자동차운송사업) 법 제5조제2항에서 "대통령령으로 정하는 여객자동차운송사업"이란 일반택시운송사업 및 개인택시운송사업을 말한다. 제6조의2(노선의 타당성 평가) ① 국토교통부장관은 법 제5조의2제1항에 따라 「대도시권 광역교통 관리에 관한 특별법」 제2조제3호에 따른 광역버스운송사업(이하 "광역버스운송사업"이라 한다)의 필요성·적합성 등에 대한 종합적인 타당성을 평가하려는 경우에는 다음 각 호의 사항을 평가해야 한다. 1. 광역버스운송사업의 면허로 인한 지역 간 연결성 개선 여부 2. 광역버스운송사업의 면허로 인한 지역 간 통행시간 절감 여부 3. 광역버스운송사업에 대한 예상 수요	을 받았을 때: 별지 제4호의4서식의 여객자동차플랫폼운송중개사업 등록대장 ③ 삭제 〈2021. 4. 8.〉 ④ 제1항에 따라 발급받은 면허증, 허가증 또는 등록증을 잃어버리거나 면허증, 허가증 또는 등록증이 헐어 못 쓰게 되어 재발급받으려는 자는 별지 제5호서식의 면허증·허가증·등록증 재발급신청서에 따라 관할관청에 재발급신청을 해야 한다. 이 경우 헐어 못 쓰게 되어 재발급받으려는 자는 해당 면허증, 허가증 또는 등록증을 첨부해야 한다. 〈개정 2021. 4. 8.〉 ⑤ 제2항 각 호의 대장은 전자적 처리가 불가능한 특별한 사유가 없으면 전자적 처리가 가능한 방법으로 작성·관리하여야 한다. [제목개정 2021. 4. 8.] **제2장 여객자동차운송사업** 제7조(자동차의 종류) 법 제3조 및 영 제3조에 따른 각 여객자동차운송사업에 사용되는 자동차의 종류는 별표 1과 같다. 〈개정 2016. 4. 1.〉 제8조(시내버스운송사업 등의 노선구역 등) ① 영 제3조제1호가목 및 같은 호 나목에 따른 시내버스운송사업과 농어촌버스운송사업은 특별시·광역시·특별자치시·시(「제주특별자치도 설치 및 국제자유도시조성을 위한 특별법」 제15조제2항에 따른 행정시를 포함한다. 이하 이 조 및 제33조제1항제2호다목 및 라목에서 같다) 또는 군의 단일 행정구역을 운행하는 사업으로 한다. 〈개정 2008. 12. 2., 2012. 11. 23., 2013. 3. 23., 2014. 12. 31., 2018. 2. 12., 2019. 12. 26., 2022. 6. 8.〉 ② 제1항에도 불구하고 광역급행형 시내버스운송사업은 기점 행정구역의

부 록

여객자동차운수사업법	여객자동차운수사업법 시행령	여객자동차운수사업법 시행규칙

시·도지사에게 신고하여야 한다. 운송약관을 변경하려는 때에도 또한 같다. 〈개정 2013. 3. 23., 2016. 1. 19.〉
② 국토교통부장관 또는 시·도지사는 제1항에 따른 신고 또는 변경신고를 받은 날부터 국토교통부령으로 정하는 기간 내에 신고수리 여부를 신고인에게 통지하여야 한다. 〈신설 2017. 3. 21.〉
③ 국토교통부장관 또는 시·도지사가 제2항에서 정한 기간 내에 신고수리 여부 또는 민원 처리 관련 법령에 따른 처리기간의 연장 여부를 신고인에게 통지하지 아니하면 그 기간이 끝난 날의 다음 날에 신고를 수리한 것으로 본다. 〈신설 2017. 3. 21.〉
④ 제1항의 운송약관에 포함되어야 할 내용, 그 밖에 필요한 사항은 국토교통부령으로 정한다. 〈개정 2013. 3. 23., 2017. 3. 21.〉
제10조(사업계획의 변경) ① 제4조제1항에 따라 여객자동차운송사업의 면허를 받은 자가 사업계획을 변경하려는 때에는 국토교통부장관 또는 시·도지사의 인가를 받아야 한다. 다만, 국토교통부령으로 정하는 경미한 사항을 변경하려는 때에는 국토교통부장관 또는 시·도지사에게 신고하여야 한다. 〈개정 2013. 3. 23.〉
② 제4조제1항 단서에 따라 여객자동차운송사업을 등록한 자가 사업계획을 변경하려는 때에는 시·도지사에게 등록하여야 한다. 다만, 국토교통부령으로 정하는 경미한 사항을 변경하려는 때에는 시·도지사에게 신고하여야 한다. 〈개정 2013. 3. 23.〉
③ 국토교통부장관 또는 시·도지사는 제1항 단서 또는 제2항 단서에 따른 변경신고를 받은 날부터 국토교통부령으로 정하는 기간 내에 신고수리 여부를 신고인에게 통지하여야 한다.
	4. 그 밖에 국토교통부장관이 광역버스운송사업의 타당성 평가를 위해 필요하다고 인정하는 사항
	② 제1항에 따른 타당성 평가는 정량평가의 방법으로 한다. 다만, 제1항 각 호에 따른 평가항목의 특성상 정량평가만으로는 정확한 평가가 어렵다고 인정되는 경우에는 정성평가의 방법을 병행할 수 있다.
	[본조신설 2024. 5. 7.]
	[종전 제6조의2는 제6조의3으로 이동 〈2024. 5. 7.〉]
	제6조의3(여객자동차운송사업 수급계획의 수립 및 수급조절 절차 등)
	제6조의4(수급조절위원회의 구성 및 심의사항 등)
	제6조의5(수급조절위원회 위원의 해임 및 해촉)
	제6조의6(수급조절위원회의 운영 등)
	제7조(운임·요금을 신고해야 하는 여객자동차운송사업자) 법 제8조제2항에서 "대통령령으로 정하는 자"란 다음 각 호의 자를 말한다. 〈개정 2016. 8. 2., 2020. 12. 29., 2024. 7. 2.〉
	1. 법 제4조제3항에 따른 여객자동차운송사업의 한정면허(제2조의2제6호에 따른 수요응답형 여객자동차운송사업 및 제37조제1항제1호 각 목 외의 부분에서 규정한 시내버스운송사업의 한정면허는 제외한다)를 받은 자
	2. 제3조제2호다목에 따른 일반택시운송사업의 면허를 받은 자 중 대형(승합자동차를 사용하는 경우로 한정한다) 또는 고급형으로 구분된 택시운송사업을 경영하는 자
	3. 제3조제2호라목에 따른 개인택시운송사업의 면허를 받은 자 중 대형(승합자동차를 사용하는 경우로
		경계로부터 50킬로미터를 초과하지 않는 범위에서 「대도시권 광역교통관리에 관한 특별법 시행령」 별표 1에 따른 대도시권역 내 둘 이상의 시·도를 운행하는 사업으로 한다. 이 경우 대도시권광역교통위원회가 고속국도 또는 도시고속도로를 이용하면서 일시적으로 다른 행정구역에 진입하였다가 별도의 정류소에 정차하지 않고 다시 기점 행정구역에 돌아오는 것으로 인정하는 운행경로의 경우에는 기점 행정구역을 벗어나지 않은 것으로 본다. 〈신설 2023. 12. 21.〉
		③ 제2항에도 불구하고 다음 각 호의 요건을 모두 갖춘 경우로서 대도시권광역교통위원회가 필요하다고 인정하는 경우에는 기점 행정구역의 경계로부터 50킬로미터를 초과하여 해당 사업의 노선을 정할 수 있다. 〈신설 2022. 6. 8., 2023. 12. 21.〉
		1. 다음 각 목의 구분에 따른 요건 중 어느 하나를 갖춘 경우
		  가. 기존 노선의 운행경로를 변경하려는 경우: 기점 및 종점을 변경하지 않을 것
		  나. 노선을 신설하려는 경우: 기점과 종점 사이의 최단 운행경로를 기준으로 기점 행정구역의 경계로부터 50킬로미터를 초과하지 않을 것
		2. 제1호에 따라 운행경로를 변경하거나 신설하는 노선에 고속국도, 자동차전용도로 또는 버스전용차로를 이용하는 구간이 포함되어 운행시간(신설하는 노선은 제1호나목에 따른 최단 운행경로의 운행시간을 말한다) 단축이 가능한 경우
		④ 제1항에도 불구하고 관할관청은 다음 각 호의 기준에 따라 시내버스운송사업자 또는 농어촌버스운송사업자

박홍식의 시내버스 노선조정 [노선은 생물(生物)이다]

여객자동차운수사업법	여객자동차운수사업법 시행령	여객자동차운수사업법 시행규칙
〈신설 2017. 3. 21.〉 ④ 국토교통부장관 또는 시·도지사가 제3항에서 정한 기간 내에 신고수리 여부 또는 민원 처리 관련 법령에 따른 처리기간의 연장 여부를 신고인에게 통지하지 아니하면 그 기간이 끝난 날의 다음 날에 신고를 수리한 것으로 본다. 〈신설 2017. 3. 21.〉 ⑤ 국토교통부장관 또는 시·도지사는 운송사업자가 다음 각 호의 어느 하나에 해당하는 경우 제1항과 제2항에 따른 사업계획의 변경을 제한할 수 있다. 〈개정 2013. 3. 23., 2014. 1. 28., 2017. 3. 21., 2024. 2. 13.〉 1. 제7조에 따른 운송 개시의 기일이나 기간 안에 운송을 시작하지 아니한 경우 2. 제23조에 따른 개선명령을 받고 이행하지 아니한 경우 3. 제85조제1항에 따라 노선폐지(路線廢止)나 감차(減車) 등이 따르는 사업계획 변경명령을 받은 후 1년이 지나지 아니한 경우 4. 교통사고의 규모나 발생 빈도가 대통령령으로 정하는 기준 이상인 경우 5. 제5조의3제3항에 따라 국토교통부장관이 여객자동차운송사업의 등록을 제한한 경우 ⑥ 제1항부터 제5항까지의 규정에 따른 사업계획 변경의 절차, 기준, 그 밖에 필요한 사항은 국토교통부령으로 정한다. 〈개정 2013. 3. 23., 2017. 3. 21.〉 제11조(공동운수협정) 운송사업자가 여객의 원활한 운송과 서비스 개선을 위하여 다른 운송사업자와 공동 경영에 관한 계약이나 그 밖의 운수(運輸)에 관한 협정(이하 "공동운수협정"이라 한다)을 체결하려는 때에는 대통령령으로 정하는 바에 따라야 한다. 공동운수협정을 변경하려는 때에도 또한	한정한다) 또는 고급형으로 구분된 택시운송사업을 경영하는 자 4. 제4조제2항에 따른 마을버스운송사업의 등록을 한 자 [전문개정 2015. 9. 15.] [제목개정 2020. 12. 29.] 제8조(사업계획의 변경이 제한되는 교통사고의 규모 또는 발생 빈도) 법 제10조제5항제4호에 따라 사업계획의 변경을 제한할 수 있는 경우는 다음 각 호의 어느 하나에 해당하는 경우로 한다. 〈개정 2014. 7. 28., 2018. 4. 10.〉 1. 법 제4조제1항에 따라 여객자동차운송사업의 면허를 받거나 등록을 한자(이하 "운송사업자"라 한다)의 중대한 교통사고 건수(운송사업자가 사업계획 변경의 인가일·등록일 또는 신고일 전 최근 1년간 일으킨 제11조에 따른 중대한 교통사고의 건수를 말한다)가 다음 각 목의 어느 하나에 해당하는 경우 가. 운송사업자가 보유한 자동차의 대수가 300대 미만인 경우: 1건 이상 나. 운송사업자가 보유한 자동차의 대수가 300대 이상 600대 미만인 경우: 2건 이상 다. 운송사업자가 보유한 자동차의 대수가 600대 이상인 경우: 3건 이상 2. 운송사업자의 교통사고지수(운송사업자가 사업계획 변경의 인가일·등록일 또는 신고일 전 최근 1년간 일으킨 교통사고의 건수를 운송사업자가 보유한 자동차의 대수로 나눈 수에 10을 곱한 값을 말한다)가 다음 각 목의 어느 하나에 해당하는 경우. 다만, 운송사업자가 보유한 자동차의 대수가 5대 미만인 경우에는 해당 운송사업자	의 신청이나 직권에 의하여 해당 행정구역 밖의 지역까지 노선을 연장하여 운행하게 할 수 있다. 이 경우 이 항 제3호에 따라 행정구역을 벗어나는지를 판단함에 있어 관할관청이 고속국도 또는 도시고속도로를 이용하면서 일시적으로 다른 행정구역에 진입하였다가 별도의 정류소에 정차하지 않고 다시 기점 행정구역에 돌아오는 것으로 인정하는 운행경로의 경우에는 기점 행정구역을 벗어나지 않은 것으로 본다. 〈신설 2018. 2. 12., 2019. 12. 26., 2022. 6. 8., 2023. 12. 21.〉 1. 관할관청이 지역주민의 편의 또는 지역 여건상 특히 필요하다고 인정하는 경우: 해당 행정구역의 경계로부터 30킬로미터를 초과하지 아니하는 범위 2. 국제공항·관광단지·신도시 등 지역의 특수성을 고려하여 국토교통부장관이 고시하는 지역을 운행하는 경우: 해당 행정구역의 경계로부터 50킬로미터를 초과하지 아니하는 범위 3. 직행좌석형 시내버스운송사업으로서 기점·종점이 모두 「대도시권광역교통관리에 관한 특별법 시행령」 별표 1에 따른 대도시권역 내에 위치한 노선인 경우: 다음 각 목의 구분에 따라 해당 목에서 정하는 범위 가. 관할관청이 출퇴근 등 교통편의를 위하여 필요하다고 인정하는 경우: 해당 행정구역의 경계로부터 50킬로미터를 초과하지 않는 범위 나. 제3항 각 호의 요건을 갖춘 경우로서 관할관청이 출퇴근 등 교통편의를 위하여 필요하다고 인정하는 경우: 해당 행정구역

부록

여객자동차운수사업법	여객자동차운수사업법 시행령	여객자동차운수사업법 시행규칙
같다. 제12조(명의이용 금지 등) 제13조(사업관리의 위탁) 제14조(사업의 양도·양수 등) 제15조(여객자동차운송사업의 상속) 제16조(여객자동차운송사업의 휴업·폐업) ① 제4조제1항에 따라 여객자동차운송사업의 면허를 받은 자는 그 사업의 전부 또는 일부를 휴업하거나 그 사업의 전부를 폐업하려면 국토교통부령으로 정하는 바에 따라 국토교통부장관 또는 시·도지사의 허가를 받아야 한다. 다만, 도로나 다리가 파괴되거나 그 밖에 정당한 사유가 있는 경우에는 그러하지 아니하다. 〈개정 2013. 3. 23.〉 ② 제4조제1항 단서에 따라 여객자동차운송사업의 등록을 한 자는 그 사업의 전부 또는 일부를 휴업하거나 그 사업의 전부를 폐업하려면 국토교통부령으로 정하는 바에 따라 시·도지사에게 신고하여야 한다. 〈개정 2013. 3. 23.〉 ③ 국토교통부장관 또는 시·도지사는 제2항에 따른 신고를 받은 날부터 국토교통부령으로 정하는 기간 내에 신고수리 여부를 신고인에게 통지하여야 한다. 〈신설 2017. 3. 21.〉 ④ 국토교통부장관 또는 시·도지사가 제3항에서 정한 기간 내에 신고수리 여부 또는 민원 처리 관련 법령에 따른 처리기간의 연장 여부를 신고인에게 통지하지 아니하면 그 기간이 끝난 날의 다음 날에 신고를 수리한 것으로 본다. 〈신설 2017. 3. 21.〉 ⑤ 제1항과 제2항의 휴업 기간은 1년을 넘지 못한다. 〈개정 2017. 3. 21.〉 ⑥ 운송사업자는 그 사업의 전부 또는 일부를 휴업하거나 그 사업의 전부를	가 사업계획 변경의 인가일·등록일 또는 신고일 전 최근 1년간 일으킨 교통사고의 건수가 2건 이상인 경우 가. 시내버스운송사업 및 농어촌버스운송사업의 경우: 4 이상 나. 시외버스운송사업의 경우: 3 이상 (운행형태가 고속형인 경우에는 2 이상) 다. 일반택시운송사업의 경우: 2 이상 라. 전세버스운송사업의 경우: 2 이상 마. 특수여객자동차운송사업의 경우: 1 이상 제9조(공동운수협정) 운송사업자는 법 제11조에 따라 공동운수협정을 체결하려는 경우에는 다음 각 호의 사항을 고려하여야 한다. 〈개정 2011. 12. 30., 2013. 3. 23.〉 1. 공동운수협정이 차고지(車庫地) 등 운송시설의 공동사용에 관한 사항인 경우에는 해당 여객자동차운송사업의 원활한 운영 및 여객의 이용 편의를 도모할 것 2. 공동운수협정이 수송력 공급의 증가를 목적으로 하는 경우에는 다음 각 목의 기준에 따를 것 가. 주말이나 연휴 등 일시적인 수송수요에 따라 운송하는 경우에는 그 수송수요의 증가분에 적합할 것 나. 국토교통부장관이 정하여 고시하는 출퇴근 또는 심야 시간대에 정기적인 수송수요에 따라 운송하는 경우에는 그 수송수요에 적합할 것 제10조 삭제 〈2009. 11. 27.〉 제10조의2(운송사업의 양도·상속의 제한) ① 법 제14조제1항 후단에서 "대통령령으로 정하는 여객자동차운송사업"이란 전세버스운송사업을 말한다.	의 경계로부터 50킬로미터를 초과하는 범위 ⑤ 관할 도지사는 지역주민의 편의 또는 지역 여건상 특히 필요하다고 인정되는 경우에는 제1항에도 불구하고 둘 이상의 시·군 지역을 하나의 운행계통에 따라 운행하게 할 수 있다. 〈개정 2018. 2. 12., 2022. 6. 8., 2023. 12. 21.〉 ⑥ 영 제3조제1호가목 및 같은 호 나목에 따른 시내버스운송사업과 농어촌버스운송사업의 운행형태는 다음 각 호와 같다. 〈개정 2008. 12. 2., 2011. 7. 6., 2018. 2. 12., 2019. 12. 26., 2022. 6. 8., 2023. 12. 21.〉 1. 광역급행형: 별표 1 제1호가목에 따른 시내좌석버스를 사용하고 주로 고속국도, 도시고속도로 또는 주간선도로를 이용하여 기점 및 종점으로부터 5킬로미터 이내의 지점에 위치한 각각 4개 이내의 정류소에만 정차하면서 운행하는 형태. 다만, 관할관청은 도로상황 등 지역의 특수성과 주민편의를 고려하여 필요하다고 인정하는 경우에는 기점 및 종점으로부터 7.5 킬로미터 이내에 위치한 각각 6개 이내의 정류소에 정차하면서 운행하게 할 수 있고, 법 제7조에 따른 운송개시 후 지역 여건 등이 변경되어 정류소를 추가할 필요가 있는 경우에는 국토교통부장관이 정하여 고시하는 기준에 따라 기점으로부터 7.5킬로미터 이내에 위치한 2개까지의 정류소에 추가로 정차하면서 운행하게 할 수 있다. 2. 직행좌석형: 별표 1 제1호가목에 따른 시내좌석버스를 사용하여 각 정류소에 정차하되, 둘 이상의 시·도에 걸쳐 노선이 연장되는 경우

323

박흥식의 시내버스 노선조정 [노선은 생물(生物)이다]

여객자동차운수사업법	여객자동차운수사업법 시행령	여객자동차운수사업법 시행규칙
폐업하려면 미리 그 취지를 영업소와 일반 사람들이 보기 쉬운 곳에 게시하여야 한다. 〈개정 2017. 3. 21.〉 제17조(자동차 표시) 제18조(우편물 등의 운송) 제19조(사고 시의 조치 등) 제20조(여객자동차 운수사업자에 대한 경영 및 서비스 평가) 제20조의2(여객자동차 운수사업자와 관련된 교통안전정보의 공시) 제21조(운송사업자의 준수 사항) ① 대통령령으로 정하는 운송사업자는 운수종사자(제24조에 따른 운전업무 종사자격을 갖추고 여객자동차운송사업의 운전업무에 종사하고 있는 자를 말한다. 이하 같다)가 이용자에게서 받은 운임이나 요금(이하 "운송수입금"이라 한다)의 전액에 대하여 다음 각 호의 사항을 준수하여야 한다. 〈개정 2019. 8. 27., 2024. 1. 9.〉 1. 1일 근무시간 동안 택시요금미터(운송수입금 관리를 위하여 설치한 확인 장치를 포함한다. 이하 같다)에 기록된 운송수입금의 전액을 운수종사자의 근무종료 당일 수납할 것 2. 일정금액의 운송수입금 기준액을 정하여 수납하지 않을 것 3. 차량 운행에 필요한 제반경비(주유비, 세차비, 차량수리비, 사고처리비 등을 포함한다)를 운수종사자에게 운송수입금이나 그 밖의 금전으로 충당하지 않을 것 4. 운송수입금 확인기능을 갖춘 운송기록출력장치를 갖추고 운송수입금 자료를 보관(보관기간은 1년으로 한다)할 것 5. 운송수입금 수납 및 운송기록을 허위로 작성하지 않을 것 ② 운송사업자는 제24조에 따른 운수	〈신설 2014. 7. 28.〉 ② 법 제14조제3항 본문 및 제15조제4항 본문에서 "대통령령으로 정하는 자" 및 "대통령령으로 정하는 운송사업자"란 각각 개인택시운송사업자를 말한다. 〈개정 2014. 7. 28., 2015. 11. 30., 2022. 1. 28.〉 [본조신설 2009. 11. 27.] 제11조(중대한 교통사고) 법 제19조제2항제3호에서 "대통령령으로 정하는 수(數) 이상의 사람이 죽거나 다친 사고"란 다음 각 호의 어느 하나에 해당하는 사상자가 발생한 사고(이하 "중대한 교통사고"라 한다)를 말한다. 1. 사망자 2명 이상 2. 사망자 1명과 중상자 3명 이상 3. 중상자 6명 이상 제12조(운송수입금을 전액 수납하여야 하는 운송사업자 등) ① 법 제21조제1항에 따라 운수종사자(법 제24조에 따른 운전업무 종사자격을 갖추고 여객자동차운송사업의 운전업무에 종사하고 있는 자를 말한다. 이하 같다)로부터 운송수입금의 전액을 받아야 하는 자는 일반택시운송사업자로 한다. 다만, 군(광역시의 군은 제외한다)지역의 일반택시운송사업자는 제외한다. 〈개정 2014. 7. 28., 2023. 3. 21.〉 ② 법 제21조제8항에서 "대통령령으로 정하는 여객자동차운송사업"이란 일반택시운송사업 및 개인택시운송사업을 말한다. 〈신설 2014. 7. 28., 2018. 4. 10.〉 [제목개정 2014. 7. 28.] 제12조의2(교통안전정보를 제공하여야 하는 여객자동차운송사업자) 법 제21조제9항 각 호 외의 부분에서 "대통령령으로 정하는 여객자동차운송사업"이란 전세버스운송사업을 말한다. 〈개정 2018. 4. 10.〉	지역주민의 편의, 지역 여건 등을 고려하여 정류구간을 조정하고 해당 노선 좌석형의 총 정류소 수의 2분의 1 이내의 범위에서 정류소 수를 조정하여 운행하는 형태 3. 좌석형: 별표 1 제1호가목에 따른 시내좌석버스를 사용하여 각 정류소에 정차하면서 운행하는 형태 4. 일반형: 별표 1 제1호나목에 따른 시내일반버스를 주로 사용하여 각 정류소에 정차하면서 운행하는 형태 ⑦ 영 제3조제1호다목에 따른 마을버스운송사업은 다음 각 호의 어느 하나에 해당하는 마을 등을 기점 또는 종점으로 하여 특별한 사유가 없으면 그 마을 등과 가장 가까운 철도역(도시철도역을 포함한다) 또는 노선버스 정류소(영 제3조제1호가목·나목 또는 같은 호 라목의 노선버스 정류소를 말한다) 사이를 운행하는 사업으로 한다. 다만, 관할관청은 지역주민의 편의 또는 지역 여건상 특히 필요하다고 인정되는 경우에는 해당 행정구역의 경계로부터 5킬로미터의 범위에서 연장하여 운행하게 할 수 있다. 〈개정 2018. 2. 12., 2022. 6. 8., 2023. 12. 21.〉 1. 고지대(高地帶) 마을 2. 외지 마을 3. 아파트단지 4. 산업단지 5. 학교 6. 종교단체의 소재지 ⑧ 영 제3조제1호라목에 따른 시외버스운송사업의 운행형태는 다음 각 호와 같다. 〈개정 2009. 10. 9., 2010. 11. 15., 2012. 11. 23., 2013. 3. 23., 2016. 1. 6., 2018. 2. 12., 2021. 9. 24., 2022. 6. 8., 2023. 12. 21.〉 1. 고속형: 별표 1 제2호가목, 나목 또는 다목에 따른 시외우등고속버

여객자동차운수사업법	여객자동차운수사업법 시행령	여객자동차운수사업법 시행규칙
종사자의 요건을 갖춘 자만 운전업무에 종사하게 하여야 한다. ③ 삭제〈2020. 4. 7.〉 ④ 삭제〈2020. 4. 7.〉 ⑤ 삭제〈2020. 4. 7.〉 ⑥ 운송사업자는 제27조의2에 따라 여객이 착용하는 좌석안전띠가 정상적으로 작동될 수 있는 상태를 유지(여객이 6세 미만의 유아인 경우에는 유아보호용 장구를 장착할 수 있는 상태를 포함한다)하여야 한다.〈신설 2012. 5. 23., 2017. 3. 21., 2017. 10. 24.〉 ⑦ 운송사업자는 운수종사자에게 여객의 좌석안전띠 착용에 관한 교육을 하여야 한다. 이 경우 교육의 방법, 내용, 시기 및 주기, 그 밖에 필요한 사항은 국토교통부령으로 정한다.〈신설 2012. 5. 23., 2013. 3. 23., 2017. 3. 21.〉 ⑧ 구역 여객자동차운송사업 중 대통령령으로 정하는 여객자동차운송사업에 사용되는 자동차에 대하여는 국토교통부령으로 정하는 바에 따라 운전석 및 그 옆 좌석에 에어백을 설치하여야 한다.〈신설 2013. 8. 6., 2017. 3. 21.〉 ⑨ 구역 여객자동차운송사업 중 대통령령으로 정하는 여객자동차운송사업을 영위하는 운송사업자는 이용자의 요청이 있거나 이용자와 운송계약을 체결하는 경우 해당 차량 및 운전자에 관한 다음 각 호의 교통안전정보를 제공하여야 한다.〈신설 2014. 5. 21., 2015. 6. 22., 2017. 3. 21.〉 1. 제24조에 따른 운전업무 종사자격 취득 여부 2. 제84조에 따른 차령 및 운행거리 기준 준수 여부 3. 「자동차손해배상 보장법」에 따른 의무보험 가입 여부	[본조신설 2014. 11. 21.] 제12조의3(운행정보 신고 대상 여객자동차운송사업) 법 제21조제10항 각 호 외의 부분 전단에서 "대통령령으로 정하는 여객자동차운송사업"이란 제3조제2호가목에 따른 전세버스운송사업을 말한다.〈개정 2018. 4. 10.〉 [본조신설 2016. 1. 6.] 제12조의4(운수종사자의 음주 여부 확인 및 기록) ① 운송사업자는 법 제21조제12항 전단에 따라 운수종사자의 음주 여부를 확인하는 경우에는 국토교통부장관이 정하여 고시하는 성능을 갖춘 호흡측정기(이하 "호흡측정기"라 한다)를 사용하여 확인해야 한다. ② 운송사업자는 제1항에 따라 운수종사자의 음주 여부를 확인한 경우에는 해당 운수종사자의 성명, 측정일시 및 측정결과를 변조가 불가능한 형태의 전자적 파일이나 서면으로 기록하여 3년 동안 보관·관리해야 한다. ③ 제1항 및 제2항에서 규정한 사항 외에 호흡측정기의 사용방법과 기록의 보관·관리 등에 관한 세부적인 사항은 국토교통부장관이 정하여 고시한다. [본조신설 2019. 2. 12.] 제13조(벽지노선 등의 운행에 관한 개선명령) 국토교통부장관, 시·도지사 또는 시장·군수[농어촌버스운송사업, 마을버스운송사업 및 수요응답형 여객자동차운송사업(제2조의2제6호에 따른 사업은 제외한다)의 경우만 해당한다]는 법 제23조제1항제10호에 따라 벽지노선(僻地路線)이나 수익성이 없는 노선의 운행에 관한 개선명령을 하는 경우에는 다음 각 호의 사항을 적은 개선명령서를 운송사업자에게 내주어야 한다. 이 경우 개선명령서를 받은 운송사업자는 개선명령일부터	스, 시외고속버스 또는 시외고급고속버스를 사용하여 운행거리가 100킬로미터 이상이고, 운행구간의 60퍼센트 이상을 고속국도로 운행하며, 기점과 종점의 중간에서 정차하지 아니하는 운행형태. 다만, 다음 각 목의 경우에는 운행계통의 기점과 종점의 중간에서 정차할 수 있다. 가. 고속국도 주변이용자의 편의를 위하여 고속국도변의 정류소에 중간정차하는 경우 나. 국토교통부장관이 이용자의 교통편의를 위하여 필요하다고 인정하여 기점 또는 종점이 있는 특별시·광역시·특별자치시 또는 시·군의 행정구역 안의 각 1개소에만 중간정차하는 경우. 다만, 특별시·광역시·특별자치시 또는 시·군의 행정구역 안의 중간정차지와 기점 간 또는 중간정차지와 종점 간의 이용승객은 승·하차시킬 수 없다. 다. 고속국도 휴게소의 환승정류소에서 중간 정차하는 경우 2. 직행형: 별표 1 제2호라목, 마목 또는 바목에 따른 시외우등직행버스, 시외직행버스 또는 시외고급직행버스를 사용하여 기점 또는 종점이 있는 특별시·광역시·특별자치시 또는 시·군의 행정구역이 아닌 다른 행정구역에 있는 1개소 이상의 정류소에 정차하면서 운행하는 형태. 다만, 다음 각 목의 어느 하나에 해당하는 경우에는 정류소에 정차하지 않고 운행할 수 있다. 가. 운행거리가 100킬로미터 미만인 경우 나. 운행구간의 60퍼센트 미만을

박흥식의 시내버스 노선조정 [노선은 생물(生物)이다]

여객자동차운수사업법	여객자동차운수사업법 시행령	여객자동차운수사업법 시행규칙
4. 그 밖에 이용자의 교통안전과 관련된 정보로서 국토교통부령으로 정하는 정보 ⑩ 구역 여객자동차운송사업 중 대통령령으로 정하는 여객자동차운송사업을 영위하는 운송사업자는 사업용 자동차를 운행하려면 다음 각 호의 운행정보를 시·도지사에게 신고한 후 운행기록증을 발부받아 해당 자동차에 붙여야 한다. 이 경우 운행정보 신고 및 운행기록증 발부·부착의 절차·방법 등에 필요한 사항은 국토교통부령으로 정한다. 〈신설 2015. 1. 6., 2017. 3. 21., 2020. 6. 9.〉 1. 운행 일시·목적 및 경로 2. 운수종사자의 이름 및 운전자격 3. 그 밖에 국토교통부령으로 정하는 정보 ⑪ 운송사업자는 운수종사자에게 안전운전에 필요한 충분한 휴식시간(이하 "휴식시간"이라 한다)을 보장하여야 한다. 이 경우 운송수단별 휴식시간에 관한 사항은 국토교통부령으로 정한다. 〈신설 2017. 10. 24.〉 ⑫ 운송사업자(자동차 1대를 운송사업자가 직접 운전하는 특수여객자동차운송사업자 및 개인택시운송사업자는 제외한다)는 사업용 자동차를 운행하기 전에 대통령령으로 정하는 바에 따라 운수종사자의 음주 여부를 확인하고 이를 기록하여야 한다. 확인한 결과 운수종사자가 음주로 안전한 운전을 할 수 없다고 판단되는 경우에는 해당 운수종사자가 차량을 운행하도록 하여서는 아니 된다. 〈신설 2018. 8. 14.〉 ⑬ 제1항부터 제12항까지 외에 안전운행과 여객의 편의 또는 서비스 개선 등을 위한 지도·확인에 대하여 운송사업자가 지켜야 할 사항은 국토교통부령으로 정한다. 〈개정 2009. 5.	50일 이내에 그 명령에 따른 운송을 시작하여야 한다. 〈개정 2012. 7. 31., 2012. 11. 23., 2013. 3. 23., 2015. 1. 28., 2024. 7. 2.〉 1. 운송사업자의 주소와 성명(법인사목 또는 아목에 따른 시외우등일반버스 또는 시외인 경우에는 그 명칭과 대표자의 성명을 말한다) 2. 운행구간 3. 운행횟수와 기간 4. 운행 목적 제14조(대체교통 운행명령) 국토교통부장관 또는 시·도지사는 법 제23조제2항에 따라 대체교통수단으로서 여객자동차의 운행명령을 하는 때에는 다음 각 호의 사항을 적은 운행명령서를 운송사업자에게 내주어야 한다. 〈개정 2013. 3. 23.〉 1. 운송사업자의 주소 및 성명(법인인 경우에는 그 명칭과 대표자의 성명을 말한다) 2. 운행구간 3. 운행횟수와 기간 제15조(개선명령 또는 운행명령으로 인한 손실의 보상) ① 법 제23조제3항에 따라 손실보상을 받으려는 자는 다음 각 호의 사항을 적은 청구서에 손실액의 산출명세서를 첨부하여 국토교통부장관, 시·도지사 또는 시장·군수[농어촌버스운송사업, 마을버스운송사업 및 수요응답형 여객자동차운송사업(제2조의2제6호에 따른 사업은 제외한다)에 대한 개선명령의 경우만 해당한다. 이하 이 조에서 같다]에게 제출하여야 한다. 〈개정 2012. 7. 31., 2013. 3. 23., 2015. 1. 28., 2018. 4. 10., 2024. 7. 2.〉 1. 청구인의 주소와 성명(법인인 경우에는 그 명칭과 대표자의 성명을 말한다)	고속국도로 운행하는 경우 3. 일반형: 별표 1 제2호일반버스를 사용하여 각 정류소에 정차하면서 운행하는 형태 ⑨ 정류소의 소재지를 관할하는 시·도지사는 다른 시·도지사의 면허를 받은 노선 여객자동차운송사업자(이하 "노선운송사업자"라 한다)가 원할 경우에는 시내버스운송사업, 농어촌버스운송사업 및 시외버스운송사업의 업종별로 자신이 면허를 한 노선운송사업자의 버스가 정차하는 정류소에 같이 정차할 수 있도록 하여야 한다. 〈개정 2018. 2. 12., 2022. 6. 8., 2023. 12. 21.〉 제9조(택시운송사업의 구분) 제10조(택시운송사업의 사업구역) 제10조의2(택시 승차대의 설치 등) 제11조(영업소의 설치) 제12조(사업면허 신청) ① 법 제4조제1항에 따라 노선 여객자동차운송사업 또는 일반택시운송사업의 면허를 받으려는 자는 별지 제6호서식의 여객자동차운송사업 면허신청서(전자문서로 된 신청서를 포함한다)에 다음 각 호의 서류(전자문서를 포함한다)를 첨부하여 관할관청에 제출하여야 한다. 이 경우 관할관청은 「전자정부법」 제36조제1항에 따른 행정정보의 공동이용을 통하여 법인 등기사항증명서(신청인이 법인인 경우만 해당한다)와 토지 등기사항증명서, 주민등록표 등본 또는 초본(신청인이 개인인 경우만 해당한다)을 확인하여야 하며, 신청인이 주민등록표 등본 또는 초본의 확인에 동의하지 아니하는 경우에는 주민등록표 등본 또는 초본을 첨부하도록 하여야 한다. 〈개정 2011. 4. 11., 2012. 8. 2., 2014. 11. 20.〉

여객자동차운수사업법	여객자동차운수사업법 시행령	여객자동차운수사업법 시행규칙

27., 2012. 5. 23., 2013. 3. 23., 2013. 8. 6., 2014. 5. 21., 2015. 1. 6., 2017. 3. 21., 2017. 10. 24., 2018. 8. 14.〉
 	
제22조(운수종사자 등의 현황 통보)
 	
제22조의2(운수종사자 관리업무의 전산처리)
 	
제23조(여객자동차운송사업의 개선명령 등) ① 국토교통부장관 또는 시·도지사(제10호의 경우 대통령령으로 정하는 운송사업에 대하여는 시장·군수를 말한다)는 여객을 원활히 운송하고 서비스를 개선하기 위하여 필요하다고 인정하면 운송사업자에게 다음 각 호의 사항을 명할 수 있다. 〈개정 2012. 2. 1., 2013. 3. 23.〉
1. 사업계획의 변경(제85조제1항에 따른 노선폐지나 감차 등의 결과가 따르는 사업계획의 변경은 제외한다)
2. 노선의 연장·단축 또는 변경
3. 운임 또는 요금의 조정
4. 운송약관의 변경
5. 자동차 또는 운송시설의 개선
6. 운임 또는 요금 징수 방식의 개선
7. 공동운수협정의 체결
8. 자동차 손해배상을 위한 보험 또는 공제에의 가입
9. 안전운송의 확보와 서비스의 향상을 위하여 필요한 조치
10. 벽지노선(僻地路線)이나 수익성(收益性)이 없는 노선의 운행
 	
② 국토교통부장관 또는 시·도지사는 천재지변 등의 사유로 노선 여객자동차나 도시철도 등의 운행이 곤란한 지역이나 노선에 긴급하게 수송력 공급을 증대시킬 필요가 있으면 운송사업자에게 노선의 연장·변경, 임시노선의 운행 등 대체교통수단으로서 여객자동차의 운행을 명할 수 있다. 〈개
	2. 개선명령이나 운행명령 및 그 이행의 내용
	3. 청구금액
	② 국토교통부장관, 시·도지사 또는 시장·군수는 제1항에 따른 손실보상금의 청구를 받으면 운행거리·운행횟수 및 승차인원 등을 기준으로 하여 이를 심사한 후 손실보상금을 지급하는 것이 정당하다고 인정되는 때에는 국토교통부령으로 정하는 손실보상금을 청구인에게 지급하여야 한다. 〈개정 2012. 7. 31., 2013. 3. 23.〉
	
	제16조(운전업무 종사자격의 취득 제한)
	① 법 제24조제4항 각 호 외의 부분에서 "대통령령으로 정하는 여객자동차운송사업"이란 일반택시운송사업 또는 개인택시운송사업을 말한다.
	② 법 제24조제4항제1호 각 목 외의 부분에서 "대통령령으로 정하는 기간"이란 다음 각 호의 기간을 말한다. 〈개정 2022. 1. 28.〉
	1. 법 제24조제3항제1호 각 목에 따른 죄: 다음 각 목의 기간
	가. 「특정강력범죄의 처벌에 관한 특례법」제2조제1항 각 호에 따른 죄: 20년
	나. 「특정범죄 가중처벌 등에 관한 법률」제5조의2부터 제5조의5까지, 제5조의9제1항부터 제3항까지 및 제11조에 따른 죄: 20년
	다. 「특정범죄 가중처벌 등에 관한 법률」제5조의9제4항에 따른 죄: 6년
	라. 「마약류 관리에 관한 법률」제58조부터 제60조까지에 따른 죄: 20년
	마. 「마약류 관리에 관한 법률」제61조제1항 각 호에 따른 죄 및 같은 조 제3항에 따른 그 각 미수죄(같은 조 제1항제2호,
		1. 사업계획서
		2. 사업용 고정자산의 총액 및 그 구체적인 내용을 적은 서류
		3. 차고를 설치하려는 토지의 소유권 또는 사용권을 증명할 수 있는 서류(토지등기부 등본으로 확인 할 수 없는 경우만 첨부한다)
		4. 노선 여객자동차운송사업의 경우에는 노선도(운행예정 노선의 기점, 종점, 거리와 주된 운행경로가 표시되어야 한다)
		5. 기존 법인의 경우에는 다음 각 목의 서류
		  가. 임원의 성명과 주민등록번호를 적은 서류
		  나. 면허신청에 관한 총회 또는 이사회의 의결서 사본
		6. 법인을 설립하려는 경우에는 다음 각 목의 서류
		  가. 정관(공증인의 인증이 있어야 한다)
		  나. 발기인 또는 설립사원의 성명과 주민등록번호를 적은 서류
		  다. 설립하려는 법인이 주식회사 또는 유한회사인 경우에는 주식의 인수 또는 출자의 상황을 적은 서류
		7. 삭제 〈2012. 8. 2.〉
		8. 자동차매매계약서 등 사업에 사용할 자동차를 확보한 사실을 증명할 수 있는 서류
		
		② 여객자동차운송사업의 면허를 받아 사업을 하고 있는 법인이 영 제3조의 구분에 따른 업종을 변경하기 위하여 면허를 신청할 때에는 제1항제5호 각 목의 서류를 첨부하지 아니할 수 있다.
		
		③ 제1항제1호에 따른 사업계획서에는 다음 각 호의 구분에 따라 해당 사항을 적어야 한다. 〈개정 2018. 2. 12.〉

327

박흥식의 시내버스 노선조정 [노선은 생물(生物)이다]

여객자동차운수사업법	여객자동차운수사업법 시행령	여객자동차운수사업법 시행규칙
정 2013. 3. 23.〉 ③ 국토교통부장관, 시·도지사 또는 시장·군수는 운송사업자가 제1항제10호의 개선명령과 제2항의 운행명령을 이행하면서 손실을 입은 경우 대통령령으로 정하는 바에 따라 그 손실을 보상(補償)하여야 한다. 〈개정 2012. 2. 1., 2013. 3. 23.〉 제24조(여객자동차운송사업의 운전업무 종사자격) 제24조의2(운전자격증명의 게시 등) 제25조(운수종사자의 교육 등) 제26조(운수종사자의 준수 사항) 제27조(사고기록의 유지관리 등) 제27조의2(여객의 준수 사항) 제27조의3(영상기록장치의 설치 등) **제3장 자동차대여사업** 제28조(등록) 제29조(등록기준) 제30조(대여사업용 자동차의 종류) 제31조(자동차 대여약관) 제32조(자동차대여사업의 관리위탁) 제33조(자동차대여사업의 개선명령) 제34조(유상운송의 금지 등) 제34조의2(자동차대여사업자의 준수사항) 제34조의3(운전자격확인시스템 구축) 제34조의4(명의대여의 금지) 제34조의5(제3자의 운전 방지의무) 제35조(준용 규정) **제4장 여객자동차터미널사업** 제36조(여객자동차터미널사업의 면허) 제37조(면허기준) 제38조(공사시행 인가 등)	제3호 및 제8호의 미수범은 제외한다): 10년 바. 「마약류 관리에 관한 법률」제61조제2항에 따른 죄 및 같은 조 제3항에 따른 그 각 미수죄(같은 조 제1항제2호, 제3호 및 제8호의 미수범은 제외한다): 15년 사. 「마약류 관리에 관한 법률」제62조제1항 각 호에 따른 죄 및 같은 조 제3항에 따른 그 각 미수죄: 6년 아. 「마약류 관리에 관한 법률」제62조제2항에 따른 죄 및 같은 조 제3항에 따른 그 각 미수죄: 9년 자. 「마약류 관리에 관한 법률」제63조제1항 각 호에 따른 죄 및 같은 조 제3항에 따른 그 각 미수죄(같은 조 제1항제2호부터 제5호까지, 제11호 및 제12호에 따른 죄의 미수범으로 한정한다): 4년 차. 「마약류 관리에 관한 법률」제63조제2항에 따른 죄 및 같은 조 제3항에 따른 그 각 미수죄(같은 조 제2항에 따른 죄의 미수범으로 한정한다): 6년 카. 「마약류 관리에 관한 법률」제64조 각 호에 따른 죄: 2년 타. 「형법」제332조(제329조의 상습범으로 한정한다)에 따른 죄 및 그 미수죄: 18년 파. 「형법」제332조(제330조 및 제331조의 상습범으로 한정한다), 제341조에 따른 죄 및 그 각 미수죄, 제363조에 따른 죄: 20년 2. 「성폭력범죄의 처벌 등에 관한 특례법」제2조제1항제2호부터 제4호까지, 제3조부터 제9조까지, 제	1. 노선 여객자동차운송사업의 경우 가. 주사무소와 영업소의 명칭과 위치 나. 자동차의 종류별 총 대수(臺數), 승차 정원, 형식, 연식(年式)과 상용차(常用車)의 대수 다. 각 운행계통별로 배차할 자동차의 종류·대수와 운행횟수(계절·요일 등 특별한 수송수요와 관련하여 특별수송기간 및 요일별 운행횟수 등을 구분하여 적는다) 라. 각 운행계통별 여객자동차터미널 및 정류소의 명칭과 여객자동차터미널 간 또는 정류소 간의 거리 마. 차고 및 운송부대시설의 위치와 그 수용능력 바. 법 제4조제3항에 따른 면허(이하 "한정면허"라 한다)의 경우에는 업무의 범위나 기간의 한정내용 사. 운행계통(기점·운행경로·정류소 및 종점을 적어야 한다) 아. 운행계통별 운행시간. 다만, 운행횟수가 빈번하거나 공동배차 등으로 운행시간을 지정하는 것이 적절하지 아니한 경우에는 운행횟수, 첫 버스 및 마지막 버스의 출발시각, 운행간격 및 운행에 걸리는 시간을 적는 것으로 운행시간을 갈음할 수 있다. 자. 운행계통별 투입 운수종사자의 수 및 제44조의6에 따른 휴식시간 기준 충족에 관한 사항 2. 일반택시운송사업의 경우 가. 사업구역 나. 주사무소의 명칭과 위치 다. 자동차의 종류·대수·형식 및 연식 라. 차고 및 운송부대시설의 위치와

부 록

여객자동차운수사업법	여객자동차운수사업법 시행령	여객자동차운수사업법 시행규칙
제39조(사용 개시) 제40조(사용약관) 제41조(시설 사용료) 제42조(터미널사업자의 준수 사항 등) 제43조(위치·규모와 구조·설비의 변경 등) 제44조(터미널사업의 개선명령) 제45조(사용명령) 제46조(승차권 판매 위탁) 제47조(다른 법률과의 관계) 제48조(준용규정) 제49조(공영터미널의 설치·운영) **제4장의2 여객자동차운송플랫폼사업** 제49조의2(여객자동차운송플랫폼사업의 종류) 제49조의3(여객자동차플랫폼운송사업의 허가 등) 제49조의4(플랫폼운송사업심의위원회) 제49조의5(기여금의 납부 등) 제49조의6(플랫폼운송사업 운임·요금의 신고 등) 제49조의7(플랫폼운송사업의 개선명령) 제49조의8(플랫폼운수종사자의 준수사항) 제49조의9(플랫폼운송사업에 대한 준용규정) 제49조의10(여객자동차플랫폼운송가맹사업의 면허 등) 제49조의11(여객자동차플랫폼운송가맹점) 제49조의12(플랫폼가맹사업자 및 운송가맹점의 역할 등) 제49조의13(플랫폼가맹사업의 운임·요금) 제49조의14(플랫폼가맹사업의 개선명령)	14조, 제14조의2, 제14조의3 및 제15조에 따른 죄: 20년 3. 「아동·청소년의 성보호에 관한 법률」 제2조제2호에 따른 죄: 20년 [전문개정 2017. 6. 30.] [2017. 6. 30. 대통령령 제28175호에 의하여 2015. 12. 23. 헌법재판소에서 헌법불합치 결정된 이 조를 개정함.] 제16조의2(전자적 매체·기기 등을 통한 운전자격증명 게시) 법 제24조의2제2항에서 "대통령령으로 정하는 운수종사자"란 다음 각 호의 어느 하나에 해당하는 자를 말한다. 〈개정 2016. 8. 2.〉 1. 일반택시운송사업 중 대형(승합자동차를 사용하는 경우로 한정한다) 또는 고급형으로 구분된 사업의 운수종사자 2. 개인택시운송사업 중 대형(승합자동차를 사용하는 경우로 한정한다) 또는 고급형으로 구분된 사업의 운수종사자 [본조신설 2016. 2. 23.] [종전 제16조의2는 제16조의3으로 이동〈2016. 2. 23.〉] 제16조의3(운수종사자 준수사항을 적용받지 아니하는 여객자동차운송사업) 법 제26조제1항제1호 및 제2호에서 "대통령령으로 정하는 여객자동차운송사업"이란 각각 일반택시운송사업 및 개인택시운송사업을 말한다. [본조신설 2014. 7. 28.] [제16조의2에서 이동〈2016. 2. 23.〉] 제17조 삭제〈2014. 7. 28.〉 제17조의2(좌석안전띠 착용) ① 법 제27조의2제1항 본문에서 "대통령령으로 정하는 도로"란 다음 각 호의 도로	그 수용능력 마. 한정면허의 경우에는 업무의 범위나 기간의 한정내용 제13조(사업구역과 인접한 주요교통시설의 범위) 법 제4조제4항에 따라 법 제4조제4항 각 호에 따른 주요교통시설과 사업구역 간의 거리가 다음 각 호의 구분에 따른 범위 이내에 있는 경우에는 해당 주요교통시설이 사업구역과 인접한 것으로 본다.〈개정 2019. 3. 20.〉 1. 「철도의 건설 및 철도시설 유지관리에 관한 법률」 제2조제2호에 따른 고속철도의 역의 경계선을 기준으로 10킬로미터 2. 국제 정기편 운항이 이루어지는 「항공법」 제2조제7호에 따른 공항의 경계선을 기준으로 50킬로미터 3. 여객이용시설이 설치된 「항만법」 제2조제2호에 따른 무역항의 경계선을 기준으로 50킬로미터 4. 「국가통합교통체계효율화법」 제2조제15호에 따른 복합환승센터의 경계선을 기준으로 10킬로미터 [본조신설 2017. 1. 20.] 제13조의2(연계수송용 승차대의 설치·운영) 법 제4조제5항에 따라 법 제4조제4항 각 호에 따른 주요교통시설의 사업시행자는 해당 주요교통시설에 사업구역을 표시한 승차대를 사업구역별로 설치·운영하여야 한다. 다만, 승차대를 설치할 장소가 부족한 경우 등 불가피한 경우에는 방향이 유사한 사업구역을 통합하여 승차대를 설치·운영할 수 있다. [본조신설 2017. 1. 20.] 제14조(면허기준 등) ① 법 제5조제1항에 따라 여객자동차운송사업자(이하 "운송사업자"라 한다)가 갖추어야 할 최저 면허기준 자동차 대수, 보유 차고

박홍식의 시내버스 노선조정 [노선은 생물(生物)이다]

여객자동차운수사업법	여객자동차운수사업법 시행령	여객자동차운수사업법 시행규칙
제49조의15(플랫폼가맹사업의 면허취소 등) 제49조의16(플랫폼가맹사업에 대한 준용규정) 제49조의17(「가맹사업거래의 공정화에 관한 법률」의 준용) 제49조의18(여객자동차플랫폼운송중개사업의 등록) 제49조의19(플랫폼운송중개요금) **제5장 여객자동차 운수사업의 진흥** 제50조(재정 지원) ① 국가는 여객자동차 운수사업자가 다음 각 호의 어느 하나에 해당하는 사업을 수행하는 경우에 재정적 지원이 필요하다고 인정하면 대통령령으로 정하는 바에 따라 그 여객자동차 운수사업자에게 필요한 자금의 일부를 보조하거나 융자할 수 있다. 〈개정 2009. 5. 27., 2013. 3. 23., 2020. 4. 7.〉 1. 자동차의 고급화나 터미널의 현대화 2. 수익성이 없는 노선의 운행 3. 공동시설이나 안전관리시설의 확충과 개선 4. 낡은 차량의 대체(代替) 5. 터미널의 이전이나 규모·구조·설비의 확충·개선 6. 여객자동차 운수사업의 서비스 향상을 위한 시설·장비의 확충 또는 개선 7. 여객자동차운송플랫폼사업을 위하여 필요한 시설·설비의 설치 및 개선 8. 경제적·환경친화적 안전운전 및 관리를 지원하는 시설·장비의 확충과 개선 9. 그 밖에 여객자동차 운수사업을 진흥하기 위한 것으로서 국토교통부령으로 정하는 사항 ② 시·도는 다음 각 호의 어느 하나에 해당하는 사유가 있으면 여객자동	를 말한다. 〈개정 2014. 7. 28.〉 1. 「도로법」에 따른 도로 2. 「농어촌도로 정비법」에 따른 농어촌도로 ② 법 제27조의2제1항 본문에서 "대통령령으로 정하는 여객자동차운송사업용 자동차"란 다음 각 호의 자동차를 말한다. 〈개정 2014. 7. 28.〉 1. 노선 여객자동차운송사업 중 시내버스운송사업(광역급행형에 한정한다)에 사용되는 자동차 2. 노선 여객자동차운송사업 중 시외버스운송사업에 사용되는 자동차 3. 구역 여객자동차운송사업에 사용되는 자동차. 다만, 일반택시운송사업과 개인택시운송사업에 사용되는 자동차의 경우에는 제1항제1호에 따른 도로 중 고속국도 및 자동차 전용도로에 한정한다. ③ 법 제27조의2제1항 단서에서 "대통령령으로 정하는 여"이란 다음 각 호의 어느 하나에 해당하는 사람을 말한다. 〈개정 2014. 7. 28.〉 1. 부상·질병·장애 또는 임신 등으로 인하여 좌석안전띠를 착용하는 것이 적절하지 아니하다고 인정되는 사람 2. 신장·체중, 그 밖의 신체 상태에 의하여 좌석안전띠를 착용하는 것이 적절하지 아니하다고 인정되는 사람 [본조신설 2012. 11. 23.] 제17조의3(영상기록장치의 설치 등) ① 법 제27조의3제1항 본문에서 "대통령령으로 정하는 여객자동차운송사업"이란 다음 각 호의 여객자동차운송사업을 말한다. 1. 제3조제1호 각 목의 노선 여객자동차운송사업 2. 제3조제2호가목의 전세버스운송사업 ② 운송사업자는 법 제27조의3제2항	면적, 운송부대시설 등(이하 "시설등"이라 한다)의 기준은 별표 2와 같다. ② 관할관청은 운송사업자가 다음 각 호의 어느 하나에 해당하는 경우에는 별표 2 제1호의 면허기준 대수를 적용하지 아니할 수 있다. 1. 시외버스운송사업지가 시내버스운송사업 또는 농어촌버스운송사업을 같이 경영하는 경우 2. 운행노선 또는 사업구역이 섬이나 외딴곳, 그 밖에 특수한 사정이 있는 지역인 경우 3. 한정면허를 하는 경우 ③ 관할관청은 제1항 및 제2항에 따른 기준 외에 수송수요와 수송력 공급 등에 관한 세부적인 면허기준을 따로 정할 수 있다. 제15조(시외버스운송사업의 자동차 대수 산정기준) 제16조(사업면허) ① 관할관청은 제12조에 따라 여객자동차운송사업의 면허신청을 받은 경우 그 신청서류를 심사하여 면허요건에 적합하다고 인정하면 제14조제1항에 따른 시설등을 확인할 일시를 지정하여 그 신청인에게 알려야 한다. ② 관할관청은 제1항에 따라 지정된 일시에 시설등을 확인한 후 시설등이 제14조제1항에 따른 기준을 충족한 때에는 여객자동차운송사업의 면허를 하여야 한다. 이 경우 지역 실정과 운송질서의 확립 등을 위하여 필요하다고 인정하면 법 제4조제3항에 따라 조건을 붙여 면허할 수 있다. ③ 관할관청은 제2항에 따른 시설등의 확인을 해당 시설등의 소재지를 관할하는 시·도지사에게 의뢰할 수 있다. ④ 관할관청은 제1항에 따른 신청서류의 심사 결과 면허기준에 맞지 아니하다고 인정하는 경우나 제2항에 따

여객자동차운수사업법	여객자동차운수사업법 시행령	여객자동차운수사업법 시행규칙
차 운수사업자에게 필요한 자금의 일부를 보조하거나 융자할 수 있다. 이 경우 보조 또는 융자의 대상 및 방법과 보조금 또는 융자금의 상환 등에 관하여 필요한 사항은 해당 시·도의 조례로 정한다.〈개정 2009. 5. 27., 2014. 1. 28., 2017. 10. 24., 2019. 4. 23.〉 1. 여객자동차 운수사업자가 제1항 각 호의 2. 여객의 안전을 위한 교통안전시설을 확충하기 위하여 필요한 경우 3. 대중교통을 활성화하기 위하여 버스교통체계를 개선하는 경우 4. 터미널이용객의 편의를 증진하기 위하여 경영이 어려운 터미널사업을 계속하게 할 필요가 있는 경우 5. 여객자동차운송사업(대통령령으로 정하는 여객자동차운송사업인 경우만 해당한다)의 폐업 또는 감차를 통한 구조조정이 필요할 경우 6. 제3조제1항제3호에 따른 수요응답형 여객자동차운송사업을 운영하는 경우 7. 운수종사자의 휴식에 필요한 시설을 설치·개선하는 경우 8. 운수종사자의 근로여건 및 처우개선을 위하여 필요한 경우 ③ 시·군 또는 구(자치구를 말한다. 이하 같다)는 제1항제2호의 수익성이 없는 노선을 운행하는 여객자동차 운수사업자에게 필요한 자금의 일부를 보조하거나 융자할 수 있다. 이 경우 보조 또는 융자의 대상 및 방법과 보조금 또는 융자금의 상환 등에 필요한 사항은 해당 시·군 또는 구의 조례로 정한다.〈신설 2020. 5. 19.〉 ④ 국가는 지방자치단체가 다음 각 호에 해당하는 사업을 하는 경우 대통령령으로 정하는 바에 따라 이에 소요되는 비용의 일부를 지원할 수 있다.	에 따라 다음 각 호의 사항이 표시된 안내판을 사업용 자동차의 출입구 등 운수종사자나 승객이 쉽게 볼 수 있는 곳에 설치해야 한다. 1. 영상기록장치의 설치 목적 2. 영상기록장치의 설치 위치, 촬영 범위 및 촬영 시간 3. 영상기록장치 관리책임자의 성명 및 연락처 4. 그 밖에 운송사업자가 필요하다고 인정하는 사항 ③ 법 제27조의3제7항에 따라 운송사업자는 다음 각 호의 사항이 포함된 영상기록장치 운영·관리 지침을 마련해야 한다. 1. 영상기록장치의 설치 근거 및 설치 목적 2. 영상기록장치의 설치 대수, 설치 위치 및 촬영 범위 3. 영상기록장치 관리책임자, 담당 부서 및 영상기록에 대한 접근 권한이 있는 사람의 범위 4. 영상기록의 촬영 시간, 보관기간, 보관장소 및 처리방법 5. 영상기록의 외부 제공 방법 등 운송사업자의 영상기록 확인 방법 6. 정보주체의 영상기록 열람 등 요구에 대한 조치 7. 영상기록을 안전하게 저장·전송하고, 무단 접속 및 위조·변조를 방지하기 위한 기술의 적용 또는 조치 8. 그 밖에 영상기록장치의 설치·운영 및 관리에 필요한 사항 [본조신설 2019. 10. 1.] 제18조 삭제〈2021. 4. 6.〉 제19조(여객자동차터미널에 관한 공사시행의 변경인가) 제20조(행정처분의 통보) 시·도지사 또는 시장·군수·자치구의 구청장(이하	른 확인 결과 시설등의 기준에 미치지 못하는 경우 또는 해당 신청인이 사실 확인을 위한 조사활동 등에 협조하지 아니하는 경우에는 면허를 하여서는 아니 된다. 이 경우 관할관청은 그 이유를 분명히 밝혀서 신청인에게 알려야 한다. 제17조(한정면허) ① 법 제4조제3항에 따른 여객자동차운송사업의 한정면허는 다음 각 호의 어느 하나에 해당하는 경우에 할 수 있다.〈개정 2008. 12. 2., 2011. 12. 30., 2012. 11. 23., 2013. 3. 23., 2014. 12. 31., 2016. 1. 6., 2016. 4. 21., 2017. 2. 28., 2020. 12. 29., 2021. 9. 24.〉 1. 다음 각 목의 어느 하나에 해당하는 노선 여객자동차운송사업을 경영하려는 경우 　가. 여객의 특수성 또는 수요의 불규칙성 등으로 인하여 노선버스를 운행하기 어려운 경우로서 다음의 어느 하나에 해당하는 경우 　　1) 공항, 도심공항터미널 또는 국제여객선터미널을 기점 또는 종점으로 하는 경우로서 공항, 도심공항터미널 또는 국제여객선터미널 이용자의 교통불편을 해소하기 위하여 필요하다고 인정되는 경우 　　2) 관광지를 기점 또는 종점으로 하는 경우로서 관광의 편의를 제공하기 위하여 필요하다고 인정되는 경우 　　3) 고속철도 정차역을 기점 또는 종점으로 하는 경우로서 고속철도 이용자의 교통편의를 위하여 필요하다고 인정되는 경우 　　4) 국토교통부장관이 정하여 고시하는 출퇴근 또는 심야 시

여객자동차운수사업법	여객자동차운수사업법 시행령	여객자동차운수사업법 시행규칙
〈개정 2017. 10. 24., 2020. 5. 19.〉 1. 제5조제3항의 지역별 수송력 공급계획을 초과하는 차량에 대하여 감차보상을 하는 경우 2. 제50조제2항제7호에 따라 운수종사자의 휴식에 필요한 시설을 설치·개선하는 경우 ⑤ 특별시장·광역시장·특별자치시장·특별자치도지사 또는 시장·군수는 대통령령으로 정하는 운송사업자에게 유류(油類)에 부과되는 다음 각 호에 따른 세금 등의 인상액에 상당한 금액의 전부 또는 일부를 보조할 수 있다. 이 경우 보조금의 지급기준·지급방법 및 지급절차는 대통령령으로 정한다. 〈신설 2012. 2. 1., 2013. 3. 23., 2020. 5. 19., 2021. 3. 23.〉 1. 「교육세법」 제5조제1항, 「교통·에너지·환경세법」 제2조제1항제2호, 「지방세법」 제136조제1항에 따라 경유에 각각 부과되는 교육세, 교통·에너지·환경세, 자동차 주행에 대한 자동차세 2. 「개별소비세법」 제1조제2항제4호바목, 「교육세법」 제5조제1항, 「석유 및 석유대체연료 사업법」 제18조제2항제1호에 따라 석유가스 중 부탄에 각각 부과되는 개별소비세·교육세·부과금 ⑥ 특별시장·광역시장·특별자치시장·특별자치도지사 또는 시장·군수는 대통령령으로 정하는 운송사업자에게 천연가스에 부과되는 다음 각 호에 따른 세금 등에 상당한 금액의 전부 또는 일부를 보조할 수 있다. 이 경우 보조금의 지급기준·지급방법 및 지급절차는 대통령령으로 정한다. 〈신설 2016. 12. 2., 2020. 5. 19., 2021. 3. 23.〉 1. 「개별소비세법」 제1조제2항제4호사목에 따라 부과되는 개별소비세	"시장·군수·구청장"이라 한다)은 다른 시·도의 관할 구역에 주된 사무소가 있는 운송사업자가 사용하는 여객자동차터미널(이하 "터미널"이라 한다)에 대하여 다음 각 호의 행정처분을 한 경우에는 그 내용을 지체 없이 해당 운송사업자의 주된 사무소를 관할하는 시·도지사에게 통보해야 한다. 〈개정 2012. 11. 23., 2014. 7. 28., 2020. 9. 8.〉 1. 법 제43조에 따른 터미널의 위치·규모 및 구조·설비 등의 변경인가 2. 법 제45조에 따른 터미널의 사용명령 3. 법 제48조에 따른 터미널사업의 휴업·폐업의 허가 4. 법 제85조에 따른 터미널사업 면허의 취소 및 사업의 정지 제20조의2(여객자동차플랫폼운송사업의 허가 등) 제20조의3(플랫폼운송사업심의위원회의 구성) 제20조의4(위원의 제척·기피·회피) ① 사업심의위원회 위원이 다음 각 호의 어느 하나에 해당하는 경우에는 사업심의위원회의 심의·의결에서 제척된다. 1. 사업심의위원회 위원 또는 그 배우자나 배우자였던 사람이 해당 안건의 당사자(당사자가 법인·단체 등인 경우에는 그 임원을 포함한다. 이하 이 호 및 제2호에서 같다)이거나 그 안건의 당사자와 공동권리자 또는 공동의무자인 경우 2. 사업심의위원회 위원이 해당 안건의 당사자와 친족이거나 친족이었던 경우 3. 사업심의위원회 위원이 해당 안건에 대하여 증언, 진술, 자문, 연구,	간대에 대중교통 이용자의 교통불편을 해소하기 위하여 필요하다고 인정되는 경우 5) 「산업집적활성화 및 공장설립에 관한 법률」에 따른 산업단지 또는 관할관청이 정하는 공장밀집지역을 기점 또는 종점으로 하는 경우로서 산업단지 또는 공장밀집지역의 접근성 향상을 위하여 필요하다고 인정되는 경우 나. 수익성이 없어 노선운송사업자가 운행을 기피하는 노선으로서 관할관청이 법 제50조제2항에 따라 보조금을 지급하려는 경우 다. 버스전용차로의 설치 및 운행계통의 신설 등 버스교통체계 개선을 위하여 시·도의 조례로 정한 경우 라. 신규노선에 대하여 영 제37조제1항제1호 각 목 외의 부분에서 규정한 시내버스운송사업을 경영하려는 자의 경우 2. 수요응답형 여객자동차운송사업을 경영하려는 경우 3. 국토교통부장관이 정하여 고시하는 운송사업자가 국토교통부장관이 정하여 고시하는 심야 시간대에 승차정원이 11인승 이상의 승합자동차를 이용하여 여객의 요청에 따라 탄력적으로 여객을 운송하는 구역 여객자동차운송사업을 경영하려는 경우 4. 관할 관청이 정하는 바에 따라 업무 범위, 구역, 시간 등을 한정하여 택시운송사업을 경영하려는 자의 경우 ② 관할관청은 제1항제1호, 제2호 및 제4호에 따라 여객자동차운송사업의 한정면허를 하려는 경우에는 다음 각

여객자동차운수사업법

2. 「석유 및 석유대체연료 사업법」 제18조제2항제1호에 따라 부과되는 수입·판매 부과금
3. 「관세법」 제14조, 제49조 및 제50조제1항에 따라 부과되는 관세
4. 「부가가치세법」 제4조에 따라 부과되는 부가가치세

⑦ 특별시장·광역시장·특별자치시장·특별자치도지사 또는 시장·군수는 대통령령으로 정하는 운송사업자가 「환경친화적 자동차의 개발 및 보급 촉진에 관한 법률」 제2조제6호에 따른 수소전기자동차를 운행하기 위하여 수소를 충전하는 경우 그 비용의 전부 또는 일부를 보조할 수 있다. 이 경우 보조금의 지급기준·지급방법 및 지급절차는 대통령령으로 정한다. 〈신설 2021. 3. 23.〉

⑧ 국토교통부장관, 특별시장·광역시장·특별자치시장·특별자치도지사 또는 시장·군수는 제5항부터 제7항까지의 규정에 따른 보조금 지급업무의 효율적 운영을 위하여 국가기관, 지방자치단체, 공공기관, 이 법에 따른 공제조합, 「보험업법」에 따른 보험회사 및 보험요율 산출기관, 그 밖의 관계 기관 등에 대통령령으로 정하는 필요한 자료의 제출을 요청할 수 있다. 이 경우 자료의 제출을 요청받은 자는 정당한 사유가 없으면 이에 따라야 한다. 〈신설 2021. 3. 23., 2024. 2. 13.〉

⑨ 국가 또는 시·도는 안정적 교통서비스 제공 및 교통안전서비스 향상을 위하여 운수종사자가 되기를 희망하는 사람에게 대통령령 또는 조례로 정하는 바에 따라 인력양성에 소요되는 비용의 일부를 지원할 수 있다. 〈신설 2020. 6. 9., 2021. 3. 23.〉

제51조(보조금의 사용 등) ① 제50조에 따라 보조 또는 융자를 받은 자는 그 자금을 보조받거나 융자받은 목적이

여객자동차운수사업법 시행령

용역 또는 감정을 한 경우
4. 사업심의위원회 위원이나 사업심의위원회 위원이 속한 법인이 해당 안건 당사자의 대리인이거나 대리인이었던 경우

② 해당 안건의 당사자는 사업심의위원회 위원에게 공정한 심의·의결을 기대하기 어려운 사정이 있는 경우에는 사업심의위원회에 기피 신청을 할 수 있으며, 사업심의위원회는 의결로 기피 여부를 결정한다. 이 경우 기피 신청의 대상인 사업심의위원회 위원은 그 의결에 참여하지 못한다.

③ 사업심의위원회 위원이 제1항 각 호에 따른 제척 사유에 해당하는 경우에는 스스로 해당 안건의 심의·의결에서 회피해야 한다.
[본조신설 2021. 4. 6.]

제20조의5(위원의 해임 및 해촉) 국토교통부장관은 사업심의위원회 위원이 다음 각 호의 어느 하나에 해당하는 경우에는 해당 위원을 해임 또는 해촉할 수 있다.
1. 심신장애로 직무를 수행할 수 없게 된 경우
2. 직무와 관련된 비위사실이 있는 경우
3. 직무태만, 품위손상이나 그 밖의 사유로 사업심의위원회 위원으로 적합하지 않다고 인정되는 경우
4. 제20조의4제1항 각 호의 어느 하나에 해당하는 경우에도 불구하고 회피하지 않은 경우
5. 사업심의위원회 위원 스스로 직무를 수행하는 것이 곤란하다고 의사를 밝히는 경우
[본조신설 2021. 4. 6.]

제20조의6(사업심의위원회의 운영) ① 사업심의위원회 회의는 재적위원 과반수의 출석으로 개의하고, 출석위원 과반수의 찬성으로 의결한다.

여객자동차운수사업법 시행규칙

호의 사항을 공고하는 등 공개적인 방법으로 그 대상자를 선정하여야 한다. 이 경우 운송사업자와 대상 노선 등의 선정절차 및 방법, 그 밖에 필요한 사항은 시·도(시·도지사가 면허를 하는 경우만 해당한다)의 조례로 정한다. 〈개정 2008. 12. 2., 2014. 12. 31., 2016. 4. 21., 2021. 9. 24.〉

1. 노선 여객자동차운송사업의 경우에는 다음 각 목의 사항
  가. 운행노선
  나. 운행대수
  다. 서비스의 수준
  라. 면허기간
  마. 보조금의 지급
  바. 그 밖에 한정면허에 관하여 필요한 사항
2. 수요응답형 여객자동차운송사업의 경우에는 다음 각 목의 사항
  가. 운행노선 또는 운행구역
  나. 운행차종, 대수 및 운행방법
  다. 서비스의 수준
  라. 면허기간
  마. 운임·요금 산정에 관한 사항
  바. 보조금의 지급
  사. 그 밖에 한정면허에 관하여 필요한 사항
3. 택시운송사업의 경우에는 다음 각 목의 사항
  가. 업무범위, 구역 및 시간대
  나. 운행차종, 대수 및 운행방법
  다. 서비스의 수준
  라. 면허기간
  마. 운임·요금 산정에 관한 사항
  바. 보조금의 지급
  사. 그 밖에 한정면허에 관하여 필요한 사항
4. 삭제 〈2014. 12. 31.〉
5. 삭제 〈2014. 12. 31.〉

③ 제1항제3호에 따라 한정면허를 받으려는 자는 별지 제6호서식의 여객

박흥식의 시내버스 노선조정 [노선은 생물(生物)이다]

여객자동차운수사업법	여객자동차운수사업법 시행령	여객자동차운수사업법 시행규칙
아닌 용도로 사용하지 못한다. ② 국토교통부장관, 시·도지사 또는 시장·군수는 제50조에 따라 보조 또는 융자를 받은 자가 그 자금을 적하게 사용하도록 감독하여야 한다. 〈개정 2012. 2. 1., 2013. 3. 23.〉 ③ 국토교통부장관, 시·도지사 또는 시장·군수는 여객자동차 운수사업자가 거짓이나 부정한 방법으로 제50조에 따른 보조금 또는 융자금을 받은 경우 여객자동차 운수사업자에게 보조금 또는 융자금을 반환할 것을 명하여야 하며, 그 여객자동차 운수사업자가 이에 따르지 아니하면 국세 또는 지방세 체납처분의 예에 따라 보조금 또는 융자금을 회수할 수 있다. 〈개정 2012. 2. 1., 2013. 3. 23.〉 제51조의2(유가보조금의 지급정지) 특별시장·광역시장·특별자치시장·특별자치도지사 또는 시장·군수는 운송사업자가 다음 각 호의 어느 하나에 해당하는 경우 1년의 범위에서 제50조제5항에 따른 보조금(이하 "유가보조금"이라 한다)의 지급을 정지하여야 한다. 〈개정 2013. 3. 23., 2020. 5. 19., 2021. 3. 23.〉 1. 실제로 운행한 거리 또는 연료의 사용량보다 부풀려서 유가보조금을 청구하여 지급받은 경우 2. 여객자동차운송사업이 아닌 다른 목적에 사용한 유류분에 대하여 유가보조금을 지급받은 경우 3. 실제 주유·충전한 유종(油種)과 다른 유종의 단가를 적용하여 유가보조금을 지급받은 경우 4. 유가보조금의 지급과 직접 관련하여 행하는 제79조에 따른 서류제출 명령에 따르지 아니하거나 검사나 질문을 거부·기피 또는 방해하는 경우 5. 제1호부터 제4호까지에서 규정한	② 사업심의위원회의 심의·의결사항을 사전에 전문적으로 검토하기 위하여 전문위원회를 둘 수 있다. ③ 제2항에 따라 전문위원회를 두는 경우 전문위원회는 위원장 1명을 포함하여 5명 이내의 위원으로 구성한다. ④ 제2항에 따른 전문위원회 위원장은 사업심의위원회 위원장이 전문위원회 위원 중에서 지명하고, 전문위원회 위원은 다음 각 호의 사람 중에서 사업심의위원회 위원장이 임명하거나 위촉한다. 1. 사업심의위원회 위원 중 해당 분야 전문가 2. 관계 중앙행정기관 소속 공무원 3. 제20조의3제1항제2호부터 제4호까지에서 규정한 사람 ⑤ 사업심의위원회 및 전문위원회 위원에게는 예산의 범위에서 수당과 여비를 지급할 수 있다. 다만, 공무원인 위원이 그 소관 업무와 직접적으로 관련되어 출석하는 경우에는 지급하지 않는다. ⑥ 제1항부터 제5항까지에서 규정한 사항 외에 사업심의위원회 및 전문위원회 운영에 필요한 사항은 사업심의위원회 의결을 거쳐 사업심의위원회 위원장이 정한다. [본조신설 2021. 4. 6.] 제20조의7(여객자동차운송시장안정기여금의 산정기준) 제20조의8(기여금의 납부주기 등) ① 국토교통부장관은 분기마다 다음 각 호의 사항을 구체적으로 적은 기여금 납부고지서를 플랫폼운송사업자에게 발급해야 한다. 1. 산정기준 및 산출근거 2. 납부금액 및 납부기한 3. 납부장소 및 납부방법 4. 이의신청방법 및 이의신청기간 ② 기여금의 납부기한은 플랫폼운송	자동차운송사업 면허신청서(전자문서로 된 신청서를 포함한다)에 다음 각 호의 서류(전자문서를 포함한다)를 첨부하여 관할관청에 제출하여야 한다. 이 경우 관할관청은 신청서류를 심사하여 한정면허 요건에 적합하다고 인정하면 면허를 하여야 한다. 〈신설 2016. 4. 21.〉 1. 사업계획서 2. 여객자동차운수사업 면허증 등 제1항제3호에 따른 운송사업자임을 증명할 수 있는 서류 3. 자동차매매계약서 등 사업에 사용할 자동차를 확보한 사실을 증명할 수 있는 서류 ④ 시·도지사는 지역주민의 편의 및 지역 여건상 해당 시·도에 걸치는 영제37조제1항제1호 각 목 외의 부분에서 규정한 시내버스운송사업의 신규노선이 필요한 경우에는 대도시권광역교통위원회에 제1항제1호라목에 따른 한정면허의 대상 노선 등에 관한 의견을 제출할 수 있다. 〈신설 2014. 12. 31., 2016. 4. 21., 2019. 10. 1., 2020. 12. 29.〉 ⑤ 한정면허의 기간은 6년 이내로 한다. 〈개정 2008. 12. 2., 2011. 12. 30., 2014. 12. 31., 2016. 4. 21.〉 ⑥ 한정면허를 받은 자는 한정면허의 기간만료 후 사업을 계속하려면 기간만료일 3개월 전까지 면허의 갱신을 신청하여야 한다. 〈개정 2014. 12. 31., 2016. 4. 21.〉 ⑦ 제1항제1호가목4)에 따른 한정면허의 사업계획의 변경에 관하여는 제33조제1항에도 불구하고 노선 또는 운행계통의 기점·종점을 신설하거나 변경하는 경우에는 관할관청의 인가를 받고, 나머지 변경의 경우에는 관할관청에 신고를 하여야 한다. 〈개정 2017. 2. 28.〉

여객자동차운수사업법	여객자동차운수사업법 시행령	여객자동차운수사업법 시행규칙
사항 외에 대통령령으로 정하는 사항 [본조신설 2012. 2. 1.] 제51조의3(천연가스 연료보조금의 지급정지) 특별시장·광역시장·특별자치시장·특별자치도지사 또는 시장·군수는 운송사업자가 다음 각 호의 어느 하나에 해당하는 경우 1년의 범위에서 제50조제6항에 따른 보조금(이하 "천연가스 연료보조금"이라 한다)의 지급을 정지하여야 한다. 〈개정 2020. 5. 19., 2021. 3. 23.〉 1. 실제로 운행한 거리 또는 연료의 사용량보다 부풀려서 천연가스 연료보조금을 청구하여 지급받은 경우 2. 여객자동차운송사업이 아닌 다른 목적에 사용한 천연가스 사용분에 대하여 천연가스 연료보조금을 지급받은 경우 3. 실제 충전한 천연가스와 다른 종류의 천연가스 또는 유종의 단가를 적용하여 천연가스 연료보조금을 지급받은 경우 4. 천연가스 연료보조금의 지급과 직접 관련하여 행하는 제79조에 따른 서류제출 명령에 따르지 아니하거나 검사나 질문을 거부·기피 또는 방해하는 경우 5. 제1호부터 제4호까지에서 규정한 사항 외에 대통령령으로 정하는 사항 [본조신설 2016. 12. 2.] [종전 제51조의3은 제51조의4로 이동 〈2016. 12. 2.〉] 제51조의4(수소 연료보조금의 지급정지) ① 특별시장·광역시장·특별자치시장·특별자치도지사 또는 시장·군수는 운송사업자가 다음 각 호의 어느 하나에 해당하는 경우 1년의 범위에서 제50조제7항에 따른 보조금(이하	사업자가 제1항에 따른 기여금 납부고지서를 발급받은 날부터 30일로 한다. ③ 기여금은 현금 또는 신용카드·직불카드 등의 방법으로 낼 수 있다. ④ 제1항에 따라 발급된 기여금에 이의가 있는 플랫폼운송사업자는 기여금 납부고지서를 발급받은 날부터 30일 이내에 이의신청서에 이의신청사유를 증명하는 서류를 첨부하여 국토교통부장관에게 이의신청할 수 있다. ⑤ 제4항에 따른 이의신청을 받은 국토교통부장관은 이의신청을 받은 날부터 15일 이내에 그 결과를 서면으로 신청인에게 알려야 한다. 다만, 부득이한 사정이 있는 경우에는 10일의 범위에서 그 기간을 연장할 수 있다. ⑥ 제1항부터 제5항까지에서 규정한 사항 외에 기여금의 납부 및 이의신청 등에 필요한 사항은 국토교통부장관이 정하여 고시한다. [본조신설 2021. 4. 6.] 제20조의9(기여금 납부기한의 연기) ① 국토교통부장관은 제20조의8제1항에 따른 기여금 납부고지서를 받은 플랫폼운송사업자가 다음 각 호의 구분에 따른 경우에 해당할 때에는 각 호에서 정하는 기간의 범위에서 납부기한을 연기할 수 있다. 〈개정 2022. 6. 28.〉 1. 다음 각 목의 사유로 기여금을 납부하기 어렵다고 인정되는 경우: 1년 　가. 자연재해, 도난, 보안사고 등으로 재산에 현저한 손실을 입은 경우 　나. 경제 여건이나 사업 여건의 악화로 사업이 중대한 위기에 있는 경우 　다. 그 밖에 가목 및 나목에 준하는 사유가 있다고 국토교통부장관이 인정하는 경우 2. 다음 각 목의 기준을 모두 충족하	제18조(개인택시운송사업의 면허신청) 제19조(개인택시운송사업의 면허기준 등) 제20조(개인택시운송사업 면허의 특례) 제21조(개인택시운송사업의 대리운전) 제22조(등록신청) ① 법 제4조제1항 및 영 제4조에 따라 마을버스운송사업, 전세버스운송사업 또는 특수여객자동차운송사업의 등록을 하려는 자는 별지 제9호서식의 여객자동차운수사업 등록신청서(전자문서로 된 신청서를 포함한다)에 다음 각 호의 서류(전자문서를 포함한다)를 첨부하여 관할관청에 제출하여야 한다. 다만, 「전자정부법」 제36조제1항에 따른 행정정보의 공동이용을 통하여 첨부서류에 대한 정보를 확인할 수 있는 경우에는 그 확인으로 첨부서류를 갈음할 수 있다. 〈개정 2011. 4. 11.〉 1. 사업계획서 2. 차고를 설치하려는 토지의 소유권 또는 사용권을 증명할 수 있는 서류 3. 제12조제1항제4호(마을버스운송사업의 경우만 해당한다) 및 제5호부터 제7호까지의 규정에 따른 서류 ② 제1항제1호에 따른 사업계획서에는 다음 각 호의 사항을 적어야 한다. 다만, 제4호부터 제8호까지의 규정은 마을버스운송사업의 경우만 해당한다. 〈개정 2018. 2. 12.〉 1. 주사무소 및 영업소의 명칭 및 위치 2. 주사무소 및 영업소별 자동차의 종류·대수·승차정원·형식 및 연식 3. 주사무소 및 영업소별 차고 및 운송부대시설의 위치와 그 수용능력 4. 각 운행계통별로 배차할 자동차의 종류·대수 및 운행횟수 5. 각 운행계통별 정류소의 명칭과 정류소 간 거리

여객자동차운수사업법	여객자동차운수사업법 시행령	여객자동차운수사업법 시행규칙
"수소 연료보조금"이라 한다) 지급을 정지하여야 한다. 1. 실제로 운행한 거리 또는 수소의 사용량보다 부풀려서 수소 연료보조금을 청구하여 지급받은 경우 2. 여객자동차운송사업이 아닌 다른 목적에 사용한 수소 사용분에 대하여 수소 연료보조금을 지급받은 경우 3. 실제 충전한 수소와 다른 유종 또는 연료의 단가를 적용하여 수소 연료보조금을 지급받은 경우 4. 수소 연료보조금의 지급과 직접 관련하여 행하는 제79조에 따른 서류제출 명령에 따르지 아니하거나 검사나 질문을 거부·기피 또는 방해하는 경우 5. 그 밖에 제50조제7항에 따라 대통령령으로 정하는 사항을 위반하여 거짓이나 부정한 방법으로 보조금을 지급받은 경우 ② 특별시장·광역시장·특별자치시장·특별자치도지사 또는 시장·군수는 「수소경제 육성 및 수소 안전관리에 관한 법률」 제50조제1항에 따른 수소판매사업자가 제1항 각 호의 어느 하나에 해당하는 행위에 가담하였거나 이를 공모한 경우 대통령령으로 정하는 바에 따라 해당 사업소에서 충전된 수소에 대하여 수소 연료보조금의 지급을 정지할 수 있다. [본조신설 2021. 3. 23.] [종전 제51조의4는 제51조의5로 이동 〈2021. 3. 23.〉] 제51조의5(포상금의 지급) 특별시장·광역시장·특별자치시장·특별자치도지사 또는 시장·군수는 제51조의2제1호부터 제3호까지 및 제5호, 제51조의3제1호부터 제3호까지 및 제5호, 제51조의4제1호부터 제3호까지 및 제5호 중 어느 하나에 해당하는	는 경우: 2년 가. 「중소기업창업 지원법」에 따른 창업기업일 것 나. 허가대수가 100대 미만일 것 ② 제1항에 따른 납부연기를 신청하려는 플랫폼운송사업자는 국토교통부령으로 정하는 기여금 납부기한 연기신청서에 연기사유를 증명하는 서류를 첨부하여 국토교통부장관에게 제출해야 한다. ③ 제2항에 따른 기여금 납부기한 연기신청서를 받은 국토교통부장관은 연기신청을 받은 날부터 20일 이내에 그 결과를 신청인에게 알려야 한다. [본조신설 2021. 4. 6.] 제20조의10(연체료의 납부 등) ① 법 제49조의5제3항에서 "대통령령으로 정하는 비율로 계산한 연체료"란 다음 각 호의 구분에 따른 금액을 말한다. 1. 기여금을 납부기한까지 완납하지 않은 경우 납부하는 연체료: 연체된 기여금의 100분의 3에 상당하는 금액 2. 연체된 기여금을 납부하지 않은 경우 제1호의 연체료에 더하여 납부하는 연체료: 연체기간 1개월당 연체된 기여금의 1천분의 12에 상당하는 금액 ② 제1항에서 규정한 사항 외에 연체료의 납부에 필요한 사항은 국토교통부장관이 정하여 고시한다. [본조신설 2021. 4. 6.] 제20조의11(기여금 미납에 따른 사업정지처분 등) ① 법 제49조의5제5항에서 "대통령령으로 정하는 기간"이란 6개월을 말한다. ② 법 제49조의5제5항에 따른 행정처분의 기준은 기여금을 납부하지 않은 분기의 총수를 기준으로 다음 각 호의 구분에 따른다.	6. 운행계통(기점·운행경로·정류소 및 종점을 적어야 한다) 7. 운행계통별 운행시간 8. 운행계통별 투입 운수종사자의 수 및 제44조의6에 따른 휴식시간 기준 충족에 관한 사항 ③ 영 제3조제1호다목에 따른 마을버스운송사업의 운행계통의 기준은 관할관청이 해당 행정구역의 수송수요 등을 고려하여 정하고 공고한다. 제22조의2(수송력 공급계획의 변경 사유) 법 제5조제4항에서 "수송 수요의 급격한 변화 등 국토교통부령으로 정하는 사유"란 다음 각 호의 사항을 말한다. 〈개정 2013. 3. 23.〉 1. 택지가 개발되어 대규모의 인구유입이 발생한 경우 2. 제10조제1항에 따른 사업구역의 통합으로 별도의 수송력 공급계획의 수립이 필요한 경우 3. 국토교통부장관이 택시운송사업용 자동차의 적정 수요와 공급유지를 위하여 필요하다고 인정하는 경우 [본조신설 2009. 12. 2.] 제23조(등록기준 등) ① 법 제5조제5항에 따라 마을버스운송사업자·전세버스운송사업자 및 특수여객자동차운송사업자가 갖추어야 하는 시설등의 등록기준은 별표 3과 같다. 〈개정 2009. 12. 2.〉 ② 이 규칙에 규정된 사항 외에 마을버스운송사업의 등록조건에 관한 사항, 운행계통의 기준이나 그 밖에 마을버스운송사업의 등록에 관한 세부적인 사항은 시·도의 조례로 정할 수 있다. 제24조(등록) ① 관할관청은 제22조에 따른 등록신청을 받으면 그 등록요건을 갖추었는지를 확인하여야 한다. 이 경우 관할관청은 필요하다고 인정하

여객자동차운수사업법	여객자동차운수사업법 시행령	여객자동차운수사업법 시행규칙
자를 신고하거나 고발한 자에 대하여 해당 지방자치단체의 조례로 정하는 바에 따라 포상금을 지급할 수 있다. 〈개정 2016. 12. 2., 2021. 3. 23.〉 [본조신설 2012. 2. 1.] [제51조의4에서 이동 〈2021. 3. 23.〉] 제52조(조세 감면) 국가는 여객을 원활히 운송하고 여객자동차 운수사업을 진흥하기 위하여 「조세특례제한법」으로 정하는 바에 따라 조세를 감면한다. **제6장 여객자동차 운수사업자단체** 제53조(조합의 설립) ① 여객자동차 운수사업자는 여객자동차 운수사업의 건전한 발전과 여객자동차 운수사업자의 지위 향상을 위하여 시·도지사의 인가를 받아 조합(이하 "조합"이라 한다)을 설립할 수 있다. ② 조합은 법인으로 한다. ③ 조합은 주된 사무소의 소재지에서 설립등기를 함으로써 성립된다. ④ 조합을 설립하려면 그 조합의 조합원이 될 자격이 있는 자의 5분의 1 이상이 발기(發起)하고, 조합원이 될 자격이 있는 자의 2분의 1 이상의 동의를 받아 창립총회에서 정관을 작성한 후 시·도지사에게 인가를 신청하여야 한다. ⑤ 시·도지사는 제4항에 따른 인가의 신청을 받은 날부터 14일 이내에 인가 여부를 신청인에게 통지하여야 한다. 〈신설 2017. 3. 21.〉 ⑥ 시·도지사가 제5항에서 정한 기간 내에 인가 여부 또는 민원 처리 관련 법령에 따른 처리기간의 연장 여부를 신청인에게 통지하지 아니하면 그 기간이 끝난 날의 다음 날에 인가를 한 것으로 본다. 〈신설 2017. 3. 21.〉 ⑦ 여객자동차 운수사업자는 정관으로 정하는 바에 따라 조합에 가입할	1. 2분기 초과 4분기 이하: 사업정지 1개월 2. 4분기 초과 6분기 이하: 사업정지 3개월 3. 6분기 초과 8분기 이하: 사업정지 6개월 4. 8분기 초과: 허가취소 [본조신설 2021. 4. 6.] 제20조의12(플랫폼운수종사자의 운전업무 종사자격) 법 제49조의8제2항에서 "대통령령으로 정하는 여객자동차운송사업"이란 제3조제2호다목 및 라목에 따른 일반택시운송사업 및 개인택시운송사업을 말한다. [본조신설 2021. 4. 6.] 제20조의13(여객자동차플랫폼운송가맹점의 가입대상) 제20조의14(여객자동차플랫폼운송가맹사업의 개선명령) 법 제49조의14제5호에서 "대통령령으로 정하는 사항"이란 다음 각 호의 사항을 말한다. 1. 법 제49조의12제1항제3호에 따른 공동전산망의 운영 개선 2. 여객운송 부가서비스의 개선 3. 그 밖에 여객의 운송편익 확대 및 보호를 위하여 필요한 조치 [본조신설 2021. 4. 6.] 제20조의15(여객자동차플랫폼운송가맹사업의 면허취소 등) 제21조(보조 또는 융자의 신청) ① 법 제50조제1항에 따라 보조 또는 융자를 받으려는 자는 다음 각 호의 사항을 적은 신청서를 시·도지사를 거쳐 국토교통부장관에게 제출하여야 한다. 〈개정 2013. 3. 23., 2019. 2. 12.〉 1. 신청인의 주소와 성명(법인인 경우에는 그 명칭과 대표자의 성명을 말한다) 2. 여객자동차 운수사업의 종류, 면허	면 시설등의 소재지를 관할하는 시·도지사에게 시설등의 확인을 요청할 수 있다. ② 제1항 후단에 따른 시설등의 확인 요청을 받은 시·도지사는 요청을 받은 날부터 20일 이내에 시설등이 등록기준에 맞는지를 확인하여 관할관청에 통보하여야 한다. 〈개정 2018. 2. 12.〉 제24조의2(수송력 공급계획의 공고) 제25조(운송 개시일의 지정 등) ① 법 제7조에 따라 관할관청으로부터 수송시설의 확인을 받고 운송을 시작하여야 할 기일은 면허를 받은 날부터 3개월 이내로 한다. ② 법 제7조 단서에 따라 운송 개시의 기일을 연기하거나 기간의 연장(사업의 일부에 대한 연기 또는 연장의 경우를 포함한다)을 받으려는 자는 별지 제10호서식의 운송개시기일 연기(운송개시기간 연장) 신청서(전자문서로 된 신청서를 포함한다)에 관계 증거서류(전자문서를 포함한다)를 첨부하여 관할관청에 제출하여야 한다. ③ 관할관청은 제2항에 따른 운송개시의 기일 연기 또는 기간 연장 신청을 받은 경우 특별한 사유가 있다고 인정되면 3개월 이내의 기간을 정하여 그 기일을 연기하거나 기간을 연장할 수 있다. 〈개정 2017. 2. 28.〉 제26조(수송시설의 확인) ① 법 제7조에 따라 수송시설의 확인을 받으려는 자는 별지 제11호서식의 수송시설 확인신청서(전자문서로 된 신청서를 포함한다. 이하 이 조에서 같다)에 다음 각 호의 서류(전자문서를 포함한다. 이하 이 조에서 같다)를 첨부하여 관할관청에 제출하여야 한다. 1. 자동차의 소유권을 증명할 수 있는 서류

박흥식의 시내버스 노선조정 [노선은 생물(生物)이다]

여객자동차운수사업법	여객자동차운수사업법 시행령	여객자동차운수사업법 시행규칙
수 있다. 〈개정 2017. 3. 21.〉 ⑧ 조합에 관하여 이 법에 규정된 사항 외에는 「민법」 중 사단법인에 관한 규정을 준용한다. 〈개정 2017. 3. 21.〉 제54조(정관) ① 조합의 정관에는 다음 각 호의 사항이 모두 포함되어야 한다. 1. 목적 2. 명칭 3. 사무소의 소재지 4. 조합원의 자격에 관한 사항 5. 총회에 관한 사항 6. 임원에 관한 사항 7. 업무에 관한 사항 8. 회계에 관한 사항 9. 해산에 관한 사항 10. 그 밖에 조합 운영에 관한 중요 사항 ② 조합의 정관을 변경하려면 시·도지사의 인가를 받아야 한다. 제55조(사업) 조합은 다음 각 호의 사업을 행한다. 1. 여객자동차 운수사업의 건전한 발전과 여객자동차 운수사업자의 공동이익을 도모하는 사업 2. 여객자동차 운수사업의 진흥과 발전에 필요한 통계의 작성·관리, 외국 자료의 수집 및 조사·연구 사업 3. 경영자 및 종사원의 교육훈련 4. 여객자동차 운수사업자의 경영 개선을 위한 지도에 관한 사항 5. 국가 또는 지방자치단체로부터 위탁받은 업무의 처리 6. 제1호부터 제4호까지의 사업에 따르는 사업 제56조(정관변경 등의 명령) 시·도지사는 조합이 제55조 각 호의 사업을 적정하게 수행하지 아니한다고 인정하면 다음 각 호의 조치 등 필요한 조치를 하도록 조합에 명할 수 있다. 1. 정관의 변경	또는 등록 번호 및 그 일자 3. 보조 또는 융자를 받으려는 사유 4. 보조 또는 융자를 받으려는 금액 ② 제1항의 신청서에는 다음 각 호의 서류를 첨부하여야 한다. 1. 보조 또는 융자를 받으려는 사업의 목적·시행계획·효과 및 시설 등을 적은 사업계획서 2. 보조금 또는 융자금의 사용계획서 제21조의2(보조 또는 융자 대상 운송사업) 법 제50조제2항제5호에서 "대통령령으로 정하는 여객자동차운송사업"이란 일반택시운송사업 및 개인택시운송사업을 말한다. [본조신설 2009. 11. 27.] 제21조의3(감차보상에 대한 재정지원) ① 국토교통부장관은 법 제50조제4항제1호에 따라 지방자치단체가 감차보상을 하는 경우 그 소요되는 비용 중 일부를 지원하기 위한 기준을 기획재정부장관과 협의하여 마련하고 해당 지방자치단체에 통보해야 한다. 〈개정 2013. 3. 23., 2018. 4. 10., 2021. 9. 24.〉 ② 제1항에 따른 기준에는 다음 각 호의 사항이 포함되어야 한다. 1. 감차보상 대상 및 보상금 산정 방법 2. 감차보상금 지원율 및 지원범위 3. 감차보상금의 신청절차 4. 그 밖에 감차보상에 필요한 사항 ③ 국토교통부장관이 지방자치단체로부터 감차보상금의 지원을 신청 받은 때에는 재정여건에 따라 지원금액 등을 조정할 수 있다. 〈개정 2013. 3. 23.〉 [본조신설 2009. 11. 27.] 제21조의4(유가보조금의 지급대상) 법 제50조제5항 각 호 외의 부분 전단에서 "대통령령으로 정하는 운송사업자"란 다음 각 호의 운송사업자를 말한다.	2. 차고 및 운송부대시설의 소유권 또는 사용권을 증명할 수 있는 서류 3. 시설등의 명칭·위치 및 규모를 표시한 명세서 ② 제14조제1항 및 제23조에 따른 시설등의 기준 중 임대사용하는 시설등(개인택시운송사업자가 임대사용하는 시설등은 제외한다)의 임대기간이 만료되는 경우에는 임대기간만료일 1개월 전에 별지 제11호서식의 수송시설 확인신청서에 제1항제2호 및 제3호의 서류를 첨부하여 관할관청에 제출하여야 한다. ③ 제1항 및 제2항의 첨부서류에 대한 정보를 「전자정부법」 제36조제1항에 따른 행정정보의 공동이용을 통하여 확인할 수 있는 경우에는 그 확인으로 첨부서류를 갈음할 수 있다. 〈개정 2011. 4. 11.〉 제27조(운임·요금의 기준 및 요율의 결정) ① 국토교통부장관, 대도시권광역교통위원회 또는 시·도지사는 법 제8조제1항에 따라 운임·요금의 기준 및 요율을 정하려는 경우에는 운송사업자(제17조제1항제1호가목부터 다목까지의 규정에 해당하여 한정면허를 받은 운송사업자는 제외한다), 조합 또는 법 제59조에 따른 연합회(이하 "연합회"라 한다)로 하여금 원가계산이나 그 밖의 운임 및 요금액 산출의 기초가 되는 내용을 적은 서류를 제출하게 할 수 있다. 〈개정 2008. 12. 2., 2009. 6. 16., 2013. 3. 23., 2014. 12. 31., 2019. 10. 1.〉 ② 여객자동차운송사업의 운임·요금의 기준 및 요율의 결정에 관하여 법 또는 이 규칙에서 규정하지 아니한 사항에 관하여는 국토교통부장관이 따로 정하는 바에 따른다. 〈개정 2013. 3. 23.〉

여객자동차운수사업법	여객자동차운수사업법 시행령	여객자동차운수사업법 시행규칙
2. 임원의 개선 3. 조합의 해산 제57조(감독) 조합의 사업은 시·도지사가 감독한다. 제58조(대의원회) ① 조합원의 수가 1천명을 넘는 조합은 정관으로 정하는 바에 따라 총회를 갈음하는 대의원회를 둘 수 있다. ② 대의원은 조합원이어야 한다. ③ 대의원회의 구성 및 운영에 관하여 필요한 사항은 대통령령으로 정한다. 제59조(연합회) ① 조합은 국토교통부령으로 정하는 바에 따라 공동 목적을 달성하기 위하여 국토교통부장관의 인가를 받아 연합회(이하 "연합회"라 한다)를 설립할 수 있다. 〈개정 2013. 3. 23.〉 ② 연합회의 설립, 정관, 사업, 정관변경 등의 명령 및 감독 등에 관하여는 제53조제2항부터 제8항까지 및 제54조부터 제57조까지의 규정을 준용한다. 이 경우 "시·도지사"는 "국토교통부장관"으로 본다. 〈개정 2013. 3. 23., 2017. 3. 21.〉 제60조(조합 및 연합회의 공제사업) ① 조합과 연합회는 대통령령으로 정하는 바에 따라 국토교통부장관의 허가를 받아 공제사업을 할 수 있다. 〈개정 2013. 3. 23.〉 ② 제1항에 따른 공제사업의 분담금, 운영위원회, 공제사업의 범위, 공제규정(共濟規程), 보고·검사, 개선명령, 공제사업을 관리·운영하는 조합 및 연합회의 임직원에 대한 제재, 재무건전성의 유지 등에 관하여는 제61조제5항, 제63조, 제63조의2, 제64조(제1항제7호는 제외한다), 제65조부터 제68조까지 및 제68조의2를 준용한다. 〈개정 2021. 3. 23., 2021. 7. 27.〉	〈개정 2021. 9. 24.〉 1. 노선 여객자동차운송사업자 2. 일반택시운송사업자 3. 개인택시운송사업자(제3조제2호라목 전단에 따른 사유로 사업자가 직접 운전하지 않는 개인택시운송사업의 경우에는 개인택시운송사업자의 사업용 자동차를 대리 운전하는 사람을 포함한다) [본조신설 2012. 7. 31.] 제21조의5(유가보조금의 지급 기준·방법 및 절차) ① 특별시장·광역시장·특별자치시장·특별자치도지사 또는 시장·군수는 제21조의4에 따른 운송사업자가 다음 각 호의 기준을 모두 충족하여 유류를 구매한 경우에는 법 제50조제5항에 따른 보조금(이하 "유가보조금"이라 한다)을 지급할 수 있다. 1. 「부가가치세법」 제8조에 따라 사업자등록을 하고 실제로 사업을 영위하는 운송사업자가 구매한 유류(油類)일 것 2. 법 또는 다른 법령에 따라 운행의 제한을 받지 않을 것 3. 법 제24조제1항에 따른 여객자동차운송사업의 운전업무 종사자격요건을 갖춘 자가 운행할 것 4. 주유소 또는 자가주유시설의 고정된 설비에서 유류를 직접 주유받을 것 5. 해당 여객자동차의 연료와 일치하는 종류의 유류를 구매할 것 6. 유류 구매를 입증하는 자료에 적힌 구매자 이름, 자동차등록번호, 구매 일시·장소, 구매량, 구매금액, 구매한 유류의 종류·단가 등이 실제 주유한 내용과 일치할 것 7. 「여신전문금융업법」 제2조제2호의2의 신용카드업자(국토교통부장관이 선정한 자로 한정한다)가 발행한 같은 조 제3호 또는 제6호의	제28조(운임·요금의 신고) ① 법 제8조제1항 및 제2항에 따라 여객자동차운송사업의 운임·요금의 신고 또는 변경신고를 하려는 자는 별지 제12호서식의 여객자동차운송사업 운임·요금 신고 또는 변경신고서에 다음 각 호의 서류를 첨부하여 관할관청에 제출하여야 한다. 〈개정 2015. 9. 21., 2016. 9. 26.〉 1. 운임·요금표 및 그 신·구 대비표(신·구 대비표는 운임·요금을 변경하는 경우에만 첨부한다) 2. 택시요금미터 변경계획에 관한 서류[경형, 소형, 중형, 대형(승용자동차를 사용하는 경우로 한정한다) 및 모범형 택시운송사업의 경우에만 첨부한다] 3. 운임구간을 표시한 서류(구간제 운임의 경우에만 첨부한다) ② 제1항에 따른 운임·요금의 신고 또는 변경신고는 해당 운송사업자의 소속 조합을 통하여 할 수 있다. ③ 관할관청은 운송사업자가 제1항에 따라 신고한 내용이 법 제8조제1항에 따른 운임·요금의 기준 및 요율의 범위에 맞는 경우에는 7일 이내에 그 사실을 운송사업자에게 알려야 하며, 맞지 아니한 경우에는 운송사업자에게 그 보완을 요구하여야 한다. 제29조(운송약관의 신고) ① 법 제9조제1항에 따라 운송약관의 신고 또는 변경신고를 하려는 자는 별지 제13호서식의 여객자동차운송사업 운송약관 신고서에 다음 각 호의 서류를 첨부하여 관할관청에 제출하여야 한다. 1. 운송약관(신고의 경우에만 첨부한다) 2. 운송약관 신·구 대비표(변경신고의 경우에만 첨부한다) ② 제1항에 따른 운송약관의 신고 또

박흥식의 시내버스 노선조정 [노선은 생물(生物)이다]

여객자동차운수사업법	여객자동차운수사업법 시행령	여객자동차운수사업법 시행규칙

제7장 공제조합
 	
제61조(공제조합의 설립 등) ① 여객자동차 운수사업자(터미널사업자는 제외한다. 이하 이 조에서 같다)는 상호 간의 협동조직을 통하여 조합원이 자주적인 경제 활동을 영위할 수 있도록 지원하고 조합원의 자동차 사고로 생긴 손해를 배상(賠償)하기 위하여 대통령령으로 정하는 바에 따라 국토교통부장관의 인가를 받아 업종별로 공제조합(이하 "공제조합"이라 한다)을 설립할 수 있다. 〈개정 2013. 3. 23.〉
② 공제조합은 법인으로 한다.
③ 공제조합은 주된 사무소의 소재지에 설립등기를 함으로써 성립된다.
④ 여객자동차 운수사업자는 정관으로 정하는 바에 따라 공제조합에 가입할 수 있다.
⑤ 공제조합의 조합원은 공제사업에 필요한 분담금을 부담하여야 한다.
⑥ 조합원의 자격과 임원에 관한 사항, 그 밖에 공제조합의 운영에 필요한 사항은 정관으로 정한다.
⑦ 정관의 기재 사항, 그 밖에 공제조합의 감독에 필요한 사항은 대통령령으로 정한다.
 	
제62조(공제조합의 설립인가 절차 등) ① 공제조합을 설립하려면 공제조합의 조합원 자격이 있는 자의 10분의 1 이상이 발기하고, 조합원 자격이 있는 자 200명 이상의 동의를 받아 창립총회에서 정관을 작성한 후 국토교통부장관에게 인가를 신청하여야 한다. 〈개정 2013. 3. 23.〉
② 국토교통부장관은 제1항에 따른 인가를 한 경우 이를 공고하여야 한다. 〈개정 2013. 3. 23.〉
 	
제63조(공제조합의 운영위원회) ① 공제조합은 제64조에 따른 공제사업에 관한 사항을 심의·의결하고 그 업무집
	신용카드 또는 직불카드로서 보조금 신청에 사용되는 카드(이하 "연료구매카드"라 한다)로 유류를 구매할 것. 다만, 연료구매카드의 분실·훼손·유효기간 만료 등으로 연료구매카드를 사용할 수 없는 경우나 자가주유시설의 고정된 설비에서 유류를 직접 주유 받는 경우 등 국토교통부장관이 정하여 고시하는 경우는 제외한다.
	8. 운송사업자가 다른 법령이나 국가 간의 조약·협정에 따라 유류비를 지원받거나 조세가 면제된 유류를 공급받지 않을 것
	9. 그 밖에 국토교통부장관이 보조금의 지급에 필요하다고 정하여 고시하는 사항을 지킬 것
	② 유가보조금 지급액은 운송사업자가 구매한 유류의 양에 국토교통부장관이 정하여 고시하는 지급단가를 곱하여 산정한 금액으로 한다.
	③ 유가보조금은 유류를 주유 받은 여객자동차운송사업용 자동차를 보유한 운송사업자에게 지급한다.
	④ 운송사업자는 연료구매카드를 발행한 신용카드업자를 통하여 유가보조금 지급을 청구해야 한다. 다만, 제1항제7호 단서의 경우에는 같은 항 제6의 자료를 첨부하여 특별시장·광역시장·특별자치시장·특별자치도지사 또는 시장·군수에게 직접 청구할 수 있다.
	⑤ 제1항부터 제4항까지에서 규정한 사항 외에 유가보조금의 지급 기준·방법 및 절차에 관한 세부사항은 국토교통부장관이 정하여 고시한다.
	[본조신설 2021. 9. 24.]
	[종전 제21조의5는 제21조의6으로 이동 〈2021. 9. 24.〉]
	
	제21조의6(천연가스 연료보조금의 지급 대상) 법 제50조제6항 각 호 외의 부
		는 변경신고는 해당 운송사업자의 소속 조합을 통하여 할 수 있다.
		
		제30조(운송약관의 기재사항) 법 제9조에 따른 운송약관에는 다음 각 호의 사항을 적어야 한다. 〈개정 2014. 7. 29.〉
		1. 사업의 종류
		2. 운송약관의 적용 범위
		3. 운임 및 요금의 수수 또는 환급에 관한 사항
		4. 승차권의 발행에 관한 사항
		5. 자동차 안의 휴대품 및 휴대화물에 관한 사항
		6. 운송책임과 배상에 관한 사항
		7. 면책(免責)에 관한 사항
		8. 여객의 금지행위에 관한 사항
		9. 소화물 운송에 관한 사항(노선 여객자동차운송사업자가 법 제18조에 따라 소화물을 운송하는 경우에 한정한다)
		10. 그 밖에 이용자의 보호 등을 위하여 필요한 사항
		
		제31조(사업계획의 변경인가 신청 등) ① 법 제10조제1항 본문 또는 같은 조 제2항 본문에 따라 사업계획 변경인가를 받으려 하거나 사업계획 변경등록을 하려는 자는 별지 제14호서식의 여객자동차운송사업계획 변경인가 또는 변경등록 신청서에 다음 각 호의 서류 또는 도면을 첨부하여 관할관청에 제출하여야 한다.
		1. 신·구 사업계획을 대비한 서류 또는 도면
		2. 자동차 대수를 늘리는 경우에는 다음 각 목의 시설등의 위치 및 수용능력을 적은 서류
		  가. 차고
		  나. 영업소 및 정류소
		  다. 휴게실 및 대기실
		  라. 교육훈련시설

여객자동차운수사업법	여객자동차운수사업법 시행령	여객자동차운수사업법 시행규칙
행을 감독하기 위하여 운영위원회를 둔다. ② 운영위원회 위원은 조합원, 운수사업·금융·보험·회계·법률 분야 전문가, 관계 공무원 및 그 밖에 여객자동차 운수사업 관련 이해관계자로 구성하되, 그 수는 25명 이내로 한다. 다만, 제60조에 따라 연합회가 공제사업을 하는 경우의 운영위원회 위원은 시·도 조합대표 전원을 포함하는 35명 이내로 한다. 〈개정 2011. 5. 19.〉 ③ 그 밖에 운영위원회의 구성과 운영에 필요한 사항은 대통령령으로 정한다. 제63조의2(운영위원회 위원의 결격사유) ① 다음 각 호의 어느 하나에 해당하는 사람은 제63조제2항에 따른 위원이 될 수 없다. 〈개정 2014. 1. 28., 2015. 8. 11., 2021. 7. 27.〉 1. 미성년자, 피성년후견인 또는 피한정후견인 2. 파산선고를 받고 복권되지 아니한 사람 3. 이 법 또는 「보험업법」 등 대통령령으로 정하는 금융 관계 법령(외국의 금융 관계 법령을 포함한다)을 위반하여 금고 이상의 형의 집행유예를 선고받고 그 유예기간 중에 있는 사람 4. 이 법 또는 「보험업법」 등 대통령령으로 정하는 금융 관계 법령(외국의 금융 관계 법령을 포함한다)을 위반하여 벌금 이상의 형을 선고받고 그 집행이 끝나거나(집행이 끝난 것으로 보는 경우를 포함한다) 집행이 면제된 날부터 5년이 지나지 아니한 사람 5. 이 법에 따른 공제조합의 업무와 관련하여 벌금 이상의 형을 선고받고 그 집행이 끝나거나(집행이 끝난 것으로 보는 경우를 포함한다) 집행이 면제된 날부터 5년이	분 전단에서 "대통령령으로 정하는 운송사업자"란 노선 여객자동차운송사업자 및 전세버스운송사업자를 말한다. 〈개정 2021. 9. 24.〉 [본조신설 2017. 6. 2.] [제21조의5에서 이동, 종전 제21조의6은 제21조의11로 이동 〈2021. 9. 24.〉] 제21조의7(천연가스 연료보조금의 지급 기준·방법 및 절차) 법 제50조제6항에 따른 보조금의 지급 기준·방법 및 절차에 관하여는 제21조의5를 준용한다. 이 경우 "제21조의4에 따른 운송사업자"는 "제21조의6에 따른 운송사업자"로, "유류"는 "천연가스"로, "유가보조금"은 "천연가스 연료보조금"으로, "주유소"는 "충전소"로, "자가주유시설"은 "자가충전시설"로, "주유"는 "충전"으로, "유류비"는 "천연가스 연료비용"으로 본다. [본조신설 2021. 9. 24.] 제21조의8(수소 연료보조금의 지급대상) 법 제50조제7항 전단에서 "대통령령으로 정하는 운송사업자"란 다음 각 호의 운송사업자를 말한다. 1. 노선 여객자동차운송사업자 2. 전세버스운송사업자 3. 일반택시운송사업자 4. 개인택시운송사업자(제3조제2호라목 전단에 따른 사유로 사업자가 직접 운전하지 않는 개인택시운송사업의 경우에는 개인택시운송사업자의 사업용 자동차를 대리 운전하는 사람을 포함한다) [본조신설 2021. 9. 24.] 제21조의9(수소 연료보조금의 지급 기준·방법 및 절차) 법 제50조제7항에 따른 보조금의 지급 기준·방법 및 절차에 관하여는 제21조의5를 준용한다. 이 경우 "제21조의4에 따른 운	마. 그 밖의 운송 부대시설 ② 제1항에 따라 사업계획 변경인가를 받은 자에 대한 운송 개시일의 지정 및 수송시설의 확인 등에 관하여는 제25조와 제26조를 준용한다. 제32조(사업계획 변경의 기준·절차 등) ① 노선운송사업자는 제31조에 따라 사업계획 변경인가 또는 사업계획 변경등록의 신청서를 제출할 때에는 다음 각 호의 구분에 따른 기한까지 제출하여야 한다. 다만, 수송수요 등의 변동이 있는 경우로서 교통편의의 증진을 위하여 필요하다고 인정될 때에는 수시로 이를 신청할 수 있다. 1. 상반기: 매년 3월 31일까지 2. 하반기: 매년 9월 30일까지 ② 노선여객자동차운송사업의 사업계획 변경은 다음 각 호의 기준에 따른다. 1. 노선 및 운행계통을 신설하려는 경우에는 운행횟수를 4회 이상으로 할 것. 다만, 법 제23조제1항제10호에 따른 사업개선명령의 경우에는 관할관청이 정하는 운행횟수에 따른다. 2. 노선 및 운행계통을 연장하려는 경우에 그 연장거리는 기존 운행계통의 50퍼센트 이하로 할 것 3. 노선 및 운행계통의 운행경로 변경은 도로 여건 등 불가피한 경우를 제외하고는 운행거리 또는 운행시간이 단축되는 경우로 한정하며, 기존 운행경로를 너무 많이 변경하여 이용주민에게 불편을 주지 아니할 것 4. 고속형 시외버스 또는 직행형 시외버스의 운행계통 신설 등 사업계획 변경으로 인하여 기존의 고속형 시외버스 또는 직행형 시외버스 운행계통과 동일하게 되지 아니할 것. 다만, 해당 운행계통에 하나의 시외버스운송사업자가 운행하고 있는

여객자동차운수사업법	여객자동차운수사업법 시행령	여객자동차운수사업법 시행규칙
지나지 아니한 사람 6. 제67조에 따른 징계·해임의 처분을 받은 후 3년이 지나지 아니한 사람 ② 제63조제2항에 따른 위원이 제1항 각 호의 어느 하나에 해당하게 된 때에는 그 날로 위원의 지격을 잃는다. ③ 국토교통부장관은 제1항제3호부터 제5호까지의 범죄경력 자료의 조회를 경찰청장에게 요청하여 공제조합에 제공할 수 있다. 〈개정 2013. 3. 23.〉 [본조신설 2012. 5. 23.] 제64조(공제사업) ① 공제조합은 다음 각 호의 사업을 한다. 1. 조합원의 사업용자동차의 사고로 생긴 배상 책임에 대한 공제 2. 조합원이 사업용자동차를 소유·사용·관리하는 동안 발생한 사고로 그 자동차에 생긴 손해에 대한 공제 3. 운수종사자가 조합원의 사업용자동차를 소유·사용·관리하는 동안에 발생한 사고로 입은 자기 신체의 손해에 대한 공제 4. 공제조합에 고용된 자의 업무상 재해로 인한 손실을 보상하기 위한 공제 5. 공동이용시설의 설치·운영 및 관리, 그 밖에 조합원의 편의 및 복지 증진을 위한 사업 6. 여객자동차 운수사업의 경영 개선을 위한 조사·연구 사업 7. 제1호부터 제6호까지의 사업에 따르는 사업으로서 정관으로 정하는 사업 ② 공제조합은 제1항제1호부터 제4호까지의 규정에 따른 공제사업을 하려면 공제규정을 정하여 국토교통부장관의 인가를 받아야 한다. 인가받은 사항을 변경하려는 경우에도 또한 같다. 〈개정 2013. 3. 23.〉	송사업자"는 "제21조의8에 따른 운송사업자"로, "유류"는 "수소"로, "유가보조금"은 "수소 연료보조금"으로, "주유소"는 "충전소"로, "자가주유시설"은 "자가충전시설"로, "주유"는 "충전"으로, "유류비"는 "수소 연료비용"으로 본다. [본조신설 2021. 9. 24.] 제21조의10(자료의 제공) 법 제50조제8항 전단에서 "대통령령으로 정하는 필요한 자료"란 다음 각 호의 자료를 말한다. 1. 「부가가치세법」 제8조에 따른 사업자등록에 관한 자료 2. 「자동차손해배상 보장법」 제5조에 따른 보험 등의 가입에 관한 자료 3. 법 제24조에 따른 여객자동차운송사업의 운전업무 종사자격에 관한 자료 및 법 제87조에 따른 운수종사자의 자격 취소에 관한 자료 4. 「도로교통법」 제80조에 따른 운전면허의 취득에 관한 자료 및 같은 법 제93조에 따른 운전면허의 취소·정지에 관한 자료 5. 「자동차관리법」 제7조에 따른 자동차등록원부 및 같은 법 제8조제2항에 따른 자동차등록증 6. 그 밖에 법 제50조제5항부터 제7항까지의 규정에 따른 보조금 지급업무의 효율적인 운영을 위하여 국토교통부장관이 정하여 고시하는 자료 [본조신설 2021. 9. 24.] 제21조의11(버스 운전인력 양성에 대한 재정지원) 국토교통부장관 또는 고용노동부장관은 법 제50조제9항에 따라 「한국교통안전공단법」에 따른 한국교통안전공단(이하 "한국교통안전공단"이라 한다)이 실시하는 버스 운전인력 양성 교육·훈련에 참여하는 사	경우와 관할관청이 주민의 교통편의 증진을 위하여 필요하다고 인정하는 경우에는 그러하지 아니하다. 5. 기존 노선 및 운행계통을 일시적으로 변경하는 관할관청의 우회운행 노선 지정은 주말·연휴 및 특별수송기간 등에 교통체증 등의 사유가 있는 경우로 한정할 것. 이 경우 관할관청은 우회운행노선의 도로상태·노선상황 및 정류소 등을 고려하여 우회운행할 수 있는 운행경로와 운행조건을 지정하여야 한다. 6. 제33조제1항제3호가목에 따른 운행횟수의 증감을 초과하는 경우로서 둘 이상의 시·도에 걸치는 운행횟수의 증감은 관련 시외버스운송사업자 또는 관할관청이 참여하여 해당 운행계통에 대한 수송수요 등을 조사한 후에 변경할 것 ③ 법 제10조제5항에 따른 운송사업자의 사업계획 변경제한은 다음 각 호의 기준에 따른다. 〈개정 2014. 7. 29., 2019. 1. 30.〉 1. 법 제10조제5항제1호 또는 제2호에 해당하여 행정처분을 받았을 때에는 그 날부터 1년간 해당 운행계통의 사업계획 변경의 인가 또는 신고의 수리(受理) 거부 2. 법 제10조제5항제3호에 해당하여 노선을 폐지하여야 하는 사업계획 변경명령을 받았을 때에는 해당 노선의 사업계획 전부에 대하여, 자동차 대수를 줄여야 하는 사업계획 변경명령을 받았을 때에는 해당 운행계통에 해당하는 사업계획에 대하여 그 명령을 받은 날부터 1년간 사업계획 변경의 인가 또는 신고의 수리 거부 3. 법 제10조제5항제5호에 해당하여 법 제5조의2제4항에 따라 국토교통부장관으로부터 전세버스운송사

부 록

여객자동차운수사업법	여객자동차운수사업법 시행령	여객자동차운수사업법 시행규칙

③ 제2항의 공제규정에는 공제사업의 범위, 공제계약의 내용과 분담금·공제금·공제금에 충당하기 위한 책임준비금·지급준비금의 계상(計上) 및 적립 등 공제사업의 운영에 필요한 사항이 포함되어야 한다.
④ 공제조합은 결산기(決算期)마다 그 사업의 종류에 따라 제3항의 책임준비금 및 지급준비금을 계상하고 이를 적립하여야 한다.
⑤ 제1항제1호부터 제4호까지의 규정에 따른 공제사업에는 「보험업법」(제208조는 제외한다)을 적용하지 아니한다.
 	
제65조(보고서의 제출 등) ① 국토교통부장관은 필요하다고 인정하면 공제조합에 대하여 다음 각 호의 조치를 할 수 있다. 〈개정 2013. 3. 23.〉
1. 교통사고 피해자에 대한 피해보상 명령
2. 공제자금의 운용이나 그 밖에 공제사업과 관련된 사항에 관한 보고서의 제출 명령
3. 소속 공무원에게 공제조합의 업무 또는 회계의 상황을 조사하게 하는 조치
4. 소속 공무원에게 공제조합의 장부나 그 밖의 서류를 검사하게 하는 조치
② 제1항에 따른 조사나 검사를 하려면 조사 또는 검사 7일 전에 조사 또는 검사할 내용, 일시, 이유 등에 대한 계획서를 공제조합에 알려야 한다. 다만, 긴급한 경우 또는 사전통지를 하면 증거인멸 등으로 조사목적을 달성할 수 없다고 인정하는 경우에는 그러하지 아니하다.
③ 제1항에 따라 조사나 검사를 하는 공무원은 그 권한을 표시하는 증표를 지니고 이를 관계인에게 내보여야 하며, 출입할 때에는 출입자의 성명, 출
	람에게 예산의 범위에서 다음 각 호의 비용 일부를 지원할 수 있다. 〈개정 2021. 9. 24.〉
	1. 교육·훈련비
	2. 자격시험 응시료
	[본조신설 2020. 12. 8.]
	[제21조의6에서 이동 〈2021. 9. 24.〉]
	
	제21조의12(유가보조금의 지급정지 사유) ① 법 제51조의2제5호에 따라 유가보조금의 지급을 정지하는 경우는 다음 각 호의 경우로 한다.
	1. 법 제10조제1항 본문 또는 같은 조 제2항 본문에 따라 사업계획의 변경인가 또는 변경등록을 하지 않고 자동차의 대수나 운행횟수를 늘려 운행한 경우
	2. 「자동차손해배상 보장법」 제5조에 따라 보험 또는 공제에 가입하지 않고 운행한 경우
	3. 제21조의5제1항 각 호의 지급기준을 충족하지 못한 경우
	② 제1항에 따른 유가보조금 지급정지에 필요한 세부사항은 국토교통부장관이 정하여 고시한다.
	[본조신설 2021. 9. 24.]
	
	제21조의13(천연가스 연료보조금의 지급정지 사유) 법 제51조의3제5호에 따라 대통령령으로 정하는 천연가스 연료보조금의 지급정지 사유에 관하여는 제21조의12를 준용한다. 이 경우 "제21조의5제1항 각 호"는 "제21조의7에서 준용하는 제21조의5제1항 각 호"로, "유가보조금"은 "천연가스 연료보조금"으로 본다.
	[본조신설 2021. 9. 24.]
	
	제21조의14(수소 연료보조금의 지급정지 사유 등) ① 법 제51조의4제1항제5호에서 "대통령령으로 정하는 사항"이란 제21조의9에서 준용하는 제21
		업의 등록 제한을 통보받은 경우에는 해당 통보를 받은 날부터 법 제5조의2제3항에 따른 등록 제한 기간 동안 전세버스의 증차가 포함된 사업계획 변경등록의 거부
		④ 그 밖의 사업계획 변경의 세부절차나 그 밖에 필요한 사항에 관하여는 국토교통부장관 또는 시·도지사가 따로 정하는 바에 따른다. 〈개정 2019. 1. 30.〉
		
		제33조(사업계획의 변경신고) ① 법 제10조제1항 단서에 따라 관할관청에 신고해야 하는 경미한 사항의 변경은 다음 각 호와 같다. 〈개정 2014. 12. 31., 2015. 1. 29., 2018. 2. 12., 2019. 12. 26., 2020. 12. 29., 2023. 4. 18.〉
		1. 여객자동차운송사업의 영업소의 설치·이전(관할구역 밖으로 이전하는 것만 해당한다) 및 폐지
		2. 시내버스운송사업과 농어촌버스운송사업의 사업계획 중 다음 각 목의 변경. 다만, 운행대수 또는 운행횟수에 대한 사업계획 변경의 인가일 또는 신고일부터 1년 이내의 마목 본문에 따른 증감은 제외한다.
		  가. 운행시간의 연장
		  나. 배차간격의 단축
		  다. 동일한 시·군·구(자치구를 말한다. 이하 같다) 안에서의 차고지 이전
		  라. 동일한 시·군·구 안 또는 해당 차고지로부터 5킬로미터 범위에서의 차고지 이전으로 인한 노선변경
		  마. 운행계통을 기준으로 하여 사업자별(공동배차를 실시하는 경우에는 해당 운행계통에 참여하는 운송사업자를 동일사업자로 본다) 운행대수 또는

박흥식의 시내버스 노선조정 [노선은 생물(生物)이다]

여객자동차운수사업법	여객자동차운수사업법 시행령	여객자동차운수사업법 시행규칙
입시간, 출입목적 등이 표시된 문서를 관계인에게 내주어야 한다. 제66조(공제조합업무의 개선명령) 국토교통부장관은 공제조합의 업무 운영이 적정하지 아니하거나 자산상황이 불량하여 교통사고 피해자 및 공제 가입자 등의 권익을 해칠 우려가 있다고 인정되면 다음 각 호의 조치를 명할 수 있다. 〈개정 2013. 3. 23.〉 1. 업무집행방법의 변경 2. 자산예탁기관의 변경 3. 자산의 장부가격의 변경 4. 불건전한 자산에 대한 적립금의 보유 5. 가치가 없다고 인정되는 자산의 손실 처리 제67조(공제조합 임직원에 대한 제재 등) 국토교통부장관은 공제조합의 임직원이 다음 각 호의 어느 하나에 해당하여 공제사업을 건전하게 운영하지 못할 우려가 있다고 인정되면 임직원에 대한 징계·해임을 요구하거나 해당 위반행위를 시정하도록 명할 수 있다. 〈개정 2013. 3. 23.〉 1. 제64조제2항에 따른 공제규정을 위반하여 업무를 처리한 경우 2. 제66조에 따른 개선명령을 이행하지 아니한 경우 3. 제68조에 따른 재무건전성 기준을 지키지 아니한 경우 제68조(재무건전성의 유지) ① 공제조합은 공제금 지급능력과 경영의 건전성을 확보하기 위하여 다음 각 호의 사항에 관하여 대통령령으로 정하는 재무건전성 기준을 지켜야 한다. 1. 자본의 적정성에 관한 사항 2. 자산의 건전성에 관한 사항 3. 유동성의 확보에 관한 사항 ② 국토교통부장관은 공제조합이 제1항의 기준을 지키지 아니하여 경영의 건전성을 해칠 우려가 있다고 인정되	조의5제1항 각 호의 지급기준을 말한다. ② 법 제51조의4제2항에 따라 수소 연료보조금의 지급을 정지하려는 경우에는 연료구매카드의 거래기능을 정지해야 한다. ③ 제1항 및 제2항에 따른 수소 연료보조금 지급정지에 필요한 세부사항은 국토교통부장관이 정하여 고시한다. [본조신설 2021. 9. 24.] 제22조(대의원회의 구성 등) ① 법 제58조에 따른 조합의 대의원회는 그 조합의 대표자와 대의원으로 구성한다. ② 대의원의 정수(定數)는 조합의 정관으로 정하되, 조합원 수에 비례한 정수로 하여야 한다. ③ 대의원의 임기·선출방법 및 대의원회의 운영 등에 관하여 필요한 사항은 조합의 정관으로 정한다. 제23조(공제사업의 허가 등) ① 법 제60조제1항에 따라 공제사업의 허가를 받으려는 조합 또는 연합회는 그 허가신청서에 다음 각 호의 서류를 첨부하여 국토교통부장관에게 제출하여야 한다. 〈개정 2013. 3. 23.〉 1. 공제규정 2. 사업계획서 3. 수지계산서 4. 창립총회의 회의록 ② 공제사업에 관한 회계는 다른 사업에 관한 회계와 구분하여 경리하여야 한다. 제24조(공제조합의 설립 등) ① 법 제61조제1항에 따라 업종별 공제조합의 설립인가를 받으려는 자는 인가신청서에 다음 각 호의 서류를 첨부하여 국토교통부장관에게 제출하여야 한다. 〈개정 2013. 3. 23.〉 1. 정관 2. 사업계획서 3. 수지계산서	운행횟수의 연간 10퍼센트 이내의 증감. 다만, 토요일·공휴일·방학기간, 그 밖에 해당 운행계통의 수송수요와 수송력 공급 간에 큰 차이가 있을 때에는 다음의 구분에 따른다. 1) 국토교통부 장관이 정하여 고시하는 시·도의 구역에서 해당 운행계통의 1일 운행횟수가 60회 이상인 경우에는 해당 기간 중 40퍼센트(영 제37조제1항제1호 각 목 외의 부분에서 규정한 시내버스운송사업의 경우에는 50퍼센트) 이내의 운행횟수 또는 운행대수의 증감 2) 해당 운행계통의 1일 운행횟수가 10회 이상 60회 미만인 경우에는 해당 기간 중 30퍼센트(영 제37조제1항제1호 각 목 외의 부분에서 규정한 시내버스운송사업의 경우에는 40퍼센트) 이내의 운행횟수 또는 운행대수의 증감 3) 해당 운행계통의 1일 운행횟수가 5회 이상 10회 미만인 경우에는 해당 기간 중 20퍼센트(영 제37조제1항제1호 각 목 외의 부분에서 규정한 시내버스운송사업의 경우에는 30퍼센트) 이내의 운행횟수 또는 운행대수의 증감 4) 영 제37조제1항제1호 각 목 외의 부분에서 규정한 시내버스운송사업의 경우로서 11시부터 17시사이에 해당 운행계통의 수송수요와 수송력 공급 간에 큰 차이가 인

부록

여객자동차운수사업법	여객자동차운수사업법 시행령	여객자동차운수사업법 시행규칙
면 대통령령으로 정하는 바에 따라 자본금의 증액을 명하거나 주식 등 위험자산의 소유를 제한하는 조치를 취할 수 있다. 〈개정 2013. 3. 23.〉 제68조의2(감독 기준) 국토교통부장관은 제64조제1항제1호부터 제4호까지의 규정에 따른 공제사업의 건전한 육성과 공제 가입자의 보호를 위하여 금융위원회 위원장과 협의하여 감독에 필요한 기준을 정하고 이를 고시하여야 한다. [본조신설 2021. 3. 23.] 제69조(다른 법률과의 관계) 공제조합에 관하여 이 법에 규정된 사항 외에는 「민법」 중 사단법인에 관한 규정과 「상법」 제3편제4장제7절(주식회사의 계산)의 규정을 준용한다. **제8장 공제에 관한 분쟁의 조정** 제70조(공제분쟁조정) 다음 각 호의 조합 및 연합회와 자동차사고 피해자나 그 밖의 이해관계인 사이에 공제계약 및 공제금의 지급 등에 관하여 분쟁이 있으면 분쟁 당사자는 「자동차손해배상 보장법」 제23조의3에 따른 자동차손해배상보장위원회에 조정(調停)을 신청할 수 있다. 1. 제60조에 따라 공제사업을 하는 조합 및 연합회 2. 공제조합 [전문개정 2024. 1. 9.] 제71조 삭제 〈2024. 1. 9.〉 제71조의2 삭제 〈2024. 1. 9.〉 제72조 삭제 〈2024. 1. 9.〉 제73조 삭제 〈2024. 1. 9.〉 제74조 삭제 〈2024. 1. 9.〉 **제9장 보칙** 제75조(권한의 위임) ① 국토교통부장관	4. 창립총회의 회의록 ② 국토교통부장관은 법 제59조제1항에 따른 연합회(연합회가 설립되지 아니한 경우에는 그 업종을 말한다)별로 하나의 공제조합만을 인가하여야 한다. 〈개정 2013. 3. 23.〉 제25조(정관의 기재사항) 법 제61조제7항에 따른 공제조합의 정관에 포함하여야 할 사항은 다음 각 호와 같다. 1. 목적 2. 명칭 3. 사무소의 소재지 4. 조합원의 자격 및 가입·탈퇴에 관한 사항 5. 자산과 회계에 관한 사항 6. 총회에 관한 사항 7. 운영위원회에 관한 사항 8. 임원과 직원에 관한 사항 9. 업무와 그 집행에 관한 사항 10. 정관의 변경에 관한 사항 11. 해산과 잔여재산의 처리에 관한 사항 제26조(예산과 결산의 제출) ① 공제조합은 매 사업연도의 총수입과 총지출을 예산으로 편성하여 사업연도가 시작되기 1개월 전까지 국토교통부장관에게 제출하여야 한다. 〈개정 2013. 3. 23.〉 ② 공제조합은 매 사업연도가 끝난 후 2개월 이내에 결산을 완료하고 결산보고서에 재무상태표와 손익계산서를 첨부하여 국토교통부장관에게 제출해야 한다. 〈개정 2013. 3. 23., 2021. 1. 5.〉 ③ 공제조합은 제2항에 따라 국토교통부장관에게 제출한 재무상태표와 손익계산서를 주사무소와 지부(지부)에 갖추어 두되, 재무상태표는 공고해야 한다. 〈개정 2013. 3. 23., 2021. 1. 5.〉	정되는 경우에는 해당 시간 중 20퍼센트 이내의 운행횟수 또는 운행대수의 감소 바. 노선 또는 운행계통의 변경에 따른 정류소의 사용(다른 시·도에 있는 정류소의 사용을 포함한다) 사. 도로 또는 다리의 개설 및 확장 등으로 인한 운행경로의 변경(운행거리를 연장하는 경우는 제외한다) 아. 운행계통별로 사업계획 인가를 받은 1일 운행횟수를 벗어나지 아니하는 범위에서 수송수요가 많은 시간대 또는 수송수요가 많지 아니한 시간대별로 30퍼센트 이내의 운행횟수의 증감 3. 시외버스운송사업의 사업계획 중 다음 각 목의 변경. 다만, 운행대수 또는 운행횟수에 대한 사업계획 변경의 인가일 또는 신고일부터 1년 이내의 가목 본문에 따른 증감은 제외한다. 가. 해당 운행계통을 운행하는 사업자별로 운행대수 또는 운행횟수의 연간 10퍼센트 이내의 증감. 다만, 평일(토요일과 공휴일을 제외한 날을 말한다) 및 방학기간, 그 밖에 해당 운행계통의 수송수요와 수송력 공급 간에 큰 차이가 있을 때에는 사업자별로 다음의 구분에 따른다. 1) 해당 운행계통의 1일 운행횟수가 20회 이상인 경우에는 해당 기간 중 30퍼센트 이내의 운행횟수 증감 2) 해당 운행계통의 1일 운행횟수가 5회 이상 20회 미만인 경우에는 해당기간 중 20퍼센트 이내의 운행

박흥식의 시내버스 노선조정 [노선은 생물(生物)이다]

여객자동차운수사업법	여객자동차운수사업법 시행령	여객자동차운수사업법 시행규칙

은 이 법에 따른 권한의 일부를 대통령령으로 정하는 바에 따라 「대도시권 광역교통 관리에 관한 특별법」 제9조의2에 따른 대도시권광역교통위원장(이하 "대도시권광역교통위원장"이라 한다) 또는 시·도지사에게 위임할 수 있다. 〈개정 2013. 3. 23., 2018. 12. 18., 2024. 2. 13.〉
② 시·도지사는 제1항에 따라 국토교통부장관으로부터 위임받은 권한의 일부를 국토교통부장관의 승인을 받아 시장·군수 또는 구청장에게 다시 위임할 수 있다. 〈개정 2013. 3. 23.〉
제76조(권한의 위탁 등) ① 국토교통부장관, 대도시권광역교통위원장 또는 시·도지사는 이 법에 따른 권한의 일부를 대통령령으로 정하는 바에 따라 조합, 연합회, 공제조합, 「한국교통안전공단법」에 따른 한국교통안전공단, 자동차손해배상진흥원, 「정부출연연구기관 등의 설립·운영 및 육성에 관한 법률」 제2조에 따른 정부출연연구기관 또는 대통령령으로 정하는 전문 검사기관에 위탁할 수 있다. 〈개정 2013. 3. 23., 2017. 10. 24., 2021. 3. 23., 2024. 2. 13.〉
② 제1항에 따라 위탁받은 업무에 종사하는 조합, 연합회, 공제조합, 「한국교통안전공단법」에 따른 한국교통안전공단, 자동차손해배상진흥원, 「정부출연연구기관 등의 설립·운영 및 육성에 관한 법률」 제2조에 따른 정부출연연구기관 또는 전문 검사기관의 임원 및 직원은 「형법」 제129조부터 제132조까지의 규정에 따른 벌칙을 적용하는 경우 공무원으로 본다. 〈개정 2017. 10. 24., 2021. 3. 23., 2024. 2. 13.〉
제77조(운임·요금의 기준과 요율 등에
	제27조(운영위원회) ① 법 제63조(법 제60조제2항에서 준용하는 경우를 포함한다)에 따른 운영위원회(이하 "운영위원회"라 한다)는 다음 각 호의 위원으로 구성한다. 이 경우 제2호와 제3호에 해당하는 위원의 수는 전체 위원 수의 2분의 1 미만으로 한다. 〈개정 2013. 3. 23., 2014. 7. 28.〉
	1. 다음 각 목의 어느 하나에 해당하는 사람으로서 공제조합 이사장(법 제60조제1항에 따라 조합 및 연합회가 국토교통부장관의 허가를 받아 공제사업을 하는 경우에는 해당 조합의 이사장 및 연합회의 회장을 말한다)이 국토교통부장관의 사전 승인을 받아 위촉하는 사람
	  가. 금융·보험·회계 분야를 전공하고, 대학에서 부교수 이상으로 재직하고 있거나 재직하였던 사람
	  나. 변호사·공인회계사 또는 손해사정사의 자격이 있는 사람
	  다. 「보험업법」에 따른 보험회사나 「소비자기본법」에 따른 한국소비자원 또는 같은 법 제29조에 따라 등록한 소비자단체의 임원으로 재직 중인 사람
	  라. 교통분야 정책 또는 연구 업무에 5년 이상 종사한 경력이 있는 사람
	2. 총회가 조합원(법 제60조제1항에 따라 조합 및 연합회가 국토교통부장관의 허가를 받아 공제사업을 하는 경우에는 해당 조합의 조합원 및 해당 연합회의 회원인 조합의 조합원을 말한다) 중에서 선임하는 사람
	3. 해당 연합회의 회장
	4. 해당 공제조합의 이사장(법 제60조제1항에 따라 조합 및 연합회가 국토교통부장관의 허가를 받아 공
		횟수 증감
		  나. 일반형 시외버스운송사업자의 해당 운행계통별 운행횟수의 50퍼센트 범위에서의 운행계통 분할 또는 단축
		  다. 일반형 시외버스운송사업자의 해당 운행계통별 운행횟수의 30퍼센트 범위에서 운행형태를 직행형 시외버스로 전환(노선이 둘 이상의 시·도에 걸치는 경우는 제외한다)
		4. 택시운송사업의 차고지 및 운송부대시설의 이전
		5. 개인택시운송사업의 차고지 소유권 또는 사용권의 변동
		6. 제9조에 따른 택시운송사업의 구분 변경
		② 법 제10조제2항 단서에 따라 관할 관청에 신고하여야 하는 경미한 사항의 변경은 다음 각 호와 같다. 다만, 운행대수 또는 운행횟수에 대한 사업계획 변경의 등록일 또는 신고일부터 1년 이내의 제1호 각 목 외의 부분 본문에 따른 증감은 제외한다. 〈신설 2014. 12. 31.〉
		1. 마을버스운송사업의 운행계통을 기준으로 사업자별(공동배차를 실시하는 경우에는 해당 운행계통에 참여하는 운송사업자 모두를 하나의 사업자로 본다) 운행대수 또는 운행횟수의 연간 10퍼센트 이내의 증감. 다만, 토요일·공휴일·방학기간, 그 밖에 해당 운행계통의 수송수요와 수송력 공급 간에 큰 차이가 있을 때에는 다음의 구분에 따른다.
		  가. 해당 운행계통의 1일 운행횟수가 10회 이상인 경우에는 해당 기간 중 30퍼센트 이내의 운행횟수 또는 운행대수의 증감

부 록

여객자동차운수사업법	여객자동차운수사업법 시행령	여객자동차운수사업법 시행규칙
관한 협의) 제75조제1항에 따라 국토교통부장관으로부터 제8조의 운임·요금의 기준 및 요율의 결정에 관한 권한을 위임받은 시·도지사가 운임·요금의 기준 및 요율을 정한 경우에는 「물가안정에 관한 법률」 제4조제2항에 따라 기획재정부장관과 협의한 것으로 본다. 〈개정 2013. 3. 23.〉 제78조(협의·조정 등) ① 시·도지사는 여객자동차운송사업의 사업계획변경, 개선명령, 사업구역조정 등이 둘 이상의 시·도에 걸칠 경우 국토교통부령으로 정하는 바에 따라 관계 시·도지사와 협의하여야 한다. 이 경우 시·도지사는 협의가 성립되지 아니하면 국토교통부장관에게 조정(調整)을 신청하여야 한다. 〈개정 2013. 3. 23., 2014. 1. 28.〉 ② 국토교통부장관은 제1항에 따른 신청을 받으면 국토교통부령으로 정하는 바에 따라 조정한 후 관계 시·도지사에게 통보하여야 하며, 관계 시·도지사가 조정된 내용대로 따르지 아니하면 조정된 내용대로 직접 처분할 수 있다. 〈개정 2013. 3. 23.〉 ③ 제1항의 조정을 신청하는 절차 등에 필요한 사항은 국토교통부령으로 정한다. 〈개정 2013. 3. 23.〉 제79조(보고·검사 등) ① 국토교통부장관, 시·도지사 또는 시장·군수는 다음 각 호의 어느 하나에 해당하는 경우 여객자동차 운수사업자에게 그 사업에 관한 사항이나 자동차의 소유 또는 사용에 관한 사항에 대하여 보고하거나 서류를 제출하도록 명할 수 있다. 〈개정 2018. 8. 14., 2020. 4. 7., 2020. 6. 9., 2021. 3. 23.〉 1. 이 법의 위반 여부에 대한 확인이 필요하거나 민원 등이 발생한 경우	제사업을 하는 경우에는 공제규정에서 정하는 바에 따라 공제사업을 총괄하는 사람을 말한다) ② 제1항제1호 및 제2호에 따른 위원의 임기는 2년으로 하되, 보궐위원의 임기는 전임자 임기의 남은 기간으로 한다. ③ 운영위원회에는 위원장과 부위원장 각 1명을 두되, 위원장 및 부위원장은 위원 중에서 각각 호선(互選)한다. 이 경우 위원장과 부위원장 중 1명은 제1항제1호에 해당하는 사람이어야 한다. ④ 운영위원회의 위원장은 운영위원회의 회의를 소집하며 그 의장이 된다. ⑤ 운영위원회의 부위원장은 위원장을 보좌하며, 위원장이 부득이한 사유로 그 직무를 수행할 수 없을 때에는 그 직무를 대행한다. ⑥ 운영위원회의 회의는 재적위원 과반수의 출석으로 개의하고, 출석위원 과반수의 찬성으로 의결한다. 다만, 제7항제6호 및 제7호의 사항은 출석위원 3분의 2 이상의 찬성으로 의결한다. ⑦ 운영위원회는 공제사업에 관하여 다음 각 호의 사항을 심의·의결하며 그 업무집행을 감독한다. 1. 사업계획·운영 및 관리에 관한 기본 방침 2. 예산 및 결산에 관한 사항 3. 차입금에 관한 사항 4. 주요 예산집행에 관한 사항 5. 임원의 임면(任免)에 관한 사항 6. 공제약관·공제규정의 변경과 각종 내부규정의 제정·개정 및 폐지에 관한 사항 7. 공제금, 공제 가입금, 분담금 및 그 요율(料率)에 관한 사항 8. 정관으로 정하는 사항 9. 그 밖에 위원장이 필요하다고 인정	나. 해당 운행계통의 1일 운행횟수가 5회 이상 10회 미만인 경우에는 해당 기간 중 20퍼센트 이내의 운행횟수 또는 운행대수의 증감 2. 마을버스운송사업의 운행계통별로 사업계획 등록을 한 1일 운행횟수를 벗어나지 아니하는 범위에서 수송수요가 많은 시간대 또는 수송수요가 많지 아니한 시간대별로 30퍼센트 이내의 운행횟수의 증감 ③ 법 제10조제1항 단서(영 제38조제1항제1호 단서에 해당하는 것은 제외한다)와 법 제10조제2항 단서에 따라 조합에 신고하여야 하는 경미한 사항의 변경은 다음 각 호와 같다. 〈개정 2014. 12. 31., 2016. 1. 6.〉 1. 관할구역에서의 주사무소 이전과 영업소, 정류소, 그 밖의 운송부대시설의 명칭·규모 및 위치의 변경(시내버스운송사업, 농어촌버스운송사업 및 마을버스운송사업의 경우 차고지 및 정류소의 위치변경은 제외하며, 택시운송사업의 경우 휴게실·대기실 및 교육훈련시설의 규모변경은 제외한다) 2. 개인택시운송사업자의 주소지를 관할구역 밖으로 이전하는 경우와 이에 따른 차고 이전 3. 자동차의 대체 및 폐차로 인한 자동차의 변경[면허·등록 또는 증차(增車) 시 자동차의 종류를 특별히 지정한 경우의 해당 자동차의 변경은 제외한다] 4. 관련 운송사업자 간의 합의에 의한 운행계통별 운행시간의 변경 5. 예비자동차 대수의 변경 6. 시외고속버스와 시외우등고속버스간, 시외직행버스와 시외우등직행버스간 및 시외일반버스와 시외우등일반버스간의 전환. 다만, 법 제

347

여객자동차운수사업법

2. 이 법에 따른 허가·신고·인가 또는 승인 등의 업무를 적정하게 수행하기 위하여 필요한 경우
3. 제23조, 제33조, 제44조, 제49조의7, 제49조의14에 따른 개선명령을 하기 위하여 필요한 경우
4. 제51조제2항에 따라 보조 또는 융자를 받은 자가 그 자금을 적정하게 사용하는지의 여부에 대하여 확인이 필요한 경우
5. 제51조의2부터 제51조의4까지에 따른 유가보조금, 천연가스 연료보조금 및 수소 연료보조금의 지급과 관련하여 확인이 필요한 경우
6. 제78조에 따른 협의·조정 시 적정성을 확인하기 위하여 필요한 경우
7. 교통사고 대응 및 예방 또는 이용자의 교통안전을 위하여 필요한 경우
8. 그 밖에 여객자동차 운수사업 관련 정책수립을 위하여 필요한 경우

② 국토교통부장관, 시·도지사 또는 시장·군수는 필요하다고 인정하면 소속 공무원으로 하여금 여객자동차 운수사업자 또는 운수종사자의 장부·서류, 그 밖의 물건을 검사하게 하거나 관계인에게 질문하게 할 수 있다. 〈개정 2013. 3. 23., 2021. 3. 23.〉
③ 제2항의 경우에 그 공무원은 그 권한을 표시하는 증표를 지니고 이를 관계인에게 내보여야 한다.

제80조(수수료) 이 법에 따라 면허·등록·허가·인가 등을 신청하거나 신고를 하려는 자는 국토교통부령으로 정하는 수수료를 내야 한다. 다만, 국토교통부장관이 제76조제1항에 따라 권한을 위탁한 경우에는 그 수탁 기관이 정하는 수수료를 해당 수탁 기관에 내야 한다. 〈개정 2013. 3. 23.〉

여객자동차운수사업법 시행령

하여 회의에 부치는 사항
⑧ 운영위원회의 사무를 처리하기 위하여 간사 및 서기를 두되, 간사 및 서기는 해당 공제조합의 직원(법 제60조제1항에 따라 조합 및 연합회가 국토교통부장관의 허가를 받아 공제사업을 하는 경우에는 해당 조합 및 해당 연합회의 직원을 말한다) 중에서 위원장이 임명한다. 〈개정 2013. 3. 23.〉
⑨ 간사는 회의 때마다 회의록을 작성하여 다음 회의에 보고하고 이를 보관하여야 한다.
⑩ 이 영에 규정된 사항 외에 운영위원회의 운영에 필요한 사항은 운영위원회의 의결을 거쳐 위원장이 정한다.

제27조의2(운영위원회 위원의 결격사유) 법 제63조의2제1항제3호 및 제4호에서 "대통령령으로 정하는 금융 관계 법령(외국의 금융 관계 법령을 포함한다)"이란 각각 별표 1의2에서 정하는 법령을 말한다.
[본조신설 2022. 1. 28.]

제28조(재무건전성 기준) ① 이 조에서 사용하는 용어의 뜻은 다음 각 호와 같다. 〈개정 2013. 3. 23.〉
1. "지급여력금액"이란 자본금, 대손충당금, 이익잉여금, 그 밖에 이에 준하는 것으로서 국토교통부장관이 정하는 금액을 합산한 금액에서 영업권, 선급비용 등 국토교통부장관이 정하는 금액을 뺀 금액을 말한다.
2. "지급여력기준금액"이란 공제사업을 운영함에 따라 발생하게 되는 위험을 국토교통부장관이 정하는 방법에 따라 금액으로 환산한 것을 말한다.
3. "지급여력비율"이란 지급여력금액을 지급여력기준금액으로 나눈 비

여객자동차운수사업법 시행규칙

4조에 따른 노선 여객자동차운송사업 면허 시의 사업계획(법 제10조제1항에 따른 사업계획 변경인가를 받은 경우에는 변경인가를 받은 사업계획)에 따른 운행계통별 전체 운행대수의 30퍼센트 이내의 전환만 해당한다.
④ 법 제10조제1항 단서와 법 제10조제2항 단서에 따른 사업계획 변경 신고를 하려는 자는 별지 제15호서식의 여객자동차운송사업계획 변경신고서를 관할관청 또는 조합에 제출하여야 한다. 〈개정 2014. 12. 31.〉
⑤ 제1항제5호에 따라 사업계획이 변경되었을 때에는 제4항에 따른 신고서에 제26조제1항제2호 및 제3호에 따른 서류를 첨부하여야 한다. 〈개정 2014. 12. 31., 2016. 7. 29.〉
⑥ 제3항제4호에 따라 사업계획이 변경되었을 때에는 제4항에 따른 신고서에 다음 각 호의 서류를 첨부하여야 한다. 〈개정 2014. 12. 31., 2016. 7. 29.〉
1. 신·구 사업계획대비표
2. 관련 사업자 간의 합의를 증명할 수 있는 서류
⑦ 여객자동차운송사업의 면허, 사업의 휴업 또는 폐업의 허가를 신청하려는 자 또는 사업관리의 위탁과 수탁의 신고, 사업의 양도·양수 또는 법인의 합병신고를 하려는 자는 그 면허 등에 따라 사업계획 변경이 필요한 경우 면허·허가신청서 또는 신고서에 각각 다음 각 호의 서류 및 도면을 첨부함으로써 사업계획 변경의 인가신청 또는 신고를 갈음할 수 있다. 〈개정 2014. 12. 31.〉
1. 변경하려는 사항을 적은 서류
2. 신·구 사업계획을 대비한 서류 또는 도면
⑧ 법 제10조제3항에서 "국토교통부

여객자동차운수사업법

제81조(자가용 자동차의 유상운송 금지) ① 사업용 자동차가 아닌 자동차(이하 "자가용자동차"라 한다)를 유상(자동차 운행에 필요한 경비를 포함한다. 이하 이 조에서 같다)으로 운송용으로 제공하거나 임대하여서는 아니 되며, 누구든지 이를 알선하여서는 아니 된다. 다만, 다음 각 호의 어느 하나에 해당하는 경우에는 유상으로 운송용으로 제공 또는 임대하거나 이를 알선할 수 있다. 〈개정 2013. 3. 23., 2015. 6. 22., 2017. 3. 21., 2019. 8. 27., 2020. 2. 18.〉
1. 출·퇴근시간대(오전 7시부터 오전 9시까지 및 오후 6시부터 오후 8시까지를 말하며, 토요일, 일요일 및 공휴일인 경우는 제외한다) 승용자동차를 함께 타는 경우
2. 천재지변, 긴급 수송, 교육 목적을 위한 운행, 그 밖에 국토교통부령으로 정하는 사유에 해당되는 경우로서 시장·군수·구청장의 허가를 받은 경우
② 시장·군수·구청장은 제1항제2호에 따른 허가의 신청을 받은 날부터 10일 이내에 허가 여부를 신청인에게 통지하여야 한다. 〈신설 2017. 3. 21., 2020. 2. 18.〉
③ 시장·군수·구청장이 제2항에서 정한 기간 내에 허가 여부 또는 민원 처리 관련 법령에 따른 처리기간의 연장 여부를 신청인에게 통지하지 아니하면 그 기간이 끝난 날의 다음 날에 허가를 한 것으로 본다. 〈신설 2017. 3. 21., 2020. 2. 18.〉
④ 제1항제2호의 유상운송 허가의 대상 및 기간 등은 국토교통부령으로 정한다. 〈개정 2013. 3. 23., 2017. 3. 21.〉

제82조(자가용자동차의 노선운행 금지)

여객자동차운수사업법 시행령

율을 말한다.
② 법 제68조제1항에 따라 공제조합이 준수하여야 하는 재무건전성 기준은 다음 각 호와 같다.
1. 지급여력비율은 100분의 100 이상을 유지할 것
2. 구상채권 등 보유자산의 건전성을 정기적으로 분류하고 대손충당금을 적립할 것
③ 법 제68조제2항에 따라 국토교통부장관이 공제조합에 대하여 자본금의 증액을 명하거나 주식 등 위험자산의 소유를 제한하는 조치를 하려는 경우에는 다음 각 호의 사항을 고려하여야 한다. 〈개정 2013. 3. 23.〉
1. 해당 조치가 공제계약자의 보호를 위하여 적정한지 여부
2. 해당 조치가 공제조합의 부실화를 예방하고 건전한 경영을 유도하기 위하여 필요한지 여부
④ 국토교통부장관은 제1항부터 제3항까지의 규정에 관하여 필요한 세부 기준을 정할 수 있다. 〈개정 2013. 3. 23.〉

제29조(공제분쟁의 조정) ① 법 제70조제2항제5호에서 "대통령령으로 정하는 사항에 관한 분쟁"이란 자동차사고와 관련된 공제사업자 간의 분쟁을 말한다.
② 법 제70조제2항 각 호의 분쟁에 대하여 조정을 받으려는 자는 국토교통부령으로 정하는 바에 따라 그 신청 취지와 신청 사건의 내용을 서면으로 명확히 작성하여 법 제70조제1항에 따른 공제분쟁조정위원회(이하 "위원회"라 한다)에 신청(전자문서에 의한 신청을 포함한다)하여야 한다. 〈개정 2013. 3. 23.〉

제30조(위원회의 운영) ① 위원회의 위원장은 위원회의 업무를 총괄하고 위

여객자동차운수사업법 시행규칙

령으로 정하는 기간"이란 "5일"을 말한다. 〈신설 2023. 12. 21.〉
⑨ 제1항제2호마목 및 제1항제3호가목에 따라 신고를 한 자에 대한 운송 개시일의 지정 및 수송시설의 확인 등에 관하여는 제25조 및 제26조를 준용한다. 〈개정 2014. 12. 31., 2023. 12. 21.〉

제34조(사업관리의 위탁신고) 법 제13조제1항에 따라 여객자동차운송사업 관리위탁의 신고를 하려는 자는 별지 제16호서식의 여객자동차운송사업 관리위탁신고서(전자문서로 된 신고서를 포함한다)에 다음 각 호의 서류(전자문서를 포함한다)를 첨부하여 관할관청에 제출하여야 한다. 이 경우 관할관청은 「전자정부법」 제36조제1항에 따른 행정정보의 공동이용을 통하여 법인 등기사항증명서(신고인이 법인인 경우만 해당한다)를 확인하여야 한다. 〈개정 2011. 4. 11.〉
1. 사업관리의 위탁계약서 사본
2. 수탁자에 관한 제12조제1항제5호부터 제7호까지의 규정에 따른 서류
3. 관리의 위탁 및 수탁에 관한 총회 또는 이사회의 의결서 사본(법인인 경우에만 첨부한다)
4. 노선에 관계되는 관리위탁의 경우 해당 노선을 표시한 노선도

제35조(사업의 양도·양수신고 등) ① 법 제14조제1항에 따라 여객자동차운송사업의 양도·양수의 신고를 하려는 자는 별지 제17호서식의 여객자동차운송사업 양도·양수 신고서(전자문서로 된 신고서를 포함한다)에 다음 각 호의 서류(전자문서를 포함한다)를 첨부하여 관할관청에 제출하여야 한다. 이 경우 관할관청은 「전자정부법」 제36조제1항에 따른 행정정보의 공동이용을 통하여 법인 등기사항증

박흥식의 시내버스 노선조정 [노선은 생물(生物)이다]

여객자동차운수사업법	여객자동차운수사업법 시행령	여객자동차운수사업법 시행규칙
① 누구든지 고객을 유치할 목적으로 노선을 정하여 자가용자동차를 운행하거나 이를 알선하여서는 아니 된다. 다만, 다음 각 호의 어느 하나에 해당하는 경우에는 노선을 정하여 운행하거나 이를 알선할 수 있다. 〈개정 2020. 2. 18.〉 1. 학교, 학원, 유치원, 「영유아보육법」에 따른 어린이집, 호텔, 교육·문화·예술·체육시설(「유통산업발전법」 제2조제3호에 따른 대규모점포에 부설된 시설은 제외한다), 종교시설, 금융기관 또는 병원 이용자를 위하여 운행하는 경우 2. 대중교통수단이 없는 지역 등 대통령령으로 정하는 사유에 해당하는 경우로서 시장·군수·구청장의 허가를 받은 경우 ② 제1항제2호의 허가의 대상 및 조건 등에 관하여 필요한 사항은 국토교통부령으로 정한다. 〈개정 2013. 3. 23.〉 제83조(자가용자동차 사용의 제한 또는 금지) ① 시장·군수·구청장은 자가용자동차를 사용하는 자가 다음 각 호의 어느 하나에 해당하면 6개월 이내의 기간을 정하여 그 자동차의 사용을 제한하거나 금지할 수 있다. 〈개정 2012. 2. 1., 2017. 3. 21., 2020. 2. 18.〉 1. 자가용자동차를 사용하여 여객자동차운송사업을 경영한 경우 2. 제81조제1항제2호에 따른 허가를 받지 아니하고 자가용자동차를 유상으로 운송에 사용하거나 임대한 경우 ② 시장·군수·구청장이 제1항에 따라 자가용자동차의 사용을 금지한 경우에는 제89조를 준용한다. 〈개정 2012. 2. 1., 2017. 3. 21., 2020. 2. 18.〉 제84조(자동차의 차령 제한 등) ① 여	원회를 대표한다. ② 위원회의 위원장이 부득이한 사유로 직무를 수행할 수 없을 때에는 위원회의 위원장이 미리 지명하는 위원이 그 직무를 대행한다. ③ 위원회의 회의는 위원회의 위원장이 소집하고, 재적위원 과반수의 출석과 출석위원 과반수의 찬성으로 의결한다. 제30조의2 삭제 〈2016. 1. 6.〉 제30조의3(위원의 해촉) 국토교통부장관은 위원이 다음 각 호의 어느 하나에 해당하는 경우에는 해당 위원을 해촉(解囑)할 수 있다. 〈개정 2013. 3. 23., 2016. 1. 6.〉 1. 심신장애로 인하여 직무를 수행할 수 없게 된 경우 2. 직무와 관련된 비위사실이 있는 경우 3. 직무태만, 품위손상이나 그 밖의 사유로 인하여 위원으로 적합하지 아니하다고 인정되는 경우 4. 법 제71조의2제1항 각 호의 어느 하나에 해당하는 데에도 불구하고 회피하지 아니한 경우 5. 위원 스스로 직무를 수행하는 것이 곤란하다고 의사를 밝히는 경우 [본조신설 2012. 7. 4.] 제31조(감정 등의 의뢰) ① 위원회는 분쟁조정신청사건을 심사하기 위하여 필요하다고 인정되는 경우에는 관계 전문기관 또는 의료기관에 감정·진단 등을 의뢰할 수 있다. ② 위원회는 제1항의 감정·진단 등에 소요되는 비용을 공제사업을 하는 자나 분쟁을 조정받으려는 자가 부담하도록 할 수 있다. 제32조(의견청취 등) ① 위원회는 분쟁조정신청사건을 심사하기 위하여 필요하다고 인정되는 경우에는 당사자나 관계 전문가를 위원회의 회의에 출	명서(신고인이 법인인 경우만 해당한다) 및 주민등록표 등본 또는 초본(신고인이 개인인 경우만 해당한다)을 확인하여야 한다. 〈개정 2011. 4. 11., 2012. 8. 2.〉 1. 양도·양수 계약서 사본 2. 양수인이 운송사업자가 아닌 경우에는 제12조제1항제5호 및 제6호에 따른 서류 3. 사업의 양도·양수에 관한 총회 또는 이사회의 의결서 사본(법인인 경우에만 첨부한다) 4. 노선을 정한 사업에 관계되는 양도·양수의 경우 그 노선을 표시한 노선도 ② 여객자동차운송사업의 양도·양수는 해당 여객자동차운송사업의 전부를 그 대상으로 한다. 다만, 면허 또는 등록기준 대수 이상을 보유한 운송사업자가 국토교통부장관이 정하는 기준에 따라 등록기준 대수 이상을 보유한 다른 운송사업자에게 면허 또는 등록기준 대수를 초과하는 부분을 양도·양수하는 경우에는 그러하지 아니하다. 〈개정 2011. 12. 30., 2013. 3. 23., 2019. 1. 30.〉 ③ 제2항 단서에 따른 노선 여객자동차운송사업의 일부 양도·양수에는 해당 노선, 해당 노선에 사용되는 사업용 자동차 및 운송 부대시설이 포함되어야 한다. 〈개정 2009. 4. 23.〉 ④ 법 제14조제1항 후단에 따라 별표 3 제1호에 따른 등록기준 대수 이상을 보유한 전세버스운송사업자가 등록기준 대수를 초과하는 자동차를 양도하려는 경우에는 다음 각 호의 기준에 따른다. 〈개정 2019. 1. 30.〉 1. 세종특별자치시 및 충청남도의 경우: 세종특별자치시 또는 충청남도 내에 주 사무소가 있는 다른 전세버스운송사업자에게 양도할 것

부 록

여객자동차운수사업법	여객자동차운수사업법 시행령	여객자동차운수사업법 시행규칙

자동차 운수사업에 사용되는 자동차는 자동차의 종류와 여객자동차 운수사업의 종류에 따라 대통령령으로 정하는 연한[이하 "차령"(車齡)이라 한다] 및 운행거리를 넘겨 운행하지 못한다. 다만, 시·도지사는 해당 시·도의 여객자동차 운수사업용 자동차의 운행여건 등을 고려하여 대통령령으로 정하는 안전성 요건이 충족되는 경우에는 2년의 범위에서 차령을 연장할 수 있다. 〈개정 2014. 5. 21.〉
② 여객자동차 운수사업의 면허, 허가, 등록, 증차 또는 대폐차(代廢車: 차령이 만료되거나 운행거리를 초과한 차량 등을 다른 차량으로 대체하는 것을 말한다)에 충당되는 자동차는 자동차의 종류와 여객자동차 운수사업의 종류에 따라 3년을 넘지 아니하는 범위에서 대통령령으로 정하는 연한(이하 "차량충당연한"이라 한다) 이내로 하여야 한다. 다만, 다음 각 호의 어느 하나에 해당하는 경우에는 그러하지 아니하다. 〈개정 2024. 1. 30.〉
1. 노선 여객자동차운송사업의 면허를 받거나 등록을 한 자가 보유 차량으로 노선 여객자동차운수사업 범위에서 업종 변경을 위하여 면허를 받거나 등록을 하는 경우
2. 대통령령으로 정하는 여객자동차 운송사업자가 대폐차하는 경우로서 노선 여객자동차운송사업용 자동차를 차령이 6년 이내인 여객자동차운송사업용 자동차로 충당하거나 구역 여객자동차운송사업용 자동차를 차령이 8년 이내인 여객자동차운송사업용 자동차로 충당하는 경우
3. 여객자동차 운수사업에 사용되었던 자동차로서「자동차관리법」제13조제7항 각 호의 어느 하나에 해당하는 사유로 말소등록이 된
	석하게 하여 의견을 듣거나 관련 자료의 제출을 요청할 수 있다.
	② 위원회는 제1항에 따라 의견을 들으려면 회의개최일 7일 전까지 서면으로 통지(당사자나 관계 전문가가 원하는 경우에는 전자문서에 의한 통지를 포함한다)하여야 한다.
	③ 위원회는 분쟁조정 신청사건을 심사하기 위하여 필요하다고 인정되는 경우에는 현장검증을 할 수 있다.
	제33조(조정 전 합의) 위원회는 분쟁조정 당사자 양쪽이 위원회의 조정 전에 합의를 한 경우에는 해당 사건에 대한 조정을 중단하고 분쟁 당사자가 합의한 내용에 따라 즉시 합의서를 작성하여야 한다. 이 경우 위원회의 위원장과 각 당사자는 이에 서명 또는 날인하여야 한다.
	제34조(위원회 업무의 위탁) 국토교통부장관은 법 제71조제6항에 따라 다음 각 호의 업무를 「자동차손해배상 보장법」에 따른 자동차손해배상진흥원에 위탁한다.
	1. 제29조제2항에 따른 신청의 접수
	2. 제31조에 따른 감정·진단 등의 의뢰 지원과 그에 부수되는 업무
	3. 제32조제1항에 따른 회의출석과 자료 제출의 요청 통지
	4. 제33조에 따른 합의서 작성의 지원 및 보조
	5. 그 밖에 위원회의 운영에 필요한 사무처리에 관한 업무
	[전문개정 2021. 9. 24.]
	제35조(수당) 위원회의 회의에 출석하거나 현장검증을 실시한 위원과 관계 전문가에게는 예산의 범위에서 수당과 여비를 지급할 수 있다. 다만, 공무원인 위원이 그 소관 업무와 직접 관련되어 출석한 경우에는 그러하지 아니하다.
		2. 제1호 외의 시·도의 경우: 동일한 시·도 내에 주사무소가 있는 다른 전세버스운송사업자에게 양도할 것
		⑤ 법 제14조제2항에 따라 개인택시운송사업의 양도·양수의 인가를 받으려는 자는 별지 제18호서식의 개인택시운송사업 양도·양수 인가신청서에 다음 각 호의 서류를 첨부하여 관할관청에 제출해야 한다. 〈개정 2011. 4. 11., 2014. 7. 29., 2020. 4. 3., 2022. 1. 28.〉
		1. 양도자에 관한 다음 각 목의 서류
		  가. 개인택시운송사업 면허증 원본
		  나. 택시운전자격증명(택시운전자격증명을 관할관청에 반납하여 폐기되었을 경우 이를 입증하는 서류로 갈음할 수 있다)
		  다. 그 밖에 진단서 등 양도의 사유를 증명할 수 있는 서류(제19조제5항제1호·제2호 또는 제4호의 경우에만 첨부한다)
		2. 양수자에 관한 다음 각 목의 서류
		  가. 제19조제1항제1호에 따른 운전경력을 증명하는 서류(제19조제8항에 따른 양수자만 해당한다)
		  나. 건강진단서
		  다. 운전정밀검사 종합판정표
		  라. 양도·양수 계약서 사본
		  마. 차고의 확보를 증명할 수 있는 서류
		  바. 택시운전자격증 사본
		  사. 반명함판 사진 2장 또는 전자적 파일 형태의 사진
		  아. 교통안전교육 이수를 증명할 수 있는 서류(제19조제9항에 따른 양수자만 해당한다)
		⑥ 관할관청은 제5항에 따른 개인택시운송사업의 양도·양수 인가신청을 받으면「전자정부법」제36조제1항에 따른 행정정보의 공동이용을 통하여

여객자동차운수사업법	여객자동차운수사업법 시행령	여객자동차운수사업법 시행규칙
자동차를 여객자동차 운수사업자가 「자동차관리법」 제43조제1항제4호에 따른 임시검사에 합격한 후 다시 등록하는 경우. 다만, 차령을 초과한 자동차는 제외한다. 4. 「환경친화적 자동차의 개발 및 보급 촉진에 관한 법률」 제2조제3호에 따른 전기자동차 또는 같은 법 제2조제6호에 따른 수소전기자동차의 배터리를 신규로 교체한 경우. 다만, 차령을 초과한 자동차는 제외한다. ③ 시·도지사는 자동차의 제작·조립이 중단되거나 출고가 지연되는 등 부득이한 사유로 자동차를 공급하는 것이 현저히 곤란하다고 인정하면 6개월의 범위에서 제1항에 따른 차령을 초과하여 운행하게 할 수 있다. 〈개정 2013. 3. 23., 2014. 1. 28.〉 ④ 제1항에 따른 차령과 그 연장요건, 제2항에 따른 차령충당연한의 기산일(起算日) 및 계산 방법 등에 관하여 필요한 사항은 대통령령으로 정한다. 제85조(면허취소 등) ① 국토교통부장관, 시·도지사(터미널사업·자동차대여사업 및 대통령령으로 정하는 여객자동차운송사업에 한정한다) 또는 시장·군수·구청장(터미널사업에 한정한다)은 여객자동차 운수사업자가 다음 각 호의 어느 하나에 해당하면 면허·허가·인가 또는 등록을 취소하거나 6개월 이내의 기간을 정하여 사업의 전부 또는 일부를 정지하도록 명하거나 노선폐지 또는 감차 등이 따르는 사업계획 변경을 명할 수 있다. 다만, 제5호·제8호·제39호 및 제41호의 경우에는 면허, 허가 또는 등록을 취소하여야 한다. 〈개정 2021. 7. 27.〉 1. 면허·허가 또는 인가를 받거나 등록한 사항을 정당한 사유 없이 실시하지 아니한 경우	제36조(운영세칙) 이 영에 규정한 사항 외에 위원회의 운영에 필요한 사항은 위원회의 의결을 거쳐 위원장이 정한다. 제37조(권한의 위임) ① 국토교통부장관은 법 제75조제1항에 따라 다음 각 호의 권한을 「대도시권 광역교통 관리에 관한 특별법」 제8조에 따른 대도시권광역교통위원회에 위임한다. 〈신설 2019. 3. 19., 2020. 4. 14., 2020. 12. 29., 2021. 4. 6., 2022. 1. 28., 2024. 5. 7., 2024. 7. 2.〉 1. 운행형태가 직행좌석형인 시내버스운송사업(별표 1의3에서 정하는 지역을 기점으로 하여 「대도시권 광역교통 관리에 관한 특별법 시행령」 별표 1에 따른 대도시권 내 둘 이상의 시·도에 걸쳐 운행되는 노선으로서 국토교통부장관이 정하여 고시하는 노선만 해당한다) 및 운행형태가 광역급행형인 시내버스운송사업에 대한 다음 각 목의 권한 가. 법 제4조제1항 본문에 따른 여객자동차운송사업의 면허 나. 법 제5조의2제1항에 따른 광역버스운송사업의 타당성 평가 및 같은 조 제2항에 따른 자료의 제출 요청 다. 법 제8조제1항에 따른 여객자동차운송사업의 운임·요금의 기준과 요율의 결정 라. 법 제9조제1항에 따른 여객자동차운송사업의 운송약관 및 그 변경 신고의 수리, 같은 조 제2항에 따른 신고수리 여부의 통지 마. 법 제10조제1항 본문에 따른 여객자동차운송사업의 사업계획 변경(제2항제6호 본문에 따	다음 각 호의 구분에 따른 서류를 확인해야 한다. 다만, 신청인이 관할관청의 확인에 동의하지 않는 경우에는 해당 서류(제1호가목의 경우에는 그 사본)를 첨부하게 해야 한다. 〈개정 2022. 1. 28.〉 1. 양도자: 다음 각 목의 서류 　가. 자동차운전면허증 　나. 운전경력증명서 　다. 해외이주 확인서(제19조제5항제3호의 경우만 해당한다) 2. 양수자: 제1호가목 및 나목(나목의 경우에는 무사고 운전경력을 포함한다)의 서류 ⑦ 관할관청은 제6항에 따른 확인 결과 양도자 및 양수자가 다음 각 호의 경우로 확인되면 양도·양수인가를 해서는 안 된다. 〈개정 2022. 1. 28.〉 　가. 「도로교통법」 위반으로 운전면허가 취소되었거나 취소사유가 있는 경우 　나. 「도로교통법」 제93조제1항제1호에 해당하여 운전면허효력이 정지되었거나 해당 정지사유가 있는 경우 ⑧ 관할관청은 개인택시운송사업의 양도·양수인가를 하였을 때에는 양도자의 택시운전자격증명을 폐기하고 개인택시운송사업조합에 양도·양수인가처분의 내용을 통보하여야 한다. 〈개정 2014. 7. 29.〉 제36조(법인의 합병신고) 법 제14조제4항에 따라 운송사업자인 법인의 합병신고를 하려는 자는 별지 제19호서식의 여객자동차운송사업 법인합병신고서(전자문서로 된 신고서를 포함한다)에 다음 각 호의 서류(전자문서를 포함한다)를 첨부하여 관할관청에 제출하여야 한다. 〈개정 2009. 12. 2.〉 1. 합병계약서 사본 2. 합병으로 신설되거나 합병 후 존속

부록

여객자동차운수사업법	여객자동차운수사업법 시행령	여객자동차운수사업법 시행규칙
2. 사업경영의 불확실, 자산상태의 현저한 불량, 그 밖의 사유로 사업을 계속하는 것이 적합하지 아니하여 국민의 교통편의를 해치는 경우 3. 중대한 교통사고 또는 빈번한 교통사고로 많은 사람을 죽거나 다치게 한 경우 4. 제4조에 따른 면허를 받거나 등록한 여객자동차운송사업용 자동차 또는 제49조의3에 따라 허가를 받은 플랫폼운송사업용 자동차를 타인에게 대여한 경우 5. 거짓이나 그 밖의 부정한 방법으로 제4조·제28조·제36조·제49조의3 또는 제49조의18에 따른 여객자동차운송사업·자동차대여사업·터미널사업·플랫폼운송사업 또는 플랫폼중개사업의 면허(변경면허를 포함한다) 또는 허가를 받거나 등록을 한 경우 6. 제4조·제28조·제36조 또는 제49조의3에 따라 면허 또는 허가를 받거나 등록한 업종의 범위·노선·운행계통·사업구역·업무범위 및 면허·허가기간(여객자동차운송사업 한정면허와 플랫폼운송사업 허가의 경우에만 해당한다) 등을 위반하여 사업을 한 경우 7. 제5조·제29조·제37조·제49조의3 또는 제49조의18에 따른 여객자동차운송사업·자동차대여사업·터미널사업·플랫폼운송사업 또는 플랫폼중개사업의 면허 또는 허가기준이나 등록기준을 충족하지 못하게 된 경우. 다만, 3개월 이내에 그 기준을 충족시킨 경우에는 그러하지 아니하다. 8. 운송사업자·자동차대여사업자·터미널사업자·플랫폼운송사업자 또는 플랫폼중개사업자가 제6조 각 호의 어느 하나에 해당하게 된	른 여객자동차운송사업의 사업계획 변경은 제외한다) 인가 바. 법 제13조제1항에 따른 여객자동차운송사업 관리위탁 신고의 수리 및 같은 조 제2항에 따른 신고수리 여부의 통지 사. 법 제14조제1항에 따른 여객자동차운송사업의 양도·양수 신고의 수리, 같은 조 제2항에 따른 여객자동차운송사업의 양도·양수 인가, 같은 조 제4항에 따른 법인의 합병 신고의 수리, 같은 조 제5항에 따른 신고수리 여부의 통지 및 같은 조 제7항에 따른 인가 여부의 통지 아. 법 제15조제1항에 따른 여객자동차운송사업의 상속 신고의 수리 및 같은 조 제2항에 따른 신고수리 여부의 통지 자. 법 제16조제1항 본문에 따른 여객자동차운송사업의 휴업·폐업 허가 차. 법 제18조제3항에 따른 노선 여객자동차운송사업자에 대한 운송금지 명령 카. 법 제22조제2항부터 제4항까지의 규정에 따른 현황 보고의 접수 타. 법 제23조제1항에 따른 운송사업자에 대한 개선명령, 같은 조 제2항에 따른 운행명령 및 같은 조 제3항에 따른 손실보상 파. 법 제24조제5항에 따른 운전경력 및 범죄경력자료 조회 요청 하. 법 제50조에 따른 여객자동차운수사업자 또는 지방자치단체에 대한 재정 지원 거. 법 제51조제2항에 따른 보조 또는 융자를 받은 자에 대한 감독, 같은 조 제3항에 따른 보조금 또는 융자금의 반환 명령 및	하는 법인의 합병 당시의 사업용 고정자산 명세서 3. 합병 당사자에 관한 제12조제1항 제5호 및 제6호에 따른 서류 4. 합병에 관한 총회 또는 이사회의 의결서 사본 5. 노선을 정한 사업을 경영하는 법인인 경우에는 그 노선을 표시한 노선도 제37조(사업의 상속신고) 법 제15조제1항에 따라 여객자동차운송사업의 상속신고를 하려는 자는 별지 제20호서식의 여객자동차운송사업 상속신고서에 다음 각 호의 서류를 첨부하여 관할관청에 제출하여야 한다. 1. 피상속인이 사망하였음을 증명할 수 있는 서류 2. 피상속인과의 관계를 증명할 수 있는 서류 3. 신고인과 같은 순위의 다른 상속인이 있는 경우에는 그 상속인의 동의서 제38조(사업의 휴업·폐업 허가신청 등) ① 법 제16조제1항 및 제2항에 따라 여객자동차운송사업의 휴업 또는 폐업 허가를 받거나 신고를 하려는 자는 별지 제21호서식의 여객자동차운송사업 휴업 또는 폐업 허가신청서 또는 신고서를 관할관청에 제출하여야 한다. ② 제1항에 따른 사업의 휴업 또는 폐업 허가신청서 또는 신고서에는 다음 각 호의 서류를 첨부하여야 한다. 〈개정 2021. 9. 24.〉 1. 사업의 휴업 또는 폐업에 관한 총회 또는 이사회의 의결서 사본(법인인 경우에만 첨부한다) 2. 노선을 정한 여객자동차운송사업의 일부를 휴업 또는 폐업하려는 경우에는 그 노선을 표시한 노선도 3. 택시운전자격증명(개인택시운송사

353

여객자동차운수사업법	여객자동차운수사업법 시행령	여객자동차운수사업법 시행규칙
경우. 다만, 법인의 임원 중 그 사유에 해당하는 자가 있는 경우로서 3개월 이내에 그 임원을 개임(改任)한 경우와 피상속인이 사망한 날부터 60일 이내에 상속인이 여객자동차 운수사업을 다른 사람에게 양도한 경우(플랫폼운송사업 및 플랫폼중개사업은 제외한다)에는 그러하지 아니하다. 9. 제7조를 위반하여 국토교통부장관 또는 시·도지사가 지정한 기일 또는 기간 내에 운송을 시작하지 아니한 경우 10. 제8조, 제49조의6 또는 제49조의13을 위반하여 운임·요금의 신고 또는 변경신고를 하지 아니하거나 부당한 요금을 받은 경우 또는 1년에 3회 이상 6세 미만인 아이의 무상운송을 거절한 경우 11. 제9조(제49조의9에서 준용하는 경우를 포함한다) 또는 제31조를 위반하여 운송약관·대여약관 또는 플랫폼운송약관의 신고 또는 변경신고를 하지 아니하거나 신고한 약관을 이행하지 아니한 경우 12. 제10조(제35조에서 준용하는 경우를 포함한다) 또는 제49조의3 제6항을 위반하여 인가·등록 또는 신고를 하지 아니하고 사업계획을 변경한 경우 13. 제12조(제35조 및 제49조의9에서 준용하는 경우를 포함한다)에 따른 명의이용 금지를 위반한 경우 14. 제13조를 위반하여 신고하지 아니하고 여객자동차운수사업을 관리위탁하거나 운송사업자가 아닌 자에게 관리위탁한 경우 15. 제14조(제35조·제48조 및 제49조의9에서 준용하는 경우를 포함한다)를 위반하여 인가를 받지 아니하거나 신고를 하지 아니하	회수 너. 법 제78조에 따른 여객자동차 운송사업(직행좌석형 시내버스 운송사업을 포함한다)에 관한 조정, 결과 통보 및 직접 처분 더. 법 제79조제1항에 따른 여객자동차 운수사업자에 대한 보고 및 서류제출 명령, 같은 조 제2항에 따른 검사 및 질문 러. 법 제85조제1항에 따른 여객자동차 운수사업의 면허·허가 또는 인가의 취소 및 사업계획 변경 명령 머. 법 제86조에 따른 청문 버. 법 제94조제1항제2호 및 같은 조 제2항제12호부터 제14호까지의 규정에 따른 과태료 부과·징수 1의2. 제2조의2제6호에 따른 수요응답형 여객자동차운송사업에 대한 제1호 각 목(나목 및 차목은 제외한다)의 권한 2. 제3조제2호다목에 따른 일반택시 운송사업 및 같은 호 라목에 따른 개인택시운송사업에 대한 법 제78조에 따른 조정, 결과 통보 및 직접 처분(사업구역이 「대도시권 광역교통 관리에 관한 특별법」 제2조제1호에 따른 대도시권 안에 있는 경우로 한정한다) ② 국토교통부장관은 법 제75조제1항에 따라 다음 각 호의 권한을 시·도지사에게 위임한다. 〈개정 2008. 11. 26., 2009. 11. 27., 2012. 7. 31., 2013. 3. 23., 2015. 1. 28., 2016. 1. 6., 2019. 3. 19., 2020. 4. 14., 2020. 12. 29., 2021. 4. 6., 2024. 7. 2.〉 1. 법 제4조에 따른 여객자동차운송사업의 면허. 다만, 다음 각 목에 따른 여객자동차운송사업의 면허	업자가 신청하는 휴업허가의 예정기간이 10일을 초과하거나 폐업허가를 신청하는 경우에만 첨부한다) 제39조(자동차에 표시하여야 하는 사항) ① 법 제17조에서 "그 밖에 국토교통부령으로 정하는 사항"이란 다음 각 호의 구분에 따른 사항을 말한다. 〈개정 2009. 12. 2., 2012. 11. 23., 2013. 3. 23., 2015. 9. 21., 2016. 1. 6., 2016. 9. 26., 2021. 4. 8.〉 1. 시외버스의 경우에는 다음 각 목의 사항 　가. 시외우등고속버스: "우등고속" 　나. 시외고속버스: "고속" 　다. 시외우등직행버스: "우등직행" 　라. 시외직행버스: "직행" 　마. 시외우등일반버스: "우등일반" 　바. 시외일반버스: "일반" 2. 전세버스운송사업용 자동차의 경우에는 "전세" 3. 한정면허를 받은 여객자동차 운송사업용 자동차의 경우에는 "한정" 4. 특수여객자동차운송사업용 자동차의 경우에는 "장의" 5. 택시운송사업용 자동차[대형(승합자동차를 사용하는 경우로 한정한다) 및 고급형 택시운송사업용 자동차는 제외한다]의 경우에는 다음 각 목의 사항 　가. 자동차의 종류("경형", "소형", "중형", "대형", "모범") 　나. 삭제 〈2015. 9. 21.〉 　다. 관할관청(특별시·광역시·특별자치시 및 특별자치도는 제외한다) 　라. 법 제49조의10제1항에 따라 여객자동차플랫폼운송가맹사업의 면허를 받은 자(이하 "플랫폼가맹사업자"라 한다)의 상호 [법 제49조의11제1항에 따라 여객자동차플랫폼운송가맹점

여객자동차운수사업법	여객자동차운수사업법 시행령	여객자동차운수사업법 시행규칙

고 여객자동차운송사업을 양도·양수하거나 법인을 합병한 경우
16. 제16조(제35조·제48조 및 제49조의9에서 준용하는 경우를 포함한다)를 위반하여 허가를 받지 아니하거나 신고를 하지 아니하고 여객자동차운송사업을 휴업 또는 폐업하거나 휴업기간이 지난 후에도 사업을 재개(再開)하지 아니한 경우
17. 제17조를 위반하여 1년에 3회 이상 사업용자동차의 표시를 하지 아니한 경우
18. 제18조제1항 및 제2항에 따라 운송할 수 있는 소화물이 아닌 소화물을 운송하거나, 같은 조 제3항에 따른 소화물 운송의 금지명령을 따르지 아니한 자
19. 제21조제1항에 따른 준수 사항을 위반하여 과태료 처분을 받은 날부터 1년 이내에 다시 3회 이상 위반한 경우
20. 제21조제2항(제49조의9에서 준용하는 경우를 포함한다)을 위반하여 운수종사자의 자격요건을 갖추지 아니한 자를 운전업무에 종사하게 한 경우
20의2. 삭제 〈2020. 4. 7.〉
20의3. 삭제 〈2020. 4. 7.〉
20의4. 제21조제8항(제49조의9에서 준용하는 경우를 포함한다)을 위반하여 자동차의 운전석 및 그 옆 좌석에 에어백을 설치하지 아니한 경우
20의5. 제21조제10항을 위반하여 운행정보를 신고하지 아니하거나 운행기록증을 붙이지 아니하고 사업용 자동차를 운행한 경우
20의6. 제21조제11항을 위반하여 휴식시간을 보장하지 아니한 경우
20의7. 제21조제12항 전단(제49조
	는 제외한다.
	  가. 제2조의2제6호에 따른 수요응답형 여객자동차운송사업
	  나. 제1항제1호 각 목 외의 부분에서 규정한 시내버스운송사업
	  다. 운행형태가 고속형인 시외버스운송사업
	2. 법 제7조에 따른 수송시설의 확인과 운송개시일의 연기 또는 개시기간의 연장승인
	3. 법 제8조에 따른 여객자동차운송사업(제2조의2제6호에 따른 수요응답형 여객자동차운송사업, 이 조 제1항제1호 각 목 외의 부분에서 규정한 시내버스운송사업 및 시외버스운송사업은 제외한다)의 운임·요금의 기준 및 요율의 결정
	4. 법 제8조제1항에 따른 여객자동차운송사업에 관한 운임·요금의 신고의 수리(受理)
	5. 법 제9조에 따른 여객자동차운송사업(제1호 각 목에 따른 여객자동차운송사업은 제외한다)의 운송약관 및 그 변경신고의 수리
	6. 다음 각 목의 구분에 따른 변경사항에 대한 법 제10조제1항 본문에 따른 여객자동차운송사업의 사업계획 변경의 인가
	  가. 제2조의2제6호에 따른 수요응답형 여객자동차운송사업: 영업소 및 운송부대시설의 변경
	  나. 제1항제1호 각 목 외의 부분에서 규정한 시내버스운송사업: 운행시간, 영업소, 정류소 및 운송부대시설의 변경과 관할구역 내에서의 운행경로의 변경(기점 또는 종점의 변경은 제외한다)
	  다. 운행형태가 고속형인 시외버스운송사업: 운행시간, 영업소, 정류소 및 운송부대시설의 변경
		(이하 "운송가맹점"이라 한다)으로 가입한 개인택시운송사업자만 해당한다]
		  마. 그 밖에 시·도지사가 정하는 사항(법 제49조의10제1항 단서에 따라 국토교통부장관에게 면허를 받은 플랫폼가맹사업자의 운송가맹점으로 가입한 택시운송사업자는 해당하지 않는다)
		6. 마을버스운송사업용 자동차의 경우에는 "마을버스"
		② 제1항에 따른 표시는 외부에서 알아보기 쉽도록 차체 면에 인쇄하는 등 항구적인 방법으로 표시하여야 하며, 구체적인 표시 방법 및 위치 등은 관할관청이 정한다.
		제40조(운송개시 등의 신고 등) ① 운송사업자는 다음 각 호의 사항이 이루어진 때에는 3일 이내에 별지 제22호서식의 여객자동차운송사업 개시 등 신고서(전자문서로 된 신고서를 포함한다. 이하 이 조에서 같다)에 운행개시의 경우에는 「자동차손해배상 보장법」 제5조제1항부터 제3항까지의 규정에 따른 책임보험등, 보험 및 공제 중 대인무한배상보험에 가입한 증명서를 첨부하여 관할관청에 신고하여야 한다. 이 경우 관할관청은 「전자정부법」 제36조제1항에 따른 행정정보의 공동이용을 통하여 자동차등록증(운행개시 신고의 경우만 해당한다)과 법인 등기사항증명서(법인의 설립·합병 또는 해산 신고의 경우만 해당한다)를 확인하여야 하며, 자동차등록증의 경우 신고인이 관할관청의 확인에 동의하지 아니하는 경우에는 그 사본을 첨부하도록 하여야 한다. 〈개정 2011. 4. 11.〉
		1. 운송개시
		2. 사업계획의 변경
		3. 사업의 양도·양수

여객자동차운수사업법	여객자동차운수사업법 시행령	여객자동차운수사업법 시행규칙
의9에서 준용하는 경우를 포함한다)을 위반하여 운수종사자의 음주 여부를 확인하지 아니한 경우 20의8. 제21조제12항 후단(제49조의9에서 준용하는 경우를 포함한다)을 위반하여 운수종사자가 음주로 안전한 운전을 할 수 없다고 판단됨에도 사업용 자동차를 운행하게 한 경우 21. 제21조제13항(제49조의9에서 준용하는 경우를 포함한다)에 따른 준수 사항을 위반한 경우 22. 제23조·제33조·제44조 또는 제49조의7에 따른 개선명령 또는 운행명령을 이행하지 아니한 경우 23. 제25조제2항(제49조의9에서 준용하는 경우를 포함한다)에 따른 운수종사자의 교육에 필요한 조치를 하지 아니한 경우 23의2. 제27조의3제1항을 위반하여 영상기록장치를 설치하지 않은 경우 23의3. 제27조의3제7항을 위반하여 영상기록장치의 운영·관리 지침을 마련하지 않은 경우 24. 제28조에 따른 등록 시 부여한 유예기간 내에 제29조에 따른 등록기준을 충족하지 아니하거나 사업을 시작하지 아니한 경우 25. 제32조를 위반하여 관리위탁 허가를 받지 아니하고 자동차대여사업을 관리위탁하거나 자동차대여사업자가 아닌 자에게 관리위탁한 경우 26. 제34조제3항을 위반하여 자동차대여사업자가 사업용자동차를 사용하여 유상으로 여객을 운송하거나 이를 알선한 경우 26의2. 제34조의2제2항을 위반하여 같은 항 각 호의 어느 하나에 해	라. 법 제4조제1항 본문에 해당하는 여객자동차운송사업 중 가목부터 다목까지에서 규정한 여객자동차운송사업을 제외한 사업: 다음의 사항을 제외한 변경 　1) 시내버스운송사업을 제1항제1호 각 목 외의 부분에서 규정한 시내버스운송사업으로의 변경 　2) 시외버스운송사업(운행형태가 고속형인 경우는 제외한다)을 제1항제1호 각 목 외의 부분에서 규정한 시내버스운송사업으로의 변경 6의2. 법 제10조제1항 단서에 따른 여객자동차운송사업의 사업계획 변경(운행형태가 고속형인 시외버스운송사업의 경우에는 운행시간, 영업소, 정류소 및 운송부대시설의 변경만 해당한다) 신고(제38조제1항제1호 본문에 따른 사업계획 변경사항의 신고는 제외한다)의 수리 7. 법 제13조에 따른 여객자동차운송사업(제1호 각 목에 따른 여객자동차운송사업은 제외한다)의 관리위탁신고의 수리 8. 법 제14조에 따른 여객자동차운송사업(제1호 각 목에 따른 여객자동차운송사업은 제외한다)의 양도·양수에 대한 신고의 수리 및 인가와 법인의 합병에 대한 신고의 수리 9. 법 제15조에 따른 여객자동차운송사업(제1호 각 목에 따른 여객자동차운송사업은 제외한다)의 상속에 대한 신고의 수리 10. 법 제16조제1항에 따른 여객자동차운송사업(제1호 각 목에 따른 여객자동차운송사업은 제외한다)의 휴업 또는 폐업의 허가 11. 법 제19조제2항에 따른 중대한 교통사고에 대한 보고의 수리 및	4. 법인의 설립·합병 또는 해산(파산에 따라 해산하는 경우는 제외한다) 5. 법 제23조제1항제1호에 따른 개선명령의 이행 ② 운송사업자는 사업계획 변경의 인가를 받거나 신고를 한 때에는 3일 이내에 그 사실을 해당 조합에 알려야 한다. ③ 운송사업자는 천재지변이나 그 밖의 부득이한 사유로 인하여 사업계획에 따라 업무를 수행하는 것이 곤란하게 된 경우에는 그로부터 3일 이내에 별지 제22호서식의 여객자동차운송사업 개시 등 신고서에 따라 관할관청에 그 사실을 신고하여야 한다. ④ 법인인 운송사업자가 파산에 따라 해산한 경우 파산관재인은 해산한 날부터 3일 이내에 별지 제22호서식의 여객자동차운송사업 개시 등 신고서에 해산 사실이 기록된 법인 등기사항증명서를 첨부하여 관할관청에 그 사실을 신고하여야 한다. 다만, 「전자정부법」 제36조제1항에 따른 행정정보의 공동이용을 통하여 첨부서류에 대한 정보를 확인할 수 있는 경우에는 그 확인으로 첨부서류를 갈음할 수 있다. 〈개정 2011. 4. 11.〉 ⑤ 운송사업자가 다음 각 호의 어느 하나에 해당하게 된 경우에는 그로부터 14일 이내에 별지 제22호서식의 여객자동차운송사업 개시 등 신고서에 따라 관할관청에 그 사실을 신고하여야 한다. 1. 성명(법인인 경우에는 그 명칭과 대표자의 성명)이 변경된 경우 2. 법인의 임원, 무한책임사원 또는 정관이 변경된 경우 3. 한정면허를 받은 여객자동차운송사업에서 운송할 여객에 관한 업무의 범위가 변경된 경우 제40조의2(노선 여객자동차운송사업자

여객자동차운수사업법	여객자동차운수사업법 시행령	여객자동차운수사업법 시행규칙

당하는 운전자에게 자동차를 대여한 경우
27. 제38조제1항에 따른 공사시행의 인가(변경인가를 포함한다)를 받지 아니하고 터미널 시설에 관한 공사를 하거나 지정된 기간까지 공사를 마치지 아니한 경우
28. 제39조를 위반하여 제38조제4항에 따른 시설확인을 받지 아니하고 터미널의 사용을 시작한 경우
29. 정당한 사유 없이 제39조를 위반하여 시·도지사가 정한 기간 내에 터미널의 사용을 시작하지 아니한 경우
30. 제40조를 위반하여 신고 또는 변경신고를 하지 아니하고 터미널 사용약관을 시행한 경우
31. 제42조제1항에 따른 터미널사업자의 준수 사항을 위반한 경우 또는 같은 조 제3항에 따른 중지명령이나 시정명령을 이행하지 아니한 경우
32. 제43조에 따른 변경인가를 받지 아니하고 터미널의 위치·규모 또는 구조·설비를 변경한 경우
32의2. 제49조의3제2항에 따른 조건을 이행하지 아니한 경우
32의3. 제49조의6제4항 또는 제49조의13제6항을 위반하여 운송플랫폼을 통해 여객과 운송계약을 체결할 때 여객에게 받을 운임이나 요금을 고지하지 아니한 경우
32의4. 제49조의11제2항을 위반하여 동일한 차량으로 둘 이상의 운송가맹점으로 가입한 경우
32의5. 제49조의11제3항을 위반하여 상호를 변경하지 아니하거나 상호변경 신고를 하지 아니한 경우
32의6. 제50조에 따른 보조금 또는 융자금을 보조 또는 융자받는 목적 외의 용도로 사용한 경우
	처리
	12. 법 제23조에 따른 운송사업자에 대한 사업개선명령(법 제23조제1항제1호에 따른 사업계획의 변경 중 둘 이상의 시·도에 관련되는 사업의 운행계통·운행횟수 및 운행대수의 변경에 관한 사항으로서 국토교통부령으로 정하는 것은 제외하며, 법 제23조제1항제3호에 따른 운임 또는 요금의 조정에 관한 사항과 제1호 각 목에 따른 여객자동차운송사업의 사업자에 대해서는 권한이 위임된 사항에 관한 사업개선명령만 해당한다)
	12의2. 삭제 〈2021. 4. 6.〉
	13. 삭제 〈2014. 7. 28.〉
	14. 법 제85조제1항에 따른 여객자동차 운수사업[플랫폼운송사업, 법 제49조의10제1항 단서에 따라 국토교통부장관에게 면허를 받은 플랫폼가맹사업 및 법 제49조의2제3호에 따른 여객자동차플랫폼운송중개사업(이하 "플랫폼중개사업"이라 한다)은 제외한다]의 면허·허가 또는 인가의 취소, 사업정지처분 및 노선폐지·감차(減車) 등을 수반하는 사업계획 변경명령. 다만, 제1호 각 목에 따른 여객자동차운송사업의 경우에는 사업정지처분만 해당한다.
	14의2. 삭제 〈2014. 7. 28.〉
	15. 법 제86조에 따른 청문. 다만, 다음 각 목에 따른 사업의 사업자에 대한 처분을 하는 경우의 청문은 제외한다.
	  가. 제1호 각 목에 따른 여객자동차운송사업
	  나. 플랫폼운송사업 및 플랫폼중개사업
		가 운송할 수 있는 소화물의 범위 등)
		① 법 제18조제1항에 따라 노선 여객자동차운송사업자가 소화물을 운송하기 위하여 사용할 수 있는 자동차는 「자동차관리법 시행령」 제8조제1항제10호에 따른 물품적재장치가 설치된 자동차이어야 한다.
		② 법 제18조제1항에서 "국토교통부령으로 정하는 소화물"이란 다음 각 호의 물품을 말한다. 〈개정 2018. 2. 12.〉
		1. 신선도의 유지가 필요한 농산물·축산물 또는 수산물류
		2. 혈액, 제대혈 등 응급환자 등을 위하여 필요한 의약품 및 의료용품
		3. 구조 물품 또는 재난 구호 물품
		4. 긴급을 요하는 서류
		5. 그 밖에 신속히 운송하여야 할 필요가 있는 물품
		③ 제2항에도 불구하고 노선 여객자동차운송사업자는 다음 각 호의 물품을 운송할 수 없다.
		1. 화약 및 폭발물 등 화재나 폭발의 위험이 있는 물품
		2. 무기, 마약 및 밀수품 등 법령에 따라 휴대 또는 취급이 금지되는 물품
		3. 살아 있는 동물
		4. 수신인 또는 발신인이 분명하지 아니한 물품
		5. 내용물이 무엇인지 알 수 없는 물품
		6. 그 밖에 반사회적이거나 여객의 안전을 저해할 우려가 있는 물품으로서 국토교통부장관이 정하여 고시하는 물품
		④ 소화물 운송을 위탁받은 노선 여객자동차운송사업자는 국토교통부장관이 정하여 고시하는 검색장비를 활용하여 해당 물품이 제3항에 따른 운송금지 물품에 해당하지 아니함을 확인한 후 운송하여야 한다.

박흥식의 시내버스 노선조정 [노선은 생물(生物)이다]

여객자동차운수사업법	여객자동차운수사업법 시행령	여객자동차운수사업법 시행규칙
33. 1년에 3회 이상 제79조제1항에 따른 보고나 서류제출을 하지 아니하거나 거짓으로 한 경우 34. 제79조제2항에 따른 검사를 거부·방해 또는 기피하거나 질문에 응하지 아니하거나 거짓으로 진술을 한 경우 35. 제83조에 따른 자가용자동차의 사용제한 또는 사용금지를 위반한 경우 36. 제84조에 따른 차령 또는 운행거리를 초과하여 운행한 경우. 다만, 같은 조 제3항에 따라 차령을 초과하여 운행하는 경우는 제외한다. 37. 대통령령으로 정하는 여객자동차 운송사업의 경우 운수종사자의 운전면허가 취소되거나 제87조제1항제2호 또는 제3호에 해당되어 운수종사자의 자격이 취소된 경우 38. 이 법에 따른 면허·허가 또는 인가 등에 붙인 조건을 위반한 경우 39. 이 조에 따른 사업정지명령을 위반하여 사업정지기간 중에 사업을 경영한 경우 40. 이 조에 따른 노선폐지·감차 등을 수반하는 사업계획의 변경명령을 이행하지 아니한 경우 41. 운송사업자(자동차 1대로 운송사업자가 직접 운전하는 여객자동차운송사업으로 한정한다)가 교통사고와 관련하여 거짓이나 그 밖의 부정한 방법으로 보험금을 청구하여 금고 이상의 형을 선고받고 그 형이 확정된 경우 ② 제1항제3호에 따른 중대한 교통사고는 1건의 교통사고로 대통령령으로 정하는 수 이상의 사상자가 발생한 경우를 말하고, 빈번한 교통사고는 사상자가 발생한 교통사고가 대통령령으	다. 법 제49조의10제1항 단서에 따라 국토교통부장관에게 면허를 받은 플랫폼가맹사업 15의2. 법 제87조제1항에 따른 운수종사자의 자격 취소 및 효력 정지 16. 법 제88조에 따른 여객자동차 운수사업자[플랫폼운송사업자, 법 제49조의10제1항 단서에 따라 국토교통부장관에게 플랫폼가맹사업의 면허를 받은 자 및 법 제49조의18제1항에 따라 플랫폼중개사업의 등록을 한 자(이하 "플랫폼중개사업자"라 한다)는 제외한다]에 대한 과징금 부과처분과 그 징수 17. 법 제94조에 따른 과태료 부과처분과 그 징수. 다만, 플랫폼운송사업자, 법 제49조의10제1항 단서에 따라 국토교통부장관에게 플랫폼가맹사업의 면허를 받은 자, 플랫폼중개사업자 및 법 제49조의7제7호에 따른 플랫폼운수종사자에 대한 과태료 부과처분과 그 징수는 제외한다. ③ 시·도지사는 제2항에 따라 위임받은 업무 중 다음 각 호의 업무를 수행했으면 그 내용을 지체 없이 국토교통부장관에게 보고해야 한다. 〈개정 2020. 12. 29., 2024. 7. 2.〉 1. 제2항제1호에 따른 여객자동차운송사업 면허 2. 제2항제2호에 따른 수송시설의 확인과 운송개시일의 연기 또는 개시기간의 연장승인(제2조의2제6호에 따른 수요응답형 여객자동차운송사업 및 제1항제1호 각 목 외의 부분에서 규정한 시내버스운송사업만 해당한다) 3. 제2항제3호에 따른 여객자동차운송사업의 운임·요금의 기준 및 요율의 결정	[본조신설 2014. 7. 29.] 제40조의3(소화물의 부피 및 무게 등) ① 법 제18조제1항에 따라 노선 여객자동차운송사업자가 운송할 수 있는 소화물은 가로·세로·높이 세 변을 합하여 160센티미터 이하이거나 총중량이 30킬로그램 미만이어야 한다. 〈개정 2023. 12. 21.〉 ② 노선 여객자동차운송사업자는 수신인·발신인 및 물품명 등 운송정보를 관리하는 시스템을 구축·운영하여야 하고, 소화물 운송을 위탁받은 경우에는 수신인·발신인의 성명·전화번호 및 소화물의 종류 등을 기재하는 서류를 작성하여야 한다. [본조신설 2014. 7. 29.] 제41조(사고 시의 조치 등) ① 운송사업자는 법 제19조제1항에 해당하는 경우에는 따라 다음 각 호의 조치를 하여야 한다. 1. 신속한 응급수송수단의 마련 2. 가족이나 그 밖의 연고자에 대한 신속한 통지 3. 유류품의 보관 4. 목적지까지 여객을 운송하기 위한 대체운송수단의 확보와 여객에 대한 편의의 제공 5. 그 밖에 사상자의 보호 등 필요한 조치 ② 운송사업자는 법 제19조제2항에 따른 중대한 교통사고가 발생하였을 때에는 24시간 이내에 사고의 일시·장소 및 피해사항 등 사고의 개략적인 상황을 관할 시·도지사에게 보고한 후 72시간 이내에 별지 제23호서식의 사고보고서를 작성하여 관할 시·도지사에게 제출하여야 한다. 다만, 개인택시운송사업자의 경우에는 개략적인 상황보고를 생략할 수 있다. 제42조 삭제 〈2009. 6. 16.〉

부록

여객자동차운수사업법	여객자동차운수사업법 시행령	여객자동차운수사업법 시행규칙
로 정하는 교통사고건수 또는 교통사고지수(교통사고건수를 여객자동차 운수사업자가 소유한 자동차의 대수로 나눈 비율을 말한다)에 해당하게 된 경우를 말한다. ③ 제1항에 따른 처분의 기준 및 절차, 그 밖에 필요한 사항은 대통령령으로 정한다. ④ 시·도지사는 대통령령으로 정하는 운송사업자가 다음 각 호의 어느 하나에 해당하는 경우 대통령령으로 정하는 바에 따라 그 위반의 내용 및 정도 등에 따라 벌점을 부과할 수 있으며, 그 벌점이 대통령령으로 정하는 기간 동안 일정한 점수를 초과하는 경우에는 대통령령으로 정하는 바에 따라 면허를 취소하거나 감차 등을 수반하는 사업계획의 변경을 명할 수 있다. 〈신설 2009. 5. 27., 2013. 3. 23., 2014. 1. 28.〉 1. 제21조를 위반하여 이 법에 따른 처분을 받은 경우 2. 1대의 자동차를 본인이 직접 운전하는 운송사업자가 제26조를 위반하여 이 법에 따른 처분을 받은 경우 3. 운송사업자가 채용한 운수종사자가 제26조를 위반하여 이 법에 따른 처분을 받은 경우 제86조(청문) 국토교통부장관 또는 시·도지사는 제49조의15 또는 제85조제1항에 따라 제4조, 제28조, 제36조, 제49조의3, 제49조의10 또는 제49조의18에 따른 여객자동차운송사업, 자동차대여사업, 터미널사업, 플랫폼운송사업, 플랫폼가맹사업 또는 플랫폼중개사업의 면허, 허가 또는 등록을 취소하려면 청문을 하여야 한다. 〈개정 2013. 3. 23., 2014. 1. 28., 2020. 4. 7.〉 제87조(운수종사자의 자격 취소 등) ①	4. 제2항제6호에 따른 여객자동차운송사업(제2조의2제6호에 따른 수요응답형 여객자동차운송사업 및 제1항제1호 각 목 외의 부분에서 규정한 시내버스운송사업, 운행형태가 일반형 및 직행형인 시외버스운송사업만 해당한다)의 사업계획 변경 인가 5. 제2항제6호의2에 따른 여객자동차운송사업(제1항제1호 각 목 외의 부분에서 규정한 시내버스운송사업만 해당한다)의 사업계획 변경신고의 수리 6. 제2항제8호에 따른 여객자동차운송사업(운행형태가 일반형 및 직행형인 시외버스운송사업만 해당한다)의 양도·양수에 대한 신고의 수리 및 인가와 법인의 합병에 대한 신고의 수리 7. 제2항제10호에 따른 여객자동차운송사업(개인택시운송사업은 제외한다)의 휴업 또는 폐업의 허가 8. 제2항제11호에 따른 중대한 교통사고(제2항제1호 각 목에 따른 여객자동차운송사업의 사업자가 일으킨 중대한 교통사고만 해당한다)에 대한 보고의 수리 및 처리 9. 제2항제12호에 따른 운송사업자(제2조의2제6호에 따른 수요응답형 여객자동차운송사업 및 제1항제1호 각 목 외의 부분에서 규정한 시내버스운송사업의 사업자 및 시외버스운송사업자만 해당한다)에 대한 사업개선명령 10. 제2항제15호에 따른 청문(개인택시운송사업 외의 여객자동차 운수사업의 면허취소 및 등록취소에 따른 청문만 해당한다) 제38조(권한의 위탁) ① 국토교통부장관은 법 제76조제1항에 따라 다음 각 호의 권한을 조합에 위탁한다. 다만,	제43조(경영 및 서비스평가) 제43조의2(교통안전정보 대상 및 평가 항목 등) 제44조(운송사업자 및 운수종사자의 준수사항 등) ① 법 제21조제1항 및 법 제26조제2항에 따른 운송수입금 전액 관리제에 관한 준수사항의 행위자별 위반행위의 세부유형 등에 관하여 필요한 사항은 국토교통부장관이 정한다. 〈개정 2013. 3. 23.〉 ② 법 제21조제8항에 따라 에어백을 설치할 때에는 자동차의 운전석 및 그 옆좌석의 정면에 설치하여야 한다. 〈신설 2014. 7. 29., 2018. 2. 12.〉 ③ 법 제21조제13항 및 법 제26조제1항제9호에 따른 운송사업자 및 운수종사자의 준수사항은 별표 4와 같다. 〈개정 2009. 12. 2., 2012. 11. 23., 2014. 7. 29., 2014. 12. 5., 2016. 1. 6., 2018. 2. 12., 2019. 12. 26., 2020. 4. 3.〉 제44조의2 삭제 〈2021. 4. 8.〉 제44조의3(여객의 좌석안전띠 착용에 관한 교육) ① 운송사업자는 법 제21조제7항에 따른 교육을 직접 실시하거나 제58조제3항에 따른 교육실시기관으로 하여금 실시하도록 할 수 있다. 〈개정 2018. 2. 12.〉 ② 운송사업자는 운수종사자(법 제24조에 따른 운전업무 종사자격을 갖추고 여객자동차운송사업의 운전업무에 종사하고 있는 자를 말한다. 이하 같다)에게 다음 각 호의 내용을 교육하여야 한다. 〈개정 2016. 2. 23.〉 1. 여객의 좌석안전띠 착용에 관한 안내방법 2. 여객의 좌석안전띠 착용에 관한 안내시기 ③ 운송사업자는 운수종사자에게 매

359

박흥식의 시내버스 노선조정 [노선은 생물(生物)이다]

여객자동차운수사업법	여객자동차운수사업법 시행령	여객자동차운수사업법 시행규칙
국토교통부장관 또는 시·도지사는 제24조제1항의 자격을 취득한 자가 다음 각 호의 어느 하나에 해당하면 그 자격을 취소하거나 6개월 이내의 기간을 정하여 그 자격의 효력을 정지시킬 수 있다. 다만, 제3호 및 제6호의2에 해당하는 경우에는 그 자격을 취소하여야 한다. 〈개정 2020. 5. 19.〉 1. 제6조제1호부터 제4호까지의 규정 중 어느 하나에 해당하는 경우 2. 부정한 방법으로 제24조제1항의 자격을 취득한 경우 3. 제24조제3항 또는 제4항에 해당하게 된 경우(집행유예 기간이 만료된 날부터 2년이 지나지 아니한 사람을 포함한다) 4. 제26조제1항 또는 제49조의8제1항에 따른 준수 사항을 지키지 아니한 경우 5. 제26조제2항에 따른 준수 사항을 위반하여 과태료 처분을 받은 날부터 1년 이내에 다시 3회 이상 위반한 경우 5의2. 제26조제4항을 위반하여 운행기록증을 식별하기 어렵게 하거나, 그러한 자동차를 운행한 경우 6. 교통사고로 대통령령으로 정하는 수 이상으로 사람을 죽거나 다치게 한 경우 6의2. 교통사고와 관련하여 거짓이나 그 밖의 부정한 방법으로 보험금을 청구하여 금고 이상의 형을 선고받고 그 형이 확정된 경우 7. 운전업무와 관련하여 부정이나 비위(非違) 사실이 있는 경우 8. 이 법이나 이 법에 따른 명령 또는 처분을 위반한 경우 ② 제1항에 따른 처분의 기준과 절차 등에 관하여 필요한 사항은 국토교통부령으로 정한다. 〈개정 2013. 3.	조합의 해산 등으로 조합이 수탁업무를 수행할 수 없는 경우에는 시·도지사가 수행한다. 〈개정 2013. 3. 23.〉 1. 법 제10조제1항 단서에 따른 사업계획 변경신고의 수리. 다만, 국토교통부령으로 정하는 사업계획 변경신고는 제외한다. 2. 법 제79조제1항에 따른 여객자동차 운수사업자에 대한 해당 사업에 관한 사항이나 자동차의 소유·사용에 관한 보고 또는 서류제출의 명령 ② 시·도지사는 법 제76조제1항에 따라 다음 각 호의 권한을 조합에 위탁한다. 다만, 조합이 설립되지 아니하거나 조합의 해산 등으로 조합이 수탁업무를 수행할 수 없는 경우에는 그러하지 아니하다. 〈개정 2013. 3. 23., 2016. 1. 6., 2018. 4. 10.〉 1. 법 제10조제2항 단서(법 제35조에서 준용하는 경우를 포함한다)에 따른 사업계획 변경사항의 신고(국토교통부령으로 정하는 사업계획 변경사항의 신고는 제외한다)의 수리 2. 법 제21조제10항에 따른 운행정보 신고의 접수 및 운행기록증의 발부 ③ 국토교통부장관은 법 제76조제1항에 따라 다음 각 호의 권한을 한국교통안전공단에 위탁한다. 〈개정 2012. 7. 31., 2013. 3. 23., 2014. 7. 28., 2014. 11. 21., 2016. 1. 6., 2018. 4. 10., 2018. 6. 12., 2020. 4. 14., 2020. 12. 8., 2022. 1. 28., 2022. 11. 8.〉 1. 법 제20조의2제1항에 따른 여객자동차 운수사업자와 관련된 교통안전정보의 공시 2. 법 제22조제2항, 제3항 및 제4항에 따른 보고의 접수 및 유지·관리	분기 1회 이상 여객의 좌석안전띠 착용에 대한 교육을 실시하되, 새로 채용한 운수종사자에게는 운전업무를 시작하기 전에 실시하여야 한다. [본조신설 2012. 11. 23.] [종전 제44조의3은 제44조의4로 이동 〈2012. 11. 23.〉] 제44조의4(교통안전정보 및 제공방법 등) ① 법 제21조제9항제4호에서 "국토교통부령으로 정하는 정보"란 다음 각 호의 사항을 말한다. 〈개정 2018. 2. 12.〉 1. 운수종사자의 채용일 2. 법 제25조에 따른 운수종사자 교육의 이수 여부(조회일부터 과거 2년 이내의 교육만 해당한다) 3. 「도로교통법」 제44조에 따른 음주운전 경력(조회일부터 과거 1년 이내의 경력만 해당한다) 4. 「도로교통법」 제163조제1항에 해당하는 범칙행위를 하여 같은 법 제164조에 따라 범칙금을 납부하였거나, 같은 법 제165조에 따른 즉결심판 또는 정식재판에서 형이 확정되고 그 집행이 종료된 사실(조회일부터 과거 1년 이내의 사실만 해당한다) 5. 「자동차관리법」 제43조에 따른 자동차검사의 만료일 및 같은 법 제43조의2에 따른 자동차종합검사 만료일 ② 전세버스운송사업자는 교통안전정보를 제공하는 경우에는 법 제22조의2에 따른 운수종사자 관리시스템을 이용하여야 한다. [본조신설 2014. 11. 20.] [종전 제44조의4는 제44조의5로 이동 〈2014. 11. 20.〉] 제44조의5(운행정보 신고 및 운행기록증의 발부)

부 록

여객자동차운수사업법	여객자동차운수사업법 시행령	여객자동차운수사업법 시행규칙
23.〉 ③ 국토교통부장관 또는 시·도지사는 제1항에 따른 자격의 취소나 정지에 필요한 정보에 한정하여 경찰청장에게 운전경력 및 범죄경력자료의 조회를 요청할 수 있다. 〈신설 2021. 7. 27.〉 [2016. 12. 2. 법률 제14342호에 의하여 2015. 12. 23. 헌법재판소에서 헌법불합치 결정된 제87조제1항 단서 제3호에 규정된 제24조제4항제1호를 개정함] 제88조(과징금 처분) ① 국토교통부장관, 시·도지사 또는 시장·군수·구청장은 여객자동차 운수사업자가 제49조의15제1항 또는 제85조제1항 각 호의 어느 하나에 해당하여 사업정지 처분을 하여야 하는 경우에 그 사업정지 처분이 그 여객자동차 운수사업을 이용하는 사람들에게 심한 불편을 주거나 공익을 해칠 우려가 있는 때에는 그 사업정지 처분을 갈음하여 5천만원 이하의 과징금을 부과·징수할 수 있다. 〈개정 2020. 4. 7.〉 ② 제1항에 따라 과징금을 부과하는 위반행위의 종류·정도 등에 따른 과징금의 액수, 그 밖에 필요한 사항은 대통령령으로 정한다. ③ 국토교통부장관, 시·도지사 또는 시장·군수·구청장은 제1항에 따라 과징금 부과 처분을 받은 자가 과징금을 기한까지 내지 아니하는 경우 국세체납처분의 예 또는 「지방행정제재·부과금의 징수 등에 관한 법률」에 따라 징수한다. 〈개정 2020. 6. 9.〉 ④ 제1항에 따라 징수한 과징금은 다음 각 호 외의 용도로는 사용할 수 없다. 〈개정 2009. 5. 27.〉 1. 벽지노선이나 그 밖에 수익성이 없는 노선으로서 대통령령으로 정하는 노선을 운행하여서 생긴 손실의	3. 법 제22조의2제1항에 따른 운수종사자 관리시스템의 구축·운영 4. 법 제24조제1항제2호에 따른 운전 적성에 대한 정밀검사의 시행 5. 법 제24조제1항제3호에 따른 운전업무 종사자격 시험의 실시 및 자격 수여 6. 법 제24조제1항제4호에 따른 이론 및 실기 교육의 실시 및 자격 수여 7. 법 제24조제5항에 따른 운전경력 및 범죄경력자료의 조회 요청 8. 법 제27조제1항에 따른 운수종사자의 사상사고 현황, 교통법규 위반사항과 범죄경력의 확인 및 그 기록의 유지·관리 9. 법 제27조제2항에 따른 운수종사자의 운전면허 취소 또는 정지 등 사실의 통보 9의2. 법 제34조의3제1항에 따른 운전자격확인시스템의 구축·운영 및 같은 조 제2항에 따른 정보의 조회 요청 10. 법 제87조제3항에 따른 운전경력 및 범죄경력자료의 조회 요청 ④ 국토교통부장관은 제3항에도 불구하고 운송사업자가 소속 운전자를 직접 검사하기 위하여 국토교통부장관이 정하는 검사시설 및 검사기준을 갖춘 검사기관(이하 "전문검사기관"이라 한다)을 운영하는 경우에는 제3항제4호의 운전정밀검사(운송사업자가 소속 운전자를 검사하는 경우만 해당한다)의 시행에 관한 권한을 전문검사기관에 위탁한다. 이 경우 국토교통부장관은 전문검사기관의 지정과 위탁한 권한의 내용을 고시하여야 한다. 〈개정 2013. 3. 23., 2018. 6. 12.〉 ⑤ 시·도지사는 법 제76조제1항에 따라 다음 각 호의 업무를 한국교통안전공단에 위탁한다. 〈개정 2012. 7.	제44조의6(운수종사자의 휴식시간 보장) ① 시내버스운송사업자, 농어촌버스운송사업자 및 마을버스운송사업자는 운수종사자에게 기점부터 종점(종점에서 휴식시간 없이 회차하는 경우에는 기점)까지 1회 운행 종료 후 10분 이상의 휴식시간을 보장하여야 한다. 다만, 기점부터 종점(종점에서 휴식시간 없이 회차하는 경우에는 기점)까지의 운행시간이 2시간 이상인 경우에는 운행 종료 후 15분 이상의 휴식시간, 4시간 이상인 경우에는 운행 종료 후 30분 이상의 휴식시간을 보장하여야 한다. ② 제1항에도 불구하고 마을버스운송사업자는 출퇴근 등에 따른 교통수요 변동 및 운행지역·노선별 특성을 고려하여 시·도 또는 시·군·구 조례로 정하는 바에 따라 휴식시간을 탄력적으로 정할 수 있다. 이 경우 제1항 단서에 상응하는 휴식시간을 보장하여야 한다. ③ 시외버스운송사업자 및 전세버스운송사업자는 운수종사자에게 다음 각 호의 구분에 따라 휴식시간을 보장하여야 한다. 1. 기점부터 종점(종점에서 휴식시간 없이 회차하는 경우에는 기점)까지 1회 운행 종료 후 또는 운행기록증 상의 목적지 도착 후 15분 이상의 휴식시간을 보장할 것 2. 운수종사자가 휴식시간 없이 2시간 연속 운전한 경우에는 휴게소 등에서 15분 이상의 휴식시간을 보장할 것. 다만, 천재지변, 교통사고, 차량고장 또는 극심한 교통정체 등의 사유로 휴게소 진입이 불가능한 경우 등 연장운행이 필요한 경우에는 1시간까지 연장운행을 하게 할 수 있으며, 운행 후 30분 이상의 휴식시간을 보장할 것

박흥식의 시내버스 노선조정 [노선은 생물(生物)이다]

여객자동차운수사업법	여객자동차운수사업법 시행령	여객자동차운수사업법 시행규칙
보전(補塡) 2. 운수종사자의 양성, 교육훈련, 그 밖의 자질 향상을 위한 시설과 운수종사자에 대한 지도 업무를 수행하기 위한 시설의 건설 및 운영 3. 지방자치단체가 설치하는 터미널을 건설하는 데에 필요한 자금의 지원 4. 터미널 시설의 정비·확충 5. 여객자동차 운수사업의 경영 개선이나 그 밖에 여객자동차 운수사업의 발전을 위하여 필요한 사업 6. 제1호부터 제5호까지의 규정 중 어느 하나의 목적을 위한 보조나 융자 7. 이 법을 위반하는 행위를 예방 또는 근절하기 위하여 지방자치단체가 추진하는 사업 ⑤ 시·도지사 또는 시장·군수·구청장은 국토교통부령으로 정하는 바에 따라 과징금으로 징수한 금액의 운용 계획을 수립하여 시행하여야 한다. 〈개정 2013. 3. 23., 2020. 2. 18.〉 ⑥ 제4항과 제5항에 따른 과징금 사용의 절차·대상, 운용 계획의 수립·시행, 그 밖에 필요한 사항은 대통령령으로 정한다. 제89조(자동차의 사용정지) ① 운송사업자 또는 플랫폼운송사업자는 다음 각 호의 어느 하나에 해당하면 그 자동차의 자동차 등록증과 자동차 등록번호판을 시·도지사에게 반납하여야 한다. 〈개정 2014. 1. 28., 2020. 4. 7., 2021. 3. 23.〉 1. 운송사업자가 제4조제3항에 따라 면허 기간을 정하여 받은 한정면허의 면허 기간이 끝난 경우 또는 플랫폼운송사업자가 제49조의3제2항에 따라 허가를 받은 기간이 끝난 경우 2. 제16조제1항(제49조의9에서 준용	31., 2020. 4. 14., 2022. 1. 28.〉 1. 법 제24조제1항제3호에 따른 운전업무 종사자격 시험의 실시 및 자격 수여 2. 법 제24조제5항에 따른 범죄경력자료의 조회 요청 3. 법 제87조제3항에 따른 운전경력 및 범죄경력자료의 조회 요청 ⑥ 조합은 제1항(제2호는 제외한다) 및 제2항에 따라 위탁받은 업무를 처리하였으면 지체 없이 시·도지사와 연합회에 보고하여야 한다. 다만, 운행형태가 고속형인 시외버스운송사업에 관한 사항은 국토교통부장관과 연합회에 보고하여야 한다. 〈개정 2013. 3. 23.〉 ⑦ 한국교통안전공단은 제5항에 따라 위탁받은 업무를 처리하였으면 지체 없이 시·도지사에게 보고하여야 한다. 〈개정 2020. 4. 14.〉 제39조(자가용자동차의 노선운행허가) ① 법 제82조제1항제2호에서 "대중교통수단이 없는 지역 등 대통령령으로 정하는 사유에 해당하는 경우"란 다음 각 호의 어느 하나에 해당하는 경우를 말한다. 〈개정 2023. 10. 10.〉 1. 대중교통수단이 운행되지 아니하거나 그 접근이 극히 불편한 지역의 고객을 수송하는 경우 2. 공사 등으로 대중교통수단의 운행이 불가능한 지역의 고객을 일시적으로 수송하는 경우 3. 해당 시설의 소재지가 대중교통수단이 없거나 그 접근이 극히 불편한 지역인 경우 ② 제1항제3호의 경우에 자가용자동차의 운행구간은 해당 시설과 그로부터 가장 가까운 정류소 또는 철도역 사이의 구간으로 한다.	④ 노선 여객자동차운송사업자 및 전세버스운송사업자는 운수종사자의 출근 후 첫 운행 시작 시간이 이전 퇴근 전 마지막 운행 종료 시간으로부터 8시간(광역급행형 및 직행좌석형 시내버스운송사업자의 경우는 10시간) 이상이 되도록 해야 한다. [본조신설 2018. 2. 12.] 제45조(운수종사자의 현황 통보) ① 운송사업자(개인택시운송사업의 경우는 제외한다)는 법 제22조제1항에 따라 다음 각 호의 사항을 다음 달 10일까지 시·도지사에게 통보하여야 한다. 이 경우 조합은 소속 운송사업자를 대신하여 소속 운송사업자의 운수종사자 현황을 취합·통보할 수 있다. 〈개정 2009. 12. 2., 2017. 2. 28., 2018. 2. 12.〉 1. 운수종사자의 현황: 별지 제23호의4서식의 운수종사자 신규채용·퇴직 현황 통보서(전자문서를 포함한다) 2. 휴식시간 보장내역: 별지 제23호의5서식의 휴식시간 보장내역 통보서(전자문서를 포함한다) ② 법 제22조제2항에 따라 시·도지사는 제1항에 따라 통보받은 운수종사자 현황을 취합하여 한국교통안전공단에 통보하여야 한다. 이 경우 시·도지사는 소관 개인택시운송사업의 면허 현황을 별지 제23호의6서식의 개인택시운송사업 면허 현황 통보서(전자문서를 포함한다)에 작성하여 함께 통보하여야 한다. 〈개정 2014. 11. 20., 2017. 2. 28., 2018. 2. 12., 2018. 6. 22.〉 ③ 삭제 〈2020. 4. 14.〉 ④ 법 제22조제4항에 따라 운수종사자 교육을 실시한 운수종사자 연수기관 등은 별지 제23호의8서식의 운수종사자 교육결과 통보서(전자문서를

여객자동차운수사업법	여객자동차운수사업법 시행령	여객자동차운수사업법 시행규칙
하는 경우를 포함한다) 및 제2항(제35조에서 준용하는 경우를 포함한다)에 따라 휴업·폐업의 허가를 받거나 신고를 한 경우 3. 제85조제1항에 따라 면허·등록·허가 또는 인가의 취소, 사업정지 처분이나 감차가 따르는 사업계획 변경명령을 받은 경우 ② 제1항에도 불구하고 다음 각 호의 어느 하나에 해당하는 경우에는 시·도지사에게 자동차 등록증과 자동차 등록번호판을 반납하지 아니할 수 있다. 〈신설 2021. 3. 23.〉 1. 노선 여객자동차운송사업자가 제16조제1항 및 제2항에 따라 휴업·폐업의 허가를 받거나 신고를 한 경우 2. 구역 여객자동차운송사업자 중 국토교통부령으로 정하는 여객자동차운송사업자가 제16조제1항 및 제2항에 따라 10일 이내의 휴업 허가를 받거나 신고를 한 경우 ③ 시·도지사는 운송사업자 또는 플랫폼운송사업자가 제1항을 이행하지 아니하는 경우에는 그 자동차의 자동차 등록증과 자동차 등록번호판을 영치(領置)하여야 한다. 〈개정 2020. 4. 7., 2021. 3. 23.〉 ④ 시·도지사는 다음 각 호의 어느 하나에 해당하는 경우 제1항에 따라 반납 받은 자동차 등록증과 자동차 등록번호판을 그 운송사업자 또는 플랫폼운송사업자에게 되돌려 주어야 한다. 〈개정 2020. 4. 7., 2021. 3. 23.〉 1. 제16조(제35조 및 제49조의9에서 준용하는 경우를 포함한다)에 따른 휴업 기간이 끝난 경우 2. 제85조제1항에 따른 사업정지 처분 기간이 끝난 경우 ⑤ 제3항에 따라 자동차 등록번호판을 되돌려 받은 운송사업자 또는 플랫	제40조(자동차의 차령 등) ① 법 제84조제1항에 따라 여객자동차 운수사업에 사용되는 자동차(법 제4조제3항에 따라 외국인만 운송할 것을 조건으로 일반택시운송사업의 한정면허를 받아 운행하는 자동차는 제외한다)의 운행연한(이하 "차령"이라 한다)과 그 연장요건은 별표 2와 같다. 〈개정 2009. 11. 27.〉 ② 삭제 〈2020. 9. 1.〉 ③ 차령의 기산일은 「자동차관리법 시행령」에서 정하는 바에 따른다. 〈개정 2016. 6. 30.〉 ④ 법 제84조제2항 본문에 따른 차량충당연한(이하 "차량충당연한"이라 한다)은 별표 2의2와 같다. 〈개정 2023. 3. 21.〉 ⑤ 차량충당연한의 기산일은 다음 각 호의 구분에 따른다. 〈개정 2016. 6. 30.〉 1. 제작연도에 등록된 자동차: 최초의 신규등록일 2. 제작연도에 등록되지 아니한 자동차: 제작연도의 말일 ⑥ 법 제84조제2항제2호에서 "대통령령으로 정하는 여객자동차운송사업자"란 다음 각 호에 따른 자를 말한다. 〈개정 2024. 7. 2.〉 1. 노선 여객자동차운송사업의 면허를 받거나 등록을 한 자 2. 구역 여객자동차운송사업자 중 전세버스운송사업 및 특수여객자동차운송사업의 등록을 한 자 제41조(면허취소 등) ① 법 제85조제1항 각 호 외의 부분 본문에서 "대통령령으로 정하는 여객자동차운송사업"이란 마을버스운송사업·전세버스운송사업·특수여객자동차운송사업 및 수요응답형 여객자동차운송사업(제2조의2제6호에 따른 사업은 제외한다)	포함한다)를 작성하여 다음 달 10일까지 한국교통안전공단에 통보하여야 한다. 〈신설 2014. 7. 29., 2017. 2. 28., 2018. 2. 12., 2018. 6. 22.〉 [본조신설 2009. 6. 16.] [제44조의5에서 이동 〈2016. 1. 6.〉] 제46조(운수종사자 관리시스템의 구축·운영) 제47조(손실보상금 청구액의 조정 등) ① 시·도지사는 영 제15조제2항에 따른 심사결과 운송사업자의 손실보상금 청구액이 부당하다고 인정되면 그 금액을 조정할 수 있다. 이 경우 시·도지사는 합리적인 조정을 위하여 필요하다고 인정될 때에는 해당 명령노선의 교통량을 조사할 수 있다. ② 시·도지사는 청구된 손실보상금이 분기별 예산을 초과할 때에는 분기별 예산의 범위에서 손실의 비율에 따라 지급할 수 있다. ③ 시·도지사는 제2항에 따라 손실의 비율에 따라 조정된 손실보상금을 받은 운송사업자에 대하여는 특별한 사유가 없으면 다음 분기에 지급되지 아니한 손실보상금을 우선 지급하여야 한다. 제48조(손실보상 대상노선의 제외 등) ① 시·도지사는 수송인원의 증가 등 수송 여건이 좋아져 명령노선에서 손실이 발생하지 아니한다고 인정되면 그 명령노선을 즉시 법 제23조제3항에 따른 손실보상의 대상이 되는 버스노선(이하 "손실보상 대상노선"이라 한다)에서 제외하여야 한다. ② 시·도지사는 제1항에 따라 손실보상 대상노선에서 제외된 명령노선을 계속 운행하는 운송사업자가 수송인원의 감소 등 수송 여건이 악화되어 다시 손실을 보게 되었을 때에는 그 명령노선을 다시 손실보상 대상노선

박흥식의 시내버스 노선조정 [노선은 생물(生物)이다]

여객자동차운수사업법	여객자동차운수사업법 시행령	여객자동차운수사업법 시행규칙

폼운송사업자는 이를 그 자동차에 달고 시·도지사의 봉인(封印)을 받아야 한다. 〈개정 2020. 4. 7., 2021. 3. 23.〉
 	
제89조의2(규제의 재검토) 국토교통부장관은 다음 각 호의 사항에 대하여 2014년 1월 1일을 기준으로 3년마다(매 3년이 되는 해의 기준일과 같은 날 전날까지를 말한다)마다 그 타당성을 검토하여 개선 등의 조치를 하여야 한다. 〈개정 2017. 3. 21., 2020. 4. 7.〉
1. 제4조에 따른 여객자동차운송사업의 면허
2. 제6조에 따른 결격사유
3. 제10조제5항에 따른 사업계획의 변경 제한
4. 제16조제1항에 따른 여객자동차운송사업의 휴업·폐업의 허가
5. 제16조제5항에 따른 여객자동차운송사업의 휴업 기간
6. 제24조제1항에 따른 운수종사자의 자격
7. 제24조제4항에 따른 운전자격의 취득 제한
8. 제36조에 따른 여객자동차터미널사업의 면허
9. 제49조의3에 따른 플랫폼운송사업의 허가
9의2. 제49조의10에 따른 플랫폼가맹사업의 면허
10. 제53조에 따른 조합의 설립 인가
11. 제59조에 따른 연합회의 설립 인가
12. 제60조에 따른 조합 및 연합회의 공제사업 허가
13. 제61조에 따른 공제조합의 설립 인가
14. 제84조에 따른 자동차의 차령 제한
[본조신설 2015. 1. 6.]
제89조의3(신고포상금의 지급) 제75조
	을 말하며, 같은 항 제37호에서 "대통령령으로 정하는 여객자동차운송사업"이란 개인택시운송사업을 말한다. 〈개정 2015. 1. 28., 2024. 7. 2.〉
	② 법 제85조제2항에서 "대통령령으로 정하는 수 이상의 사상자가 발생한 경우"란 제11조 각 호의 어느 하나에 해당하는 사상자 수가 발생한 경우를 말한다.
	③ 법 제85조제2항에서 "사상자가 발생한 교통사고가 대통령령으로 정하는 교통사고건수 또는 교통사고지수에 해당하게 된 경우"란 다음 각 호의 어느 하나에 해당하는 경우를 말한다. 〈개정 2015. 1. 28., 2021. 4. 6.〉
	1. 5대 미만의 자동차를 보유한 운송사업자가 해당 교통사고일 이전 최근 1년간 1건 이상의 교통사고를 일으킨 경우
	2. 5대 이상의 자동차를 보유한 운송사업자 또는 플랫폼운송사업자의 교통사고지수(해당 연도의 교통사고건수를 운송사업자 또는 플랫폼운송사업자가 보유한 자동차의 대수로 나눈 수에 10을 곱한 값을 말한다)가 다음 각 목의 어느 하나의 기준에 이르게 된 경우
	  가. 시내버스운송사업·농어촌버스운송사업 및 마을버스운송사업의 경우: 4 이상
	  나. 시외버스운송사업의 경우: 3 이상(운행형태가 고속형인 경우에는 2 이상)
	  다. 일반택시운송사업의 경우: 2 이상
	  라. 전세버스운송사업의 경우: 2 이상
	  마. 특수여객자동차운송사업의 경우: 1 이상
	  바. 수요응답형 여객자동차운송사업의 경우: 1 이상
	  사. 플랫폼운송사업의 경우: 2 이상
	제42조(처분관할관청 등) ① 삭제
		으로 할 수 있다.
		
		제48조의2(교통안전체험 등 교육의 대상) 법 제24조제1항 각 호 외의 부분에서 "국토교통부령으로 정하는 여객자동차운송사업"이란 일반택시운송사업 및 개인택시운송사업을 제외한 여객자동차 운송사업을 말한다.
		[본조신설 2014. 11. 20.]
		제3장 운수종사자의 자격요건
		제49조(사업용 자동차 운전자의 자격요건 등)
		제50조(운전자격의 취득)
		제51조(운전자격시험의 시행 및 공고)
		제52조(운전자격시험의 실시방법 및 시험과목 등)
		제53조(운전자격시험의 응시)
		제54조(운전자격시험의 특례)
		제54조의2(교통안전체험교육의 공고)
		제54조의3(교통안전체험교육의 신청)
		제54조의4(교통안전체험교육의 실시방법 등)
		제55조(운전자격의 등록 등)
		제55조의2(운전자격증명의 발급 등)
		제56조(운전자격증 등의 정정 및 재발급)
		제57조(운전자격증명의 게시 및 관리)
		제58조(운수종사자의 교육 등)
		제58조의2(좌석안전띠 착용 안내방법 등)
		제58조의3(사상사고 현황 및 교통법규 위반사항의 관리 등)
		제58조의4(영상기록장치의 설치 기준·방법 등)
		제59조(운전자격의 취소 등)
		제59조의2 삭제 〈2014. 7. 29.〉

여객자동차운수사업법	여객자동차운수사업법 시행령	여객자동차운수사업법 시행규칙
또는 관계 규정에 따라 제4조제1항에 따른 면허의 권한을 위임받은 지방자치단체의 장은 같은 항에 따른 면허를 받지 아니하고 대통령령으로 정하는 여객자동차운송사업을 경영한 자를 신고하거나 고발한 자에 대하여 해당 지방자치단체의 조례로 정하는 바에 따라 포상금을 지급할 수 있다. [본조신설 2015. 6. 22.] 제10장 벌칙 제90조(벌칙) 다음 각 호의 어느 하나에 해당하는 자는 2년 이하의 징역 또는 2천만원 이하의 벌금에 처한다. 〈개정 2020. 4. 7.〉 1. 제4조제1항에 따른 면허를 받지 아니하거나 등록을 하지 아니하고 여객자동차운송사업을 경영한 자 또는 제2조에서 정한 자동차 이외의 자동차(「자동차관리법」 제3조에 따른 화물자동차ㆍ특수자동차ㆍ이륜자동차를 말한다)를 사용하여 여객자동차운송사업 형태의 행위를 한 자 2. 부정한 방법으로 제4조제1항에 따른 여객자동차운송사업의 면허를 받거나 등록을 한 자 3. 제12조(제35조ㆍ제49조의9 및 제49조의16에서 준용하는 경우를 포함한다)에 따른 명의이용 금지를 위반한 자 3의2. 거짓이나 부정한 방법으로 제23조제3항의 손실보상금, 제50조의 보조금 또는 융자금을 교부받은 자 4. 제28조제1항에 따른 등록을 하지 아니하고 자동차대여사업을 경영한 자 5. 부정한 방법으로 제28조제1항에 따른 자동차대여사업을 등록한 자 6. 제32조제1항에 따른 관리위탁 허	〈2024. 7. 2.〉 ② 법 제83조 또는 제85조에 따라 처분을 하는 국토교통부장관, 대도시권광역교통위원회, 시ㆍ도지사 또는 시장ㆍ군수ㆍ구청장(이하 "처분관할관청"이라 한다)은 법 제83조제1항 각 호의 어느 하나에 해당하거나 법 제85조제1항 각 호의 어느 하나에 해당하는 위반행위를 적발한 때에는 특별한 사유가 없으면 적발한 날부터 30일 이내에 처분을 하여야 한다. 이 경우 운행정지ㆍ사업전부정지 또는 사업일부정지의 처분을 할 때에는 그 처분기간을 분명히 밝혀야 한다. 〈개정 2024. 7. 2.〉 ③ 처분관할관청은 제2항에 따라 적발한 사업용 자동차가 처분관할에 속하지 아니한 경우 적발한 날부터 5일 이내에 국토교통부령으로 정하는 바에 따라 해당 처분관할관청에 그 적발 사실을 통보하여야 한다. 〈개정 2013. 3. 23.〉 ④ 처분관할관청은 제3항에 따라 적발통보를 받은 경우 특별한 사유가 없으면 30일 이내에 처분을 하고, 그 결과를 지체 없이 적발 사실을 통보한 관할 관청에 통보하여야 한다. 제43조(사업 면허ㆍ등록ㆍ허가 취소 및 사업정지의 처분기준 및 그 적용) ① 처분관할관청은 법 제83조에 따른 자가용자동차의 사용제한 또는 사용금지처분과 법 제85조에 따른 여객자동차 운수사업자에 대한 면허취소 등의 처분을 다음 각 호의 구분에 따라 별표 3의 기준에 의하여 하여야 한다. 〈개정 2009. 11. 27., 2021. 4. 6.〉 1. 사업면허취소ㆍ사업등록취소ㆍ사업허가취소 또는 사업인가취소: 사업면허ㆍ사업등록ㆍ사업허가 또는 사업인가의 취소 2. 노선폐지명령: 제3조제1호에 따른	**제4장 자동차대여사업** 제60조(자동차대여사업의 등록신청 등) 제61조(자동차대여사업의 등록기준) 제62조(자동차대여사업의 등록 등) 제63조(자동차대여사업의 영업구역 등) 제64조(주사무소 및 영업소의 설치 등) 제65조(자동차대여사업계획의 변경등록) 제66조(자동차대여사업의 사업계획 변경신고) 제67조(대여사업용 자동차의 종류) 제68조(대여약관의 기록사항) 제69조(대여약관의 신고) 제70조(자동차대여사업 관리의 위탁허가 신청) 제70조의2(자동차대여사업자의 결함 사실 통보) 제71조(준용규정) **제5장 여객자동차터미널사업** 제72조(여객자동차터미널의 종류) 제73조(여객자동차터미널사업의 면허신청) 제74조(공사시행인가의 신청) 제75조(여객자동차터미널 공사계획 변경인가의 신청) 제76조(여객자동차터미널 공사시행인가 기간연장의 신청) 제77조(시설확인의 신청) 제78조(여객자동차터미널 사용개시일의 연장신청) 제79조(사용약관의 신고) 제80조(시설사용료의 인가신청 등) 제81조(여객자동차터미널 기능의 유지 등) 제82조(여객자동차터미널을 사용하는

여객자동차운수사업법	여객자동차운수사업법 시행령	여객자동차운수사업법 시행규칙
가를 받지 아니하거나 부정한 방법으로 관리위탁 허가를 받아 자동차대여사업을 관리위탁한 자와 이 자로부터 관리위탁을 받은 자 6의2. 제34조제1항을 위반하여 임차한 자동차를 유상 운송에 사용하거나 다시 남에게 대여한 자 또는 이를 알선한 자 6의3. 제34조제2항을 위반하여 운전자를 알선한 자 7. 제34조제3항을 위반하여 사업용자동차를 사용하여 유상으로 여객을 운송하거나 이를 알선한 자 7의2. 제49조의3제1항에 따른 허가를 받지 아니하고 플랫폼운송사업을 경영한 자 또는 제2조에서 정한 자동차 이외의 자동차(「자동차관리법」 제3조에 따른 화물자동차·특수자동차·이륜자동차를 말한다)를 사용하여 플랫폼운송사업 형태의 행위를 한 자 7의3. 부정한 방법으로 제49조의3제1항에 따른 허가를 받은 자 8. 제81조를 위반하여 자가용자동차를 유상으로 운송용으로 제공 또는 임대하거나 이를 알선한 자 9. 제82조제1항을 위반하여 고객을 유치할 목적으로 노선을 정하여 자가용자동차를 운행하거나 이를 알선한 자 10. 제85조제1항에 따른 사업정지 처분 기간 중에 여객자동차 운수사업을 경영한 자 제91조(벌칙) 다음 각 호의 어느 하나에 해당하는 자는 1년 이하의 징역 또는 1천만원 이하의 벌금에 처한다. 〈개정 2021. 3. 23.〉 1. 제27조의2제3항을 위반하여 술을 마시거나 약물을 복용하고 다른 사람에게 위해를 주는 행위를 한 자 2. 제27조의3제3항을 위반하여 설치	노선 여객자동차운송사업에서의 위반행위와 관련된 노선의 폐지명령 3. 감차명령: 면허 또는 허가를 받거나 등록을 한 자동차 중의 일부(제2호의 노선폐지명령을 받은 경우에는 폐지된 노선을 운행하는 자동차 전부를 말하며, 별표 3의 처분기준에서 감차할 자동차 대수를 분명히 밝히지 아니한 경우에는 위반행위를 한 자동차 전부를 말한다)의 감차명령 4. 운행정지: 위반행위를 한 여객자동차 운수사업용 자동차 또는 자가용자동차의 사용정지 5. 사업전부정지: 사업면허·사업등록 또는 사업허가 전부의 정지 6. 사업일부정지: 위반행위와 직접 관련된 자동차의 2배수의 자동차(위반행위와 직접 관련된 자동차가 없을 때에는 제3조제1호에 따른 노선 여객자동차운송사업의 경우 수입이 가장 많은 운행계통을 운행하는 자동차 중 5대의 자동차, 제3조제2호에 따른 구역 여객자동차운송사업의 경우 자동차의 보유대수가 1대인 경우에는 해당 자동차, 그 외의 경우에는 사업자가 보유한 자동차 중 5대의 자동차)에 대한 사용정지 ② 삭제 〈2009. 3. 31.〉 ③ 삭제 〈2009. 3. 31.〉 ④ 처분관할관청은 사업정지처분 또는 운행정지처분의 대상이 되는 자동차가 여러 대인 경우에는 대중교통에 미치는 영향을 고려하여 이를 분할하여 집행할 수 있다. ⑤ 처분관할관청은 처분을 하려면 증거에 의하여「행정절차법」에 따라 행하여야 한다. [제목개정 2021. 4. 6.] 제43조의2(벌점부과 및 사업면허취소	자동차의 운행관리) 제83조(여객자동차터미널에서의 정류방법 등) 제84조(여객의 혼잡방지 등) 제85조(여객자동차터미널 시설공사 중의 조치) 제86조(위험의 방지) 제87조(위치·규모 및 구조·설비 등의 변경인가신청) 제88조(위치·규모 및 구조·설비의 경미한 사항의 변경) 제89조(승차권판매의 위탁) 제90조(터미널사업의 양도·양수 신고) 제91조(터미널사업의 법인합병 신고) 제92조(터미널사업의 상속신고) 제93조(터미널사업의 휴업·폐업허가신청) **제5장의2 여객자동차운송플랫폼사업** **〈개정 2021. 4. 8.〉** 제93조의2(여객자동차플랫폼운송사업의 허가신청 등) 제93조의3(플랫폼운송사업의 허가기준 등) 제93조의4(사업계획의 변경인가 등) 제93조의5(플랫폼운송사업의 허가 갱신) 제93조의6(기여금·연체료 수납 등의 위탁 등) 제93조의7(플랫폼운송사업의 운임·요금의 신고 등) 제93조의8(플랫폼운수종사자의 준수사항) 제93조의9(플랫폼운송사업에 대한 준용규정) 제93조의10(여객자동차플랫폼운송가맹사업의 면허신청 등) 제93조의11(플랫폼가맹사업의 면허기준)

여객자동차운수사업법	여객자동차운수사업법 시행령	여객자동차운수사업법 시행규칙
목적과 다른 목적으로 영상기록장치를 임의로 조작하거나 다른 곳을 비춘 자, 운행기간 외에 영상기록을 한 자 또는 녹음기능을 사용하여 음성기록을 한 자 3. 제27조의3제4항을 위반하여 영상기록을 목적 외의 용도로 이용하거나 다른 자에게 제공한 자 4. 제27조의3제6항을 위반하여 안전성 확보에 필요한 조치를 하지 아니하여 영상기록장치에 기록된 영상정보를 분실·도난·유출·변조 또는 훼손당한 자 5. 제34조의2제1항을 위반한 자동차대여사업자 6. 제34조의4를 위반하여 다른 사람에게 명의를 빌려주거나 다른 사람의 명의를 빌린 사람 또는 대여를 알선한 사람 7. 제36조에 따른 면허(변경면허를 포함한다)를 받지 아니하고 터미널사업을 경영하거나 부정한 방법으로 면허(변경면허를 포함한다)를 받은 자 [전문개정 2014. 1. 28.] 제92조(벌칙) 다음 각 호의 어느 하나에 해당하는 자는 1천만원 이하의 벌금에 처한다. 〈개정 2012. 2. 1., 2020. 4. 7.〉 1. 삭제〈2009. 5. 27.〉 2. 제9조제1항(제49조의9 및 제49조의16에서 준용하는 경우를 포함한다)에 따른 운송약관을 신고하지 아니하거나 신고한 운송약관을 이행하지 아니한 자 3. 제10조(제35조에서 준용하는 경우를 포함한다)·제49조의3제6항 또는 제49조의10제2항에 따른 인가를 받지 아니하거나 등록 또는 신고를 하지 아니하고 사업계획을 변경한 자	등) ① 법 제85조제4항 각 호 외의 부분에서 "대통령령으로 정하는 운송사업자"란 일반택시운송사업자 및 개인택시운송사업자를 말한다. ② 법 제85조제4항에 따른 벌점 부과 기준 및 그 벌점에 따른 사업면허취소·감차명령 등의 기준은 별표 4와 같다. ③ 처분관할관청은 별표 4의 제1호 및 제2호에 따라 일반택시운송사업자 및 개인택시운송사업자의 처분기준 벌점 산정을 매년 12월 31일을 기준으로 실시하고, 최근 2년 동안 벌점의 합이 같은 표 제3호의 기준에 해당하는 경우 그에 상응하는 처분을 하여야 한다. 이 경우 이미 처분을 한 벌점은 제외한다. ④ 처분관할관청은 제3항에 따라 처분기준 벌점을 산정하는 경우 「정부 표창 규정」에 따른 표창을 받은 경우에는 1회당 벌점 50점을 경감하고, 최근 5년간 무사고 운전자(최근 2년간 법령 위반건수가 3회 이상인 자는 제외한다)가 있는 경우에는 1명당 벌점 50점을 경감할 수 있다. 〈개정 2013. 1. 16.〉 [본조신설 2009. 11. 27.] 제44조(사업면허취소·사업등록취소 등의 처분절차) ① 처분관할관청은 여객자동차 운수사업자와 자가용자동차의 사용자가 법 제89조제1항(법 제83조제2항에서 준용하는 경우를 포함한다)을 위반하여 정당한 사유 없이 정해진 날까지 자동차등록증을 반납하지 아니하고 자동차등록번호판을 영치하지 아니한 경우에는 사업정지처분 또는 운행정지처분의 원래의 처분일수에 지체 기간에 해당하는 기간을 더하여 처분한다. ② 처분관할관청은 처분을 하면 국토교통부령으로 정하는 서식의 처분장을 처분대상 자동차의 앞면 유리창의	제93조의12(플랫폼가맹사업 사업계획의 변경인가 등) 제93조의13(운송가맹점의 상호변경 신고) 제93조의14(플랫폼가맹사업의 운임·요금의 신고) 제93조의15(플랫폼가맹사업에 대한 준용규정) 제93조의16(여객자동차플랫폼운송중개사업의 등록) 제93조의17(플랫폼중개사업의 변경신고 등) 제93조의18(플랫폼운송중개요금의 신고) **제6장 여객자동차운수사업의 진흥** 제94조(재정지원) 법 제50조제1항제9호에서 "국토교통부령으로 정하는 사항"이란 다음 각 호의 사항을 말한다. 〈개정 2009. 12. 2., 2013. 3. 23.〉 1. 여객자동차운송사업의 합병·분할 합병 등을 통한 구조조정 2. 자동차호출시스템, 첨단교통정보시스템, 지하철·버스 등 교통수단 상호 간의 연계를 위한 통합카드시스템, 운임·요금결제시스템 등 서비스의 개선을 위한 시설 또는 장비의 확충·개선 3. 학생·청소년 운임할인 등 공적 부담으로 인한 결손액의 보전 4. 삭제〈2012. 8. 2.〉 5. 버스전용차로의 설치 등 버스교통체계의 개선 제94조의2 삭제 〈2021. 9. 24.〉 제94조의3 삭제 〈2021. 9. 24.〉 **제7장 여객자동차 운수사업자단체** 제95조(조합의 설립) ① 조합은 법 제2조 및 영 제3조에 따른 여객자동차운송사업, 자동차대여사업, 여객자동차터미널사업의 종류별로 같은 업종에 속하는 여객자동차 운수사업자를 구

박흥식의 시내버스 노선조정 [노선은 생물(生物)이다]

여객자동차운수사업법	여객자동차운수사업법 시행령	여객자동차운수사업법 시행규칙
4. 제11조(제35조에서 준용하는 경우를 포함한다)를 위반하여 공동운수협정을 체결하거나 변경한 자 5. 제13조제1항에 따른 관리위탁 신고를 하지 아니하거나 거짓 신고를 하고 여객자동차운송사업을 관리위탁한 자 6. 제14조(제35조·제48조·제49조의9 및 제49조의16에서 준용하는 경우를 포함한다)에 따른 인가를 받지 아니하거나 신고를 하지 아니하고 여객자동차 운수사업을 양도·양수하거나 법인을 합병한 자 7. 삭제 〈2009. 5. 27.〉 8. 제16조(제35조·제48조·제49조의9 및 제49조의16에서 준용하는 경우를 포함한다)에 따른 허가를 받지 아니하거나 신고를 하지 아니하고 여객자동차 운수사업을 휴업하거나 폐업한 자 9. 제21조제2항(제49조의9에서 준용하는 경우를 포함한다)을 위반하여 운수종사자의 자격요건을 갖추지 아니한 사람을 운전업무에 종사하게 한 자 10. 자동차대여사업을 시작하기 전까지 제31조제1항에 따른 대여약관을 신고하지 아니하거나 신고한 대여약관을 이행하지 아니한 자 10의2. 제34조의2제3항을 위반하여 결함 사실이 공개된 대여사업용 자동차를 시정조치 받지 아니하고 신규로 대여한 자 10의3. 제34조의2제4항을 위반하여 차량의 임차인에게 결함 사실을 통보하지 아니한 자 11. 삭제 〈2015. 6. 22.〉 12. 삭제 〈2015. 6. 22.〉 13. 제38조제4항을 위반하여 시설확인을 받지 아니하고 터미널 사용	오른쪽에 처분기간 동안 붙여야 한다. 〈개정 2013. 3. 23.〉 ③ 처분기간은 집행시각부터 계산한다. ④ 처분의 집행완료일시가 토요일이면 금요일 근무시간에 집행을 종료시킬 수 있다. ⑤ 처분관할관청은 처분을 할 때에는 해당 처분의 집행종료일이 공휴일 또는 일요일에 해당되지 아니하도록 하여야 한다. 제45조(운수종사자의 자격취소) 법 제87조제1항제6호에서 "대통령령으로 정하는 수"란 제11조에 따른 수를 말한다. 제45조의2(민감정보 및 고유식별정보의 처리) ①국토교통부장관, 시·도지사(법 제75조에 따라 권한의 일부를 위임받는 시·도지사나 그 권한을 재위임받는 시장·군수·구청장 및 법 제76조제1항에 따라 권한의 일부를 위탁받는 자를 포함한다), 시장·군수·구청장 및 위원회는 다음 각 호의 사무를 수행하기 위하여 불가피한 경우 「개인정보 보호법 시행령」 제18조제2호에 따른 범죄경력자료에 해당하는 정보나 같은 영 제19조에 따른 주민등록번호, 운전면허의 면허번호 또는 외국인등록번호가 포함된 자료를 처리할 수 있다. 〈개정 2013. 3. 23., 2014. 7. 28., 2014. 8. 6., 2017. 3. 27., 2017. 6. 2., 2020. 9. 8., 2021. 4. 6.〉 1. 법 제4조에 따른 면허 등에 관한 사무 1의2. 법 제6조에 따른 결격사유 확인에 관한 사무 2. 법 제14조에 따른 사업의 양도·양수 등에 관한 사무 3. 법 제15조에 따른 여객자동차운송사업의 상속에 관한 사무	성원으로 하여 설립한다. ② 여객자동차 운수사업자는 제1항에도 불구하고 조합의 효율적인 운영을 위하여 필요하다고 인정하면 둘 이상의 업종별 여객자동차 운수사업자를 단일조합의 구성원으로 하여 조합을 설립할 수 있다. 이 경우 조합원이 될 자격이 있는 자의 발기 및 창립총회 의결의 요건은 각 업종별로 갖추어야 한다. ③ 고속형 시외버스운송사업자는 제1항에도 불구하고 해당 사업자를 구성원으로 하여 따로 조합을 설립할 수 있다. ④ 제1항과 제2항에 따른 조합은 시·도 또는 전국을 단위로 하여 설립한다. 다만, 관계 시·도지사가 협의하였을 때에는 같은 업종인 경우에만 둘 이상 시·도의 운수사업자를 구성원으로 하는 단위조합을 설립할 수 있다. ⑤ 제4항 단서에 따른 조합의 조합원이 될 자격이 있는 자의 발기 및 창립총회 의결의 요건은 각 시·도별로 갖추어야 한다. ⑥ 제4항 단서에 따른 조합의 관할관청 등에 관하여는 관련 시·도지사가 협의하여 정하는 바에 따른다. 제96조(연합회의 설립) ① 연합회는 제95조에 따라 설립된 업종별 시·도 단위조합을 구성원으로 하여 설립한다. 다만, 연합회의 효율적인 운영을 위하여 필요하다고 인정할 때에는 둘 이상 업종의 시·도 단위조합 또는 전국 단위조합을 구성원으로 하여 연합회를 설립할 수 있다. ② 제1항 단서에 따른 연합회의 설립에서 연합회의 구성원이 될 자격이 있는 자의 발기 및 창립총회 의결의 요건은 각 업종별로 갖추어야 한다. 제97조(분쟁조정신청서 등) ① 영 제29조제2항에 따른 공제분쟁조정의 신청

부 록

여객자동차운수사업법	여객자동차운수사업법 시행령	여객자동차운수사업법 시행규칙
을 시작한 자 14. 제40조제1항에 따른 사용약관을 신고하지 아니하거나 신고한 사용약관을 위반한 자 15. 제41조에 따라 시설사용료에 관한 인가를 받지 아니한 자 16. 제43조에 따른 인가를 받지 아니하고 터미널의 위치·규모와 구조·설비 등을 변경한 자 제93조(양벌규정) 법인의 대표자나 법인 또는 개인의 대리인, 사용인, 그 밖의 종업원이 그 법인 또는 개인의 업무에 관하여 제90조부터 제92조까지의 어느 하나에 해당하는 위반행위를 하면 그 행위자를 벌하는 외에 그 법인 또는 개인에게도 해당 조문의 벌금형을 과(科)한다. 다만, 법인 또는 개인이 그 위반행위를 방지하기 위하여 해당 업무에 관하여 상당한 주의와 감독을 게을리하지 아니한 경우에는 그러하지 아니하다. [전문개정 2009. 5. 27.] 제94조(과태료) ① 다음 각 호의 어느 하나에 해당하는 자에게는 1천만원 이하의 과태료를 부과한다. 〈개정 2020. 4. 7.〉 1. 제8조·제49조의6제1항 또는 제49조의13제1항을 위반하여 운임·요금을 신고하지 아니한 자 2. 제15조제1항(제35조와 제48조에서 준용하는 경우를 포함한다)에 따른 상속 신고를 하지 아니한 자 3. 제21조제1항에 따른 운송수입금의 전액에 대한 준수사항을 위반한 자 3의2. 제21조제11항을 위반하여 휴식시간을 보장하지 아니한 자 3의3. 제21조제12항 전단(제49조의9에서 준용하는 경우를 포함한다)을 위반하여 운수종사자의 음주 여부를 확인하지 아니한 자	3의2. 법 제22조에 따른 운수종사자 등 현황 통보에 관한 사무 3의3. 법 제22조의2에 따른 운수종사자 관리업무의 전산처리에 관한 사무 3의4. 법 제19조에 따른 사고 시의 조치 등에 관한 사무 4. 법 제24조에 따른 여객자동차운송사업의 운전업무 종사자격에 관한 사무 5. 법 제27조에 따른 운수종사자의 사고기록의 유지관리 등에 관한 사무 6. 법 제28조에 따른 자동차대여사업의 등록에 관한 사무 6의2. 법 제35조에 따른 자동차대여사업의 양도·양수 및 법인의 합병, 상속에 관한 사무 7. 법 제36조에 따른 여객자동차터미널사업의 면허에 관한 사무 7의2. 법 제48조에 따른 여객자동차터미널사업의 양도·양수 및 법인의 합병, 상속에 관한 사무 7의3. 법 제49조의3, 제49조의9, 제49조의10 및 제49조의16에 따른 플랫폼운송사업의 허가 등, 플랫폼가맹사업의 면허 등, 플랫폼운송사업 및 플랫폼가맹사업의 양도·양수, 법인의 합병, 상속에 관한 사무 8. 법 제49조의15에 따른 플랫폼가맹사업의 면허취소 등에 관한 사무 9. 법 제50조제4항 및 제51조의2에 따른 유가보조금의 지급 및 지급정지에 관한 사무 9의2. 법 제50조제5항 및 제51조의3에 따른 천연가스 연료보조금의 지급 및 지급정지에 관한 사무 9의3. 법 제63조 및 제63조의2에 따른 공제조합 운영위원회의 구성 및 공제조합 운영위원회 위원의	은 별지 제49호서식의 공제분쟁조정 신청서에 따른다. ② 제1항의 공제분쟁조정 신청서에는 다음 각 호의 서류를 첨부하여야 한다. 1. 당사자 간의 교섭경위서(분쟁발생 시부터 신청 시까지의 교섭내용과 그 증명자료) 2. 그 밖에 분쟁조정 신청사건의 심사·조정에 참고가 될 수 있는 객관적인 자료 **제8장 보칙** 제98조(여객자동차운송사업 조정위원회의 구성·운영) ① 법 제78조제1항에 따라 시·도지사가 조정신청한 사항(제10조제5항에 따라 사업구역의 조정에 관하여 신청한 사항은 제외한다)의 조정에 관하여 국토교통부장관이 자문하는 사항을 심의하기 위하여 국토교통부장관 소속하에 여객자동차운송사업 조정위원회(이하 "조정위원회"라 한다)를 둘 수 있다. 다만, 운행계통의 분할·단축·통합 및 운행시간 등의 경미한 사업계획 변경은 조정위원회의 심의를 생략할 수 있다. 〈개정 2013. 3. 23., 2017. 1. 20.〉 ② 조정위원회의 구성·운영 등에 필요한 사항은 국토교통부장관이 따로 정하는 바에 따른다. 〈개정 2013. 3. 23.〉 제99조(조정의 기준 등) ① 조정위원회는 제98조제1항에 따른 사항을 심의할 때에는 다음 각 호의 기준에 따라야 한다. 1. 지역주민의 교통편의를 증진시킬 수 있을 것 2. 시·도 간 운송사업자의 균형적인 발전을 도모할 수 있을 것 3. 노선의 연고권(緣故權)을 확보하기 위한 것이 아닐 것 4. 운송사업자 간에 과도한 경쟁을 유

박흥식의 시내버스 노선조정 [노선은 생물(生物)이다]

여객자동차운수사업법	여객자동차운수사업법 시행령	여객자동차운수사업법 시행규칙
3의4. 제21조제12항 후단(제49조의9에서 준용하는 경우를 포함한다)을 위반하여 운수종사자가 음주로 안전한 운전을 할 수 없다고 판단됨에도 사업용 자동차를 운행하게 한 자 3의5. 제49조의6제4항 또는 제49조의13제6항을 위반하여 운송플랫폼을 통하여 여객과 운송계약을 체결할 때 여객에게 받을 운임이나 요금을 고지하지 아니한 자 3의6. 제49조의18제1항에 따라 플랫폼중개사업자로 등록하지 아니하고 제49조의19제1항에 따른 요금을 받은 자 또는 제49조의19제2항을 위반하여 요금을 신고하지 아니하고 제49조의19제1항에 따른 요금을 받은 자 4. 제66조(제60조제2항에서 준용하는 경우를 포함한다)에 따른 개선명령을 따르지 아니한 자 5. 제67조(제60조제2항에서 준용하는 경우를 포함한다)에 따른 임직원에 대한 징계·해임의 요구에 따르지 아니하거나 시정명령을 따르지 아니한 자 ② 다음 각 호의 어느 하나에 해당하는 자에게는 500만원 이하의 과태료를 부과한다. 〈개정 2024. 1. 9.〉 1. 제8조제6항을 위반하여 어린아이의 운임을 받은 자. 다만, 제85조제1항제10호에 따라 처분을 받은 자에 대하여는 해당 위반행위에 대한 과태료를 부과하지 아니한다. 2. 제17조를 위반하여 사업용 자동차의 표시를 하지 아니한 자. 다만, 제85조제1항제17호에 따라 처분을 받은 자에 대하여는 해당 위반행위에 대한 과태료를 부과하지 아니한다. 3. 제19조(제49조의9에서 준용하는	결격사유 확인에 관한 사무 10. 법 제66조에 따른 공제조합업무의 개선명령에 관한 사무 11. 법 제67조에 따른 공제조합 임직원에 대한 제재 등에 관한 사무 11의2. 법 제70조제2항에 따른 분쟁조정에 관한 사무 12. 법 제85조에 따른 면허취소 등에 관한 사무 13. 법 제87조에 따른 운수종사자의 자격 취소 등에 관한 사무 14. 법 제88조에 따른 과징금 처분에 관한 사무 15. 법 제89조에 따른 자동차의 사용정지에 관한 사무 ② 법 제53조 및 제59조에 따른 조합 및 연합회 또는 법 제61조에 따른 공제조합은 법 제60조 또는 제64조에 따른 공제사업에 관한 사무를 수행하기 위하여 불가피한 경우「개인정보 보호법 시행령」제19조에 따른 주민등록번호, 여권번호, 운전면허의 면허번호 또는 외국인등록번호가 포함된 자료를 처리할 수 있다. 〈신설 2014. 8. 6.〉 [본조신설 2012. 4. 20.] 제46조(과징금을 부과하는 위반행위의 종류와 과징금 액수) ① 법 제88조제1항에 따라 과징금을 부과하는 위반행위의 종류와 위반 정도에 따른 과징금 액수는 별표 5와 같다. 〈개정 2009. 11. 27.〉 ② 국토교통부장관, 시·도지사 또는 시장·군수·구청장은 여객자동차 운수사업자의 사업규모, 사업지역의 특수성, 운전자 과실의 정도와 위반행위의 내용 및 횟수 등을 고려하여 제1항에 따른 과징금 액수의 2분의 1의 범위에서 가중하거나 경감할 수 있다. 다만, 가중하는 경우에도 과징금의 총액은 5천만원을 초과할 수 없다. 〈개	발하지 아니할 것 ② 조정위원회는 제1항에 따른 기준에도 불구하고 지역주민의 교통편의와 관련 운송사업자의 경영상태 등 현실의 여건과 교통정책을 고려하여 필요하다고 인정하면 시·도지사가 조정신청한 사항의 일부를 수정하여 심의할 수 있다. 제100조(조정사항의 처리 등) ① 국토교통부장관 또는 대도시권광역교통위원회는 법 제78조제1항에 따라 시·도지사로부터 제5조제5항에 따른 기일 내에 조정신청을 받았을 때에는 최종 신청한 시·도의 접수일부터 40일 이내에 이를 조정해야 한다. 다만, 경미한 사업계획의 변경 중 운행시간에 관한 조정은 10일 이내에 조정해야 한다. 〈개정 2013. 3. 23., 2019. 10. 1.〉 ② 시·도지사가 법 제78조제2항에 따라 조정된 사항을 통보받았을 때에는 1개월 이내에 집행해야 하며, 그 결과를 지체 없이 관계 시·도지사에게 통보하고, 국토교통부장관 또는 대도시권광역교통위원회에 보고해야 한다. 〈개정 2013. 3. 23., 2019. 10. 1.〉 제101조(검사원증) 법 제79조제3항에 따른 증표는 별지 제50호서식에 따른다. 제102조(수수료) ① 법 제80조에 따라 면허·등록·허가·인가 등을 신청하거나 신고를 하는 자(이하 이 조에서 "신청인 또는 신고인"이라 한다)가 내야 할 수수료는 별표 7과 같다. ② 신청인 또는 신고인은 수수료를 내는 경우 국토교통부장관에게 제출하는 신청서 또는 신고서에는 수입인지를 붙이고, 시·도지사에게 제출하는 신청서 또는 신고서에는 시·도의 수입증지를 붙이며, 시장·군수 또는 구청장에게 제출하는 신청서 또는 신고

여객자동차운수사업법	여객자동차운수사업법 시행령	여객자동차운수사업법 시행규칙
경우를 포함한다)에 따른 사고 시의 조치 또는 보고를 하지 아니하거나 거짓 보고를 한 자 4. 제22조제1항제1호 및 제2호를 위반하여 운수종사자 취업현황을 알리지 아니하거나 거짓으로 알린 자 5. 제22조제1항제3호를 위반하여 휴식시간 보장내역을 알리지 아니하거나 거짓으로 알린 자 6. 제24조제1항의 운수종사자의 요건을 갖추지 아니하고 여객자동차운송사업 또는 플랫폼운송사업의 운전업무에 종사한 자 6의2. 제26조제1항제7호의4 또는 제49조의8제1항제6호의2를 위반하여 영상물 등을 시청한 운수종사자 또는 플랫폼운송사자 6의3. 제34조의2제2항을 위반한 자 동차대여사업자 6의4. 제34조의5를 위반한 자(제90조제6호의2에 해당하는 경우는 제외한다) 7. 삭제 〈2012. 2. 1.〉 8. 삭제 〈2012. 2. 1.〉 9. 제45조에 따른 터미널 사용명령을 위반한 자 10. 제56조에 따른 정관변경 등의 명령을 따르지 아니한 자 11. 제65조제1항(제60조제2항에서 준용하는 경우를 포함한다)에 따른 보고서를 제출하지 아니하거나 거짓 보고서를 제출한 자 또는 조사나 검사를 거부·방해 또는 기피한 자 12. 제79조제1항에 따른 보고를 하지 아니하거나 거짓으로 보고한 자. 다만, 제85조제1항제33호에 따라 처분을 받은 자에 대하여는 해당 위반행위에 대한 과태료를 부과하지 아니한다. 13. 제79조제1항에 따른 서류 제출	정 2013. 3. 23., 2020. 9. 8.〉 제47조(과징금의 부과 및 납부) ① 국토교통부장관, 시·도지사 또는 시장·군수·구청장은 법 제88조제1항에 따라 과징금을 부과하려면 그 위반행위의 종류와 해당 과징금의 액수 등을 분명히 적어 이를 낼 것을 서면으로 통지(과징금부과 대상자가 원하는 경우에는 전자문서에 의한 통지를 포함한다)해야 한다. 〈개정 2013. 3. 23., 2020. 9. 8.〉 ② 제1항에 따라 통지를 받은 자는 20일 이내에 과징금을 지정된 수납기관에 내야 한다. 〈개정 2023. 12. 12.〉 ③ 제2항에 따라 과징금을 받은 수납기관은 납부자에게 영수증을 내주어야 한다. ④ 과징금의 수납기관은 제2항에 따라 과징금을 받으면 지체 없이 그 사실을 국토교통부장관, 시·도지사 또는 시장·군수·구청장에게 통보해야 한다. 〈개정 2013. 3. 23., 2020. 9. 8.〉 ⑤ 삭제 〈2021. 9. 24.〉 제48조(과징금의 용도) ① 법 제88조제4항제1호에서 "대통령령으로 정하는 노선"이란 다음 각 호의 노선을 말한다. 〈개정 2015. 1. 28.〉 1. 법 제23조제1항제2호에 따라 노선의 연장 또는 변경의 명령을 받고 버스를 운행함으로써 결손이 발생한 노선 2. 법 제23조제1항제10호에 따라 개선명령을 받은 노선 등(이하 "벽지노선등"이라 한다) 3. 수요응답형 여객자동차운송사업의 노선 중 수익성이 없는 노선 4. 그 밖의 수익성이 없는 노선 중 지역주민의 교통불편과 결손액의 정도를 고려하여 시·도지사가 정한 노선	서에는 시·군 또는 구의 수입증지를 붙여야 한다. 〈개정 2013. 3. 23., 2020. 12. 29.〉 ③ 국토교통부장관 또는 지방자치단체의 장은 제2항에도 불구하고 정보통신망을 이용하여 전자화폐·전자결제 등의 방법으로 수수료를 내게 할 수 있다. 〈개정 2013. 3. 23.〉 제102조의2(수수료의 결정절차) ① 법 제80조 단서에 따라 수탁기관의 장이 수수료를 결정하려는 경우에는 이해관계인의 의견을 수렴할 수 있도록 해당 기관의 인터넷 홈페이지에 20일간 그 내용을 게시하여야 한다. 다만, 긴급하다고 인정되는 경우에는 해당 기관의 인터넷 홈페이지에 그 사유를 소명하고 10일 간 게시할 수 있다. ② 수수료의 요율 또는 금액은 제1항에 따른 기간이 지난 후 제1항에 따라 수렴된 의견을 고려하여 실비(實費)의 범위에서 정하여야 하며, 수수료의 요율 또는 금액을 결정하였을 때에는 그 결정된 내용과 실비 산정내역을 해당 기관의 인터넷 홈페이지를 통하여 공개하여야 한다. [본조신설 2012. 11. 23.] 제103조(자가용자동차의 유상운송 등의 허가요건) 제103조의2(유상운송용 자가용자동차의 차령) 제104조(자가용자동차 유상운송 허가의 신청 등) 제105조(자가용자동차의 임대허가신청) 제106조(자가용자동차의 노선운행 허가 신청 등) 제107조(차령 연장) 제108조(적발 보고서의 서식 등) 제108조의2(규제의 재검토)

여객자동차운수사업법	여객자동차운수사업법 시행령	여객자동차운수사업법 시행규칙
을 하지 아니하거나 거짓 서류를 제출한 자. 다만, 제85조제1항제33호에 따라 처분을 받은 자에 대하여는 해당 위반행위에 대한 과태료를 부과하지 아니한다. 14. 정당한 사유 없이 제79조제2항에 따른 검사 또는 질문에 불응하거나 이를 방해 또는 기피한 자 15. 제83조에 따른 자가용자동차의 사용 제한 또는 금지에 관한 명령을 위반한 자 16. 제89조제1항을 위반하여 자동차 등록증과 자동차 등록번호판을 반납하지 아니한 자 ③ 다음 각 호의 어느 하나에 해당하는 자에게는 50만원 이하의 과태료를 부과한다. 〈개정 2024. 1. 9.〉 1. 제21조제6항(제49조의9에서 준용하는 경우를 포함한다)을 위반하여 좌석안전띠가 정상적으로 작동될 수 있는 상태를 유지하지 아니한 자 2. 제21조제7항(제49조의9에서 준용하는 경우를 포함한다)을 위반하여 운수종사자에게 여객의 좌석안전띠 착용에 관한 교육을 하지 아니한 자 3. 정당한 사유 없이 제21조제9항을 위반하여 교통안전정보의 제공을 거부하거나 거짓의 정보를 제공한 자 3의2. 제24조의2제1항 또는 제2항을 위반하여 같은 항에 따른 증표를 게시하지 아니한 자 4. 제26조제1항(같은 항 제7호의4는 제외한다) 또는 제2항을 위반한 자 5. 제49조의8제1항(같은 항 제6호의2는 제외한다), 제2항 또는 제3항을 위반한 자 ④ 제26조제3항 또는 제49조의8제5항을 위반한 자에게는 10만원 이하의 과태료를 부과한다. 다만, 「도로교통법」 제160조제2항제2호에 따라 과태료 처분을 받은 경우에는 그러하지 아니	② 법 제88조제4항제5호에서 "그 밖에 여객자동차 운수사업의 발전을 위하여 필요한 사업"이란 다음 각 호의 사업을 말한다. 〈개정 2013. 3. 23.〉 1. 여객자동차 운수사업의 경영개선에 관한 연구를 주목적으로 설립된 연구기관 중 국토교통부장관이 지정하는 연구기관의 운영 2. 연합회나 조합이 법 제76조제1항에 따라 국토교통부장관 또는 시·도지사로부터 권한을 위탁받아 수행하는 사업 ③ 국토교통부장관, 시·도지사 또는 시장·군수·구청장은 과징금의 세부 용도와 사용비율을 정할 수 있다. 〈개정 2013. 3. 23., 2020. 9. 8.〉 제48조의2(규제의 재검토) ① 국토교통부장관은 다음 각 호의 사항에 대하여 다음 각 호의 기준일을 기준으로 3년마다(매 3년이 되는 해의 기준일과 같은 날 전까지를 말한다) 그 타당성을 검토하여 개선 등의 조치를 해야 한다. 〈개정 2021. 4. 6.〉 1. 제9조에 따른 공동운수협정: 2017년 1월 1일 2. 삭제 〈2021. 4. 6.〉 3. 제43조 및 별표 3 제2호 개별기준 가목의 위반내용란 제13호에 따른 명의이용 금지 위반에 관한 사업면허·등록 취소 등의 처분기준: 2017년 1월 1일 4. 제43조의2 및 별표 4에 따른 벌점 부과기준 및 사업면허취소 등의 기준: 2017년 1월 1일 ② 국토교통부장관은 제20조의9에 따른 기여금에 대하여 2021년 1월 1일을 기준으로 2년마다(매 2년이 되는 해의 기준일과 같은 날 전까지를 말한다) 그 타당성을 검토하여 개선 등의 조치를 해야 한다. 〈신설 2021. 4. 6.〉 [전문개정 2016. 12. 30.]	제109조(과징금운용 계획의 수립·시행) 제110조(과징금의 납부통지 등) 제111조(과징금의 수납기관) 제111조의2(자동차 등록증 등의 반납 면제) 제112조(과태료의 부과기준) 부칙 〈제1341호, 2024. 5. 31.〉 (한시적 규제유예 등 민생경제 활력 제고를 위한 4개 법령의 일부개정에 관한 국토교통부령) 이 규칙은 공포한 날부터 시행한다.

여객자동차운수사업법	여객자동차운수사업법 시행령	여객자동차운수사업법 시행규칙
하다.〈신설 2012. 5. 23., 2020. 4. 7.〉 ⑤ 제1항부터 제4항까지의 규정에 따른 과태료는 대통령령으로 정하는 바에 따라 국토교통부장관 또는 시·도지사가 부과·징수한다.〈개정 2012. 5. 23., 2013. 3. 23.〉 ⑥ 삭제〈2009. 5. 27.〉 ⑦ 삭제〈2009. 5. 27.〉 제95조(과태료 규정의 적용 특례) 제94조의 과태료 규정을 적용할 때 제88조에 따라 과징금을 부과 받은 자에게는 그 위반행위에 대하여 과태료를 부과할 수 없다. **부칙** 〈제20296호, 2024. 2. 13.〉 제1조(시행일) 이 법은 공포 후 3개월이 경과한 날부터 시행한다. 다만, 제49조제1항의 개정규정은 공포한 날부터 시행한다. 제2조(노선의 타당성 평가에 대한 경과조치) 이 법 시행 당시 국토교통부장관이 광역버스운송사업 노선의 타당성 평가를 하고 있는 경우에는 제5조의2의 개정규정에 따라 노선의 타당성 평가를 하고 있는 것으로 본다.	제48조의3(신고포상금의 대상) 법 제89조의3에서 "대통령령으로 정하는 여객자동차운송사업"이란 일반택시운송사업 및 개인택시운송사업을 말한다. [본조신설 2015. 11. 30.] 제49조(과태료의 부과기준) 법 제94조 제1항부터 제4항까지의 규정에 따른 과태료의 부과기준은 별표 6과 같다.〈개정 2012. 11. 23.〉 [전문개정 2011. 4. 6.] **부칙** 〈제34653호, 2024. 7. 2.〉 이 영은 공포한 날부터 시행한다. 다만, 제40조제6항의 개정규정은 2024년 7월 31일부터 시행하고, 제3조의2부터 제3조의8까지, 제37조제1항제2호 및 별표 6 제2호의 개정규정은 2024년 7월 10일부터 시행한다.	

박흥식의 시내버스 노선조정 [노선은 생물(生物)이다]

Ⅱ 서울특별시 여객자동차운수사업의 재정지원 및 한정면허 등에 관한 조례

제1장 총칙 〈개정 2009. 9. 29.〉

제1조(목적) 이 조례는 「여객자동차 운수사업법」 및 같은 법 시행규칙」에서 위임된 사항과 그 시행에 관하여 필요한 사항을 규정함을 목적으로 한다.
[전문개정 2009. 9. 29.]

제2조(정의) 이 조례에서 사용하는 용어의 정의는 다음 각 호와 같다.〈개정 2010. 1. 7., 2010. 4. 22., 2012. 1. 5., 2019. 9. 26., 2020. 1. 9., 2020.12.31, 2024.5.20〉

1. "한정면허"란 「여객자동차 운수사업법」(이하 "법"이라 한다) 제4조제3항 및 같은 법 시행규칙(이하 "시행규칙"이라 한다) 제17조에 따라 서울특별시장(이하 "시장"이라 한다)으로부터 운송할 여객 등에 관한 업무의 범위나 기간을 한정하여 받은 면허를 말한다.
2. "마을버스"란 간선기능을 담당하고 있는 도시철도 또는 일반노선버스의 보조·연계기능을 담당하기 위하여 「여객자동차 운수사업법 시행령」(이하 "시행령"이라 한다) 제3조제1호다목과 시행규칙 제8조제7항 각 호에 규정된 마을 등을 기점 또는 종점으로 하여 이들 마을 등과 가장 가까운 철도역(도시철도역을 포함한다)또는 일반노선버스 정류소간을 운행하는 사업(이하 "마을버스운송사업"이라 한다)을 영위하기 위하여 시장에게 등록하고 운행하는 버스를 말한다.
3. "공항버스"란 공항을 이용하는 내·외국인의 교통불편을 해소하기 위하여 시행규칙 제17조제1항제1호가목1)에 규정된 공항 또는 도심공항터미널을 기점 또는 종점으로 하여 시장으로부터 한정면허를 받아 운행하는 버스를 말한다.
4. "시내순환관광버스"란 시내관광을 하는 내·외국인의 관광편의를 제공하기 위하여 시행규칙 제17조제1항제1호가목2)에 따른 관광지를 기점 또는 종점으로 하여 시장으로부터 한정면허를 받아 운행하는 버스를 말한다.
5. "일반노선버스"란 마을버스·공항버스·지역순환관광버스가 아닌 시내버스를 말한다.
6. "노선입찰"이란 수익성이 없어 운행을 기피하는 노선 또는 버스교통체계의 개선을 위한 노선에 대한 공개입찰을 말한다.
7. "버스교통체계의 개선"이란 다음 각 목의 사업을 말한다.
가. 버스전용차로의 설치
나. 버스환승시설의 설치 및 개선
다. 광역버스 교통망의 구축
라. 버스노선의 간·지선 체계화 등 버스노선의 종합적 정비
마. 굴절버스·저상버스 도입 등 버스의 고급화·다양화
바. 버스운송수입금 공동관리 등 버스운영체계 개선
사. 대중교통 이용과 관련된 환승교통체계의 개선
8. "영상기록장치"란 자동차 운행시 발생하는 돌발상황을 촬영하거나 녹음하여 기록 및 분석하는 시스템을 말한다
9. "부패행위"란 「부패방지 및 국민권익위원회의 설치와 운영에 관한 법률」제2조제4호 나목 및 다목에서 규정한 바에 따른다.
10. "표준운송원가"란 버스운송수입금 공동관리 시행에 따라 시내버스 1일 1대당 운행비용을 표준으로 산정한 것으로 동 원가에 포함되는 이윤은 기본이윤과 성과이윤으로 한다. 이 경우 표준운송원가내 기본이윤과 성과이윤의 산정방법 및 배분 비율 등에 대해서는 시장이 따로 정한다.

11. "열차단 필름"이란 열과 자외선을 차단하여 에너지효율 개선에 기여하는 창유리 부착용 제품을 말한다.
12. "특수여객자동차운송사업"이란 운행계통을 정하지 아니하고 전국을 사업구역으로 하여 1개의 운송계약에 따라 법 시행규칙 제7조에 따른 특수한 자동차를 사용하여 장례에 참여하는 자와 시체(유골을 포함한다)를 운송하는 사업을 말한다.
[전문개정 2009. 9. 29.]

제2장 여객자동차운수사업자의 재정지원 〈개정 2009. 9. 29.〉

제3조(재정지원 대상)

① 재정융자를 받을 수 있는 자는 다음 각 호의 어느 하나에 해당하는 사업을 수행하는 여객자동차 운수사업자로 한다.
1. 법 제50조제1항 각 호의 어느 하나에 해당하는 사업
2. 여객의 안전을 위한 교통안전시설을 확충하기 위한 사업

② 재정보조를 받을 수 있는 여객자동차 운수사업자는 다음 각 호와 같다.〈개정 2010. 4. 22., 2012. 7. 30., 2019. 5. 16., 2019. 9. 26.〉
1. 수익성이 없는 노선의 운행
2. 학생·청소년 운임할인 등 공적부담으로 인한 결손액
3. 유가체계 조정에 따른 운송사업 부분의 유류세액 인상액
4. 버스교통체계의 개선에 따른 다음 각 목의 사업
   가. 버스의 고급화·다양화를 위해 저상버스 등의 도입으로 인한 구입비와 일반버스 구입비와의 차액
   나. 버스운송수입금 공동관리(시내버스운송사업자들이 버스산업의 육성발전을 위해 공동운수협정을 통해 운송수입금을 공동 관리하고 운행실적에 따라 분배하는 것을 말한다. 이하 같다)에 의한 운송수입금 부족액
   다. 버스정류소 표지판 설치 및 버스도색 등 버스시설 개선비용
   라. 대중교통수단간 환승할인제와 관련된 사업
5. 택시호출시스템, 첨단교통정보시스템, 지하철·버스·택시 등 교통수단 상호간의 연계를 위한 통합카드시스템, 운임·요금결제시스템, 영상기록시스템 및 전자식 운행기록장치, 열차단 필름 등 서비스의 개선을 위한 시설 또는 장비의 확충·개선사업
6. 「환경친화적 자동차의 개발 및 보급 촉진에 관한 법률」에 따른 전기자동차, 수소전기자동차로 여객자동차를 개선하는 사업
[전문개정 2009. 9. 29.]

제4조(재정지원의 신청)

① 제3조에 따른 재정지원 대상자가 재정지원을 받고자 하는 경우에는 다음 각 호의 사항을 기재한 별지서식의 여객자동차 운수사업 재정지원신청서(이하 "신청서"라 한다)와 그에 따른 첨부서류를 작성하여 시장에게 제출하여야 한다.
1. 신청인의 주소 및 성명(법인인 경우에는 그 명칭 및 대표자의 성명)
2. 사업면허의 종류·일자 및 면허번호
3. 재정지원을 받고자 하는 사유
4. 재정지원을 받고자 하는 금액

② 제1항에 따라 신청자가 제출한 서류에 변경사유가 발생하는 경우에는 10일 이내에 제1항의 신청서 및 그에 따른 첨부서류 등을 변경·작성하여 시장에게 제출하여야 한다. 이 경우 시장은 신청서 및 그에 따른 첨부서류에 대하여 보완 등의 조치를 명할 수 있다. [전문개정 2009. 9. 29.]

제5조(재정지원의 방법 및 절차)

① 시장은 제4조에 따라 지원신청서를 접수한 경우에는 다음 각 호의 사항을 종합적으로 검토하여 그 지원여부를 결정한다.
1. 사업의 타당성
2. 신청자금의 적정성
3. 지원 가능한 자금의 규모 등

② 시장은 제1항에 따른 재정지원결정에 따라 재정지원을 받는 자에 대하여 지원받은 재정자금의 교부목적 달성에 필요한 경우 「서울특별시 지방보조금 관리 조례」제11조를 준용하여 보조 또는 융자의 대상·방법·상환 등에 관하여 조건을 붙일 수 있다.〈개정 2015. 5. 14., 2020.12.31, 2022.10.17〉

③ 재정지원을 받은 자는 재정지원을 받은 자금을 제2항에 따른 조건에 위반하여 사용하거나 재정지원의 목적 이외의 용도로 사용하여서는 아니 된다. [전문개정 2009. 9. 29.]

제6조(자금의 보조 또는 융자)

① 재정지원으로서의 자금의 융자는 다음 각 호의 기준에 따라 융자한다.
1. 융자기간 및 상환 : 3년 거치 3년 균등분할상환으로 하되, 상환시기는 분기별로 한다.
2. 융자금리 : 연 8퍼센트 이하에서 시장이 정하는 금리
3. 이자계산 및 징수 : 대출일로부터 기산하되, 매년도의 이자는 분기별로 균분하여 징수한다.

② 시장은 제1항에 따라 융자된 자금에 대하여 공익상·자연재해·재난의 발생 또는 경제여건 등의 변화 등으로 인하여 필요하다고 인정하는 경우 이미 융자된 자금에 대한 융자금리의 감면 또는 융자금 상환기간의 연장 등 필요한 조치를 할 수 있다.

③ 시장은 이 조례에 의하여 지원한 자금의 사용 등 관리에 관하여 확인이 필요한 경우에는 관련 사업자에게 자료의 제출을 요구하거나 그 소속공무원으로 하여금 해당 사업자를 방문하여 조사하게 할 수 있다.〈개정 2012. 1. 5.〉

④ 시장은 거짓이나 그 밖의 부정한 방법으로 지원 받거나 지원 목적 외의 용도로 지원금을 사용한 사업자에 대해서는 재정지원금을 즉각 환수 조치하여야 한다.〈신설 2012. 1. 5., 2022.12.30〉

⑤ 제4항에 따라 제3조제2항제4호나목의 재정지원금을 환수조치당한 사업자는 1년간 성과이윤 지원대상에서 제외한다.〈신설 2012. 1. 5.〉 [전문개정 2009. 9. 29.]

제7조(사무의 위탁)

① 시장은 필요한 경우 여객자동차 운수사업자의 재정지원에 관한 사무의 일부를 금융기관 등에 위탁하거나 대행하게 할 수 있다.

② 제1항에 따른 사무의 위탁 또는 대행에 관하여 필요한 사항은 「행정권한의 위임 및 위탁에 관한 규정」을 준용하여 시장과 그 사무를 위탁받은 자가 협의하여 정한다.

[전문개정 2009. 9. 29.]

제3장 한정면허를 받거나 등록을 한 노선 여객자동차운송사업 〈개정 2009. 9. 29.〉

제8조(한정면허)

① 시장은 공항 또는 도심공항터미널을 이용하거나 서울시내의 주요관광지를 관광하는 자의 교통 및 관광편의 제공을 위한 공항버스 및 시내순환관광버스 운송사업에 대하여 한정면허를 할 수 있다.

② 시장은 수익성이 없어 운행을 기피하는 노선 또는 버스전용차로 설치 등 교통체계의 개선을 위하여 필요하다고 인정하는 노선의 운송사업에 대하여 한정면허를 할 수 있다.

③ 시장은 「재난 및 안전관리 기본법」 제3조제1호에 따른 재난 등 한정면허 사업자의 책임 없는 사유로 일시적으로 이용객이 급격히 감소하거나 운행할 수 없는 공항버스의 한정면허 사업자에 대하여 그 손실이나 비용의 일부를 보조하거나 융자할 수 있다.〈신설 2021.5.20, 2021.9.30〉

④ 제3항에 따른 보조나 융자의 방법 및 절차 등은 제4조부터 제6조(제5항은 제외한다)의 규정을 준용한다. 이 경우 "제3조에 따른 재정지원 대상자"는 "제8조제3항에 따른 재정지원 대상자"로 본다.〈신설 2021.5.20, 2021.9.30〉

[전문개정 2009. 9. 29.]

제9조(마을버스운송사업의 등록 등)

① 시장은 마을버스운송사업의 등록을 신청한 자에게 다음 각 호의 등록조건을 부여하고, 마을버스운송사업자는 이를 준수하여야 한다.〈개정 2021.3.25〉

1. 도시철도와 일반노선버스의 요금납부수단으로 사용되고 있는 서울교통카드(이하 "교통카드"라 한다)가 마을버스의 요금납부수단으로 사용될 수 있도록 마을버스에 교통카드의 판독기능, 하차시간 입력기능 등 관련 설비를 설치하여야 한다.
2. 마을버스운송사업자는 시장이 정한 요금기준 및 요율의 범위 안에서 요금을 신고하여야 한다.

② 시장은 일반노선버스가 운행되지 아니하거나 운행이 어려운 지역 등 주민들의 교통불편을 해소하기 위하여 필요한 지역에 도시철도 또는 일반노선버스의 보조기능 및 연계교통수단으로서의 기능을 담당할 수 있도록 마을버스가 운행되도록 하여야 한다.

③ 시장은 제1항2호에 따른 요금기준 및 요율의 범위를 정하고자 할 때 운송비용 등 그 산출기초가 될 수 있는 자료를 마을버스운송사업조합 또는 운송사업자에게 제출하도록 할 수 있다.〈신설 2018. 5. 3.〉

④ 시장은 「대중교통의 육성 및 이용촉진에 관한 법률」 제18조에 따라 마을버스 서비스 수준 향상을 위해 경영 및 서비스 평가를 실시하고, 그 결과에 따라 성과금 등의 재정지원을 할 수 있다.〈신설 2018. 5. 3.〉 [전문개정 2009. 9. 29.]

제10조(마을버스운송사업의 운행계통기준 등)

① 시장은 정기 또는 수시로 교통수요를 조사하여 시행규칙 제8조제7항 각 호의 마을 등을 기점 또는 종점으로 하여 이들 마을 등과 가장 가까운 철도역(도시철도역을 포함한다)또는 일반노선버스 정류소간에 마을버스의 운행이 필요하다고 판단되는 지역에 대하여는 운행노선 등 운행계통을 정하고 이를 시보에 공고한다.〈개정 2024.5.20〉

② 시장은 운수사업자가 제1항에 따라 공고된 노선을 신뢰하고 진입하여 일정기간 동안 이상 운행할 수 있도록 특별한 사유가 없는 한 공고된 노선의 운행개시일로부터 6개월 이상 유지하는 것을 원칙으로 한다.

③ 제2항의 규정에도 불구하고 수송수요의 급격한 변동 등으로 인하여 마을버스 노선을 시급히 조정해야 할 사유가 발생하면 노선을 조정할 수 있다. 다만, 그 시기 및 방법 등은 규칙으로 정한다.

④ 시장은 특별한 사유가 없는 한 마을버스가 시행규칙 제8조제7항 각 호의 마을 등을 기점 및 종점으로 하여 이들 마을 등과 가장 가까운 철도역(도시철도역을 포함한다) 또는 일반노선버스 정류소간을 운행하도록 하여야 하며, 일반노선버스의 운행구간에 마을버스가 운행하는 경우 중복운행구간에서 시내버스 및 마을버스 정류소는 각각 4개소 이내로 설치하여야 한다. 다만, 시장이 지역의 특수한 사정으로 인하여 필요하다고 인정하는 경우 중복운행구간에서 시내버스 및 마을버스 정류소는 각각 4개소를 초과하여 설치할 수 있으며, 중복운행구간의 정류소 설치에 관한 세부사항은 시장이 따로 정한다.〈개정 2024.5.20〉

⑤ 마을버스운송사업자는 운행계통별로 자동차의 배차시간 간격이 25분 이내가 되도록 자동차 대수와 운행횟수를 정하여야 한다.

⑥ 마을버스의 첫차는 기점을 기준으로 오전 6시 이전에 운행을 시작하여야 하고, 막차는 기점을 기준으로 오후 10시 이후까지

박흥식의 시내버스 노선조정 [노선은 생물(生物)이다]

운행하여야 한다.

⑦ 마을버스운송사업자는 시행규칙 제44조의6에 따라 운수종사자에게 휴식시간을 보장하여야 한다. 다만, 1회 운행이 2시간 미만인 경우 운행횟수와 상관없이 운행시간 1시간을 기준으로 10분이상의 휴식시간을 보장하여야 한다.〈신설 2018. 7. 19., 2020.12.31〉

[전문개정 2012. 7. 30.]

제11조(한정면허운송사업자의 선정절차)

① 시장은 노선여객자동차운송사업의 한정면허를 하고자 하는 때에는 면허대상 노선을 정하고 공개적인 방법으로 신청을 받아 면허기준 적합여부 등에 따라 해당 노선의 운송사업자를 선정하여야 한다.

② 시장은 노선여객자동차운송사업의 한정면허를 하고자 하는 때에는 다음 각 호의 사항을 서울특별시보에 공고하여야 한다.〈개정 2013. 9. 2.〉

1. 운행노선
2. 운행대수
3. 서비스의 수준
4. 면허기간
5. 보조금의 지급 등 한정면허에 관하여 필요한 사항

[전문개정 2009. 9. 29.]

제12조(공항버스운송사업자의 선정방법 등)

① 공항버스의 기점 또는 종점은 공항 또는 도심공항터미널로 하고 경유지는 관광호텔 · 철도역 · 여객자동차터미널 · 외국인 거주지역 · 국제회의장 · 면세점 및 토산품판매점 등 외래관광객이 자주 방문하는 지점으로 한다.

② 시장은 제11조제2항에 따라 사업자를 공개적으로 모집한 후 사업계획서, 지역교통여건, 차고시설 등 면허기준의 확보여부, 서비스 개선계획, 운송경험 등을 고려하여 건실한 사업자를 선정하여 면허하여야 한다.〈개정 2021.3.25〉

[전문개정 2009. 9. 29.]

제13조(시내순환관광버스운송사업자의 선정방법 등)

① 시내순환관광버스의 기점 또는 종점은 관광지로 하고 경유지는 고궁 등의 관광명소, 시장 · 백화점 · 면세점 · 토산품판매점 등 주요 쇼핑센터, 관광호텔, 철도역 · 지하철역 · 여객자동차터미널 · 고속버스터미널 · 국제회의장 등 내 · 외국인의 이용이 많은 지역 등으로 한다.

② 시장은 제11조제2항에 따라 사업자를 공개적으로 모집한 후 사업계획서, 지역교통여건, 차고시설 등 면허기준의 확보여부, 관광편의시설의 설치 등 서비스 개선계획, 운송경험 등을 고려하여 건실한 사업자를 선정하여 면허하여야 한다.〈개정 2021.3.25〉

③ 시장은 「관광진흥법 시행규칙」 제14조 에서 정하고 있는 관광편의시설업의 지정기준을 충족한 자에게 면허한다.

[전문개정 2009. 9. 29.]

제14조(노선입찰에 의한 운수사업자의 선정방법 등)

① 시장은 수익성이 없어 운행을 기피하는 노선 또는 버스교통체계의 개선에 필요한 노선으로서 다음 각 호에 해당하는 경우에 노선입찰을 할 수 있다.〈개정 2015. 10. 8.〉

1. 법 제85조 및 시행령 제43조 관련 별표 3에 따라 면허가 취소되는 업체에서 운행하던 노선에 대하여 해당 노선의 운행을 희망하는 운수사업자를 모집하여도 수익성이 없다는 사유로 운행희망운수사업자가 나타나지 않은 경우

2. 천재지변 또는 예기치 못한 재난 등으로 야기된 시민의 교통불편을 해소하기 위하여 시장이 필요하다고 인정하는 경우
3. 버스전용차로 설치 등 버스교통체계의 개선을 위하여 필요하다고 인정하는 노선
4. 그 밖에 지역주민의 교통편의를 위하여 노선의 신설이나 존속이 필요하다고 시장이 인정하는 경우

② 시장은 기존 운행실적과 수입금현황, 지역교통여건과 버스이용수요 등을 기초로 하여 운행수지분석을 실시하고 이를 근거로 노선입찰의 예정가격을 결정하여야 한다. 다만, 버스교통체계의 개선을 위한 신규노선에 대하여는 운행차종·운행거리·사용연료 등을 참작한 총 운송비용을 산출하여 이를 노선입찰의 예정가격으로 결정할 수 있다.

③ 시장이 노선입찰을 통하여 해당 노선의 운송사업자를 선정하고자 할 경우 보조금을 가장 적게 요구한 업체를 우선하여 면허하여야 한다. 다만, 버스교통체계의 개선을 위한 노선입찰의 경우에는 경영능력, 서비스 수준, 제안가격 등을 참작하여 면허할 수 있다.〈개정 2019. 12. 31.〉

[전문개정 2009. 9. 29.]

제15조(특수여객자동차운송사업 등록기준 등)
① 법 시행규칙 제23조제1항 및 별표 3에 따른 특수여객자동차 운송사업자의 등록기준 대수는 5대 이상으로 한다.
② 제1항에 따른 특수여객자동차 운송사업자는 운송부대시설 중 사무실 및 영업소를 갖추어야 한다.

[본조신설 2020. 1. 9.]

[종전 제15조는 제16조로 이동〈2020. 1. 9.〉]

제16조(신고자 보호) 시장은 동 조례 제3조에 따른 재정지원 대상 사업과 관련하여 신고자가 「부패방지 및 국민권익위원회의 설치와 운영에 관한 법률」 제67조제2호에 따라 부패행위를 신고한 경우에는 피신고기관 등으로부터 피해를 입지 않도록 보호해야 한다.

[본조신설 2010. 1. 7.]

[제15조에서 이동〈2020. 1. 9.〉]

부칙 〈제9244호, 2024.5.20〉

이 조례는 공포한 날부터 시행한다.

III. 여객자동차운수사업 인·면허업무처리요령

여객자동차운수사업 인·면허업무처리요령
[시행 2022. 2. 10.] [국토교통부훈령 제1510호, 2022. 2. 10., 일부개정.]

국토교통부(교통서비스정책과), 044-201-3827

제1장 총칙

제1조(목적) 이 요령은 「여객자동차 운수사업법」(이하 "법"이라 한다) 같은 법 시행령(이하 "영"이라 한다) 및 같은 법 시행규칙(이하 "규칙"이라 한다)에 따른 면허·인가·허가·신고·등록·조정 등의 업무처리기준과 절차를 규정함으로써 처분의 공정성과 객관성을 확보하고 지도·감독의 효율성을 제고함을 목적으로 한다.

제2조(용어의 정의) 이 요령에서 사용하는 용어의 정의는 다음과 같다.
 1. "신설"이라 함은 새로운 노선 및 운행계통을 만드는 것을 말한다.
 2. "연장"이라 함은 기존노선 및 운행계통에서 일정한 지점까지의 운행경로를 연장하여 기·종점을 변경하는 것으로서 다음 각목의 경우를 말한다.
  가. 단순연장 : 기점 또는 종점에서 일정지점까지의 운행경로를 연장하는 것을 말한다.
  나. 단축연장 : 기존노선 및 운행계통의 일부구간을 폐지하거나, 일부구간을 단축하여 운행횟수를 감회한 후 단축된 지점으로부터 운행경로를 변경하여 기점 또는 종점을 연장하는 것을 말한다.
  다. 분할연장 : 기존노선 및 운행계통의 운행횟수중 일부를 분할하여 일정한 지점까지 기점 또는 종점을 연장하는 것을 말한다.
 3. "운행경로변경"이라 함은 기존노선 및 운행계통과 기점과 종점은 동일하나, 운행경로의 일부(정류소 변경을 포함한다)를 변경하는 것을 말한다.
 4. "통합"이라 함은 2개이상의 기존노선 및 운행계통의 운행경로를 합하여 1개의 노선 및 운행계통으로 변경하는 것을 말한다.
 5. "분할"이라 함은 1개의 기존노선 및 운행계통을 2개이상의 노선 및 운행계통으로 분리하는 것을 말한다.
 6. "단축"이라 함은 기존노선 및 운행계통의 운행경로중 일부를 폐지하는 것을 말한다.
 7. "관련사업자"라 함은 다음 각 목의 1에 해당하는 사업자를 말한다.
  가. 당해 운행계통을 운행하거나 당해 운행계통과 1개 구간이상의 매표행위가 이루어지는 터미널(정류소를 포함한다)을 경합하여 운행하는 사업자
  나. 기·종점간을 중간정차 없이 운행하는 경우에는 기·종점이 동일하면서 운행거리 또는 운행시간의 차이가 20퍼센트 이내인 사업자
 8. "벽지노선"이라 함은 여객자동차 운수사업법 제23조제1항제10호에 따라 벽지노선 운행이 개선명령된 노선을 말한다.
 9. "하나의 사업자가 운행하는 운행계통" 이라 함은 당해 운행계통에 하나의 운송사업자가 운행하고 있는 것을 말한다. 다만, 다른 운송사업자가 당해 운행계통을 경유하고, 기점 또는 종점지에 정차하거나, 기점 또는 종점지가 면소재인 경우에는 하나의 사업자가 운행하는 운행계통으로 보지 아니한다.
 10. "굴곡도"라 함은 기점과 종점 간 최적운행거리 대비 운행계통 상 실제운행거리와의 비율(실제운행거리 / 최적운행거리)을

의미한다.

제3조(적용범위) 이 요령은 여객자동차 운수사업 관련 법령 및 다른 행정지침 등에 특별히 규정된 것을 제외하고는 이 요령이 정하는 바에 의한다. 다만, 신규로 시내버스운송사업(농어촌버스 운송사업을 포함한다. 이하 같다) 및 시외버스운송사업 면허를 하는 경우에는 이 요령에 의하지 아니하고 행할 수 있다.

제3조의2(재검토기한) 국토교통부장관은 「행정규제기본법」 및 「훈령·예규 등의 발령 및 관리에 관한 규정」에 따라 이 훈령에 대하여 2022년 1월 1일 기준으로 매3년이 되는 시점(매 3년째의 12월 31일까지를 말한다)마다 그 타당성을 검토하여 개선 등의 조치를 하여야 한다.

제3조의3(인가사항 통보) 시외버스운송사업, 시내버스운송사업의 관할관청 또는 조합(운행시간에 한 한다)은 여객자동차운수사업법 제10조에 따른 사업계획의 변경 인가(신고)나 법 제23조에 따른 개선명령을 한 때에는 동 내용을 국가통합교통체계효율화법 제77조에 따른 교통체계지능화사업의 대중교통정보시스템(TAGO) 관리수탁기관인 교통안전공단에 통보하여야 한다.

제2장 시외버스운송사업

제1절 면허 및 인가 등

제4조(인·면허의 원칙) ① 법 제4조에 따라 시외버스운송사업의 면허를 하거나 법 제10조에 따른 사업계획의 변경인가(이하 "인·면허"라 한다)를 함에 있어서는 당해 노선의 관련되는 사업자 전부에 대하여 균등한 기회가 부여되도록 하여야 한다.
② 시외버스운송사업(운행형태가 고속형인 시외버스운송사업은 제외한다)의 인·면허는 업체별로 수익노선과 비수익노선을 합리적으로 배분하여 인·면허함을 원칙으로 한다.
③ 하나의 시외버스운송사업자가 운행하고 있는 운행계통에 운행횟수가 10회이상인 경우 2회이상의 증회(증차) 요인이 있는 경우의 증회(증차) 처분은 기존 운송사업자에게 50퍼센트만을 인가하고, 잔여횟수에 대하여는 당해 운행계통의 노선연고도가 가장 많은 다른 사업자에게 우선하여 인·면허 할수 있다. 다만, 다른 사업자가 증회(증차)의 인·면허를 원하지 아니하는 때에는 그러하지 아니하다.
④ 법 제4조에 따라 인·면허하는 경우 「교통약자의 이동편의 증진법」 제9조부터 제11조까지 및 「장애인차별금지 및 권리구제 등에 관한 법률」 제19조에 따른 이동편의시설 설치여부 등을 고려하여야 한다.

제5조(차량대수의 산정) 시외버스운송사업 상용차량대수의 산정은 규칙 제15조에 따라 산정하되 소수점이하의 수치는 그 산정된 차량대수가 1대미만인 경우에는 절상하고, 1대 이상인 경우에는 사사오입한다.

제6조(인·면허기준) ① 규칙 제32조에 따른 시외버스운송사업의 인·면허는 법에 의한 명령이나 지시사항(이하 "지시사항등"이라 한다)의 이행실적, 노선연고도, 노선운영의 안전성 및 안전관리, 서비스 수준, 벽지노선 운행거리 등을 감안하여 이 요령에서 업종별로 정하는 기준(이하 "인·면허기준"이라 한다)에 의하여 환산한 점수에 따라 행하여야 한다.
② 시외버스운송사업자(운행형태가 고속형인 시외버스운송사업자는 제외한다)가 당해 사업과 관련하여 포상을 받은 때에는 제1항의 기준에 의하여 환산한 점수에 다음 각 호의 구분에 따른 점수를 가산한다. 다만, 이 경우 포상에 따른 가산점수는 10점을 초과할 수 없도록 하여야 한다.
1. 상훈법에 의한 훈장 또는 포상을 받은 경우 : 매 5 점.
2. 장관이상의 표창을 받은 경우 : 매 3 점
3. 특별시장·광역시장 또는 도지사의 표창을 받은 경우 : 매 1 점

③ 제1항 및 제2항의 규정에 의한 점수는 인·면허하고자 하는 연도의 전년도 2년간으로 계산한다. 이 경우 1년간 기간계산은 당해연도 1월1일부터 12월31일까지로 한다.

④ 규칙 제17조제1항제1호가목에 따른 공항버스 중간경유지는 관광호텔, 철도역, 여객자동차터미널, 외국인주거지역 국제회의장 및 면세점, 토산품판매점등 외래관광객이 자주 방문하는 지점으로 하여야 한다.

제7조(시외직행 및 시외일반버스의 인·면허) 시외직행버스 및 시외일반버스의 운행계통의 신설·연장·변경 및 운행횟수 증회 등의 면허·인가·신고는 다음 각 호의 기준에 의한다.

1. 운행계통의 신설
   가. 신설되는 운행계통에 2개이상의 업체가 신청한 때에는 신설운행계통의 노선연고도(신설할 운행계통상의 사업자의 기존 노선면허거리/신설할 운행계통의 거리) 10퍼센트, 지시사항 등의 이행 20퍼센트, 안전운행관리 40퍼센트, 벽지노선운행연거리 30퍼센트로 환산한 점수에 따라 행하여야 한다. 다만, 신설할 운행계통상에 노선면허가 없는 사업자는 환산처리 대상에서 제외한다.
   나. 2개이상의 업체가 신청한 경우의 운행횟수의 배분은 다음 산식에 따라 산출된 횟수에 의하여 인·면허하여야 한다.

2. 운행계통의 연장
   가. 연장구간의 운행횟수는 3회이상이어야 하며, 기존 운행횟수가 3회미만인 운행계통은 당해업체의 전 운행횟수를 연장하여야 한다. 다만, 벽지노선의 경우에는 예외로 할 수 있다.
   나. 규칙 제32조제2항제2호의 연장거리의 계산에 있어 단축연장은 단축된 운행계통의 단축된 지점에서부터, 분할연장은 분할되는 지점에서부터 최종연장지점까지 각각 계산한다.
   다. 연장의 인·면허는 당해 운행계통을 운행하는 업체별 운행횟수에 비례하여 인·면허 한다.

3. 운행계통의 변경
   가. 운행계통의 통합은 업체간 과당경쟁을 방지하고 주민교통편의를 도모할 수 있는 범위내에서 하여야 한다.
   나. 운행계통의 분할 및 단축은 이용주민에게 교통편의를 증진할 수 있는 범위내에서 하여야 한다.
   다. "가"목 "나"목의 변경을 내용으로 하는 인·면허는 변경하고자 하는 당해 운행계통을 운행하는 업체별 운행횟수에 비례하여 인·면허 한다.

4. 운행횟수의 증·감회
   가. 규칙 제33조제1항제3호가목에 따른 운행횟수 증·감회를 계산한 결과 1회미만인 경우에는 1회로 하고(감회는 제외한다), 1회 이상인 경우에는 소수점이하 부분은 사사오입한다.
   나. 규칙 제32조제2항제6호에 따른 증회횟수의 업체별 배분은 당해 운행계통의 운행횟수 20퍼센트, 지시사항등의이행 20퍼센트, 안전운행관리 50퍼센트, 벽지노선운행거리를 10퍼센트로 환산한 점수에 따라 행하여야 한다. 이 경우 당해 운행계통의 운행횟수에는 기점, 운행경로, 종점이 동일하거나 기점 또는 종점이 다르더라도 운행경로가 동일한 경우에는 시외직행버스 및 시외일반버스의 운행횟수를 합산한다.

5. 관할관청은 법 제5조제1항제1호 및 규칙 제32조제2항제4호에 따라 직행형 노선 및 운행계통의 신설 또는 변경 신청이 있는 경우 그 기점·종점터미널 또는 정류소(중간 터미널 포함)와 10km이내에 있는 터미널을 기점 및 종점으로 하는 고속형 시외버스 노선을 운행하는 사업자가 있는 경우 그 신청에 대한 인·면허를 하여서는 아니된다.

6. 제5호에도 불구하고 규칙 제32조제2항제4호의 단서규정에 따라 고속형 시외버스 운행 사업자가 1인 이거나 관할관청이 주민의 교통편의를 위하여 그 직행형 노선 및 운행계통의 신설 또는 변경이 필요하다고 인정하는 경우 국토교통부장관과 협의하여야 한다.

제8조(시외고속버스의 인·면허) ① 시외고속버스의 노선 및 운행계통의 신설을 인·면허할 경우 다음 각 호의 어느 하나에 해당하는 때에는 인·면허대상에서 제외할 수 있다.
1. 법 제5조제1항제1호에 따른 수송수요와 공급력에 적합하지 않은 사업계획의 변경
2. 법 제10조제3항제4호에 따른 중대한 교통사고 또는 빈번한 교통사고 유발업체가 신청한 사업계획의 변경
3. 규칙 제32조제2항제1호에 따른 1일 운행횟수가 4회 미만인 사업계획의 변경
4. 규칙 제32조제2항제4호에 따른 당해 노선 및 운행계통에 2이상의 사업자가 이미 운행하고 있어 기존의 노선 및 운행계통과 경합하는 사업계획의 변경. 이 때 신청노선이 기존 노선의 기점 또는 종점 터미널과 10km이내에 있는 다른 터미널을 기점 및 종점으로 하는 경우에는 경합으로 보되, 기 운행노선 및 계통이라 하더라도 같은 구간내에 4이상의 중간정차지(기·종점이 위치한 시·군내 정차지는 제외)가 있는 경우에는 경합으로 보지 아니한다.
5. 운행거리 및 시간을 고려한 최적노선을 우회하여 이용자의 편익을 저해한다고 판단되는 사업계획의 변경
6. 기점 또는 종점에 법 제36조에 따른 터미널이 없거나 터미널의 수용·처리능력이 적정수준을 초과하는 사업계획의 변경
7. 기타 사업계획의 변경을 신청한 업체의 노선운영의 안정성 및 서비스 수준이 낮아 인·면허하기에 적합하지 않다고 판단되는 경우
8. 시외고속버스의 노선 및 운행계통의 신설을 신청하여 불인가처분을 받은 날로부터 불인가처분 사유가 소멸되지 않는 경우로 1년 이내 재신청한 경우

② 제1항에 따른 인·면허 제외대상에 해당하지 않는 경우로써 동일한 노선 및 운행계통에 2이상의 업체가 경합하여 신청한 경우에는 다음 각 호에 따라 노선운영의 안정성 및 서비스 수준을 평가하여 그 평가 점수가 가장 우수한 2개 업체를 선정하여 운행대수를 균등배분한다. 다만, 평가 점수가 90점 이상인 업체가 3개 이상인 경우에는 해당되는 모든 업체를 선정하여 운행대수를 균등배분한다.
1. 노선운영의 안정성은 소속 운전자에게 지급하는 임금(기본급·제 수당 및 상여금 등)의 체불현황, 소속 운전자의 당해 업체 평균운전경력, 부채비율(자본총액 대비 부채총액의 비율), 유동비율(유동부채 대비 유동자산의 비율) 등을 평가한다.
2. 서비스 수준은 인가 또는 신고한 배차계획의 준수율, 당해 업체가 보유한 시외버스의 평균차령, 영 제8조의 교통사고지수, 고객만족도(당해 업체의 서비스에 대한 이용자의 평가) 등을 평가한다.

③ 제1항 및 제2항에 의한 평가 등의 경우 신청노선 및 운행계통에 대하여는 우선순위와 업체별 시외버스 보유대수를 감안하여 점수를 차등 부여할 수 있으며, 필요한 경우 「교통체계효율화법」 제9조의4에 따라 한국교통연구원에서 구축한 교통DB 또는 「대중교통의 육성 및 이용촉진에 관한 법률」 제18조에 따라 실시한 가장 최근의 경영·서비스 평가결과 등을 활용할 수 있다.

④ 제2항 및 제3항에 따라 평가 등을 함에 있어서 사업계획의 변경 신청일 현재 고속형시외버스를 운행하지 않거나 직행형에서 고속형으로 전환한 후 1년 미만인 업체, 승차권의 인터넷 예매 및 전산발매가 불가능한 업체, 허위로 자료를 제출하고 그로 인해 평가점수가 높아진 업체에 대하여는 감점을 부여할 수 있으며, 「대중교통의 육성 및 이용촉진에 관한 법률」에 의한 경영·서비스 평가결과 우수업체, 정부 또는 지방자치단체로부터 받은 재정지원금(유가보조금, 벽지·오지노선 지원금, 포상금은 제외)이 적은 업체에 대하여는 가점을 부여할 수 있다.

⑤ 제1항부터 제4항에 따른 평가 등에 필요한 세부적인 평가기준이나 점수산정방법 및 절차 등은 제27조에 따른 "여객자동차운송사업 조정위원회"가 정하는 바에 따라야 하며, 평가결과 등의 객관성을 기하기 위하여 "여객자동차운송사업조정위원회"의 심의를 받아야 한다.

⑥ 시외고속버스의 운행대수를 증·감차할 때에는 다음 각 호의 기준에 따른다.

박흥식의 시내버스 노선조정 [노선은 생물(生物)이다]

1. 규칙 제33조제1항제3호가목에 따른 운행대수 증차를 계산한 결과 1대미만인 경우에는 1대로하고(감차는 제외한다), 1대 이상인 경우에는 소숫점이하 부분은 사사오입한다.
2. 규칙 제33조제1항제3호가목에 따른 증차를 초과하는 경우에는 당해 운행계통의 전년도 상용차량 평균이용율, 운행시격, 운행횟수 등을 감안하여야 한다.
3. "나"목의 증차대수의 업체별 배분기준은 당해 운행계통의 운행대수 10퍼센트, 안전운행관리 50퍼센트, 지시사항등의이행 30퍼센트, 전년도 1년간 평균이용율(예비차량을 포함한다)이 30퍼센트 이하인 노선의 운행연거리(노선거리×운행횟수) 10퍼센트로 환산한 점수에 따라 사업자별로 배분한다.
4. 좌석수 21석 이하의 우등버스를 새로 투입하는 사업계획의 변경은 다음 각 목의 경우에 한한다.
    가. 기존 운행계통에 증차 및 증회하는 경우
    나. 승차율 등을 감안하여 29인승 이하 우등버스를 21인승 이하 우등버스로 대체하는 경우

제9조(인·면허기준 점수의 환산등) ① 제7조, 제8조제6항 및 제12조에 따른 지시사항 등의 이행에 대한 점수의 환산처리는 최근 2년간 실적(전년도 60퍼센트, 전전년도 40퍼센트)을 산출하여 합산 반영한다. 연도별 점수의 환산은 사업자의 연도말 등록대수(예비차량을 포함한다. 이하 같다)를 그 사업자의 법규위반 행위별 과징금 처분횟수로 나누어 얻은 수치에 70퍼센트의 비중을 두고, 과징금 부과 총금액으로 나누어 얻은 수치에 30퍼센트의 비중을 두어 환산한 점수로 한다. 다만, 일부 면허취소(감차)의 경우에는 감차되는 1대를 5회의 과징금 처분횟수로, 운행정지 처분의 경우에는 1대를 3회의 과징금 처분횟수로 각각 간주하여 처리한다.

② 제7조, 제8조제6항 및 제12조에 따른 안전운행관리 점수에 대한 환산처리는 최근 2년간 실적(전년도 60퍼센트, 전전년도 40퍼센트)을 산출하여 합산 반영한다. 연도별 점수의 환산은 사업자의 연도말 등록대수를 그 사업자의 당해연도 교통사고 발생건수로 나누어 얻은 수치로 한다. 이 경우 사고발생건수 산출은 경상사고는 0.3건으로, 중상사고는 0.7건으로, 사망사고는 1건으로 환산 처리한다.

③ 다음 각호의 어느 하나에 해당하는 경우에는 제7조 또는 제8조제6항에 따른 당해업체 환산점수의 20퍼센트 범위내에서 점수를 가산하여 주거나 감할 수 있다.

1. 점수를 가산할 수 있는 경우
    가. 여객자동차운수사업법령에 의한 명령이나 지시사항을 수범적으로 이행하거나, 서비스를 획기적으로 개선한 경우(10퍼센트)
    나. 최근 3년간 교통사고지수가 매년 30퍼센트이상 감소시킨 경우(10퍼센트)
    다. "가"목 및 "나"목의 기준에 의하여 환산된 점수에 다음 산식에 의한 점수를 가산한다.
2. 점수를 감할 수 있는 경우
    가. 임금체불 및 노사분규로 사회적 물의를 야기시킨 경우(10퍼센트)
    나. 최근3년간 교통사고지수가 매년 30퍼센트이상 증가된 경우(10퍼센트)

제10조(운행형태 및 업종전환) ① 시외버스운송사업의 운행형태 및 업종전환은 다음 각호의 기준에 적합하여야 한다.
1. 시외일반버스에서 시외직행버스로의 전환은 규칙 제8조제5항제2호에 따른 직행형 운행형태 기준에 적합하여야 한다.
2. 시외직행버스 또는 시외일반버스 운행구간에 시내버스가 운행하여 시외직행버스 또는 시외일반버스와 경합될 경우에는 시외직행버스 또는 시외일반버스를 시내버스로 전환할 수 있다.
3. 제1호 및 제2호에 따라 운행형태 및 업종을 전환하고자 하는 경우의 운행횟수는 당해 시외직행버스 또는 시외일반버스 운행계통의 운행횟수에 준하여 행한다.
4. 시외직행버스 또는 시외일반버스를 시내버스로 전환하고 사 하는 경우에는 관련시상·군수의 의견을 들어야 한나.

② 시외고속버스의 시외직행버스로의 운행형태 전환은 다음 각 호의 기준에 적합하여야 한다.
1. 당해 운행계통을 운행하는 운행대수 전부를 전환하여야 한다.
2. 전환후는 규칙 제8조제5항제2호에 따른 직행형 운행형태 기준에 적합하여야 한다.
③ 시외직행버스의 시외고속버스로의 운행형태 전환은 다음 각 호의 기준에 적합하여야 한다.
1. 당해 운행계통을 운행하는 운행횟수 전부를 전환하여야 한다.
2. 전환후는 규칙 제8조제5항제1호에 따른 고속형 운행형태 기준에 적합하여야 한다.

제11조(운행형태 전환신청등) 관할관청은 시외직행버스의 시외고속버스로의 전환신청서를 받은 때에는 제10조에 따라 전환기준 적합여부와 운행사실 등을 면밀히 검토·조사한 후 전환요건에 적합한 경우는 다음 각 호의 서류를 첨부하여 국토교통부장관에게 제출하여야 한다.
1. 전환하고자 하는 운행계통의 사업계획변경 인가공문 사본
2. 별지 제9호 서식에 따른 전환신청 운행계통과 동일한 운행계통 및 이원운행계통현황
3. 변경전·후 운임대비표

제12조(감차에 대한 개선명령등 기준) ① 관할관청은 법 제85조에 따라 시외버스운송사업자의 사업면허를 취소하게 된 경우에는 다음 각 호의 구분에 의거 증차(증회를 포함한다. 이하 같다) 인·면허(사업개선명령을 포함한다)를 하여야 한다.
1. 다음 각목에 따라 감차에 상당하는 자동차를 증차하여야 한다.
   가. 경합노선의 경우 시외직행버스 또는 시외일반버스는 제7조제4호나목을, 시외고속버스는 제8조제6항제2호나목을 각각 준용한다.
   나. 하나의 사업자가 운행하는 운행계통의 경우 시외직행버스 또는 시외일반버스는 제7조제1호가목을, 시외고속버스는 제8조제1호가목을 각각 준용한다.
   다. "가"목 및 "나"목에 따른 인·면허는 감차행정처분과 동시에 여객자동차 운수사업법 제23조에 따른 사업개선명령 등을 하여야 한다.
2. 제1호에 불구하고 감차에 상당하는 자동차를 증차하지 아니하여도 되는 경우는 다음 각목과 같다.
   가. 배차간격이 2시간이내인 경우로써 전년도 상용자동차 평균승차율이 40퍼센트(시외고속버스의 경우에는 60퍼센트) 미만인 노선
   나. 관할관청이 증차를 하지 않더라도 주민교통에 불편이 없다고 인정하는 경우

제13조(인·면허조건) 시외버스운송사업의 인·면허를 할 때 인·면허 사항의 성실한 이행을 확보하기 위하여 법 제4조제3항에 따라 붙일 수 있는 조건은 다음 각 호와 같다.
1. 관계법령에서 정한 적합한 시설을 갖추어야 하며 운임신고를 하고 운행하도록 하는 조건
2. 조건을 이행하지 아니하거나 법령을 위반한 경우에는 면허취소 또는 사업정지 등의 행정처분을 한다는 조건
3. 사업계획에 따른 수송시설의 확보 및 조건이행 여부에 대한 확인을 받고 운송을 개시하는 조건
4. 자동차손해배상을 위한 보험 또는 공제에 가입하는 조건

제14조(시외중형버스의 운행 및 대체) 도로조건의 불량으로 안전운행상 대형버스의 운행이 불가능하거나, 수송수요 감소로 중형버스 운행이 필요한 경우에는 중형버스를 운행하도록 인·면허할 수 있으며, 중형버스로의 대체는 좌석정원과 수송수요 등을 감안하여 적정대수를 책정·대체하여야 한다.

제15조(운행시간 책정기준) ① 관할관청이 규칙 제32조제5항에 따라 운행시간을 인가하거나 신고를 수리할 때에는 다음 각

호의 기준에 적합한 경우에만 행한다.
1. 시외직행버스
    가. 도로별·구간별 주행시간 산정은 고속도로의 경우에는 구간별 제한속도를, 국도 및 지방도의 경우에는 구간별 제한속도의 90퍼센트 범위를 초과하여 산정하지 못하며 동일구간의 주행시간은 전업체에 통일 적용하여 산정한다.
    나. 신호대기, 일단정지 및 교통체증등 당해 도로의 교통환경 소요시간을 운행계통별로 고려하여 다음 기준에 따라 산정하여 합산하여야 한다. 주행시간×(3/100~5/100)+도로상황에 의한 안전운행 추가소요시간
    다. 중간정류소 정차시간
1) 시소재지 : 5 ~ 20분
2) 읍소재지 : 3 ~ 15분
3) 면소재지 및 기타 : 2 ~ 10분
    라. 2시간이상 계속 주행시 중간정류소가 없는 경우 중간휴게소(10~15분)에서 휴식하고 동 휴식소요시간은 운행소요시간에 반영한다.
    마. 운행계통의 기·종점에 도착한 자동차 및 승무원은 충분한 휴식을 취한 후 재운행하도록 운행시간을 정하여야 한다.
2. 시외고속버스
    가. 도로별·구간별 주행시간 산정은 도로의 구간별 제한속도를 초과하지 못하며 동일구간의 주행시간은 전업체에 통일 적용하여 산정한다.
    나. 신호대기, 일단정지 및 교통체증등 당해 도로의 교통환경 소요시간을 운행계통별로 고려하되 다음 기준에 따라 산정하여 합산하여야 한다. 주행시간×(5/100~10/100)+도로상황에 의한 안전운행 추가소요시간
    다. 승무원의 휴식을 위하여 운행시간 2시간 범위내에서 중간휴게소의 정차시간을 반영하여야 한다. 이 경우 정차시간은 15분을 초과할 수 없다.
    라. 운행계통의 기·종점에 도착한 자동차 및 승무원은 충분한 휴식을 취한 후 재운행하도록 운행시간을 정하여야 한다.
② 관할관청은 시외고속버스의 운행시간을 제1항제2호에 따라 인가하거나 신고수리를 하여야 하며, 운행시간에 대하여 공동배차를 목적으로 운행횟수만을 인가신청하거나 신고하고자 할 경우에는 평일과 주말등을 구분하여 우등고속버스, 심야우등고속버스별로 운행횟수를 인가하거나 신고수리를 할수 있다. 이 경우 공동배차의 첫 버스와 마지막 버스의 출발시각 및 운행간격을 정하여야 한다.
③ 규칙 제33조제2항제4호에 따라 운행시간의 변경신고를 받은 관할 여객자동차운송사업조합은 신고된 운행시간의 2개도(특별시 및 광역시는 제외한다) 이상에 걸치는 경우에는 관련되는 도의 여객자동차운송사업조합에 통보하여 관련 사업자가 합의하였는지를 확인한 후 운송을 개시하도록 하여야 한다.

제2절 사업계획변경인가

제16조(협의기간등) 규칙 제5조제4항에 따른 기간계산은 협의요청문서를 접수한 날 부터 기산한다.

제17조(신청내용의 검토) 관할관청은 규칙 제30조에 따른 사업계획변경인가신청서를 처리하고자 할 때에는 그 신청내용이 여객자동차운수사업법령 및 이 요령등에 적합한지의 여부를 면밀히 검토하여 처리하여야 한다.

제18조(개선명령의 기간) 관할관청은 법 제23조에 따라 사업개선명령을 하고자 할 때에는 필요한 경우 그 기간을 정하여 명할 수 있다.

제19조(개선명령의 조정신청) 법 제78조에 띠라 관할관청은 관계관청과 협의가 이루어지지 않아 개선명령을 힐 필요성이 있을

때에는 그 사유와 개선명령하고자 하는 내용 및 기간, 관련 관할관청 협의사항, 기타 필요한 사항을 첨부하여 규칙제5조제5항에 따라 국토교통부장관에게 조정을 신청하여야 한다.

제20조(시외버스운송사업 조정신청서의 제출) ① 관할관청은 규칙 제5조제5항에 따라 조정신청서를 국토교통부장관에게 제출할 때에는 다음 각호의 사항을 검토하여 조정신청에서 제외시켜야 한다.
 1. 법 제10조제3항에 따른 사업계획변경 제한에 해당하는 경우
 2. 제28조제1항제1호에 따른 기각조정의 원칙에 해당하는 경우
 3. 업체간 과당경쟁을 유발하는 운행계통
 4. 관련 관할관청간에 협의를 결여한 사항
 5. 규칙 제32조제2항에 따른 사업계획변경기준에 적합하지 않은 경우
 6. 조정신청하여 기각된 후 교통여건의 변화없이 동일한 사업계획변경을 1년이내에 다시 신청하는 경우
 7. 기타 규칙 또는 이 요령에 저촉되거나 위배되는 사항
② 제1항제2호 및 제3호에 해당하는 경우로서 관할관청이 주민교통편의 증진을 위하여 특히 필요하다고 인정하는 경우에는 사유서를 첨부하여 조정신청할 수 있다.

제21조(시외버스운송사업 조정신청서 첨부서류) ① 관할관청은 규칙 제5조제5항에 따라 국토교통부장관에게 시외버스운송사업과 관련한 조정신청을 할 때에는 별지 제1호 서식에 의한 조정신청서에 다음 각 호의 서류를 첨부하여야 한다.
 1. 별지 제2호서식에 의한 조정신청내역서
 2. 별지 제3호서식에 의한 변경전·후 비교노선도
 3. 별지 제4호서식에 의한 운행상황조서(신설의 경우에 한함)
 4. 별지 제5호서식에 의한 업체별 행정처분등 현황
 5. 별지 제6호서식에 의한 벽지노선운행 연거리
 6. 별지 제7호서식에 의한 시외버스의 교통여건 및 실태조사표
 7. 조정신청에 대한 관할관청의 검토의견서(특히 사업수행능력에 대한 검토의견)
 8. 관련 관할관청간의 협의공문 사본
 9. 기타 조정을 위하여 참고될 사항
② 제1항 각호의 첨부서류중 제7조제1호에 따른 운행계통의 신설의 경우에는 제1호, 제3호 내지 제9호의 서류를, 같은 조 제2호, 제3호에 따른 운행계통연장 등의 경우에는 제1호 내지 제3호 및 제5호 내지 제9호의 서류를, 같은 조 제4호의 규정에 의한 운행횟수의 증·감회(증·감차)의 경우에는 제1호·제5호·제7호 내지 제9호의 서류를 각각 첨부하여 신청하여야 한다.

제3장 시내 및 농어촌버스운송사업

제22조(인·면허기준 점수의 환산등) ① 규칙 제32조제3항에 따른 인·면허기준 점수의 환산에 관하여는 제9조의 규정을 준용한다.
② 시내버스운송사업자 및 농어촌버스운송사업자가 당해사업과 관련하여 포상에 관하여는 제6조제2항을 준용한다. 이 경우 점수의 기간적용은 인·면허하고자하는 시점이 상반기인 경우에는 전전년도 7월1일부터 전년도 6월30일까지, 하반기인 경우에는 전년도 1년간으로 한다.

박흥식의 시내버스 노선조정 [노선은 생물(生物)이다]

제23조(인·면허 등의 기준) 시내버스운송사업과 관련한 인·면허 등을 하는 관할관청과 규칙 제5조제1항에 따라 협의를 요청받은 시·도지사는 다음 각 호의 사항을 고려하여 인·면허등의 업무를 처리하여야 한다.

1. 생활권역의 확대, 위성도시의 인구급증등 교통여건변화로 인한 이용주민의 교통불편해소에 최우선의 목적을 둔다.
2. 지역간 업체의 균형발전을 도모하기 위하여 각 관할관청의 업체간 상호호혜원칙아래 양지역 업체의 동시운행 및 수요에 적정한 운행대수의 공동배차를 원칙으로 한다.
3. 동일운행계통 또는 동일지역을 운행하는 유사운행계통에 관한 협의 시 지역교통체계를 종합적으로 검토하여야 하며, 조건을 제시한 의견회신은 지양하여야 한다.
4. 하나의 사업자가 운행하고 있는 운행계통은 타 운행계통을 운행하는 업체의 참여를 허용하여 경쟁을 유도하여야 한다. 다만, 주민교통편의를 위하여 시·도지사가 필요하다고 인정하는 경우에는 예외로 할 수 있다.
5. 지하철·전철과 경합 또는 중복되는 운행계통을 지양하고 교통수단별 기능에 맞추어 효율적으로 투입하는등 합리적인 운행체계를 구축하도록 노력하여야 한다.
6. 운행계통의 신설·증차·증회 등의 사업계획변경은 수송수요 및 수송력 공급기준을 판단하기 위하여 제반교통여건 및 실태 등 객관적인 교통수요에 대하여 관계 관할관청과 공동으로 분석하거나 공정한 제3자에게 의뢰하여 작성한 기준을 마련하여야 한다.
7. 운행계통의 연장, 계통분할 등의 사업계획변경은 기존 운행계통의 명백한 수요감소가 있거나 예상되는 경우를 제외하고는 이용주민에게 불편을 초래하지 아니하도록 증차·증회 등을 통하여 기존의 배차간격을 유지하는 것을 원칙으로 한다.
8. 광역급행형 및 직행좌석형 시내버스(이하 "광역버스"라 한다)의 경우 운행계통의 연장 및 운행경로변경 및 정류소 추가 등 사업계획변경 시에는 기존 굴곡도가 악화되지 않는 범위 내에서 허용함을 원칙으로 한다. 다만, 대체교통수단이 없는 등 이용주민의 교통편의 증진을 위하여 필요하다고 인정되는 경우에는 예외를 둘 수 있다.
9. 「교통약자의 이동편의 증진법」 제9조부터 제11조까지 및 「장애인차별금지 및 권리구제 등에 관한 법률」 제19조에 따른 이동편의시설 설치여부 등
10. 기타 관할관청이 주민교통편의증진을 위하여 필요하다고 인정하는 경우

제23조의2(광역급행형 시내버스 노선 선정) ① 대도시권광역교통위원회의 위원장이 규칙 제8조 제4항 제1호의 규정에 의한 광역급행형 시내버스의 노선 및 운행계통을 정하되 다음 각 호의 기준에 적합하여야 한다.

1. 대도시권(「대도시권 광역교통 관리에 관한 특별법」 제2조제1호에 따른 대도시권을 말한다. 이하 같다) 내의 둘이상의 시·도를 운행할 것
2. 주로 고속국도, 도시고속도로, 자동차전용도로, 버스전용차로 또는 주간선도로 등을 이용하여 운행할 것
3. 기점 및 종점으로부터 5킬로미터 이내의 지점에 위치한 각각 4개 이내의 정류소에 정차할 것. 다만, 지역 주민의 교통편의 제고를 위해 관할관청이 인정하는 경우에는 기점 및 종점으로부터 7.5킬로미터 이내에 위치한 6개 이내의 정류소에 정차할 것
4. 운행거리는 규칙 제8조 제1항의 규정에 적합할 것
5. 제3호에도 불구하고 관할관청이 법 제7조에 따른 운송개시 후 지역 여건 등이 변경되어 정류소를 추가할 필요가 있는 경우에는 기점으로부터 7.5킬로미터 이내에 위치한 2개까지의 정류소에 추가로 정차할 것

② 대도시권광역교통위원회의 위원장은 제1항의 규정에 의하여 광역급행형 시내버스의 노선 및 운행계통을 정하고자 하는 경우에는 사전에 관계 시·도지사의 의견을 수렴하여야 한다.

③ 광역급행형 시내버스 신설 노선을 정하고자 하는 경우에는 제27조의2에 따른 "광역버스 노선위원회" 심의를 거쳐 신설

여부를 결정하여야 한다.

제23조의3(광역급행형 시내버스 사업자 선정) ① 대도시권광역교통위원회의 위원장은 제23조의2의 규정에 의하여 광역급행형 시내버스 노선 및 운행계통이 확정된 경우에는 사전에 다음 각 호의 사항을 10일 이상 공고한 후 사업신청자를 모집하여야 한다.
 1. 노선 및 운행계통
 2. 시설 기준(최저 면허기준대수, 보유차고면적, 운송부대시설 등)
 3. 사업자 평가기준 및 평가 방법
 4. 운임 요율 및 기준에 관한 사항
 5. 사업 손실에 대한 재정지원 계획
 6. 사업자 신청 접수 기간 및 제출서류 등
② 제1항의 규정에 의한 사업신청자를 모집하여 평가한 결과 총점의 70 이상을 획득한 업체를 선정하되 유사한 방향의 노선 및 운행계통에 2이상의 업체가 있는 경우에는 가장 우수한 1개 업체를 선정하여야 한다.
 1. 재무건전성, 안전 및 준법운행, 재원확보방안
 2. 혁신적인 서비스 개선능력 및 운전기사 친절도 향상 방안
 3. 버스운영의 안정성 및 차량확보방안
 4. 경영관리의 적정성 등
③ 제2항의 규정에 의한 광역급행형 시내버스 사업자 선정을 위한 분야별 세부 평가항목 및 평가기준은 대도시권광역교통위원회의 위원장이 따로 정한다.
④ 대도시권광역교통위원회의 위원장이 제3항의 규정에 의한 광역급행형 시내버스 업체선정을 위한 평가항목 및 평가기준을 정하고자 할 경우에는 사전에 제27조의2에 따른 "광역버스 노선위원회"의 심의를 거쳐 정하여야 한다.

제23조의4(가산점 부여) ① 대도시권광역교통위원회의 위원장은 신설되는 광역급행형 시내버스의 노선 및 운행계통과 유사한 노선을 운행하는 업체에 대하여는 대도시권광역교통위원회의 위원장이 정하는 기준에 따라 총점수의 10 범위 내에서, 가점을 부여하여야 한다.
② 대도시권광역교통위원회의 위원장은 광역급행형 시내버스 운송사업을 신청한자가 버스운송사업과 관련하여 포상을 받은 때에는 제22조의 규정에 불구하고 다음 각 호의 구분에 따른 점수를 가산한다. 이 경우 총점수의 2초과 할 수 없다.
 1. 상훈법에 의한 훈장 또는 포장을 받은 경우 : 2점
 2. 장관이상의 표창을 받은 경우 : 1점
③ 제2항의 규정에 의한 포상 가점은 제23조의3의 규정에 의한 공고일자를 기준으로 과거 1년 안에 받은 포상에 한하여 가점을 부여한다.

제23조의5(사업자 선정 평가) ① 대도시권광역교통위원회의 위원장이 광역급행형 시내버스 운송사업자를 선정하는 경우에는 교통전문가, 교통분야 대학 교수, 공인회계사, 변호사, 시민단체 관계자 등으로 "광역급행형 시내버스사업자 선정 평가단"(이하"평가단"이라 한다)을 구성하여 평가하여야 한다.
② 제1항의 규정에 따른 평가단의 구성 및 운영에 관하여 필요한 사항은 대도시권광역교통위원회의 위원장이 따로 정한다.

제23조의6(광역급행형 시내버스 운행차량) ① 광역급행형 시내버스에 사용되는 자동차의 종류는 규칙 제7조 별표 1에서 정한 중형 이상의 승합자동차로서 39인승 이하의 자동차로 한다. 다만, 서비스 수준의 악화 또는 승객의 이용 편의에 불편이

없다고 인정되는 경우에 한해 40인승 이상의 차량을 사용할 수 있다.

② 제1항의 규정에 의한 광역급행형 시내버스의 차령 및 차령충당연한은 법 제84조 제2항 및 영 제40조를 준용한다.

제23조의7 삭제

제23조의8(면허 조건) ① 대도시권광역교통위원회의 위원장은 광역급행형 시내버스사업 면허를 함에 있어 법 제4조 제3항의 규정에 의하여 광역급행형 버스사업자에게 승차정원을 준수하는 조건을 부여할 수 있다.

② 제1항의 이 조건에 따라 광역급행형 시내버스를 운행하는 사업자는 승차 정원을 초과하여 승객을 승차시켜서는 아니 된다.

제23조의9(버스번호 부여) 광역급행형 시내버스의 노선번호체계는 대도시권광역교통위원회의 위원장이 정하는 바에 따른다.

제23조의10(차량의 색상) 광역급행형 시내버스의 외관 도색은 대도시권광역교통위원회의 위원장이 정하는 바에 따른다.

제23조의11(광역급행형 시내버스의 휴업·폐업) 광역급행형 시내버스 운송사업자가 경영상의 이유로 해당 사업을 휴업 또는 폐업하고자 하는 경우에는 해당 시·도지사의 의견을 수렴한 후 허가하여야 한다. 다만, 폐업의 경우 해당 시·도지사가 이를 동의하지 않을 시에는 제23조의3에 따른 광역급행형 시내버스 사업자 선정을 하여야 하며, 동조 제1항에 따라 모집공고 등을 하였음에도 3차례 이상 적합한 사업자가 모집되지 않았을 경우 법 제16조에 따른 폐업 허가를 할 수 있다.

제23조의12(광역급행형 시내버스 노선 신설 절차) ① 광역급행형 시내버스의 노선 신설 절차는 별표에 따른다.

② 관할관청은 원활한 운송개시를 위하여 광역급행형 시내버스 사업자로 선정된 자에게 운행차량 등 수송시설을 미리 준비하도록 권고할 수 있다.

제24조(시·군조정) 2개이상의 시·군간에 걸치 노선에 대한 협의 및 조정에 관하여는 이 요령을 준용하여 처리한다.

제25조(시내버스운송사업 조정신청 및 첨부서류) 관할관청은 규칙 제5조제5항에 따라 국토교통부장관에게 시내버스운송사업에 대한 조정신청을 할 때에는 별지 제10호 서식에 의한 조정신청서에 다음 각 호의 서류를 첨부하여야 한다. 다만, 광역버스운송사업에 대한 조정은 대도시권광역교통위원회의 위원장에게 신청한다.

1. 관련 시·도 협의공문사본
2. 노선도 및 주변교통상황조서
3. 기타 조정에 필요한 참고서류

제26조(준용규칙) ① 제4조·제7조제4호가목·제12조 내지 제14조·제20조제2항은 시내버스운송사업에 이를 준용한다.

② 대도시권광역교통위원회의 위원장이 영 제37조제1항제1호에 따른 직행좌석형 시내버스운송사업과 관련한 인·면허 등을 하려는 경우에는 해당 노선 선정, 사업자 선정 및 선정 평가, 운행차량, 면허 조건, 버스번호 부여, 차량의 색상 및 휴업·폐업에 관하여는 제23조의2제3항 및 제23조의3부터 제23조의12까지의 규정을 준용한다. 이 경우 "광역급행형 시내버스"는 "직행좌석형 시내버스"로 본다.

제26조의2(의견청취) 〈삭 제〉

제4장 조정위원회

제27조(조정위원회 구성·운영등) ① 규칙 제98조제2항에 따라 여객자동차운송사업조정위원회(이하 "조정위"라 한다)를 국토교통부에 설치한다.

② 조정위원회는 10인 내외로 구성하되, 국토교통부장관이 위촉하는 대중교통업무에 관한 학식과 경험이 풍부한 외부

전문가와 교통관련업무를 담당하는 국토교통부 소속 4급이상 공무원 3명으로 구성한다.
③ 위원장은 제2항에 따라 위촉한 외부전문가 중에서 국토교통부장관이 지명하고 국토교통부장관이 위촉한 임원의 임기는 2년으로 하며 1회 연임할 수 있다.
④ 조정위원회의 간사는 시내 또는 시외버스 사업계획변경 조정업무를 담당하는 4급 또는 5급 공무원이 된다.
⑤ 조정위원회의 회의는 위원장이 이를 소집하며, 위원장을 포함한 조정위원회 위원 과반수의 출석으로 개의한다.
⑥ 위원장은 당해 관련 시·도의 교통행정담당과장과 당해사업의 당사자·당해지역의 주민대표·기타 이해관계자 등을 조정위원회에 참석시켜 설명하게 하거나 의견을 진술하게 할 수 있다.
⑦ 위원장이 제6항의 규정에 의하여 이해관계자를 조정위원회에 참석하게 하는 때에는 회의개최일 3일전까지 참석통지를 하여야 한다.

제27조의2(광역버스 노선위원회) ① 광역급행형 시내버스 신설노선을 정하거나 법 제78조에 따른 광역버스 운송사업에 관한 조정 등을 하기 위하여 대도시권광역교통위원회에 광역버스 노선위원회를 설치할 수 있다.
② 광역버스 노선위원회 구성·운영 등에 관하여는 제27조, 제28조 및 제30조를 준용한다. 이 경우 "국토교통부장관"은 "대도시권광역교통위원회의 위원장"으로 본다.

제28조(조정기준등) ① 조정위원회는 다음 각 호의 원칙에 따라 심의하여야 하며, 위원장을 포함한 출석위원 과반수로 기각 또는 인용조정을 하여 국토교통부장관에게 그 내용을 건의한다.
1. 기각조정의 원칙
    가. 도심교통체증을 유발하는 조정신청
    나. 하나의 사업자가 운행하고 있는 운행계통을 지속적으로 확대하고자 하는 조정신청
    다. 노선연고권 확보를 위한 조정신청
    라. 운송사업자간에 과도한 경쟁을 유발하는 조정신청
    마. 굴곡도 악화로 버스 운행효율을 심각하게 저해하는 내용을 담고 있는 조정신청
2. 인용조정의 원칙
    가. 지역주민의 교통편의를 증진하기 위한 조정
    나. 지역간 업체의 균형적 발전을 도모하는 조정
    다. 원활한 운행계통을 유지하기 위한 조정
② 조정위원회는 제1항의 규정에 의한 원칙에 불구하고 지역주민의 교통편의·관련업체의 경영상태등 현실여건과 교통정책방향 등을 고려하여 필요하다고 인정할 때에는 수정조정을 하거나 의견을 국토교통부장관에게 건의할 수 있다.

제29조(시·도조정위원회의 구성 운영) 시·도지사가 다음 각 호의 노선버스운송사업 인·면허 및 사업계획변경인가를 하고자 하는 경우에는 제27조를 준용하여 시·도 조정위원회의 심의를 받아 처리할 수 있다.
1. 노선신설·폐지 등으로 주민교통에 중대한 영향을 미치거나 업체간 과당경쟁을 유발하는 경우
2. 광역급행형 및 직행좌석형 시내버스의 경우 굴곡도가 악화되는 사업계획변경
3. 2개이상의 시·군간에 걸친 노선에 대하여 관련시장·군수간에 협의가 되지 않는 경우

제30조(수당지급) 국토교통부장관은 공무원이 아닌 심사위원에게 예산의 범위내에서 수당과 여비를 지급할 수 있다.

제5장 전세버스운송사업·특수여객자동차운송사업

제31조(등록의 원칙) 전세버스운송사업 또는 특수여객자동차운송사업의 등록신청을 받은 관할관청은 규칙 제23조의

박흥식의 시내버스 노선조정 [노선은 생물(生物)이다]

등록기준에 적합한 경우에는 특별한 사유가 없는한 등록을 거부하여서는 아니된다.

제32조(등록조건) 규칙 제24조에 따라 전세버스운송사업 또는 특수여객자동차운송사업의 등록(변경등록을 포함한다. 이하 같다)을 할 때에는 등록사항의 성실한 이행을 확보하고 공공복리의 증진을 위하여 관할관청이 붙일 수 있는 조건은 다음 각호와 같다.
1. 관계법령에 적합한 시설을 갖추거나 유지해야 하는 조건
2. 여객자동차운수사업법령을 위반한 경우에는 행정처분을 한다는 조건
3. 자동차손해배상을 위한 보험 또는 공제에 가입하는 조건

제33조(자동차의 등록) 주사무소에 상시 주차하여 영업하는 자동차는 주사무소의 관할관청에, 영업소에 상시 주차하여 영업하는 자동차는 영업소를 관할하는 관할관청에 각각 등록한다.

제34조(등록이관) ① 전세버스운송사업자 또는 특수여객자동차운송사업자가 주사무소를 다른 시·도로 이전하고자 하는 때에는 주사무소 시·도지사는 사업계획변경등록신청을 받아 이관하고자 하는 시·도지사와 미리 협의하여야 한다.
② 제1항의 규정에 의하여 주사무소 이전의 협의요청을 받은 시·도지사는 당해 사업자가 규칙 제23조에 따른 등록기준에 적합한 때에는 제반등록 서류를 이관받아야 한다.

제35조(관할관청간의 통보) 전세버스운송사업 또는 특수여객자동차운송사업의 주사무소 소재지 시·도지사는 등록사항의 변경등에 관한 업무처리를 한 경우에는 그 처리내용이 다른 시·도 또는 관련 운송사업조합(이하 "조합"이라 한다)과 관련이 있는 경우 당해 시·도와 조합에 이를 지체없이 통보하여야 한다.

제36조(영업소에 대한 지도·감독) 영업소의 자동차대수의 조정 또는 영업소의 등록취소 등에 관한 사항은 주사무소 소재지를 관할하는 관할관청이 관장하고, 영업소 시설기준의 확인·지도감독 및 과징금 부과 등 행정처분에 관한 사항은 영업소 소재지를 관할하는 관할관청이 관장한다.

제37조(재위임 업무처리) 시장·군수 또는 구청장에게 재위임된 업무로써 다른 시·도지사와 관련되어 업무의 협의·협조 및 이관 등을 요청하고자 하는 때에는 반드시 당해 시·도지사를 경유하여야 한다.

제6장 자동차대여사업

제38조(등록조건) 시·도지사가 자동차대여사업의 등록(변경등록을 포함한다. 이하 같다)을 할 때에는 등록사항의 성실한 이행을 확보하고 공공복리의 증진 등을 위하여 붙일 수 있는 조건은 다음 각호와 같다.
1. 자동차대여사업의 등록기준을 계속 준수하여야 하며 직영으로 경영하여야 한다.
2. 대여사업용자동차는 자동차책임보험 및 자동차종합보험(대인무한·대물·자손)에 계속 가입하여야 한다.
3. 관계법령 및 등록조건 등을 위반하거나 불이행할 경우에는 등록취소 등의 행정처분을 받게 된다.

제39조(관할관청) 자동차대여사업의 등록 및 이와 관련되는 사항에 대한 관할관청은 관계법령과 이 규정에 특별히 정하여져 있는 경우를 제외하고는 주사무소 소재지 시·도지사가 되고, 영업소 및 차고에 관한 사항은 그 소재지 시·도지사가 된다.

제40조(등록이관) ① 자동차대여사업자가 다른 시·도로 주사무소의 이전을 하고자 하는 경우 주사무소 소재지 시·도지사는 자동차대여사업변경등록신청을 받아 관련 시·도지사와 협의하여야 한다.
② 제1항의 주사무소 이전을 위한 협의요청을 받은 시·도지사는 당해 사업자가 현행 자동차대여사업등록기준에 모두 적합한 경우 자동차대여사업변경등록을 처리하고 등록대장 등 제반 등록서류를 이관 받아야 한다.

제41조(자동차등록) 주사무소를 사용 본거지로 하는 자동차는 주사무소 소재지 관할관청에 자동차를 등록하여야 하고, 영업소를 사용본거지로 하는 자동차는 영업소 소재지 관할관청에 자동차를 등록하여야 한다.

제42조(사업의 양도·양수등) 자동차대여사업의 양도·양수는 자동차대여사업의 전부를 그 대상으로 한다. 다만, 등록기준대수 이상을 보유한 자동차대여사업자가 다른 자동차대여사업자에게 등록기준대수를 초과하는 부분을 양도·양수하는 경우에는 그러하지 아니하다.

제43조(지도·감독) ① 관할관청은 자동차대여사업의 등록업무 및 이와 관련되는 사항에 대한 업무처리는 관계법령 및 이 규정에 위반되지 않도록 담당직원에 대한 교육과 직무감독에 철저를 기하여야 한다.
② 신규자동차대여사업자가 등록기준을 완전하게 갖추지 아니하였거나 등록조건을 이행하지 아니한 상태에서 영업을 하도록 하여서는 안된다.
③ 자동차대여사업의 건전한 발전과 위법행위의 방지를 위하여 관할관청은 매년 관계법령의 준수여부·등록기준에의 적합여부 및 등록조건의 이행여부등 사업의 전반적인 운영상황을 확인하고 지도·감독하여야 한다.

제44조(관할관청간 협조) ① 자동차대여사업의 주사무소 소재지 시·도지사와 영업소 소재지 시·도지사는 소관사항에 대한 업무처리 내용중에 타 시·도 및 자동차대여사업조합과 관련이 있는 사항은 이를 지체없이 관련 관할관청 및 자동차대여사업조합에 통보하여야 한다.
② 자동차대여사업의 시설확인 요청이나 법령위반사항에 대한 행정처분 등을 요청받은 시·도지사는 지체없이 성실하게 검토처리한 후 그 결과를 회신하여야 한다.

제45조(재위임 업무처리) 자동차대여사업 업무중 시장·군수 또는 구청장에게 재위임된 업무로서 다른 시·도지사와 관련되어 업무의 협의·협조 및 이관등을 요청할 때에는 반드시 당해 시·도지사를 경유하여야 한다.

제46조(업무협의) 이 요령에 규정되지 않은 자동차대여사업등록에 관한 구체적인 사항을 시·도지사가 따로 정하고자 하는 경우에는 미리 국토교통부장관과 협의하여야 한다.

제47조(영업소에 대한 지도·감독) 자동차대여사업자가 여객자동차운수사업법령을 위반한 경우 이에 대한 지도·감독은 주사무소에 대하여는 주사무소 소재지 관할관청이 관장하고, 영업소에 대하여는 영업소 소재지 관할관청이 관장한다. 다만, 등록취소등 등록기준과 관련된 사항 및 사업정지는 주사무소 소재지 관할관청이 관장한다.

부칙 〈제1510호, 2022. 2. 10.〉

제1조(시행일) 이 훈령은 발령한 날부터 시행한다.

제2조(조정위원회 구성·운영등에 관한 적용례) ① 제27조의 개정규정은 이 훈령 시행 후 새롭게 위촉되는 조정위원회위원부터 적용한다.
② 훈령 시행 전에 조정위원회위원으로 위촉되어 근무 중인 자는 임기 종료 후 추가적으로 1회 연임이 가능하며 이 때의 임기는 2년으로 한다.

박흥식의 시내버스 노선조정 [노선은 생물(生物)이다]

Ⅳ. 서울특별시 시내버스 준공영제 운영에 관한 조례

서울특별시(버스정책과), 02-2133-2267

제1조(목적) 이 조례는 시내버스 준공영제의 실시와 운영에 관한 사항을 규정하여 시내버스에 대한 재정지원의 투명성과 적정성을 확보하고, 시내버스의 시민에 대한 서비스의 개선과 안전의 증진에 이바지함을 목적으로 한다.

제2조(정의) 이 조례에서 사용하는 용어의 뜻은 다음과 같다.〈개정 2021.12.30〉
 1. "시내버스 준공영제"란 공공의 관리기능과 민간의 효율성을 결합하여 지속가능한 버스서비스를 제공하기 위한 제도로써 서울특별시(이하 "시"라 한다)가 공공성 강화를 목적으로 시내버스 노선, 운행 계통 등의 조정권한을 가지면서 운송사업자의 운송수입 부족분에 대하여 재정지원하는 제도를 말한다.
 2. "사업자"란 서울특별시장(이하 "시장" 이라 한다)으로부터 「여객자동차 운수사업법 시행령」 제3조 제1호 가목의 시내버스 운송사업 면허를 받은 자를 말한다.
 3. "수입금"이란 사업자의 요금수입ㆍ이자수입ㆍ광고수입ㆍ그 밖의 부대사업수입 등을 말한다.
 4. "수입금 공동관리"란 전체 시내버스의 운송수입금을 하나의 계정으로 관리하고 배분 및 집행하는 것을 말한다.
 5. "표준운송원가"란 시내버스 준공영제 참여하는 회사에 동일한 기준으로 운송비용을 지급하기 위해 항목별 단가, 지급방식, 지급시기를 정한 체계를 말한다.
 6. "성과이윤"이란 표준운송원가 상 이윤의 일정부분을 유보하여 연1회 경영 및 서비스 평가결과에 따라 사업자에게 분배하는 부분을 말한다.

제3조(책무)
 ① 시장은 자산, 부채, 자본 등과 관련한 사업자의 재무건전성을 파악하고 수입금 공동관리 및 표준운송원가 산정 등을 통해 시내버스에 대한 재정지원이 투명하고 적정하게 관리될 수 있도록 하여야 한다.
 ② 시장은 시내버스에 대한 재정지원을 통하여 시민의 대중교통 편의와 시내버스의 안전성이 증진되도록 시내버스의 안전운행 방안을 마련하고, 지속적으로 관리ㆍ감독하여야 한다.
 ③ 시장은 운수종사자(운전업무에 종사하고 있는 사람을 말한다. 이하 같다)와 차량의 정비 또는 관리에 종사하는 사람 등 시내버스 노동자의 노동환경과 처우개선을 위하여 노력하여야 한다.

제4조(사업자의 책무)
 ① 사업자는 수입금을 누락하는 등 부정한 방법으로 재정을 지원받지 않아야 하며, 시내버스에 대한 재정지원이 투명하고 적정하게 관리될 수 있도록 시장의 자료 제출 요구나 조사ㆍ감사에 성실하게 응하여야 한다.
 ② 사업자는 시내버스에 대한 재정지원을 통하여 시민의 대중교통 편의와 시내버스의 안전성이 증진되도록 시내버스 운행에 관한 여러 가지 안전장치를 마련하고, 유지관리에 힘써야 한다.
 ③ 사업자는 운수종사자와 차량의 정비 또는 관리에 종사하는 사람 등 채용한 노동자의 노동환경과 처우개선을 위하여 노력하여야 한다.
 ④ 사업자는 서울시의 교통정책에 따라 사업을 성실하게 수행하여야 한다.

제5조(적용 범위) 이 조례는 사업자에 대한 재정지원금의 지급에 관하여 다른 조례에 우선하여 적용한다.

제6조(운송수입금공동관리업체협의회)

① 사업자는 서울시와 협의하여 운송수입금공동관리업체협의회(이하 "협의회"라 한다)를 설치·운영하여야 한다.
② 협의회는 다음 각 호의 사항을 담당한다.
1. 표준운송원가 정산에 관한 사항
2. 수입금 관리·배분에 관한 사항
3. 수입금 잉여분 적립 및 사용승인 신청에 관한 사항
4. 수입금 부족분 충당 및 재정지원 신청에 관한 사항
5. 버스운송에 필요한 부품, 유류 등의 공동구매, 광고수익사업 등 부대사업에 관한 사항
6. 그 밖에 「서울특별시 버스정책 시민위원회 조례」에 따른 서울특별시 버스정책 시민위원회(이하 "위원회"라 한다)에서 업체협의회가 처리하도록 의결한 사항
③ 시장은 필요한 경우 협의회의 운영에 필요한 비용의 일부를 예산의 범위에서 지원할 수 있다.

제7조(수입금 공동관리) 협의회에 참여하는 사업자는 그 수입금을 공동으로 관리·배분하여야 한다.

제8조(표준운송원가 산정 및 정산)
① 시장은 2년마다 회계 관련 전문기관의 용역·검증을 거치고 사업자의 의견을 들은 후 위원회의 심의를 거쳐 표준운송원가를 산정하여야 한다.
② 제1항에도 불구하고 매년 변동되는 비용(직종별 임금인상률, 물가상승률 및 법이나 제도 등의 변경에 따라 변동된 비용을 포함한다)은 그 해에 산정·반영한다.
③ 시장은 제1항에 따라 표준운송원가를 산정하기 위하여 사업자로 하여금 재무제표나 경영·회계 실태를 파악하기 위한 자료, 표준운송원가 항목의 실제 지출내역, 그 밖에 시장이 정하는 자료 등 필요한 자료를 제출하도록 요구할 수 있다.
④ 시장은 제1항 및 제2항에 따라 표준운송원가를 산정한 경우에는 이를 서울특별시의회(이하 "의회"라 한다) 소관 상임위원회에 보고하여야 한다.
⑤ 시장은 제1항~제4항에 따라 산정된 당해연도 확정정산 비용을 다음연도 6월말까지 지급하여야 한다.

제9조(재정의 지원)
① 협의회는 수입금이 표준운송원가에 미치지 못하는 경우 그 수입금 현황과 실제 지출액, 표준운송원가를 근거로 시장에게 재정지원금을 신청할 수 있다.
② 시장은 협의회의 신청 내용을 확인·검토하여 적절하다고 판단될 경우 예산의 범위에서 재정지원금을 지원한다.
③ 시장은 표준운송원가에 해당하지 않으나 시내버스 운송에 반드시 필요하다고 인정하는 경비는 위원회의 심의·의결을 거쳐 예산의 범위에서 그 비용을 보조할 수 있다.
④ 시장은 필요한 경우 제2항에 따른 지원에 집행기준 등의 조건을 붙일 수 있다.

제10조(정산·보고)
① 협의회는 재정지원금을 받은 날로부터 30일 이내에 그 집행결과를 시장에게 정산·보고하여야 하며, 증빙에 필요한 자료를 제출하여야 한다.
② 사업자는 재정지원금 가운데 실제 지출액에 따라 지급된 항목에 대하여 집행 후 2개월 이내에 정산·보고하여야 하며, 증빙에 필요한 자료를 제출하여야 한다.
③ 시장은 제1항 및 제2항에 따른 결과를 의회 소관 상임위원회에 보고하여야 한다.

제11조(외부감사)

① 사업자는 매년 시와 협의하여 독립된 외부의 감사인의 회계감사를 받고, 그 결과를 4월말까지 시에 보고하여야 한다.
② 시장은 제1항에 따른 외부감사의 결과를 시 홈페이지에 공개하여야 한다.
③ 시장은 제1항에 따른 외부감사의 결과를 의회 소관 상임위원회에 보고하여야 한다.

제12조(경영상태와 서비스에 대한 평가)

① 시장은 사업자에 대하여「대중교통의 육성 및 이용촉진에 관한 법률」제18조에 따라 사업자의 경영상태와 서비스에 대한 평가를 실시하여야 한다.
② 시장은 제1항에서 정한 평가결과에 따라 성과이윤을 차등지원 할 수 있다.
③ 제1항에 따른 사업자의 경영상태와 서비스에 대한 평가에 관한 사항은 위원회에서 심의한다.
④ 시장은 사업자의 경영상태에 따라 사업자의 임원 인건비의 연간 한도액을 권고 할 수 있으며, 이에 따른 사업자의 준수 여부를 경영상태와 서비스에 대한 평가에 반영할 수 있다.
⑤ 시장은 사업자의 재무상태·임원 인건비 등의 경영상태와 서비스에 대한 평가 결과를 서울특별시 홈페이지 등을 통해 시민에게 공개하여야 한다.
⑥ 시장은 사업자의 재무상태·임원 인건비 등의 경영상태와 서비스에 대한 평가 결과를 의회 소관 상임위원회에 보고하여야 한다.
⑦ 경영상태와 서비스에 대한 평가를 실시하기 위하여 그 밖에 필요한 사항은 시장이 따로 정한다.

제13조(조사)

① 시장은 제9조부터 제12조까지의 사항에 대하여 필요한 경우에는 협의회 또는 사업자에게 자료의 제출을 요구하거나 소속 공무원으로 하여금 협의회 또는 사업자를 방문하여 조사하도록 할 수 있다.
② 시장은 제1항에 따른 조사의 결과를 의회 소관 상임위원회에 보고하여야 한다.

제14조(재정지원금의 환수) 시장은 사업자가 수입금을 누락하는 등 부정한 방법으로 재정지원금을 받은 경우 등에는 재정지원금의 전부 또는 일부를 환수할 수 있다.

제15조(성과이윤의 지원)

① 시장은 제12조에 따른 평가결과와 제13조에 따른 조사결과를 반영하여 사업자에게 성과이윤을 지원할 수 있다.
② 시장은 사업자가 제8조제3항 또는 제13조제1항에 따른 자료의 제출 요구를 거부하는 경우 해당 사업자의 성과이윤의 일부를 감액하여 지원할 수 있다.
③ 시장은 사업자가 제12조에 따른 경영상태와 서비스에 대한 평가를 거부하는 경우 해당 사업자를 1년간 성과이윤의 지원 대상에서 제외할 수 있다.

제16조(서비스 개선을 위한 시책)

① 시장은 사업자의 운수종사자 채용이 투명하게 이루어지도록 제도 개선에 지속적으로 노력하여야 한다.
② 시장은 시내버스의 안정적 운행을 위하여 필요한 경우「여객자동차 운수사업법」제24조제5항에 따라 경찰청장에게 운수종사자의 운전경력 및 범죄경력 자료의 조회를 요청할 수 있다.
③ 시장은 사업자를 대상으로 연 1회 이상 민·관 합동으로 지도 점검을 실시하여야 한다.
④ 시장은 사업자가 차량을 신규로 구입하는 경우「환경친화적 자동차의 개발 및 보급 촉진에 관한 법률」제2조제3호에 따른 전기자동차나 같은 조 제6호에 따른 수소전기자동차를 구입하도록 별도의 지원시책을 실시할 수 있다.

⑤ 시장은 시내버스의 서비스와 안전증진을 위하여 필요한 교육을 실시할 수 있으며, 사업자가 교육을 실시하는 경우 비용의 일부를 지원할 수 있다.

⑥ 시장은 사업자의 비용절감을 위한 대형화 등 구조조정을 지원할 수 있는 시책을 마련하도록 노력해야 한다.

제17조(안전운행 증진을 위한 시책)

① 사업자는 운수종사자가 음주운전이나 난폭운전, 교통법규 위반을 하지 않도록 지속적으로 교육하고 관리하여야 한다.

② 시장은 시내버스의 음주운전과 난폭운전을 방지하기 위하여 지속적으로 점검해야 하며, 사업자별 교통법규 위반 현황과 교통사고 및 차량 내 안전사고 현황을 파악하고 체계적으로 관리하여 그 예방을 위한 대책을 세우는 데에 활용하여야 한다.

③ 사업자는 차량 내·외부를 깨끗하게 관리하여야 한다.

④ 사업자는 차량 운행 및 서비스 제공을 위한 차량의 기능이나 전동 발판(휠체어 리프트) 등의 기기가 정상적으로 작동되도록 하여야 하며, 운수종사자가 능숙하게 조작할 수 있도록 정기적으로 교육을 실시하여야 한다.

⑤ 사업자는 차량의 연료 용기의 상태 점검 등을 통하여 차량의 안전을 지속적으로 관리하여야 한다.

⑥ 운수종사자는 여객의 안전을 위협하거나 다른 여객에게 피해를 줄 것으로 판단하는 경우 음식물이 담긴 일회용 포장 컵(이른바 '테이크아웃 컵')이나 그 밖의 불결하거나 악취가 나는 물품 등을 지닌 여객의 탑승을 거부할 수 있다.

⑦ 시내버스 사업자는 다음 각 호의 어느 하나에 해당하여 여객의 안전을 위해하거나 여객에게 피해를 줄 것으로 판단하는 경우 그 운송을 거부할 수 있으며, 이미 승차한 경우 하차하도록 할 수 있다.

1. 시내버스 내의 위생, 방역에 영향을 줄 우려가 있는 경우
2. 사업자 및 시내버스 운전자의 직무상 요구를 따르지 아니하거나 폭행·협박으로 직무집행을 방해하는 행위
3. 정부 및 지방자치단체의 감염병 대응 정책에 따르지 않는 행위
4. 그 밖의 공중 또는 여객에게 위해를 끼치는 행위 등

제18조(재정지원금 지급 중단)

① 시장은 다음 각 호에 해당하는 사업자에 대하여 재정지원금의 지급을 중단할 수 있다.

1. 사업자가 제14조에 따른 재정지원금 환수(還收) 또는 감액 처분을 3년 이내에 두 번 이상 받은 경우
2. 임원의 횡령, 배임 등 중대한 범죄행위로 인해 형이 확정된 경우

② 시장은 제1항에 따라 재정지원금의 지급 중단이 결정된 경우 그 사업자에 대하여 1년 이내에 정산을 마쳐야 한다.

③ 시장은 제1항에 따라 재정지원금의 지급 중단에 따라 사업자가 노선을 운행하지 않거나 노선 운행이 곤란한 경우에는 해당 노선의 대체 운송수단을 마련하여야 한다.

④ 제1항에 따라 재정지원금의 지급 중단이 결정된 사업자에 대하여 재정지원금을 다시 지급하려는 경우에는 위원회의 심의를 거쳐야 한다.

제19조(준용) 재정지원에 관하여 이 조례에 규정되지 않은 사항은 「서울특별시 지방보조금 관리 조례」 및 「서울특별시 여객자동차운수사업의 재정지원 및 한정면허 등에 관한 조례」를 준용한다.

제20조(시행규칙) 이 조례의 시행에 필요한 사항은 규칙으로 정한다.

부칙 (서울특별시 조례 일본식 표현 등 용어 일괄정비 조례) 〈제8235호, 2021.12.30〉

이 조례는 공포한 날부터 시행한다.

Ⅴ. 시내버스 요금 산정 기준

시내버스요금 산정기준

제정 2013. 8. 1

제1장 총 칙

제1조(목적) 이 기준은 국토교통부장관이 여객자동차운수사업법 시행령 제3조에 따른 시내버스운송사업자(이하 "사업자"라 한다)가 제공하는 운송서비스에 관하여, 이용자의 공정한 이익과 시내버스운송사업의 건전한 발전을 도모하기 위하여 적정한 시내버스요금을 산정함에 있어서 객관적이고 일관성 있는 기준을 제공하는데 그 목적이 있다.

제2조(시내버스요금 산정의 기본원칙) ①시내버스요금은 시내버스운송서비스를 제공하는데 소요된 취득원가 기준에 의한 총괄원가를 보상하는 수준에서 결정된다.

②총괄원가는 사업자의 성실하고 능률적인 경영 하에서 시내버스운송서비스 제공에 소요되는 적정원가에 시내버스운송서비스에 공여하고 있는 진실하고 유효한 자산에 대한 적정투자보수를 가산한 금액으로 한다.

③시내버스요금의 산정은 운행형태별로 전체사업자의 총괄원가와 영업수입을 총평균하여 산정하는 것을 원칙으로 한다. 다만, 노선별 수요와 노선별 원가구조 등 노선별 특성을 감안하여 시·도지사가 필요하다고 인정하는 경우에는 특정노선 또는 특정지역을 대상으로 하여 총괄원가와 영업수입을 별도로 총평균하여 산정할 수 있다.

④제3항에 따라 전체사업자의 총괄원가를 총평균함에 있어 각 사업자의 비목별 발생총액 또는 구입단가가 비정상적으로 높거나 낮은 경우의 해당 원가항목은 제외한다.

제3조(요금산정기간) ①시내버스요금의 산정은 원칙적으로 1회계연도를 대상으로 하되, 요금의 안정성, 기간적 부담의 공평성, 원가의 타당성, 사업자의 경영책임, 물가변동 및 제반 경제상황 등을 감안하여 신축적으로 운영할 수 있다.

②시내버스요금의 산정 당시 예측할 수 없었던 불가피한 사유의 발생으로 총괄원가에 현저한 증감이 있을 경우에는 증감요인만을 반영하여 요금을 조정할 수 있다.

제4조(원가산정자료) ①시내버스요금의 원가는 사업자가 제출한 재무제표와 결산서, 요금산정을 위한 제반명세서 등 객관적이고 신뢰할 수 있는 자료를 기초로 산정한다.

②제1항에 따른 원가산정 자료는 기업회계기준 및 국토교통부장관 또는 시·도지사가 별도로 정하는 시내버스운송사업 회계처리기준에 의하여 작성한다.

③시·도지사는 사업자가 제출하는 원가산정자료 작성의 객관성 및 공정성 확보를 위하여 필요한 경우 관련 법령에 따라 공인된 원가계산용역기관의 검증을 받을 수 있도록 할 수 있다.

제5조(원가검증 및 회계자료의 제출) ①시·도지사는 정기적으로 사업자의 원가를 검증한다.

②사업자는 매 회계연도 종료일로부터 90일 이내에 재무제표 등 회계자료를 시·도지사에게 제출한다. 이 경우 시·도지사는 여객자동차운수사업법령에 따라 설립된 여객자동차운수사업자단체로 하여금 각 사업자의 재무제표 등 회계자료의 합을 작성하여 제출하게 할 수 있다.

제2장 총괄원가

제1절 적정원가

제6조(적정원가의 구성) ①적정원가는 시내버스운송서비스 제공과 직접적으로 연관성이 있는 운송원가에 일반관리비를 합한 영업비용 합계액에서 지급이자를 제외한 영업외비용과 시내버스 운송서비스 제공과 관련하여 발생한 법인세비용을 가산하고 영업외수익을 차감한 금액으로 한다.

②적정원가에는 시내버스운송사업과 직접적인 연관성이 없는 수탁사업 등 부대사업에 소요된 비용은 포함하지 아니한다. 다만, 부대사업에 소요된 비용을 별도로 구분하기 곤란하고 적절한 방법으로 배분하는 것이 불가능한 경우에는 부대사업에 소요된 비용을 적정원가에 포함하되, 부대사업으로 인한 수익은 영업외수익의 항목으로 포함하여 적정원가에서 차감한다.

제7조(적정원가의 산정) ①적정원가는 요금산정 대상회계연도 또는 요금산정 대상기간(이하 "당해회계연도"라 한다)을 기준으로 산정한다.

②당해연도의 적정원가는 당해회계연도 직전회계연도(이하 "직전회계연도"라 한다)의 재무제표와 결산서 등을 기초로 물가전망, 임금전망 등을 감안하여 산정한다. 다만, 당해회계연도의 적정원가를 추정할 수 있는 보다 객관적이고 합리적인 자료가 있을 경우에는 이에 의하여 산정할 수 있다.

③적정원가는 운행형태별로 집계하여 산정한다. 다만, 운행형태별로 구분계리하는 것이 불가능하여 통합계리하는 경우에는 운행거리와 운행대수 등 합리적이고 타당한 배분기준을 적용하여 운행형태별로 적정원가를 안분하며, 적용된 배분기준은 특별한 사유가 없는 한 계속성을 유지한다.

제8조(영업비용의 산정) ①인건비의 산정방법은 다음 각 호와 같다.

1. 인건비는 부문별 적정인원수와 직전회계연도의 실제 임금수준, 임금전망 등을 고려하여 산정한다.
2. 인건비는 급여 및 임금, 상여금, 제수당 및 퇴직급여 등을 포함한다.

②유류비의 산정방법은 다음 각 호와 같다.

1. 당해연도의 유류비는 직전회계연도의 실제 사용물량과 직전회계연도의 실제 부담평균단가를 기준으로 산정한다.
2. 교통세 등 유류관련 제세의 인상 또는 인하가 확정되어 있는 경우 당해연도의 유류비는 이를 감안하여 산정한다.
3. 유가의 등락 등으로 인하여 직전회계연도의 실제 부담평균단가를 당해연도 유류비의 산정기준으로 적용하는 것이 불합리하다고 인정되는 경우에는 최근기간의 실제 부담평균단가를 적용할 수 있으며, 이 경우 실제 부담평균단가는 최소한 3개월 이상의 기간을 대상으로 한다.

③유형자산 감가상각비의 산정방법은 다음 각 호와 같다.

1. 유형자산의 감가상각방법은 정액법으로 한다.
2. 운송차량의 내용연수는 사업자의 실제 평균사용연수를 적용하며 기타의 유형자산은 법인세법에서 정하는 기준내용연수를 적용한다.
3. 감가상각대상 금액은 장부상 취득원가를 기준으로 한다.
4. 당해연도의 감가상각비는 제1호 내지 제3호에서 정한 기준에 의하여 산정된 직전회계연도의 감가상각비에 자산의 내용연수를 감안하여 산정한 당해연도의 유형자산 예상 취득금액을 감안하여 산정한다.

④당해연도 무형자산상각비는 직전회계연도말 현재 무형자산 미상각 잔액을 법인세법에서 정하는 기준내용연수에 의한 잔여내용연수에 대하여 정액법을 적용하여 산정한 금액으로 한다. 단, 영업권에 대한 무형자산상각비는 제외한다.

⑤복리후생비의 산정기준은 다음 각 호와 같다.

1. 복리후생비는 관계법령에 의하여 사업자가 부담하는 국민연금, 의료보험, 고용보험, 산재보험 등의 법정복리후생비와 사업

자의 복지정책 또는 단체협약 등에 의하여 지출되는 기타복리후생비로 구분하여 산정한다.
2. 법정복리후생비는 당해연도에 적용되는 요율을 적용하여 산정한다.

⑥제1항 내지 제5항 이외의 영업비용은 차량정비관리비, 도로통행료, 버스보험료 등으로 구분·산정하며, 운송서비스부문 및 일반관리부문으로 구분하여 각 비목별 비용발생 변수를 감안하고 물가변동 요인 등으로 고려하여 산정한다.

제9조(영업외손익) 적정원가에 포함되는 영업외비용 및 영업외수익 항목은 다음과 같다.

① 자산관련 영업외수익 및 영업외비용 : 자산관련 영업외수익 및 영업외비용은 요금기저 항목과의 일관성을 고려하여 적정원가에 반영 여부를 결정한다.

② 자본조달 관련 영업외수익 및 영업외비용 : 자본조달과 관련한 이자비용 및 이자수익, 외환손익, 파생상품 관련손익은 영업외수익 및 영업외비용에서 제외한다.

제2절 적정투자보수

제10조(적정투자보수) ①적정투자보수라 함은 사업자가 시내버스운송서비스를 제공하기 위하여 직접 공여하고 있는 진실하고 유효한 자산에 대한 적정한 보수를 의미한다.

②적정투자보수는 지급이자, 감가상각누계액 이상의 원금상환액, 물가상승 등 경영외적사유로 인한 불리한 여건에 대비하는 내부유보자금 및 기타 시내버스 운송사업의 유지를 위하여 필요한 경비를 충당하는 재원이 된다.

③적정투자보수는 적정하게 산정한 요금기저에 적정투자보수율을 곱하여 산정한다.

제11조(요금기저) ①요금기저는 당해회계연도의 순가동설비자산액과 순무형자산액의 기초·기말 평균가액, 일정분의 운전자금을 합산한 금액으로 한다. 다만, 시내버스 운송서비스에 직접 공여하지 아니하는 유휴자산, 영업권 및 타목적의 자산은 포함하지 아니한다.

②요금기저에 포함되는 순가동설비자산액은 총가동설비자산액에서 적정원가에 산입되었던 감가상각비의 누계액과 유형자산 취득 관련 국고보조금 등 사업자가 부담하지 않는 자본적 수입의 누계액 및 자산재평가차액 미상각잔액을 차감한 금액으로 한다.

③제1항에 따른 기초순가동설비자산액은 직전회계연도 결산서상의 기말가액을 기준으로 산정하며, 기말순가동설비자산액은 기초순가동설비자산액에 당해연도의 투자계획 및 자산처분계획을 고려한 순증가액을 가산한 금액으로 하되 순증가액은 당해연도 감가상각비 산정시 감안한 대체취득 추정금액에서 당해연도 감가상각비 추정액을 감하여 산정한다.

④요금기저에 포함되는 기초순무형자산가액은 직전회계연도 결산서상의 가액을 기준으로 하며 기말순무형자산가액은 기초순무형자산가액에서 당기상각액을 감하여 산정한다. 단, 영업권 등은 포함하지 아니한다.

⑤요금기저에 포함되는 운전자금은 당해연도 영업비용에서 감가상각비, 퇴직급여, 대손상각비, 무형자산상각액 등의 비현금지출비용을 차감한 금액의 12분의 1로 한다.

제12조(적정투자보수율) ①적정투자보수율은 자기자본에 대한 보수율과 타인자본에 대한 보수율을 자기자본과 타인자본 구성비로 각각 가중평균하여 산정하되, 시내버스운송사업의 자본비용 및 위험도, 공금리수준, 물가상승률, 당해회계연도의 재투자 및 시설확장계획·원리금상환계획 등 사업계획과 물가전망 등을 고려하여 기업성과 공익성을 조화시킬 수 있는 수준에서 결정된다.

②자기자본에 대한 보수율은 한국은행 발표 기업경영분석 수익성지표 중 운수업을 제외한 전체 산업의 3년간 자기자본순수익율 평균을 적용하되, 타인자본 보수율 수준, 물가전망, 투자규모 등을 고려하여 그 율을 조정한다.

③타인자본에 대한 보수율은 직전회계연도 차입금에 대한 이자를 동 차입금의 평균월말잔액으로 나누어 구한 율에 "1-법인세율"을 곱한 세후타인자본보수율로 한다. 타인자본에 대한 보수율의 산정에 있어 주주·임원·특수관계자에 대한 차입금 및 이자는 포함하지 아니한다.

제3절 시내버스요금 산정

제13조(시내버스요금 체계) 시내버스요금은 이용자의 부담능력, 편익정도, 사회적·지역적인 특수환경을 고려하여 이용자간에 부담의 형평이 유지되고 자원이 합리적으로 배분되도록 체계를 형성하며, 특별한 사유가 없는 한 계속성을 유지한다.

제14조(수요예측) ①시내버스요금의 산정은 당해연도의 수요예측을 기초로 이루어지며, 수요는 과거의 실적, 지역특성 및 사회경제의 동향, 대체교통수단의 발달정도 등을 고려하여 적정하게 예측한다.

②당해연도의 수요를 합리적으로 예측하기 어려운 경우에는 직전회계연도의 수요를 그대로 적용하거나 직전회계연도 수요에 최근 3년간 수요증감율의 기하평균을 곱하여 당해연도의 수요를 산정할 수 있다.

제15조(시내버스 요금수준의 결정) 시내버스요금은 수요예측결과에 근거한 당해연도의 영업수입이 총괄원가와 일치되도록 하는 수준에서 결정한다.

보 칙

시내버스요금 산정에 관하여 다른 법령·규정·기준 등에 특별한 규정이 없을 경우 이 기준이 정하는 바에 의한다. 다만, 시·도지사는 지역적·사회적 특성 등을 종합적으로 고려하여 이 기준을 따르는 것이 합당하지 않은 경우에는 본 기준 외에 다른 기준을 정하여 시행할 수 있다.

박흥식의 시내버스 노선조정 [노선은 생물(生物)이다]

VI 업무지침

1. 시내버스 노선관리 지침(2017.9.)

> 시내버스 노선조정(수시·정기) 업무처리에 관한 기준을 명확히 수립하여 객관적이고 합리적인 노선 관리를 추진하고자 함

I 추진배경

- 노선조정의 객관적 기준 마련으로 업무의 연속성 유지 필요
- 시내버스 노선조정 중 주요 사항, 일부 시민의 피해 발생 우려 시 다양한 이해관계 반영을 위한 위원회 심의 의무화 필요

II 추진현황

● 노선조정 추진현황

■ 수시노선조정 : '12년 이후 257건의 노선조정 추진, 연 평균 43.6건

구분	합계	2012	2013	2014	2015	2016	2017. 7
합 계	257	54	59	38	50	17	39
노선신설	19	2	3	2	4	2	6
노선연장	47	8	10	5	14	3	7
노선단축	46	14	12	5	6	3	6
노선변경	100	25	16	21	20	8	10
노선통합 등	38	5	18	5	6	1	3

■ 정기노선조정 : '12년 이후 노선조정 중 정기노선조정 비율 26.4%

구분	합계	2012	2013	2014	2015	2016	2017. 7
노선조정건수	257	54	59	38	50	17	39
위원회 심의건수	**68**	13	38	-	17	-	-

III. 시내버스 노선조정(수시·정기) 기준

1. 수시 노선조정

● 수시 노선조정 절차

○ 수시조정 : 이해관계자간 이견이 없거나 교통체계 변경(신호 등)으로 신속한 노선조정이 필요한 경우

① 노선조정 대상선정	② 관계기관 의견조회	③ 내부검토	④ 사업개선명령
‣ 시민·자치구 의견 ‣ 시 자체 발굴 ‣ 운수업체·조합 요청	‣ 이해관계자 의견수렴 ‣ 현장점검	‣ 적법 운행 가능성 검토 ‣ 각 종 자료 종합검토	‣ 방침 내용에 따라 운행개시 ‣ 운행 모니터링

● 수시조정 대상

① 긴급한 노선조정이 필요한 경우

  ○ 교통체계상 신호체계, 도로여건 변화(도로공사) 등으로 인한 물리적 환경의 변화로 불가피하게 노선을 변경해야 하는 경우

  ○ 대규모 택지지구 개발 등으로 시내버스 노선투입이 필요한 경우

  ○ 운수종사자의 휴게시간 보장 등 법령준수를 위한 노선조정인 경우

② 수시로 노선조정이 필요한 경우

  ○ 의견조회 결과 이해관계자(시내버스·마을버스운송사업조합, 해당 운수회사, 자치구 등)간 이견이 미미한 경우

  ○ 교통사각지대 등 불편민원 해소를 위한 노선조정이 필요한 경우

  ○ 회차지 변경 등 단순한 경로변경 노선조정인 경우

  ○ 기타 합리적이고 효율적인 노선운영을 위해 필요한 경우

2. 정기 노선조정

● 정기 노선조정 절차

○ 정기조정 : 이해관계자간 이견 발생 또는 시민들의 대중교통 이용에 영향을 미치거나 갈등 유발할 것으로 판단되는 경우

① 노선조정 대상선정	② 심의자료 작성	③ 위원회 심의	④ 사업개선명령
‣ 시민·자치구 의견 ‣ 시 자체 발굴 ‣ 운수업체·조합 요청	‣ 이해관계자 의견수렴 ‣ 현장점검 ‣ 스마트카드 데이터 확인 ‣ 노선중복도 등 확인	‣ 위원회 심의·의결	‣ 의결 내용에 따라 운행개시 ‣ 운행 모니터링

● 정기 노선조정 대상

① 시계외 지역 연장 또는 과도하게 연장되는 경우

  ○ 시계외 지역(경기도 구간)으로 노선이 연장되는 경우
   - 버스 유형과 관계없이 서울시가 인가한 모든 노선에 적용

  ○ 노선 연장 등으로 장거리화(간선 50km이상, 지선 40km 이상) 되거나 노선조정 정책에 반하는 경우(굴곡도·중복도 과다 상향 등)

  ○ 기존에 50km 이상 운행하던 간선버스 또는 40km 이상 운행하던 지선버스의 노선 연장 등

  ○ 노선 조정으로 운행시간이 240분을 초과하게 되는 경우
   - 기존에 240분 이상 운행하던 버스의 노선조정으로 운행시간이 증가하는 경우

② 미운행구간이 발생하는 경우

  ○ 기존 노선 단독 운행구간이 노선조정으로 인하여 정류소가 폐쇄되어 미운행구간이 되는 경우

  ○ 노선조정으로 발생하는 미운행구간에서 1회 환승으로 기존 노선의 전체 경로를 접근할 수 있는 대체노선이 없는 경우

③ 이해관계자 간 의견 대립이 첨예한 경우

  ○ 수시 노선조정 의견수렴 시 시내버스·마을버스조합, 해당 운수회사, 자치구 등의 의견이 첨예하게 대립되는 경우

- **노선조정 시기**
  - 연 2회(상·하반기) 원칙(조정대상 건수 부족시 연 1회)

Ⅳ 행정사항

- **행정사항**
  - 자치구, 버스조합, 운수회사 등에 통보
  - 본 지침 준수로 권역별 담당자의 무분별한 노선조정 지양

2. 시계외 노선 협의 지침(2017.07)

> 시계외 버스노선 사업계획변경 협의를 위한 기준을 수립하여 투명하고 공정한 노선 관리를 추진하고자 함

Ⅰ 추진배경

- 객관적인 시계외 노선 협의 업무처리를 위한 기준 수립 필요
- 수도권 지역 대규모 주택단지 개발(김포, 하남 등)로 인한 경기도·인천시 버스업체의 서울시내 진입 요청에 합리적 대응
- 도시교통본부 특정감사('17. 7. 19)시 업무기준 수립을 통한 시계외 노선 협의 및 시내버스노선 정기 조정 의무화 대상기준 수립 필요 통보

Ⅱ 시계외노선 업무처리절차 및 현황

- **업무처리절차**
  - 여객자동차운수사업법에 따라 협의 요청 수신 수 15일 이내 회신
    - 법 제78조 및 동법 시행규칙 제5조에 의해 市에 사업계획변경 협의요청 시, 해당 사업계획변경에 대한 검토의견 회신
  - 협의가 성립되지 않는 경우, 협의를 요청한 시·도지사는 국토부장관에게 조정신청을 할 수 있으며,

국토교통부에서 조정 후 관련 시·도로 통보
- 국토교통부령으로 정하는 바에 따라 국토교통부 장관이 조정 및 결정

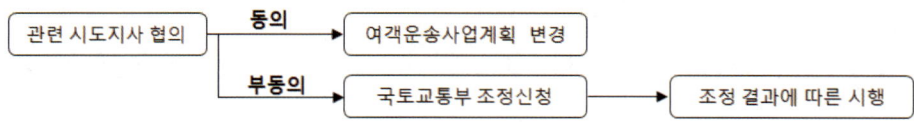

Ⅲ 시계외노선 협의기준

1. 기본방향

● 교통상황 고려
  ○ 해당 지역의 버스 총량 유지하는 범위 내에서 협의를 원칙
    - 도심 지역의 경우 순 증차 억제, 환승센터·부도심 회차 요청
    - 단, 우리시 버스노선 조정·교통체계 개편 등 우리시 교통정책으로 인하여 대체노선 또는 회차 필요 시 신규 진입 검토 가능
  ○ 노선신설·조정·증차 등으로 버스가 신규정류소 정차 시, 도로용량 등을 종합적으로 고려하여 진입 가능성 검토

● 관계법령 준수
  ○ 「여객자동차운수사업법」상 각 버스의 고유기능 유지하는 범위 내에서 노선신설·조정·증차 가능
  ○ 「여객자동차운수사업법 시행규칙」상 운전원 휴게시간 등 법적 권리 보장 가능여부에 대한 경기도·인천시의 사전검토 필요
    - 우리시 도로교통체계 변화로 적법한 운행이 어려워진 경우(좌회전·유턴 불가 등) 주변 지역의 버스 총량 증가하더라도 협의 가능

● 초미세먼지 관리
  ○ 신규 진입차량은 CNG버스 또는 EURO6 기준 준수차량 진입 조건
  ○ 기존 진입차량은 PM-NOX 동시저감장치 부착 요청

● 협의 진행시 요구자료 제출 요청(붙임 참조)
  ○ 협의내역에 대한 상세 검토자료 제출(경기도·인천광역시→서울시)

2. 증차

- **기본방향**
  - 증차(조정)기준·가능지역·범위 등 모든 요건을 충족하는 경우 협의 가능

- **증차기준(첨두시간대 기준)**
  - 광역버스 : 재차인원이 70명 이상 수준인 상황이 30분 이상 지속될 경우
  - 시내버스 : 일 평균 대당 승객 수 800명 이상이거나, 재차인원이 차량 정원 대비 130% 이상 수준인 상황이 30분 이상 지속될 경우

- **증차가능지역**
  - 도심(서울역·광화문·강남역) 지역 순수 증차 억제
    - 노선 간 증·감차를 통해 총량이 유지되는 경우, 노선별 증·감차의 타당성 검토(재차인원 등 경기도 제출자료 활용) 후 협의 가능
    - 도심 지역 이외 지역의 경우, 시간당 버스 통행량이 과도하여 교통 체증을 유발하는 경우 등 도로교통에 부정적 영향을 미치는 경우 협의 불가
  - 부도심(잠실·강변·청량리·영등포·신촌·수유 등)의 경우 교통상황, 우리시 대중교통수단 등을 종합적으로 고려하여 협의
    - M버스·직행좌석버스의 법적 기능을 고려, 2호선 벨트 접근 협의 가능
    - 시내버스의 경우 시계 주변 회차를 원칙으로 협의하되, 환승 편의 제고를 위하여 시계 주변 지하철역까지 가능
  - 광역환승센터, 시계 주변 지하철과의 환승 연계하는 경우 도로상황 및 우리시 대중교통수단과의 중복도 등을 고려하여 협의 가능

- **증차범위**
  - 증차 기준·증차가능지역 관련 협의 가능한 범위 내에 있는 경우, 연간 기존 인가대수의 10% 범위 이내에서 증차 가능
    - 연 2회 이상 증차 요청 시, 특별한 사정 이외의 경우 부동의 원칙
  - 우리시 버스노선 조정 등 증차 귀책사유가 우리시에 있는 경우, 증차 가능범위는 기존 노선 운행 범위 내에서 결정

3. 노선조정(신설)

- **노선조정·신설 가능 사유**
  - 노선조정·신설·분할과 관련된 주변 지역 요청
    - 철도(지하철)가 활성화 된 지역의 경우 철도를 연계하는 방향의 조정, 비활성화 지역의 경우 광역수요 반영하되 노선조정 시 부도심 회차 원칙
  - 우리시 교통 인프라(버스중앙차로, 지하철 등) 연계 또는 도로체계 개편 및 경기·인천지역 교통체계 조정 등
    - 대규모 택지지구 개발 등으로 인구유입이 급격히 증가한 경우
    - 버스중앙차로 신설, 지하철역 출구 위치 변경 및 기타 사유
  - 「여객자동차운수사업법」준수 또는 기타 필요 시

- **조정기준**
  - 노선조정·신설로 인한 신규진입 가능지역은 증차조건을 준용
  - 협의 검토대상 노선과 우리시 버스·지하철 노선, 타 시·도 버스노선과의 중복도 50% 이하일 때 노선신설·조정 가능
    - 단, 타 자치단체 버스노선조정 없이 우리시 교통수단의 노선조정으로 중복도가 50% 이상으로 변경된 경우 협의 가능

- **조정범위**
  - 노선변경·연장 시「여객자동차운수사업법 시행규칙」제32조에 따라 조정되는 노선은 기존 운행계통의 50% 이내의 범위 내에서 가능
  - 「여객자동차운수사업법 시행규칙」제8조에 의거 서울시내 운행 구간 30㎞ 이하인 경우에 한하여 협의 가능
    - 광역급행형 운송사업의 경우「대도시권 광역교통관리에 관한 특별법」준용
  - 「여객자동차운수사업법」상 각 버스의 고유기능 유지하는 범위 내에서 노선신설·조정·증차 가능
    - 광역버스 : 2호선 벨트 진입, 일반버스 : 시계 주변 회차 등

Ⅳ. 시계외노선 협의 시 요구자료

● 증차협의 시 요구자료[붙임]

- 증차사유 : 대규모 택지개발, 공공기관 입주, 기타 증차필요사유 등
- 결정근거 : 재차인원, 증차를 통한 차내 혼잡도 완화 기대효과 등
  - 증차 이후 재차인원 예상 변화량 등 구체적 자료 제출 필요
- 관련 법령(여객자동차운수사업법 및 동 법 시행령·시행규칙) 검토사항
  - 해당 노선의 운전원 휴게시간 보장 가능성 검토결과
- 경기도 지역 내 2개 이상의 기초자치단체를 지나는 노선의 경우, 관련 기초자치단체의 노선 관련 공식 의견(동의 여부 등)
  - 관련 자치단체의 동일 목적지에 대한 증차 중복요청 관리 방안 모색

● 노선조정협의 시 요구자료

- 조정사유 : 대규모 택지개발, 공공기관 입주, 기타 증차필요사유 등
- 결정근거 : 노선조정·신설·분할과 관련된 지역 주민청원, 연구용역 결과 등 자료 첨부
- 관련 법령(여객자동차운수사업법 및 동 법 시행령·시행규칙) 검토사항
  - 노선조정 시 운전원 휴게시간 보장 여부 검토결과
  - 서울시내 구간 운행 거리가 30㎞ 이내인지, 기존 노선의 50% 이내 범위에서 조정되는지 여부 등
- 경기도 지역 내 2개 이상의 기초자치단체를 지나는 노선의 경우, 관련 기초자치단체의 노선 관련 공식 의견(노선조정 동의 여부 등)
  - 관련 자치단체의 동일 목적지에 대한 노선조정 중복요청 관리 필요

박홍식의 시내버스 노선조정 [노선은 생물(生物)이다]

붙임: 증차 및 노선조정 협의 시 요구자료

- **시내버스 운송사업계획(변경) 협의 내역**
    - 증차 및 노선조정(변경) 협의 사유(구체적으로 나열)
        - 내규모 택지지구개발
        - 공공기관 입주
        - 기타 증차 필요한 사유

- **결정근거**
    - 재차인원, 증차를 통한 차내 혼잡도 완화 기대효과 등
    - 노선조정·신설·분할과 관련된 지역 주민청원, 연구용역 결과 등 자료 첨부

- **관련법령(여객자동차운수사업법 및 동법 시행령·시행규칙) 검토사항**
    - 해당 노선의 운전원 휴게시간 보장 여부 검토결과
    - 서울시내 구간 운행거리가 30km 이내인지, 기존 노선의 50% 범위 이내에서 조정되는 지 여부 등

- **관련 기초자치단체의 노선 관련 공식 의견**
    - 경기도 지역 내 2개 이상의 기초자치단체를 지나는 노선의 경우, 관련 기초자치단체의 노선 관련 공식 의견(노선조정 동의 여부 등)
    - 관련 자치단체의 동일 목적지에 대한 노선조정 중복요청 여부

- **운행 노선도 및 운행계통(변경 전·후)**

    ▷ 붙임 : 운행노선도 및 협의관련 참고자료

부록

시내버스 운송사업계획(변경) 협의 내역

(협의대상 시·도 :   )

● 업체명 : ○○○○운수 (관할기관 :   시)

구분	노선번호 (운행형태)	기점	주요 경유지	종점	인가대수 (대)	인가횟수 (회)	편도거리 (km)	배차간격 (분)	비고
변경전									
변경후									

● 증차 및 노선조정(변경) 협의 사유(구체적으로 나열)
  ○
  ○
  ○

● 결정근거
  ○
  ○
  ○

● 관련법령(여객자동차운수사업법 및 동법 시행령·시행규칙) 검토사항
  ○
  ○
  ○

● 관련 기초자치단체의 노선 관련 공식 의견

지자체명	○○시(군)	○○시(군)	비고
동의여부			
중복여부			

411

박흥식의 시내버스 노선조정 [노선은 생물(生物)이다]

운 행 노 선 도

● 업체명 : 0000운수 (관할기관 : 00시)

구 분	노선번호 (운행형태)	기점	주요 경유지	종점	인가대수 (대)	인가횟수 (회)	편도거리 (km)	배차간격 (분)	비고
변경전									
변경후									

부 록

● 협의요청시 관련자료 제출 서식

1. 사업계획변경 협의

> 00여객-0000번

1) 해당 노선버스의 현재 운행횟수 및 승차인원(최근 1년간 및 일평균)

노선번호	운행대수	운행횟수	최근 1년간 이용승객(명)	첨두시간때 재차인원(06:30~08:30)			비 고
				평균(명)	최대재차(명)	재차율(%)	

※ 노선별 마다 첨두시간은 변경 가능

2) 유사 운행계통 현황

운행업체	노선번호	기·종점	경 유 지	운행대수	주요경합구간	1일 대당 평균이용승객(최근1년간)
00여객						

3) 주변인구 변동 현황

지역별 \ 연도별	년 월말		년 월말		년 월말		년 월말		비 고
	세대수	인구수	세대수	인구수	세대수	인구수	세대수	인구수	

* 참　　조 : 해당 시·군 인터넷 인구현황 발췌 등

4) 민원제기 실적 등 기타 구체적 사유

민원내용	타 교통 이용방법	해결방법

413

박흥식의 시내버스 노선조정 [노선은 생물(生物)이다]

3. 마을버스 업무처리 지침(2016.11.)

Ⅰ 정의 및 관련 법규

1. 정 의

- ○ 여객자동차운수사업법 시행령 제3조
  - 주로 시·군·구의 단일 행정구역에서 기점·종점의 특수성이나 사용되는 자동차의 특수성 등으로 인하여 다른 노선 여객자동차운송사업자가 운행하기 어려운 구간을 대상으로 국토교통부령으로 정하는 기준에 따라 운행계통을 정하고 국토교통부령으로 정하는 자동차를 사용하여 여객을 운송하는 사업

- ○ 서울특별시 여객자동차운수사업의 재정지원 및 한정면허 등에 관한 조례 제2조
  - 간선기능을 담당하고 있는 도시철도 또는 일반노선버스의 보조·연계기능을 담당하기 위하여 마을 등을 기점 또는 종점으로 하여 이들 마을 등과 가장 가까운 철도역(도시철도역을 포함한다)또는 일반노선버스 정류소간을 운행하는 사업을 영위하기 위하여 시장에게 등록하고 운행하는 버스
    ※ 여객자동차운수사업법 시행령 제4조에 의해 마을버스운송사업은 등록대상 사업임

2. 관련 법규

- ○ 여객자동차운수사업법 및 같은법 시행령, 시행규칙
  - 마을버스운송사업의 정의, 등록대상 규정, 차량의 종류 및 기준대수 등 규정

- ○ 서울특별시 여객자동차운수사업의 재정지원 및 한정면허 등에 관한 조례
  - 마을버스운송사업의 등록 및 운행계통 기준 등 규정

- ○ 서울특별시 사무위임 조례
  - 마을버스운송사업의 등록 등에 관한 위임사무 규정

3. 세부 기준

- ○ 사무처리 기준(서울특별시 사무위임 조례 별표)
  - 서울특별시장 : 노선의 신설·폐지, 연장·단축 및 조정에 관한 사무
  - 자치구청장 : 마을버스운송사업의 등록에 관한 사무(별표 참조)
    ▸ 마을버스 등록, 사업계획 변경, 사업개선명령, 양도·양수 등

- ○ 자동차의 종류(여객자동차운수사업법 시행규칙 별표1)
  - 중형승합자동차, 다만, 관할관청이 필요하다고 인정하는 경우에는 소형 또는 대형승합자동차로 할 수 있음

- ○ 등록기준 대수(여객자동차운수사업법 시행규칙 별표3)

특별시 및 광역시	시	군(광역시의 군은 제외)
7대 이상	5대 이상	5대 이상

* 마을버스 운송사업자는 상용자동차 대수의 20퍼센트 범위에서 예비자동차를 확보할 수 있으나, 서울시는 지침에 의해 10퍼센트 범위까지 확보가능(예비차량 관련 지침 참조)

- ○ 보유 차고의 면적기준(여객자동차운수사업법 시행규칙 별표3)

유형	대당 면적(최저)
대형	36㎡ ~ 40㎡
중형	23㎡ ~ 26㎡

- ○ 운행계통 기준(재정지원 및 한정면허 등에 관한 조례 제10조)
  - 시내버스와 중복운행구간에서 시내버스 및 마을버스 정류소는 각각 4개 이내
  - 자동차의 배차간격이 25분 이내가 되도록 자동차 대수와 운행횟수 결정
  - 첫차는 기점 기준 오전 6시 이전, 막차는 기점 기준 10시 이후까지 운행

- ○ 사업계획 변경 기준(여객자동차운수사업 시행규칙 제32조)
  - 노선 및 운행계통을 신설하려는 경우에는 운행횟수를 4회 이상으로 할 것
  - 노선 및 운행계통을 연장하는 경우 기존 운행계통의 50% 이내로 할 것
  - 운행경로 변경은 불가피한 경우를 제외하고는 운행거리 또는 운행시간 단축으로 한정

II 노선 조정(신설) 지침

1. 기본 원칙

- ○ 마을버스 본래 기능 유지
  - 일반노선버스가 운행하지 아니하거나 운행하기 어려운 지역 등 주민들의 교통불편을 해소하기 위하여 마을버스의 운행이 필요한 지역을 운행
  - 도시철도 또는 일반노선버스의 보조연계수단으로서의 기능 및 역할(마을버스의 본래적인 기능)을 유지하도록 노선 조정

○ 노선조정후 기능유지 및 정기노선조정 중심
- 공고된 노선을 신뢰하고 일정기간 동안 이상 공고된 노선을 운행할 수 있도록 특별한 사유가 없는 한 공고된 노선을 6개월 이상 유지(변경금지)
- 수송수요의 급격한 변동 등으로 인하여 마을버스 노선을 시급히 조정해야하는 사유가 있는 경우에만 노선을 조정(수시노선조정)하고 원칙적으로는 매년 2회 정기적으로 노선조정(정기노선조정) 실시

○ 노선조정공개 및 자치구의견존중
- 객관적이고 공정한 노선조정을 위하여 노선조정 과정을 인터넷 등을 통하여 일반 시민들에게 공개하고, 조정된 노선은 서울특별시보에 공고하여 운행희망자(업체)는 쉽게 진입하여 운행할 수 있도록 함.
- 합리적으로 이해관계가 조정될 수 있도록 하기 위하여 자치구와 마을버스업계 및 시내버스업계의 의견수렴과정을 수렴한 후 노선조정을 실시하되 마을버스가 지역교통수단임을 고려하여 자치구의 의견을 최대한 존중

2. 노선 조정·신설 절차

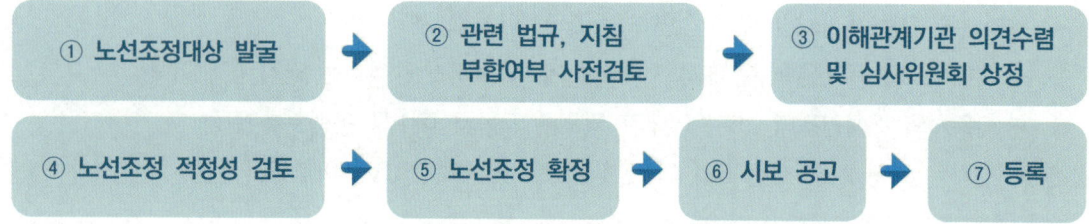

① [노선조정 대상 발굴(시장, 자치구청장)]

  ○ 발굴 시기 : 정기 조사(3월, 9월), 수시

  ○ 발굴 방법
   - 시 직권조사, 자치구청장 건의, 버스업계 및 이용시민 민원제기

② [관련 법규, 지침 부합여부 사전 검토(자치구청장)]

  ○ 여객자동차운수사업법 및 서울시 지침에 부합여부 사전 검토
   - 해당 자치구청에서 관련 기준 부합여부를 사전에 검토하고, 부합하는 경우에 한하여 마을버스 노선조정심사위원회에 상정
     ※ 부합여부 사전 검토시 서울시 노선팀과 협의

③ [이해 관계기관 의견 수렴 및 노선조정심사위원회 상정(자치구청장)]
- ○ 의견수렴 대상
  - 자치구(동사무소 포함), 마을버스운송사업조합, 시내버스운송사업조합
  - 지역 주민 및 지역 주요 기관(학교 앞을 지날 경우 학교는 반드시 의견조회)
- ○ 자치구 마을버스노선조정심사위원회 구성·운영
  - ※ 자치구청장의 필요적 심의기구(위원회의 심의를 거쳐 서울시에 노선조정·신설 건의)
  - 구성 : 부구청장을 위원장으로 주민대표, 외부전문가, 마을버스조합자치구 지부장, 관계공무원 등 총 10명 내외로 구성
    ▸ 이해관계 당사자 및 주민대표 등을 참석토록 하여 충분한 의견을 수렴하고, 기 운행중인 노선의 운수업체가 반대할 경우 심사위원회에 의견을 피력하도록 하고 심사위원회 결과에 따를 수 있도록 사전 조치
  - 기능 : 노선의 신설, 단축 또는 연장, 변경 등의 필요성 및 타당성 심의이해관계 당사자, 주민대표 등 의견수렴을 통한 이해관계의 조정 기타 관계 법규에의 적합성 등 심의

④ [노선조정 적정성 검토(시장)]
- ○ 마을버스 노선조정심사위원회 가결 노선에 대해 서울시에 승인 요청(자치구청장)
  - 승인요청시 노선조정 개요, 심사위원회 개최 결과, 의사록 첨부
- ○ 노선조정 적정성 검토(시장)
  - 관련법규에의 적합 여부
  - 마을버스로서의 기능과 역할에의 부합여부
  - 이용시민의 교통편의 증진 및 이해당사자의 이해조정 여부
    ※ 중요사항에 대해서는 버스정책시민위원회(정책분과위원회)의 심의절차 이행

⑤, ⑥ [노선조정의 확정 및 시보 공고(시장)]

⑦ [마을버스 운송사업계획의 신규·변경 등록(자치구청장)]
- ○ 등록신청시 검토사항
  - 등록기준의 구비여부
  - 등록조건 및 운행계통기준의 이행여부
  - 공고된 노선 및 기타 관계법규에의 부합여부
- ○ 등록수리시 조치사항
  - 등록사항의 시장에게 보고, 등록대장의 작성·관리

박흥식의 시내버스 노선조정 [노선은 생물(生物)이다]

3. 노선 조정·신설 세부 기준

① [시내버스 정류소와 중복기준]

○ 마을버스 노선 운행경로상에 위치하는 시내버스 정류소와 4개소까지 중복 허용
  - 노선 신설 : 시내버스 정류소와 4개소까지 중복 허용
  - 노선 조정(단축, 연장, 변경) ※한정면허및재정지원에관한조례제정시점(2000.5) 기준
    ▸ 2000년 5월 이전 신설 노선 : 현 시내버스 정류소와 중복도 총량 범위내 인정
      ※ 단, 마을버스 진입이후 신설된 시내버스 정류소는 총량범위에서 제외
    ▸ 2000년 5월 이후 신설 노선 : 노선조정후 시내버스 정류소와 4개소까지 중복 인정

○ 판단기준
  - 마을버스가 양방향으로 운행하는 경우 방향별 정류소 중 많은 쪽 기준
  - 마을버스가 편도로 운행하는 경우 운행방향 정류소 기준
  - 마을버스가 가로변으로 운행하는 경우 중앙차로 정류소는 중복 제외

편방향 운행	양방향 운행
시내버스 정류소 개소 ≦ 4	방향별 정류소 개소중 많은쪽의 시내버스 정류소 개소 ≦ 4 (동일한 경우, 한방향의 시내버스 정류소)

※ 중복판정 예시

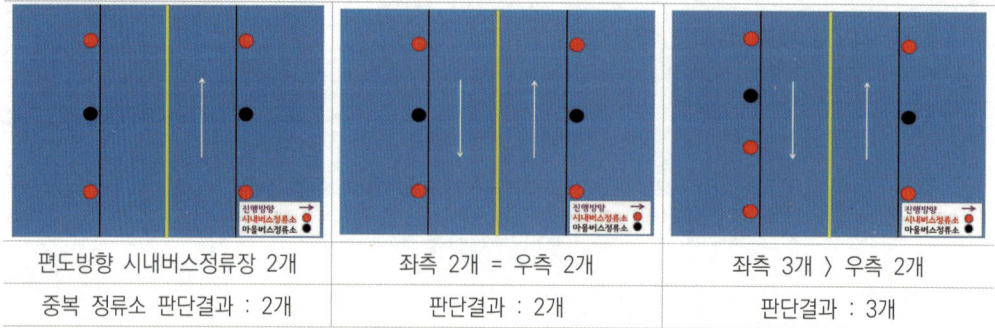

○ 중복정류소 판단 예외 기준
  - 마을버스가 시내버스보다 선진입한 구간은 중복으로 보지않음. 단, 선진입 사실을 마을버스 운수회사에서 증명하여야 함
  - 아파트단지 조성 등으로 신규도로가 개설되어 마을버스와 시내버스가 동시에 투입된 경우는 중복으로 보지 않음
  - 중앙차로 개통 등으로 신호체계가 변경되어 회차목적으로 마을버스 노선이 불가피하게 연장 또는 변경될 경우 마을버스 추가운행구간은 중복으로 보지 않음

- 마을버스 노선이 좌회전을 위하여 부득이하게 통과해야(무정차) 하는 정류소는 중복으로 보지 않음
- 마을버스 노선이 우회전 직후 마을버스 단독정류소에 정차하는 경우 우회전 직전의 시내버스 정류소에 교통흐름 등을 위해 무정차하는 경우는 중복으로 보지 않음
- 마을버스 회차지점(장소)이 협소하여 교통정체 및 사고예방을 위해 불가피하게 회차방법을 변경할 경우 최단거리로 회차하되, 변경되는 회차경로상의 정류소는 중복으로 보지 않음

※ 예외사항 예시

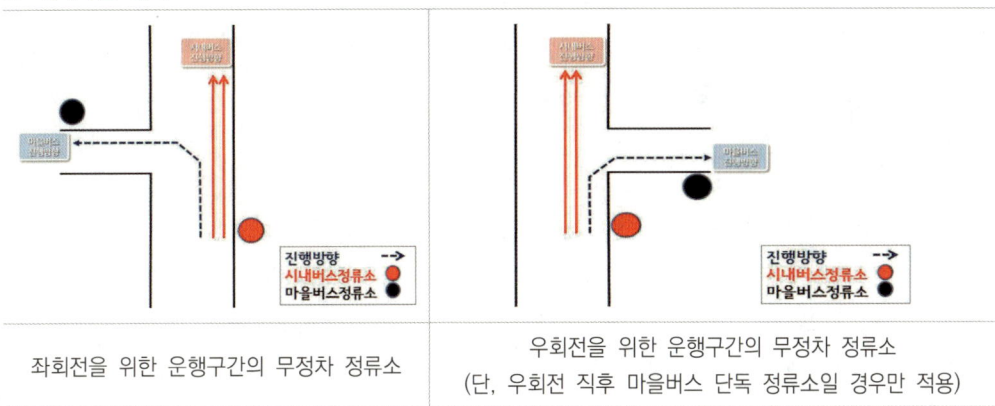

| 좌회전을 위한 운행구간의 무정차 정류소 | 우회전을 위한 운행구간의 무정차 정류소
(단, 우회전 직후 마을버스 단독 정류소일 경우만 적용) |

② [도로 및 통행여건 기준]
- ○ 양방통행 도로의 경우 차량의 교행이 가능한 유효 차로 폭원 확보
  - 차로 구분이 없는 주택가 등 이면도로 등을 마을버스가 운행하고자 하는 경우, 최소 유효 차로폭원은 5m 이상이어야 함
  - 거주자 우선주차 구획선, 불법 주정차 등으로 인해 유효 차로폭원 5m 이상 확보가 어려울 경우, 주차구획선 삭제, 불법주정차 카메라 설치 등을 통해 유효 차로폭원을 확보하여야 함
- ○ 차량이 한번에 회전할 수 있는 회차지점 확보
  - 차로구획이 되어 있는 도로에서 유턴할 경우, 유턴차로에서 한번에 회전할 수 있는 대항차로가 확보되어야 함
  - 차로 구분이 없는 도로의 지점에서 회차할 경우, 한번에 회전할 수 있는 차로 폭원이 확보되어야 하며, 회전에 방해가 되는 지장물은 제거되어야 함
    ※ T자 회차 및 어린이 보호구역내 회차 금지
  - 원활한 회차 반경 확보가 어려울 경우, 지점회차는 지양하고 주변 도로를 이용하여 원활한 회차로를 확보하여야 함
  - 단, 아파트 단지 및 주변 대형 주차장과 협의되어 활용가능할 경우, 해당 주차장에 진입·정차후 회차 가능

- 보차구분이 되어있지 않은 통학로, 어린이 보호구역 등에 마을버스가 운행하고자 할 경우 보행로와 차로 구분
  - 보도설치를 원칙으로 하되, 폭원상 보도설치가 어려울 경우 보차구분을 위한 차로 구획 시행
- 주택가 등 이면도로의 경우 안전운행에 지장이 없는 경사지 운행
  - 여객자동차운수사업법 시행규칙 제8조에 의한 고지대마을을 운행하고자 할 경우, 운행경로상 경사지는 차량운행의 안전을 담보할 수 있는 수준의 경사지이어야 함
  - 또한, 경사지를 운행하는 노선의 경우 눈·비 등 기상상황에 따른 운행여부는 해당 구청의 판단에 따라 운행여부를 결정

③ [이해관계자 의견수렴 기준]

- 노선조정의 경우 해당 운수업체의 사업계획변경 신청을 원칙으로 함
  - 해당 운수업체의 반대에도 불구하고 사업개선명령으로 시행하려는 경우, 여객자동차운수사업법상 사업개선명령 항목에 부합하여야 하며, 사무위임조례에 따라 구청에서 사업개선명령에 따른 적절한 조치를 취해야 함
- 노선단축·연장, 배차간격 이격 등이 수반되는 노선조정의 경우, 노선조정으로 인해 영향을 받는 이해관계자들의 의견을 반드시 수렴
  - 지역주민에 대한 의견 수렴시 단축구간, 신규 구간 주민들의 의견을 모두 수렴하여야 하며, 찬성과 반대비율을 반드시 명시해야 함
    ※ 통장 등의 의견을 수렴할 경우, 해당 지역주민들 의견을 대표하여야 하며 구청에서 이를 담보하여야 함
  - 다수의 반대의견이 제시될 경우 당사자들에 대한 노선조정 필요성 등 이해설득이 선행되어야 하며, 다양한 대안 등을 마련하여 재검토
- 마을버스 노선조정, 신설 구간에 기존 마을버스 노선이 운행하는 경우, 해당 마을버스 업체 의견수렴 및 협의·조정 선행
  - 노선조정 심사위원회 개최시 해당 운수업체가 의견을 개진할 수 있도록 하고, 심사위원회의 조정결과에 따를 수 있도록 조치 선행
- 마을버스 면허가 등록이 된 자치구외 타 자치구까지 운행하고자하는 경우에는 관련 자치구간, 운수업체간 협의 선행을 원칙으로 함
  - 여객자동차운수사업법 시행령 제3조에 정의된 마을버스 기능에 부합하도록 동일 자치구내를 운행하는 것을 원칙으로 하되, 부득이하게 타 자치구까지 운행이 필요한 경우에는 관련 자치구와 운수업체 의견을 조회하고 동의절차가 선행되어야 힘

④ [노선 계통분할 기준]
- ○ 계통분할되는 노선은 기존 노선과 기점 또는 종점이 동일하여야하며, 기존 노선과 최소 50% 이상 경로가 동일하여야 함. 또한 분할되는 구간의 연장은 기존 연장의 50%를 초과할 수 없음
- ○ 마을버스 노선의 운행계통을 분할하고자 할 경우, 마을버스 노선신설 및 조정 절차와 동일한 절차를 거쳐야 함
  - 시내버스 정류소와 중복기준(4개소), 도로 및 통행여건, 이해관계자 의견수렴 기준에 모두 부합하여야 하며, 부합할 경우 해당 구청의 노선조정심사를 거쳐 서울시에 승인 요청
    ※ 계통분할 노선의 시내버스와 중복 정류소는 기존 노선과 중복되는 구간을 모두 포함한 기종점 구간내에서 4개소를 초과할 수 없음(선진입은 인정)
  - 기존 노선의 총 대수 내에서 분할하는 것으로 원칙으로 하되,「재정지원 및 한정면허 등에 관한 조례」제10조의 운행계통 기준을 충족하여야 함
- ○ 노선이 계통분할될 경우 향후 계통분할된 노선임을 확인할 수 있는 번호체계 부여
  - 기존 노선번호에도 '- 일련번호' 부여하고 분할된 노선에는 연이은 연번 부여
    ※ 15번을 계통분할 할 경우, 기존 노선은 15-1번, 분할된 노선은 15-2번으로 부여

Ⅲ 노선 조정(신설) 지침

1. 기본 원칙

- ○ 시내버스 감차 T/O 범위내에서 증차(신설)
  - 무분별한 마을버스 증차 지양 및 시내버스 순수증차 억제에 대한 형평성 유지
- ○ 시내버스 감차 T/O 인수시 증차부담금 8,000만원 징구
  - 서울시가 승인한 대수에 대해 마을버스 운송사업자는 서울시 시내버스운송조합에 8,000만원/대 증차부담금을 납부하고 T/O 인수
  ▸ 증차부담금 5,000만원에서 8,000만원 상향 조정(2014.2)

2. 증차 기준

- ○ 증차대수 포함 6개월 일평균 이용객수 854명 이상
  - 증차 신청당시 해당 노선의 6개월 평균 이용객수 ÷ [(등록대수+증차대수) × 1개월(30.5일) × 운행률(0.94)] ≥ 854명

- 승객수 기준에 미달하더라도 다음의 조건을 만족할 경우 증차 허용
  - 평일 첨두시간 기준 배차간격 20분 이상
  - 노선단축 등 정비를 통해 시내버스 정류소와 중복을 60% 이상 완화
  - 전체 승객 중 초중고생(청소년) 이용비율이 20%를 초과하는 경우 (단, 대당 승객수 723명 이상)
- 동일 운수회사내 노선간 증감차는 아래 사항을 조건으로 허용
  - 노선특성에 따른 승객수요에 탄력적으로 대응하기 위해 노선간 증감차는 허 용하되, 1년이내 사업계획 재변경 금지
  - 감차된 노선의 여건변화로 증차를 요청할 경우 기시행한 노선간 증감차 환원 조치하거나 감차전 운행대수를 기준으로 승객수 산정하여 증차여부 판단
  - 감차를 하려는 노선은 감차 이후에도「재정지원 및 한정면허 등에 관한 조례」제10조의 운행계통 기준을 충족하여야 함
  - 노선간 증감차는 서울시에 반드시 사전 보고한 후 자치구청에서 사업계획변경 신고 수리하고 그 결과를 서울시에 통보
  - 노선간 증감차 대장을 마련하여 철저한 관리 시행
- 증차 차량에 대해서는 재정지원(적자보전, 인센티브) 대상에서 제외
  - 적자보전시 대당 수입금 산정은 증차차량을 포함하되 지급대상에서는 제외

3. 증차 업무 처리 절차

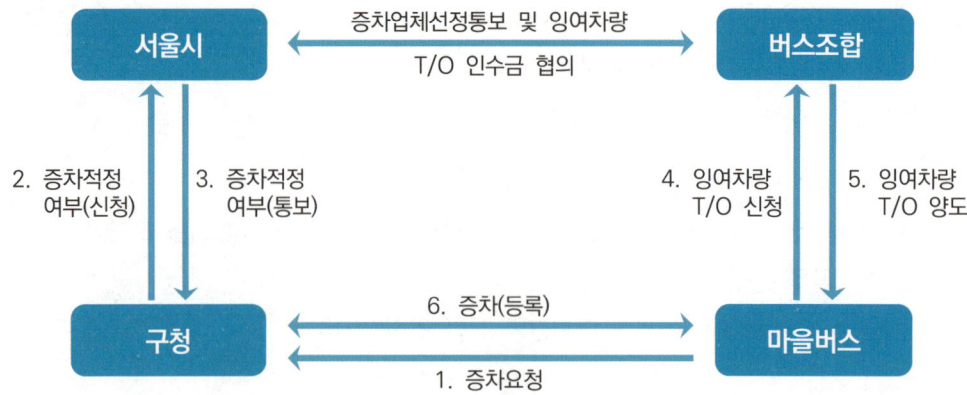

① [마을버스 증차 신청] (마을버스 회사 ⇨ 관할 자치구)
- 차량의 구체적 확보계획을 포함한 증차신청서를 자치구청에 제출
  - 마을버스 노선간 증감차, 버스조합 잉여차량 T/O 인수 등 방법 작성

② [마을버스 증차가능여부 의뢰] (관할 자치구 ➪ 서울시)

- 구체적인 증차대수 및 증차방법, 증차기준 부합여부 등을 명시하여 의뢰

③ [마을버스 증차가능여부 통보] (서울시 ➪ 관할 자치구)

- 증차요구 노선에 대한 증차기준 부합여부 검토후 증차여부 통보
  - 관할 자치구에서는 마을버스회사에 증차여부 통보
- 시내버스 T/O를 인수 결정시, 시에서는 시내버스조합에 결과 통보
  - 시내버스조합에서는 마을버스회사에서 T/O 인수를 요청해오면 증차부담금을 징구하고 영수증 교부후 경영합리화 계정에 입금하고 시에 보고

④ [증차 등록 수리] (관할 자치구 ➪ 마을버스 운송사업자)

⑤ [증차 등록 수리결과 통보] (관할 자치구 ➪ 서울시)

- 차량을 인수한 영수증 사본을 반드시 첨부하여 통보하고, 마을버스 노선간 증감차일 경우 마을버스 감차수리 공문도 첨부
  ※ 노선신설 차량확보의 경우도 마을버스 증차처리 절차에 준하여 처리

Ⅳ 노선 조정(신설) 지침

1. 예비차량 확보 상한율

- 여객자동차운수사업법에서는 마을버스의 경우 상용차량의 20%까지 예비차량 확보 가능(시행규칙 별표3)
  - 마을버스운송사업자는 상용자동차의 고장·검사·점검 등이나 교통체증으로 인하여 대체운행이 필요하거나 일시적인 수송수요의 증가에 대응할 수 있도록하기 위하여 상용자동차 대수의 20퍼센터 범위에서 예비자동차를 확보할 수 있다.
- 서울시의 경우 상용차량의 10% 범위까지 확보가능('12.7)
  - 시내버스 예비차량 보유율과 마을버스에는 단축운행 개념이 없는 점을 고려하여 10%까지를 보유 상한율로 조정(버스관리과-12707, '12.7)

2. 예비차량 운영 방안

- 예비차량 투입노선 선정은 회사가 자율적으로 결정
  - 상용차량과 예비차량간 차량번호 교체 가능
  - 회사별 보유대수를 기준으로 10% 범위내에서 도입(소수점은 사사오입 처리)

  [예비차량 증차부담금 : 3천만원/대]
  - ▸ 차량의 무분별한 증차를 억제하여 경영 안정성 확보 및 버스 과잉 공급 방지
    - • 상용차량 증차부담금 상향조정(5천만원→8천만원, '14.2)에 따라 예비차량 증차 부담금도 2천만원에서 3천만원으로 상향 조정('14. 4)

- 예비차량은 수송수요 증가시간대 등에 한정하여 운행
  - 상용차량 결행시(고장, 사고, 점검 등)에 한해 운행
  - 첨두시간대(07:00~09:30, 18:00~20:30) 및 교통정체시에 한해 운행
  - 단 예비차량 투입시 1일 총 운행횟수는 다음을 초과할 수 없음
  - ▸ 노선당 1일 총 운행횟수 + 예비차량투입대수 × 대당1일운행횟수 × 5/18

  [운행횟수 조사방법]
  - ▸ 한국스마트카드사 정보와 BMS 운행정보 교차확인을 통해 운행실태 확인
    - • 노선별 인가상 운행횟수와 실제 운행횟수 월 1회이상 확인

3. 예비차량 도입 절차

- 마을버스 예비차량 등록은 마을버스운송사업조합에 신고사항
  - 여객자동차운수사업법 시행규칙 제33조 제②항 제5호
    ① 예비차량 도입 신청 : 운수회사 → 마을버스조합
    ② 증차부담금(3천만원) 납부 : 운수회사 → 시내버스조합
    ③ 증차부담금 납부필증 교부 통보 : 시내버스조합 → 서울시, 마을버스조합, 운수회사
    ④ 신고수리 및 유관기관 통보 : 마을버스조합 → 서울시, 자치구, 운수회사
    ⑤ 예비차량 등록번호 통보 : 마을버스조합 → 서울시

부 록

별첨 1 **시내버스 정류소와 중복 판단기준**

1. 「서울특별시 여객자동차운수사업의 재정지원 및 한정면허 등에 관한 조례(이하 동 조례)」제10조 제1항의 "일반노선버스"란 여객자동차 운수사업법 시행령 제3조 제1항 가목의 "시내버스운송사업"을 뜻한다.

2. 동 조례 제10조 제1항의 일반노선버스와 마을버스의 범위에는 타 시·도면허(등록)사업을 포함한다. 단, 우리시 경계를 벗어난 지역과 타 시·도 소속 시내버스 단독 운행구간에서는 정류소 중복 규정적용을 제외한다.

3. 동 조례 제10조 제4항 "일반노선버스의 운행구간에 마을버스가 운행하는 경우 중복운행구간에서 시내버스 및 마을버스 정류소는 각각 4개소 이내로 설치하여야 한다"의 의미는 일반노선버스의 운행구간에 마을버스가 운행하는 경우 중복운행구간에서 시내버스 및 마을버스 정류소가 각각 4개소 이내로 설치되어 있어야 한다는 의미로 해석 (4개소까지 허용)하며, 상황별 구체적 판단기준은 다음과 같다.

   3-1. 일반노선버스 운행구간에 일반노선버스 정류소와 마을버스 정류소가 중복설치된 경우에는 각각의 정류소 갯수를 따로 산정하여 갯수가 다를 경우 많은 쪽을 기준으로 하고 같을 경우 그 갯수를 기준으로 한다.
   ※ 즉, 중복구간에서 시내버스 및 마을버스의 정류소가 각각 4개소 이내여야 함

   3-2. 왕복운행구간에서는 도로를 경계로 마주보는 2개 정류소를 하나의 그룹으로 묶어 1개소가 설치된 것으로 본다. 다만, 양쪽 정류소가 서로 마주보고 있지 않거나 방향별로 정류소 개수가 달라 하나의 그룹으로 묶기 곤란한 경우에는 진행방향별로 개수를 따로 세어 많은 쪽을 기준으로 하고 같을 경우 그 갯수를 기준으로 한다.

   3-3. 편도운행구간에서는 진행방향에 설치된 정류소 설치개수를 기준으로 한다.

   3-4. 특정 정류소를 무정차 통과하더라도 정류소가 설치된 것으로 본다. 단, 도로·교통체계상 불가피한 경우는 예외로 한다.
   ※ 중복정류소 제외 특별사유 참조

   3-5. 마을버스와 시내버스간 중복운행구간에 중앙버스전용차로 정류소와 가로변 정류소가 혼재되어 있는 경우는 중앙차로와 가로변차로 중 마을버스의 실제운행계통을 기준으로 1개 경로를 택하여 정류소 설치개수를 산정한다.

박흥식의 시내버스 노선조정 [노선은 생물(生物)이다]

【중복정류소에서 제외할 수 있는 특별 사유】

① 마을버스가 시내버스보다 선진입한 운행구간은 중복으로 보지 않음. 단, 선진입 사실을 운수회사에서 입증하여야 함

② 아파트 단지 조성 등으로 신규도로가 개설되어 마을버스와 시내버스가 동시에 투입된 경우는 중복으로 보지 않음

③ 중앙차로 개통 등으로 인해 신호체계가 변경되어 회차목적으로 마을버스노선이 불가피하게 연장 또는 변경될 경우 마을버스 추가 운행구간은 중복으로 보지 않음

④ 마을버스노선이 좌회전을 위하여 부득이 무정차해야 하는 정류소는 중복으로 보지 않음

⑤ 마을버스노선이 우회전 직후 마을버스 단독 정류소에 정차하는 경우 우회전 직전의 시내버스정류소에 교통흐름 등을 위하여 무정차할 때는 중복으로 보지 않음

⑥ 마을버스 회차지점(장소)의 협소로 인한 교통정체 및 사고예방을 위해 불가피하게 회차방법을 변경할 경우 최단거리로 회차하되, 변경되는 회차경로상의 정류소는 중복으로 보지 않음

※ 유형별 중복정류소 산정 예시

유 형	중복 정류소 개수	유 형	중복 정류소 개수
	2개		3개
	2개		1개
	1개		3개

부 록

※ 중복정류소 제외 특별사유 예시

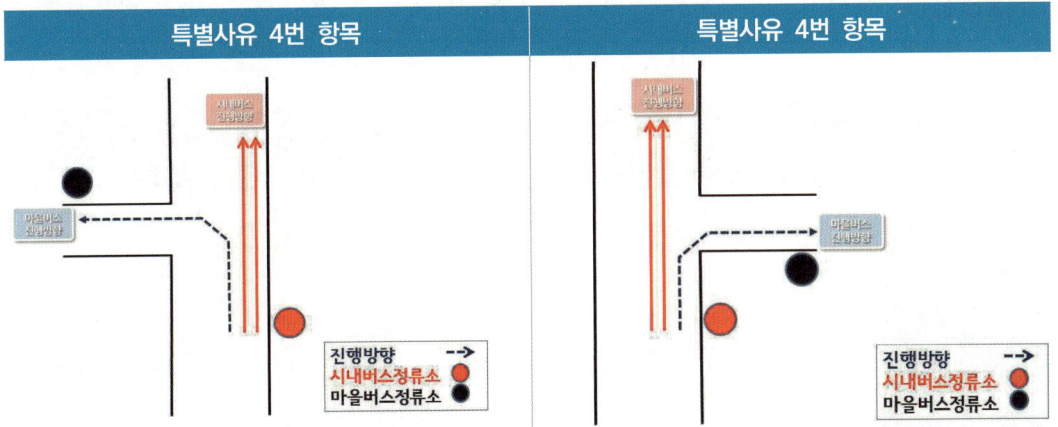

별첨 2 ○○구 마을버스 노선조정 건의서(양식)

	노선번호	업체명	기종점 (운행거리)	운행대수	배차간격	정류소수 (중복)
운행현황						

노선조정안	
검토배경	
노선조정심사 위원회 심사결과	
유관기관과의 협의내역 및 결과	
종합검토결과	
첨부자료	가. 기존노선 및 조정하고자 하는 노선을 표시한 노선도 1부 나. 마을버스노선조정심사위원회의 심사관련자료 및 결과 1식 다. 유관기관과의 협의관련자료 라. 기타 관련자료

박흥식의 시내버스 노선조정

인　　쇄	2024년12월
발　　행	2024년12월
지 은 이	박흥식
펴 낸 이	조주연
펴 낸 곳	보건의료저널
디 자 인	마치식스, 하리감성
제　　작	정민문화사
출판신고	2023년8월30일 제406-2018-000090호
주　　소	서울시 서대문구 홍은중앙로1길33, 4층
주문전화	02-385-8858 팩스 02-387-8851

@박흥식 2024
ISBN 979-11-984525-2-8

이 도서의 국립중앙도서관 출판예정도서목록(cip)은 서지정보유통지원 시스템 홈페이지(http://seoji.nl.go.kr)와 국가자료공동목록시스템(http://www.nl.go.kr/kolisnet)에서 이용하실 수 있습니다. (CIP2019032265)

이 책 내용의 전부 또는 일부를 이용하려면 반드시 저작권자와 보건의료저널에 서면 동의를 받아야 합니다.

잘못된 책은 구입하신 곳에서 바꾸어 드립니다.